Reise

nach dem

URAL, DEM ALTAI

und dem

KASPISCHEN MEERE

auf Befehl Sr. Majestät des Kaisers von Russland im Jahre 1829 ausgeführt

von

A. von Humboldt,
G. Ehrenberg und **G. Rose.**

Mineralogisch-geognostischer Theil und historischer Bericht der Reise

von

G. Rose.

Berlin, 1842.
Verlag der Sanderschen Buchhandlung.
(G. E. Reimer.)

Mineralogisch-geognostische
REISE
nach dem
URAL, DEM ALTAI
und dem
Kaspischen Meere

von

Gustav Rose.

Zweiter Band.

Reise nach dem südlichen Ural und dem Kaspischen Meere, Uebersicht der Mineralien und Gebirgsarten des Ural.

Mit Kupfern, Karten und Holzschnitten.

Berlin, 1842.
Verlag der Sanderschen Buchhandlung.
(G. E. Reimer.)

Inhalts-Uebersicht.

VII. Reise vom Altai nach dem südlichen Ural. S. 1—19.

VII. Miask und Slatoust und Exkursionen in die Umgebungen, S. 20—160.

Zur Erläuterung der Tafeln.

Tafel I, Fig. 1. Zirkon aus dem Miascit des Ilmengebirges, Seite 38.

Fig. 2. Zirkon aus dem Seifengebirge von Petropawlowsk bei Beresowsk, Th. I S. 228.

Fig. 3. Pyrochlor aus dem Miascit des Ilmengebirges, S. 64.

Fig. 4. Aeschynit, ebendaher, S. 70.

Fig. 5. Osmium-Iridium aus dem Seifengebirge, S. 390.

Fig. 6. Monazit aus dem Miascit des Ilmengebirges, S. 87.

Taf. II, Fig. 1—4. Topas vom Ilmengebirge, S. 80.

Fig. 5. Topas von Alabaschka bei Mursinsk, Th. I S. 453.

Fig. 6. Hornblende } Form der eingewachsenen Krystalle,
Fig. 7. Augit } S. 355.

Taf. III, Fig. 1—3. Schwerspath vom Dorfe Medwedjewa bei Slatoust, S. 137.

Fig. 4. Diopsid von Achmatowsk bei Slatoust.

Fig. 5. Durchschnitt durch den Krystall der Hornblende, Taf. II Fig. 6, parallel einer Spaltungsfläche, S. 350.

Fig. 6. Durchschnitt durch den Krystall des Uralits, parallel einer Spaltungsfläche, S. 349.

Taf. IV. Karte des Landes zwischen dem unteren Laufe der Wolga und des Ural, S. 217 etc.

Taf. V. Geognostische Karte von den Hüttenbezirken von Miask und Slatoust, S. 20 etc.

VI. Reise vom Altai nach dem südlichen Ural.

Abreise von Ustkamenogorsk. — Kosakenlinie am rechten Ufer des Irtysch — Kupfergruben an der Schulba und Uba. — Uebergang auf das linke Ufer des Irtysch bei Schulbinsk. — Semipalatinsk. — Gelbbleierz der Swinzowaja Gora. — Salzseen von Jamyschewskaja und Koräkowskaja. — Omsk. — Ischimsche Steppe. — Augitporphyre von Troizk. — Granite von Kljutschewskaja. — Ansicht des Ural bei Kundrawinsk.

Den 20. August: In Ustkamenogorsk fanden wir unsre Reise-Wagen, die wir für die kleine Expedition nach der Syränowschen Silbergrube und dem chinesischen Posten mit kleineren Wagen hatten vertauschen müssen, und kehrten nun zu unserer früheren Ordnung zurück. Die nöthigen Vorbereitungen zu der weitern Reise beschäftigten uns noch den Tag über, wir verzögerten aber auch mit Absicht unsere Abreise bis zum Abend, um erst die Post abzuwarten, die uns möglicherweise ersehnte Briefe aus der Heimath bringen konnte, und in der That auch unsere Erwartung nicht täuschte*). Nach dem Eingange der Post um 9 Uhr Abends reisten wir ab.

In Ustkamenogorsk verliessen wir den Altai und kehrten von hier aus durch die weiten Ebenen, die wir schon bei der Hinreise durchzogen hatten, wieder nach dem Ural zurück. Es giebt von Ustkamenogorsk

*) Die Briefe, die wir erhielten, waren in Berlin den 6. Juli geschrieben, hatten also den in gerader Richtung 6009 Werste betragenden Weg in wenig mehr als 6 Wochen zurückgelegt.

bis zum Ural anfänglich nur einen Weg, der bis Omsk auf dem rechten Ufer des Irtysch entlang geht, hier aber verliessen wir diesen Strom und wandten uns auf dem kürzesten Wege westlich quer durch die Steppe zum Ural. Dieser Weg bezeichnet zu gleicher Zeit die Gränze des russischen Reichs mit der mittleren Horde der Kirgisen, und ist, um sich vor deren Einfällen zu sichern, durch ein System von mehr oder weniger befestigten Ortschaften gedeckt, die in einer Entfernung von 20 bis 30 Wersten von einander angelegt sind, und von den Kosaken bewohnt werden, denen die Vertheidigung dieser Gränzen obliegt. Die kleineren dieser Oerter werden Vorposten und Redouten, die grösseren Festungen (Krepost) genannt. Sie sind alle regelmässig gebaut und mit einer Reihe spanischer Reiter umgeben; nur die sogenannten Festungen enthalten, wie bei Ustkamenogorsk, noch einen stärker befestigten, mit Wall und Graben versehenen Raum, in welchem sich die Wohnungen des Commandanten und der übrigen Beamten, die Magazine und häufig auch die Kirche befinden. So unbedeutend diese Vertheidigungsmittel auch an und für sich erscheinen, so sind sie doch hinreichend, um einen Angriff der Kirgisen abzuhalten und auch diese Vertheidigungsmittel werden oft am untern Irtysch, wie am obern [1]) nur schlecht unterhalten, da die Kirgisen der mittleren Horde jetzt grösstentheils beruhigt sind, und von feindlichen Ueberfällen wenig mehr zu befürchten steht [2]). Die Kosaken, die diese Ortschaften bewohnen, sind zwar ganz militärisch organisirt, haben aber ihre festen Wohnsitze; sie treiben Viehzucht

---

[1]) Vgl. Th. I. S. 581 dieser Reise.

[2]) Einige Stämme dieser Horde haben sich sogar ganz den Russen unterworfen, was in ihrem Gebiete die Gründung der Russischen Niederlassungen Kar Karaly und Alexandrowsk, deren erstere schon früher erwähnt wurde, veranlasst hat. (Vgl. Th. I S. 488 dieser Reise so wie auch in diesem Theile die Karte des Altaischen Hüttenbezirks.)

und Ackerbau und ihre Wohnungen zeichnen sich durch grosse Ordnung und Reinlichkeit aus. Die kleineren Ortschaften bewohnen sie fast ganz allein, in den grösseren haben sich aber ausserdem noch andere russische Unterthanen angesiedelt, die oft den grösseren Theil der Einwohner ausmachen.

Die Reihe dieser Gränzfestungen wird von der chinesisch-mongolischen Gränze bis Omsk, die Irtyschlinie, und von dort durch die Steppe bis zur Gränze von Sibirien, die Ischimsche Linie genannt; hier schliesst sich eine ganz ähnliche Reihe von Festungen an, die an der Gränze des Gouvernements Orenburg, anfänglich längs der Flüsse Tobol und Ui, und dann von Werch-Uralsk am Uralflusse bis zu seiner Mündung ins Kaspische Meer fortgeht und die Orenburgsche Linie genannt wird, so dass also dieses System von Festungen in ununterbrochenem Zusammenhange sich von der chinesischen Gränze bis zum Kaspischen Meere erstreckt, was eine Länge von 3350 Wersten ausmacht [1].

---

[1]) Nach dem Russischen Postkalender beträgt die Länge

der Irtysch-Linie:

von	Krasnojarsk	bis	Buchtharminsk -	56	Werste.
-	Buchtharminsk	-	Ustkamenogorsk	102	-
-	Ustkamenogorsk	-	Semipalatinsk -	159	-
-	Semipalatinsk	-	Schelesinsk - -	481½	-
-	Schelesinsk	-	Omsk - - - -	208¼	-
				1006¾	Werste.

der Ischimschen Linie:

von	Omsk	bis	Petropawlowsk -	276	Werste.
-	Petropawlowsk	-	Alabugskoi redut	299½	-
				575½	Werste.

der Orenburgschen Linie:

von	Alabugskoi redut	bis	Troizk - - -	208	Werste.
-	Troizk	-	Werch Uralsk	178	-
-	Werch Uralsk	-	Orenburg	592	-
-	Orenburg	-	Uralsk	304	-
-	Uralsk	-	Gurieff	497	-
				1779	Werste.
				3361¼	-

Unsere Reise an der Irtysch-Linie entlang ging auf Befehl des Gen. Lieut. **Weljaminoff** in Tobolsk mit allem militärischen Gepränge von Statten. Wir wurden stets von einer Station zur andern von einer ganzen Abtheilung Kosaken begleitet, die theils unserm Wagenzuge voranritt, theils ihm nachfolgte. Wo wir an einer Station ankamen, fanden wir die ganze Garnison des Ortes aufmarschirt, die sich, sobald wir angespannt hatten, in Bewegung setzte, um uns zu begleiten und die Garnison der vorigen Station abzulösen; wodurch unser Zug durch die Steppe, deren Grün die Sonne schon längst verbrannt hatte, ein sehr belebtes Ansehn erhielt.

Nachdem wir Ustkamenogorsk verlassen hatten, setzten wir gleich hinter der Stadt auf der uns schon bekannten Fähre über die Ulba und fuhren nun in der Nacht auf dem ebenen Wege, den der Regen der vergangenen Tage nur verbessert hatte, schnell vorwärts. Am Morgen des 21. August waren wir nun völlig in der Ebene; in der Steppe auf der linken Seite des Irtysch bemerkten wir zwar noch einige Berge, aber sie bildeten keine zusammenhängenden Reihen und verloren sich auch bald. Den Irtysch selbst konnten wir nicht sehen, da der Weg sich in etwas grösserer Entfernung von ihm entlang zog, und sein rechtes Ufer hoch und steil, sein linkes aber eben und flach ist.

Um 10 Uhr waren wir an der Uba, welche nicht weit von dem Ueberfahrtsorte, einige Werste diesseits Pjanojarsk und 90 Werste von Ustkamenogorsk

---

Hierzu kommt noch der Cordon, der vom Ural bis zur Wolga an dem Kaspischen Meere entlang geht, und der nach den hodometrischen Bestimmungen von **Göbel** von Jamankalinski am Ural bis nach Chotschetaewka 306,6 und von da bis Astrakan etwa 30 Werste beträgt, so dass die ganze Länge der befestigten Linie 3698 Werste oder 528 Meilen beträgt, eine Länge, die so weit ist, wie die Entfernung in gerader Linie von Cadix bis Moskau.

sich in den Irtysch ergiesst. An ihrem Ufer sahen wir wie an der Ulba anstehendes Gestein, das auch wie dort aus Thonschiefer besteht, der hier nur noch glimmerreicher ist, und grosse Knauer von Hornblendeschiefer enthält. Der Thonschiefer erhebt sich nicht über die Ebene, aber er beweist, dass auch hier noch überall unter der oft nur geringen Decke von Dammerde das Uebergangsgebirge zu finden ist, wie wir dasselbe auch noch jenseits Pianojarsk häufig den ebenen Boden bilden sehen, worüber wie fuhren, immer mit einem Streichen St. 8, 4 und einem fast saigern Einfallen nach S. W.

Von Pjanojarsk geht eine Poststrasse nach Schlangenberg, das von hier noch 109 Werste entfernt ist. $22\frac{1}{2}$ Werste weiter an der Irtysch-Linie kommt man an die Schulba, an welcher man noch die Ueberreste der von Demidoff im Jahre 1740 erbauten Schmelzhütte sieht, wo die weiter aufwärts an den Ufern sowohl der Schulba als der Uba in Menge sich findenden Kupfererze verschmolzen werden sollten. Die Hütte ist aber nicht in Gang gekommen, da bald darauf alle von Demidoff aufgenommenen Gruben des Altai von der Krone übernommen wurden [1]) und man den Bau auf die Kupfererze, die nicht hinreichend silberhaltig waren, vorläufig aufgab. Die Erze brechen nach Pallas [2]), der die verschiedenen Gruben jedoch auch nicht selbst besucht hat, auf Gängen im Thonschiefer. Gruben und Schürfe waren sehr zahlreich, und zu ihrer Entdeckung haben, wie bei den übrigen Gruben des Altai, Tschudische Arbeiten grösstentheils die Veranlassung gegeben.

Von Schulbinskoi an, welches jenseits der Schulba unmittelbar an dem hohen Ufer des Irtysch liegt, wird der Weg überaus sandig und es beginnt ein grosser

---

[1]) Vergl. Th. I. S. 510.

[2]) Reise durch versch. Prov. des Russ. Reichs Th. VII S. 509.

Fichtenwald, der in grösserer oder geringerer Entfernung vom Ufer bis jenseits Semijarsk, 215 Werste von Schulbinsk fortsetzt, und sich in die Steppe hinein bis zum Ob verbreitet. Um dem beschwerlichen Wege auf dem rechten Ufer zu entgehen, pflegt man im Sommer auf das linke flache Ufer des Irtysch, welches fest ist, überzusetzen und die zwei folgenden Stationen auf diesem Ufer zurückzulegen, was auch wir thaten. Die Wagen wurden auf der Fähre hinübergeführt, die Pferde liess man aber grösstentheils durch den Irtysch schwimmen, obgleich er hier schon eine ziemliche Breite hat. Bei der Grösse unserer Gesellschaft, indem nicht allein unser Wagenzug, sondern auch die denselben begleitenden Kosaken übersetzten, dauerte diese Ueberfahrt sehr lange.

Als wir bei der Ueberfahrtsstelle zu dem Irtysch hinabgegangen waren, sahen wir, dass das hohe Ufer aus saiger fallenden Schichten von Thonschiefer und Grauwacke besteht, die von N. nach S. streichen, und von dem hier fast in westlicher Richtung fliessenden Flusse fast rechtwinklig durchschnitten wurden. Auf dem linken Ufer angekommen, konnten wir deutlich bemerken, dass die steilen Schichten schon lange vor Schulbinsk angefangen hatten, und so fanden wir dieselben auch noch die ganze Zeit fortsetzend, in der wir uns auf dem linken Ufer befanden. Wahrscheinlich bestehen sie auch hier noch aus Grauwacke und aus Thonschiefer; wenn man aber diese grosse Erstrekkung und die bedeutende Entfernung vom massigen, und überhaupt von jedem höhern Gebirge bedenkt, so hat diese so lange fortsetzende steile Schichtenstellung gewiss etwas sehr Auffallendes. Deutet sie nicht auf Revolutionen, die der Hebung der Gebirgsketten vorhergingen? Hinter Osernoi, der letzten Station vor Semipalatinsk, hören die Schichten auf; das rechte Irtysch-Ufer bleibt zwar noch fortwährend hoch und steil, besteht aber bei Semipalatinsk bloss aus Sand. Jenseits dieses Ortes bei Bieloi Kamenskoj sieht man nach Pallas an dem Ufer des Irtysch mehrere Lagen gefärbten und weissen Thons, nnd noch weiter abwärts, diesseits Gratschewskoi findet sich ein Kalkstein [1]), in welchem ein Bruch angelegt ist, der den Kalkstein für die ganze Gegend liefert. Weiter den Irtysch abwärts führt Pallas noch öfter Thonlagen an, die bei Jamyschewskaja so viele Gypsnester enthalten, dass man dieselben zum Gypsbrennen sammelt, und die von Sand und Grus bedeckt werden, in welchem man hier, wie auch noch weiter unten am Irtysch, häufig Zähne und Knochen vom Mammuth findet. Festes Gestein ist aber nun nicht mehr bekannt, so dass der Kalkstein von Gratschewskoi das letzte am Irtysch ist. Man kann aus der Beschreibung von Pallas nicht erkennen, zu welcher Formation der Kalkstein wohl zu rechnen sei; möglich, dass auch er noch zum Uebergangsgebirge gehört, das in diesem Fall also bis hierher reicht, denn neueres Gebirge ist am ganzen Altai, wie auch am östlichen Abhang des Ural nicht bekannt. Wo man von der Steppe aus den Altai betritt, kommt man sogleich an das Schiefergebirge, das mit Uebergangskalkstein abwechselt und von Granit und Porphyren durchsezt wird.

Das Wasser des Irtysch hatte, als wir am Mittage bei Schulbinskoi übersetzten, eine Temperatur von 14, 8° R., während die Temperatur der Luft 19, 2° betrug. Das linke Ufer war sehr steinig, die Geschiebe, die sich hier fanden, bestanden grösstentheils aus mehreren Abänderungen von Porphyr, welche wir am obern Irtysch nicht bemerkt hatten, und die daher wahrscheinlich durch die Uba und Ulba in den Irtysch hineingeführt worden sind. Die Grundmasse der verschiedenen Stücke war bräunlichroth oder grau, die eingewachsenen Krystalle waren grösstentheils weisser und undurchsichtiger Albit, einige Porphyre ent-

[1]) V. a. O. Th. II S. 497 u. 494.

hielten auch Körner von Quarz. Bei Osernoi setzten wir wieder auf das rechte Ufer des Irtysch, und gelangten so noch an demselben Tage um 11 Uhr Abends nach Semipalatinsk, wo wir von dem Kommerzienrath Herrn Popoff, dessen Bekanntschaft wir schon in Ustkamenogorsk gemacht hatten, gastfrei aufgenommen wurden, und die Nacht und den Vormittag des folgenden Tags blieben.

Semipalatinsk ist ein Ort von 2000 Einwohnern, hat eine Festung und einen Tauschhof, und ist durch seinen Handel nach Mittelasien, der ausserdem fast nur noch in Petropawlowsk, Troizk und Orenburg betrieben wird, von grosser Wichtigkeit. Von Semipalatinsk aus gehen Karawanen nach den chinesischen Städten Tschugutschak, Guldscha und Kaschkar; ferner nach Taschkend und Kokan, selbst bis nach Kaschmir. Der besonders lebhafte Handel nach China, darf indessen nicht direkt getrieben werden; die Russischen Karavanen erhalten nur unter dem Namen der Kirgisischen den Zutritt und werden von Tartaren, die in Sibirien angesiedelt sind oder von Kirgisen geführt. Am meisten bringen die Russen Vieh, besonders Schafe nach China, die sie erst selbst von den Kirgisen eintauschen, und dann gegen baumwollene und seidene Stoffe absetzen. Der Handel mit Taschkend, Kokan uud Kaschmir ist wegen der grössern Eutfernung weniger lebhaft, doch sind einige Taschkender selbst in Semipalatinsk ansässig [1]); die übrigen Einwohner bestehen ausser den Russen besonders aus Tartaren (Türken) und Kirgisen. Unter den Männern, deren Bekanntschaft wir in Semipalatinsk machten, waren uns noch besonders der Polizeimeister, Obristlieutenant v. Klostermann und der Com-

[1]) Ausführlichere Nachrichten über den Handel der Russen nach Tschugotschak und Guldscha geben Putimstew in Klaproth's *mag. asiatique* von 1826 T. I S. 173 und über den Handel von Semipalatinsk überhaupt Meyer in Ledebour's Reise Th. II S. 503; wie auch J. de Hagemeister *Essai sur le commerce de l'Asie* 1839 *p.* 3.

mandant der Festung, Obrist v. Kempen interessant; beide sind aus Reval gebürtig und sprechen daher deutsch.

Durch den Verkehr mit China war Herr Popoff in den Besitz von vielen chinesischen Geräthschaften, Bildern und andern Merkwürdigkeiten gekommen, die er uns mit Vergnügen zeigte; ausserdem sahen wir bei ihm auch mehrere seltene Mineralien, wie einige vortreffliche Stücke von Dioptas, die man freilich in Semipalatinsk fast aus der ersten Hand haben kann [1]), und mehrere derbe Stücke von Lasurstein von bedeutender Grösse, unter diesen eines, welches über einen Fuss lang, und einen halben Fuss breit und dick war, und dessen Werth Herr Popoff auf 500 Papier-Rubel anschlägt. Von kleineren Stücken verkaufte er das Pfund zu 15 Rubeln; ihr Fundort soll der Badakschan sein. Ferner zeigte uns Herr Popoff mehrere Erzstufen aus einem Hügel in der Kirgisensteppe, welcher die Swinzowaja Gora (kirgisisch Kurgan-Tasch) genannt wird, und 5 Werste südlich von den Quellen der Nura liegt [2]). Die Erze enthalten 12 Solotnik Silber im Pud und kommen nach den Untersuchungen die Herr Popoff schon angestellt hat, in grosser Menge vor, würden also bei ihrer Reichhaltigkeit an Silber einen eigenen Bau darauf sehr gut belohnen. Herr Popoff hatte auch einen solchen beabsichtigt und desshalb um die Erlaubniss der Regierung dazu nachgesucht, dieselbe aber nicht erhalten, weil sich die Erze in dem Gebiete der unabhängigen Kirgisen finden. Nach Stufen, die uns Herr Popoff zeigte, und von denen er uns gern Proben mittheilte, haben die Erze eine grosse Aehnlichkeit mit den Silbererzen von Siränowsk und bestehen in einem porösen Gemenge von Quarz und Weissbleierz, das grösstentheils eine schwarze Färbung und Fettglanz hat. Bleiglanz findet sich hier

[1]) Vergl. Th. I, S. 488.

[2]) Vergl. Ledebour's Reise Th. II S. 427.

und da in dem Quarz eingesprengt, ebenso auch etwas Malachit. Die grösseren Höhlungen des Quarzes sind mit kleinen Krystallen von Quarz und Weissbleierz von weisser Farbe besetzt, stellenweise wird aber der Quarz sehr feinporig, hat dann eine gelbliche und grünliche Farbe, und ist hier mit einer Menge kleiner aber überaus glänzender Krystalle von Gelbbleierz besetzt, welche die selten vorkommende, morgenrothe Farbe haben, wie das Gelbbleierz von Retzbanya im Banat. Die Form der Krystalle ist das Hauptoctaëder, das zuweilen an der Endspitze und den Seitenkanten schwach abgestumpft ist. Die Krystalle sind nur höchstens eine halbe Linie gross, bei dem grossem Glanze und der Glätte der Flächen war es aber noch möglich, ihre Winkel mit dem Reflexionsgoniometer zu bestimmen; ich fand auf diese Weise die Neigung der Flächen in den Endkanten 99° 38′, die der Flächen in den Seitenkanten 131° 55′. Diese Winkel stimmen nicht genau unter einander und mit den Winkeln von 99° 40′ und 131° 35′, die Mohs angiebt überein, doch rühren diese Abweichungen offenbar nur von den Fehlern in der Messung her, die bei so kleinen Krystallen schwer gänzlich zu vermeiden sind. Wie bei den Krystallen aus dem Banat rührt die rothe Farbe von einem geringen Gehalte an chromsauren Bleioxyde her, wie man an dem Verhalten vor dem Löthrohre sehen kann [1]).

Auch an zoologischen Merkwürdigkeiten sahen und erhielten wir in Semipalatinsk manches Neue. Herr Obrist von Kempen zeigte uns auf seinem Hofe eine lebendige Saiga Antilope, wie sie in der Kirgisensteppe in grosser Menge vorkommen und Herr v. Klostermann machte Herrn Ehrenberg ein Geschenk mit dem Fell eines Tigers, der in Sibirien erlegt war, und also ein Seitenstück zu dem Exemplare bildet,

---

[1]) Vergl. Poggendorffs Annalen B XLVI. S. 639.

welches wir in der zoologischen Sammlung der Universität von Moskau sahen. Andere Felle merkwürdiger Thiere, wie besonders das eines überaus interessanten langhaarigen nordischen Leoparden erhielten wir von einem Russischen Pelzhändler [1]).

Nachdem Herr v. Humboldt zur Bestimmung der geographischen Lage des Ortes noch Sonnenhöhen genommen, reisten wir von Semipalatinsk ab, verweilten aber noch den Mittag auf der 7 Werste entfernten und auf dem Wege nach Omsk gelegenen Besitzung des Herrn Popoff und verliessen dieselbe erst nach eingenommenem Mittagsmahle. Die Besitzung liegt unmittelbar an dem Ufer des Irtysch, das hier eine ganz bedeutende Höhe hat, und auf dem Abhange zieht sich der Garten bis zum Strome hinunter. Letzterer hatte schon ein ganz europäisches Ansehen; die Wege waren mit Blumenbeeten und Reihen europäischer Obstbäume besetzt, die Herr Popoff zu acclimatisiren versuchte, die aber doch noch klein waren, und nur schwer in diesem Klima zu gedeihen schienen, wie sie auch in Sibirien etwas ganz ungewöhnliches sind. Dagegen waren die Arbusen sehr üppig, die überhaupt in der Gegend von Semipalatinsk viel gezogen werden, und hier von ganz besonderer Güte sind. Neben dem Garten hat Herr Popoff eine Schneidemühle angelegt, die von dem Wasser eines kleinen Baches, der hier in den Irtysch fällt, in Bewegung gesetzt wird.

Um 5 Uhr Nachmittags verliessen wir Herrn Popoff, herzlich dankend für die uns bewiesene Gastfreundschaft und reisten nun ohne Aufenthalt bis Omsk. Am Morgen des 23. August waren wir in der Redoute Semijarsk, die durch ihre schöne steinerne Kirche be-

---

[1]) Prof. Ehrenberg hat diese Felle in einer besondern Abhandlung in den *Annales des sciences naturelles* von 1830 beschrieben. Der langhaarige Leopard ist eine neue Species und von ihm Felis Irbis genannt worden.

merkenswerth ist; am Abend in Jamyschewsk und in der Nacht in Koräkowsk. Der Weg ging in der Steppe fort und war ohne Interesse. Einige Abwechselung gewährten nur auf dem Irtysch die mit Laubholz und Gras bewachsenen Inseln, welche wir öfter sahen und die von den Kosaken der anliegenden Dörfer zu Heuschlägen benutzt werden, und die Kirgisen-Aulen, denen wir öfter begegneten und die mit ihren grossen Heerden von Pferden, Rindvieh, Schaafen, Ziegen und Kameelen bei uns vorüberzogen. Pferde und Schaafe waren in ihren Heerden immer in der grössten Zahl vorhanden, denn der ersteren bedienen sie sich nicht allein zum Reiten, sondern sie verzehren auch ihr Fleisch und bereiten aus der Milch der Stuten ihr Lieblingsgetränk, den Kumis. Das Rindvieh, welches eine grosse und starke Race ist, verkaufen sie meistentheils an die Russen. Die Schaafe sind durch ihre Fettschwänze ausgezeichnet, auch soll ihr Fleisch sehr schmackhaft sein. Sämmtliche Hausthiere müssen im Winter im Freien ausdauern, nur die Kameele werden dann unter Obdach gebracht.

In der Nähe der beiden zuletzt genannten Orte, 6 Werste von Jamyschewskaja und 22 Werste von Koräkowskoi, liegen die beiden berühmten und nach diesen beiden Orten benannten Salzseen, die von einer grossen Wichtigkeit sind, da sie den Salzbedarf für das ganze westliche Sibirien liefern. Nach Pallas, welcher beide besucht und beschrieben hat [1]), liegen beide in einer hügligen, sandigen und gänzlich baumlosen Steppe; sie sind ganz flach und setzen im Sommer auf dem schlammigen Boden eine handbreite Salzrinde ab, die sich durch das Schneewasser im Frühling auflöst, doch schon im Mai sich wieder zu bilden anfängt. Die Salzrinde ist weiss und besteht aus lose aneinander gereihten Würfeln von Kochsalz, die leicht

[1]) Reise durch versch. Prov. d. Russ. Reichs Th. II S. 476 u. 481.

auseinanderfallen und desshalb mit leichter Mühe aus den Seen ausgeschaufelt werden. Mehrere kleine Flüsse fliessen den Seen zu, die aber grösstentheils nur süsses, oder nur höchst schwach gesalzenes Wasser haben. Von einigen, die sich in den Koräkowskischen See ergiessen, riecht das Wasser nach Schwefelwasserstoff, bei andern setzt sich ein rother Bodensatz ab. Das über der Salzkruste befindliche Wasser ist sehr bittersalzhaltig. Der Koräkowskische See ist noch wichtiger als der Jamyschewskische, da er nicht allein grösser ist, sondern auch verhältnissmässig mehr Salz absetzt. Der Umfang des erstern beträgt 20, und der des letztern nur 6 Werste.

Ausser diesen beiden Seen giebt es aber an der untern wie an der obern Linie noch eine grosse Menge ähnlicher Salzseen, die aber theils weniger ergiebig sind, theils von der Linie entfernter liegen, und daher grösstentheils unbenutzt bleiben. Ja der ganze Boden am Irtysch ist salzhaltig, was theils die vielen Salzkräuter, die man auf ihm findet, theils die vielen Salzauswitterungen beweisen, die man an vielen Stellen am Wege antrifft. Letztere fielen uns besonders vor und hinter Tschernoräzk auf, wo wir am Morgen des 24. Aug. anlangten und etwas von diesen Salzefflorescenzen sammelten. Nach den Versuchen, die ich später damit anstellte, bestehen sie auch nur aus Kochsalz und Bittersalz.

Wir fuhren noch den ganzen folgenden Tag, den 25. August hindurch, ohne dass uns in dem ewigen Einerlei der Steppe etwas Merkwürdiges aufgestossen wäre, und kamen sodann um 11 Uhr Abends in Omsk an, 849 Werste von Ustkamenogorsk.

Omsk ist der Sitz der Verwaltung der ganzen Irtysch-Linie und besteht aus einer Stadt und Festung, die beide hart am Irtysch liegen, aber noch durch den Om, der hier in den Irtysch fällt, von einander getrennt sind. Wir blieben, durch zufällige Umstände aufgehalten, hier zwei Tage, und benutzten die Zeit dazu, um unter der gefälligen Führung des Commandanten von Omsk, General-Lieutenants v. St. Laurent die verschiedenen Merkwürdigkeiten von Omsk kennen zu lernen, wie die vortrefflich eingerichtete Kosakenschule, die Soldatenschule, die asiatische Schule, das Lazareth und die Tuchfabrik. Die Kosakenschule hat den Zweck, Offiziere, Unterofficiere und Beamte für die Kanzelei der Kosaken der Linie zu bilden. Sie enthält 300 Zöglinge, besitzt sehr gute Sammlungen von Büchern, Karten, geodätischen Instrumenten und andern zum Unterricht nöthigen Gegenständen, und hat einen jährlichen Etat von 50,000 Rubel. In der asiatischen Schule sollen Dollmetscher für die Gränze von Sibirien gezogen werden. Sie hat 2 Lehrer und 25 Zöglinge, von denen 20 die tartarische (türkische) Sprache, 5 die der Mandschuren und Mongolen lernen. Ihr jährlicher Etat beträgt 5531 Rubel und ausserdem studiren von den 25 Zöglingen 6 auf Kosten der Krone. In der Tuchfabrik wird das Tuch zur Bekleidung von 8000 Kosaken verfertigt; sie enthält 40 Stühle und beschäftigt 140 Arbeiter. Am Morgen des 28. Aug. verliessen wir Omsk und nahmen zugleich Abschied von dem General von Litwinoff, der von hier wiederum nach Tomsk zurückkehrte, während Herr von Jermoloff uns noch bis zur Gränze des Gouvernements begleitete.

Die ganze Strecke zwischen Omsk und Troizk, welche wir nun zu durchreisen hatten, ist Steppe. Sie wird nach ihrem Hauptflusse, der sie in der Mitte in nördlicher Richtung durchschneidet, die Ischimsche Steppe genannt, wird aber weiter westlich noch von dem Tobol und ausserdem noch von einer unzähligen Menge kleinerer und grösserer Seen bewässert, die meistens alle brakes Wasser enthalten, und von denen einige sehr stark kochsalz- und bittersalzhaltig sind. Sie gleicht in dieser Hinsicht der

Barabinskischen Steppe, die sich ihr auf der rechten Seite des Irtysch anschliesst, und die nur als eine Fortsetzung von ihr anzusehen ist. Durch sie zieht sich in fast genau westlicher Richtung die Ischimsche Linie entlang, zuerst bis zur Hälfte des Weges zwischen dem Irtysch und dem Ischim an der Kamyschlowka, einem linken Nebenflusse des Irtysch, der sich in ihn etwas unterhalb Omsk ergiesst [1]), dann weiter durch die Steppe über Petropawlowsk, wo das Hauptcommando dieser Linie liegt, nach Alabugskoi redut. Von hier fängt der Theil der Orenburgschen Linie an, der die Uiskische Distanz genannt wird, und bis nach Werch-Uralsk am Ural reicht. Sie stösst nach 16 Wersten von Alabugskoi auf den Tobol bei der Festung Swerinogolowsk, folgt diesem stromaufwärts, so lange als er selbst eine östliche Richtung hat, also bis Ustuiskaja, wo in den Tobol sich der Ui ergiesst. An diesem letztern Flusse geht die Linie entlang über Troizk, dem Hauptwaffenplatz dieser Distanz, bis Kadyschewsk, dann an einem kleinen Nebenflusse des Ui, der Kadysch heisst, und zuletzt längs einem Nebenflusse des Ural, dem Urlsda, bis Werch-Uralsk. Die Länge der Ischimschen Linie beträgt $575\frac{1}{2}$, die der Uiskischen Distanz 386 Werste.

Wir setzten am Morgen des 28. Aug. mit einer Fähre über den Irtysch, der hier schon eine bedeutende Breite (nach Pallas von 300 Lachtern) hat. Es war eine nasskalte Witterung, die Temperatur der Luft betrug nur 9°, 9 R. und war geringer als die des Wassers des Irtysch, die wir beim Uebersetzen 12°, 9 fanden. Die Steppe, durch welche wir fuhren, ist anfangs ganz öde und baumlos; erst später sieht man hier und da einige kleine Parthien von Birkenholz, die einige Abwechselung gewähren. Die Kamyschlowka befand sich zu unserer Linken, sie besteht fast

---

[1]) Vgl. die Karte vom Ural im ersten Bande dieser Reise.

aus einer fortlaufenden Reihe von Seen, welche von Wasservögeln wimmelten. An ihr geht der Weg 6 Stationen bis Lebäschja entlang, von wo wir noch bis Petropawlowsk 4 Stationen hatten. Die Temperatur des Bodens war in diesem Theil der Steppe noch niedriger als in der Barabinskischen Steppe. In Gankin der siebenten Station von Omsk, wo wir am Morgen des 29. Aug. anlangten, fanden wir die Temperatur eines 16 Fuss tiefen Brunnens 1°, 3 R., während die der Luft 11°, 6 betrug, und eine gleiche Temperatur hatte ein 28 Fuss tiefer Brunnen in der folgenden Station Poludennaja bei einer Temperatur der Luft um 10 Uhr Morgens von 12°, 8 R. [1]).

Nachmittags waren wir in Petropawlowsk; die Stadt schien uns noch grösser, als Semipalatinsk, sie treibt einen lebhaften Handel, besonders mit den Bucharen, welche baumwollene Zeuge, die von den Russischen Bauerfrauen viel getragen werden, und getrocknete Früchte, wie Abrikosen, die sehr süss und wohlschmeckend sind, und eine Art kleiner Rosinen ohne Kern, Kischmisch genannt, bringen und dafür Eisen- und Lederwaaren holen. Es befindet sich hier ein Tauschhof, den wir zwar auch besuchten, aber jezt ganz verlassen fanden, da es gerade Sonntag war, an welchem kein Verkehr statt findet und alle Laden geschlossen sind. Wir reisten schon am Nachmittage des 31. Aug. ab, fuhren auf einer Brücke über dem Ischim und waren am Abend des folgenden Tages in Alabugskoj, der Gränze des Gouvernements, eine Station von Swerinogolowsk, wo uns leider nun auch Herr von Jermoloff verliess, so dass wir wieder auf unsere ursprüngliche Gesellschaft beschränkt waren. Am Morgen waren wir in Ustuiskaja, und fuhren dann, immer auf der nämlichen Seite des Ui

---

[1]) Vergl. v. Humboldt *Fragmens asiatiques* Th. II S. 386 und diese Reise Th. I S. 496.

weiter bis Troizk, wo wir in der Nacht vom 1. zum 2. September ankamen. Der Ui fliesst zwischen ziemlich hohen Ufern; bei Karaulskaja sieht man am rechten Ufer Schichten weissen Thones und eine Quelle, die aus ihm entspringt, hatte schon die höhere Temperatur von 4° R., die Luft um 7 Uhr, wo wir sie untersuchten, 14° R.

Troizk ist nach Orenburg die wichtigste Handelsstadt der Linie. Sie hat, wie alle diese Handelsplätze, einen Tauschhof, der auf der rechten Kirgisischen Seite des Ui liegt, und zu welchem eine hölzerne Brücke führt. Oestlich von diesem Tauschort ergiesst sich ein kleiner Bach in den Ui, an dessen beiden Seiten niedrige nackte Felsen hinstreichen. Die Gebirgsarten, die hier vorkommen, scheinen sämmtlich verschiedene Abänderungen von Augitporphyr zu sein, wenngleich sie unter einander von ziemlich verschiedenem Ansehen sind. Sie haben eine grünlichgraue bis schwärzlichgrüne Grundmasse, die sich mehr oder weniger leicht mit dem Messer ritzen lässt, und vor dem Löthrohr zu einem graulichgrünen Glase schmilzt. Bei einigen von ihnen finden sich schmale 3 bis 4 Linien grosse grünlichweisse Labradorkrystalle mit kleinen Parthien feinschuppigen Chlorits eingewachsen; bei andern sind die Labradorkrystalle sehr klein, und statt der Chloritparthien finden sich 1 bis 2 Linien grosse Kugeln von einer grünlichschwarzen, specksteinartigen Masse. Noch andre dieser Gesteine, die etwas schiefrig sind, haben hellere Grundmasse, und nur kleine weisse, inliegende Labradorkrystalle, und bei noch andern fehlen die eingewachsenen Kugeln und Krystalle gänzlich; die Masse wird fester, schwärzer und gewinnt dadurch ein basaltähnliches Ansehn. Alle diese Varietäten findet man, wenn man den kleinen Bach von der Einmündung in den Ui stromaufwärts folgt. Ich habe diess nur etwa 2 Werste gethan, ohne dass die Felsen aufhörten, die übrigens nur an den Ufern des Flusses zu erkennen waren; von ihm entfernt war Alles ebene Steppe.

Den 2. September Abends um 8 Uhr reisten wir ab. Unser nächster Zielpunkt war nun das Hüttenwerk Miask, das schon mitten im Ural liegt, nordwestlich von Troizk, von dem es 136 Werste entfernt ist. Die Gegend bleibt noch lange steppenartig, doch schon in Koëlskaja, 67 Werste von Troizk, wo wir am frühen Morgen ankamen, trafen wir einen weissen, feinkörnigen Kalkstein, der aber ungeachtet seiner körnigen Textur, was mir sehr merkwürdig scheint, grosse blättrige Enkrinitenstiele enthält. Der Kalkstein erhebt sich indessen nicht zu Felsen, sondern ist nur im Bette eines kleinen Flusses zu sehen, an welchem das Dorf liegt; er scheint auch nicht weit fortzusetzen, denn noch vor der folgenden Station Kljutschewskaja waren wir schon auf Granit, obgleich die Beschaffenheit der Oberfläche sich immer noch wenig verändert hatte. Sie war nur wenig wellig, und der Granit bildete nur breite flache Hügel, über welche die Wagen hinwegfuhren. Er war anfangs sehr feinkörnig, und bestand aus einem Gemenge von feinkörnigem, etwas röthlichweissem Feldspath und wenigem weissen Quarz, in welchem grünlichschwarzer Glimmer in feinschuppigen Parthien enthalten war; in Kljutschewskaja selbst wurde er aber etwas grobkörniger und porphyrartig, und besteht nun aus schneeweissem Albit, etwas graulichweissem Quarz, und vielem bräunlichschwarzen Glimmer, welche Gemengtheile eine körnige Grundmasse bilden, worin 4 bis 5 Linien lange weisse Feldspathkrystalle eingewachsen sind. Der Granit ist mit Gängen von feinkörnigem Granit durchsetzt, der fast nur weissen Feldspath und nur sehr wenig Quarz und schwarzen Glimmer in sehr kleinen Blättchen enthält [1]. Aus diesem Granit entspringen

---

[1]) Ganz etwas Aehnliches habe ich später bei dem porphyrartigen

in dem Dorfe mehrere Quellen, woher dasselbe auch seinen Namen erhalten hat (von Kljutsch, die Quelle); eine die wir untersuchten, hatte eine Temperatur von 2°,8 R., die Luft um 9 Uhr Morgens 12°,3.

Noch sahen wir von den Bergen des Urals nichts; ein Birkenwald, der schon von Kljutschewskaja anfing und bis Kundrawinsk, einem grossen, 23 Werst von Miask entfernten Dorfe anhielt, nahm uns alle Aussicht; aber aus demselben heraustretend, erblickten wir vor uns einen hohen Gebirgszug, dessen Felsen an die Formen der Granitfelsen des Kolywanschen Sees erinnerten, nur noch höher und pittoresker waren. Es war das Ilmenische Gebirge, das noch östlich von Miask sich von N. nach S. fortzieht, und durch die Zirkone und Topase und die vielen übrigen merkwürdigen Mineralien, die es enthält, so berühmt geworden ist. Durch ein breites Querthal kamen wir in das vom Ilmengebirge westlich gelegene breite Längenthal, worin uns ein schöner Wald von Laubholz mit kräuterreichen Wiesen unterbrochen, aufnahm, und uns nördlich bis nach Miask führte, wo wir am Nachmittag um 3 Uhr anlangten. Die Sohle des Thales bildete überall, wo wir sie untersuchten, dünnschiefriger grauer Thonschiefer, mit fast vollkommen süd-nördlichem Streichen und einem fast seigern Einfallen.

Granite von Elnbogen in Böhmen bemerkt. Dieser ausgezeichnete Granit enthält nämlich sehr häufig 1 bis mehrere Zoll breite Gänge, deren Gangmasse fast nur aus einem ähnlichen Feldspath besteht, wie der ist, welcher sich in dem Gemenge von Albit, Quarz und Glimmer, welches die körnige Grundmasse des Granits bildet, ausgeschieden hat. Der Feldspath der Gänge ist körnig, enthält nur eine sehr geringe Menge von Quarz und Glimmer, aber keinen Albit, eben so wenig wie die körnige Grundmasse, Feldspath enthält, was man, ungeachtet Feldspath und Albit von gleicher weisser Farbe sind, doch deutlich erkennen kann. Vgl. darüber auch diese Reise Th. I S. 600.

VIII. Miask und Slatoust, und Exkursionen in die Umgebungen.

Miask. — Exkursion nach den Goldseifenwerken im obern Thale des Mias. — Exkursionen nach dem Ilmengebirge. — Profilreise durch den Ural bis nach Slatoust. — Besteigung des Taganai. — Geognostische Uebersicht der westlich von Slatoust gelegenen Bergketten. — Rückkehr nach Miask über Kyschtimsk.

Miask, an dem Flusse gleiches Namens gelegen, ist ein ziemlich ansehnlicher, der Krone gehöriger Ort, der aber, einige grosse steinerne Kronsgebäude und die steinerne Kirche abgerechnet, wie die übrigen Städte und Flecken in Sibirien, nur aus kleinen hölzernen Häusern besteht. Er verdankt seine Entstehung einer im Jahre 1776 angelegten Kupferhütte, in welcher Erze verschmolzen wurden, die man an mehreren Orten in der Gegend gewann. Jetzt wird aber fast gar kein Kupfer mehr gewonnen, und Hüttenbetrieb, wie auch Bergbau sind nun gänzlich eingestellt, seitdem man alle Hände zu der einträglicheren Bearbeitung der Goldseifen benutzt, die man in den neueren Zeiten in den Umgebungen von Miask in so überaus grosser Menge gefunden hat [1]).

[1]) Die Kupferhütte war anfangs Privateigenthum des Hüttenherrn Lavion Lagunin, ging aber später an die Krone über. Sie hatte nach Hermann 6 Krummöfen und 4 Garheerde, und producirte im Jahre 1779; 4274 Pud Garkupfer, und in den letzten Jahren vor der Einstellung, im Anfang der Zwanziger dieses Jahrhunderts, im Durchschnitt 3000 Pud. Die Gruben, welche die Kupfererze lieferten,

Wir wurden in Miask von dem Inspector der dortigen Werke, Herrn Oberhüttenverwalter Porossoff empfangen, der uns gastfrei bei sich aufnahm. Sein Haus ist eins der steinernen Kronsgebäude, geräumig und bequem eingerichtet. Man hatte uns darin die nach der hintern Seite gelegenen Zimmer eingeräumt, die eine schöne Aussicht auf den Garten, den unmittelbar daran stossenden Hüttenteich und das jenseits sich erhebende Ilmengebirge gewährten; links lag nicht weit davon der Damm, der zum Betriebe der Hütte angelegt war. Wir wurden hier durch das Wiedersehen zweier alten Freunde, der Herren Schmidt und Schwetsoff erfreut, die mit uns die Reise in den nördlichen Ural gemacht hatten, und nun verabredeter Massen nach Miask gekommen waren, um Herrn von Humboldt noch einmal zu sehen, und an den Exkursionen in den Umgebungen von Miask Theil zu nehmen. Ausserdem machten wir hier auch noch die Bekanntschaft zweier interessanter junger Männer, der Herren Hoffmann und von Helmerssen, Schüler des Prof. von Engelhardt in Dorpat, welche in diesem und dem vorigen Jahre in geognostischer Hinsicht und auf Kosten der Regierung den südlichen Ural untersucht und nun den Auftrag erhalten hatten,

---

liegen theils ganz in der Nähe von Miask, an der rechten und linken Seite des Mias, theils weiter südlich an den Flüssen Ural und Ui. Zu den ersteren gehören die Gruben Beresowskoi, Kljutschewskoi, Tschistagorowskoi, Ischkarinskoi, Stepano-Petrowskoi, Michailowskoj, Isakowskoj und Troizkoj: (vgl. die Karte über den Hüttenbezirk von Miask). Ueber die Beschaffenheit und das Vorkommen der Erze in diesen Gruben ist mir wenig bekannt geworden, die Erze scheinen indessen von derselben Art, wie die der südlicheren Gruben zu sein, von denen später die Rede sein wird. Von der Grube Kljutschewskoj ist in mineralogischer Hinsicht zu erwähnen, dass sich hier auf Gängen in Serpentin ein Bitterspath gefunden hat, der ganz mit Amianth durchwachsen ist, und den man anfänglich für ein besonderes Mineral gehalten und Miascit genannt hat.

Herrn von **Humboldt** bei der Bereisung desselben bis nach Orenburg zu begleiten [1]).

In der Unterhaltung mit unsern alten und neuen Freunden brachten wir den Nachmittag sehr angenehm zu; wir erhielten hier zuerst durch Herrn **Schmidt** die Nachricht von der wichtigen Entdeckung der Diamanten bei Bissersk, die uns natürlich aufs lebhafteste ergriff, da sie verwirklichte, wonach wir so lange vergebens gesucht hatten, die aber vorläufig aus besondern Gründen noch ein Geheimniss bleiben musste [2]). Im Uebrigen beschäftigten wir uns mit der Besichtigung einer ausgezeichneten und lehrreichen Sammlung von Mineralien und Gebirgsarten aus der umliegenden Gegend, die in einem besonderen Gebäude unter Glasschränken sehr schön aufgestellt war, und aus der man mit gewohnter Liberalität uns erlaubte auszuwählen, was wir für gut fanden, und machten endlich die Pläne für die Exkursionen der folgenden Tage. Das, was uns in den Umgebungen von Miask vorzüglich interessirte, waren die Goldseifen, das wegen seiner schönen und seltenen Mineralien so merkwürdige Ilmengebirge, und die berühmte, der Krone gehörige Degenfabrik von Slatoust mit ihren Umgebungen. Die Goldseifen finden sich besonders

---

[1]) Beide junge Männer hatten sich schon durch frühere Reisen bekannt gemacht; Herr v. **Helmerssen** hatte den Prof. v. **Engelhardt** im Jahre 1826 auf seiner Reise nach dem Ural begleitet und Herr **Hoffmann** auf dem vom Cap. v. **Kotzebue** geführten Schiffe in den Jahren 1823-26 die Reise um die Erde gemacht. Die von ihnen bei der Untersuchung des südlichen Ural angestellten Beobachtungen sind später in einem besondern Werke: Geognostische Untersuchungen des Süd-Ural-Gebirges, ausgeführt in den Jahren 1828 und 1829 in Berlin 1831 erschienen, einem Werke, das ich später noch oft Gelegenheit haben werde, zu citiren. Herr v. **Helmerssen** ist jetzt Oberst-Lieutenant im Berg- und Ingenieur-Corps in Petersburg und Herr **Hoffmann** Professor der Mineralogie an der Universität in Kiew.

[2]) Vergl. Th. I S. 355.

südlich von Miask in den flachen Thälern des oberen Mias und seiner westlichen Zuflüsse, und zu ihrer Besichtigung wurde der erste Tag, der 4. September, bestimmt, die zwei folgenden sollten zur Untersuchung des Ilmengebirges benutzt werden; andere westlich gelegene Goldseifen wollten wir auf der Reise nach Slatoust, das schon auf der Westseite des Ural liegt, besuchen, von wo aus wir dann beabsichtigten, über das nördlich von Miask gelegene, dem Kaufmann Gregor Sotoff gehörige Eisenwerk Kyschtimsk, in dessen Nähe sich auch noch mehrere Goldseifenwerke befinden, nach Miask zurückzukehren.

Exkursion nach den Goldseifen am oberen Mias.

Wir machten diese Exkursion, wie auch die anderen nach dem Ilmengebirge, unter Leitung des Herrn Porossoff, dessen zweckmässige und liebenswürdige Unterstützung aller unserer Absichten wir nicht dankbar genug anerkennen können. Ausserdem begleitete uns noch ein anderer jüngerer Beamter, Herr Lissenko [1]), der wie Herr Porossoff, der französischen Sprache vollkommen mächtig war, und uns durch seine Kenntniss der Gegend, so wie durch das Interesse, welches er an unsern Untersuchungen nahm, sehr nützlich wurde. Wir lernten bei dieser Exkursion schon einen grossen Theil des Thales von Miask kennen, daher es wohl zweckmäsig scheint, eine kurze Beschreibung desselben der Beschreibung der Goldseifen, welche wir in demselben besuchten, voranzuschicken.

---

[1]) Herr Lissenko ist jetzt mit dem Range eines Majors bei der Degenfabrik von Slatoust angestellt. Er hat sich durch mehrere geognostische Arbeiten über die Kreise von Miask und Slatoust bekannt gemacht, die in den Jahrgängen 1830 bis 35 des Gornoi-Journal stehen, und in dem folgenden öfters benutzt sind.

Das Thal von Miask wird im Osten, wie schon angeführt, vom Ilmengebirge, im Westen aber von einem Gebirgszuge begränzt, den man in dieser Gegend ganz allein den Ural nennt, weil er in der Breite von Miask oder Slatoust den Wasserscheider bildet [1]). Es wird der Länge nach von dem Mias durchflossen, der in diesem Thale etwa 30 Werste oberhalb Miask entspringt, und in ihm bis etwa 40 Werste unterhalb entlang fliesst, worauf er sich bei einer Senkung des Ilmengebirges plötzlich ostwärts wendet, den jenseits gelegenen See Argassi durchfliesst, an dessen nördlichem Ufer man deutlich seine Strömung bemerken soll, und sich später in den Isset ergiesst. Das Thal ist von ziemlicher Breite, hat aber seine Hauptabdachung auf der westlichen Seite, daher auch der Mias nicht in der Mitte, sondern hart am Ilmengebirge auf der östlichen Seite desselben fliesst. Von ihm aus erhebt sich das Ilmengebirge ziemlich steil bis zu einer Höhe von 800 Fuss über den Wasserspiegel des Mias bei Miask, während der Ural viel allmäliger, aber auch viel höher bis zu einer Höhe von 2000 Fuss emporsteigt. Der Kamm des Ilmengebirges bei Miask liegt an diesem Orte in gerader Richtung nur 4 bis 5, der des Ural dagegen 20 Werste entfernt. Wegen dieser Lage hat der Mias auch auf seiner rechten Seite nur wenige und unbedeutende, auf seiner linken Seite dagegen viele, und mehrere

---

[1]) Dieser Gebirgszug ist eben so wenig wie das Ilmengebirge oder auch der westliche weiter unten anzuführende Gebirgszug des Taganai ein vollständiger Wasserscheider, da er nördlich von der Strasse, die von Miask nach Slatoust führt, von dem Kiolim durchbrochen wird, der auf der Westseite des Ural entspringt, anfangs nördlich fliesst, dann aber den östlichen Gebirgszug durchbricht, und sich in den auf der Ostseite desselben fliessenden Mias ergiesst; (vergl. die Karte des Hüttenbezirks von Miask.) Die Richtung dieser Gebirgszüge ist, wie auch ein Blick auf die Karte zeigt, nicht genau von Nord nach Süd, sondern etwas nordöstlich.

sehr bedeutende Zuflüsse. Zu diesen gehören der Atljan, der sich etwa 11 Werste unterhalb Miask in den Mias ergiesst und im Ganzen eine nordöstliche Richtung hat, und der Jremel, der 14 Werste oberhalb hineinfällt und anfangs eine östliche, dann aber eine nordöstliche Richtung hat und kurz vor seiner Verbindung mit dem Mias die Taschkutarganka von links her aufnimmt. Der Boden des Thales ist nun keineswegs eben, sondern wird häufig durch mehr oder weniger hohe Hügel und kuppenförmige Berge unterbrochen, die nach Süden zu an Höhe zunehmen. Einer der höchsten dieser Berge ist der Auschkul, der eine Höhe von 1000 Fuss erreicht, und in dessen Nähe der Mias entspringt [1]). Die Gipfel dieser Berge sind häufig kahl, während ihre Abhänge mit Tannenwaldung bedeckt sind; das Laubholz findet sich mehr in den Niederungen, die aber zum grossen Theil auch von Wiesen und Morästen eingenommen werden. In diesen liegen nun die Goldseifen, von denen ich die, welche wir besucht haben, der Reihe nach anführen will.

1. Das Seifenwerk Nikolaje Alexejewskoi. Es liegt 16½ Werste südlich von Miask, wie alle übrigen auf der linken Seite des Mias, aber nur etwa eine Werst von demselben entfernt, in einer thalförmigen Niederung, die in östlicher Richtung auf den Mias ausläuft. Der Goldsand ist auf Thonschiefer und grauem Kalkstein abgelagert, welche Gebirgsarten wir auch schon mehrmals auf dem Wege von Miask bis hierher in kleinen Hügeln hatten anstehen sehn; er ist 3 bis 5 Fuss mächtig und wird von einer fast ebenso mächtigen Schicht Dammerde bedeckt. Sein Goldgehalt beträgt 1½ Sol. in 100 Pud. In dem schon ausgewaschenen Sande waren besonders Schieferstücke, kleine Quarzkörner, Magneteisenerzkrystalle und einzelne, sehr nette, rothe Granatkrystalle in der Leuci-

---

[1]) Ich werde später auf diesen Berg wieder zurückkommen.

toëderform zu erkennen. — Das Seifenwerk hatte man erst im vorigen Jahre (1828) zu bearbeiten angefangen; die abgebaute Strecke hatte jetzt eine Länge von 65 Lachter und eine Breite von 3 bis 6 Lachter. Es hat geliefert:

in den Jahren	Ertrag an Gold	bei einem durchschnittlichen Gehalt in 100 Pud Sand war
1828	— Pud 15 Pfd. 9 Sol. 48 Dol.	1 Sol. 65 Dol.
1829 bis Juli	2 - 12 - 37 - — -	1 - 31 -
im Ganzen	2 - 27 - 46 - 48 -	1 - 34 - [1])

2. Das Seifenwerk Kowelinskoi. Es ist kaum 2 Werste von dem vorigen entfernt nnd liegt ebenfalls in einer thalförmigen Niederung, die aber im Winter von einem Bache, Bergdirectors rätschka genannt, durchflossen wird; sie hat eine südliche Richtung und läuft auf die Taschkutarganka aus. Der Goldsand hat das Ansehen eines gelblichbraunen Lehms und bildet nur eine wenig mächtige Schicht von 1 bis 2 Fuss, die von einer 3 bis 5 Fuss mächtigen Schicht von Dammerde bedeckt wird. Er enthält jetzt nur 1 Sol. in 100 Pud; früher als man in den obern Theilen des Thales arbeitete, war sein Gehalt grösser. Das Liegende des Sandes ist in den unteren Theilen des Seifenwerkes Serpentin, in den oberen dagegen Thonschiefer. Der erstere ist eine schöne, gelblichgrüne, stark durchscheinende Abänderung; er enthält hin und wieder kleine Blättchen von Diallag und kleine Parthien feinkörnigen Magneteisenerzes eingesprengt, und ist von parallelen Klüften in der Richtung von St. 1,4 durchsetzt, die ihm fast das Ansehn einer geschichteten Gebirgsart geben. Der Thonschiefer ist schwärz-

[1]) Diese, wie die folgenden Angaben über den Ertrag der Goldseifen und ihre Mächtigkeit sind aus einem officiellen Berichte entnommen, den Herr Porossoff Herrn von Humboldt bei unserm Aufenthalte in Miask überreicht hat.

lichgrau und dünnschiefrig und sein Streichen ebenfalls St. 1,4. Die Gränze zwischen beiden Gebirgsarten war verdeckt, da indessen die Klüfte des Serpentins wie die Schichtungsflächen des Thonschiefers streichen, so ist wohl anzunehmen, dass die Gränze zwischen beiden Gebirgsarten eben so streicht, und der Serpentin also hier eben so lagerartig im Thonschiefer auftritt, wie in Katharinenburg im Chloritschiefer [1]).

Die in dem Goldsande vorkommenden grösseren Geschiebe sind grösstentheils verschiedene Abänderungen von Augitporphyr, zum Theil von einer sehr ausgezeichneten Beschaffenheit. So fanden sich darunter einige mit überaus deutlichen Krystallen von Uralit. Die Grundmasse dieser Porphyre ist dunkelgrünlichgrau, hart, und mit dem Messer nicht zu ritzen; der eingewachsene Uralit schwärzlichgrün, wie immer, und deutlich spaltbar; die Krystalle desselben liegen in grosser Menge in der Grundmasse und sind von sehr verschiedener Grösse, zuweilen über einen halben Zoll lang; sie sind mit der Grundmasse fest verwachsen, so dass bei der Härte der letztern sie sich aus ihr nicht herausnehmen lassen; da sie aber auf den Bruchflächen des Gesteins Durchschnitte mit vollkommen scharfen und geradlinigen Umrissen bilden, so kann man aus diesen sich auch vollkommen überzeugen, dass die äussere Form der Krystalle die des Augits und nicht die der Hornblende ist. Ausser diesen Krystallen findet sich nur noch Eisenkies in sehr kleinen Parthien, aber doch ziemlich häufig, in der Grundmasse eingesprengt [2]). Andere Abänderungen von Augitporphyr enthalten Uralit nur in untergeordneter Menge, dagegen in grosser Menge Labrador-

---

[1]) Vergl. Th. I dieser Reise S. 172.

[2]) Dieser ausgezeichnete Augitporphyr soll in einer nahen, östlich gelegenen Bergkuppe anstehen.

krystalle. Sie haben eine lichtere grünlichgraue, fast ebenso harte Grundmasse wie die vorigen; die eingewachsenen Labradorkrystalle sind weiss, undurchsichtig und nur klein, doch haben auch die Uralite hier nur eine sehr unbeträchtliche Grösse. Die übrigen Gemengtheile des Sandes sind fast wie in dem vorigen Seifenwerke. Thonschieferstücke sind noch in grosser Menge darin vorhanden, ebenso Quarzkörner von verschiedener Grösse, und kleine Körner und Krystalle von Magneteisenerz, auch kleine rothe Granatkrystalle in der Leucitoëderform. Das Seifenwerk wurde im Jahre 1826 zu bearbeiten angefangen und hat geliefert:

in den Jahren	Ertrag an Gold				bei einem durchschnittlichen Gehalt in 100 Pud Sand von		
1826	— Pud	19 Pfd.	63 Sol.	12 Dol.	1 Sol.	40 Dol.	
1827	— -	23 -	56 -	13 -	1 -	41 -	
1828	1 -	33 -	14 -	— -	2 -	9 -	
1829 bis Juli	— -	19 -	56 -	— -	1 -	15 -	
im Ganzen	3 -	15 -	93 -	25 -	1 -	65 -	

3. Das Seifenwerk **Wtoro-Kaskinowskoi**. Es liegt in dem Thale der Taschkutarganka und ist 19 Werste von Miask entfernt. Der Goldsand bildet auch hier eine Lage von gelblichbrauner Farbe, die 3 bis 5 Fuss mächtig und von einer 4 bis 6 Fuss dikken Schicht von schwarzer Dammerde bedeckt ist. Das Liegende des Sandes ist nur Serpentin, der schwärzlichgrün ist, und keine Einmengung enthält. Ebenso besteht auch der Goldsand grösstentheils aus Serpentin; ausserdem finden sich darin aber noch Körner von Quarz und Magneteisenerz, auch etwas Granit. Das Seifenwerk wurde im Jahre 1827 zu bearbeiten angefangen und gab:

in den Jahren	Ertrag an Gold				bei einem durchschnittlichen Gehalt in 100 Pud Sand von	
1827	3 Pud	30 Pfd.	2 Sol.	63 Dol.	1 Sol.	95 Dol.
1828	1 -	26 -	36 -	79 -	— -	77 -
1829 bis Juli	— -	— -	4 -	— -	— -	76 -
im Ganzen	5 -	16 -	43 -	46 -	1 -	35 -

4. Das Seifenwerk **Tretje Kaskinowskoi** liegt eine kurze Strecke oberhalb des vorigen in einem Sumpfe, der die Einmündung der Miästa, eines kleinen Flusses, in die rechte Seite der Taschkutarganka umgiebt. Der Goldsand ist hier von der nämlichen Beschaffenheit, wie im vorigen Seifenwerk. Er hat eine Mächtigkeit von 3 Fuss und wird von einer eben so mächtigen Schicht nicht bauwürdigen Sandes und Dammerde bedeckt. Anstehendes Gestein ist jedoch in diesem Seifenwerke nicht zu sehen, da der Goldsand hier nicht so tief abgebaut wird, wohl aber in einem benachbarten Abzugsgraben, den man zur Entwässerung des Seifenwerkes angelegt hatte, wo es aus einem Thonschiefer von grünlichgrauer Farbe mit einem Streichen St. 1,4 besteht. Aus dieser Gebirgsart besteht nun auch ein kleiner Hügel zur Rechten der Taschkutarganka, doch ist der Thonschiefer hier von etwas anderem Ansehen, mit vielen Quarzadern durchzogen und mit feinen tombakbraunen Glimmerschüppchen gemengt. Das Seifenwerk hat geliefert:

in den Jahren	Ertrag an Gold				bei einem durchschnittlichen Gehalt in 100 Pud Sand von	
1828	— Pud	29 Pfd.	41 Sol.	17 Dol.	— Sol.	55 Dol.
1829 bis Juli	— -	— -	33 -	— -	— -	79 -
im Ganzen	— -	29 -	74 -	17 -	— -	94 -

5. Das Seifenwerk **Wtoro-Pawlowskoi** liegt eine Werst weiter oberhalb im Thal des Miästa und

noch in demselben Sumpfe wie das vorige. Das Seifengebirge, welches hier gewonnen wird, ist sehr reich und hat einen Goldgehalt von mehr als 3 Sol. in 100 Pud. Es hat dabei die bedeutende Mächtigkeit von 5 bis 6 Fuss, wird aber noch von einer eben so mächtigen Lage von Seifengebirge und Dammerde bedeckt, die nicht verwaschen wird, aber doch noch etwas Gold enthält, das man im vorigen Jahre noch zuweilen zwischen den Graswurzeln bemerkt hatte. Das Liegende des Seifengebirges bildet ein Gestein, das grünlichgrau und kleinsplittrig ist, sich mit dem Messer ritzen lässt, in Chlorwasserstoffsäure braust und seine Farbe verliert, ohne davon aber sehr bedeutend angegriffen zu werden und daher am richtigsten vielleicht als dichter Grauwackenschiefer zu bezeichnen sein möchte. Der Sand enthält viele Thonschieferstücke, verwitterten Granit (Beresit), Quarzkörner, Magneteisenerzkrystalle und Körner, in geringerer Menge auch Hexaëder von Brauneisenerz und Krystalle von Granat, und ausserdem noch zuweilen Körner von Zinnober, wovon Herr Porossoff die Güte hatte, uns einige mitzutheilen. Der Zinnober kommt also auch hier wie in dem Goldsande von Kalinowskoi vor, wo früher seiner erwähnt wurde [1]), obgleich man ihn anstehend in der Gegend von Miask eben so wenig, wie in der Gegend von Katharinenburg gefunden hat [2]).

Das Seifenwerk Wtoro Pawlowskoi fing man erst im vorigen Jahre zu bearbeiten an; es hat geliefert:

in den Jahren	Ertrag an Gold				bei einem durchschnittlichen Gehalt in 100 Pud Sand von	
1828	3 Pud	10 Pfd.	77 Sol.	39 Dol.	2 Sol.	55 Dol.
1829 bis Juli	12 -	31 -	25 -	18 -	3 -	29 -
im Ganzen	16 -	2 -	6 -	57 -	3 -	11 -

[1]) Vergl. Th. 1 dieser Reise, S. 236.

[2]) In der neuesten Zeit hat sich, nach einer Mittheilung, die Herr

6. Das Seifenwerk **Perwo-Pawlowskoj.** Es liegt noch höher hinauf in dem Thale der Miästa und baut auf einem Goldsande, der 3 bis 6 Fuss mächtig ist und Schieferstücke und die übrigen gewöhnlichen Gemengtheile enthält. Er hat zu seinem Liegenden Serpentin und wird von einer 3 bis 5 Fuss mächtigen Schicht nicht goldhaltigen Sandes und Dammerde bedeckt. Das Seifenwerk wird schon seit 1824 bearbeitet und hat geliefert:

in den Jahren	Ertrag an Gold				bei einem durchschnittlichen Gehalt in 100 Pud Sand von	
1824	4 Pud	2 Pfd.	20 Sol.	72 Dol.	2 Sol.	90 Dol.
1825	3 -	33 -	83 -	— -	2 -	28 -
1826	5 -	1 -	60 -	71 -	1 -	43 -
1827	— -	11 -	32 -	64 -	— -	64 -
1828	1 -	1 -	— -	44 -	— -	58 -
1829 bis Juli	— -	7 -	28 -	— -	— -	90 -
im Ganzen	14 -	17 -	33 -	59 -	1 -	89 -

Auf dem Wege zu diesem Seifenwerke kamen wir bei mehreren Hügeln vorbei, die aus verschiedenen Varietäten von Augitporphyr bestehen. Die, welche wir zuerst beobachteten, haben eine harte grünlichgraue Grundmasse, und enthalten grosse und frische Krystalle von Augit eingewachsen; bei dem näher an Perwo-Pawlowskoj gelegenen Augitporphyr ist dagegen die Grundmasse talkschieferähnlich, von lichter grauer Farbe mit dem Messer ritzbar und etwas porös; die eingewachsenen Krystalle sind Uralit, sämmtlich mit einem deutlichen, wenngleich gewöhnlich etwas löcherigen und verwitterten Kern von Augit. Die Krystalle sind äusserlich stark gestreift, und

---

Cap. Oserski mir gemacht hat, der Zinnober nun auch im Norden des Ural gefunden, in dem Goldsande von Oleno Travianskoi bei Bogoslowsk; er soll hier in der grössten Menge und zuweilen in Stücken von $1\frac{1}{2}$ Pfund vorgekommen sein.

lassen sich gut aus der Grundmasse herausnehmen, in welcher sich denn ein ebenso gestreifter Eindruck zu erkennen giebt.

Noch bemerkenswerther als diese Hügel ist aber ein grösserer kegelförmiger Berg ganz in der Nähe von Perwo-Pawlowskoj die Berkutskaja Gora oder der Adlerberg genannt, da er zum Theil aus einem Gesteine besteht, das auf das vollkommenste jenem merkwürdigen Gesteine der Beresowschen Gruben gleicht, das dort mit dem Namen Listwänit bezeichnet wird [1]). Es erscheint auch hier wie ein grober körniger, mit grünen Talkblättchen gemengter Dolomit und hinterlässt, in Chlorwasserstoffsäure digerirt, ebenso wie dort einen porösen mit grünen Talkblättchen gemengten Quarz. Kleine Tafeln von Eisenglanz finden sich ebenfalls auch hier stellenweise eingemengt. Aus diesem Gesteine besteht indessen nur der obere Theil des Berges, an seinem Fusse finden sich noch andre Gesteine anstehend, nämlich ein theils lauchgrüner, theils gelblichgrauer Hornstein, der im Bruche splittrig und an den Kanten durchscheinend ist, und ferner ein sehr ausgezeichneter Dioritporphyr, der in einer grünlichgrauen Grundmasse schwarze Hornblendekrystalle von verschiedener Grösse und weisse undurchsichtige Albitkrystalle enthält; aber es war nicht möglich den Zusammenhang zwischen diesen Gesteinen zu erkennen, da der ganze Berg mit Tannenwaldung und einem starken Krautwuchs bedeckt war, und das anstehende Gestein nur in einzelnen Entblössungen aus der Dammerde hervorragte.

In dem Dioritporphyr setzt ein Quarzgang mit **Axinit** auf, den wir zwar selbst nicht an Ort und Stelle sahen, von dessen Gangmasse wir aber Proben in Miask erhielten. Der Axinit ist von bräunlichrother Farbe und geringer Durchscheinenheit und findet sich

---

[1]) Vergl. diese Reise Th. I S. 183.

theils derb, theils krystallisirt; die derben Massen bestehen aus schaaligen Zusammensetzungsstücken, die Krystalle sind auf den derben Massen auf- und in Quarz eingewachsen, worin auch Asbest vorkommt. Das Vorkommen hat viel Aehnlichkeit mit dem des Axinits auf der Treseburg am Harz. Die chemische Zusammensetzung fand Herr Dr. Rammelsberg, der ihn auf meine Bitte analysirt hat, ganz wie die des Axinits [1]) der anderen Fundörter, folgendermassen:

Kalkerde	19,97
Talkerde	2,21
Thonerde	16,92
Eisenoxyd	10,21
Manganoxyd	1,16
Kieselsäure	43,72
Borsäure und Verlust	5,81
	100,00

woraus sich die folgende chemische Formel ableiten lässt:

$$2\left(\left.\begin{matrix}Ca^3\\ Mg^3\end{matrix}\right\}\dddot{Si} + 2\left.\begin{matrix}\dddot{Al}\\ \dddot{Fe}\\ \dddot{Mn}\end{matrix}\right\}\dddot{Si}\right) + \dddot{B}\dddot{Si}$$

7. Das Seifenwerk Mariinskoi liegt noch etwas höher hinauf im Thale der Miässta nicht weit von ihrem Ursprunge. Das Seifengebirge ist hier nicht weniger durch die Grösse seiner Trümmer, als durch die grosse Mannigfaltigkeit derselben merkwürdig. Am häufigsten finden sich hier Blöcke von schwarzem Kieselschiefer und einer feinkörnigen, graulichschwarzen Grauwacke, die mit Säuren schwach braust. Nächstdem finden sich Blöcke von einem eigenthümlichen Porphyr, von Granit, Chloritschiefer und Jaspis. Der Porphyr enthält in einer grauen Hauptmasse kleine weisse undurchsichtige Albitkrystalle, stark glasglän-

[1]) Vgl. Poggendorffs Annalen B. L. S. 372.

zende, graulichweisse Quarzkörner und tombakbraune Glimmerblättchen. In den meisten Stücken, die wir untersuchten, ist Albit vorherrschend, und Quarz und Glimmer untergeordnet, nur in manchen Stücken ist der Quarz vorherrschender, und dann gewöhnlich in abgerundeten Hexagondodecaëdern krystallisirt; immer aber sind die eingewachsenen Krystalle in so grosser Menge vorhanden, dass sie einen grösseren Raum einnehmen, als die Grundmasse selbst. Der Granit ist auch von verschiedener Beschaffenheit; er enthält schneeweissen Feldspath, graulichweissen Quarz und theils braunen, theils weissen Glimmer, in welchem Falle er ein dem Granit (Beresit) der Beresowschen Gruben sehr ähnliches Ansehen hat, und auch wie dieser öfter mit kleinen Quarzgängen durchsetzt vorkommt. Der Chloritschiefer ist von gewöhnlicher Beschaffenheit, der Jaspis theils röthlichbraun, theils graulichgrün. Letzterer scheint ursprünglich in Lagern im Dioritporphyr vorzukommen, denn ein Stück, welches wir sammelten, besteht zur Hälfte aus diesem grünen Jaspis, zur Hälfte aus einem Dioritporphyr, der dem von der Berkutskaja Gora gleicht, aber die eingewachsenen Krystalle in viel geringerer Menge und Grösse enthält; beide Massen sind sehr fest mit einander verbunden, und die Gränze zwischen beiden ist ganz scharf. In dem geschlämmten feinern Sande waren besonders Thonschiefer und Beresitstücke, sehr viel Brauneisenerz-Hexaëder, ferner Quarzkörner und Magneteisenerzkrystalle zu erkennen.

Von diesem Seifengebirge wird indessen nur die untere, 2 bis 3 Fuss mächtige Schicht verwaschen, die aber noch von einem armen Seifengebirge und von Dammerde, beide 3 bis 5 Fuss mächtig, bedeckt sind. Das Seifenwerk ist seit 1825 bearbeitet und hat geliefert:

in den Jahren	an Goldertrag				bei einem durchschnittlichen Gehalt in 100 Pud Sand von	
1825	— Pud	25 Pfd.	28 Sol.	— Dol.	1 Sol.	56 Dol.
1826	— -	38 -	61 -	58 -	— -	83 -
1827	— -	19 -	73 -	6 -	— -	77 -
1828	— -	— -	16 -	— -	— -	29 -
im Ganzen	2 -	3 -	82 -	64 -	— -	94 -

Interessant war uns noch eine diesem Seifenwerk ganz nahe gelegene kleine Kuppe, da sie aus einem Porphyr besteht, der dem, welcher in Trümmern in dem Seifengebirge so häufig vorkommt, sehr ähnlich ist, und sich nur dadurch unterscheidet, dass die Gemengtheile sich in einem noch grösseren Verhältnisse zur Grundmasse finden, wodurch er ein noch granitähnlicheres Ansehen erhält. An dem Fusse dieser Kuppe findet sich wieder ein grüner Dioritporphyr mit kleinen, in geringer Menge eingewachsenen, schwarzen Hornblende- und weissen Albitkrystallen. Es wäre allerdings auch hier wichtig gewesen, das Verhältniss dieser beiden Porphyre gegen einander auszumachen, aber die starke Tannenwaldung, die die Kuppe wie das ganze obere Thal der Miästa bedeckte, machte uns auch hier jede Beobachtung der Art unmöglich.

Das Seifenwerk Mariinskoi ist das äusserste in dieser Richtung, dennoch hört mit ihm der Goldsand nicht auf; man hat ihn auch noch weiter westwärts, in den Umgebungen des Morastes, in welchem die Miästa ihren Ursprung nimmt, an mehreren Stellen gefunden, die man später wohl bearbeiten wird [1]).

[1]) In dieser Gegend herrscht noch immer das Uebergangsgebirge. Nach den Stücken, die wir in Miask erhielten, findet sich bei den kleinen Seen Suchija Oserka (den trocknen Seen) im Osten des Morastes der Miästa, ein Conglomerat, das aus runden Stücken eines grauen splittrigen Hornsteins, eines schwarzen Kieselschiefers und Thonschiefers, graulichgrünen Serpentins, dichten Grünsteins und weissen körnigen Kalksteins besteht, und im Allgemeinen ein graues Ansehn hat.

Aber auch anstehendes Gold scheint in diesen Bergen noch sehr verbreitet zu sein. Das beweist der Bergbau, den man in früheren Zeiten in den das Thal der Miästa begleitenden Bergzügen getrieben hat. Es haben hier nämlich drei Gruben bestanden, zwei, die Gruben Petro-Pawlowskoi und Metschnikowskoi in dem südlichen Zuge zwischen der Miästa und dem Jremel, und eine, die Grube Perwo-Pawlowskoi in dem nördlichen Zuge zwischen der Miästa und der Taschkutarganka. Diese Gruben haben zwar sämmtlich nur eine geringe Ausbeute gegeben und sind deshalb auch nach einem kürzeren oder längeren Betriebe wieder zum Erliegen gekommen; indessen sind sie auch immer nur mit geringen Mitteln betrieben worden, so dass aus ihrem kurzen Bestehen nicht folgt, dass ein ausgedehnter Bergbau nicht belohnender sein würde [1].

In der spätesten Zeit, und wie es scheint am längsten (vom Jahre 1796 bis 1812) ist die Grube Perwo-Pawlowskoi bebaut worden, es war daher hier am ersten zu hoffen, etwas von der natürlichen Lagerstätte des Goldes zu sehen, was für uns von grossem Interesse war, daher wir nicht unterlassen wollten, sie zu besuchen. Auf dem Rückwege von dem Seifenwerke Mariinskoi wandten wir uns daher noch vor dem Seifenwerke Perwo-Pawlowskoi, da wo die Höhen aufhörten die linke Thalwand zu bilden, und

[1]) In der neuesten Zeit sind auch in dieser Hinsicht Untersuchungen angestellt worden, man hat noch an mehreren Stellen Quarzgänge mit Gold gefunden, aus denen doch so viel Gold gewonnen wurde, dass sein Ertrag die Kosten der Untersuchung deckte; aber man hat diese Untersuchung nicht weiter verfolgt und sich für jetzt mit der Ueberzeugung von dem Vorhandensein der Goldgänge in dieser Gegend begnügt, da man hier noch so vieles unberührtes Seifengebirge hat, aus welchem die Goldgewinnung viel leichter zu bewerkstelligen ist. (Vergl. die Nachrichten, die Weitz hierüber im Gornoi-Journal, Jahrgang 1835, Band 3, S. 367 enthält.

[2]) Die Menge des Goldes, das sie in der ganzen Zeit geliefert hat, beträgt nur 1 Pud 12 Pfund.

sich nach Norden bogen, links, den Morast, den die Einmündung der Miästa in die Taschkutarganka umgiebt, zur Rechten lassend. Hier fuhren wir noch eine kurze Strecke fort, stiegen dann, durch das dicke Gesträuch und Gras, welches den Boden bedeckte, uns einen Weg bahnend, auf die mit Tannenwaldung bedeckten Höhen, wo wir nach etwa einer Viertelstunde Weges an eine Rösche und an einen verfallenen Schacht kamen, der von einer mit Gras bewachsenen Halde umgeben war. In der Rösche bemerkten wir einen 4 bis 6 Lachter mächtigen Quarzgang, mit einem Streichen St. 2,4 und einem Fallen unter einem Winkel von ungefähr 80° nach SO.; neben ihm stand Granit an, der noch von anderen kleineren Quarzgängen, die St. 8 strichen, durchsetzt wurde, und daneben Talkschiefer und Thonschiefer, in welchem das Ganze wahrscheinlich vorkommt. Auch Listwänit entdeckten wir, wenn auch nicht anstehend, doch in Stücken auf der Halde in grosser Menge, so dass wir hier also sämmtliche Gebirgsarten wieder fanden, die wir in den Beresowschen Goldgruben kennen gelernt hatten. Auch ihre Beschaffenheit war im Allgemeinen dieselbe. Der Talkschiefer ist dickschiefrig. gelblichweiss und graugestreift, der Thonschiefer dünnschiefrig und chloritähnlich und der Listwänit feinkörniger als der von der Berkutskaja Gora und stellenweise okkergelb gestreift, was von der Zersetzung des Dolomites herrührte. Die Stücke, die wir fanden, waren wie der Granit häufig mit Quarzadern, die auch Quarzdrusen einschlossen, durchzogen. Dieser selbst hatte wohl noch einen mehr porphyrartigen Character, als der Granit (Beresit) von Beresowsk und bestand aus einer graulichweissen, talkschieferähnlichen Grundmasse mit vielen kleinen schneeweissen Feldspathkrystallen, abgerundeten Quarzkrystallen und kleinen Hexaëdern von Brauneisenerz, die ihre Umgebungen braun gefärbt hatten, glich ihm aber sonst doch sehr.

Wenn wir so im Allgemeinen auch nur wenig von den Lagerungsverhältnissen beobachteten, so konnten wir doch aus dem, was wir sahen, verbunden mit der Uebereinstimmung der Gebirgsarten abnehmen, dass das Gold hier unter den nämlichen Verhältnissen vorkommen müsse, wie in Beresowsk.

8. Das Seifenwerk **Zarewo-Alexandrowskoi** liegt nicht weit von der Grube Perwo-Pawlowskoi an der Südwestseite eines kleinen Sees, durch welchen die Taschkutarganka fliesst, und mitten in einem Moraste, den man durch Abzugsgräben entwässert hat. Der Abbau hat hier gar keine Längenerstreckung wie bei den übrigen Seifenwerken, sondern findet auf der ganzen Ebene statt. Das Seifengebirge liegt auf grauem Thonschiefer, der ein Streichen St. 4,4 hat, und auf grauem, etwas körnigem Kalkstein, der wahrscheinlich ein Lager in jenem bildet [1]. In dem Thonschiefer hat man beim Abbau des Seifengebirges einen Quarzgang bemerkt, der Gold, aber nur in geringer Menge enthielt, und daher nicht weit verfolgt ist. Das Seifengebirge ist 2 bis 10 Fuss mächtig und wird von einer eben so starken Lage armen Seifengebirges und Dammerde bedeckt. Die Gemengtheile sind die gewöhnlichen, enthalten aber nicht selten noch Stücke von Listwänit, was wegen des nahe anstehenden Gesteins dieser Art interessant ist. Auch finden sich hier Stücke Augitporphyr, die ein äusserst frisches Ansehen haben und in einer graulichgrünen, harten Grundmasse glänzende, schwärzlichgrüne, wenngleich meistens nur kleine Augit- und lange, schmale grünlichweisse Labradorkrystalle enthalten. Was aber dieses Seifenwerk ganz besonders auszeichnet, sind die grossen Goldklumpen, die man hier ge-

---

[1]) Weissen körnigen Kalkstein hatten wir anstehend auch auf dem Wege von der Goldgrube Perwo-Pawlowskoi nach diesem Seifenwerke gefunden.

funden hat, wie auch die Grobkörnigkeit des Goldes im Allgemeinen. Innerhalb der Jahre 1824 bis 1826 wurden 10 grosse Goldstücke gefunden, die zusammen ein Gewicht von 2 Pud 34 Pfd. 38 Sol. hatten, und unter diesen eins von 24 Pfund 69 Sol. [1]). In keinem andern Seifenwerk sind Stücke von einer nur nahe kommenden Grösse vorgekommen. Mit dem Golde findet sich in diesem Seifenwerke in geringer Menge auch Platin und Osmium-Iridium und letzteres kommt zuweilen mit dem Golde verbunden vor, wie in einigen Körnchen der Fall ist, die uns Herr Porossoff mitzutheilen die Güte hatte [2]). Körnchen von Zinnober haben sich nach Herrn Porossoff hier auch gefunden.

Das Seifenwerk Zarewo-Alexandrowskoi wird seit dem Juli 1824 bearbeitet und hat geliefert:

in den Jahren	an Goldertrag				bei einem durchschnittlichen Gehalt in 100 Pud Sand von	
1824	7 Pud	5 Pfd.	69 Sol.	48 Dol.	6 Sol.	84 Dol.
1825	23 -	1 -	32 -	84 -	5 -	64 -
1826	14 -	1 -	89 -	39 -	2 -	46 -
1827	3 -	12 -	21 -	33 -	1 -	43 -
1828	1 -	20 -	52 -	54 -	1 -	92 -
1829 bis Juli	— -	28 -	76 -	— -	1 -	17 -
im Ganzen	49 -	30 -	53 -	66 -	3 -	32 -

[1]) Dies Stück wird in der Mineraliensammlung des Kaiserlichen Bergkorps in St. Petersburg aufbewahrt und ist dasselbe, dessen schon oben Th. I S. 41 erwähnt wurde.

[2]) Wir hielten diese Körnchen erst für mechanische Verbindungen von Gold und Platin, wie man auch in Miask derselben Meinung war; aber bei einigen Versuchen, die ich nachher in Berlin anstellte, zeigte sich, dass es Verbindungen von Gold und Osmium-Iridium seien, da, wenn man sie mit Königswasser digerirt, nur das Gold sich auflöst, und das Osmium-Iridium zurückbleibt. Dergleichen Körner scheinen doch auch noch öfter und in andern Seifenwerken des Ural vorzukommen, denn wir erhielten auf unsrer Rückreise ein

9. Das Seifenwerk Zarewo-Nicolajewskoi liegt noch an demselben See wie das vorige und nur eine halbe Werst weiter ostwärts. Das Liegende des Seifengebirges ist aber hier ein ganz anderes Gestein und besteht aus einem sehr ausgezeichneten Augitporphyr, der in einer grünlichgrauen, mit dem Messer ritzbaren, etwas schiefrigen Grundmasse grosse und deutliche Krystalle von grasgrünem Augit enthält. Letztere haben dieselbe Form, wie der in den Basalten eingewachsene Augit [1]), doch sind sie noch deutlicher spaltbar als dieser; am deutlichsten parallel dem rhombischen Prisma von 88°, weniger deutlich nach den Abstumpfungsflächen der scharfen und stumpfen Seitenkanten. Sie haben eine Grösse von 3 bis 4 Linien, sind auf den Seitenflächen vertikal gestreift, zuweilen auch schon mit kleinen Hornblendenadeln durchwachsen, oder mit einer Hülle von Uralit umgeben; lassen sich leicht von der Grundmasse ablösen und hinterlassen darin einen scharfen Abdruck. Wir haben weder früher noch später am Ural eine Abänderung von Augitporphyr gesehen, die schönere Augitkrystalle als dieser enthalten hätte.

Das Seifengebirge in Zarewo-Nicolajewskoi ist 3 bis 10 Fuss mächtig, von 2 bis 13 Fuss Dammerde bedeckt und von grosser Ausdehnung, indem es sich noch bedeutend auf die benachbarten Höhen hinaufzieht. Sein Goldgehalt war besonders in den Jahren 1826 und 27 sehr beträchtlich, ist aber auch jetzt noch gross, so dass dies Seifenwerk bei der grossen Mächtigkeit des Lagers eine sehr bedeutende Ausbeute an Gold gegeben hat. Auch das hiesige Gold ist durch seine Grobkörnigkeit ausgezeichnet, wenn es sich

---

solches Korn auch von Herrn von Sobolewskoi in Petersburg, freilich ohne nähere Angabe des Fundorts. Ihr Vorkommen ist aber sehr merkwürdig, wie wir darauf noch später zurückkommen werden.

[1]) Also auch dieselbe Form wie der Uralit.

gleich nicht in so grossen Stücken gefunden hat, wie zu Zarewo-Alexandrowskoi.

Zarewo-Nicolajewskoi wird seit dem November 1826 bearbeitet und hat geliefert:

In den Jahren	an Goldertrag				bei einem durchschnittlichen Gehalt in 100 Pud Sand von	
1826	7 Pud	11 Pfd.	47 Sol.	22 Dol.	7 Sol.	28 Dol.
1827	36 -	21 -	21 -	72 -	5 -	— -
1828	28 -	10 -	88 -	42 -	3 -	52 -
1829 bis Juli	5 -	29 -	65 -	— -	1 -	50 -
im Ganzen	77 -	33 -	30 -	40 -	3 -	84 -

Das Seifenwerk hat demnach in noch nicht 3 Jahren 77 Pud 33 Pfund Gold geliefert, was mehr ist, als irgend ein andres Seifenwerk am Ural.

Ausser den hier angeführten finden sich aber noch viele andre zum Hüttenbezirk von Miask gehörige Seifenwerke, die theils in der Nachbarschaft der vorigen, theils weiter südlich nach den Quellen des Mias zu, theils westlich von Miask liegen. Unter diesen gehören noch folgende zu den bedeutenderen:

1. Das Seifenwerk Wladimirskoi; es liegt 18 Werste südwestlich von Miask und hat geliefert:

	Gold:				aus einem Sande von	
1823:	— Pud	35 Pfd.	84 Sol.	48 Dol.	— Sol.	56 Dol.
1824:	4 -	35 -	90 -	72 -	2 -	20 -
1825:	4 -	7 -	1 -	— -	2 -	51 -
1826:	1 -	20 -	65 -	— -	— -	83 -
1827:	— -	29 -	76 -	— -	1 -	68 -
1828:	— -	10 -	65 -	— -	— -	89 -
1829:	— -	15 -	48 -	— -	— -	76 -
im Ganzen	12 -	35 -	36 -	24 -	1 -	55 -

2. Das Seifenwerk Perwo-Kaskinowskoi, 20 Werste südwestlich von Miask. Es hat geliefert:

	Gold:								aus einem Sande von			
1823:	2 Pud	25 Pfd.		36 Sol.		24 Dol.			1 Sol.		20 Dol.	
1824:	3	- 20	-	16	-	84	-		1	-	62	-
1825:	3	- —	-	90	-	36	-		1	-	26	-
1826:	8	- 38	-	55	-	7	-		2	-	58	-
1827:	3	- 27	-	—	-	34	-		1	-	43	-
1828:	—	- 20	-	80	-	$9\frac{5}{8}$	-		1	-	8	-
1829: bis Juli	—	- 4	-	56	-	78	-		1	-	4	-
im Ganzen	22	- 17	-	47	-	$80\frac{5}{8}$	-		1	-	67	-

3. Das Seifenwerk Knäse-Konstantinowskoi. Es liegt 38 Werste südwestlich von Miask und wie die beiden folgenden in der Nähe des Sees Auschkul; es hat geliefert:

	Gold:				aus einem Sande von	
1827:	2 Pud	25 Pfd.	25 Sol.	66 Dol.	1 Sol.	88 Dol.
1828:	1 -	35 -	43 -	4 -	— -	71 -
1829: bis Juli	1 -	25 -	15 -	48 -	— -	87 -
im Ganzen	6 -	5 -	87 -	22 -	1 -	8 -

4. Das Seifenwerk Swiäto-Leontewskoi; 37 Werste südwestlich von Miask hat geliefert:

	Gold:				aus einem Sande von	
1827:	— Pud	35 Pfd.	84 Sol.	8 Dol.	2 Sol.	30 Dol.
1828:	2 -	8 -	21 -	13 -	1 -	55 -
1829: bis Juli	— -	3 -	30 -	7 -	— -	79 -
im Ganzen	3 -	7 -	39 -	28 -	1 -	11 -

5. Das Seifenwerk Anninskoi, 39 Werste südwestlich von Miask, hat geliefert:

	Gold:				aus einem Sande von	
1826:	2 Pud	17 Pfd.	59 Sol.	33 Dol.	1 Sol.	37 Dol.
1827:	1 -	33 -	50 -	83 -	1 -	65 -
1828:	— -	14 -	84 -	67 -	— -	71 -
1829: bis Juli	— -	5 -	21 -	41 -	— -	79 -
im Ganzen	4 -	31 -	24 -	32 -	1 -	50 -

6. Das Seifenwerk Knäse-Alexandrowskoi, $8\frac{1}{2}$ Werst nordöstlich von Miask. Wir besuchten dieses später auf der Reise nach Slatoust und ich werde darüber weiter unten noch einige Nachrichten mittheilen.

Im Ganzen betrug die Zahl der Goldseifen, die 1829 im Betriebe waren, 33, doch kannte man noch 93 Stellen in der Umgebung von Miask, wo sich noch unverritztes Seifengebirge findet, unter denen 50 eine reiche Ausbeute versprachen, so dass also die Goldgewinnung in der Gegend von Miask noch für lange Zeit gesichert ist.

Die ganze Menge des gewonnenen Goldes beträgt seit der Entdeckung 1823 bis Juli 1829 249 Pud 27 Pfund 44 Sol. $49\frac{3}{4}$ Dol. und zu dieser Menge haben allein die beiden Seifenwerke Zarewo-Nicolajewskoi und Zarewo-Alexandrowskoi 127 Pud 23 Pfd. 84 Sol. 10 Dol. beigetragen. Der mittlere Gehalt des verwaschenen Seifengebirges wird etwa $1\frac{1}{2}$ bis $1\frac{3}{4}$ Sol. in 100 Pud ausmachen. Der durchschnittliche Silbergehalt des in dem Hüttenbezirk von Miask gewonnenen beträgt nach den uns mitgetheilten Tabellen 7,0 pCt. Ein einzelnes Korn aus dem Seifenwerke Alexandro-Andrejewskoi, 12 Werste westlich von Miask (1), und zwei einzelne Körner aus dem Seifenwerke Zarewo-Nicolajewskoi (2 und 3), die ich später analysirt habe, enthielten:

	(1)	(2)	(3)
Silber	12,07	7,27	10,65
Kupfer	0,09	0,18	89,35
Eisen	Spur	0,08	
Gold	87,40	92,47	
Verlust	0,44		
	100,00	100,00	100,00.

Was nun die geognostische Beschaffenheit des Thales von Miask, in welchem dieses Seifengebirge abgelagert ist, anbetrifft, so finden sich hier nach dem, was wir auf dieser Exkursion gesehen haben, Talkschiefer, Thonschiefer, Grauwackenschiefer, ein grauwackenähnliches Conglomerat, dichter und körniger Kalkstein, Serpentin, Augitporphyr (mit Uralitporphyr) Dioritporphyr und Granit. Wir haben also hier eine überaus grosse Mannigfaltigkeit sowohl von schiefrigen, als massigen Gebirgsarten, von welchen letzteren die verschiedenen Porphyrarten in sehr ausgezeichneten Abänderungen vorkommen. Sie durchsetzen, verbunden mit dem Granit, wahrscheinlich hier wie überall die schiefrigen Gebirgsarten; aber diesen letzteren schliesst sich hier wie in der Gegend von Katharinenburg der Serpentin an, da er in gleichförmiger Lagerung mit ihnen vorkommt, und ebenso wahrscheinlich auch ein Theil des Augitporphyrs, da er oft ein ganz schiefriges Ansehen hat.

Exkursionen nach dem Ilmengebirge.

Den 7. Sept. Die vielen schönen und merkwürdigen Mineralien, welche das Ilmengebirge in mineralogischer Hinsicht so berühmt gemacht haben, sind grösstentheils eine Entdeckung der neueren Zeit. Zwar kannte man einige derselben, wie den grünen Feldspath oder Amazonenstein, den grossblättrigen Glimmer und den Topas schon seit längerer Zeit; diese erwähnten schon Hermann und Georgi in ihren mineralogischen Beschreibungen des Ural und des Russischen Reiches; aber darauf war auch die Kenntniss der Mineralien des Ilmengebirges beschränkt, bis Herr Menge auf seiner im Jahre 1826 unternommenen Reise den Zirkon und mehrere andre seltene Mineralien darin auffand, und an die Aktionäre, auf deren Kosten er die Reise nach dem Ural machte, versendete [1]). Die Auffindung des Zirkons in einer vor-

[1]) Herr Menge fand den Zirkon zuerst in einer Mineraliensamm-

her nicht gekannten Grösse erregte viel Aufsehen und veranlasste die Russischen Behörden zu einer genaueren Untersuchung des Gebirges, wodurch nun die von Herrn Menge entdeckten Mineralien nicht allein an vielen andern Stellen, sondern auch noch mehrere neue Mineralien oder neue Varietäten schon bekannter Mineralien aufgefunden wurden.

Der grösste Theil dieser Mineralien kommt in den Umgebungen des Ilmensees, eines der vielen Seen vor, die sich im Osten von Miask in unzähliger Menge sowohl im Gebirge, als auf dessen Ostseite finden, und sich hier an die Seen der Ischimschen und Barabinskischen Steppe anschliessen [1]). Er liegt etwa 3 Werste von Miask entfernt auf einer westlichen Terrasse des Ilmengebirges, und ist 3 Werste von N. nach S. lang und $2\frac{1}{2}$ Werste von O. nach W. breit. An seiner Ostseite erhebt sich das Gebirge ziemlich steil, die andern Ufer sind flacher, aber wie das ganze Gebirge mit starker Tannenwaldung bedeckt. Stellenweise ist auch der Boden sehr sumpfig, und besonders ist diess an der Südseite der Fall, die dadurch

---

lung in Miask, in welcher man ihn gar nicht beachtet hatte; und diess veranlasste ihn zu einer genaueren Untersuchung des Ilmengebirges, in dem er ganz richtig die ursprüngliche Lagerstätte desselben vermuthete, und auch so glücklich war, sie aufzufinden.

[1]) Die bedeutendsten derselben ausser dem Ilmensee sind von S. nach N. fortgehend, der See Kundrawi, an dessen südlicher Seite das schon Seite 19 erwähnte Dorf gleiches Namens liegt, der grosse und kleine Jelantschik, der Tschebarkul, an dessen östlicher Seite die Festung Tschebarkulsk liegt, die Seen Argagasch, Jelowoje, Terenkul, Balagitsch, der grosse und kleine Kissägatsch, der Miassowo und Argasi, durch welchen letzteren der Miass fliesst. Ausserdem sind zu erwähnen die Seen Turgogak, Kyssykul, Auschkul und Narali, die aber schon auf der Westseite des Ilmengebirges, nordwestlich und südwestlich von Miask liegen. Die Seen Tschebarkul, der grosse Kissägatsch, der Miassowo, Turgogak und Argasi sind unter den genannten die grössten. Sie enthalten alle süsses Wasser, erst weiter ostwärts bei den Seen der Steppe wird das Wasser häufig brakig.

sehr unzugänglich ist; auch hat man die erwähnten Mineralien grösstentheils nur an der Ost- und Nordseite, an dieser aber bis zu einer ziemlich grossen Entfernuug von derselben gefunden.

Die Besichtigung der nördlich gelegenen Gegend war zu unsrer heutigen, die der östlich gelegenen Gegend zu unsrer morgenden Exkursion bestimmt; wir machten die erstere in derselben Begleitung wie unsere gestrige, doch hatten wir noch die Freude den Herrn Achte, Ober-Director der Werke von Slatoust in unserer Mitte zu sehen, der schon gestern nach Miask gekommen war, um Herrn von Humboldt zu begrüssen. Wir bedienten uns zu dieser Exkursion der schon bei ähnlichen Gelegenheiten beschriebenen Sibirischen Wagen, da man mit ihnen zu den meisten Stellen, die wir am heutigen Tage besuchen wollten, gelangen konnte. Unser eigentlicher Führer war Herr Barbot de Marni, ein junger Mann, unter dessen specielle Aufsicht die verschiedenen im Ilmengebirge gemachten Schurfe gestellt sind, und dessen Eifer und Thätigkeit man die Entdeckung mehrerer bisher noch unbekannten Mineralien oder Localitäten verdankt.

Das Ilmengebirge erhebt sich gleich hinter Miask, und auf seinem westlichen Abhange ist noch ein grosser Theil des Ortes selbst gebaut. Gleich hinter den letzten Häusern fängt auch die Tannenwaldung an. *Pinus picea* ist darin die am häufigsten vorkommende Species, aber ausserdem finden sich auch nicht selten Lerchen (*Pinus Larix*), die hier, besonders wo der Boden eine sumpfige Beschaffenheit hat, ausserordentlich hoch und dickstämmig sind. Wir fanden viele Stämme, die man mit den Armen nicht umspannen konnte. Bei dieser starken Bedeckung mit Wald und Dammerde sahen wir anstehendes Gestein, wie in Mursinsk, hauptsächlich nur da, wo man zur Gewinnung von Mineralien kleine oder grössere Schurfe gemacht hatte, und konnten daher hier ebenfalls nicht über die Verbreitung und die Gränze der das Gebirge constituirenden Gebirgsarten recht genügende Beobachtungen machen, ja wir konnten selbst über die Art des Vorkommens der Mineralien oft keine bestimmte Meinung fassen.

Das erste Gestein, welches wir jenseits des Mias bemerkten, war ein feinkörniger granitartiger Gneiss, der aus weissem Feldspath, graulichweissem Quarz und schwarzem, in dünnen Blättchen tombakbraunen Glimmer besteht; der Feldspath ist an Menge gegen den Quarz sehr vorwaltend und der Glimmer bildet zwischen diesen keine zusammenhängende Lagen oder Streifen, sondern nur einzelne Zusammenhäufungen kleiner Blättchen, die unter einander parallel sind. Parallel diesen Richtungen erscheint das Gestein auch unvollkommen geschichtet, die Schichten haben ein gleiches Streichen wie das Gebirge selbst und fallen unter steilen Winkeln nach Osten.

Bald aber kamen wir etwas weiter östlich an ein anderes durch die Beschaffenheit seiner Gemengtheile sehr merkwürdiges Gestein. Es besteht nämlich aus einaxigem Glimmer und einem Eläolith, der eine grosse Aehnlichkeit mit Quarz hat, welcher selbst aber in dem Gemenge gar nicht erscheint. Der Feldspath ist weiss, der Glimmer schwarz, in dünnen Blättchen lauchgrün, der Eläolith graulich- bis gelblich-weiss. Das Gemenge ist grobkörnig, die Gemengtheile haben gewöhnlich mehrere Linien Durchmesser; der Feldspath ist dabei gegen den Eläolith vorherrschend, und der Glimmer an den verschiedenen Stellen in grösserer oder geringerer Menge vorhanden. In dem letzteren Fall sind die Blättchen desselben ganz unregelmässig zwischen den übrigen Gemengtheilen verbreitet, im erstern Fall aber bilden sie, ohne vollkommen an einander zu chliessen, zwischen denselben dünne, ungefähr parallele Lagen, die ein Streichen und Fallen wahrnehmen lassen, welches mit dem des eben verlassenen Gneisses vollkommen übereinstimmt. Bei der Aehnlichkeit des Eläoliths mit dem Quarz haben die körnigen Abänderungen dieses Gesteins eine grosse Aehnlichkeit mit dem Granite und die schiefrigen mit einem granitartigen Gneisse, den man, da auch die Farbe der Gemengtheile ziemlich übereinstimmt, leicht für eine grobkörnige Abänderung des eben verlassenen Gneisses halten kann [1]); wovon er aber durch die Abwesenheit des Quarzes durchaus verschieden sind. Diess Gemenge bildet offenbar eine eigenthümliche Gebirgsart, die wie die folgenden Beobachtungen zeigen, eine grosse Verbreitung am Ilmengebirge hat, und daher mit einem eignen Namen bezeichnet zu werden verdient. Ich werde dafür in dem Folgenden den Namen Miascit, wegen seines Vorkommens bei dem Hüttenwerke Miask und längs des Flusses Mias, gebrauchen [2]).

[1]) Dieses Ansehen ist so täuschend, dass ich die Gebirgsart ebenfalls für einen Granit-Gneiss nicht allein an Ort und Stelle, sondern auch noch in Berlin gehalten habe, bis ich erst bei der für die Beschreibung nöthigen, genaueren Untersuchung auf ihren Unterschied aufmerksam wurde. Bei der bedeutenden Härte des Eläoliths, die zwar geringer, als die des Quarzes, aber doch fast mit der des Feldspaths übereinstimmend ist, und bei dem häufigen Fettglanz des Quarzes ist eine Verwechselung des Eläoliths mit diesem Mineral, und somit auch der in Rede stehenden Gebirgsart mit dem Granit-Gneiss wohl möglich. Das Verhalten gegen Säuren, womit der Eläolith gelatinirt, unterscheidet indessen jene beiden Mineralien leicht und auf das bestimmteste von einander.

[2]) Diess Gestein scheint sich nämlich nicht allein wie unsere folgenden Beobachtungen zeigten, weiter östlich, sondern auch sehr weit nördlich zu verbreiten, denn ich habe auch in der Eversmannschen Sammlung 2 Stücke von diesem Gestein gefunden, die dem beschriebenen sehr ähnlich sind, aber nach den Etiquetten von einer ganz andern Stelle, 14 Werste nördlich von dem Dorfe Turgojak, also etwa 21 Werste von Miask herstammen. Auch diese Stücke haben ein sehr gneissähnliches Ansehen, die Gemengtheile haben dieselbe Farbe wie am Ilmensee, der Eläolith ist nur noch vorherrschender, der Glimmer feinschuppiger und neben dem Feldspath findet sich auch noch etwas Albit von derselben Farbe wie dieser.

Weiter östlich wird das Gestein noch viel grobkörniger; es wird nun auch drusig und ist an manchen Stellen mit mehreren anderen unwesentlichen Gemengtheilen, zu denen besonders der Zirkon gehört, gemengt. An solchen Stellen hat man mehrere Schurfe gemacht, von denen wir zwei besuchten, die beide nicht sehr weit von einander, uud in nicht grosser Entfernung von dem nördlichen Ufer des Ilmensees liegen. In dem einen scheint man einer Kluft nachgegangen zu sein, denn er hatte ganz das Ansehen eines gangförmigen Raumes, der andere war in einer kleinen Kuppe angelegt. Die Mineralien, die sich in diesen Schurfen fanden, sind folgende:

1. Feldspath. Er ist schneeweiss, nur an den Kanten durchscheinend, und bricht in mehrere Zoll grossen vollkommen spaltbaren Zusammensetzungsstücken. Krystalle scheinen nur selten vorzukommen; die, welche ich davon gesehen habe, sind nicht viel über einen halben Zoll gross, an den Kanten abgerundet und wenig ausgezeichnet.

2. Einaxiger Glimmer. Er ist in dünnen Blättchen lauchgrün und durchsichtig, in etwas dikkeren Blättern aber ganz schwarz uud undurchsichtig, und findet sich in unregelmässigen Parthien oder Krystallen von oft bedeutender Grösse. Wir erhielten selbst einen Krystall von diesen Localitäten, der 6 Zoll hoch und 9 Zoll breit ist; ein anderer Krystall ist 3 Zoll hoch und 3 Zoll zwischen den Seitenkanten breit, ja eine Platte von diesem Fuudort, die sich in der Königlichen Sammlung in Berlin schon seit längerer Zeit befindet, hat eine Breite von drei und einem halben Fuss. Die Krystalle sind, da der Glimmer optisch einaxig ist, reguläre sechsseitige Prismen, doch kann man davon sich nicht durch die Messung überzeugen, da die Seitenflächen der Prismen rauh und uneben sind; die Enden werden bei allen gesammelten Krystallen nicht durch Krystallflächen ge-

bildet, sondern sie sind wie gewöhnlich zerbrochen und durch eine Spaltungsfläche begränzt.

Vor dem Löthrohr schmilzt dieser Glimmer in der Platinzange ziemlich leicht zu einem schwarzen Glase, das nun sehr stark vom Magnete angezogen wird, was beim ungeschmolzenen Glimmer nicht der Fall ist.

Es ist diess derselbe Glimmer, der schon im Jahre 1824 von meinem Bruder analysirt ist [1]), und der nach dieser Analyse enthält:

Kali	5,61
Talkerde	15,70
Thonerde	12,67
Eisenoxyd	19,03
Manganoxyd	0,63
Kieselsäure	40,00
Titansäure (eisenhaltig)	1,63
Flusssäure	2,10
	97,37

Nimmt man an, dass in diesem Glimmer ein Theil des Eisens als Oxydul enthalten sei, was seine grüne Farbe wahrscheinlich macht, so kann man seine Zusammensetzung durch dieselbe Formel bezeichnen, welche mein Bruder für den einaxigen Glimmer vom Baikal-See aufgestellt hat, nämlich mit:

$$\left.\begin{matrix}\dot{K}^3\\ \dot{Mg}^3\\ \dot{Fe}^3\end{matrix}\right\}\dddot{Si} + \left.\begin{matrix}\dddot{Al}\\ \dddot{Fe}\end{matrix}\right\}\dddot{Si}$$

Er unterscheidet sich von diesem nur durch einen

[1]) Die Beschreibung der Analyse steht in Poggendorffs Annalen Bd. I S. 80, wo aber als Fundort des Glimmers nur im Allgemeinen Sibirien angegeben ist. Das Stück aber, welches mein Bruder analysirt hat, war von einem Exemplar der Königlichen Sammlung genommen und stammte, wie ich mich bestimmt überzeugen konnte, von dieser Lagerstätte her.

geringeren Gehalt an Talkerde und einen um so grösseren Gehalt an Eisenoxydul [1]).

3. Eläolith. Er findet sich auch grösstentheils nur derb, in mehr oder weniger grosskörnigen, zuweilen mehrere Zoll grossen Zusammensetzungsstükken, seltener krystallisirt, und dann in den gewöhnlichen Formen in sechsseitigen Prismen mit gerader Endfläche. Die Krystalle sind bis einen Zoll lang und einen halben Zoll breit, an den Kanten abgerundet, und wie gewöhnlich nur unvollkommen spaltbar, parallel den Flächen des Prisma und der geraden Endfläche.

Graulichweiss, zuweilen stellenweise licht röthlichweiss; starkglänzend von Fettglanz; an den Kanten durchscheinend.

Das specifische Gewicht: 2,615 nach E. Hofmann, 2,60 nach Scheerer.

Die chemische Zusammensetzung ist nach einer Analyse von Herrn Scheerer, die mit den von mir mitgebrachten Stücken in dem Laboratorium meines Bruder angestellt wurde [2]).

Natron	15,70
Kali	5,69
Kalkerde	0,26
Talkerde	Spur
Thonerde	33,12
Eisenoxyd	0,57
Kieselsäure	44,07
Schwefelsäure	0,07
Salzsäure	0,06
Wasser	0,90
	100,44

[1]) Vergl. Gilberts Annalen für Physik 1822 B. 71 S. 13.

[2]) Vergl. Poggendorffs Annalen Bd. XXXXIX Seite 364 und 370.

Hieraus folgt für diesen Eläolith, wenn man von den kleinen Mengen von Schwefelsäure, Salzsäure und Wasser, die für die Zusammensetzung des Eläoliths nicht wesentlich zu sein scheinen, absieht, die Formel:

$$\left.\begin{array}{l}\dot{Na}^2\\ \dot{K}^2\end{array}\right\}\dddot{Si}+2\dddot{Al}\dddot{Si}$$ [1]).

4. Sodalith; eine schöne blaue Varietät, die man bisher für eine eigenthümliche Gattung gehalten, und mit dem Namen Cancrinit, zu Ehren des Russischen Finanzministers, Grafen v. Cancrin belegt hat. Sie findet sich nur derb in kleinen, bis zu einem Zoll im Durchmesser haltenden Massen, die in der Regel nur aus einem Individuum bestehen, und nach den Flächen des Dodecaëders vollkommen spaltbar sind.

Saphirblau, mehr oder weniger intensiv; auf den Spaltungsflächen stark glänzend von Glasglanz; durchscheinend bis durchsichtig.

Die Härte ist wie die der andern Varietäten etwas unter der des Feldspaths, auch noch etwas unter der des Eläoliths; das specifische Gewicht: 2,289 bei 10°,5 R. [2]).

---

[1]) Das Sättigungsverhältniss der Kieselsäure und des Alkali ist bei dieser Formel allerdings ungewöhnlich, aber dieselbe Formel folgt auch aus Scheerers Analyse des Eläoliths von Friedrichswern, des Nephelins vom Vesuv und der andern Abänderungen dieser Gattung, die Herr Scheerer zur Prüfung dieser Formel untersucht hat, so dass man wohl keinen Zweifel in die Richtigkeit derselben setzen kann. Die Formel, die man bisher für den Eläolith aufgestellt hatte, ist:

$$\left.\begin{array}{l}\dot{Na}^3\\ \dot{K}^3\end{array}\right\}\dddot{Si}+3\dddot{Al}\dddot{Si}.$$

[2]) Breithaupt giebt das spec. Gew. dieses Uralischen Sodaliths (Cancrinits) fast durchaus übereinstimmend damit zu 2,287 an. (Vergl. Schweigger Seidels Jahrb. B. VIII S. 441). Das spec. Gew. des Sodaliths vom Vesuv beträgt nach demselben Beobachter 2,289 - 2,292.

In Chlorwasserstoffsäure löst er sich wie immer mit Leichtigkeit auf und bildet damit eine Gallerte.

Vor dem Löthrohr im Kolben erhitzt wird er weiss und undurchsichtig, und giebt ein ganz geringes Sublimat von Wasser. In der Platinzange erhitzt verliert er ebenfalls schnell seine Farbe und Durchsichtigkeit, und schmilzt dann unter starkem Aufschäumen zu einem weissen blasigen Glase.

Mit Borax schmilzt er ruhig zu einem klaren Glase zusammen. Von Phosphorsalz wird er mit Hinterlassung der Kieselsäure zu einem klaren Glase aufgelöst, das aber bei einem grösseren Zusatz von Sodalith beim Erkalten trüb wird und opalisirt. Mit Soda bildet er unter Aufschäumen ein weisses blasiges Glas.

Nach einer Analyse, welche E. Hofmann im Jahre 1830 im Laboratorium meines Bruders anstellte, enthält dieser Sodalith:

Natron	24,47
Kalkerde	0,32
Thonerde	32,04
Kieselsäure	38,40
	95,23

Die Analyse ergab einen bedeutenden Verlust von 4,77 pCt., dessen Ursache nicht zu ermitteln war. Erst später, als sich bei der näheren Untersuchung des Minerals ergab, dass es Sodalith sei, fand ich, dass jener Verlust in Chlor bestehe. Aus der Auflösung des Minerals in Salpetersäure erhielt ich, nachdem die einzelnen Flocken von Kieselsäure, die sich abgeschieden hatten, abfiltrirt waren, durch salpetersaures Silberoxyd einen starken Niederschlag von Chlorsilber, worin 7,10 pCt. Chlor oder 5,48 wasserfreier Salzsäure enthalten waren. Rechnet man diese zu den obigen Bestandtheilen hinzu, so erhält man einen kleinen Ueberschuss, doch lässt sich nun aus dieser Zusammensetzung sehr gut die Formel:

$$\dot{Na}^3 \dddot{Si} + 3 \dddot{Al} \dddot{Si} + Na Cl^2$$

ableiten, eine Formel, welche schon v. Kobell für den Sodalith nach der Arfvedsonschen Analyse des Sodaliths vom Vesuv aufgestellt hat [1]). Berechnet man nach der Formel die Zusammensetzung, so fällt sie folgendermaassen aus:

Natron	25,45		Natron	19,09
Thonerde	31,37		Thonerde	31,37
Kieselsäure	37,60	oder	Kieselsäure	37,60
Salzsäure	5,58		Natrium	4,73
	100,00		Chlor	7,21
				100,00

Die nach der Formel berechnete Zusammensetzung stimmt demnach mit der gefundenen ziemlich gut überein.

Der Uralische Sodalith gleicht nach dem Angeführten in allen wesentlichen Eigenschaften den übrigen bekannten Varietäten des Sodalithes und unterscheidet sich von diesen nur durch die Farbe, die bei dem Sodalithe vom Vesuv weiss, bei dem von Grönland grün ist, welche letztere Farbe daher den Uebergang in die blaue Farbe des Uralischen Sodalithes macht. Beide Färbungen, sowohl die grüne des Grönländischen, als auch die blaue des Uralischen Sodalithes, verschwinden bei der ersten Einwirkung des Löthrors, scheinen demnach nur von etwas beigemengter organischer Materie herzurühren und gehören daher nicht zu den specifischen Kennzeichen des Sodalithes [2]). Dasselbe ist auch mit der schönen blauen

[1]) Die beiden ersten Theile dieser Formel sind übereinstimmend mit der Formel, die man für den Eläolith vor der Analyse von Scheerer annahm; daher ich den Sodalith in einer früheren Beschreibung dieser Abänderung (Bericht der K. Preuss. Akademie der Wissenschaften vom Jahre 1839 S. 59.) für eine Verbindung von 1 Atom Eläolith mit 1 Atom Chlornatrium betrachten konnte, was jetzt nun nicht mehr angeht.

[2]) Als ich die Auflösung des Sodalithes in Salpetersäure nach Ab-

Farbe der Fall, die das Steinsalz von Wieliczka zuweilen hat, und die ganz mit der Farbe des Uralischen Sodaliths übereinstimmt. Die Ursache der letztern aus einem kleinen Gehalte an Schwefel abzuleiten, wie Kupffer, der das Mineral für Lasurstein hält, wohl mehr vermuthet als beobachtet hat [1]), scheint mir nicht wahrscheinlich, da ich bei der Auflösung des Minerals in Chlorwasserstoffsäure durchaus keinen Geruch von Schwefelwasserstoff habe wahrnehmen können.

Der Sodalith ist am Ilmengebirge besonders mit Feldspath und Eläolith verwachsen und, wie er stets nur in kleinen Mengen vorkommt, auch nicht häufig.

5. Der Cancrinit; ein neues, durch seine Zusammensetzung sehr merkwürdiges Mineral, auf das ich bei einer früheren Beschreibung desselben [2]) vorgeschlagen habe den Namen Cancrinit zu übertragen, der durch die Identität des bisherigen Cancrinits mit dem Sodalithe für jenen fortfallen musste. Ich schätze mich glücklich, den Namen des ausgezeichneten Staatsmannes, der durch seine glänzenden Verdienste um den Russischen Bergbau auch für die Mineralogie im Allgemeinen so fördernd gewirkt hat, so bald schon wieder in die Mineralogie einzuführen Gelegenheit zu haben.

Der Cancrinit findet sich wie der Sodalith nur derb, und theils wie dieser in kleinen Massen, die nur aus einem Individuum bestehen, theils mit dünnstängligen, stark verwachsenen Zusammensetzungsstücken. Er ist nach 3 Richtungen sehr vollkommen

---

scheidung des Chlors und des überschüssig zugesetzten Fällungsmittels zur Trockniss abdampfte, und die trockne Masse wieder mit Wasser kochte, blieb die Kieselsäure ganz mit derselben lichten blauen Farbe, wie sie das pulverförmige Mineral hat, zurück; sie verlor sich aber bei dem Glühen der Kieselsäure gänzlich.

[1]) *Voyage dans l'Oural p.* 423.

[2]) Bericht der K. Preuss. Akad. d. Wiss. vom Jahr 1839 S. 56.

spaltbar, die sich unter Winkeln von 120° schneiden, und parallel den Flächen des regulären sechsseitigen Prisma gehen; Bruch uneben.

Lichte rosenroth; durchscheinend, in dünnen Stükken ganz durchsichtig; auf der Spaltungsfläche stark perlmutterartig, in den übrigen Richtungen fettglänzend, wie Eläolith.

Härte: zwischen der des Apatits und Feldspaths, also etwa 5,5; das specifische Gewicht 2,453 [1]) bei einer Temperatur von 11°,2 R.

In Chlorwasserstoffsäure oder Salpetersäure mit Leichtigkeit und unter starkem Brausen zu einer klaren Flüssigkeit auflöslich, die nach einiger Zeit gelatinirt; die Auflösung in Salpetersäure giebt mit salpetersaurem Silberoxyd nur eine sehr geringe Trübung.

Vor dem Löthrohr werden kleine Splitter, in der Zange gehalten, zuerst weiss und undurchsichtig, und schmelzen dann mit Leichtigkeit unter beständigem Aufschäumen zu einem weissen blasigen Glase.

Von Borax wird das Mineral leicht und in grosser Menge zu einem klaren Glase aufgelöst. Mit Phosphorsalz schmilzt es leicht und unter Aufschäumen und mit Hinterlassung der Kieselsäure zu einem klaren Glase zusammen; das bei einem grösseren Zusatz vom Mineral beim Erkalten milchicht wird. Mit Soda schmilzt es unter Aufschäumen zu einem blasigen Glase. Durch anhaltendes Glühen scheint sich der ganze Gehalt an Kohlensäure austreiben zu lassen [2]).

---

[1]) Zur Bestimmung dienten mehrere kleine Stückchen, die aber nicht vollkommen von sehr kleinen eingemengten Glimmerblättchen, mit welchen der Cancrinit gewöhnlich verwachsen vorkommt, befreit waren. Bei einer Wiederholung des Versuchs mit denselben Stücken fand ich das specifische Gewicht fast ganz übereinstimmend, nämlich 2,454.

[2]) Bei einem Versuche, wobei das Mineral eine halbe Stunde im Platintigel über der Spirituslampe mit doppeltem Luftzuge geglüht

Zwei Analysen, bei welchen das Mineral in Chlorwasserstoffsäure aufgelöst wurde, geben folgendes Resultat:

Natron	17,38	17,66
Kali	0,57	0,82
Thonerde [1])	28,29	28,24
Kieselsäure	40,59	40,26
Kalkerde	7,06	6,34
Spur von Chlor und Verlust	6,11	6,68

In einem besondern Versuche zur Bestimmung des Gehalts an Kohlensäure wurden von dieser 6,38 pCt. gefunden.

Die Formel, welche sich aus diesen Analysen ableiten lässt, ist:

$$\dot{Na}^2 \dddot{Si} + 2 \dddot{Al} \dddot{Si} + \dot{Ca} \ddot{C}$$

wonach die Zusammensetzung folgendermassen ausfällt;

Natron	17,65
Thonerde	28,98
Kieselsäure	39,11
Kalkerde	8,03
Kohlensäure	6,23

Der Cancrinit ist also eine Verbindung, wie sie bisher noch nicht vorgekommen ist, nämlich von einem Silicate mit einem Carbonate nnd zwar bestimmter von einem Atom Natron-Eläolith mit einem Atom Kalkspath [2]), wobei es ausserdem noch merkwürdig ist,

---

wurde, verlor dasselbe 6,18 pCt.; der Rückstand brauste nur noch sehr wenig mit Chlorwasserstoffsäure, gelatinirte aber noch damit.

[1]) Mit einer sehr geringen Beimengung von Eisen.

[2]) Bei der früheren Beschreibung des Cancrinits (a. a. O. S. 59.) hatte ich denselben ebenfalls schon auf diese Weise, als bestehend aus 1 Atom Eläolith mit 1 Atom Kalkspath, betrachtet, doch passte, wie Scheerer darauf aufmerksam gemacht hat (Poggendorffs Ann. B. XLIX S. 377) die Berechnung nach der alten Formel des Eläoliths, die damals nur bekannt war, mit dem Ergebniss der Analyse lange nicht so gut, wie die nach der neuen Formel von Scheerer.

dass der Kalkspath, wie das Chlornatrium, das einen Bestandtheil des Sodalithes ausmacht, für sich allein in dem ganzen Gebirgsgestein, worin der Cancrinit und der Sodalith enthalten ist, nicht vorkommt. — Der Cancrinit findet sich wie der Sodalith nur in geringer Menge und besonders mit Eläolith verwachsen.

6. Zirkon. Er ist es, welcher diese Lagerstätte besonders berühmt gemacht hat, auch sind die Krystalle, wie sie hier vorkommen von einer ausgezeichneten Beschaffenheit. Die Krystalle haben die Taf. I Fig. 1 dargestellte Form und sind Kombinationen des Hauptoctaëders *o* mit 2 spitzern Octaëdern gleicher Ordnung 2*o* und 3*o*, dem ersten und zweiten quadratischen Prisma *g* und *a* und dem Dioctaëder 3. Die Flächen des ersten quadratischen Prisma sind klein und erscheinen gewöhnlich nur als schmale Abstumpfungsflächen [1]) der Seitenkanten des Octaëders 3*o* und dieser Umstand, wie auch die Anwesenheit der Flächen 2*o*, zeichnen diese Zirkonkrystalle vor denen anderer Fundörter besonders aus. Die Flächen 2*o* schneiden die benachbarten Flächen des Dioctaëders 3 in parallelen Kanten und bilden die Abstumpfungsflächen der schärferen Endkanten des letzteren [2]). Legt man die Messungen des Zirkons von Kupffer zum Grunde so beträgt:

die Neigung von	*o* gegen	*g* . .	132°	10′
- - -	2*o* -	*g* . .	151	6
- - -	3*o* -	*g* . .	159	47½

Die Flächen *o* und *g* sind gewöhnlich sehr glatt und glänzend, die Flächen der spitzern Octaëder viel weniger glänzend und häufig in die Quere gestreift; die Flächen *a* sind glänzend, aber meistentheils ganz

---

[1]) Die oft noch viel kleiner sind, als in der Fig. angegeben ist.

[2]) Sie sind ferner die Abstumpfungsflächen der Kanten zwischen *o* und *a*, und was man zuweilen auch bei den Krystallen sehen kann, Zuschärfungsflächen der Endkanten von 3*o*.

drusig und nur sehr selten glatt, die Flächen 3 zuweilen so glatt und glänzend wie *o*. Die Krystalle sind alle um und um ausgebildet und haben eine sehr verschiedene Grösse, da sie oft kaum von der Grösse eines Nadelknopfes, zuweilen aber länger als ein Zoll sind [1]).

Die Farbe der Krystalle ist gelb und ebenfalls eigenthümlich; die kleineren Krystalle sind häufig ganz durchsichtig, die grösseren sind es wenigstens stellenweise, da sie häufig im Innern Sprünge und Klüfte haben, was ihrer Durchsichtigkeit schadet; sie sind ferner stark glänzend von Glasglanz. Das specifische Gewicht mehrerer kleiner durchsichtiger Bruchstücke fand ich 4,663. (Temp. 11° R.)

Die Zirkone kommen gewöhnlich in Feldspath und Glimmer, sehr selten, und nur die kleineren, in Eläolith eingewachsen vor.

7. Apatit. Er findet sich in Krystallen mit abgerundeten Kanten und von gelber Farbe, wie der Spargelstein vom Zillerthal in Tyrol nnd kommt in Feldspath und Eläolith eingewachsen vor. Die Krystalle erreichen zuweilen Zoll-Grösse, sind durchsichtig, sehr rissig und voller Sprünge. Sie enthalten kaum eine Spur von Chlor und sind demnach nur eine Verbindung von basisch phosphorsaurer Kalkerde mit Fluorcalcium.

8. Ilmenit (Titaneisenerz) findet sich krystallisirt und derb. Die Krystalle, welche, wie die des Titaneisenerzes überhaupt, bekanntlich in den Winkeln von Eisenglanz fast gar nicht verschieden sind, stellen Kombinationen des Hauptrhomboëders mit der geraden Endfläche und dem ersten spitzern und dem

---

[1]) Wie erhielten selbst einen solchen Krystall, welcher anderthalb Zoll lang und einen Zoll breit ist, und Lissenko führt in seiner geognostischen Beschreibung des Kreises von Slatoust an, dass man Zirkone von 48, 60, 70, ja einen auch von 78 Sol. oder $\frac{13}{16}$ Pfund Russ. gefunden habe. (Gornoi-Journal 1834, B. I S. 166.)

ersten stumpfern Rhomboëder dar. Die Flächen der erstern beiden Formen herrschen vor, bald aber mehr die Rhomboëderfläche, bald mehr die gerade Endfläche, in welchem Falle die Krystalle ein tafelförmiges Ansehn erhalten; die Flächen des ersten spitzern und des ersten stumpfern Rhomboëders, sind gewönlich nur untergeordnet vorhanden, besonders die Flächen des letzteren, die immer nur als schmale Abstumpfungsflächen der Kanten des erstern mit der geraden Endfläche erscheinen.

Die Grösse der Krystalle ist sehr verschieden und steigt von einigen Linien bis zu einigen Zollen. Wir erhielten selbst einen Krystall, der $3\frac{1}{2}$ Zoll breit und 2 Zoll hoch ist. Die Flächen der grössern Krystalle sind stets mehr oder weniger gekrümmt, und die Kanten abgerundet; die der kleineren Krystalle sind ebener, doch nie in dem Grade, dass sie sich zu sehr genauen Messungen eigneten. Der Bruch ist muschlig bis uneben, Spaltungsflächen sind nicht zu erkennen, doch finden sich öfters parallel den Rhomboëderflächen glatte Zusammensetzungsflächen. Die derben Massen sind gewöhnlich nur unregelmässig begränzte Individuen und finden sich wie die Krystalle von sehr verschiedener Grösse, doch sind die grösseren Massen oft klüftig und auf den Klüften zuweilen mit einem dünnen braunen erdigen Ueberzuge bedeckt.

Bräunlichschwarz und metallischglänzend, besonders im Bruche und auf der geraden Endfläche, die übrigen Flächen haben nur unvollkommenen Metallglanz; der Strich schwarz; die Härte etwas unter der des Feldspaths; das specifische Gewicht mehrerer kleiner Bruchstücke fand ich 4,808 (Temp. des Wassers 12°R.) Wenig magnetisch; Verhalten vor dem Löthrohre wie bei dem Titaneisenerze überhaupt.

In Rücksicht der chemischen Zusammensetzung ist nach Mosander der Ilmenit wie die übrigen Titaneisenerze als eine Verbindung von titansaurem Eisenoxydul mit Eisenoxyd in unbestimmten Verhältnissen zu betrachten und es unterscheidet sich von den übrigen Titaneisenerzen, die er untersucht hat, wie dem von Arendal und Egersund, dadurch, dass er weniger Eisenoxyd enthält, und also ein reineres titansaures Eisenoxydul ist, als diese. Nach seiner Analyse besteht er nämlich aus:

Eisenoxydul	35,37
Manganoxydul	2,39
Talkerde	0,60
Kalkerde	0,25
Titansäure	46,67
Eisenoxyd	11,71
Chromoxydul	0,38
Kieselsäure	2,80
	100,17 [1]).

Der Ilmenit findet sich gewöhnlich in Feldspath und Eläolith, doch auch in Glimmer eingewachsen. Blättchen von letzterem und Körner von Apatit finden sich öfter im Innern der Ilmenitkrystalle, oder kommen mit ihnen verwachsen vor. — Der Ilmenit wurde von Menge, der ihn entdeckt hat, für Tantalit gehalten, und als solcher versendet; ältere Beschreibungen der Krystalle von mir und von Lévy befinden

---

[1]) Vergl. Poggendorffs Annalen B. XIX S. 217. Mosander erklärt die gleiche Krystallform des Titaneisenerzes und des Eisenglanzes aus dem Umstande, dass die beiden Bestandtheile, die nach seinen Analysen in dem Titaneisenerze enthalten sind, das titansaure Eisenoxydul und das Eisenoxyd gleiche Atome Sauerstoff und Radikal enthalten, indem das erstere mit $\dot{Fe}\ddot{Ti}$, das letztere mit $\dddot{Fe}$ bezeichnet wird. So scharfsinnig aber diese Erklärung auch ist, so ist sie doch wenig wahrscheinlich, da es gegen alle Analogie ist, eine Verbindung zweiter Ordnung wie das titansaure Eisenoxydul mit einer Verbindung erster Ordnung wie das Eisenoxyd für isomorph zu erklären. Eine viel einfachere Erklärung dieses bis jetzt räthselhaften Isomorphismus scheint aus den Untersuchungen hervorzugehen, mit denen mein Bruder jetzt beschäftigt ist und die er wohl nächstens bekannt zu machen im Stande sein wird.

sich in Poggendorffs Annalen [1]) und den *Annals of philosophy* [2]). Der Name Ilmenit rührt von Kupffer her. —

Bis zu den Schürfen, in welchen sich die genannten Mineralien fanden, waren wir in unsern Wagen gekommen; zu den übrigen weiter nordöstlich gelegenen Schürfen konnten wir nur zu Fuss gelangen, und liessen daher unsere Wagen hier stehen, um uns ihrer auf dem Rückwege wieder zu bedienen. Wir wandten uns nun zuerst zu dem dritten Zirkonschurf, der in einer kleinen hervorragenden Kuppe angelegt ist, deren Gebirgsart aber nicht mehr in dem eigentlichen Miascit, sondern hauptsächlich in einem Gemenge von Feldspath, Albit und Glimmer besteht. Die sich hier findenden Mineralien sind aber folgende:

1. Feldspath, gelblichweiss, an den Kanten durchscheinend, grosskörnig, in kleinen Drusenräumen in undeutlichen an den Kanten abgerundeten Krystallen krystallisirt.

2. Albit, grünlichweiss, stärker durchscheinend als der Feldspath und ebenfalls grosskörnig. Auf der vollkommensten Spaltungsfläche ist er stark gestreift, und stark perlmutterartig glänzend; zuweilen ist er regelmässig mit dem Feldspath verwachsen und umgiebt die etwa 6 Linien langen Körner des Feldspaths mit einer 1 bis 2 Linien breiten Hülle, wie in dem Finländischen Granite, der zu den Säulen der Kasanschen Kirche in Petersburg benutzt ist [3]). Auch der Albit findet sich in kleinen rundlichen Krystallen in den Drusenräumen krystallisirt.

3. Glimmer wie der vorige, doch nicht so grossblättrig.

4. Zirkon, in eingewachsenen Krystallen, die

---

[1]) B. IX S. 286.

[2]) New series, B. I. S. 26.

[3]) Vergl. Th. I dieser Reise S. 54.

aber in Form und Farbe von denen der vorigen Brüche ganz verschieden sind. Die Krystalle erscheinen nämlich in der sogenannten Hyazinthkrystallisation, die Flächen des zweiten quadratischen Prisma *a* herrschen sehr vor und die Flächen des Hauptoctaëders *o* erscheinen auf den Kanten des Prisma aufgesetzt, indessen finden sich gewöhnlich, wenigstens bei den grösseren Krystallen, auch noch die Flächen des ersten quadratischen Prisma *g*, als schmale Abstumpfungsflächen der Kanten des ersten, und selbst die spitzern Octaëder über diesen. Die Flächen des zweiten Prisma sind auch hier rauh und uneben, die des ersten glatt. Die Krystalle stehen an Grösse denen der vorigen Schürfe nach und erreichen nur eine Grösse von 6 bis 7 Linien, meistentheils sind sie kleiner. Die Krystalle sind dabei bräunlichroth; die kleinen Krystalle ganz, die grösseren wenigstens stellenweise durchsichtig, dabei stark glänzend von Glasglanz. Das specifische Gewicht mehrerer kleiner Krystalle fand ich fast ganz übereinstimmend mit dem der vorigen Krystalle: 4,642 (Temp. 8°,6 R.).

In dem Gemenge, welches diese Mineralien bilden, ist Feldspath und Albit vorherrschend, dann folgt der Glimmer; der Zirkon findet sich nur in einzelnen Krystallen zwischen den übrigen Gemengtheilen. Eläolith findet sich hier nicht, aber eben so wenig Quarz, daher die Gebirgsart der Kuppe doch vielleicht nur als eine Varietät des Miascits zu betrachten ist.

Diesem ähnlich, doch in etwas verschieden ist das Gemenge von Mineralien in einem vierten Schurfe. Hier finden sich

1—3. Feldspath, Albit und Glimmer wie in dem vorigen Schurfe; der Feldspath jedoch bald mehr gelblich- bald mehr röthlich-weiss. Der Glimmer an der Oberfläche durch Verwitterung tombakbraun, was auch schon bei dem Glimmer der vorigen Schürfe zu bemerken war.

4. Zirkon von Form und Grösse wie in dem vorigen Schurfe, aber gelblichbraun und nur an den Kanten durchscheinend.

5. Pyroçhlor in eingewachsenen Krystallen, die im äussern Ansehen im Ganzen mit dem in dem Syenite von Friedrichswern in Norwegen vorkommenden Pyrochlor [1]) übereinstimmen, aber sich vor demselben durch ausgebildetere Formen und bedeutendere Grösse auszeichnen. Die Krystalle sind zwar in der Regel nur reguläre Octaëder, kommen aber doch öfters in der Taf. 1 dargestellten Kombination vor, d. i. mit den Flächen des Dodecaëders *d* und den Flächen des Icositetraëders $(a : a : \frac{1}{3} a)$, $\frac{1}{3} o$. Zuweilen finden sich selbst noch die Kanten zwischen jenem Icositetraëder und dem Octaëder durch die Flächen des Icositetraëders $(a : a : \frac{1}{2} a)$ schwach abgestumpft. Die Flächen der Krystalle selbst sind glatt und kommen hinreichend glänzend vor, um sie noch mit dem Reflexionsgoniometer messen zu können, wodurch auch die Neigungen von $\frac{1}{3} o$ und $\frac{1}{2} o$ mit *o* ganz nahe über einstimmend mit den Winkeln von 150° 31′ und 160° 32′ gefunden wurden. Die Grösse der Krystalle ist oft sehr bedeutend; sie erreichen zuweilen eine Axenlänge von einem halben Zolle, wiewohl sie in der Regel kleiner sind, und ihre Grösse selbst bis zu der eines Nadelknopfes herabsinkt. Bruch, Farbe, Glanz und Härte wie bei den Norwegischen Krystallen, ihr specifisches Gewicht fand ich aber grösser, nämlich 4,320; bei den Krystallen von Friedrichswern beträgt es nur 4,206 — 4,216.

Das grössere specifische Gewicht lässt schon auf eine Verschiedenheit in der chemischen Zusammensetzung schliessen, die sich auch in dem Verhalten vor dem Löthrohr insofern zu erkennen giebt, als der

---

[1]) Siehe die Beschreibung desselben von Wöhler in Poggendorffs Annalen B. VII S. 417.

Pyrochlor des Ilmengebirges, für sich erhitzt, noch vor der Glühhitze dasselbe Verglimmungsphänomen zeigt, wie der Gadolinit und mit den Flüssen gar keine Reaction von Uran giebt; im Borax und Phosphorsalz löst er sich nämlich in der äussern wie in der innern Flamme zu einem lichten grünen Glase auf, dessen Farbe bei der Abkühlung ganz verschwindet. Hat man viel von der Probe genommen, so erhält man mit Borax in der innern Flamme ein grünlichgraues, mit Phosphorsalz ein lichte röthlichgraues Email. Der Norwegische Pyrochlor giebt dagegen mit Phosphorsalz ein viel stärker grün gefärbtes Glas, und die grüne Farbe verschwindet bei der Abkühlung nicht.

Von concentrirter Schwefelsäure wird der Pyrochlor vom Ilmengebirge im fein zerriebenen Zustande vollständig zersetzt; das Gemisch erstarrt bei Erwärmung unter Entwickelung von flusssauren Dämpfen plötzlich zu einer aufgequollenen, fast trocknen Masse, aus welcher sich durch Kochen mit Wasser die Basen ausziehen, und von der zurückbleibenden Tantalsäure trennen lassen.

Nach der Analyse, welche Wöhler [1]) mit einigen der von mir zurückgebrachten Krystalle angestellt hat, enthält dieser Pyrochlor

Thonerde, Ceroxyd		13,152
Kalkerde		10,984
Yttererde		0,808
Eisenoxydul		1,285
Manganoxydul		0,146
Talkerde, Zinnoxyd	Spuren	
Tantalsäure (m. etwas Titansäure)		67,376
Natrium		3,930
Fluor		3,233
Wasser		1,160
		102,074

[1]) Vergl. Poggendorffs Ann. Bd. XXXXVIII S. 88.

Der Gewichtsüberschuss rührt davon her, dass das Cer als Oxyd angegeben und im Minerale sehr wahrscheinlich als Oxydul enthalten ist. Die Formel, welche Wöhler für diess Mineral aufstellt, ist:

$$\left.\begin{matrix}\dot{C}a^2\\ \dot{T}h^2\\ \dot{C}e^2\end{matrix}\right\}\dddot{T}a + NaF$$

Der viel geringere Wassergehalt und die gänzliche Abwesenheit von Uran unterscheiden in Rücksicht der chemischen Zusammensetzung diesen Pyrochlor besonders von dem Pyrochlor von Friedrichswern und eben so von dem von Brevig. Ob diese Unterschiede hinreichend sind einen Gattungsunterschied zu begründen, müssen spätere Untersuchungen lehren.

Der Uralische Pyrochlor kommt gewöhnlich in dem Feldspath eingewachsen vor, nicht selten sind die Krystalle mit den beschriebenen Krystallen des Zirkons zusammengewachsen, die in diesem Fall oft sehr schön ausgebildet sind. Seine Entdeckung geschah erst das Jahr vor unserer Ankunft, man hielt ihn aber bis zu derselben für Spinell. Ziemlich zu derselben Zeit bestimmte ihn auch als Pyrochlor Berzelius, dem Prof. Kupffer Krystalle desselben geschickt hatte. —

Fin folgender Schurf in einer andern kleinen Kuppe zeigte ein förmlich syenitisches Gemenge. Hier finden sich

1. Feldspath in vorherrschender Menge fleischroth und grosskörnig.

2. Hornblende, schwärzlichgrün, grobkörnig, doch nur in geringer Menge. Die Spaltungsflächen sind etwas gestreift und nicht von der gewöhnlichen Vollkommenheit.

3. Glimmer, grünlichschwarz, an der Oberfläche tombakbraun, nur in einzelnen Blättchen und Zusammenhäufungen zwischen dem Feldspath der Hornblende.

4. Quarz von grünlichweisser Farbe in kleinen Parthien und sehr sparsam.

5. Apatit in kleinen gelben Krystallen, meistentheils in Hornblende eingewachsen.

6. Pyrochlor in Körnern, weniger in deutlichen Krystallen, sonst wie der vorige.

7. Titanit, das bemerkenswertheste Mineral dieser Stelle. Er findet sich in Krystallen und derben Massen, erstere aber von ausserordentlicher Grösse, da sie mehrere Zoll lang und verhältnissmässig breit sind. Sie haben sonst die gewöhnliche Form des eingewachsenen Titanits und erscheinen als Prismen von 136°; ihre Flächen sind aber gewöhnlich uneben oder rauh, auch ist ihr Inneres oft porös. Sie sind gelblichbraun, auf der Oberfläche wenig, im Bruche stellenweise stark glänzend von Fettglanz, nur an den Kanten durchscheinend. Es ist demnach nur die Grösse, die diese Krystalle bemerkenswerth macht, da sie sonst im Uebrigen nicht ausgezeichnet sind [1]). Die derben Parthien zeigen schalige Zusammensetzungsstücke, zwischen denen sich öfter eine gelbe erdige Substanz befindet. —

Von diesem Schurf aus führte uns unser Weg immer durch den Wald mehr zu der Höhe des Ilmengebirges. Wir gelangten nun zuerst zu einem Gestein, das Quarz als wesentlichen Gemengtheil enthielt, während er in dem eben beschriebenen Syenite nur in sehr geringer Menge als unwesentlicher Gemengtheil enthalten war. Man kann dies Gestein vielleicht am zweckmässigsten Weissstein nennen, denn es besteht aus einem körnigen Gemenge von vorherrschendem schneeweissen Feldspath und Albit, etwas graulichweissem

[1]) Sehr schöne Krystalle von Titanit hat man nach Lissenko später an einer andern Stelle im Ilmengebirge beim See Ischkul gefunden; sie sind hier unmittelbar unter der Dammerde im zerstörten Feldspath vorgekommen. (Gornoi-Journal 1834, B. II S. 16.)

Quarz, und rothem durchsichtigen bis durchscheinenden Granat; aber das Gemenge ist noch keinesweges feinkörnig, wie in dem sächsischen Weissstein; der Feldspath und Albit ist im Gegentheil ziemlich grobkörnig, der Quarz zwar feiner körnig, liegt aber nicht in einzelnen Körnern, sondern in körnigen Parthien zwischen dem Feldspath und Albit; der Granat findet sich in kleinen Körnern und körnigen Parthien; die Krystalle erscheinen als sehr glattflächige Leucitoëder. In welchem Verhältniss Albit und Feldspath in dem Gemenge enthalten sind, kann man bei der gleichen Farbe beider gar nicht übersehen. Glimmer ist nicht darin enthalten; auf den Klüften findet sich öfter ein Ueberzug von weissem Amianth.

Hier und da kommen in diesem Gesteine auch zolllange Krystalle von gelblichgrünem durchsichtigen Beryll vor. Was wir davon sammelten oder Gelegenheit hatten zu sehen, ist nicht ausgezeichnet, doch soll sich nach Lissenko der Beryll noch an mehreren andern Stellen des Ilmengebirges und zuweilen recht schön finden, wie namentlich am grossen Jelantschik, wo die Krystalle von einer schönen Farbe, ganz der des Smaragdes ähnlich, vorgekommen sind.

Jenseits dieses Gesteins stiessen wir nun an eine grosse Masse von körnigem Kalkstein, dessen Vorkommen hier fast auf der Spitze des Ilmengebirges recht merkwürdig ist. Er ist grobkörnig, die einzelnen Zusammensetzungsstücke sind sehr vollkommen spaltbar, aber die Spaltungsstücke immer etwas gekrümmt [1]). Das Gestein ist sehr klüftig und enthält mehrere Mineralien eingewachsen, unter denen besonders des Apatits zu erwähnen ist. Letzterer ist ganz

---

[1]) Nach einer in dem Laboratorium meines Bruders angestellten Analyse enthält er nur 95,23 pCt. reine kohlensaure Kalkerde, das Uebrige besteht in kohlensaurem Eisen- und Manganoxydul und in Thonerde.

von derselben Farbe und den übrigen Eigenschaften wie der, welcher sich in dem Miascite findet; seine Krystalle sind wie diese grünlichgelb und durchsichtig und enthalten ebenfalls nur eine Spur von Chlor, aber sie sind grösser und regelmässiger krystallisirt, wenngleich auch hier die Kanten stets abgerundet sind. Wir erhielten selbst Krystalle, die eine Länge von 3 Zollen haben; es sind sechsseitige Prismen, die an den Enden mit den Flächen des mittleren Hexagondodecaëders zugespitzt sind.

Ausserdem kommen noch in diesem Kalkstein eingewachsen vor: sechsseitige Tafeln schwarzen, in dünnen Blättchen lauchgrünen Glimmers, die 3 bis 4 Linien gross, doch auch viel kleiner sind, und hier und da auch kleine, aber sehr regelmässige Krystalle von Magneteisenerz. Es wäre allerdings sehr interessant gewesen, die näheren Lagerungsverhältnisse dieses Kalksteins auszumitteln; die Gränze mit dem eben beschriebenen Weissstein war aber an der Stelle, wo wir ihn sahen, ganz verdeckt, und andere Punkte aufzusuchen erlaubte unsre Zeit nicht. Wir beschlossen hier unsere Exkursion und kehrten auf demselben Wege, auf dem wir gekommen, zu unseren Wagen und auf denselben wieder nach Miask zurück.

Den 6. Sept. Die Exkursion nach dem östlich vom Ilmensee gelegenen Schürfen machte ich allein mit den Herren Lissenko und Barbot de Marni, da Herr v. Humboldt den Tag zur Beobachtung der Inklination der Magnetnadel und Prof. Ehrenberg zum Ordnen seiner gesammelten Pflanzen benutzen wollte. Auch machten wir diese Exkursion zu Pferde, da wir die Absicht hatten, diessmal unsern Weg an der Südseite des Ilmensees entlang zu nehmen, wo ein irgend prakticabler Fahrweg gar nicht existirte, und die vielen Sümpfe, die sich hier befanden auf diese Weise am besten zu passiren waren. Der Weg wäre in der That selbst zu Pferde nur mit der grössten Schwierigkeit zurückzulegen gewesen, hätte man nicht die Aufmerksamkeit gehabt, die schlimmsten Stellen mit neuen Bohlen belegen zu lassen.

Die Häuser von Miask ziehen sich nach dieser Richtung weit hin; gleich hinter den letzten derselben erheben sich einzelne steile Abstürze, die aus dem oben beschriebenen Miascit bestehen, welcher aber hier keine bemerkenswerthen Mineralien enthält. Der erste Schurf, zu welchem wir weiter fortreitend gelangten, war der Aeschynit-Schurf, der an einem kleinen Hügel in dem Eläolith-freien Miascite angelegt war. Das Gestein, worin hier der Aeschynit eingewachsen vorkommt, hat eine grosse Aehnlichkeit mit dem des zweiten und dritten Schurfes des gestrigen Tages, demselben, worin die röthlichbraunen Zirkone und Pyrochlore eingewachsen sind. Wie dieses besteht es aus einem grosskörnigen Gemenge von fleischrothem bis gelblichweissem Feldspath und Albit mit grünlichschwarzem Glimmer. Zirkon von derselben Farbe und Durchsichtigkeit wie im dritten Schurfe, röthlichbraun und halbdurchsichtig findet sich auch, nur ist er kleiner als dieser, sonst oft äusserst schön krystallisirt. Er bildet hauptsächlich eine Kombination der Grundform mit dem zweiten quadratischen Prisma, woran die Flächen des Dioctaëders untergeordnet als Abstumpfungsflächen der Kanten zwischen Octaëder und Prisma erscheinen.

Der Aeschynit findet sich in diesem Gestein nur krystallisirt. Die Krystalle sind ein- und einaxig, und haben die Taf. I. abgebildete Form. Die Kanten zwischen den Flächen *o* und $2f$ sind parallel den gegenüberliegenden Kanten zwischen $2f$ und g, woraus also, wenn man *o* als die Grundform $(a : b : c)$ betrachtet, das Längsprisma den Ausdruck $(a : \infty b : 2c)$ erhält. Die Seitenflächen $\frac{1}{2}g = (a : \frac{1}{2}b : \infty c)$ sind durch die Messung der Winkel bestimmt. Die aus den

Messungen abgeleiteten Werthe für die 3 Axen der Grundform sind:

$$a : b : c = 0{,}74 : 1{,}50 : 1.$$

Berechnet man hieraus wieder die Neigungen der Flächen, so ergiebt sich diese wie folgt:

die Neigung von	$g : g$ =	127°	19′
- - -	$g : h$ =	116	$15\frac{1}{2}$
- - -	$g : \frac{1}{2}g$ =	161	$38\frac{1}{2}$
- - -	$\frac{1}{2}g : h$ =	134	37
- - -	$2f : 2f$ =	73	44
- - -	$2f : b$ =	143	8
- - -	$g : o$ =	146	26.

Die angegebenen Winkel sind indessen nicht für sehr genau zu halten, da die Flächen der Krystalle selten glatt und glänzend, häufig ganz matt und rauh waren; nur die Seitenflächen *g* konnten einigermassen genau mit dem Reflexionsgoniometer gemessen werden, die Endflächen sind nur mit dem Anlegegoniometer bestimmt [1]). Die Krystalle sind stets eingewachsen, der grösste, den ich gesehn habe, hat eine Breite von 6 Linien und eine verhältnissmässige Länge; gewöhnlich sind sie aber viel kleiner, und in der Regel fehlen dann auch die Flächen *b* und $\frac{1}{2}g$ und *o*, so dass sie dann nur als Combinationen eines vertikalen rhombischen Prisma mit einem Längsprisma erscheinen. Eine Spaltbarkeit ist nicht zu bemerken, der Bruch uneben bis kleinmuschlig.

Bräunlichschwarz, im Strich gelblichbraun; nur an den äussersten Kanten schwach durchscheinend und zwar mit hyazinthrothem Lichte; im Bruch starkglänzend von Fettglanz.

Härte zwischen Apatit und Feldspath; das speci-

---

[1]) Die Winkel stimmen im Ganzen mit denen überein, die schon Brooke von dem Aeschynit angeführt hat. (*Philosoph. Magaz. and Annals Vol. X p.* 187 und daraus in Poggendorffs Ann. Bd. XXIII S. 361.

fische Gewicht nach Brooke 5,14, nach Breithaupt 5,188 — 5,21 [1]).

Das Verhalten des Aeschynits vor dem Löthrohr ist von Berzelius angegeben; er zeichnet sich in dieser Hinsicht durch ein starkes Aufblähen aus, wenn man ihn in der Platinzange glüht; er erweitert sich nach allen Dimensionen; krümmt sich nach einer Seite und wird ockergelb. Nach der Untersuchung von Hartwall [2]) besteht er aus

Titansäure	56,0
Zirkonerde	20,0
Ceroxyd	15,0
Kalkerde	3,8
Eisenoxyd	2,6
Zinnoxyd	0,5
	97,9

Eine Formel lässt sich für diese Zusammensetzung nicht aufstellen, weil sie keine völlige quantitative Sicherheit hat und man kein Mittel kennt, Titansäure von Zirkonerde mit Sicherheit quantitativ zu trennen.

Er kommt gewöhnlich in Feldspath, zuweilen in dem blättrig körnigen Glimmer eingewachsen vor. Häufig umschliessen seine Krystalle noch einen Kern von Feldspath, auch kommt Zirkon in ihm ein- und aufgewachsen vor. Er wurde von Menge entdeckt, aber für Gadolinit gehalten. Der Name Aeschynit rührt von Berzelius her.

Mit dem Aeschynit kommt noch ein neues Mineral vor, dem ich bei einer früheren Beschreibung desselben [3]) den Namen Uranotantal zu geben vorgeschlagen habe. Ich habe es selbst nicht an Ort und Stelle gesammelt, sondern kenne es nur von einem Stücke, welches ich erst später durch Herrn Capitain v.

---

[1]) Schweigger-Seidel's Jahrbuch B. VIII, S. 441,

[2]) Berzelius Jahresbericht, Jahrgang 9 S. 195,

[3]) Poggendorffs Ann. B. XXXXVIII S. 555.

Jevreinoff erhalten habe. Es findet sich an dem Stücke in einzelnen platten Körnern, die in einem röthlichbraunen Feldspath zugleich mit Aeschynit eingewachsen sind, und auf der Bruchfläche des Feldspaths Spuren von regelmässigen Umrissen zeigen, und daher undeutliche Krystalle zu sein scheinen. Sie sind von verschiedener Grösse, höchstens von einer Haselnuss; Bruch muschlig.

Er ist sammetschwarz, im Strich dunkel röthlichbraun, im Bruch starkglänzend von unvollkommenem Metallglanz und undurchsichtig.

Seine Härte ist zwischen Apatit und Feldspath, das specifische Gewicht 5,625.

Im Kolben über der Spirituslampe schwach erhitzt, decrepitirt der Uranotantal etwas, sublimirt einige Feuchtigkeit, und glimmt dann auf wie Gadolinit, wobei die angewandten Stücke etwas aufbersten und eine schwarzbraune Farbe erhalten [1]). Nun vor dem Löthrohre in der Platinzange erhitzt, schmilzt er an den Kanten zu einem schwarzen Glase.

In Borax auf Platindrath löst er sich gepulvert ziemlich leicht auf und bildet in der innern Flamme ein gelbes, in der äussern ein gelblichgrünes Glas. Bei stärkerem Zusatz von Mineral erhält das Glas in der äussern Flamme einen Stich ins Rothe, besonders so lange es heiss ist, in der inneren wird es grünlichschwarz; geflattert wird es undurchsichtig und gelblichbraun.

In Phosphorsalz löst es sich gepulvert ebenfalls ziemlich leicht und vollständig zu einem klaren Glase auf; in der innern Flamme geschmolzen ist die Farbe smaragdgrün, in der äusseren eben so, nur lichter, eine

---

[1]) Das Verglimmen trifft unmittelbar nach dem Decrepitiren ein und geht sehr schnell vorüber. Daher man die Erscheinung leicht übersehen kann; bei einiger Vorsicht und bei schwacher Erhitzung ist sie indessen jedesmal zu bemerken.

eigentlich gelbe Farbe liess sich weder auf Kohle, noch auf Platindrath erhalten; nur wenn das Glas noch heiss ist, erscheint die Farbe röthlichgelb.

Mit Soda auf Platinblech zeigt sich eine Manganreaction; die übrigen angegebenen Reactionen lassen aber auf einen Gehalt von Uran und Tantal schliessen; den ersteren beweisen die Färbungen des Borax- und des Phosphorsalzes, den letzteren die Undurchsichtigkeit, die sich beim Flattern des Boraxglases einstellt.

Dasselbe ergeben die Versuche auf nassem Wege.

In Chlorwasserstoffsäure löst sich das Mineral auch zum feinsten Pulver zerrieben, nur schwer, aber vollständig auf. Die mit Wasser verdünnte grünliche Flüssigkeit trübte sich sogleich bei einem Zusatz von Schwefelsäure, und gab beim Erhitzen den starken, weissen, nach Wöhler [1]) für die Tantalsäure besonders charakteristischen Niederschlag. Noch feucht löste sich derselbe nicht vollständig in Chlorwasserstoffsäure auf, als aber das Gelöste wie das Ungelöste in ein Reagenzglas gethan und eine Zinkstange hineingestellt wurde, färbte sich, wie Wöhler von der Tantalsäure angiebt, der Rückstand und die Flüssigkeit blau.

Getrocknet und geglüht wird der durch Schwefelsäure erhaltene Niederschlag erst schwarz, dann gelb und nach dem Erkalten wieder weiss. Vor dem Löthrohr untersucht, verhielt er sich ebenfalls vollkommen wie nach Berzelius [2]) die Tantalsäure; er löste sich in Borax und Phosphorsalz leicht und in grosser Menge zu einem farblosen Glase auf. Das Glas mit Phosphorsalz blieb klar beim Erkalten, das Boraxglas wurde aber geflattert und bei einem grossen Zusatz nach der Abkühlung undurchsichtig, in der äusseren

---

[1]) Poggendorffs Annalen B. XXXXVIII S. 92.

[2]) Die Anwendung des Löthrohrs dritte Auflage S. 92.

Flamme geschmolzen schneeweiss, in der inneren bräunlichweiss.

Die von der Tantalsäure abfiltrirte Flüssigkeit wurde zur Entfernung der hinzugesetzten Chlorwasserstoffsäure und Schwefelsäure in der Platinschale abgedampft, und der weisse, stellenweise etwas bräunliche Rückstand in einen kleinen Platintiegel gethan und geglüht, worauf er eine grünlichschwarze Farbe annahm. Er wurde nur vor dem Löthrohr untersucht, verhielt sich hier aber vollkommen wie nach Berzelius reines Uranoxyd [1]). Mit Borax auf Platindraht gab er in der äussern Flamme ein gelbes und in der innern ein schmutzig grünes Glas, das aber durch Flattern undurchsichtig und gelb oder bräunlichgelb wurde, wahrscheinlich von noch etwas beigemengter Tantalsäure. In Phosphorsalz auf Kohle bildete sich ein grünes Glas, das in der innern Flamme geschmolzen dunkler war, als in der äusseren und bei einem grossen Zusatz beim Erkalten undurchsichtig wurde und krystallisirte [2]). Auf Platindrath in der äussern Flamme geschmolzen hatte das Glas, so lange es heiss war, eine röthlichgelbe Farbe, nach dem Erkalten erhielt es indessen einen Stich ins Grüne.

Mit saurem schwefelsauren Kali geschmolzen bildet das Mineral eine rothe Flüssigkeit, die beim Erkalten zu einer gelblichen Masse erstarrt, und mit Wasser gekocht Schwefelsäure - haltige Tantalsäure abscheidet.

Aus diesen Versuchen geht hervor, dass das Mineral wenigstens vorzugsweise Tantal und Uran enthält und wahrscheinlich tantalsaures Uranoxydul ist, und darauf bezieht sich auch der vorgeschlagene Name der nach Analogie des Namens Yttrotantal gebildet ist.

---

[1]) A. a. O. S. 97.

[2]) Diess führt Berzelius nicht an, es trifft aber auch bei ganz reinem Uranoxyd ein.

In der Nähe des Aeschynitschurfes hatte mein Begleiter, Herr Barbot de Marni im vorigen Jahre auch Korund gefunden. Ich besuchte diese Stelle nicht; nach den Stücken aber, die wir in Miask erhielten, findet sich dieser Korund in bauchigen, sechsseitigen Prismen, die die Grösse eines Zolles und darüber haben, grünlichgrau und braun und nur schwach durchscheinend sind, und in einem Gesteine liegen, das mit dem des Aeschynits eine grosse Aehnlichkeit hat. Er ist bei weitem nicht von der Schönheit wie der, welchen Karpoff später, im Jahre 1830, an einer andern Stelle des Ilmengebirges, 7 Werste von dem Dorfe Selankina und einige 20 Werste nördlich von Miask entdeckt hat. Die Krystalle dieses Fundortes erreichen wohl eine Grösse von 2 bis 3 Zollen, sind auch grösstentheils grünlich- und blaulichgrau, stellenweise aber fast rein saphirblau und so durchscheinend, dass sie sich fast zur Verarbeitung als Schmuckstein eignen, wie denn auch Versuche damit gemacht sein sollen. Ihre Form ist ebenfalls das bauchige Prisma, an welchem aber nicht selten, besonders bei den kleineren Krystallen die Flächen des gleichkantigen Skalenoëders als Abstumpfungsflächen der Kanten zwischen der Endfläche und den Flächen des Prisma, und die Flächen des Hauptrhomboëders als Abstumpfungen der abwechselnden Kanten des Skalenoëders zu sehen sind. Die Krystalle liegen nach den Stücken, die ich später gesehen oder von Herrn Jevreinoff erhalten habe, in einem Gestein, das aus weissem Feldspath mit wenigem gelblichweissen zweiaxigen Glimmer, der auch in sechsseitigen Prismen vorkommt, besteht. Nach den Mittheilungen von Lissenko im Gornoi-Journal [1]) hatte man bei dem Dorfe Selankina 2 Stellen aufgefunden, wo der Korund besonders angehäuft war, doch soll er jetzt an diesen ganz er-

---

[1]) Jahrgang 1834, B. I S. 162.

schöpft sein, da man im Jahre 1832 den sämmtlichen Korund, den man finden konnte, wegbrechen liess, um ihn als Smirgel in der Degenfabrik von Slatoust zu gebrauchen.

Nach der Besichtigung des Aeschynitbruches ritten wir nach den Stellen, wo man den Topas gefunden hat. Man zählt jetzt deren vier, alle in nicht grosser Entfernung von einander auf der Südostseite des Ilmensees zwischen diesem und dem See Argagasch, die aber alle schon seit längerer Zeit entdeckt sind; die eine wurde schon aufgefunden zur Zeit als die Miasker Hütten noch Privateigenthum waren, also schon in den achtziger Jahren des vorigen Jahrhunderts und zwar von dem Kosaken Prutoff aus der nahe gelegenen Festung Tschebarkulsk, die andern nach und nach von den Hüttenarbeitern Kotschewoi, Goligussow und Trubejeff. Nach den Entdeckern haben dann diese Stellen und die darauf angelegten Brüche den Namen Prutowskoi, Kotschewskoi, Goligussowskoi und Trubejewskoi erhalten. Das Vorkommen des Topases ist auf allen diesen Stellen dasselbe. Er findet sich auf 1 bis 2 Lachter mächtigen Granitgängen, die meistens ein gleiches Streichen St. 4,4 von SW. nach NO. und ein fast seigeres Einfallen haben, nur der Trubejewsche Gang weicht etwas davon ab, indem sein Streichen St. 5,4 also noch mehr ostwestlich ist.

Das Gestein, worin diese Gänge aufsetzen, ist die eläolithfreie Varietät des Miascits. Der Feldspath ist darin kleinkörnig und theils schneeweiss, theils lichte röthlichgrau, der Glimmer schwarz und ebenfalls kleinkörnig. Auch Zirkon von brauner Farbe kommt darin mehr oder weniger häufig vor, jedoch nur in äusserst kleinen Krystallen und Körnern. Er sowohl als der Glimmer finden sich aber nur in gewissen Lagen, während diese Mineralien in andern Lagen, die dann nur aus Feldspath bestehen, gar nicht vorkommen. Beiderlei Lagen sind nur ein bis mehrere Zoll mächtig und schneiden nicht scharf an einander ab, sondern gehen allmälig in einander über. Das Vorkommen des Glimmers in kleinen Körnern giebt ihm ein etwas ungewöhnliches Ansehen, das mehr an Hornblende erinnert, aber seine einfache Spaltbarkeit macht ihn doch bald als Glimmer kenntlich. Er ist in den Lagen, wo er sich findet, streifenweise in dem Feldspath zertheilt, und vermehrt dadurch noch das geschichtete Ansehen des Gesteins. Die Schichten haben ein sehr flaches südöstliches Fallen, also fast dasselbe Streichen wie die Gänge selbst. Da man von der Oberfläche der Gangmasse in allen Gängen mehr oder weniger fortgebrochen hat, und das Nebengestein scharf abschneidet, so kann man in den Brüchen stehend das Streichen desselben deutlich erkennen, indem die Schichten und die Streifen des Glimmers auf der fast ebenen Gränzfläche des Nebengesteins horizontal fortsetzen.

Die Gangmasse selbst besteht aus einem sehr grobkörnigen drusigen Granit, in und zwischen denen der Topas und ausser ihm noch mehrere andere Mineralien in untergeordneter Menge vorkommen. Die sämmtlichen sich hier findenden Mineralien sind aber folgende:

1. Feldspath. Es ist diess die unter dem Namen Amazonenstein bekannte Varietät von der schönen spangrünen Farbe, die aber an den verschiedenen Stücken mehr oder weniger intensiv ist, auch stellenweise, besonders in den oberen Schichten der grösseren Krystalle, ganz verschwindet, und dann in die dem Feldspath gewöhnliche, hier meistens lichte fleischrothe Farbe übergeht. Er ist immer sehr grobkörnig; die Krystalle, welche sich in den Drusen finden, kommen zuweilen von sehr bedeutender Grösse vor; sie haben dieselben Formen, wie die früher beschriebenen Krystalle von Alabaschka, denen sie überhaupt an Schönheit der Ausbildung nicht nachstehen.

Die Ursache der grünen Färbung liegt in einem geringen Gehalt an Kupferoxyd, der zwar schon von Bindheim [1]) angegeben, aber in der spätern Analyse von Vauquelin ganz übersehen ist. Herr Prof. Schrötter, welcher auf meine Veranlassung den Amazonenstein in dem Laboratorium meines Bruders untersuchte, bestätigte indessen diesen Kupfergehalt vollkommen; auch kann man sich schon, wie mich Herr Plattner darauf aufmerksam gemacht hat, durch einen einfachen Versuch mit dem Löthrohre davon überzeugen, wenn man den Amazonenstein mit Soda auf der Kohle schmilzt, und die erhaltene Kugel fein reibt und schlämmt, wo dann stets ein feines Kupferblättchen im Mörser zurückbleibt.

2. Albit. Er findet sich in grosskörnigen Parthien, die aber ganz ähnlich dem Albite von Finbo oder Alabaschka aus stängligen und schaligen Zusammensetzungsstücken bestehen, die auf den Klüften in schmalen tafelartigen Krystallen auslaufen. Er hat gewöhnlich eine schneeweisse Farbe, erscheint aber stellenweise auch braun gefärbt. Kleine tafelartige Krystalle kommen zuweilen in dem grünen Feldspath in grosser Menge porphyrartig eingewachsen vor, wodurch sie diesem ein etwas schillerndes und geflecktes Ansehen geben.

3. Quarz ist graulichweiss bis nelkenbraun, durchsichtig bis durchscheinend, und findet sich theils derb, theils in Krystallen. Letztere finden sich nicht selten in den Krystallen des grünen Feldspaths regelmässig eingewachsen, und bilden so einen Schriftgranit, der verarbeitet wird, und, wenn der Feldspath zugleich eine schöne Farbe hat, auch sehr geschäzt wird.

4. Einaxiger Glimmer von grünlichschwarzer Farbe wie der aus den Zirkonschürfen; doch fin-

---

[1]) Schriften der Berliner naturforschenden Gesellschaft B. XI.

det er sich nur in Blättern von höchstens einem halben Zoll Durchmesser.

5. **Topas.** Er kommt hier sehr ausgezeichnet vor, nicht sowohl durch seine Farbe, worin er dem Brasilianischen nachsteht, als durch die grosse Ausbildung seiner Form, den Glanz und die Glätte seiner Flächen. Er ist von rein weisser Farbe und durchsichtig. Die Krystalle haben eine sehr verschiedene Grösse, sind zuweilen nur so gross wie ein Nadel knopf, in andern Fällen haben sie eine Länge von 1 bis 2 Zollen, ja **Lissenko** führt an, dass man in früherer Zeit Krystalle von 6, 7 und 10 Pfunden angetroffen habe. Die Krystalle zeigen fast alle Flächen, die man an den Topasen aller andern Fundorte beobachtet hat und ausserdem mehrere Flächen, die ihnen ganz eigenthümlich sind. Einige der vorzüglichsten Kombinationen, welche hier vorkommen, sind in der Taf. II Fig. 1 — 4 dargestellt [1]; die einfachen Formen, welche ich an ihnen beobachtet habe, sind folgende:

Vertikale Prismen.

$$(a : b : \infty c) = g$$
$$(a : \tfrac{2}{3}b : \infty c) = \tfrac{2}{3}g$$
$$(a : \tfrac{1}{2}b : \infty c) = \tfrac{1}{2}g$$
$$(a : \tfrac{1}{3}b : \infty c) = \tfrac{1}{3}g$$
$$(a : \tfrac{1}{4}b : \infty c) = \tfrac{1}{4}g$$

Längsprismen.

$$(\infty a : \tfrac{3}{2}b : c) = \tfrac{2}{3}f$$
$$(\infty a : b : c) = f$$
$$(\infty a : \tfrac{1}{2}b : c) = \tfrac{1}{2}f$$
$$(\infty a : \tfrac{1}{4}b : c) = 4f$$

Querprismen.

$$(3a : \infty b : c) = \tfrac{1}{3}d$$
$$(a : \infty b : c) = d$$

Einzelne Flächen.

$$(\infty a : b : \infty c) = b$$
$$(\infty a : \infty b : c) = c$$

---

[1]) Zur Vergleichung ist in Fig 5 eine horizontale Projection der gewöhnlichsten Kombination, in welcher die Th. 1 S. 453 dieser Reise beschriebenen Topas-Krystalle von Alabaschka vorkommen, hinzugefügt. Die dort nach **Haüy** mit *M*, *l*, *P*, *n* und *y* benannten Flächen sind auf der Zeichnung mit *g*, $\tfrac{1}{2}g$, *c*, *f* und $2f$ bezeichnet.

Rhombenoctaëder.

$(a : b : c) = o$

$(2a : 2b : c) = \frac{1}{2}o$

$(3a : 3b : c) = \frac{1}{3}o$

$(a : \frac{1}{2}b : c) = r$

$(a : \frac{1}{2}b : \frac{1}{3}c) = x$

$(a : \frac{1}{3}b : \frac{1}{5}c) = t$

Es fehlt demnach den Krystallen des Ilmengebirges nur das Octaëder $(a : \frac{1}{4}b : \frac{1}{5}c)$, das ich bei den Sächsischen Krystallen, aber auch nur selten, beobachtet habe.

Unter den angeführten Formen sind das vertikale Prisma $\frac{1}{4}g$ (Fig. 2), die Längsprismen $\frac{2}{3}f$ und $4f$ (Fig. 3 und 2) und die Rhombenoctaëder r und t (Fig. 2 und 3) bisher noch nicht beobachtet worden. Die wichtigsten Winkel dieser, wie auch einiger andern Flächen, die mit jenen in denselben Zonen liegen, sind, wenn man von den von Mohs für den Topas angenommenen Axenbestimmungen ausgeht, folgende:

die Neigungen von

$g : b =$	117°	50′	$c : b =$	90°	
$\frac{2}{3}g : b =$	128	23	$\frac{2}{3}f : b =$	122	19′
$\frac{1}{2}g : b =$	136	34	$f : b =$	133	30
$\frac{1}{3}g : b =$	147	44	$2f : b =$	152	13
$\frac{1}{4}g : b =$	154	40	$4f : b =$	165	15
$c : r =$	110	56	$c : t =$	146	2

Im Allgemeinen zeichnen sich diese Krystalle durch das Vorkommen und häufige Vorherrschen der Flächen o und d aus, die bei den Topaskrystallen der übrigen Fundorte gewöhnlich fehlen; eben so sind auch die vielen Längsprismen bemerkenswerth, von denen ausser den Flächen f nur die Flächen $2f$ bei den Krystallen von Alabaschka häufig, und bei den Krystallen aus Sachsen zuweilen vorkommen. Die gerade Endfläche ist gewönlich nur klein, und dadurch unterscheiden sich diese Topase besonders von den Krystallen der eben genannten Fundörter. Die neuen Octaëderflächen *r* und *t* habe ich nur selten und immer klein beobachtet, *r* sehr glänzend, *t* viel weniger; sie sind beide durch ihre Lage bestimmt, *r* in den Diagonalzonen der Flächen *d* und 2*f*, und *t* sowohl in der Zone *g*, *d*, $\frac{1}{2}o$ und $\frac{2}{3}f$ als auch in der Zone $\frac{1}{2}g$, f. Die Fläche *x*, welche bei den Sächsischen Krystallen so häufig vorkommt, findet sich bei den Ilmenischen Krystallen nur sehr selten. Die Flächen des Hauptoctaëders *o* und des Querprisma *d* sind oft matt, indessen meistens doch nur bei den grösseren Krystallen, bei den kleineren sind auch sie glatt und glänzend, wie überhaupt diese Krystalle mehr wie die Topase irgend eines andern Fundortes sich zu genauen Messungen mit dem Reflexionsgoniometer eignen.

Der Topas kommt auf dem grünen Feldspath aufgewachsen vor, findet sich aber häufig in einem weissen oder gelblichen Thone, der hier wie in Alabaschka sich auf den Drusenräumen findet und öfter Feldspathstücke enthält. Die Krystalle sind in diesem Fall an einem Ende abgebrochen und mit der, der geraden Endfläche parallelen Spaltungsfläche begränzt; denn nur sehr kleine Krystalle habe ich in dem Thone um und um ausgebildet gefunden. Dieser fand sich wahrscheinlich in den oberen Teufen, was den Umstand erklären würde, dass jetzt die Topase gar nicht mehr vorkommen, auch habe ich selbst in den Gruben nicht einen einzigen Krystall gefunden. Die Beschreibung ist theils nach einer Menge kleiner grösstentheils loser Krystalle entworfen, die wir Herrn Barbot de Marni verdanken, theils nach den Krystallen, die ich in den übrigen Mineraliensammlungen Russlands, und in der hiesigen königlichen Sammlung beobachtet habe.

6. Zirkon; er findet sich in kleinen undurchsichtigen Krystallen, die in der Hyazinthform krystallisirt, aber nur sehr unvollkommen ausgebildet und meistentheils in Albit eingewachsen sind.

7. Granat findet sich nicht ausgezeichnet und häu-

fig; er hat eine bräunlichrothe Farbe, ist an den Kanten durchscheinend in mehr oder weniger deutlichen Leucitoëdern oft in ganz abgerundeten Krystallen krystallisirt und kommt auch am häufigsten in Albit eingewachsen vor.

8. Turmalin in kleinen feinen Krystallen und dünnstängligen Parthien von schwarzer Farbe, die mehr oder weniger zusammengehäuft gewöhnlich in dem Thone liegen, der sich auf den Drusenräumen findet; in haarförmigen Krystallen kommt er auch in den Topaskrystallen eingewachsen vor.

9. Mengit [1]). Kommt nur in kleinen prismatischen Krystallen vor, die in der Regel in Albit, aber immer nur sparsam, eingewachsen sind; die Krystalle haben, nach dem, was ich gesehen habe, höchstens eine Länge von 2—3 Linien, sind aber meistentheils viel kleiner. Sie sind ein- und ein-axig und bilden Kombinationen eines rhombischen Prisma *g* mit dem Längsprisma *b*, und einem rhombischen Prisma $\frac{1}{3}g$, dessen Flächen als Abstumpfungsflächen der Kombinationskanten zwischen *g* und *b* erscheinen. Endflächen habe ich nie beobachtet, da alle die Krystalle, welche ich zu sehen Gelegenheit hatte, an den Enden verbrochen waren. Nach Brooke aber findet sich an den En-

[1]) Brooke hat den Mengit zuerst beschrieben und Ilmenit genannt. (*Philosoph. Magaz. and Annals, Vol. X. p.* 187. nnd daraus in Poggendorffs Ann. B. XXIII S. 360.) Da aber dieser Name schon von Kupffer dem Titaneisenerze vom Ilmengebirge gegeben war, so habe ich ihn mit dem Namen Mengit (nach Menge, dem Entdecker auch dieses Minerals) vertauscht, welchen zwar Brooke einem andern gleich zu erwähnenden Minerale gegeben hatte, das aber schon früher von Breithaupt beschrieben, und mit dem Namen Monazit belegt worden war. In Miask kannte man, als wir dort waren, den Mengit noch nicht, ich selbst habe ihn auf der Lagerstätte nicht gefunden, und ihn zuerst unter einem Transport Sibirischer Mineralien kennen gelernt, die Herr Menge nach unserer Rückkehr der Königlichen Mineraliensammlung in Berlin zugeschickt hatte.

den ein Rhombenoctaëder *o*, dessen Flächen auf den Flächen des Prisma *g* gerade aufgesetzt sind. Nach Brooke ist die Neigung von

$$g : g = 136^\circ\ 20'$$
$$g : b = 111\ \ 50$$
$$\tfrac{1}{3}g : b = 140\ \ 14$$
$$o : o = 150\ \ 32$$
$$o : o = 101\ \ 10$$
$$o : g = 133\ \ 10$$

Die Seitenflächen sind glatt und glänzend, so dass sich ihre Winkel mit dem Reflexionsgoniometer mit ziemlicher Genauigkeit bestimmen lassen; auch stimmen die Winkel, welche ich gemessen, mit denen, die Brooke angiebt, gut überein.

Der Mengit ist nicht spaltbar; im Bruch uneben; eisenschwarz, im Pulver kastanienbraun; glänzend, zuweilen stark glänzend von Halbmetallglanz und undurchsichtig.

Härte über der des Apatits; specifisches Gewicht nach Brooke 5,48.

Vor dem Löthrohr in der Platinzange geglüht, verändert sich der Mengit nicht, wird aber nun in kleinen Stücken vom Magnet angezogen, was vorher nicht der Fall ist.

Von Borax und Phosphorsalz wird er zu einem klaren Glase aufgelöst, mit Phosphorsalz in der Oxydationsflamme zu einem grünlichgelben, in der Reductionsflamme zu einem gelblichrothen Glase, das dem Glase, welches der Ilmenit mit Phosphorsalz giebt, sehr ähnlich, aber nicht so dunkel gefärbt ist. Die rothe Farbe tritt aber sehr schön hervor, wenn man Zinn zusetzt. Mit Soda auf Platinblech zeigt sich eine Manganreaction.

Nach diesen Versuchen könnte es scheinen, als ob der Mengit wie das Titaneisenerz vorzugsweise aus Titansäure und Eisenoxyd bestände, doch zeigen die Versuche auf nassem Wege, die mein Bruder auf meine Bitte, freilich nur mit einer sehr geringen Menge angestellt hat, dass der Mengit neben dem Eisenoxyd nicht sowohl Titansäure, als sehr wahrscheinlich Zirkonerde enthält.

Von Chlorwasserstoffsäure wird nämlich der Mengit nur wenig angegriffen, von erhitzter concentrirter Schwefelsäure dagegen beinahe völlig aufgelöst; die Auflösung mit Wasser verdünnt und gekocht, wird trübe; Ammoniak giebt in derselben einen graulichweissen Niederschlag.

Mit saurem schwefelsauren Kali gekocht löst sich der Mengit zu einer etwas trüben Flüssigkeit auf, in welcher Ammoniak erst einen weissen und dann braunen Niederschlag hervorbringt. In der abfiltrirten Flüssigkeit wird durch oxalsaures Kali keine Kalkerde gefällt.

Der obige Niederschlag in Chlorwasserstoffsäure gelöst, die Auflösung mit Ammoniak gesättigt, und mit Schwefelwasserstoff-Ammoniak versetzt, wodurch sich Schwefeleisen bildete und darauf mit schweflichter Säure behandelt, hinterliess eine weisse Substanz, die vor dem Löthrohre sich nicht wie Titansäure verhielt, und mit Phosphorsalz kein blaues Glas bildete, dagegen vor dem Löthrohr wie auch bei einigen Versuchen auf nassem Wege sich wie Zirkonerde verhielt.—

Bevor wir die vierte Trubejewsche Topasgrube erreichten, kamen wir in der Nähe des grossen Sees Kissägatsch an eine grosse Masse grossblättriger Hornblende, mitten im Walde, die nesterweise vorzukommen schien, und in welcher man einen kleinen Schurf angelegt hatte. Das umliegende Gestein war indessen nicht zu sehen, und so auch das nähere Vorkommen dieser Masse nicht zu bestimmen. Die Hornblende findet sich hier in lang und breitstängligen Zusammensetzungsstücken, ist lauchgrün, an den Kanten durchscheinend, deutlich spaltbar und enthält hier und da eingeschlossen einzelne Blätter und blättrige Parthien von tombakbraunen Glimmer, kleine Krystalle von gelbem Apatit und braunem Titanit und endlich kleine Krystalle von Zirkon. Letztere haben ein verschiedenes Ansehen von den bisher gefundenen Zirkonen, sie bilden nämlich nur Kombinationen des Hauptoctaëders und des ersten quadratischen Prisma, dessen Flächen nur sehr untergeordnet hinzutreten, sind etwa nur 1 bis 2 Linien lang, lichte braun, und nur sehr schwach durchscheinend und auf der Oberfläche nicht sehr eben.

Von der Trubejewschen Topasgrube kamen wir an eine Kuppe, die nun zum ersten Mal aus Granit bestand, der aber auch äusserst karakteristisch ist. Man hatte hier an vielen Stellen schon gebrochen, so dass das Ganze gut aufgeschlossen war und recht frische Stücke gesammelt werden konnten. Der Granit ist sehr grobkörnig und besteht aus gelblichweissem Feldspath, graulichweissem Quarz und lichte bräunlichweissem zweiaxigen Glimmer. Feldspath und Quarz finden sich nur derb, der Glimmer kommt aber nicht selten in grossen, wenngleich nicht deutlichen Krystallen vor. Sie bilden rhombische oder sechsseitige an den Enden spitz zulaufende Prismen, die eine sehr rauhe Oberfläche haben und deren Winkel daher nicht mit Genauigkeit zu bestimmen sind. Die Krystalle sind nicht selten 3 bis 4 Zoll lang. Vor dem Löthrohr verhält er sich wie der von meinem Bruder analysirte Glimmer von Finbo und von Brodbo und wie überhaupt der zweiaxige Glimmer. Andere Gemengtheile finden sich hier nicht. —

Hiermit beschlossen wir unsere Exkursion und kehrten auf dem nächsten Wege nach Hause zurück.

So gross auch die Zahl der Mineralien des Ilmengebirges ist, die wir auf diesen beiden Exkursionen zu beobachten Gelegenheit hatten, so fehlen darunter doch einige, die ich an anderen Orten kennen lernte, und deren ich hier noch Erwähnung thun muss.

Dahin gehört:

1. Der **Monazit**. Er findet sich in kleinen eingewachsenen tafelartigen Krystallen, welche die Taf. I abgebildete Form haben. Die Krystalle sind zwei- und ein- gliedrig; sie sind rhombische Prismen *g* mit den Abstumpfungsflächen *b* der scharfen Seitenkanten und den schiefen Endflächen *d* und *c* der vordern und *d'* der hintern Seite. Die Endflächen sind von dem obern und untern Ende so nahe gerückt, dass sie sich berühren und die stumpfe Kante des Prisma *g* ganz verdrängt haben; ausserdem finden sich noch die schiefen Prismen *f* und *o'*, die als Abstumpfungsflächen der Kanten zwischen *c* und *b* und der stumpfen Kanten zwischen *c* und *g* erscheinen. Betrachtet man die Flächen *o'* als das hintere schiefe Prisma der Grundform, so erhalten die in der Kombination enthaltenen einfachen Formen folgende Bezeichnung:

$$g = (a : b : c)$$
$$b = (\infty a . b : \infty c)$$
$$c = (\infty a : \infty b : c)$$
$$d = (a : \infty b : c)$$
$$d' = (a' : \infty b : c)$$
$$f = (\infty a : b : c)$$
$$o = (a' : b : c)$$

Zuweilen erscheinen auch noch die Kanten zwischen den Flächen *b* und *g* durch die Flächen $\frac{1}{2}g = (a : \frac{1}{2}b : \infty c)$ abgestumpft.

Die Flächen sind gewöhnlich sämmtlich matt, und mit dem Reflexionsgoniometer daher nur annähernd zu messen. Auf diese Weise fand ich die Neigung

von *g* gegen *g* =	94°	35'	(vordere Ecke)
- *c* - *g* =	97	22	
- *c* - *d* =	139	25	

woraus sich ergiebt die Neigung:

von *g* gegen *b* =	153°	43'	
- *c* - *d'* =	129	6	
- *d* - *d'* =	91	29	(vordere Ecke)

von c gegeu f = 135° 50′
- c - $\frac{f}{f}$ = 100 3 [1])

und ferner das Verhältniss für die Axen:

$a:b:c:k$ [2]) = 0,82 : 0,9 : 1 : 0,14

Die Krystalle sind parallel der Fläche c zuweilen vollkommen, parallel den Abstumpfungen der scharfen und der stumpfen Seitenkanten dagegen nur unvollkommen spaltbar. In anderen Fällen sind sämmtliche Spaltungsflächen undeutlich, was dann wohl darin seinen Grund hat, dass die Krystalle nicht mehr ganz frisch und unzersetzt sind, da diese auch nicht den Glanz der andern Krystalle haben. Der Bruch ist uneben.

Die Krystalle sind meistens gleich lang und breit, wie es in der Zeichnung angegeben ist, so dass die

---

[1]) Dass diese Winkelangaben für nichts anderes als für Näherungswerthe anzusehen sind, und von der Wahrheit vielleicht um einige Grade abweichen können, beweist eine neue Messung an einem Krystalle, der sich unter einer Sendung Russischer Mineralien befand, die ich der zuvorkommenden Güte des Herrn General Tschewkin verdanke. Die Flächen c und f sind an diesem Krystalle ziemlich glänzend, so dass ich an ihm den Winkel dieser Flächen mit grösserer Genauigkeit bestimmen konnte wie früher. Ich fand ihn aber hier 138°, also mehr als nur 2 Grade von dem oben angegebenen verschieden. Da aber die andern Flächen ebenfalls matt sind und ich desshalb an diesem Krystalle keine weiteren, zur Berechnung nöthigen Messungen anstellen konnte, so habe ich auch in den oben angegebenen Winkeln noch nichts geändert. Von der Unvollkommenheit der Krystalle schreibt sich auch die grosse Verschiedenheit her, die in meinen Winkelangaben sowohl mit denen von Breithaupt, als auch von Brooke, welche beide schon Messungen von dem Monazite bekannt gemacht haben, statt findet. So giebt z. B. Breithaupt die Neigung von g gegen q = 100°, Brooke = 95° 30′ an. (Schweigger-Seidels Jahrbuch der Chem. u. Phys. B. XXV S. 302 und Poggendorffs Ann. B. XXIII S. 362.

[2]) Mit a und k sind hier die Sinus und Cosinus für die Neigung der Basis o gegen die vertikale Axe c bezeichnet.

Flächen *c* ungefähr Quadrate bilden, zuweilen sind sie aber auch in der Richtung der Axe *b* verlängert. Sie haben gewöhnlich nur die Grösse von einigen Linien, kommen aber auch kleiner und grösser vor. Der grösste Krystall, den ich gesehen habe, war 4 Linien in der Richtung der Axe *b* lang, aber nur $2\frac{1}{2}$ in der Richtung der Axe *a* breit; die Dicke ist immer nur unbedeutend.

Bräunlichroth und hyazinthroth bis röthlichbraun; auf den Flächen matt, auf den deutlichsten Spaltungsflächen zuweilen stark glänzend von Perlmutterglanz, im übrigen Bruch wenig glänzend von Fettglanz; schwach an den Kanten durchscheinend, Strich röthlichgelb.

Härte zwischen Apatit und Feldspath; das specifische Gewicht nach Breithaupt [1]) 4,922-5,019.

Vor dem Löthrohr in der Platinzange schmilzt der Monazit nicht; in Borax und Phosphorsalz löst er sich zu einem durchsichtigen Glase auf, das, so lange es heiss ist, gelblichroth ist, beim Erkalten gelblichweiss wird und zuletzt die Farbe ganz verliert. Die Erscheinungen sind in der äussern und innern Flamme gleich. — Mit Soda auf Platinblech geschmolzen bildet er eine gelbliche undurchsichtige schlecht geflossene Schlacke ohne Zeichen von Manganreaction.

Mit Soda auf Kohle geschmolzen werden kleine Zinnkügelchen reducirt. Mit Boraxsäure geschmolzen und mit einem Eisendrath behandelt, erhält man einen spröden Regulus von Phosphoreisen.

In Chlorwasserstoffsäure wird der Monazit unter Entwickelung von Chlorgas zerlegt, es entsteht eine tiefgelbe Auflösung und es bleibt ein unlöslicher weisser erdiger Rückstand.

Nach einer Analyse von Kersten [2]) enthält er

---

[1]) Poggendorffs Ann. B. XXXXVII S. 385.

[2]) Vergl. Poggendorffs Annalen B. XXXXVII S. 395.

Ceroxyd	26,00
Lanthanoxyd	23,40
Thorerde	17,95
Zinnoxyd	2,10
Manganoxydul	1,86
Kalkerde	1,68
Titansäure, Kali	Spuren
Phosphorsäure	28,50
	101,49.

Die Zusammensetzung ist durch den grossen Gehalt an Thorerde und Lanthanoxyd sehr merkwürdig. Eine Formel lässt sich dafür noch nicht aufstellen, da wir noch nicht das Sättigungsvermögen des Lanthanoxyds und des davon befreiten Ceroxyds kennen. Nach Berzelius Vermuthung möchte der Monazit ein Phosphat $R^3 \dddot{P}$ sein.

Der Monazit findet sich in einem grosskörnigen Gemenge von ockergelbem Feldspath, gelblichweissem Albit, der stärker durchscheinend und mehr perlmutterartig glänzend ist als der Feldspath und von lichte gelblichbraunen zweiaxigen Glimmer, in welchem Gemenge aber die Masse des Feldspaths vorherrscht; in diesem ist auch gewöhnlich der Monazit eingewachsen. Ausserdem finden sich auch in diesem Gemenge noch kleine, eine halbe bis 2 Linien lange braune und starkglänzende Zirkonkrystalle in der Hyazinthkrystallisation [1]).

Der Monazit wurde auch von Menge entdeckt, aber nur für eine Varietät des Zirkons gehalten.

[1]) Es ist interessant, dass der Monazit, der bisher noch von keinem andern Fundorte bekannt war, in der neuern Zeit sich nun auch an einem andern Orte, nämlich zu Norwich in Connecticut gefunden hat, da es sehr wahrscheinlich ist, dass der hier vorkommende Edwardsit, den Shephard entdeckt und beschrieben hat, nichts anderes als Monazit ist; er findet sich hier in Gneiss eingewachsen. (Vergl. Poggendorffs Ann. B. XLIX S. 223.)

Herr Menge theilte mir mehrere einzelne Krystalle schon vor unserer Reise bei seinem Aufenthalte in Berlin im Anfange des Jahres 1829 mit; ich hatte dieselben auch schon damals gemessen, die Messung aber in Hoffnung besserer Krystalle nicht bekannt gemacht. In Miask kannte man indessen den Monazit noch nicht, auch habe ich ihn dort nicht gesehen, ungeachtet ich sehr aufmerksam auf ihn war, und mich eifrigst darnach erkundigt habe; ich fand ihn aber bei unserer Rückkehr in Petersburg in einer Sammlung Uralischer Mineralien des Herrn v. Sobolewskoy, der auch die Güte hatte, mir mehrere Stücke, die ihn enthielten, mitzutheilen. Inzwischen hatte auch Prof. Breithaupt die Krystalle von Menge erhalten, und eine Beschreibung [1]), wobei er ihm den Namen Monazit ertheilte, bekannt gemacht. Dadurch war der Dr. Fiedler, welcher nach uns den Ural bereiste, auf ihn aufmerksam gemacht, und war auch so glücklich, ihn an Ort und Stelle aufzufinden. Nach den Nachrichten, die er darüber mitgetheilt hat [2]), findet er sich in einem mächtigen seigern Granitgange, in welchem fleischrother Feldspath vorwaltend ist, in einer südlichen Fortsetzung des Ilmengebirges [3]). Später scheint

---

[1]) Schweigger-Seidels Jahrbuch der Chem. und Phys. B. XXV S. 302.

[2]) Poggendorffs Ann. B. XXV S. 332.

[3]) Fiedler nennt diese südliche Fortsetzung die Tscheremschanka. Einen solchen Namen habe ich aber weder in Miask gehört, noch führt ihn Lissenko in seiner Beschreibung des Hüttenbezirkes von Miask an. Der Name Tscheremschanka bezieht sich nur auf einen kleinen Fluss, der in der Nähe des Ilmensees entspringt und sich in den Mias ergiesst. Allerdings wird auch noch der Theil des Ilmengebirges, der zwischen Miask und dem früher genannten Dorfe Kundrawinsk liegt, mit einem besondern Namen bezeichnet, aber dann das Tschaschkowskische Gebirge genannt, nach dem Flusse Tschaschkowska, der in ihm entspringt, und sich ebenfalls in den Miask ergiesst. Wahrscheinlich beruht daher der Name des Dr. Fiedler auf einer Verwechslung.

er nun noch häufiger und an mehreren Orten gefunden zu sein, denn Lissenko [1]) giebt an, dass er an der Südostseite des Ilmensees in Eläolith und in Feldspath eingewachsen vorkomme. Die besten Krystalle sollen hier unmittelbar unter der Dammerde gefunden sein.

2. Tschewkinit. Ein neues Mineral, das mir später von Herrn v. Lissenko bei seiner Durchreise durch Berlin im Jahre 1839 mitgetheilt wurde und das ich in einer früheren Beschreibung desselben [2]) nach dem General Tschewkin, dem rastlos thätigen Chef des Kaiserlichen Bergkorps in Petersburg, dessen wissenschaftlichem Sinne ich selbst die grösste Unterstützung bei meinen Arbeiten verdanke, zu nennen vorgeschlagen habe.

Der Tschewkinit findet sich derb, wie es scheint als amorphe Masse mit flachmuschligem Bruch.

Sammetschwarz, fast völlig undurchsichtig, oder nur an den äussersten Kanten sehr dünner Splitter mit brauner Farbe durchscheinend; stark glänzend von Glasglanz; Strich: dunkelbraun.

Härte nur wenig über der des Apatits; das specifische Gewicht 4,508-4,549.

Vor dem Löthrohr glüht das Mineral bei der ersten Einwirkung der Hitze auf; es bläht sich dabei auch ausserordentlich auf, wird braun und schmilzt zuletzt zu einer schwarzen Kugel.

Im Kolben bläht es sich ebenfalls auf, und es sublimirt dabei eine geringe Menge Wasser.

In Borax löst es sich gepulvert ziemlich leicht zu einem klaren, von Eisen schwach gefärbten Glase auf; bei nur geringem Zusatz bleibt das Glas ganz wasserhell.

In Phosphorsalz löst es sich langsamer aber mit

---

[1]) In seiner Beschreibung des Hüttengebietes von Miask a. a. O.

[2]) Poggendorffs Ann. B. XLVIII S. 551.

denselben Farbenerscheinungen auf; in geringer Menge zugesetzt ist das Glas ganz durchsichtig, bei grösserem Zusatz scheidet sich Kieselsäure aus und die Kugel opalisirt beim Erkalten.

Mit Soda schmilzt das Mineral zusammen, aber die Masse breitet sich bald aus und zieht sich in die Kohle. Durch Zerreiben und Schlämmen der mit Soda getränkten Kohle erhält man einige Flitterchen von Eisen. Mit Soda auf Platinblech giebt es die Reaction von Mangan.

Gepulvert löst sich das Mineral in erhitzter Chlorwasserstoffsäure mit Hinterlassung von Kieselsäure zu einer gelblichgrünen Flüssigkeit auf, die nach einiger Zeit gelatinirt. Versetzt man die filtrirte Auflösung mit Weinsteinsäure, und übersättigt man sie mit Ammoniak, so erhält man durch Schwefelwasserstoff-Ammoniak einen Niederschlag von Schwefeleisen, der geglüht etwa $\frac{1}{10}$ vom Mineral an Eisenoxyd giebt. Dampft man die filtrirte Lösung ab und glüht man den Rückstand, so kann man mit sehr verdünnter Schwefelsäure titanhaltiges Lanthanoxyd und etwas Kalkerde ausziehen. Der Rückstand besteht nun fast nur aus Ceroxyd. In Chlorwasserstoffsäure aufgelöst konnten durch die gewöhnlichen Methoden nur Spuren von Kalkerde, Talkerde und Thonerde entdeckt werden. Eine geringe Menge Yttererde findet sich vielleicht auch noch darin, doch konnte deren Gegenwart nicht mit völliger Sicherheit nachgewiesen werden. Fast alle Niederschläge zeigten sich bei der Untersuchung vor dem Löthrohre etwas titanhaltig. — Nach diesen Versuchen scheint das Mineral also hauptsächlich eine Verbindung der Kieselsäure mit Ceroxydul, Lanthanoxyd und Eisenoxydul zu sein.

Das Stück, von welchem mir Herr Lissenko zur Untersuchung mittheilte, war ganz derb, einige Zoll lang, und bis auf einzelne kleine sehr vollständig ausgebildete eingewachsene Feldspathkrystalle ganz rein.

3. Graphit. Er findet sich in mehr oder weniger grossen Geschieben an dem Ufer des Sees Jelantschik, 15 W. S. O. von Miask, wo er von den Wellen ausgeworfen wird. Seine ursprüngliche Lagerstätte ist nicht bekannt.

4. Pistazit findet sich am Tschernoe osero (schwarzen See) und ist nach den von Menge mitgebrachten Stücken in der Königlichen Sammlung in Berlin von grüner Farbe, derb und stänglig und mit gelbem Feldspath verwachsen.

5. Flussspath, findet sich nach Lissenko an der Nordostseite des Ilmensees, nicht weit von den Mengeschen Zirkonschürfen, also im Miascit; er ist violblau, derb oder nur unvollkommen krystallisirt und nicht in grosser Menge vorgekommen.

Die im Ilmengebirge vorkommenden Mineralien sind demnach:

1. Feldspath.
2. Albit.
3. Quarz.
4. Zweiaxiger Glimmer.
5. Einaxiger Glimmer.
6. Eläolith.
7. Sodalith.
8. Cancrinit.
9. Hornblende.
10. Pistazit.
11. Turmalin.
12. Granat.
13. Beryll.
14. Zirkon.
15. Topas.
16. Korund.
17. Apatit.
18. Monazit.
19. Flussspath.
20. Kalkspath.
21. Titanit.
22. Pyrochlor.
23. Aeschynit.
24. Uranotantal.
25. Tschewkinit.
26. Mengit.
27. Titaneisenerz (Ilmenit).
28. Magneteisenerz.
29. Graphit.

Unter diesen Mineralien sind 5, der Cancrinit, Aeschynit, Mengit, Uranotantal und Tschewkinit bis jetzt nur im Ilmengebirge vorgekommen, der Pyrochlor hat sich bis jetzt nur noch in dem Syenite von Friedrichswern und der Monazit in dem Gneiss von Connecticut gefunden, und der Topas, Zirkon, Korund und Sodalith wie auch das Titaneisenerz, der grüne Feldspath und der einaxige Glimmer, sind hier von einer Schönheit vorgekommen, wie an wenigen andern Orten.

Was die Gebirgsarten anbetrifft, welche diese Mineralien entweder selbst ausmachen, oder in denen sie als unwesentliche Gemengtheile oder in gangförmigen Räumen erscheinen, so sind diese Miascit, Granit, Weissstein und körniger Kalkstein. Der Miascit macht unstreitig die grösste Masse des Gebirges aus. Er findet sich auf der westlichen Seite mit Eläolith, auf der östlichen ohne denselben, und ist demnach in zwei Abtheilungen zu theilen, die, bis spätere Untersuchungen etwa schärfere Gränzen zwischen ihnen ziehen, jetzt wohl noch am zweckmässigsten als zwei Varietäten einer und derselben Gebirgsart zu betrachten sind. Da wo der Miascit keinen Eläolith enthält, kommt auch öfter wohl Hornblende, und selbst, wenn auch sehr selten, etwas Quarz in ihm vor, wodurch er, wenn auch nicht in den Syenit übergeht, doch seine Verwandtschaft zu demselben beweist. Offenbar steht er unter den Gebirgsarten diesem am nächsten, besonders dem Norwegischen Zirkonsyenite, dem er auch durch seine Grobkörnigkeit und das Vorkommen so vieler zufälligen Gemengtheile gleicht. Man könnte selbst geneigt sein, ihn nur für eine Varietät des Syenits zu halten, da auch in dem Norwegischen Zirkonsyenite, Eläolith, und in dem Syenite von Meissen einaxiger Glimmen häufig vorkommt und letzterer stellenweise die Hornblende gänzlich ersetzt; indessen erscheint in dem Miascite die Hornblende doch nur sehr untergeordnet, und der einaxige Glimmer bildet bei weitem die Hauptsache. Noch weniger aber kann man den Miascit als eine Abänderung des Granites betrachten; in welcher der Quarz entweder fehlt oder durch Eläolith ersetzt ist. In dem Granite ist der

Quarz, die freie Kieselsäure, ein wesentlicher Gemengtheil und dasjenige, was den Granit vorzugsweise karakterisirt, er kann also darin nicht fehlen, oder durch einen Gemengtheil ersetzt sein, der eine so verschiedenartige Zusammensetzung wie der Eläolith hat, und nicht einmal wie der Feldspath neutrale, sondern nur basische Verbindungen enthält.

Der Miascit gränzt westwärts an Gneiss, mit welchem er, da er öfter selbst von schiefriger Textur ist, eine gleichmässige Lagerung zu haben scheint, ostwärts an Granit, der gleich sehr grobkörnig ist, und in einer Abänderung mit grünem Feldspath den schiefrigen Miascit in Gängen durchsetzt. Wir haben die Untersuchung nicht weiter ostwärts fortgesetzt, aber bei Kundrawinsk auf der Ostseite des Ilmengebirges fanden wir bei der Hinreise auch noch Granit, wenn auch von anderer Beschaffenheit, und eben so wird auch von Hermann weiter nordwärts bei Tschebarkulsk nur Granit angegeben [1]), so dass also hiernach Granit die ganze Ostseite des Gebirges bildet, und der Miascit nur wie ein Uebergangsglied zwischen ihm und dem Gneiss der westlichen Seite erscheint. In welchem Verhältniss der Weissstein und der körnige Kalkstein, die wir auf der Höhe des Gebirges antrafen, zu dem Miascite steht, kann nicht bestimmt werden, da wir keine Berührungspunkte gesehen haben; diess muss wie die genaue Bestimmung der Lagerungsverhältnisse spätern Beobachtungen vorbehalten bleiben.

---

[1]) Noch etwas weiter nordwärts scheint am Rande des Gebirges der Granit sehr zersetzt zu sein, denn hier findet sich eine ausgezeichnete Porzellanerde, welche eine 3 — 5 Fuss mächtige Lage unmittelbar unter dem Rasen bildet und auf Sand und Thon liegt. Man hat sie hier lange Zeit für die Kaiserliche Porzellanfabrik in Petersburg gegraben und geschlämmt. (Vergl. Georgi Beschreibung des Russ. Reichs Th. III Abth. 1 S. 192.)

Exkursion nach Slatoust und Kyschtimsk.

Den 7. Sept. Die Exkursion nach Slatoust und Kyschtimsk war die letzte und grösste, die wir von Miask aus machten. Sie versprach uns, abgesehen von dem Besuche von Slatoust, dessen Klingenfabrik am Ural mit Recht in einem grossen Rufe steht, auch in geognostischer Hinsicht ein grosses Interesse, da wir bei der Reise nach Slatoust Gelegenheit hatten, ein Profil des Ural in dieser Breite kennen zu lernen, und indem wir bei der Rückkehr über Kyschtimsk uns den von Katharinenburg aus besuchten Gegenden bis auf eine geringe Entfernung wieder näherten, unsere geognostischen Beobachtungen mit den in Katharinenburg angestellten in Verbindung setzen konnten.

Zwischen Miask und dem 35 Werste entfernten Slatoust zieht sich die Gebirgskette des Ural hin, welcher in dieser Gegend ausschliesslich der Name Ural zugetheilt wird [1]. Es ist ein breiter Rücken, der allmählig ansteigt und ebenso abfällt, und daher gegen das niedrigere, aber prall ansteigende Ilmengebirge sehr contrastirt. Auch fängt er erst bei dem 16 Werste von Miask gelegenen Dorfe Syrostan sich zu erheben an; bis dahin bleibt man in dem grossen Längenthale des Mias, das hier von demselben Ansehen, und derselben geognostischen Beschaffenheit ist, wie oberhalb. Sein Boden ist nur hügelig nnd zeigt denselben Wechsel von geschichteten und ungeschichteten Gebirgsmassen wie dort; daher auch die Schichten der erstern nie ein mit dem Gebirgszuge übereinstimmendes Streichen haben, sondern beständig mehr oder weniger davon abweichen.

Das erste Gestein, welches wir von Miask aus beobachteten, war ein graulichschwarzer, dünnschiefriger Thonschiefer, der viele äusserst dünne La-

[1]) Vergl. S. 24.

gen von Quarz enthielt, fast seiger einfiel, und ein Streichen St. 10,4 von SO. nach NW. hatte. Auf ihn folgte Serpentin, dessen schalig abgesonderte Stücke im Ganzen noch dasselbe Streichen hielten, und darauf Listwänit, der im Allgemeinen von derselben karakteristischen Beschaffenheit war, wie der, welchen wir früher in Beresowsk, an der Berkutskaja Gora und zu Perwo-Pawlowsk gesehen hatten. Er war von einem grau und weiss gefleckten Ansehen, enthielt die grünen Talkblättchen, nicht aber, wenigstens in den untersuchten Stücken, die Blättchen von Eisenglanz, die ihm sonst gewöhnlich sind. Er scheint von Serpentin umschlossen zu sein, denn dieser folgte wiederum auf ihn. Hinter dem Serpentin sahen wir in einzelnen Hügeln einen dichten Grünstein anstehen, der aus einer graulichgrünen feinsplittrigen, mit dem Messer schwach ritzbaren Masse, wahrscheinlich der Hauptmasse eines Augitporphyrs, bestand und weissen körnigen Kalkstein in einzelnen kleinen Parthien eingemengt enthielt; dann folgte wieder dünnschiefriger Thonschiefer, aber von schmutzig grüner Farbe, und ohne wie früher die dünnen Quarzlagen zu enthalten, und auf denselben ein schneeweisser Kalkstein, der sehr feinkörnig, fast dicht war, und einen splittrigen Bruch hatte. Beide letztgenannten Gebirgsarten hatten ein gleiches Streichen St. 6, aber während die in der Richtung des Einfallens öfter wellenförmig gebogenen Schichten des Thonschiefers ein sehr steiles Einfallen hatten, fielen die des Kalksteins nur unter einem sehr flachen Winkel nach Osten.

Hinter dem Kalkstein gelangten wir an eine Reihe flacher Hügel, die aus Serpentin bestanden, aber alle dadurch ausgezeichnet waren, dass sie jeder einen Kern von einem dem dichten Granat ähnlichen Gestein enthielten, das gangförmig mit einem geringen Fallen nach Osten in dem Serpentine steckte. Die Hügel waren alle von der Strasse mehrere Fuss tief durchschnitten, man konnte daher in den Durchschnitten, welche die Strasse bildeten, die Erscheinung sehr deutlich beobachten, wo sie sich etwa so darstellte, wie sie in der nebenstehenden Figur zu sehen ist.

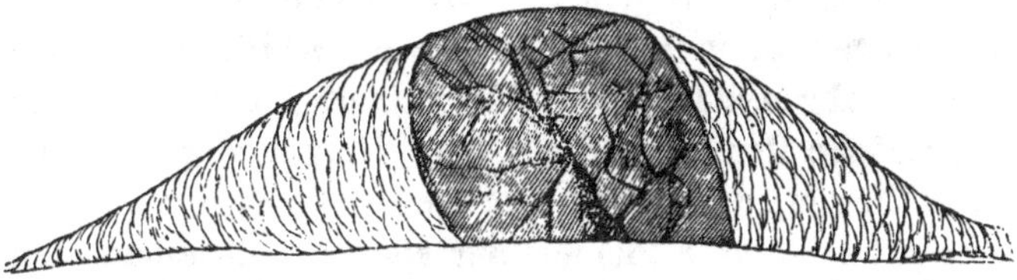

Serpentin. Dichter Granat. Serpentin.

Der Serpentin ist gelblichgrün, stark durchscheinend, und enthält kleine gelblichgrüne Blättchen von Diallag eingewachsen; der Granat dicht, feinsplittrig und dunkel grünlichgrau, stellenweise mit kleinen schwärzern Flecken, die von eingemengten unkenntlichen Krystallen herzurühren scheinen; er ist ferner von nur wenig geringerer Härte als Quarz, und einem anscheinend hohen specifischen Gewichte. Vor dem Löthrohr schmilzt er zu einer schwarzen nicht magnetischen Kugel, in Borax löst er sich zu einem von Eisen schwach gefärbten klaren Glase auf, in Phosphorsalz mit Ausscheidung von Kieselsäure, auch opalisirt die Kugel beim Erkalten. Mit weniger Soda schmilzt er zu einer graulichbraunen Kugel zusammen. Nach einer von Herrn Sthamer in dem Laboratorium meines Bruders angestellten Analyse enthält diess Gestein:

		Sauerstoffgehalt.
Kalkerde	20,33	5,71
Talkerde	7,36	2,85
Thonerde	12,09	5,65
Eisenoxyd	13,19	4,04
Kieselsäure	46,11	23,95
	99,08	

Diese Zusammensetzung stimmt besonders wegen der überschüssigen Kieselerde nicht ganz mit der des

Granats, doch kann dieser Umstand wohl in den fremden Beimengungen seinen Grund haben. Massen derben Granats finden sich auch, wie wir später sehen werden, in dem Chloritschiefer ostwärts von Slatoust.

Der Serpentin wie der Granat sind sehr zerklüftet, der Serpentin ist aber durch die Klüfte in krummschalig abgesonderte Stücke getheilt, die mit ihrer Hauptfläche der Gränze mit dem Granat ungefähr parallel liegen, der Granat dagegen ganz unregelmässig zerklüftet. Durch Zersetzung sind die abgesonderten Stücke des Serpentins auf der Oberfläche schneeweiss, die des Granats ziegelroth geworden, so dass sie sich daher schon von fern von denen des Serpentins bemerklich machten. Offenbar hat hier die Anwesenheit des dichten Granats den Serpentin vor der Zerstörung geschützt und dadurch die Bildung der Hügel veranlasst.

Wir verliessen hinter diesen Hügeln die Strasse, und folgten dem Laufe eines kleinen Flüsschens, Beresowka genannt, das in nordöstlicher Richtung dem Mias zufliesst, um zu dem schon oben erwähnten Seifenwerke Knäse-Alexandrowskoi zu gelangen, das in seinem Thale angelegt ist. Es wird erst seit dem September 1827 bearbeitet, hat aber noch in demselben Jahre eine bedeutende Ausbeute gegeben. Das Seifengebirge ist bis zum darunter liegenden festen Gestein goldhaltig, und wird daher bis zu diesem auch abgebaut, so dass es hier überall entblösst ist. Es besteht im Anfang des Seifenwerkes aus Thonschiefer, der St. 2,4 streicht, weiter abwärts aber aus einem grünlichgrauen schiefrigen Grauwacken-ähnlichen Conglomerat, das viele kleine eckige Stücke eines schwarzen Thonschiefers enthält, und mit gelben Kluftflächen durchzogen ist; es hat im Ganzen Aehnlichkeit mit dem Conglomerat, welches bei den Suchija oserka ansteht[1]), ist aber doch im Allgemeinen weniger grobkörnig;

---

[1]) S. oben S. 35.

gegen das Ende des Seifenwerkes findet sich ein dichter grauer Grauwackenschiefer. Die ganze Länge des abgebauten Theiles des Seifengebirges, in welchem man diesen Gesteinswechsel sehen konnte, betrug 75, die Breite 5 bis 10 Lachter.

Das Seifengebirge selbst ist ein gelblichbrauner Lehm und enthält viele grosse, oft sehr eckige Stücke von Thonschiefer, Kieselschiefer, dichtem Grünstein und Quarz, letztern oft mit regelmässigen Eindrücken von Eisenkies, die auch öfter noch mit Eisenocher, dem Produkte der Zersetzung des Eisenkieses, angefüllt sind; von kleinern Krystallen und Körnern findet sich besonders Magneteisenerz und Quarz. Es ist bis 5 Fuss mächtig, und wird von einer nicht goldhaltigen Lage grünen Thons und von Dammerde bedeckt. Die Dicke der Thonschicht ist sehr verschieden, stellenweise beträgt sie bis 4 Fuss, an andern Orten verschwindet sie gänzlich, so dass hier die Dammerde unmittelbar das Seifengebirge bedeckt. Dieses ist nicht überall gleich reich an Gold, sondern ist in der untersten 9 Zoll mächtigen Schicht am reichsten, wo es 3 Pfund Gold in 100 Pud Sand enthalten hat. Da diese Schicht aber nicht besonders verwaschen wird, und die obern Schichten viel ärmer sind, so fällt natürlich auch der Goldgehalt im Ganzen viel geringer aus. Das gewonnene Gold ist durch seine Grobkörnigkeit ausgezeichnet, und steht in dieser Rücksicht nur dem Golde von Zarewo-Alexandrowsk und Zarewo Nicolajewsk nach. Körner, die schwerer sind als 1 Sol., kommen häufig vor, und ausserdem hat man hier auch 3 Stücke gefunden, die 1 Pf., 1 Pf. 7 Sol. und 1 Pf. 16 Sol. wogen. Redikorzoff giebt in einer Beschreibung dieses Seifenwerkes [1]), aus welcher auch die letztere Angabe genommen ist, folgende Tabelle über die Menge des bis 1831 gewonnenen Goldes:

---

[1]) Gornoi Journal, Jahrgang 1832, Th. 2 S. 329.

Jahre	Verwaschenes Seifengebirge	Gewonnenes Gold in Körnern unter 1 Sol.				über 1 Sol.				im Ganzen				Goldgehalt in 100 Pud Seifengeb.	
		Pud	Pf.	Sol.	Dol.	Pud	Pf.	Sol.	Dol.	Pud	Pf.	Sol.	Dol.	Sol.	Dol.
1827	92,738	6	25	53		1	2	62	48	7	28	19	48	31	86
1828	487,832	9	14	9	77	1	9	76	48	10	23	86	29	8	32
1829	634,779	4	37	29	44	1	6	46		6	3	75	44	3	65
1930	539,135	4	11	90	48	1	1	72	48	5	13	67		3	77
	1,754,484	25	8	86	73	4	20	65	48	29	29	56	25	6	48

Die Goldkörner, welche schwerer als 1 Solotnik sind, haben also fast ein Sechstheil der ganzen Masse ausgemacht. —

Wir kehrten nach Besichtigung des Seifenwerkes wieder auf die Strasse nach Slatoust zurück, und sahen noch Chloritschiefer anstehen, der schwärzlich-grün, kleinschuppig, ein ähnliches Streichen, wie der in dem Seifenwerke anstehende Thonschiefer hatte, und St. 8,4 nach SO. einfiel. Bald darauf aber senkte sich die Strasse in das weite Längenthal des Atljan[1]), in welchem der bisher stets wellige Weg nun mehrere Werste lang fast eben fort ging. Hier eröffnete sich uns die volle Aussicht auf den Ural, der als ein breiter flacher Rücken fast völlig horizontal sich vor uns hinzog, aber wir sehen auch schon einen Theil der hinter dem Ural in paralleler Richtung fortlaufenden höhern Gebirgskette, die Urenga, die mit gezakten steilen Umrissen links von dem Wege über den Ural hervorragte, und einen höchst pittoresken Anblick gewährte.

Auch jenseits des Atljan geht der Weg nur wenig ansteigend in einem flachen Querthale entlang, in welchem der kleine Fluss Syrostan von dem Rücken des Ural herabkommt, und dem Atljan zufliesst. Nach

---

[1]) Vergl. oben, S. 25.

einigen Wersten gelangt man an das Dorf Syrostan, in welchem die Pferde gewechselt werden, und erst hinter diesem fängt der Ural sich allmählig zu erheben an, und erreicht in der Mitte des Weges nach Slatoust, etwa 10 Werste von Syrostan, seine grösste Höhe, die jedoch 2000 Fuss nicht übersteigt[1]). Auf der Höhe hat sich der Weg etwas nach rechts gebogen, die Birkenwaldung, mit welcher der ganze Ural bedeckt ist, verbirgt, wenngleich sie nicht hoch ist, die Aussicht auf die Urenga; dagegen eröffnet sich hier eine nicht weniger grossartige Aussicht auf die nordwestliche Fortsetzung derselben, einen eben so lang gezogenen noch höhern Gebirgsrücken, der den Namen des Taganai führt, und durch drei einzeln stehende Felsenparthien, die aus seinem Kamme hervorragen, und von denen die mittlere die höchste ist, ein eigenthümliches, leicht erkennliches Ansehen gewinnt.

Der westliche Abhang ist ebenso allmählig wie der östliche; eine lange und breite Mulde zieht sich an ihm hin, der Weg senkt sich und erhebt sich wieder, ohne seine frühere Höhe zu erreichen. Hat man die zweite Erhebung erstiegen, so übersieht man völlig den gegenüberliegenden Gebirgszug und dasdazwischen liegende, nur schmale Längenthal. Ein breites, tiefes uerthal trennt die beiden langgezogenen Rücken, den Taganai von der Urenga, aber ein noch viel tieferes und engeres Thal scheidet, der Strasse über den Ural gegenüber, noch den nördlichen Theil der Urenga, den Kossotur, wie eine tiefe Felsenspalte von ihr ab. Hierdurch drängt sich der Ai, seinen Lauf in dem Längenthale zwischen der Urenga

---

[1]) Nicht weit von dieser entspringt eine Quelle, deren Temperatur wir auf dem Rückwege untersuchten und bei 7° Lufttemperatur 4°,8 R. fanden. Eine andere in dem Dorfe Syrostan hatte eine Einfassung; die Temperatur des sich hierin ansammelnden Wassers untersuchten wir auf der Hinreise und fanden sie 4°,4 R. (Temperatur der Luft Mittags um 12 Uhr 16°,6 R.)

und dem Ural plötzlich verlassend hindurch, und in diesem Querthale, jenseits eines grossen Hüttenteiches, zu welchem der Ai noch vor seinem Durchbruch aufgestaut ist, wie auch an dem Fusse des Kossotur neben der Strasse sich entlang ziehend, liegt Slatoust, einen der malerischsten Prospecte im ganzen Gebirge darbietend.

Der östliche Abhang des Ural besteht aus weissen körnigen Kalkstein, dessen Schichten St. 10 nach SO. abfallen, und aus Granit. Dieser fängt erst jenseits des Dorfes Syrostan an, und besteht aus weissem Feldspath, gelblichweissem Quarz und grünem chloritähnlichen Glimmer, erhält aber dadurch ein eigenthümliches Ansehen, dass der Feldspath eine körnige zusammenhängende Masse bildet, in welcher Quarz und Glimmer getrennt von einander liegen. Auch bekommt er zuweilen durch parallele Lagerung des Glimmers ein gneissähnliches Ansehen [1]).

Der Uralrücken selbst besteht aus Glimmerschiefer. Er ist dünnschiefrig und enthält schwärzlichgrünen bis grünlichweissen Glimmer, und mehr oder weniger grünlichweissen Quarz. Er hat dasselbe nordöstliche Streichen, wie der Gebirgszug, dem er angehört, und fällt unter steilem Winkel nach NW. ein. An seiner Ostseite wird er von Granitgängen durchsetzt; einen derselben, welcher ein gleiches Streichen wie der Glimmerschiefer, aber ganz seigeres Einfallen hat, sieht mau rechts am Wege anstehen. Die Ab-

---

[1]) In einem Rücken dieses Granites, Waloschnaja Gora genannt, etwas südwärts von Syrostan, findet sich ein grosser Gang, der Krystalle von braunem Bergkrystall, röthlichbraunem Feldspath und Flussspath enthält. Der Feldspath ist dadurch bemerkenswerth, dass er nicht selten in Vierlingskrystallen vorkommt, deren Individuen aus dem rhombischen Prisma von nahe 119° (T und l bei Haüy) und der mittlern hintern schiefen Endfläche (x) bestehen, die daher ganz das Ansehen der Vierlingskrystalle vom Adular haben, wie sie am Gotthardt vorkommen. Wir erhielten in Miask eine sehr schöne Druse von Bergkrystall mit einem solchen Feldspathkrystall.

änderung ist Beresit-ähnlich und besteht aus einer feinkörnigen grauen Grundmasse mit eingewachsenen kleinen weissen Feldspathkrystallen und weissem Glimmer. Auf der höchsten Erhebung des Ural findet sich ein mächtiges Lager von Quarz, der stellenweise roth oder gelb gefärbt und mit kleinen Glimmerschüppchen gemengt, oft einen schönen Aventurin darstellt. Er ragt zur Seite des Weges aus dem Glimmerschiefer hervor und bildet einige schroffe Felsenparthien, eine Erscheinung, die sich noch ausgezeichneter und schöner an dem Taganai wiederholt. In der Mulde an dem Westabhange des Ural, wie auch in dem Längenthale des Ai finden sich in dem Glimmerschiefer Lager von körnigem Kalkstein, die Brauneisenerz enthalten, welches in zwei Gruben Isakowskoi und Tesminskoi, die beide nicht weit links vom Wege liegen, abgebaut und in den Hohöfen von Slatoust verschmolzen wird [1]). Das Brauneisenerz bildet nach dem, was wir über die Lagerstätte erfuhren, grosse Nester an der Gränze mit dem Glimmerschiefer, wird aber von diesem wie vom Kalkstein noch durch eine Lage rothen und braunen Thons getrennt. Durch die vielen Fuhren, welche das Erz nach Slatoust brachten, war der letzte Theil des Weges sehr belebt.

Wir waren kurz nach Mittag in Slatoust angekommen, und stiegen in der Wohnung des Herrn Ober-Directors Achte ab, der uns gastfrei bei sich aufnahm. — Slatoust war früher nur eine gewöhnliche Eisenhütte, in welcher sich 2 Hohöfen, einige Frischfeuer und Walzwerke befanden, erst in neuerer Zeit

---

[1]) Ausser diesen Gruben finden sich weiter südlich wie auch nördlich vom Wege mehrere andere, in welchen das Eisenerz unter ganz ähnlichen Verhältnissen vorkommt. Südlich von den genannten Gruben liegen noch die Gruben Esaulskoi, Orlowskoi, Filinskoi, Wesselowskoi, letztere bei dem Dorfe Wesselowskaja; nördlich die Gruben Nikolskoi, Taganaiskoi und Tschernowskoi.

hat es seinen ausgebreiteten Ruf durch seine Klingenfabrik erlangt, die von dem Bergrath Eversmann mit Hülfe von Solinger und Klingenthaler Klingenschmieden, welche er im Auftrage der Regierung nach dem Ural führte, angelegt wurde. Durch diese deutschen Einwanderer ist der früher kleine Flecken zu einer ganz deutschen Fabrikstadt geworden, in der wir überall die vaterländische Sprache hörten, und vaterländische Einrichtungen und Sitten sahen. Jeder Meister hat seine eigene Werkstätte, in welcher er die Klingen schmiedet, und nur das Schleifen, Poliren und Vergolden geschieht gemeinschaftlich in einem besondern Gebäude. Er ist verbunden jährlich eine bestimmte Menge Klingen abzuliefern und einige Russische Schüler zu bilden, und bezieht dafür das in Russland hohe Gehalt von 2500 Rubel; ausserdem hat er eine freie Wohnung mit Garten, und erhält, wenn er krank ist, freie ärztliche Hülfe und Medizin nach Belieben zu Hause oder im Hospital. Die deutschen Meister sind alle im Wohlstande, und die, welche wir sprachen, mit ihrem Loose zufrieden; sie beklagten nur, was freilich nicht anders sein kann, dass ihre Kinder sich nicht eines gleichen Schicksals zu erfreuen hätten, da die in Slatoust angelernten Meister nur einen Rubel täglich erhalten.

Der Stahl zu diesen Klingen wird in Slatoust selbst bereitet; es ist Rohstahl, der aus dem hiesigen Roheisen auf besondern Heerden dargestellt, und nachher noch mehrere Male raffinirt wird. Die fertigen Klingen werden einer strengen Prüfung unterworfen, und jede zerbrochen, bei welcher nur der kleinste Fehler zu bemerken ist. Hierdurch erleidet man freilich einen Abgang von 20 pCt., erhält aber auch den Ruf, in welchem sie stehen. Das ganze Quantum fertiger Säbel, das zur Armee abgeliefert wird, beträgt 30,000 Stück; die Klinge kommt auf 6 Rubel, die fertigen Säbel auf 18 bis 20 Rubel zu stehen.

Wir besahen unter der Leitung des Herrn Ober-Directors Achte [1]) und der Herren Unter-Directoren Anossoff und Hermann noch denselben Nachmittag die sämmtlichen hiesigen Werke, sowohl die Hohöfen, Stahlheerde, Fabrikgebäude und Magazine, als auch die Werkstätten von mehreren der deutschen Meister, und bestimmten daher schon den folgenden Tag zu einer Exkursion nach dem Taganai, wozu wir auch sogleich die Vorbereitungen machten.

Den 8 Sept. Der Taganai bildet, wie schon oben erwähnt, einen langen Gebirgsrücken, der sich 10 Werste nördlich von Slatoust erhebt und nach N. mit einer nur geringen Neigung nach W. fortzieht. Er hat dasselbe Streichen wie die Urenga, und ist nur als eine Fortsetzung derselben anzusehen, steht aber doch in keiner unmittelbaren Berührung mit ihr, da er von ihrem nördlichen Ende, dem Kossotur, noch durch ein breites Querthal und die darin fliessende Tesma getrennt ist [2]). Er zieht sich in der angegebenen Richtung etwa 15 Werste fort, senkt sich nun aber ebenfalls, worauf sich fast in derselben Streichungslinie ein neuer Gebirgsrücken, die Jurma erhebt. Dasselbe ist auch im Süden der Urenga der Fall, indem hier in seiner Streichungslinie der Iremel liegt, so dass der Iremel, die Urenga, der Taganai und die Jurma nur als von einander getrennte Glieder eines und desselben Gebirgszuges zu betrachten sind.

Auch zeigen sie alle eine gleiche geognostische Beschaffenheit, denn sie bestehen sämmtlich aus Glimmerschiefer, der im Taganai, und also auch wohl in den

---

[1]) Jetzt ist Herr Anossoff Ober-Dirsktor und Herr Achte bei seinem vorgerückten Alter pensionirt.

[2]) Die Tesma entspringt am südwestlichen Fusse des Taganai, und fliesst dann auf der östlichen Seite des Kossotur entlang, bis sie sich mit dem Ai bei dessen westlicher Wendung verbindet; sie hat demnach in dem Längenthale zwischen dem Kossotur und dem Ural einen fast entgegengesetzten Lauf wie der Ai.

übrigen Gliedern dieses Gebirgszuges nach W. unter steilem Winkel einfällt. Auf der Höhe befindet sich bei allen, wie beim Ural, ein mächtiges Quarzlager, das den eigentlichen Kamm bildet, und aus dem Glimmerschiefer wie eine ungeheure Felsenmauer hervorragt. Offenbar hat früher der Glimmerschiefer eine gleiche Höhe wie sie gehabt, ist aber den Einwirkungen der Atmosphäre mehr unterworfen, an seiner Oberfläche und zur Seite des festern Quarzes zerstört worden. Dennoch laufen auch die obern Ränder dieser Mauer selbst nicht in gerader Linie fort, sondern sind an vielen Stellen eingestürzt und unterbrochen, was allen diesen Bergen ein so pittoreskes Ansehen giebt. Der höchste dieser Rücken ist der Iremel, und dann folgt gleich der Taganai. Ersterer hat nach den Messungen von Hofmann und v. Helmerssen eine Höhe von 4500 Fuss, der letztere nach Kupffer eine Höhe von 3340, während das Querthal von Slatoust bis zu einer Tiefe von 1120 Fuss eingeschnitten ist. Die Höhe, bis zu welcher die Quarzfelsen am Taganai aus dem Glimmerschiefer emporsteigen, beträgt fast 450 Fuss. —

Wir brachen zu unserer Exkursion auf den Taganai schon früh auf, waren aber leider von dem Wetter nur sehr wenig begünstigt. Schon der Morgen war trüb und nebelig, und verkündete keinen heitern Tag, so schön das Wetter auch am gestrigen Tage noch gewesen war. Wir hätten besser gethan die Exkursion noch aufzuschieben, traten sie aber dennoch an, weil alle Vorbereitungen dazu einmal getroffen waren, und hofften, dass sich das Wetter aufklären würde. Statt dessen vermehrten sich aber die Nebel immer mehr, je mehr wir uns der Höhe des Berges näherten; zuletzt fing es förmlich an zu regnen, und hörte damit, kleine Unterbrechungen abgerechnet, auch den ganzen Tag nicht wieder auf. Wir konnten also auf dem Berge von der umliegenden

Gegend gar nichts wahrnehmen, und auch nur wenige geognostische Untersuchungen anstellen. Dabei hatten wir noch das Unglück unser letztes Barometer zu verlieren, indem Herr v. Humboldt, der es trug, auf dem Hinwege strauchelte und fiel, wobei die Barometerröhre zerbrach, und wir auf diese Weise ausser Stand gesetzt wurden eine Höhenbestimmung des Berges zu machen, so dass die Exkursion also nur wenig Resultate gewährte [1]).

Wir bedienten uns für den ersten Theil des Weges ähnlicher kleiner Wagen, wie sie in Sibirien zu Gebirgsreisen gewöhnlich genommen werden, und ich ihrer bei mehreren Gelegenheiten erwähnt habe. Damit gelangten wir fast bis zur Hälfte der Höhedes Taganai, wo wir dieselben stehen liessen, und den übrigen Theil des Weges zu Fuss zurücklegten; doch erhebt sich der Weg auch hier noch so allmählig, dass man fast bis zum Fuss der Quarzfelsen, wenn auch nicht fahren, doch noch recht gut reiten kann, was auch mehrere aus der Gesellschaft thaten. Den Abhang des Taganai, wie auch das ganze Längenthal zwischen ihm und einem gegenüberliegenden Gebirgszug, der den Namen des kleinen Taganai führt, bedeckt ein dicker Tannenwald, aus welchem man eine Uebersicht

---

[1]) Glücklicher Weise war der Verlust des Barometers von geringerer Bedeutung als er anfangs schien. Wir konnten nun allerdings keine Höhenbestimmung auf der Spitze des Berges machen, doch bedurfte es derselben auch nicht, da diese Höhe schon im vorigen Jahre vom Prof. Kupffer bestimmt war, und für den übrigen Theil der Reise traf es sich recht günstig, dass Herr v. Humboldt noch am Morgen dieses Tages sein Barometer mit dem des Herrn Hofmann verglichen, und sich von dem übereinstimmenden Gange beider überzeugt hatte. Da Herr Hofmann seine Untersuchungen in dem südlichen Ural schon vollendet hatte, und ohne unsere Ankunft schon nach Petersburg zurückgekehrt gewesen wäre, so überliess er uns auch sehr gern sein Barometer, wodurch wir nun in den Stand gesetzt waren, auch ungeachtet jenes Unfalls, unsere Barometerbeobachtungen auf der weiteren Reise fortzusetzen.

über die umliegende Gegend, auch bei besserm Wetter, kaum und nur an einzelnen Punkten gehabt haben würde. Mit zunehmender Höhe werden die Tannen kleiner, stehen einzelner und mischen sich mit Birken; diese bleiben zuletzt ganz allein, bis dann auch sie verschwinden. Der Weg wird hier sehr sumpfig, und ist mit Felsblöcken bedeckt, so dass man sich oft genöthigt sieht, von einem Block zum andern zu springen. So gelangt man endlich zu dem eigentlichen Kamme, auf welchem die Quarzmauer sich erhebt. Sie ist ihrer ganzen Länge nach an zwei Stellen eingestürzt, so dass dadurch der Taganai mit drei Felsenparthien gekrönt erscheint, was ihm sein eigenthümliches Ansehn giebt. Die mittlere Felsenparthie ist die höchste, auf den zur Seite aufgethürmten Blöcken kann man zu ihr hinaufklimmen, was Prof. Kupffer gethan und auf diese Weise ihre Höhe bestimmt hat. Einige von unserer Gesellschaft erstiegen sie ebenfalls, aber die Nebel waren so gross, dass man sie von unten aus nicht erkennen konnte. Hinter einer Felsenmauer, die uns nothdürftigen Schutz gewährte, warteten wir den stärksten Regen ab, nahmen hier ein mitgenommenes Frühstück ein, das ungeachtet unserer Unfälle in der fröhlichsten Laune verzehrt wurde, und kehrten dann auf demselben Wege, auf welchem wir gekommen waren, nach Slatoust zurück, wo wir am Abend mit der untergehenden Sonne ganz durchnässt ankamen.

Von der mineralogischen Beschaffenheit des Taganai ist nun wenig noch hinzuzufügen. Der Glimmerschiefer gleicht im Ansehen dem des eigentlichen Ural, sein Glimmer ist grünlichgrau bis graulichweiss, sein Gefüge gewöhnlich sehr dünnschiefrig. Er ist grösstentheils ohne fremde Gemengtheile, und nur auf seiner Höhe in der Nähe des Quarzlagers enthält er viele eingeschlossene Krystalle von Staurolith und Granat. Der erste ist bräunlichschwarz, wenig glänzend und undurchsichtig, und findet sich in der Regel in einfachen Krystallen, die aber oft eine Länge von 2 Zollen erreichen. Der Granat ist kolombinroth und stark durchscheinend, und kommt in weniger deutlichen Krystallen vor, die aber doch auch den Durchmesser eines Zolles erreichen, und wo man sie erkennen kann, Kombinationen des Leucitoëders und Dodecaëders sind, an welchen die Flächen des erstern vorherrschen. An der Stelle, wo wir diese Gemengtheile sahen und sammelten, herrscht der Staurolith sehr vor, und der Granat findet sich nur in untergeordneter Menge, doch muss auch das Umgekehrte vorkommen, denn Herr Hermann verehrte uns ein ein grosses Stück Glimmerschiefer vom Taganai, der ganz mit diesen grossen Krystallen von Granat erfüllt ist, und gar keinen Staurolith enthält. Auch Cyanit, breitstängelig und graulichweiss, findet sich mit dem Staurolith in diesem Glimmerschiefer; Stücke mit dergleichen Cyanit sahen wir in Slatoust, sie finden sich auch in der Eversmannschen Sammlung in Berlin, doch haben wir den Cyanit an Ort und Stelle nicht gefunden, da der starke Regen ein längeres Suchen danach verhinderte [1]).

Der Quarz der Felsenmauer auf dem Kamme des Taganai ist von derselben Beschaffenheit wie der vom eigentlichen Ural. Er ist meistens ganz schneeweiss, und nur mit wenigen weissen Glimmerblättchen gemengt, dann aber stellenweise mit den Farben des Eisenkiesels bräunlichroth oder ockergelb gefärbt, und enthält in diesem Fall meistens stärkere Glimmereinmengungen, wodurch die schönsten Abänderungen von Aventurin gebildet werden. Aus diesem Quarz bestehen auch die Blöcke auf dem sumpfigen Abhange des Taganai, unter denen man auch eine Menge schöner Varietäten sammeln kann.

---

[1]) Cyanit kommt an mehreren Orten in der Gegend von Slatoust, besonders aber auf den Quarzlagern im Glimmerschiefer vor.

Westlich von dem Gebirgszuge der Urenga, des Taganai und der Jurma, ziehen sich noch andere Bergketten fort, die mit dem Hauptzuge grösstentheils ein paralleles Streichen haben, aber wie dieser auch häufig unterbrochen sind, nach längerem oder kürzerem Laufe abfallen, und sich dann wieder nach einiger Zeit mit demselben Streichen erheben.

So liegt westlich von dem südlichen Theile der Urenga und in paralleler Richtung mit ihr streichend der Nurgusch, der aber im N. noch vor dem See Suratkul abfällt, welcher quer vor ihm liegt. Westwärts von ihm finden sich die Bergzüge des grossen Uwan und des Suratkul, um dessen nördliches Ende sich die grosse Satka herumwindet; noch weiter westwärts zieht sich, wenngleich mit etwas verändertem mehr nördlichen Streichen, die Suka hin, worauf sodann die Silija im Westen von dem Hüttenwerke Satkinsk, und die nördliche Fortsetzung derselben die Tschulkowa folgen. Die Silija, über welche die grosse Strasse von Ufa nach Slatoust führt, erreicht nach Kupffer noch eine Höhe von 1652 Fuss; auf ihrer Westseite bei Satkinskaja Pristan [1]) fliesst der Ai noch zwischen felsigen und steilen Ufern, aber schon bei dem zehn Werste weiter entfernten Dorfe Ailina sind die Berge ganz zur Ebene herabgesunken, die sich dann auch von hier ohne Unterbrechung bis zur Wolga fortzieht.

Dem nördlichen Ende der Urenga und dem Taganai westwärts gegenüber liegen die mineralienreichen Rücken Schischimskaja und Nasimskaja. Sie gehören nicht einem und demselben Zuge an, denn die Nasimskaja liegt dem Taganai näher als die Schischimskaja der Urenga, und bildet gleichsam eine Fortsetzung des Nurgusch, während die Schischimskaja als eine

---

[1]) Dem Hafen von Satkinsk, wo die Produkte dieses Hüttenwerkes eingeschifft und nach Petersburg und andern Theilen des Russischen Reiches geschifft werden.

Fortsetzung des Uwan und Suratkul zu betrachten ist. Anf die Schischimskaja folgt nun die Kette der Lipowaja (des Lindenbergs) und dann die des Mias, der sich der Jurma gegenüber wieder zu bedeutender Höhe erhebt, während die zwischenliegenden Fortsetzungen der Nasimskaja und der Lipowaja hier zu unbedeutenden Bergen herabgesunken sind. Jenseits des Mias fliesst die Arscha dem Ai zu, und jenseits dieser fallen auch hier die Berge zur Steppe ab.

Diese Bergzüge, in der Regel stark bewaldet und nur auf den Kuppen nackt, schliessen meistens, besonders in dem westlichen Theile, breite Längenthäler ein, welche häufig kräuterreiche Wiesen bilden, denen man hier auch den Namen der Steppen beilegt, wie die Tschuwaschische Steppe zwischen den Bergen Lipowaja und Nasimskaja, die Chutorowskische Steppe bei dem Ai westwärts von den Tschulkowa u. s. w. Sie werden meistentheils alle von Flüssen bewässert, die dem Ai, dem Hauptflusse dieser Gegend, zufliessen, der vielfach sich krümmend in der grossen Querspalte von Slatoust bis jenseits Kussinsk fliesst, hier aber plötzlich wieder eine der frühern parallele, jedoch ganz entgegengesetzte Richtung nimmt. Die südlichen Zuflüsse haben daher im Allgemeinen eine nordöstliche, die nördlichen eine südwestliche Richtung; zu den ersteren gehören vorzüglich der Bagrusch, der Kuwasch und die Satka, zu den letzteren die Tesma, Kussa und Arscha; aber die meisten dieser Flüsse verändern stellenweise diesen Lauf, indem sie durch Querthäler in benachbarte Längenthäler fliessen, und sodann in diesen ihren Lauf fortsetzen. So entspringen die sämmtlichen genannten südlichen Zuflüsse in demselben Längenthale auf der Westseite der Urenga, der Bagrusch am nördlichsten, weiter südlich der Kuwasch und noch weiter südlich der grosse Kyl, welcher der Hauptzufluss der grossen Satka ist. Der Bagrusch bleibt in diesem Thale, und ergiesst sich

8 bis 9 Werste westwärts von Slatoust in den Ai; der Kuwasch aber wendet sich, noch vor dem Ursprung des Bagrusch westwärts, durchbricht die Fortsetzung des Nurgusch, und setzt seinen Lauf in dem Längenthale im Westen der Schischimskaja fort, sich etwas nordwärts von dem Dorfe Kuwaschi in den Ai ergiessend. Der grosse Kyl' ergiesst sich südwärts von den Quellen des Kuwasch in den See Suratkul, der in einem Querthale liegt, das dem Querthale des Kuwasch entspricht; aus diesem See fliesst die grosse Satka anfänglich in demselben Längenthale, worin weiter unten der untere Kuwasch seinen Lauf hat; aber ehe sie diesen erreicht, wendet sie sich westlich und fliesst nun unter mannigfachen Krümmungen bis zu dem Längenthale im Osten der Silija und der Tschulkowa; hier findet sie die kleine Satka und setzt nun mit dieser vereinigt ihren Lauf in diesem Längenthale, aber immer nicht bis zu dem Querthale des Ai fort, sondern sie biegt sich schon vorher um das nördliche Ende der Tschulkowa herum, und verbindet sich mit dem Ai da, wo derselbe schon seine südliche Richtung angenommen hat. Die kleine Satka selbst ist vor ihrer Vereinigung mit der grossen Satka nur kurze Zeit in dem obern Längenthale im Osten der Silija geflossen; sie entspringt westlich von dem See Suratkul, fliesst nun gleich westlich, eine Menge südlicher Zuflüsse der Längenthäler, die sie durchschneidet, wie die Tatarka und den kleinen und grossen Bakal in sich aufnehmend; dieser letztere fliesst schon in dem Längenthule der Silija, und die kleine Satka setzt nach ihrer Vereinigung mit ihm diese Richtung nur fort, verbindet sich aber doch erst mit der grossen Satka im Osten der Listwennaja, die sie im Süden wie die grosse Satka im Norden in einem grossen Bogen umfliesst.

Dieselben Erscheinungen wiederholen sich bei den nördlichen Flüssen. Westlich von der Tesma, deren Lauf schon oben angeführt ist, ergiessen sich mehrere kleine Bäche in den Ai, und erst jenseits der Lipowaja und der südlichen Fortsetzung des Mias, nicht weit von dem Hüttenwerke Kussinsk die Kussa; ihr oberer Lauf ist aber in dem westlichen Längenthale des Nasimskaja; sie fliesst hier dicht neben der Isranda, mit der sie sich zuletzt verbindet, lange fort, wendet sich dann westwärts durch die Lipowaja und die südliche Fortsetzung des Mias, bis zu dem auf seiner Westseite befindliche Längenthal, wo sie den Bitkali findet, und mit ihm vereint nun in diesem Thale ihre Richtung fortsetzt. Weiter westlich bei der südlichen Krümmung des Ai ergiesst sich die Arscha in denselben, deren Richtung der Ai nun fortsetzt, und in so fern in demselben Verhältniss mit dem Ai steht, wie die Tesma bei der ersten Krümmung des Ai, wenngleich der Lauf der Flüsse hier entgegengesetzt ist.

Was nun die geognostische Beschaffenheit dieser Gebirgszüge anbetrifft, so gehören sie theils noch zu dem schiefrigen Urgebirge, theils schon zum Uebergangsgebirge, das sich auch auf der Ostseite dem Ilmengebirge anlegt, auf der Westseite des Ural aber noch viel herrschender vorkommt [1]). Zu dem erstern gehören der grosse Uwan, der Suratkul, die Suka, die Schischimskaja und Nasimskaja, zu dem letztern die übrigen.

---

[1]) Die hier mitgetheilten Nachrichten sind aus den geognostischen Beschreibungen der westlichen Theile des Hüttenbezirks von Slatoust, von Lissenko, Nestorowski und Werssiloff ausgezogen, die in dem Russischen Gornoi Journal, Jahrgang 1835, Th. 3 S. 423 und 435, und Jahrg. 1837, Th. 1 S. 39 und S. 91 stehen. Die Beschreibungen der Gebirgsarten und Mineralien sind nach den Stücken entworfen, die ich theils selbst mitgebracht, theils in der Eversmannschen Sammlung, die an Stücken aus dieser Gegend am reichhaltigsten ist, gefunden, und theils später durch die Güte des Herrn General v. Tschewkin und des Herrn Major v. Lissenko erhalten habe.

Das schiefrige Urgebirge besteht wie in den Bergen bei Slatoust grösstentheils aus Glimmerschiefer, dessen Schichten wie die Gebirgszüge streichen, und unter steilem Winkel theils nach SO., theils nach SW., ja zuweilen an einem und demselben Bergrücken nach beiden Himmelsgegenden gleichsinnig mit seinen Abhängen abfallen, wie diess z. B. am Myschlei, einem Bergrücken am Ai, im Osten des Taganai der Fall ist. Zuweilen sind seine Schichten stellenweise wellig, geknickt und gebogen [1]). Er ist im Allgemeinen von derselben Beschaffenheit, wie am Taganai, geht aber doch stellenweise in Gneiss und gneissartigen Granit über. Zuweilen enthält er auch noch eingewachsene Krystalle von Granat [2]), Körner und körnige Parthien von Magneteisenerz, in dem Seredni Myss, einige Werste nordöstlich von Slatoust, auch schuppige Krystalle von Graphit.

Der Glimmerschiefer enthält untergeordnete Lager von Quarz, Hornblende-, Chlorit- und Talkschiefer und von körnigem Kalkstein.

Die Quarzlager kommen in derselben Art wie am Taganai und in den übrigen Gebirgsrücken der Hauptkette vor, und erheben sich ebenso in Felsen aus dem Hauptkamme derselben, wie z. B. in der Nasimskaja, und in der Tatarskaja, westlich von Slatoust, und in anderen. Der Quarz ist hier auch von einem ähnlichen Ansehen; von einer eigenthümlichen Beschaffenheit findet er sich nur zwischen den Flüssen Kussa und Schumnaja, wo er mit dichtem und feinkörnigem grünen

---

[1]) In der Eversmannschen Sammlung befindet sich Glimmerschiefer von der Urenga, welcher diese Krümmungen der Schichten auch in dem Handstücke sehr schön zeigt.

[2]) Er kommt an manchen Stellen im Glimmerschiefer schöner als am Taganai vor. Wir erhielten unter andern eine Parthie solcher Krystalle von Herrn Hermann, die sehr schön waren, Dodecaëder mit abgestumpften Kanten, bläulich roth, stark durchscheinend und von 4 bis 5 Linien Durchmesser.

Epidot und stellenweise mit schwärzlichgrüner strahliger Hornblende gemengt ist, und auf diese Weise einen besondern kleinen Höhenzug bildet. Krystalle von Epidot sind in diesem Quarz nur von einer Stelle bekannt, die 8 Werste östlich von der Eisensteingrube Achtenskoi liegt.

Lager von Chloritschiefer und Hornblendeschiefer finden sich besonders häufig. Nach den Stücken in der Eversmannschen Sammlung kommen in dem Chloritschiefer Krystalle von Magneteisenerz und Granat vor, ferner Blätter von tombakbraunem einaxigen Glimmer (6 Werste von Slatoust), ziemlich grosse Krystalle von schwarzer Hornblende (Dawidowskoi Grube, 6 W. von Slatoust), feine Nadeln von grünlichweissem Strahlstein in grosser Menge (6 und 15 W. von Slatoust). In den Hornblendeschieferlagen der Urenga finden sich ausser grossen Krystallen von Granat einzelne 2 bis 3 Linien grosse Krystalle und kleine körnige Parthien von Magnetkies. Die Krystalle sind Kombinationen des Hexagondodecaëders mit der geraden Endfläche, durch deren Vorherrschen sie gewöhnlich tafelartig erscheinen. Leider sind die Krystalle nicht messbar, da die Flächen nicht glänzend und die Kanten etwas abgerundet sind. Im Innern eines dieser Krystalle fand ich einen kleinen stark glänzenden Krystall von Eisenkies (eine Kombination des Octaëders und Hexaëders).

Von Talkschiefer findet sich nur ein Lager in der Schischimskaja, das aber durch mehrere merkwürdige zum Theil neue Mineralien, die sich in ihm finden, interessant ist. Diese sind:

1. Der Chlorospinell, eine neue Mineralart. Sie findet sich nur krystallisirt, die Krystalle sind Octaëder, die gewöhnlich einfach, zuweilen aber zu Zwillings- und selbst Drillingskrystallen verbunden sind, und in der Regel nur eine Grösse von ein bis zwei, selten bis drei Linien haben; sie sind gewöhnlich in

dem Talkschiefer eingewachsen, doch auch in kleinen Höhlungen desselben aufgewachsen, und in diesem Falle auch öfter an den Kanten abgestumpft.

Grasgrün; an den Kanten durchscheinend; glänzend von Glasglanz, besonders im Bruch; Strich gelblichweiss.

Von der Härte des Topas; das specifische Gewicht 3,591 bis 3,594 [1]).

Vor dem Löthrohr ist das Mineral unschmelzbar; erhitzt wird die Farbe bräunlichgrün, doch stellt sich die ursprüngliche beim Erkalten wieder her.

In Phosphorsalz und Borax löst es sich in Stükken schwer, in Pulverform ziemlich leicht zu einem durchsichtigen lichtegrünen Glase auf, das beim Erkalten farblos wird.

Mit Soda schmilzt es zu einer grünlichweissen Masse.

Von Chlorwasserstoffsäure wird es nur schwer angegriffen.

Nach zwei Analysen von Heinrich Rose besteht der Chlorospinell aus:

		Sauerstoff			Sauerstoff	
Talkerde	26,77	10,36	10,48	27,49	10,64	10,76
Kalkerde	0,27	0,07		—	—	
Kupferoxyd	0,27	0,05		0,62	0,12	
Thonerde	64,13	29,95	32,61	57,34	26,78	31,31
Eisenoxyd	8,70	2,66	=3×10,87	14,77	4,53	=3×10,44
	100,14			100,22		

Der Chlorospinell hat demnach eine sehr ähnliche Zusammensetzung, wie der Spinell und Zeilanit, und gehört also mit diesem, da auch die Krystallform übereinstimmt, als verschiedene Art zu einer und derselben Gattung. Von den genannten Arten unterschei-

[1]) Beide Bestimmungen wurden mit verschiedenen Mengen des Minerals angestellt, die möglichst von dem oft tief eingemengten Talkschiefer gereinigt waren.

det er sich in Rücksicht seiner chemischen Zusammensetzung durch eine ziemlich beträchtliche, wenngleich, wie aus den Analysen hervorgeht, in allen Krystallen nicht vollkommen gleiche Menge von Eisenoxyd, die eine entsprechende Menge der isomorphen Thonerde ersetzt, dagegen sich in dem Zeilanite und Spinell auch wohl mehr oder weniger Eisen, aber als Oxydul und als Ersatz der Talkerde findet[1]). In Rücksicht der äussern Charaktere zeichnet er sich besonders durch seine grüne Farbe aus, worauf sich auch der für das Mineral vorgeschlagene Name Chlorospinell bezieht. Beim Spinell ist die Farbe roth oder blau, und beim Zeilanite grünlichschwarz und selbst im Pulver noch grünlichgrau; auch ist der letztere fast völlig undurchsichtig und hat ein höheres Gewicht (3,77 — 3,80).

Der Chlorospinell wurde im Jahr 1833 von Herrn Barbot de Marni, dessen Verdienste um die Auffindung neuer Mineralien schon früher bei den Mineralien des Ilmengebirges mehrmals erwähnt sind, entdeckt, er wurde aber für Gahnit gehalten, mit dem der Chlorospinell wohl manche Aehnlichkeit hat, der sich aber doch durch lauchgrüne Farbe, grauen Strich, höheres specifisches Gewicht (das des Gahnits von Franklin beträgt nach meinen Wägungen 4,589, das des Gahnits von Fahlun 4,317), so wie auch durch den Zinkrauch, der sich auf der Kohle absetzt, wenn man ihn mit Soda vor dem Löthrohr schmelzt, auszeichnet.

2. Magneteisenerz in Octaëdern von derselben Grösse wie der Chlorospinell, und eben so wie dieser und mit ihm zusammen in Talkschiefer eingewachsen und in den Höhlungen aufgewachsen.

---

[1]) Nur der Zeilanit von der Iserwiese im Riesengebirge scheint nach der Analyse von Abich (Poggendorffs Annalen B. XXIII S. 351) neben dem Eisenoxydul noch etwas Eisenoxyd zu enthalten, daher derselbe wohl einen Uebergang in den Chlorospinell bildet.

3. Granat. Er findet sich in kleinen, netten, meistens nur eine Linie grossen Krystallen, welche die Form von Dodecaëdern haben, und einzeln in dem Talkschiefer mit krystallisirtem oder feinkörnigem Magneteisenerz eingewachsen sind.

Er ist von gelber, etwas ins Grüne fallender Farbe, auf den Flächen weniger, in dem muschligen Bruch aber stark glänzend von Glasglanz. Specifisches Gewicht: 3,820.

Vor dem Löthrohr schmilzt er für sich in der Platinzange nur an den Kanten zu einer schwarzen Masse, die vom Magnete angezogen wird.

In Borax löst er sich zu einem klaren von Eisen gefärbten Glase auf.

In Phosphorsalz eben so, doch unter Ausscheidung der Kieselsäure, auch verschwindet die Farbe beim Erkalten.

Mit Soda schmilzt er zu einer schwarzen Schlacke.

Das Verhalten gegen die Flüsse ist daher bei diesem Granat wie bei dem Granat im Allgemeinen, seine Schmelzbarkeit ist aber geringer wie gewöhnlich, was diesen Granat von den übrigen Abänderungen auszeichnet.

4. Xanthophyllit, ein neues Mineral. Ich kenne dasselbe nur in einem Stücke, das ich Herrn Major Lissenko verdanke, welcher es mir im Sommer 1839 mittheilte. Es bildet eine kuglige Zusammenhäufung von anderthalb Zoll Durchmesser, die an der Oberfläche mit einer grossen Menge kleiner Krystalle von Magneteisenerz besetzt ist, und auch noch etwas ansitzenden Talkschiefer enthält, in welchem sie ursprünglich eingewachsen war. Dieser bildet auch noch im Innern den Kern der Kugel, so dass der Xantophyllit eigentlich nur eine 3 bis 4 Linien dicke concentrische Hülle um den Talkschiefer ausmacht. Die Hülle selbst besteht aus breitstängligen oder schaligen Individuen, die excentrisch zusammen-

gehäuft sind, und an dem innern Ende zuweilen noch regelmässige Umrisse von sechsseitigen Tafeln erkennen lassen, also wahrscheinlich zum drei- und einaxigen Krystallisationssystem gehören. Sie sind nicht dick, doch sehr vollkommen spaltbar nach der Hauptfläche der Tafel.

Der Xanthophyllit ist wachsgelb; in dünnen Blättchen durchsichtig; auf der Spaltungsfläche ziemlich stark glänzend von perlmutterartigem Glasglanz.

Die Härte wie die des Feldspaths, das specifische Gewicht: 3,044.

Vor dem Löthrohr in der Platinzange erhitzt, schmilzt er nicht, wird aber trüb und undurchsichtig. Im Kolben bildet sich kein Sublimat.

In Borax löst er sich gepulvert ziemlich leicht zu einem grünlichen durchsichtigen Glase auf, das beim Erkalten ausblasst.

In Phosphorsalz löst er sich langsamer ohne Ausscheidung von Kieselsäure zu einem ebenfalls grünlichen klaren Glase auf, das auch beim Erkalten ausblasst, aber bald darauf trüb wird und opalisirt.

Mit Soda sintert er zu einer weissen Masse zusammen.

Von erhitzter Chlorwasserstoffsäure wird das fein zerriebene und geschlämmte Mineral zersetzt, doch nur äusserst schwer, und scheidet dabei etwas Kieselsäure ab. — Im Platintiegel mit Schwefelsäure begossen, greift es eine darüber gelegte Glasplatte gar nicht an.

Mit kohlensaurem Natron geschmolzen, löst es sich in Chlorwasserstoffsäure zu einer klaren gelblichen Flüssigkeit auf. Die Auflösung giebt mit Alkohol und Platinsolution versetzt, keinen Niederschlag; mit Ammoniak dagegen einen schwach bräunlich gefärbten flockigen Niederschlag, der in saurem schwefelsauren Kali gelöst, Octaëder von Alaun bildet. Oxalsaures Ammoniak fällt aus der von dem Niederschlage getrennten Flüssigkeit oxalsaure Kalkerde, worauf phosphorsaures Natron keinen weitern Niederschlag hervorbringt; dampft man die von der oxalsauren Kalkerde filtrirte Flüssigkeit zur Trockniss ab, so erhält man aus der Auflösung der geglühten Masse in Wasser bei allmähliger Verdunstung derselben Hexaëder von Chlornatrium.

Hieraus folgt, dass das Mineral Thonerde, Kalkerde, Natron, etwas Eisenoxyd und Kieselerde, aber keine Flusssäure, Talkerde und kein Kali enthält.

Wegen der blättrigen Structur und der gelben Farbe des Minerals habe ich bei einer frühern Beschreibung desselben [1]) vorgeschlagen, ihm den oben angeführten Namen zu geben.

5. Der Hydrargillit, ein ebenfalls neues Mineral, das ich wie das vorige Herrn Lissenko verdanke. Es findet sich theils krystallisirt, theils derb, doch wie es scheint nur in geringer Menge. Die Krystalle sind reguläre sechsseitige Prismen, die an den Enden mit der geraden Endfläche begränzt, und an den Seitenkanten schwach abgestumpft und nach der Endfläche sehr vollkommen spaltbar sind. Die Flächen des sechsseitigen Prisma sind schwach vertikal gestreift, die übrigen Flächen eben. Die Krystalle sind an den mitgetheilten Exemplaren nur 1 bis 2 Linien gross und auf kleinen derben Parthien mit körnigen Zusammensetzungsstücken aufgewachsen, die in den Höhlungen des hier sehr magneteisenreichen Talkschiefers sich befinden.

Lichte röthlichweiss; durchscheinend, in dünnen Blättchen durchsichtig; auf der geraden Endfläche stark glänzend von Perlmutterglanz, auf den übrigen Flächen glänzend von Glasglanz, die Abstumpfungsflächen

---

[1]) Bericht der K. Preuss. Akad. d. Wissenschaften vom Jahr 1840. S. 113.

der Seitenkanten des Prisma haben noch etwas grössern Glanz als die Seitenflächen.

Die Härte durch Streichen auf der Feile untersucht, erscheint etwas niedriger als die des Kalkspaths, indessen sind die verschiedenen Stellen nicht gleich hart, denn die gerade Endfläche wird von dem Kalkspathe mit Leichtigkeit, die Seitenflächen dagegen nur kaum geritzt.

Vor dem Löthrohr für sich allein oder auf der Kohle erhitzt, wird das Mineral weiss und undurchsichtig, es blättert sich auf, leuchtet ausserordentlich stark, schmilzt aber nicht und färbt die Flamme auch nicht im mindesten, sowohl für sich allein, als auch mit Schwefelsäure befeuchtet. Im Kalten erleidet es dieselben Veränderungen und es wird dabei eine bedeutende Menge Wasser sublimirt, welches die Farbe weder des Lakmus- noch des Fernambukpapiers verändert. Auch in der offenen Röhre lassen sich keine Kennzeichen von Flusssäure wahrnehmen.

In Borax und Phosphorsalz löst es gepulvert sich in ziemlicher Menge zu einem wasserhellen Glase auf.

Mit Soda schmilzt es nicht zusammen, man mag es in Stücken oder als Pulver anwenden.

Mit Kobaltsolution giebt es eine schöne blaue Farbe.

In heisser Chlorwasserstoffsäure ist das fein zerriebene Mineral zwar schwer, jedoch vollständig auflöslich. Die Auflösung erleidet weder mit Platinsolution und Alkohol, noch mit einer Auflösung von Chlorbarium versetzt, die geringste Trübung; dagegen bildet sich mit Ammoniak ein sehr starker weisser flockiger Niederschlag. Wenn man die von demselben filtrirte Flüssigkeit mit oxalsaurem Ammoniak versetzt, erhält man nach einiger Zeit noch einen äusserst geringen Niederschlag, nach Entfernung desselben lässt sich die Flüssigkeit in der Platinschale aber ohne Rückstand verdunsten.

In Salpetersäure scheint sich das Mineral noch schwerer aufzulösen als in Chlorwasserstoffsäure. Die Auflösung giebt mit salpetersaurem Silberoxyd keinen Niederschlag. Neutralisirt man die Auflösung so genau wie möglich mit Ammoniak, ohne die Thonerde zu fällen, und fügt man dann etwas salpetersaures Silberoxyd hinzu, so erhält man auch keinen Niederschlag, zum Zeichen, dass das Mineral auch keine Phosphorsäure enthält.

Gepulvert und im Platintiegel mit Schwefelsäure erhitzt, greift es eine darüber gelegte Glasplatte nicht im mindesten an.

Es scheint daher, dass das Mineral nichts andres als Thonerde und Wasser nebst einer Spur von Kalkerde enthält, so dass es sich also in Rücksicht der chemischen Zusammensetzung dem Diaspor und Gibbsit anreiht, von denen es sich aber durch die äusseren Charaktere unterscheidet. Ich schlage daher vor, dem Minerale den Namen Hydrargillit (von ὕδωρ Wasser und ἄργιλλος Thonerde) zu geben, bis eine quantitative Untersuchung noch andere Bestandtheile gefunden hat, und einen andern Namen nothwendig macht [1]).

Merkwürdig ist der Wassergehalt dieses Minerals, während es doch von lauter wasserfreien Mineralien umgeben ist. —

Noch reichhaltiger an vielen schönen und ausgezeichneten Mineralien als das eben beschriebene Talkschieferlager in der Schischimskaja ist aber ein Lager von Chloritschiefer in der Nasimskaja auf der Westseite des Taganai, 15 Werste von Slatoust, das schon im Jahre 1811 entdeckt war, nachher aber immer mehr durch Schurfarbeiten entblösst wurde. Wegen der

---

[1]) Dieser Name ist zwar schon früher von Davy dem Wawellite gegeben worden, da aber die späteren Analysen von Berzelius und Fuchs noch Phosphorsäure und Flusssäure darin fanden, so ist dieser Name nicht weiter angenommen worden, und kann daher auch keine Verwechslung mit dem Minerale des Ural erzeugen.

vielen sich hier findeuden Mineralien hat man den Ort mit einem besondern Namen belegt, und nach dem Verwalter des Kussinskischen Hüttenwerkes Achmatowsk genannt. Die Mineralien, welche sich hier finden, sind aber folgende:

1. Granat; er findet sich hier von verschiedener Beschaffenheit; die schönsten Abänderungen sind bräunlichroth, an den Kanten durchscheinend und in Leucitoëdern krystallisirt; die Krystalle sind aufgewachsen und zu Drusen gruppirt, und überaus regelmässig gebildet; sie sind zwar stets nach den Diagonalen, welche die ungleiche Winkel der Flächen verbinden, gestreift, doch ist diese Streifung nur bei den grösseren Krystallen, die oft die Länge eines Zolles und darüber haben, grob, bei den gewöhnlich vorkommenden Krystallen von mittlerer Grösse ist sie in der Regel nur fein, und die Flächen sind dann sehr stark glänzend, so dass diese Abänderungen des Granats unstreitig zu den schönsten ihrer Art gehören. Andere hier vorkommende Abänderungen erscheinen als Dodekaëder mit abgestumpften Kanten; sie sind bräunlichgelb, nicht so schön krystallisirt, haben öfter etwas abgerundete Kanten, und sind wie die vorigen aufgewachsen; noch andere sind endlich bei gleicher Form mit den vorigen ganz braun, wenigstens auf der Oberfläche, im Bruch haben sie oft eine grüne Farbe; sie sind auch kleiner als die vorigen, und in blauem Kalkspath eingewachsen, ganz wie die Krystalle von Dognatzka im Banat.

2. Chlorit; er findet sich in Krystallen, die in ihrer Art noch ausgezeichneter als die des Granates sind. Die Krystalle bilden Kombinationen eines Hexagondodecaëders mit der geraden Endfläche, und erscheinen nach dem verschiedenen Vorherrschen der letzteren bald mehr tafelartig, bald mehr pyramidal; auch kommen tafelartige Kombinationen eines sechsseitigen Prisma mit der Endfläche vor. Diese Endfläche,

mit welcher parallel die Krystalle sehr vollkommen spaltbar sind, ist immer glatt und glänzend, wenngleich nicht immer vollkommen eben, die Flächen des Hexagondodecaëders und des sechsseitigen Prisma sind aber gewöhnlich stark in die Quere gestreift, wodurch eine genaue Bestimmung der Winkel der Krystalle verhindert wird [1]. Die Krystalle sind aufgewachsen; ausserdem findet sich der Chlorit noch derb in krummblättrig-körnigen Parthien.

Die Krystalle sind ganz ausgezeichnet dichroitisch, indem sie in einer der Hauptaxe parallelen Richtung schön lauchgrün, in einer darauf rechtwinkligen Richtung aber hyazinthroth erscheinen. Selten sieht man bei andern Krystallen eine so grosse Verschiedenheit der Farben in den verschiedenen Richtungen. In der letzteren Richtung sind die Krystalle auch viel durchsichtiger als in der ersteren.

In dünnen Blättchen sind sie biegsam, nicht elastisch. Die Härte nicht viel höher als die des Steinsalzes; ihr specifisches Gewicht: 2,774.

Vor dem Löthrohr auf der Kohle blättert sich dieser Chlorit auf, wird gelblichbraun und undurchsichtig; in der Platinzange gehalten, schmilzt er bei sehr strenger Hitze an den äussersten Kanten zu einem schwarzen Glase. In Kolben erleidet er dieselben Veränderungen wie auf der Kohle, giebt aber dabei eine ziemlich bedeutende Menge Wasser ohne Spuren von Flusssäure.

Von Borax wird er leicht zu einem klaren Glase aufgelöst, das mit der Farbe des Eisens gefärbt ist; von Phosphorsalz unter Ausscheidung von Kieselsäure zu einem eben so gefärbten Glase, das beim Erkalten undurchsichtig wird.

[1]) Die schönsten und glattflächigsten Krystalle, die ich gesehen habe, finden sich in einer Druse in der Th. 1 S. 46 dieser Reise wähnten Sammlung des Herrn Berghauptmanns Kowanko; an diesen wäre es in der That möglich die Winkel zu bestimmen.

Mit Soda bildet er auf der Kohle eine aufgequollene, braune, schwer schmelzbare Masse; auf Platinblech zeigt er keine Reaction auf Mangan.

Von concentrirter Schwefelsäure wird er vollständig zersetzt.

Nach einer auf meine Veranlassung von Herrn Varrentrapp in dem Laboratorium meines Bruders angestellten Analyse, die sowohl mit einer ziemlich gleichzeitig angestellten als auch einer ältern Analyse desselben Chlorits von v. Kobell sehr gut übereinstimmt, besteht derselbe aus [1]):

	nach Varrentrapp	nach v. Kobell, neuere Analyse.
Talkerde	33,97	34,40
Eisenoxydul	4,37	3,85
Manganoxydul	—	0,53
Thonerde	16,97	17,14
Kieselsäure	30,38	31,14
Wasser	12,63	12,20
Unzersetzter Rückstand	—	0,85
	98,32	100,11

Die chemische Formel, die sich hieraus ableiten lässt, ist:

$$\left.\begin{matrix}\dot{M}g^3\\ \dot{F}e^3\end{matrix}\right\}\dddot{S}i + \dddot{A}l\dddot{S}i + 2\dot{M}g\dot{H}^2$$ [2])

[1]) Vergl. Poggendorffs Annalen B. XLVIII S. 189.

[2]) In der Zusammensetzung und in den meisten übrigen Eigenschaften, namentlich in dem Dichroismus, stimmt der Chlorit von Achmatowsk ganz mit dem Chlorit vom Zillerthale in Tyrol überein, übertrifft letzteren aber noch an Schönheit und Vollkommenheit der Ausbildung. Die in Tyrol vorkommenden Krystalle haben einen mehr rhomboëdrischen Karakter, die Endfläche hat gewöhnlich die Gestalt eines gleichseitigen Dreiecks oder eines Sechsecks mit abwechselnd grösseren Seiten, und unter den vorkommenden Rhomboëdern sind die Flächen eines derselben sehr glänzend, deren Neigung gegen die Endfläche 104° 10′ — 104° 20′ beträgt; ihr specifisches Gewicht fand ich etwas geringer als bei den Krystallen von Achmatowsk, nämlich 2,671.

3. Diopsid findet sich in prismatischen Krystallen, welche die Taf. III dargestellte Form haben[1]). c ist matt, d etwas glänzender und nach der schiefen Diagonale gestreift, die übrigen Flächen sind glänzend. Die Krystalle sind zuweilen einen Zoll und drüber lang, graulichgrün und durchscheinend.

4. Apatit; in niedrigen sechsseitigen Prismen 3 bis 4 Linien lang, weiss, durchsichtig und starkglänzend, vollkommen wie die Apatitkrystalle vom Zillerthal in Tyrol, die mit dem Chlorit dort vorkommen.

5. Titanit; gelb, durchscheinend, in einfachen oder den tafelartigen Zwillingskrystallen. Die Krystalle sind zuweilen 1 bis $1\frac{1}{2}$ Zoll gross und auch besonders mit den neuerdings im Zillerthale in Tyrol vorgekommenen zu vergleichen.

6. Vesuvian in Krystallen von grüner Farbe, die mehr oder weniger durchsichtig und theils eingewachsen, theils aufgewachsen sind. Die Krystalle sind Kombinationen der quadratischen Prismen mit dem gewöhnlichen Quadratoctaëder und der Endfläche; die Flächen der Prismen sind immer nur niedrig, fehlen aber zuweilen auch ganz und gar, so dass die Krystalle als basische Octaëder erscheinen.

7. Magneteisenerz in schönen glatten Dodecaëdern, zuweilen mit den Flächen des Octaëders, die immer nur klein, aber besonders glänzend sind.

8. Perowskit, ein neues Mineral, das ich im Sommer 1839 von Herrn Ober-Bergmeister Kämmerer erhalten und in einer früheren Beschreibung

---

[1]) Die auf Taf. III mit

a, b, g, $\frac{1}{3}$g, c, d und 20'

bezeichneten Flächen sind dieselben, welche in dem Atlas von Haüy Pl. 66 — 69 mit

r, l, M, f, t, P und o

bezeichnet sind.

desselben [1]) zu Ehren des Vicepräsidenten Herrn von Perowski in Petersburg zu benennen vorgeschlagen habe. Der Perowskit findet sich auf dem mitgetheilten Stücke krystallisirt; die Krystalle sind Hexaëder, von verschiedener Grösse, an den Kanten 1 bis 3 Linien lang und nach den Flächen vollkommen spaltbar.

Graulichschwarz bis eisenschwarz, auf den Krystallflächen stark glänzend von metallischem Demantglanz, auf den Spaltungsflächen weniger glänzend; undurchsichtig; Strich graulichweiss.

Härte etwas unter der des Feldspaths; specifisches Gewicht 4,017.

Vor dem Löthrohre ganz unschmelzbar.

In Phosphorsalz und Borax löst er sich gepulvert in grosser Menge mit den Farben des Titans zu einem klaren Glase auf. Mit Phosphorsalz in der Reductionsflamme geschmolzen, ist die Kugel, so lange sie heiss ist, graulichgrün, wird aber beim Erkalten mehr oder weniger intensiv violblau, je nachdem man mehr oder weniger von dem Minerale aufgelöst hat. In der Oxydationsflamme erscheint die Kugel, so lange sie heiss ist, grünlichweiss, beim Erkalten ganz wasserhell.

Mit Borax in der Reductionsflamme geschmolzen, erscheint die Kugel bei geringerem Zusatz heiss lichte gelblichgrün, kalt ganz wasserhell, bei stärkerem Zusatz nach dem Erkalten braun, und es ist nicht möglich, selbst durch Zusatz von Zinn eine violblaue Farbe zu erhalten [2]). In der Oxydationsflamme bilden sich kleine Blasen, die in der Kugel auch beim Erkalten bleiben, und dieselbe erscheint heiss grünlichweiss, kalt ganz wasserhell.

Mit einer geringen Menge Soda gemengt, schmilzt der Perowskit zu einer grünlichen undurchsichtigen

---

[1]) Vergl. Poggendorffs Annalen B. XLVIII S. 558.

[2]) Dasselbe ist auch bei dem Titanite der Fall.

Schlacke zusammen; mit mehr Soda zieht sich die Masse in die Kohle. Durch Zerreiben und Schlämmen der mit Soda getränkten Kohle lässt sich nichts Metallisches erhalten.

Von Chlorwasserstoffsäure wird er, auch zu einem feinen Pulver zerrieben, nur sehr wenig angegriffen.

Mit einem Ueberschuss von saurem schwefelsaurem Kali gemengt und im Platintiegel über der Spirituslampe bei schwacher Rothglühhitze geschmolzen, bildet das Mineral nach dem Erstarren eine weisse Masse, die in kaltem Wasser sich zu einer klaren Flüssigkeit auflöst. Beim Kochen bildet sich darin ein weisser Niederschlag, der sich vor dem Löthrohr wie reine Titansäure verhält. Ammoniak bringt in der filtrirten Flüssigkeit noch einen sehr geringen weissen gallertartigen Niederschlag hervor, der auch noch aus Titansäure besteht, worauf hinzugefügte Oxalsäure einen starken weissen Niederschlag verursacht, der bei längerem Stehen an einem warmen Orte sich noch vermehrt und aus oxalsaurer Kalkerde besteht. In der von der Kalkerde befreiten Flüssigkeit konnte ausser dem angewandten Flussmittel nichts mehr entdeckt werden. Dieselben Resultate wurden erhalten, als das Mineral in kohlensaurem Natron aufgeschlossen wurde.

Aus diesen Versuchen ergiebt sich, dass der Perowskit Titansäure und Kalkerde enthält; ob aber die angegebenen Bestandtheile darin die einzigen sind, kann erst durch eine quantitative Untersuchung ausgemacht werden.

Von den angegebenen Mineralien kommen Granat, Chlorit und Diopsid am häufigsten vor; sie finden sich gewöhnlich in Drusen zusammen, die ein schönes Ansehen haben, und sind gewöhnlich gangartig auf einem innigen Gemenge von Granat und Chlorit aufgewachsen. Mit diesen kommt auch, wiewohl seltener, Titanit, Apatit und Magneteisenerz vor; der Perowskit ist in dem mitgetheilten Stücke mit schön krystallisirtem Chlorit und Magneteisenerz auf Chloritschiefer aufgewachsen. Vesuvian findet sich in Krystallen und Körnern in dem angegebenen Gemenge, welches dann aber durch vorherrschenden Chlorit schon mehr das Ansehen des Chloritschiefers hat, eingewachsen, und in den Drusenräumen desselben aufgewachsen. Der bräunlichgelbe Granat kommt wie der rothe mit Chlorit gangförmig, aber mehr in dem reinern Chloritschiefer vor; der blaue Kalkspath, worin die braunen Granatkrystalle eingewachsen sind, bildet Nester in den Chloritschiefer.

Vesuvian in schönen Krystallen mit weissem Kalkspath kommt auch in der Schischimskaja und in kleineren durchsichtigen Krystallen und Körnern, die auf eine bemerkenswerthe Weise in weissen derben Granat eingewachsen sind, auf der Beresowaja Gora vor [1]). Es ist diess der Vesuvian, welcher nach den von mir mitgebrachten Stücken von Magnus [2]), und als dessen Analyse wieder zweifelhaft gemacht wurde, mit gleichem Resultate auch von Varrentrapp [3]) in dem Laboratorium meines Bruders

---

[1]) Wir haben Stücke von diesem Vorkommen in Miask erhalten, andere die aus der Eversmannschen Sammlung stammten, habe ich in der hiesigen Königlichen Sammlung vorgefunden. Bei den ersteren war kein näherer Fundort angegeben, bei den letzteren war als solcher die Beresowaja Gora, aber auch ohne nähere Angabe des Fundorts angeführt. Jenen Namen führt ein Berg 9 — 12 Werste südlich von dem Hüttenwerke Satkinsk, da es aber noch andere Berge gleiches Namens in der Gegend von Slatoust giebt, so bin ich zweifelhaft, wo der wahre Fundort dieses Vesuvians in der Gegend von Slatoust sei.

[2]) Poggendorffs Annalen B. XXI S. 54.

[3]) Ebendaselbst B. XLV S. 344. Die weisse Masse, worin die Krystalle eingewachsen sind, ist in beiden Abhandlungen irriger Weise eine feldspathartige Masse genannt worden.

analysirt ist. Folgendes sind die Resultate beider Analysen:

	von Magnus	von Varrentrapp
Kalkerde	35,79	35,56
Talkerde	2,27	2,62
Eisenoxydul	4,67	6,34
Thonerde	18,11	17,88
Kieselsäure	37,18	37,55
	98,02	99,95

Beide Analysen unterscheiden sich nur dadurch, dass Varrentrapp etwas mehr Eisenoxydul und weniger Thonerde erhielt; sie führen übrigens zu derselben Formel:

$$\left.\begin{matrix}\dot{C}a^3\\ \dot{M}g^3\\ \dot{F}e^3\end{matrix}\right\}\dddot{Si} + \dddot{Al}\,\dddot{Si}$$

Die Formel ist dieselbe, wie die vieler Abänderungen des Granats.

Das specifische Gewicht dieses Vesuvians fand Magnus 3,41, Varrentrapp nach einer Mittelzahl aus 4 Wägungen 3,346, und nachdem er geschmolzen war, 2,929 bis 2,941.

Der weisse Granat, worin der Vesuvian eingewachsen vorkommt, ist mehr oder weniger rein weiss, wo aber die Menge des eingemengten Vesuvians gross ist, gewöhnlich graulich- oder gelblichweiss; er ist ferner an den Kanten durchscheinend, wenig glänzend, im Bruch feinsplittrig, von etwas geringerer Härte als Quarz, das specifische Gewicht der rein weissen Abänderung nach Herrn Croft, der dieselbe auch auf meine Bitte analysirt hat: 3,504.

Vor dem Löthrohr schmilzt die rein weisse Abänderung für sich unter Aufschäumen zu einem weissen blasigen Glase; mit Borax schmilzt sie zu einem klaren wasserhellen Glase, und eben so mit Phosphorsalz nur unter Ausscheidung der Kieselsäure; auch opalisirt das Glas beim Erkalten; mit Soda bildet sie eine blasige weisse Masse. Die graulichweisse Abänderung zeigt mit den Flüssen eine schwache doch deutliche Eisenreaction, und schmilzt für sich mit wenigerm Aufschäumen zu einer graulichschwarzen Kugel.

Die weisse Abänderung enthält nach Herrn Croft

		Sauerstoffgehalt.
Kalkerde	37,15	10,43
Thonerde	24,19	11,39
Kieselsäure	36,86	19,14
	99,19.	

Nimmt man an, dass die chemische Formel für diess Mineral die bekannte Formel des Granats $\dot{C}a^3 \dddot{S}i + \ddot{A}l \dddot{S}i$ sei, so müsste die procentische Zusammensetzung sein:

Kalkerde	37,23
Thonerde	22,47
Kieselsäure	40,30
	100,00.

Die berechnete Zusammensetzung stimmt demnach nicht vollkommen mit der gefundenen, da aber die übrigen Eigenschaften mit denen eines Kalk-Granats übereinkommen, so kann man das Mineral wohl für jetzt für nichts anderes halten. Die Zusammensetzung ist auch von der des eingewachsenen Vesuvians nicht wesentlich verschieden, und noch mehr würde damit bei ihrem Eisengehalte die graulichweisse Abänderung übereinkommen. Wenngleich das gemeinschaftliche Vorkommen dieser beiden heteromorphen Substanzen nichts Ungewöhnliches ist, so findet sich doch an keinem andern Orte der Vesuvian in Granat eingewachsen. An den übrigen Orten scheint eher das Umgekehrte vorzukommen, wie z. B. am Wilui im östlichen Sibirien, wo auch grünlichweisser Granat (Grossular) und Vesuvian gemeinschaftlich in einer grünlichgrauen harten, noch näher zu bestimmenden Masse eingewachsen sind, aber der Granat häufig vom Vesuvian umschlossen ist, nicht umgekehrt.

Die Lager von Hornblende-, Chlorit- und Talkschiefer enthalten hier und da auch Kupfererze eingesprengt, die auch in mehreren Gruben, wie in Nadeschdinskoi, Jegrafowskoi, Schlegowskoi u. s. w., gefördert, und in den Hüttenwerken Slatoust, Satkinsk und Kussinsk verschmolzen wurden, als diese Hüttenwerke noch Privateigenthum und nicht an die Krone übergegangen waren. Die Erze bestehen in Kupferkies, erdigem und fasrigem Malachit, Kupferlasur, zuweilen auch in gediegenem Kupfer, sind aber nicht reichhaltig, daher die Gruben jetzt sämmtlich auflässig geworden sind.

In dem Chloritschiefer der Nasimskaja kommen in der Nähe der Kussa auch Lager und Nester von Magneteisenerz vor. Es findet sich in körnigen Massen und in den Drusenräumen in Dodecaëdern krystallisirt. Die Erze wurden 1801 und 1802 entdeckt, und einige Zeit in den Gruben Tschernoretschinskoi und Magnitzkoi für die Eisenhütte Kussinsk gefördert; sie wurden sehr reichhaltig, aber doch zu strengflüssig befunden, daher ihre Förderung bei dem Ueberflusse anderer leichtflüssigerer Erze nach einiger Zeit doch wieder eingestellt worden ist. —

Das Uebergangsgebirge, welches in den westlichen Ketten auftritt, besteht aus Sandstein, Thonschiefer und Kalkstein, und hat im Ganzen noch dieselbe steile Schichtenstellung, wie das schiefrige Urgebirge, und die Schichten fallen auch zuweilen an einem und demselben Bergrücken nach entgegengesetzten Richtungen ab.

Der Sandstein ist unter diesen die verbreitetste Gebirgsart; aus ihm bestehen grösstentheils die Bergrücken der Silija und Tschulkowa zwischen der Satka und dem Ai, ferner die Lipowaja und der Selitur bei Kuwaschi, die Bergzüge an der Isranda, die westlichen Abhänge des grossen Mias, und die zwischen diesem und der Arscha gelegenen Bergrücken Makali und Maskarali. Er ist grösstentheils feinkörnig und quarzig, so dass er zu Gestellsteinen benutzt werden kann, und auch an mehreren Stellen, wie an der Silija und anderen, dazu gebrochen wird; dann erscheint er braun, gröber und Grauwacken-ähnlich, und stellenweise sogar als grobes Konglomerat mit Bruchstücken von Quarz, Glimmerschiefer, Feldspath u. s. w., wie in den Tatarskischen Bergen an der Isranda. An dem Miask findet sich ein solches mit weissen, braunen und grauen, meist länglichen Quarzgeschieben, die mit ihrer Längenaxe parallel liegen, und durch ein thoniges Bindemittel verbunden sind. Zuweilen wechseln Schichten eines gröberen und feineren Sandsteins, auch enthält er untergeordnete Lager von gelblichgrauem Thonschiefer, von Kalkschiefer und Kieselschiefer, welcher letztere auf der Tschulkowa malerische Felsen bildet.

Der Thonschiefer ist weniger verbreitet, und findet sich mehr im Süden der beschriebenen Gegend zwischen der Suka und Silija, und noch weiter östlich zwischen der Suka und dem Suratkul. Ferner bestehen aus ihm die Smäinaja und die benachbarten steilen Bergrücken, wie auch die niedrigen Berge und Hügel an der Juwaschulja und Isranda. Er ist von verschiedenen grünlichgrauen, gelblichbraunen und schwarzen Farben, die zuweilen in Lagen wechseln, an denen sich die schon häufig anderwärts beobachtete Erscheinung wiederholt, dass sie nicht der Schieferung parallel gehen. Bei Kussinsk und in der Gegend zwischen Satkinsk und Satkinskaja Pristan ist er so kohlenhaltig und erdig, dass er mit Flamme brennt, und die Hände schwärzt, und zwischen der Smäinaja und dem kleinen Flüsschen Kissäganka wie auch in den Felsen an der Satka ist er so dünnschiefrig, dass er einen förmlichen Dachschiefer darstellt. Zuweilen wechselt er in dünnen Lagen mit Kalkstein.

Der Kalkstein ist auch mehr im Süden verbreitet, zwischen der Schischimskaja und der Silija bei Satkinsk und den Dörfern Kuwaschi und Medwejewa, dann auch auf der Westseite der Silija bei Satkinskaja Pristan, wo er an dem Ufer des Ai viele hervorspringende Felsen bildet, welche die Schifffahrt auf dem Ai an den Biegungen sehr schwierig machen; und endlich westlich von Kussinsk zwischen den Flüssen Ai, Arscha und Kussa. Er ist graulichweiss bis graulichschwarz, zuweilen auch rothbraun; die verschiedenen Schichten finden sich auch von verschiedener Farbe, wie in den Felsen am Ai, was sich in den Profilen sehr gut ausnimmt; zuweilen ist er auch mit weissen Kalkspathadern durchsetzt. In der Regel ist er ohne Versteinerungen, nur in den Felsen am Ai werden Terebrateln angegeben. Höhlen sind in ihm nicht bekannt. Er enthält untergeordnete Lager von gelblichgrauem Thonschiefer und von Konglomerat. Bei Satkinskaja Pristan findet sich ein Lager vom Stinkstein; und am linken Ufer des Ai, einige Werste abwärts von Kussinsk, kommt in ihm lagerartig auch ein sehr ausgezeichneter Serpentin vor.

Auch in dem Uebergangsgebirge finden sich sowohl Eisen- als Kupfererze. Erstere bestehen wiederum aus Brauneisenerz, das in ihm auf gleiche Weise wie im Glimmerschiefer vorkommt; und auch an vielen Orten gewonnen wird. In dem Sandsteine westlich von der Smäinaja liegen die Gruben Werchne- und Nischne-Kissäganskoi, die lange Zeit für die Hohöfen von Satkinsk und von Kussinsk Erze geliefert haben, jetzt aber schon ausgebaut und verlassen sind. In dem Thonschiefer südwestlich von Satkinsk liegen die Gruben N. und W. Bakalskoi, Tescheloi, Uspenskoi, so wie südöstlich die Gruben Umerskoi, Koselskoi und Kljutchewskoi, von denen mehrere schon zu Pallas Zeiten bebaut sind. Andere Gruben finden sich noch in grosser Menge nordwestlich von Kussinsk, doch sind diese wegen der schlechteren Beschaffenheit der Erze jetzt meistentheils verlassen worden. In dem Kalkstein nordwestlich und westlich von Kuwaschi liegen die Eisensteingruben W. und N. Tunduschinskoi und Malzowskoi auf dem linken, und die Grube Medwedjewskoi auf dem rechten Ufer des Ai.

Quarzadern mit Kupferkies und Malachit finden sich am rechten Ufer des Ai, nicht weit von der Mündung der Karagaika in einem in Talkschiefer übergehenden Thonschiefer; eben dergleichen kommen auch im Kalkstein auf dem linken Ufer des Ai westlich von Kussinsk, und in einer geringen Entfernung östlich von Kussinsk in dem westlichen Abhange des Selitur vor. An allen diesen Orten wurde früher kürzere oder längere Zeit Bergbau getrieben; die Gruben führten den Namen Arskoi, Andrejewskoi und Nikolskoi. Sieben Werste südwestlich von Satkinsk findet sich in dem Kalkstein Bleiglanz eingesprengt, aber wie es scheint in zu geringer Menge, um einen Bau darauf vorzurichten; ein Vorkommen, das schon Pallas erwähnt.

Mineralogisch interessant ist noch eine grosse Masse des am Ural so seltenen Schwerspaths, die nach Art des Eisensteins nesterweise im Thonschiefer auf der östlichen Seite der Lipowaja und etwa 5 Werste NO. vom Dorfe Medwedjewa vorkommt und vom Major Achmatoff 1826 entdeckt worden ist. Der Schwerspath ist von ochrigem gelben Thon umgeben und von Brauneisenerz und Quarz begleitet; er findet sich meistentheils derb, ist aber, wo er an den Thon gränzt und auf Gängen im Quarz und dem Brauneisenerz vorkommt, krystallisirt. Nach den Stücken, die ich später durch den Herrn General v. Tschewkin und den Herrn Major Lissenko erhalten, haben die Krystalle die Taf. III Fig. 1 — 3 dargestellte Form.

Sie sind ausgezeichnet durch das Vorherrschen der Flächen des rhombischen Prisma *g*, mit welchen parallel die Krystalle spaltbar sind, und durch das Vorkommen mehrerer auf diesen Flächen gerade aufgesetzten Octaëderflächen. Durch das Vorherrschen der ersteren Flächen erscheinen die Krystalle als niedrige Säulen, da sie bei den Krystallen der meisten anderen Fundörter so niedrig sind, dass die Krystalle dadurch ein tafelförmiges Ansehen erhalten. Die Flächen $\frac{1}{2}d$, g, o und c sind in den Figuren des Haüyschen Atlas mit d, M, s und P bezeichnet; y ist dieselbe Fläche, die auch Haüy so benannt hat. Die Formeln der übrigen Flächen ergeben sich aus den auf die Figuren gesetzten Bezeichnungen. Legt man die von Mohs für die Grundform des Schwerspath angegebenen Winkel zum Grunde, so beträgt:

die Neigung von	$c : \frac{1}{4}o$	= 152°	34′
- - -	$c : \frac{1}{3}o$	= 145	19
- - -	$c : o$	= 115	43
- - -	$c : g$	= 90	
- - -	$a : 2g$	= 157	51
- - -	$a : g$	= 140	51
- - -	$a : \frac{2}{3}g$	= 129	19
- - -	$a : \frac{1}{2}g$	= 121	33

Die Krystalle sind von verschiedener Grösse, zuweilen über einen Zoll zwischen den scharfen Seitenkanten von *g* breit, dann wieder viel kleiner. Sie sind weiss, durchsichtig und stark glänzend, auf den Seitenflächen aber häufig mit einem röthlichgelben Thon bedeckt, der sich nicht abheben lässt. —

Das schiefrige Urgebirge wie auch das Uebergangsgebirge ist noch an vielen Stellen durch massige Gebirgsarten unterbrochen, unter denen Granit, Syenit, Syenitporphyr, Diorit und Grünstein angeführt werden. Granit kommt besonders in dem Glimmerschiefer vor, wie an dem westlichen Abhange der Jurma. Sieben Werste nördlich von der Achtenskischen Grube wird der Granit drusig und enthält Krystalle und derbe strahlige Massen von schwarzem Turmalin, und Krystalle von Beryll. Noch weiter nördlich bei den schon oben erwähnten Gruben Taratarskoi findet sich ein grobkörniger Granit, der, wie auch ein daran gränzender Porphyr, mit bläulichschwarzer Grundmasse und eingewachsenen Quarz- und Hornblende-Krystallen Körner von Magneteisenerz eingemengt enthält, und so ein reichhaltiges Eisenerz darstellt, das man 1817 anfing abzubauen und zu verschmelzen; doch hat man auch hier die Zugutemachung der Erze wegen ihrer Strengflüssigkeit wie bei den anderen magnetischen Erzen dieser Gegend wieder eingestellt. Etwas südlich von der Taratarskischen Grube enthält der Granit in kleinen Nestern und Trümmern Kupferkies und Malachit, die früher in der Fofanschen Grube gefördert wurden.

Syenit und Syenitporphyr mit grünlichschwarzer Hornblende und weissem Feldspath findet sich in der Schischimskaja und Nasimskaja, in der letzteren in der Nähe der Tschernoretschinskischen Eisengrube; ferner an der Karsakalowka, einem Nebenflusse der Satka, an der Gränze zwischen der Grauwacke und dem Kalkstein. Ein ähnlicher Diorit kommt auf der Westseite der Taratarskischen Berge und auf dem Gipfel des Mias vor, wo ihm noch Quarz beigemengt ist. In den Taratarskischen Bergen findet sich auch ein Mandelstein; seine Hauptmasse ist nach den Beschreibungen dunkelgrün bis röthlichbraun; er enthält Kugeln, die bis 1¼ Zoll gross und mit weissem Achat ausgefüllt, oder hohl und nur an den Wänden mit Quarzkrystallen besetzt sind; zuweilen sieht man auf diesen noch Blättchen von Eisenglanz, der auch in der Grundmasse hier und da eingesprengt ist; ausserdem finden sich darin Krystalle von Feldspath und Hornblende. Das Vorkommen dieses Mandelsteins ist interessant, denn ausser einem später zu erwähnenden ist er der Einzige, welcher am Ural bekannt ist.

Ein dichter Grünstein, der aber auch stellenweise körnig wird, und Hornblende und Feldspath erkennen lässt, bildet die Magnitskaja Gora und den Matkam, besondere Berge, die an der Gränze zwischen dem Glimmerschiefer und dem Kalkstein hervorgebrochen sind, ersterer nördlich, letzterer südlich vom Suratkul. In kleinern Massen findet sich ein solcher Grünstein noch weiter westlich, wie z. B. im Selitur, in welchem er in Gängen vorkommt. Wo er sich mit Kalkstein in Berührung findet, hat er häufig denselben gebleicht und körnig gemacht.

Aus eigener Ansicht kenne ich von allen diesen Gesteinen nur den sogenannten Syenit aus der Schischimskaja, von welchem wir von Herrn Hermann in Slatoust mehrere Stücke erhielten und einen andern sogenannten Syenit in der Eversmannschen Sammlung 25 Werste (westlich?) von Slatoust. Beide sind aber Diorite, da sie aus Hornblende und Albit bestehen, und danach zu urtheilen, möchten auch wohl die übrigen Syenite und Syenitporphyre, Diorite und Dioritporphyre sein; was sich auch schon deshalb vermuthen lässt, da es nur solche Gesteine sind, die auf der östlichen Seite in dem Längenthale des Mias vorkommen. Der Diorit der Schischimskaja ist sehr ausgezeichnet. Der Albit ist in den einzelnen Krystallen nicht von ganz gleicher Beschaffenheit, denn er ist theils graulichweiss und durchsichtig, theils schneeweiss und undurchsichtig; die Hornblende grünlichschwarz; diese ist vorherrschend und bildet gleichsam eine grobkörnige Grundmasse, in welcher der Albit in Zoll langen und 2 bis 3 Linien dicken Krystallen porphyrartig eingewachsen ist. Die Umrisse der Krystalldurchschnitte auf den Bruchflächen des Gesteins sind sehr geradlinig, die Krystalle sind aber stark mit der Grundmasse verwachsen, und lassen sich ohne zu zerbrechen nicht von dieser ablösen; sie liegen in der körnigen Grundmasse bald mehr, bald weniger gedrängt, aber immer in ziemlich paralleler Richtung, wie die Feldspathkrystalle in dem Syenit des Plauenschen Grundes bei Dresden, und sind auf den deutlichsten Spaltungsflächen immer stark gestreift; aber Streifung und Spaltungsfläche gehen aus dem schneeweissen Theil in den graulichweissen unverändert fort, woraus hervorgeht, dass diese ungleiche Beschaffenheit bei ein und demselben Individuum statt findet[1]).

Bei dem Diorit aus der Eversmannschen Sammlung ist der Albit röthlichweiss, durchscheinend, und ebenfalls mit deutlicher Streifung auf der Hauptspaltungsfläche, die Hornblende schwärzlichgrün; hier ist der erstere vorherrschend; er findet sich in 2 bis 3 Linien langen schmalen Krystallen, die eine körnige, stark verwachsene Grundmasse bilden, worin die Hornblende in gewöhnlich nur eine Linie grossen Körnern einzeln liegt, so dass also dieser Diorit in Rücksicht der relativen Menge seiner Gemengtheile einen vollkommnen Gegensatz zu dem vorigen bildet. —

Den 9. Sept. Wir blieben diesen Tag noch in Slatoust, und beschäftigten uns unter anderem damit, die schönen Sammlungen der Herren Anossoff und Hermann zu besehen, die vorzugsweise die Mineralien der Gegend enthielten. Herr Hermann besass davon grosse Vorräthe, und theilte uns daraus mit vieler Freigebigkeit mit, wodurch er uns recht sehr verpflichtete. Nicht weniger verpflichtet fühlten wir uns Herrn Anossoff für die viele Belehrung über die

---

[1]) Dieser Diorit scheint in der Gegend sehr verbreitet zu sein, denn nach den Beschreibungen zu urtheilen, ist das Gestein der Nasimskaja und der Taratarskischen Berge ganz dasselbe, und ausserdem findet sich in der Eversmannschen Sammlung ein Diorit mit der Etiquette von Turgojak, also in dem Längenthale des Mias, der dem beschriebenen so vollkommen ähnelt, dass er von ihm nicht zu unterscheiden ist.

geognostische Beschaffenheit der Gegend, die er sehr gut kennt. Er unterrichtete uns über die hier vorkommenden Mineralien, die wir selbst an Ort und Stelle zu sehen nicht Gelegenheit hatten, und übergab Herrn v. Humboldt eine Karte von dem Hüttenbezirk von Slatoust, auf welcher mit Zeichen die vorkommenden Gebirgsarten angegeben waren, eine Karte, die vortreffliche Materialien zu einer geognostischen Beschreibung der Gegend darbietet[1]).

Am 10. Sept. verliessen wir Slatoust, um unsern Rückweg über Kyschtimsk nach Miask anzutreten. Der Weg geht bis zum Dorfe Syrostan auf der Strasse nach Miask entlang, biegt dann aber links in das Längenthal des Mias ein und führt sogleich in einen dichten Tannenwald, in welchem anstehendes Gestein nicht sichtbar ist. Erst in der Nähe des Dorfes Turgojakskaja wird die Gegend freier; das Dorf liegt an der Ostseite eines beträchtlichen Sees gleiches Namens, der 7 Werste von N. nach S. lang und 5 Werste breit ist und einen Abfluss nach dem Mias hat, der bei dem Dorfe vorbeifliesst. Diese Ostseite ist mit kleinen kahlen Kuppen von Serpentin umgeben, die wie die auf dem Wege von Miask nach Syrostan immer einen Kern von massigem Gestein haben, das aber hier nicht sowohl mit einem derben Granate, als mit einem feinkörnigen Gabbro oder Hypersthenfels zu vergleichen sein möchte; doch ist das Gemenge so fein, dass man in demselben wohl ein weisses und ein grünes Mineral unterscheiden, aber in den gesammelten Stücken die Natur derselben mit einiger Sicherheit

[1]) Aus dieser Karte, wie auch einer andern von dem Hüttenbezirk von Miask, die wir Herrn Porossoff verdanken, ist die dem Werke beigefügte Karte vorzugsweise zusammengestellt worden. Die Formationen sind dabei in drei zusammengefasst, und die Gränzen derselben besonders nach den Karten zu den oben citirten Abhandlungen von Lissenko, Nestorowski und Wersiloff eingetragen.

nicht bestimmen kann[1]). An der Südostseite des Sees waren früher einige Kupfergruben in Betrieb, die aber jetzt wie alle übrigen dieser Gegend zum Erliegen gekommen sind.

Hinter Turgojakskaja führt der Weg auf die rechte Seite des Mias und geht hart an dem Ilmengebirge, aber wiederum fast in immerwährendem Tannenwalde fort. Nur stellenweise hat man zur Linken die Aussicht auf den Ural, der sich hier aber schon beträchtlich gesenkt hat, und über welchem die westlichere Kette der Jurma bedeutend hervorragt. Von dem vielen Regen der vorhergehenden Tage war das Erdreich aufgeweicht, und der Weg sehr schlecht geworden, so dass wir nur langsam fortrücken konnten. Das Gestein, welches wir am Wege anstehen sahen, war ein Syenit, der zu dem Ilmengebirge gehörte, und aus gelblichweissem Feldspath und schwarzer Hornblende bestand, aber dadurch, dass die Hornblende in Streifen zwischen dem körnigen Feldspath lag, ein schiefriges gneissähnliches Ansehen erhielt, und eine Richtung der Gebirgsart erkennen liess, die nach N. ging. In diesem Syenite kommen an einigen Stellen schöne scharfkantige Krystalle von Titanit und Zirkon vor, von denen ich später durch Herrn Lissenko Proben erhielt. Die Titanite sind braun, von der Form, welche die eingewachsenen Krystalle dieser Gattung immer haben und bis 1 Zoll lang; die Zirkone auch braun und von mittlerer Grösse, bilden Kombinationen des Hauptoctaëders mit dem ersten Prisma, das aber nur untergeordnet hinzutritt.

Etwas östlich von dem Dorfe Muhambetjewa hatte man auf Goldsand geschürft, und bei dieser Gelegenheit

---

[1]) Nach den Stücken in der Eversmannschen Sammlung kommt hier auch ein Diorit vor, der dem vorhin S. 141 beschriebenen von der Schischimskaja vollkommen gleicht, wie auch schon dort erwähnt ist.

kleine weisse Zirkone gefunden, von welchen wir schon in Miask von Herrn Porossoff erhalten hatten. Die Zirkone sind nur etwa 2 Linien lang, aber dennoch viel grösser als die in den nördlich von Katharinenburg sich findenden Goldseifen, die ich in der Art wie sie dort vorkommen, in dem Seifengebirge von Miask nicht beobachtet habe. Das Gestein, worauf der bei Muhambetjewa erschürfte Sand gefunden wurde, ist ein charakteristischer dünnflasriger Gneiss, der aus fleischrothem Feldspath, wenigem gelblichgrauen Quarz und schwarzem Glimmer besteht. Einige Werste hinter Muhambetjewa fuhren wir durch den Mias nicht weit von der Stelle, wo er seine östliche Richtung annimmt, und erreichten dann um 4 Uhr Nachmittags die Goldseifenwerke von Miaskaja und Soimonowsk, die schon zu dem Hüttenwerke Kyschtimsk gehören, und 40 Werste gegen SW. davon entfernt sind. Sie sind zugleich nebst den Seifenwerken Anninskoi, 29 Werste im SW. und Ekaterininskoi, 12 Werste im W. von Kyschtimsk, die bedeutendsten dieses Bezirkes [1]).

Herr Titus Sotoff, der Neffe des Herrn Gregor Sotoff, und der jetzige Verwalter der Kyschtimschen Werke war uns bis Miaskaja entgegen gekommen, und führte uns in den Seifenwerken herum, aber wir waren nicht im Stande viele Beobachtungen zu machen, da es beständig regnete, und hierdurch, wie auch durch den Regen der vorigen Tage, ein unergründlicher Schmutz in dem Seifenwerke entstanden war. Die Seifenwerke Miaskaja und Soimonowsk liegen dicht hinter einander an den Ufern der Sakjelga, eines kleinen Flüsschens, der noch dem Mias zufliesst,

---

[1]) Ausserdem gehören aber dazu noch 19 andere kleinere Seifenwerke, die alle nach und nach seit 1823, wo man die oben genannten zu bearbeiten angefangen hat, in Betrieb gekommen sind. Die sämmtlichen Seifenwerke von Kyschtimsk haben bis Juli 1829 183 Pud 32 Pfund Gold geliefert.

und sich mit ihm verbindet, wo er seine östliche Richtung annimmt. Das Seifengebirge von Miaskaja liegt auf schwärzlichgrünem Talkschiefer, der St. 10 von SW. nach NO. streicht und ein steiles östliches Einfallen hat; das Seifengebirge von Soimonowsk dagegen auf Serpentin, und weiterhin auf schwärzlichgrauem Kalkstein. Die Oberfläche dieses letztern Gesteins war durch die Hinwegnahme des Goldsandes auf eine grosse Strecke entblösst, aber hier ganz uneben, voller fussgrosser abgerundeter Erhöhungen und Vertiefungen, als wäre sie von fliessendem Wasser ausgewaschen, was ihr ein sehr eigenthümliches Ansehen gab. Die Farbe des Kalksteins war an der Oberfläche durch Verwitterung gebleicht. Mit dem Golde kommt in dem Seifengebirge von Soimonowsk etwas Platin und Osmium-Iridium vor, und von letzterem sowohl die zinnweisse als auch die bleigraue Verbindung; ausserdem hat sich darin auch ein loses Stück Serpentin mit einem eingewachsenen Goldblättchen, so wie auch Chromeisenerz[1]) mit eingewachsenem Golde gefunden. Beide Stücke waren uns schon in Katharinenburg gezeigt worden. — Wir blieben

[1]) Dafür wenigstens hatte ich damals ohne genauere Untersuchung das Erz gehalten, doch möchte ich jetzt fast vermuthen, dass es kein Chromeisenerz, sondern Titaneisenerz gewesen sei, da in andern Seifenwerken am Ural nur dieses mit Gold verwachsen vorgekommen ist. Als solches hat sich nämlich das Th. I S. 335 dieser Reise erwähnte angebliche Chromeisenerz von dem Seifenwerke Beresowskoi bei Nischne-Tagilsk erwiesen, indem Herr Schwetsoff mir ein Stückchen davon bei seiner Durchreise durch Berlin im Jahre 1839 brachte, und die Güte hatte, es mir zur Untersuchung zu überlassen; und ferner ist auch neuerdings dergleichen Titaneisenerz auf den Seifenwerken von Bissersk vorgekommen, wie mir Herr Oberbergmeister Kämmerer bei seiner auch im Jahre 1839 erfolgten Durchreise durch Berlin mittheilte, indem er sich dabei auf ein Stück in der Sammlung des Herrn Staatsraths Dr. Rauch in Petersburg berief, das derselbe später auch auf Herrn Kämmerers Veranlassung mir zur Ansicht zu schicken die Güte hatte.

die Nacht in dem Hause, in welchem sich das Comptoir der beiden Seifenwerke befindet, und das das einzig anständige auf dem Seifenwerke war, und behalfen uns in demselben, da unsere Gesellschaft ziemlich gross war, so gut wir konnten.

Den 11. Sept. Ganz in der Nähe von Soimonowsk hat man Kupfererze entdeckt, von denen man schon eine ziemliche Menge gefördert, aber noch nichts verschmolzen hatte. Das Erz besteht grösstentheils in klein-nierenförmigem Malachit, der wie in Gumeschewsk nesterweise in einer, einem körnigen Kalkstein eingelagerten Thonmasse bricht. Man hatte für die Gewinnung desselben einen 6 Lachter tiefen Schacht abgeteuft, in welchem wir am Morgen anfuhren, worauf wir dann ungeachtet des Regens, der auch heute nicht aufhörte, unsere Reise nach Kyschtimsk fortsetzten. In diesem Regen besahen wir auch das Seifenwerk Anninskoi, bei welchem uns der Weg vorüberführte, konnten aber auch ihm wegen des bösen Wetters nicht viel Aufmerksamkeit schenken. Das Seifenwerk liegt in dem Thale der Tscheremschanka, die ebenfalls noch ein Nebenflüsschen des Mias ist. Das Seifengebirge ruht auf schwärzlichgrünem Talkschiefer, und enthält unter seinen Geschieben sehr viel Serpentin und Quarz. Ersterer steht auch in der Nähe des Seifenwerkes in kleinen Kuppen an.

Am Nachmittage kamen wir in Kyschtimsk an, wo wir in dem schönen Wohnhause des Herrn Sotoff ein bequemes und geräumiges Quartier fanden, und uns trocknen und erwärmen und von den Beschwerlichkeiten der Reise erholen konnten. Das Wohnhaus liegt hart an einem ziemlich grossen See, jenseits dessen sich wieder das bewaldete Ufer erhob[1]). Auf dem höchsten Punkte der gegenüberlie-

---

[1]) Auf dem See befinden sich förmliche, mit grossen Bäumen bewachsene schwimmende Inseln. Eine solche bemerkte Herr Eh-

genden Höhe hatte man einen kleinen Tempel errichtet und von diesem einen Weg bis zu dem See geführt, der mit dem Tempel an seinem Ende von dem Wohnhause aus einen schönen Prospect gewährte. Auf der andern Seite schliessen sich an das Wohnhaus des Besitzers die Hüttengebäude und eine grosse Menge kleinerer Häuser, worin grösstentheils nur die Hüttenleute wohnen. Ackerbau wird nicht getrieben, viele in der Nachbarschaft befindliche Seen und Moräste, ein undurchdringlicher Wald, der das Hüttenwerk umgiebt, und in welchem wir den ganzen gestrigen und vorgestrigen Tag gefahren waren, machen das Klima kalt und feucht.

Die Behaglichkeit des Ortes stimmte uns froh und heiter; nach einem vortrefflichen Mittagessen, das wir schon bereit fanden, verbrachten wir den Abend in angenehmer Unterhaltung, und unsere frohe Laune wurde noch erhöht durch ein sehr werthvolles Geschenk unseres gefälligen Wirthes an Herrn von Humboldt, das in einem ausgezeichneten Topas-Krystall bestand. Er war aus den Topasbrüchen bei Mursinsk, von blaulicher Farbe und durchsichtig, und hatte bei einem Zoll Höhe die ungewöhnliche Breite von 3 Zoll in der einen Richtung und 2 Zoll in der andern. Der Krystall ist jetzt eine Zierde der Königlichen Sammlung in Berlin.

Den 12. Sept. In der Nähe von Kyschtimsk liegt das Goldseifenwerk Barsowskoi, das durch das Vorkommen des blauen Korunds, den der Staatsrath Fuchs in Kasan entdeckt und von welchem wir schon schöne Stücke in Petersburg gesehen hatten, ausgezeichnet ist. Es war interessant, die Verhältnisse näher kennen zu lernen, unter welchen dieser Korund

---

renberg am folgenden Tage, wo er mit der Untersuchung und dem Ordnen der gesammelten Pflanzen zu Hause geblieben war; sie wurde von dem Winde quer über den ganzen See getrieben.

dort vorkommt; da es aber für die Vervollständigung der magnetischen Beobachtungen von Wichtigkeit war, in Kyschtimsk, dem nördlichsten Punkte unserer Exkursion, auch die Inklination der Magnetnadel zu bestimmen, und es bei der für unsere weitern Pläne schon vorgerückten Jahreszeit nicht rathsam war, länger als einen Tag in Kyschtimsk zu verweilen, so zog Herr von Humboldt es vor, den heutigen Tag zur Beobachtung der Magnetnadel [1]) und zur Besichtigung des Hüttenwerkes zu bestimmen, während ich die Exkursion nach Barsowskoi mit Herrn Hofmann, der so gütig war sich zur Begleitung anzubieten, allein übernahm.

Das Seifenwerk Barsowskoi ist von Kyschtimsk 12 Werste in nördlicher Richtung, und von dem Hüttenwerke Kaslinsk, zu dessen Bezirke es gehört [2]), 15 Werste in südlicher Richtung entfernt. Von dichtem Tannenwald rings umgeben, durch welchen auch der ganze Weg hindurchführt, liegt es in dem flachen Thale der Barsowka, eines kleinen Flusses, der sich in den See Bukagan ergiesst. Das Thal ist ein Querthal, denn es hat ein Streichen in der sechsten Stunde, und steht rechtwinklig auf den Schichten des unter dem Seifengebirge anstehenden Gesteins; doch sind die Höhen, die das Thal einschliessen, nur ganz unbedeutend, wie auch der Weg selbst nach dem Seifenwerke fast in ebener Richtung fortgeht.

Das Seifengebirge wird nicht bis zu dem darunter liegenden Gesteine abgebaut, doch tritt dasselbe an mehreren Stellen hervor; es ist ein Gneiss, ganz

---

[1]) Herr v. Humboldt fand an diesem Tage die Neigung der Magnetnadel 68° 45',9.

[2]) Ausser dem Seifenwerke Barsowskoi gehört hierher noch das Seifenwerk Gornoretschinskoi, 14 Werste im W. von Kaslinsk, und 20 kleinere Seifenwerke, die alle seit dem Jahre 1822 in Betrieb gekommen sind, und mit den obigen Hauptseifenwerken bis Mitte des Jahres 1829 54 Pud 9 Pfund Gold geliefert haben.

von derselben Art wie der, welcher bei dem Dorfe Muhambetjewa vorkommt, und wie wir ihn auch an mehreren Orten auf dem Wege von Kyschtimsk nach Barsowskoi hatten anstehen sehen. Das Seifengebirge wird an 3 verschiedenen Stellen des Thales abgebaut, und hiernach unterscheidet man ein unteres, mittleres und oberes Werk. Das Gerölle des mittleren, zu welchem wir zuerst kamen, hat ein grünlichgraues Ansehen, und besteht grösstentheils aus Blättchen von Glimmer und Talk, aus Körnern und Krystallen (Dodecaëdern) von Granat, die von blutrother Farbe, und in den kleinen Körnern durchsichtig sind, und sich in grösserer Menge fanden als in irgend einem andern von uns untersuchten Seifengebirge; ferner aus kleinen Körnern, weniger aus deutlichen Krystallen von Magneteisenerz und Quarz, der sich aber in verhältnissmässig geringer Menge findet, und dann meistentheils recht durchsichtig ist. Ausser diesen auch in andern Seifenwerken vorkommenden Mineralien finden sich noch mehr oder weniger grosse Körner von Hypersthen, der von holzbrauner Farbe, und nach den 3 bekannten Richtungen spaltbar, von dem Ansehen aber weiter am Ural nicht bekannt ist, doch an die Stücke körnigen Hypersthens erinnert, die in den Platinseifen von Nischne-Tagilsk vorkommen [1]. Auch grünlichschwarzer Augit kommt in dem Seifengebirge vor, doch habe ich ihn nicht in losen, sondern nur in eingewachsenen Körnern gesehen, die in grosser Menge und von verschiedener Grösse mit kleinen Körnern von Magneteisenerz in Geschieben von Serpentin oder körnigem Talke liegen.

Auch der blaue Korund, welcher dieses Seifenwerk auszeichnet, findet sich, so viel ich gesehen habe, nicht in einzelnen losen Körnern, sondern in einem weissen Minerale eingewachsen, das in mehr oder

[1]) Vergleiche diese Reise Th. I S. 329.

weniger grossen Blöcken in dem Seifengebirge vorkommt [1]). Diess weisse Mineral ist ein neues eigenthümliches Mineral, das daher mit einem besondern Namen zu bezeichnen ist, und das ich deshalb nach seinem häufigen Vorkommen in diesem Seifenwerke Barsowit zu nennen vorschlage. Es hat folgende Eigenschaften:

Es findet sich nur derb mit theils kenntlichen, theils unkenntlichen Zusammensetzungsstücken; im ersteren Fall sind dieselben körnig, ein bis mehrere Linien gross, und in einer Richtung ziemlich vollkommen spaltbar, nach welcher sie dann auch gewöhnlich etwas breiter als nach der andern sind, und mit dieser breiteren Seite ziemlich parallel auf einander liegen; im letzteren Fall ist das Mineral dicht und der Bruch splittrig.

Schneeweiss, durchscheinend an den Kanten; die körnigen Varietäten haben schwachen Perlmutterglanz, die dichten sind fast matt.

Härte zwischen der des Apatites und des Feldspaths; vielleicht nur um wenig geringer als die des letzteren. Das specifische Gewicht einer körnigen Varietät = 2,752, einer dichten nicht so vollkommen reinen Varietät = 2,740 [2]).

[1]) Ich habe von diesen Blöcken selbst in dem Seifenwerke nur wenige gesehen und gesammelt, da bei dem Regen, der auch heute nicht ausblieb, und wegen des tiefen Schmutzes, der durch den Regen der frühern Tage in dem Seifenwerke entstanden war, es mir unmöglich wurde, dasselbe genau zu untersuchen; ich habe aber doch eine recht vollständige Sammlung aller Varietäten, die unter diesen Blöcken vorkommen, machen können, da man angefangen hatte, diese Blöcke zu sammeln, und schon ein grosser Haufen davon bei dem Comptoir des Seifenwerkes aufgethürmt war, um damit in Slatoust den Versuch zu machen, den Korund daraus zum Poliren der Klingen zu benutzen. Aus diesem Vorrath erlaubte man mir gern, so viel ich wollte, zu meinem Gebrauche auszuwählen.

[2]) Zu diesen Bestimmungen wurden jedesmal mehrere kleine, von den mit vorkommenden Mineralien so viel wie möglich gereinigte Stücke genommen.

Vor dem Löthrohre in der Platinzange schmilzt das Mineral schwer und nur an den Kanten unter einigem Blasenwerfen zu einem blasigen Glase.

Mit Borax schmilzt es langsam und ruhig zu einem wasserhellen Glase zusammen; mit Phosphorsalz eben so, nur unter Ausscheidung von Kieselsäure; und bei grösserem Zusatz opalisirt das Glas beim Erkalten.

Mit Soda in ungefähr gleicher Menge vermischt, schmilzt es zu einem blasigen Glase, das mit mehr Soda schneeweiss- und unschmelzbar wird.

Mit Kobaltsolution nimmt es eine dunkelblaue Farbe an.

Gepulvert und mit Chlorwasserstoffsäure erhitzt, wird es leicht zersetzt und bildet bald eine dicke Gallerte.

Die chemische Zusammensetzung wurde auf meine Bitte von Herrn Varrentrapp ermittelt, der bei drei in dem Laboratorium des Prof. H. Rose mit der körnigen Varietät angestellten Analysen fand:

Kalkerde	15,46	15,30	15,10
Talkerde	1,55	1,42	1,65
Thonerde	33,85	33,78	34,08
Kieselsäure	49,01	49,05	48,07
	99,87	98,56	98,90

Die Sauerstoffmengen dieser Bestandtheile, die der Kalkerde und Talkerde zusammen genommen, verhalten sich fast wie die Zahlen 1, 3, 5, daher die chemische Formel für diess Mineral ist:

$$\left.\begin{matrix}\dot{Ca}^3\\ \dot{Mg}^3\end{matrix}\right\}\dddot{Si}^2 + 3\,\dddot{Al}\,\dddot{Si}$$

Berechnet man hiernach die Zusammensetzung mit Hinweglassung der Talkerde, so fällt sie folgender Maassen aus:

Kalkerde	18,16
Thonerde	32,76
Kieselsäure	49,08
	100,00

Der Gehalt an Kalkerde erscheint hiernach sehr gross, indessen ist zu berücksichtigen, dass die Sättigungscapacität der Talkerde grösser als die der Kieselsäure ist, und die 1,54 Talkerde (das Mittel aus den 3 Analysen) 2,12 Kalkerde entsprechen.

Der Barsowit hat viele Aehnlichkeit sowohl im Aeussern als in der chemischen Zusammensetzung mit dem Scapolith, unterscheidet sich doch aber hinreichend von diesem durch seine Structur und sein Verhalten vor dem Löthrohr und gegen Säuren. Eben so steht er einem weissen derben Mineral sehr nahe, das sich am Montzoni in Tyrol findet, ebenfalls mit Säuren gelatinirt, und Zeilanit eingewachsen enthält, der, wie gleich angeführt werden wird, auch in dem Barsowite vorkommt. Diess Mineral hat jedoch nach von Kobell eine andere chemische Zusammensetzung, und besteht nach demselben aus:

Kalkerde	37,64
Talkerde	4,64
Eisenoxydul	2,31
Thonerde	12,80
Kieselsäure	39,80
Wasser	2,00
	99,19 [1]

Der Korund, der in diesem Barsowite eingewachsen vorkommt, findet sich immer krystallisirt. Die

[1]) Grundzüge der Mineralogie von v. Kobell S. 199. v. Kobell stellt hiernach diess Mineral mit dem Gehlenite zusammen, von dem es sich doch noch bedeutend in der Zusammensetzung unterscheidet, und nennt es derben Gehlenit. Die Stücke, die sich davon in der Königlichen Sammlung in Berlin befinden, brausen beim Auflösen in Säuren, enthalten also kohlensaure Kalkerde eingemengt.

Krystalle lassen sich aus dem Muttergestein ziemlich gut herauslösen; sie haben die Form von den spitzen Hexagondodecaëdern, die so häufig bei dem blauen Korund und Saphir vorkommen, sind aber parallel den Seitenkanten gestreift, und nicht hinreichend glänzend, um mit dem Reflexionsgoniometer gemessen werden zu können. Sie sind von sehr verschiedener Grösse; die grössten, die ich gesehen habe, ein bis anderthalb Zoll lang, und zwei bis drei Linien an der Basis dick. Sie sind ziemlich vollkommen nach den Flächen des Hauptrhomboëders spaltbar.

Sie sind zuweilen sehr schön und dunkel saphirblau, in andern Fällen aber nur lichte blau, oder auch selbst ganz farblos; grössere Krystalle sind zuweilen nur im Innern blau, und äusserlich weiss, immer aber sind sie nur an den Kanten schwach durchscheinend, daher sie, wenn sie auch dunkel gefärbt sind, sich nicht zur Verarbeitung als Schmuckstein eignen.

Ausser dem Korund kommen in dem Barsowite aber noch einige andere Mineralien vor, nämlich Zeilanit, Pistazit, weisser Glimmer und Chlorit.

Der Zeilanit findet sich nur in Körnern von 1 bis 3 Linien Durchmesser, nie in regelmässig begränzten Krystallen, wodurch er sich von dem Tyroler Zeilanite unterscheidet. Er ist grünlichschwarz, im Bruche stark glänzend von Glasglanz und undurchsichtig.

Nach einer chemischen Untersuchung, die Herr Dr. Abich auf meine Bitte unternommen [1]), enthält er:

		Sauerstoffgehalt
Talkerde	17,58	6,70
Eisenoxydul	13,97	3,18
Thonerde	65,27	30,28
Kieselsäure	2,50	1,25
	99,32	

[1]) Vergl. Poggendorffs Annalen B. XXIII S. 327.

Der Gehalt an Eisenoxydul ist bei diesem Zeilanite grösser als bei dem vom Vesuv und vom Montzoni, aber geringer als bei dem von der Iserwiese. Die allgemeine Formel ist indessen dieselbe, nämlich:

$$\left.\begin{matrix}\dot{Mg}\\ \dot{Fe}\end{matrix}\right\}\dddot{Al}$$

Der **Pistazit** findet sich in kleinen körnigen und stängligen Parthien, der **Glimmer** in silberweissen Blättchen und in kugligen Zusammenhäufungen, der **Chlorit** in blättrig körnigen Parthien und einzelnen Krystallen.

Korund und Zeilanit finden sich unter diesen Gemengtheilen bei weiten am häufigsten, doch kommen sie in der Regel nicht mit einander vor, indem ein Theil dieser Blöcke nur Korund, ein anderer nur oder fast nur Zeilanit enthält. In den Blöcken, in welchen der Korund herrschend vorkommt, ist der Barsowit gewöhnlich dicht, dagegen er in denen, in welchen sich der Zeilanit findet, gewöhnlich körnig ist. In den ersteren ist der Korund mehr oder weniger angehäuft; zuweilen findet er sich in ausserordentlicher Menge dicht neben einander, und dann sind die Krystalle gewöhnlich klein, in andern Fällen liegen sie weitläuftiger, und sind dann gewöhnlich grösser. Der Zeilanit kommt in der Regel nicht so zusammengedrängt vor wie der Korund; zwischen seinen Körnern stellen sich schon Krystalle von Korund ein, die aber immer nur klein, und von weisser Farbe sind. Pistazit habe ich nur in den Blöcken mit Korund gesehen; hierin findet sich auch am häufigsten der Glimmer, der in der Regel die Krystalle des Korunds ganz umschliesst; in den Blöcken mit Zeilanit findet er sich nur in geringer Menge, aber theils in einzelnen Blättchen, theils in kleinen kugligen Zusammenhäufungen, als Blättchen auch zuweilen in dem Zeilanit eingewachsen. Chlorit findet sich nur mit dem Zeilanit. Manche Blöcke erscheinen nur als ein Gemenge von blättrigem Chlorit mit Zeilanit und etwas weissem Glimmer, und ein Stück, welches ich sammelte, bestand zur Hälfte aus einem solchen Gemenge, und zur Hälfte aus Barsowit mit eingemengtem Korund; daher es wohl wahrscheinlich sein möchte, dass der Barsowit ursprünglich als einzelne Ausscheidung in einem Chloritschiefer vorkommt, der vielleicht ein Lager in dem herrschenden Gneise dieser Gegend bildet. Bis jetzt ist aber die ursprüngliche Lägerstätte des Barsowites noch nicht bekannt, und möchte bei dem tiefen Walde, der die ganze Umgebung bedeckt, auch so bald noch nicht aufgefunden werden. — Die Blöcke vom Barsowit kommen übrigens in dem Seifengebirge von verschiedener Grösse vor, ich habe selbst einen solchen mitgenommen, der 1 Fuss im Durchmesser hat; ein noch viel grösserer findet sich in der Sammlung des Bergkorps in Petersburg.

Das Seifengebirge des untern Werkes, zu welchem wir nach der Besichtigung des mittleren gingen, hat ein etwas anderes Ansehen; es hat eine gelbere Lehmfarbe, und besteht hauptsächlich aus Stükken von einem Gneiss, der von derselben Art ist, wie der, welcher als Unterlage des Goldsandes sowohl in dem mittleren wie auch in diesem Werke vorkommt. Ausserdem findet sich besonders noch Quarz: Glimmer, Granat und Magneteisenerz kommen hier nur in geringer Menge vor. Das obere Werk besuchten wir des schlechten Wetters wegen nicht, es soll aber das reichste sein. Das Seifengebirge des unteren Werks enthielt früher 4 Sol. Gold in 100 Pud, jetzt enthält es nur $1\frac{1}{2}$, wie das des mittleren Werkes 1 Sol.

Das schlechte Wetter nöthigte uns zur Rückkehr; wir kamen gegen Mittag wieder in Kyschtimsk an, wo wir uns auch bald sämmtlich zur Rückkehr nach Miask anschickten. Wir nahmen Abschied von unsern Freunden, den Herren Schwettsoff und

Schmidt, die von hier aus gleich ihre Rückreise nach Nischne-Tagilsk und Bissersk antreten wollten, und trennten uns von ihnen nicht ohne Wehmuth, da sie durch längern Verkehr uns lieb geworden waren[1]). Unser gefällige Wirth begleitete uns wieder bis Soimonowsk, wo wir wegen der immer schlechter gewordenen Wege erst um 11½ Uhr ankamen, und die Nacht blieben; seiner gütigen Vorsorge hatten wir es auch zu danken, dass wir am Morgen unsere Reise nach Miask ungehindert weiter fortsetzen konnten, indem er durch Aufbietung vieler Mannschaft noch in der Nacht eine Fähre über den Mias einrichten liess, mittelst welcher wir am Morgen über den Fluss setzten, da durch den vielen gefallenen Regen derselbe so angeschwollen war, dass es nicht mehr möglich war, wie früher durch ihn hindurch zu fahren. So kamen wir, unter beständigem, wenn auch nicht starkem Regen Nachmittags um 5 Uhr wieder in Miask an.

Kyschtimsk liegt in gerader Richtung 80 Werste von Miask und 120 Werste von Katharinenburg entfernt; da wir jedoch von dem letzteren Orte noch nach Polefskoi gereist waren, das in einer von Katharinenburg etwa 40 Werste südlicheren Breite liegt, so hatten wir uns den von dort besuchten Gegenden bis auf eine Entfernung von 80 Wersten genähert. Auf der Hälfte des Weges aber, auf der Westseite des Ural, an einem zur Ufa fliessenden Flusse liegt die Eisenhütte Ufaleiskoi, in deren Nähe man nach Hermann [1]) einige Zeit lang Goldbergbau getrieben hatte,

---

[1]) Dass wir hier Herrn Schmidt zum letzten Male sahen, und er schon nach einigen Jahren auf den Gütern des Grafen Polier sein Leben endete, ist schon früher (Th. I S. 87) angeführt.

[1]) Mineral. Reisen in Sibirien in den Jahren 1783 — 96 Th. I S. 144.

der auch vielleicht nach dieser Zeit wieder aufgenommen ist, da sich in der Eversmannschen Sammlung mehrere Proben von den in diesen Gruben vorkommenden Gebirgsarten finden. Diese sind aber dadurch interessant, dass sie wie die Gebirgsarten der übrigen Orte, wo man am Ural Goldbergbau getrieben, mit den Gebirgsarten der Beresowschen Gruben die grösste Aehnlichkeit haben. Es findet sich nämlich hiernach zu Ufaleiskoi Listwänit, von der nämlichen Beschaffenheit wie der von Beresowsk, ferner Quarz und grünlichweisser Talkschiefer mit eingesprengtem Bitterspath, so dass das Gold überall am Ural, wo man seine Lagerstätte durch Bergbau näher kennen gelernt hat, unter den nämlichen Verhältnissen vorzukommen scheint, was gewiss ein recht beachtungswerther Umstand ist. Ausser den genannten Gebirgsarten enthält die Eversmannsche Sammlung von Ufaleiskoi noch Glimmerschiefer. Dieser findet sich nach Hermann auch in dem Gebirgszug zwischen Ufaleisk und Kaslinsk, dessen höchste Spitze den Namen Makau führt, und kommt hier in Verbindung mit Thonschiefer, Granit und Syenit vor.

Noch ist von diesem Theile des Ural anzuführen, dass er sehr reich an Chromeisenerz ist. Dasselbe findet sich theils in Geschieben, theils in Serpentin eingewachsen, welcher zwischen Kyschtimsk und Syssersk häufig ansteht. Die Stücke, die wir von diesem Erze in Kyschtimsk erhielten, sind noch dadurch merkwürdig, dass auf einem derselben der von Fiedler[1]) beschriebene Rhodochrom vorkommt, welcher sich aber hier in viel grösserer Masse zu finden scheint als auf der Griechischen Insel Tino, von wo ihn Fiedler mitgebracht hat. Wie er auf jenem Stücke vorkommt, hat der Rhodochrom folgende Eigenschaften:

---

[1]) Vergleiche dessen Reise durch Griechenland Th. II S. 319.

Er findet sich derb, zuweilen mit sehr fein-schuppig-körnigen, in der Regel aber nicht erkennbaren Zusammensetzungsstücken und einem ausgezeichnet splittrigen Bruch.

Er ist gräulichschwarz in dünnen Stücken pfirsichblüthroth, im Pulver röthlichweiss; an den körnigen Stellen glänzend von Perlmutterglanz, in den dichten nur schwach schimmernd, stark durchscheinend an den Kanten.

Härte unter der des Kalkspaths; specifisches Gewicht = 2,668.

Vor dem Löthrohr im Kolben erhitzt, wird er graulichweiss und undurchsichtig, und es sublimirt sich dabei Wasser.

In der Platinzange erhitzt, erleidet er dieselben Veränderungen, und schmilzt im strengen Feuer an den äussersten Kanten zu einem gelben Email.

In Borax ist er, in Pulverform angewandt, leicht auflöslich, und bildet ein schön chromgrünes Glas, dessen Farbe am deutlichsten erst bei dem völligen Erkalten des Glases hervortritt.

In Phosphorsalz ist er bei einem geringen Zusatze zu einem ganz klaren Glase auflöslich; nur bei stärkerem Zusatz scheidet sich eine sehr durchsichtige Kieselsäure aus, und das Glas opalisirt beim Erkalten. Die Farbe desselben ist wie beim Boraxglase, nur etwas lichter.

Mit Soda schmilzt er zu einer gelblichen undurchsichtigen Masse zusammen.

Gepulvert und mit Kobaltsolution erhitzt, wird er blau.

Von Chlorwasserstoffsäure wird er nur schwer zersetzt.

Mit kohlensaurem Alkali geglüht, löst er sich in Wasser vollkommen auf, und bildet eine eben so gelbe Auflösung, wie ein neutrales chromsaures Alkali. Mit Chlorwasserstoffsäure versetzt, nimmt die Auflösung durch Bildung von zweifach chromsaurem Alkali eine orangengelbe Farbe an, gelatinirt beim Abdampfen bei einer gewissen Concentration und wird grün. Zur Trockniss abgedampft, mit Wasser digerirt und filtrirt, bleibt auf dem Filtrum ein Gemenge von Kieselsäure mit etwas braunem Chromoxyd zurück, während die abfiltrirte dunkelgrün gefärbte Flüssigkeit ausser Chromoxyd sehr viel Talkerde und nur eine geringe Menge Thonerde enthält; Kalkerde findet sich in derselben nicht.

Hiernach hat der Rhodochrom sowohl in seinen äussern Eigenschaften, als auch in seiner chemischen Zusammensetzung eine grosse Aehnlichkeit mit dem Serpentin, er unterscheidet sich von ihm besonders nur durch seine in dünnen Stücken rothe Farbe und seinen Chromgehalt, der jene hervorgebracht hat. Dieser Chromgehalt ist aber, wenn er auch nicht gross zu sein scheint, immer auffallend, da der Serpentin keine Basen enthält, die durch Chromoxyd ersetzt werden können [1]).

Der Rhodochrom von Kyschtimsk kommt in dem erwähnten Stücke mit Chromeisenerz oder vielmehr mit einer schwarzen, im Striche braunen, und mit dem Messer ritzbaren Masse vor, in welcher Chromeisenerz in kleinen Körnern und Krystallen in grosser Menge eingemengt, und die daher für sich allein schwer zu untersuchen ist. Der Rhodochrom bildet von dem ziemlich grossen Stücke die bei weitem grössere Hälfte, die andere nimmt die schwarze Masse mit dem Chromeisenerz ein, die aber gleichfalls von Rhodochrom in kleinen Gängen und Schnüren durchsetzt wird [2]).

---

[1]) Einen geringen Chromgehalt hat mein Vater schon vor langer Zeit in dem Serpentin von Zöblitz nachgewiesen.

[2]) Der Griechische Rhodochrom stimmt, wie ich mich selbst davon durch Besichtigung der Sammlung des Herrn Fiedler überzeugen konnte, mit dem Uralischen vollkommen überein, doch findet er sich, wie es auch Herr Fiedler beschreibt, nur in geringer

Ausser diesen Stücken Chromeisenerz ist noch ein anderes aus der Gegend von Kyschtimsk bemerkenswerth, das wir in Miask erhielten, und das eine Ablösung mit smaragdgrünem Ueberzug hat, der vollkommen von dem Ansehen wie der Th. I. S. 380 beschriebene Uwarowit ist. Es wäre daher wohl möglich, dass dieses seltene und ausgezeichnete Mineral sich auch in dieser Gegend mit dem Chromeisenerz fände. Weniger interessant, doch auch zu erwähnen sind noch einige andere Mineralien, die wir in Kyschtimsk erhielten, wie 1) Talkschiefer mit eingewachsenen Strahlsteinkrystallen, die mit den auf gleiche Weise im Zillerthal vorkommenden Strahlsteinkrystallen sehr übereinkommen, und nur etwas dicker, weniger durchscheinend und mehr graulichgrün sind; 2) ein sehr eigenthümlicher Diorit, der aus einem körnigen Gemenge von weissem Albit mit grüner, vollkommen spaltbarer Hornblende besteht, die an Farbe, Glanz und Vollkommenheit der Spaltungsflächen der Hornblende von der Saualpe (dem sogenannten Karenthin) sehr gleicht, aber sich in viel kleineren, höchstens 1 bis $1\frac{1}{2}$ Linien grossen Körnern findet, und endlich 3) Cyanit aus breitstängligen, auseinander laufenden Zusammensetzungsstücken bestehend und von lichter ockergelber Farbe wie der Cyanit (Rhätizit) aus Tyrol. Er war als Geschiebe in dem Seifengebirge von Ekaterininskoi bei Kyschtimsk gefunden.

Menge und in dünnen Ueberzügen auf dem Chromeisenerz. — Nach den Stücken in der Königlichen Sammlung in Berlin scheint aber der Rhodochrom noch an mehreren andern Orten mit dem Chromeisenerz vorzukommen, wie z. B. am Gulsen in Kraubat in Steiermark und in Baltimore, wo die Chromeisenerzkrystalle in ihm eingewachsen sind.

IX. Reise von Miask nach Orenburg.

Abreise von Miask. — Berg Auschkul und seine Umgebungen. — Kupfergruben Poläkowskoi und Kiräbinskoi. — Werchne-Uralsk. — Weg an dem Uralflusse entlang. — Jaspisbrüche von Orsk. — Uraldurchbruch. — Orenburg. — Angeknüpfte Bekanntschaften. — Sogenannte Aërolithe von Sterlitamak. — Salzstock von Jlezk. — Spiele der Kirgisen. —

Einige Tage vergingen, ehe unsere auf den verschiedenen von Miask aus angestellten Exkursionen gesammelten Gegenstände geordnet und verpackt waren, die dann wiederum von hier aus, wie von Katharinenburg und Schlangenberg, nach Petersburg geschickt wurden. Wir hatten nun unsere Abreise nach Orenburg auf den 16. September bestimmt, und uns vorgenommen, unsern Weg nach der 51 Werste von Miask entfernten Kupfergrube Poläkowskoi nicht auf der grossen Orenburger Strasse zu nehmen, sondern, aufmerksam gemacht durch mehrere merkwürdige Gebirgsarten, die am Berge Auschkul und in seinen Umgebungen vorkommen, und welche wir schon in Miask gesehen hatten, den interessantern und zugleich kürzern Weg bei diesem Berge vorbei, einzuschlagen, — als noch spät am Abend des 15. die Nachricht ankam, dass der viele in den vergangenen Tagen gefallene Regen den Mias und mehrere andere kleine Flüsse, die wir auf dem Richtwege zu passiren hätten, so angeschwellt habe, dass wir dieselben nicht mehr an den Fuhrten durchfahren könnten. Wir waren daher gezwungen, um den Auschkul zu sehen, erst nach Poläkowsk auf der grossen Strasse, die stets auf dem rechten Ufer des Mias bleibt, zu gehen, und dann von dort aus eine besondere Exkursion nach dem wieder 7 Werste nördlich gelegenen Auschkul zu machen. Diess aber in einem Tage auszuführen, wäre wiederum nicht möglich gewesen, daher Herr v. Humboldt für sich den Plan, den Auschkul zu besuchen, ganz aufgab, und es mir überliess, ihn allein auszuführen. Da es aber dazu nöthig war, schon in der Nacht nach Poläkowsk abzureisen, um am folgenden Tage von dort die Exkursion nach dem Auschkul machen, am Abend wieder nach Poläkowsk zurückkehren, und mit der unterdessen angelangten übrigen Gesellschaft zusammentreffen zu können, so suchte ich meine übrigen Geschäfte so schnell als möglich abzumachen und fuhr dann in der Nacht um 2 Uhr in einem besondern kleinen Wagen mit Herrn Hofmann ab, der sich mit grosser Bereitwilligkeit angeboten hatte, mich auch auf dieser Exkursion zu begleiten, worauf wir auch schon um 9 Uhr in Poläkowsk anlangten. Es hatte in der Nacht geregnet, der Morgen war nebelig und kalt, und versprach keinen günstigen Tag, doch traten wir gleich nach dem kurzem Aufenthalte, den das Anschaffen von neuen Pferden verursachte, unsere Exkursion an.

Der Auschkul ist ein kegelförmiger Berg, der hart an der Nordwestseite des etwa 2 Werste langen und 1½ Werste breiten Sees gleiches Namens liegt. Er ist der höchste in dem Längenthale zwischen dem eigentlichen Ural und dem Ilmengebirge, und erreicht nach den barometrischen Messungen von Kupffer eine Höhe von 1864 Fuss über dem Meere und von 744 Fuss über der ehemaligen Kupferhütte Poläkowsk, die nach Kupffer mit Slatoust eine gleiche Höhe hat. Um ihn herum ist die Gegend nur hüglig und mit kleineren Kuppen besetzt, nur in etwas grösserer Entfernung ziehen sich im W. und O. zwei höhere Bergzüge fort, die den Namen der Naralinskischen und Kumatschinskischen Berge führen und die beide nicht in ganz paralleler Richtung gehen, da der erstere ein mehr nördliches, der letztere ein mehr nordöstliches Streichen hat. Die Gegend des Anschkul ist indessen die höchste in dem östlichen Längenthal des Ural, denn sie ist eine Wasserscheide für die in demselben fliessenden Flüsse, da nordwestlich und nordöstlich vom Auschkul die Quellen des Mias liegen, der in diesem Längenthale eine nördliche Richtung nimmt, während sich südlich und südwestlich die Quellen der Uwelka, des Ui und des Uralflusses befinden, die in dem nach S. immer breiter werdenden Längenthale südöstlich oder südlich fliessen [1]). Aber eine gleiche Erscheinung sieht man auch in dem westlichen Längenthale, wo in nur wenig geringerer Breite mit dem Auschkul die Quellen des Ai und der Belaja entspringen, von denen der erstere eine nördliche Richtung wie der Mias, der letztere eine südliche Richtung wie der Uralfluss nimmt, so dass hier also eine Erhebungslinie in nordöstlicher Richtung quer durch die Ketten des Ural zu gehen scheint.

Die Quellgegend des Mias ist wie die Thäler seiner oberen Zuflüsse reich an Gold. Hier liegen ausser andern die schon oben S. 42 erwähnten Goldseifenwerke Anninskoi, Swiäto-Leontewskoi und Knäse-Konstantinowskoi. Das erstere ist nur wenige Werste ostwärts von dem See Auschkul entfernt [2]), so

---

[1]) Der Ui behält diese südöstliche Richtung bis unterhalb Kydyschkoi bei, wo er sich nach O. wendet, und bei Stepnaja das Ilmengebirge durchbricht, während die Uwelka schon nördlich von Stepnaja sich einen Weg durch dieses Gebirge bahnt, sich darauf bei Troizk mit dem Ui verbindet, und mit diesem dann vereinigt in östlicher Richtung dem Tobol zufliesst. Der Ural, dessen Quellen westlicher als die der ebengenannten Flüsse liegen, setzt dagegen seinen Weg in dem Längenthale von Miask über 3 Breitegrade fort, bis auch er seine Richtung verändert und bei Orsk westlich durch das Gebirge hindurchfliesst.

[2]) Nach den Nachrichten, die Strischeff (Gornoi Journal vom

dass das Seifengebirge zu diesem See geführt wird, um dort verwaschen zu werden, weil es an Ort und Stelle an Wasser fehlt. Man hebt zu dem Ende das Wasser mit Pumpen aus dem See, und führt es auf die geneigten Heerde wie in den übrigen Wäschen. Wir hielten bei der Anninskischen Wäsche an, wo indessen jetzt nicht gearbeitet wurde, und gingen von hier aus um die östliche Seite des Sees bis zum Berge Auschkul. An der Wäsche selbst steht Serpentin mit vielem eingemengten Diallag an. Gleich hinter ihr liegt eine kleine Kuppe, auf welcher ein Lusthaus gebaut ist, das eine schöne Aussicht auf den gegenüberliegenden Auschkul gewährt. In dieser Kuppe ist der Diallag besonders ausgezeichnet. Er findet sich hier in dem Serpentin nicht selten in Zoll-grossen eckigen Stücken und oft in solcher Menge, dass das ganze Gestein nur ein körniger Diallag zu sein scheint, während er in anderen Abänderungen des Serpentins doch nur in geringerer Menge enthalten ist. Der grobkörnige Diallag ist gelblichgrün, in zwei auf einander rechtwinkligen Richtungen spaltbar, in der einen glänzend von Perlmutterglanz, in der andern matt, der weniger grobkörnige auf der er-

Jahre 1835 Th. IV S. 388) darüber mittheilt, liegt hier das Seifengebirge in einer Mulde, die nach 3 Seiten mit Bergen umgeben ist, die zu dem Kumatschinskischen Zuge gehören; an der nördlichen offenen Seite befindet sich ein etwa 8 Quadratwerste grosser Sumpf, der bis zu dem Mias reicht. Das Seifengebirge liegt auf Serpentin und Grünstein, die auch die Hauptgebirgsarten, nicht allein der Kumatschinskischen, sondern auch der Naralinskischen Berge sind. Es besteht aus zwei Schichten, einer unteren eigentlich goldführenden, und einer oberen goldfreien; an der Gränze beider hat man fossile Ueberreste vierfüssiger Thiere gefunden. Der Goldgehalt des Seifengebirges ist oben angegeben. Das Gold ist ziemlich grobkörnig, und liegt wahrscheinlich von seiner ursprünglichen Lagerstelle nicht weit entfernt, da die Bruchstücke der Gebirgsarten, woraus das Seifengebirge besteht, wenig abgerundet, und die darin vorkommenden Magneteisenerzkrystalle sehr scharfkantig sind. Alle Seitenthäler enthalten mehr oder weniger diesen Goldsand.

sten Spaltungsfläche grünlichweiss, und von mehr metallischem Perlmutterglanz; in allen Fällen aber ist er undurchsichtig und vor dem Löthrohre nur an den äussersten Kanten schmelzbar. In allen Abänderungen des Serpentins ist Magneteisenerz, und was bemerkenswerth ist, neben diesem auch Chromeisenerz eingesprengt [1]). Beide metallische Substanzen finden sich in ihnen in grösserer oder geringerer Menge und in grösseren oder kleineren Theilen, und sind in feinen Theilen zuweilen auch dem Diallag eingemengt, der dadurch stellenweise grau gefärbt erscheint. Beide sind magnetisch und von ihrem Magnetismus rührt auch die magnetische Polarität des ganzen Serpentins her, die, wie Kupffer [2]) bemerkt hat, an einer Stelle des Hügels, worauf das Lusthaus steht, so stark ist, dass sie die Magnetnadel völlig umkehrt. In der Mitte dieser Kuppe steckt eine dichte grüne Masse, wahrscheinlich dichter Granat [3]), auf dieselbe

---

[1]) Da mir das gemeinschaftliche Vorkommen des Magneteisenerzes und Chromeisenerzes merkwürdig erschien, so habe ich, um mich auf das bestimmteste davon zu überzeugen, dasselbe genau untersucht; aber einige Körner geben einen vollkommen schwarzen Strich, und ertheilen vor dem Löthrohre mit Phosphorsalz geschmolzen demselben nur die eisengrüne Farbe; dagegen andere einen braunen Strich haben, und mit Phosphorsalz zu einem schönen chromgrün gefärbten Glase zusammenschmelzen.

[2]) Voyage dans l'Oural p. 165.

[3]) Ueber die Beschaffenheit der dichten grünen Masse kann ich leider nichts mit Bestimmtheit entscheiden, da ich jetzt keine Probe dieser Masse mehr besitze. Unglücklicherweise sind mir die Etiquetten aller Gebirgsartenproben, die ich zwischen Miask und Orenburg sammelte, verloren gegangen. Ich hatte die Stücke vorläufig in eine Kiste gepackt, die gewöhnlich im Wagen stand, später aber aus Mangel an Raum ohne mein Wissen in einen Koffer hinten am Wagen gesetzt wurde, der nicht auf Federn ruhte. Da die Stücke hierzu nicht fest genug gepackt waren, rieben sie das Papier, worin sie eingewickelt waren, nebst den Etiquetten zu Pulver. Die meisten derselben konnte ich, als ich später den Inhalt der Kiste untersuchte, ohne Etiquetten wiedererkennen, diejenigen aber, bei de-

Weise, wie diess bei den Serpentin-Kuppen in der Gegend von Miask der Fall ist.

Geht man von der Wäsche nordwärts an der östlichen Seite des Sees entlang, so behält man anfangs noch eine Zeit lang den Serpentin, der hier weniger durchscheinend als früher ist, und den Diallag in kleineren Körnern und Blättchen eingemengt enthält. Dann folgt dichter Grünstein [1]), und hinter diesem graulichschwarzer Thonschiefer und ein schiefriges Conglomerat, das viele eingemengte Bruchstücke von Thonschiefer und von Kieselschiefer enthält. Beide haben ein Streichen St. 1,4 SWS. nach ONO., und ein Einfallen unter einem sehr starken Winkel nach OSO. Die Schichten laufen fast rechtwinklig gegen die Ufer des Sees zu; um den etwanigen Wechsel der Schichten besser zu verfolgen, gingen wir rechtwinklig auf dem Streichen weiter fort, und entfernten uns dadurch zuletzt von dem See, da wo sein Ufer eine mehr nordwestliche Richtung annimmt. Wir liessen auf diese Weise ein Baschkiren-

---

nen diess nicht möglich war, wie die dichten Grünsteine, warf ich, vielleicht zu voreilig, ganz fort, um nicht einen möglichen Irrthum zu begehen. Unter den verworfenen Stücken befand sich wahrscheinlich auch die dichte grüne Masse von der Anninskischen Goldwäsche, die ich an Ort und Stelle, wie auch den dichten grünen Granat aus dem Serpentin bei Miask für dichten Grünstein genommen hatte. Ich habe in dem Bisherigen den Namen Grünstein ganz vermieden, weil man darunter, obgleich zwar Gebirgsarten von einer gewissen allgemeinen, doch aber zu verschiedenartigen Beschaffenheit zusammenfasste; da ich nun aber in meinem Tagebuche bei der Erwähnung der Gebirgsarten, von denen ich Proben sammelte, keine Beschreibung hinzufügte, und auch aus Mangel an Zeit nicht hinzufügen konnte, so hatte ich auch die früher sogenannten Grünsteine nur mit dem allgemeinen Namen Grünstein bezeichnet und bin daher, jetzt nicht mehr in Besitz der meisten derselben, genöthigt, in dem Folgenden noch oft den Namen Grünstein wie in meinem Tagebuche zu gebrauchen.

[1]) Den ich aus dem oben angegebenen Grunde auch jetzt nicht näher beschreiben kann.

dorf links liegen, welches wie der See und Berg den Namen Auschkul führt. Hinter der Grauwacke folgt nun wieder körniger Kalkstein, und dann sehr eigenthümliches Augitgestein, das schon in Miask, wo wir Stücke davon gesehen, unsere Aufmerksamkeit im hohen Grade erregt hatte. Es ist bei näherer Betrachtung ein Conglomerat, welches abgerundete Stücke von Augitporphyr und einzelne Augitkrystalle in einem Bindemittel enthält, das aus einem körnigen Gemenge von weissem Kalkspath und einem rothen, mit dem Messer ritzbaren, noch näher zu bestimmenden Minerale besteht. Die Stücke von Augitporphyr haben eine schwärzlichgraue oder röthlichbraune Grundmasse, und enthalten kleine Augitkrystalle von grasgrüner Farbe eingewachsen. Die nämliche Farbe haben auch die einzelnen Augitkrystalle, nur sind sie grösser, und etwa drei bis vier Linien lang. Sie sind deutlich krystallisirt, lassen sich leicht aus der Masse, in der sie liegen, herausnehmen, haben eine glatte Oberfläche, und hinterlassen eben solche Eindrücke. Ihre Form ist die gewöhnliche der eingewachsenen Augitkrystalle. Sie sind deutlich spaltbar und haben im Bruch ein sehr frisches Ansehen. Wenn man die Stücke mit Säuren digerirt, so brausen sie stark, bekommen ein poröses Ansehen, behalten aber noch ihren Zusammenhalt, weil die Masse des Kalkspaths und des Bindemittels überhaupt nur gering ist. An manchen Stellen findet sich das rothe Mineral in grösserer, an anderen in geringerer Menge; im ersteren Fall erhält das ganze Gestein ein braunrothes Ansehen. Die Gränze mit dem vorhergehenden Kalkstein war nicht zu sehen, denn die Ufer des Sees sind bis auf den kegelförmigen Berg Auschkul eigentlich eben, und der Boden war mit hohem Grase und einzeln stehender Birkenwaldung bedeckt, so dass nur hier und da das unter der Dammerde anstehende Gestein hervorragte. Indessen ist es doch wahrscheinlich, dass der Kalkstein sein weisses körniges Ansehen durch Einwirkung dieses Augitgesteins erhalten hat.

Das Augitgestein ist aber eigentlich nur ein Uebergangsgestein zu einem viel mächtigeren Hornblendegestein; denn ohne dass wir wiederum die Gränze wahrnehmen konnten, erschien weiter fortgehend bald ein recht ausgezeichneter Dioritporphyr, der indessen im Anfange von etwas anderer Beschaffenheit war, als er sich in grösserer Entfernung von dem Augitgesteine zeigte. Die Grundmasse dieses Dioritporphyrs ist nämlich zuerst gelblichbraun, feinsplittrig und hart, dabei aber ziemlich porös und klüftig. Von den eingewachsenen Krystallen sind die Hornblendekrystalle graulichschwarz, regelmässig begränzt und eine bis mehrere Linien lang, die Albitkrystalle fleischroth, tafelartig und ebenfalls sehr gut ausgebildet, wie sie auch die einspringenden Winkel sehr deutlich zeigen. Sie liegen in der Grundmasse in grosser, die Hornblende gegen den Albit in überwiegender Menge, und lassen sich aus derselben leicht herauslösen. Nach und nach wird aber die Grundmasse dichter, und erhält eine mehr röthliche Farbe, die mit der der eingewachsenen Albitkrystalle fast übereinstimmt, die Hornblende wird nun schwärzlichgrün, und tritt an Menge mehr gegen den Albit zurück. Das Gestein ist auch hier noch vollkommen porphyrartig, gleicht aber doch bei der sehr übereinstimmenden Farbe der Grundmasse und der eingewachsenen Albitkrystalle im Ansehen sehr dem oben S. 141 beschriebenen Diorite aus der Gegend von Slatoust.

Wir verfolgten das Gestein eine Zeit lang, und gingen in den Wald hinein, der ferner von dem See immer dichter wird, wandten uns aber dann, als wir keine Veränderung an dem Gesteine bemerkten, links zum Berge Auschkul, hinter dem erwähnten Baschkirendorfe fortgehend. Wir kamen hier an eine bis zum Dorfe fortgehende Schlucht, in welcher wir rothen Jaspis fanden; nach diesem sahen wir aber anstehendes Gestein erst auf dem nordöstlichen Abhange des Berges selbst. Es war wieder Dioritporphyr, den wir hier trafen, von anderem Ansehen als der, welchen wir eben verlassen hatten, aber doch wohl nur eine Abänderung desselben. Die Grundmasse war nämlich vorherrschend, gelblichweiss bis röthlichgrau, feinsplittrig und häufig mit kleinen Dendriten auf den Kluftflächen durchzogen; nur sehr sparsam fanden sich darin kleine, wie die Grundmasse gefärbte Albitkrystalle, und noch seltener kleine graulichweisse Quarzkörner, aber keine Hornblendekrystalle. Aus diesem Gestein bestand auch der Gipfel des Auschkul, keineswegs aber aus Quarz oder Hornstein, wie man angegeben hat.

Der Auschkul erhebt sich von allen Seiten sehr steil, und ist deshalb beschwerlich zu ersteigen. Er ist wie die Ufer des Sees mit dünner Birkenwaldung und hohem Grase bedeckt, das stellenweise so hoch war, dass es uns über den Kopf zusammenschlug, und ich Herrn Hofmann, der dicht neben mir ging, nicht erkennen konnte. Es fing dabei an zu regnen, und das Gras von dem Regen der früheren Tage noch nass, durchnässte unsere Kleider völlig. Auf dem Gipfel angelangt, war die Aussicht wegen des trüben Wetters nicht weit, aber doch sehr eigenthümlich. Wir sahen den See am Fusse des Berges, jenseits die Goldwäsche und rund herum die hüglige Ebene, welche mit Birkenwaldung schwach bedeckt war, und zwischen den Kuppen leuchteten überall die vielen in der Gegend entspringenden Flüsse hindurch. Von den ferneren höheren Gebirgen konnten wir nur die westwärts sich hinziehenden Naralinskischen Berge erkennen; den dahinter liegenden Ural, wenn er überhaupt von hier aus sichtbar ist, wie auch die östlichen Kumatschinskischen Berge verbargen die Wolken.

Der Regen zwang uns bald den Berg zu verlassen, und den nächsten Weg zur Goldwäsche einzuschlagen. Wir stiegen nun den Berg näher an dem See, hinab, und fanden hier an dem Fusse desselben einen Dioritporphyr anstehend, der in einer aschgrauen Grundmasse Krystalle von schwarzer, nicht sehr regelmässig begränzter Hornblende, und schneeweissen Albit, beide von mittlerer Grösse, enthält, aber durch die reinen und unter einander abstechenden Farben der Grundmasse und der eingewachsenen Krystalle eine sehr schöne Abänderung bildet. Aus diesem selben Gestein besteht auch ein kleinerer Hügel zwischen dem Auschkul und dem Dorfe, und in der Niederung zwischen beiden Bergen findet sich Serpentin.

Das Dorf war von den Einwohnern ganz verlassen, denn die Baschkiren pflegen im Sommer zu nomadisiren, und nur im Winter die Dörfer zu bewohnen. Wir gingen durch dasselbe hindurch, und fanden jenseits dieselben Gebirgsarten, wie auf dem Hinwege. Gern hätten wir uns überzeugt, ob diese auch noch auf das jenseitige Ufer fortsetzten. Wir warteten deshalb noch einige Zeit in dem Comptoir der Goldwäsche in der Hoffnung, dass sich das Wetter aufklären würde, da aber der Regen gar nicht nachliess, mussten wir abreisen, ohne diese Absicht ausgeführt zu haben. Indessen sahen wir auf dem Comptoir der Goldwäsche noch mehrere Gebirgsarten, die ich hier erwähnen muss.

Unter den Abänderungen des Serpentins, die sich hier finden, kommt eine vor, die eine grünlichgraue Farbe besitzt, und in der die eingemengten Körner statt des gewöhnlich vorkommenden Diallag förmlicher Augit sind. Sie haben eine grasgrüne Farbe, und keine regelmässig ausgebildete Form, zeigen aber ganz deutlich die Spaltungsflächen des Augits. Der Serpentin, worin sie eingewachsen sind, gleicht sehr der

Grundmasse eines Augitporphyrs, den wir schon in dem Museum von Miask kennen gelernt hatten, der bei dem baschkirischen Dorfe Muldakajewa (15 Werste von Anninskoi) vorkommt. Sie hat dieselbe Farbe, lässt sich auch noch mit dem Messer ritzen, giebt aber vor dem Löthrohr erhitzt im Kolben kein Wasser [1]). Was sie aber besonders auszeichnet, sind die eingewachsenen Krystalle von Uralit, der von der gewöhnlichen Farbe und Beschaffenheit ist, aber in der Regel einen Kern von grasgrünem Augit hat, dessen Spaltungsflächen hinreichend deutlich sind, um sie mit dem Reflexionsgoniometer zu messen. Dieser Kern von Augit findet sich aber stets in regelmässiger Verwachsung mit dem umgebenden Uralit, und zwar so, dass die schärferen Kanten von 88°, in welchen die Spaltungsflächen des Augits sich schneiden, den stumpfen Kanten von $124\frac{1}{2}°$, in welchen die Spaltungsflächen des Uralits sich schneiden, parallel sind, so dass daher die Spaltungsflächen des Augits und des Uralits in eine Zone fallen. Der augitische Kern ist vor dem Löthrohr schwerer schmelzbar, als der Uralit; ersterer schmilzt in dünnen Splittern an den Kanten nur schwer zu einem lichten grünen Glase, der Uralit viel leichter zu einem fast schwarzen Glase. Die so beschaffenen Krystalle liegen in der Grundmasse sehr gedrängt, und sind von verschiedener Grösse, einige Linien bis gegen einen halben Zoll lang, die grösseren Krystalle enthalten sämmtlich einen Kern von Augit, die kleineren dagegen in der Regel nicht.

Eine solche Serpentin- oder Chloritschiefer-ähnliche Grundmasse findet sich auch bei den Augitporphyren von dem Dorfe Absiakowa bei Poläkowskoi und von Bagarotzki Priisk. Beide enthalten eingewachsene Krystalle von Uralit ohne Kern von Augit, der letztere stellt aber ein förmliches Conglomerat dar, in welchem eckige Stücke eines solchen Au-

---

[1]) Im Platintiegel stark geglüht erleidet sie nur einen Gewichtsverlust von 0,505 pCt.

gitporphyrs durch ein Cement verbunden sind, das ein Gemenge von weissem Kalkspath mit dichtem Epidote ist, in welchem ebenfalls noch Krystalle von Uralit liegen. Dann finden sich aber auch noch andere Abänderungen von Augitporphyr, die keinen Uralit, sondern in einer grünlichweissen harten Grnndmasse sehr frische grasgrüne Krystalle von Augit enthalten.

Ausser diesen Abänderungen von Serpentin und Augitporphyr kommen hier noch manche schöne Abänderungen von Diorit und Dioritporphyr vor. So findet sich bei Anninskoi ein porphyrartiger Diorit, bei welchem in einem kleinkörnigen Gemenge von grüner Hornblende und gelbem undurchsichtigen Albit, grössere Krystalle von eben so aussehendem Albit liegen, und bei dem Seifenwerke Swiäto-Leontewskoi ein Dioritporphyr, wo in einer grauen harten Grundmasse viele kleine schwarze Hornblendekrystalle und einzelne grössere von schneeweissem Albit vorkommen. Ferner kommt auch hier Euphotid vor, der dem Th. I S. 230 beschriebenen von Beresowsk ähnlich ist, nur mehr von der dichten weissen Grundmasse wie dieser enthält.

Serpentin, Augitporphyr und Dioritporphyr scheinen demnach in den mannigfaltigsten Abänderungen in den Umgebungen des Auschkul verbreitet zu sein. Es wäre sehr interessant zu wissen, in welchem Verhältniss die genannten Gebirgsarten unter einander und besonders der Dioritporphyr zum Serpentin und Augitporphyr stehen; die bekannten Thatsachen gaben hierzu keine genügende Andeutung, doch wird diess bei der Verbreitung des Dioritporphyrs, ungeachtet der starken Bedeckung durch Dammerde und Wald, bei näherer Untersuchung gewiss hier auszumachen sein.

Als wir am Abende nach Poläkowskoi wieder zurückgekehrt waren, fanden wir Herrn von Humboldt und die übrige Gesellschaft schon da. Wir wollten noch die Kupfergruben, wenn sie gleich jetzt schon auflässig waren, besuchen, aber der Regen liess nicht nach, und so mussten wir auch diesen Plan aufgeben; wir nahmen daher Abschied von den Herren Anossoff und Hermann, die Herrn von Humboldt bis hierher begleitet hatten, und setzten unsere Reise sogleich weiter fort.

Poläkowsk war eine der Hauptgruben dieser Gegend, ausser ihr waren in dieser Gegend noch im Betriebe die Kupfergruben Kisnekejewsk, Nikolsk, Gavrilowsk, Kiräbinsk, Kukuschewsk und Sanarsk. Die erste dieser Gruben liegt nur etwa 7 Werste westlich von Poläkowsk, die zweite östlich, Gavrilowsk und Kiräbinsk südlich, und Kukuschewsk und Sanarsk südöstlich, nicht weit von den Flüssen Ui und Sanarka. Die drei letzteren waren schon zu den Zeiten von Pallas in Betriebe, der auch die beiden letzteren besucht und einige Nachrichten darüber mitgetheilt hat[1]). Die Erze dieser Gruben bestehen aus Kupferkies, Malachit und Kupferlasur und etwas gediegenem Kupfer; von der Kukuschewskischen Grube giebt Pallas auch Fahlerz und Bleiglanz an, die etwas Silber enthalten. Sie scheinen bis auf die der Sanarskischen Gruben, die nach Hofmann und von Helmerssen im Gebiete der Granitformation liegen, auf Gängen im schiefrigen Gebirge, zum Theil in demselben eingesprengt nnd nesterweise im Letten zu brechen. Einige neuere Nachrichten hat Lissenko über die Kupfergrube Kiräbinsk mitgetheilt[2]), die durch das schöne Vorkommen des Albits eine mineralogische Berühmtheit erlangt hat.

Die Grube liegt hiernach in dem Kiräbinskischen Berge, der sich etwa 35 Lachter über dem Wasserspiegel des Flüsschens Kiräba erhebt, und aus Schichten

---

[1]) Pallas Reise Th. II S. 118 und 107.

[2]) Gornoi Journal, 1836 Th. III S. 135.

von Glimmerschiefer und Chloritschiefer besteht, die bei sehr steilem Einfallen ein Streichen von SW. nach NO. haben. Untergeordnet kommen darin Lager körnigen Kalksteins von 9 bis 18 Fuss Mächtigkeit vor. Die Erze sind in den ersteren Gebirgsarten eingewachsen, und bestehen aus Kupferkies, Kupferlasur und Malachit. Der Kupferkies findet sich meistens derb und eingesprengt, doch erhielten wir in Miask einen Krystall aus dieser Grube, der 3¼ Zoll lang und 2 Zoll breit und hoch, aber auf der Oberfläche ganz mit fasrigem Malachit bedeckt ist; zuweilen ist der Kupferkies in Kupferpecherz verwandelt; Malachit und Kupferlasur finden sich nur in geringer Menge, in kleinen fasrigen Parthien und Krystallen, und in erdigen Massen, ersterer zuweilen auch in kleinen nierenförmigen Massen. Die Erze, wie sie zur Hütte geliefert wurden, waren nur arm, sie enthielten gewöhnlich nur 1½, selten bis 3 pCt. Kupfer, aber sie waren wegen des gewöhnlich mit beibrechenden Kalkes sehr leichtflüssig, und wurden deshalb beim Verschmelzen der quarzigeren Erze von Nikolsk, Poläkowsk und Kisnekejewsk zugesetzt. Die Grube war von 1764 bis 1828 unausgesetzt in Betrieb. Mit den Kupfererzen kommen in der Grube noch folgende Mineralien vor:

1. Albit. Er findet sich in tafelartigen Krystallen, die sehr reich an Flächen, und wie immer nach dem bekannten Gesetze regelmässig verbunden sind, doch kommen diese Zwillingsgruppen nicht selten wiederum regelmässig und zwar wie die einfachen Krystalle bei den Karlsbader Feldspathzwillingen verwachsen war, so dass bei einer solchen Verwachsung von 4 Individuen die eine Zwillingsgruppe ihre deutlichsten Spaltungsflächen auf der vordern, die andere auf der hintern Seite hat. Die Krystalle haben eine verschiedene Grösse, gewöhnlich eine Grösse von einigen Linien bis zu einem Zolle, doch kommen sie auch noch klei-

ner und eben so bis über zwei Zoll gross vor. Sie sind stets aufgewachsen und zu schönen Drusen verbunden, gewöhnlich völlig farblos und durchsichtig, oder nur an dem unteren Ende, mit welchem sie aufgewachsen sind, schneeweiss, nur selten durchweg schneeweiss oder gelblichweiss und undurchsichtig. Sie sind öfter mit schuppigem Chlorit, auch wohl mit einem dünnen schwarzen Ueberzuge von Kupferoxyd bedeckt, und sind in den Spalten und Höhlungen eines Gesteins aufgewachsen, das nach all den Stücken, die ich davon gesehen habe, aus einem Gemenge von feinkörnigem gelblichweissen Albit und Strahlstein in schiefrigem Gefüge besteht, also eine Art Dioritschiefer ist. Kupferkies kommt auch hierin eingewachsen vor, so wie Malachit und Kupferlasur in kleinen fasrigen Parthien und feinen Krystallchen zuweilen neben den Albitkrystallen aufgewachsen sind. Die Krystalle des Albits von Kiräbinsk gehören mit denen von Bourg d'Oisans und vom Zillerthal zu den schönsten Abänderungen des Albits, die man kennt, aber die von Kiräbinsk übertreffen noch durch die Klarheit und Grösse der Krystalle, so wie durch die Schönheit der Drusen die der übrigen Fundörter[1]).

2. Chlorit in sehr kleinen tafelförmigen Krystallen und wulstförmigen Zusammenhäufungen, die die Albitkrystalle bedecken, oder in schuppig-körnigen Zusammenhäufungen zwischen den Krystallen des Albits.

3. Strahlstein in sehr kleinen nadelförmigen Krystallen von grünlichweisser Farbe neben dem Albit oder mehr noch in besonderen Höhlungen und Klüften neben dem Albit.

4. Apatit; er findet sich in einzelnen Krystal-

[1]) Dieser Albit war schon lange bekannt, war aber wie der übrige Albit für Adular gehalten. Ich bediente mich seiner schon im Jahre 1823 bei der ersten Bestimmung des Albits in Gilberts Annalen B. 73 S. 173.

len in den Drusen des Albits, ist aber viel seltener als dieser; ich kenne ihn nur aus einigen Albitdrusen, die ich in den Sammlungen von Dorpat und Petersburg gesehen habe. Die Krystalle sind ziemlich dicke sechsseitige Prismen, etwa einen halben Zoll gross, weiss, durchsichtig und sehr reich an Flächen. Nach Lissenko findet er sich auch zuweilen von violetter Farbe.

5. Kalkspath in rhomboëdrischen Krystallen zwischen den Krystallen des Albits, mehr aber noch, nach Lissenko, in den Höhlungen des derben Kalkspaths, der in ungefähr 2 Fuss mächtigen Gängen im Chloritschiefer vorkommt. Die Form der Krystalle ist das Hauptrhomboëder; sie sind 1 bis 2 Zoll gross und oft vollkommen farblos und durchsichtig [1]).

Quarzkrystalle, die so häufig neben dem Albit in Bourg d'Oisans vorkommen, wie auch Adular, der zuweilen mit dem Albit in Tyrol vorkommt, haben sich auf der Lagerstätte in Kiräbinsk gar nicht gefunden.

In Poläkowskoi finden sich nach den Stücken in der Eversmannschen Sammlung und anderen, die wir in Miask erhielten, Thonschiefer, Chloritschiefer, Talkschiefer, Augitporphyr, Diorit, Dioritporphyr und Jaspis [2]). In einem Stücke Chloritschiefer ist schwarzer Turmalin in excentrisch zusammengehäuften prismatischen Krystallen eingewachsen und in einem Stück körnigen Talkes findet sich grünlichweisser Strahlstein in eng nebeneinander liegenden Kugeln und Bündeln, die aus excentrisch zusammengehäuften fasrigen Individuen bestehen. Der Augitporphyr ist vor dem aus

---

[1]) Ich erhielt von Herrn v. Lissenko bei seiner späteren Durchreise durch Berlin einen solchen Krystall, der an Klarheit mit dem Isländischen Doppelspath übereinkommt.

[2]) Dreizehn Werste östlich findet sich auch Uebergangskalkstein nach einem Stücke zu urtheilen, das mir Herr Major Lissenko mitgetheilt hat, und das einen Spirifer enthält, den Herr v. Buch als *Sp. striatulus* bestimmte.

den Umgebungen von Anninskoi durch den Gehalt an Labrador ausgezeichnet, der in jenem ganz fehlt; er hat in einigen Stücken eine röthlichbraune Grundmasse, die eingewachsenen Krystalle von Labrador sind schmal und gelblichweiss, und neben ihnen finden sich wiewohl sparsam ziemlich grosse Körner von grünem Augit. In andern Stücken herrscht der Augit mehr vor, der Labrador tritt zurück, die Grundmasse wird graulichschwarz und mandelsteinartig, und die Höhlungen, die klein, rund und länglich sind und in unbestimmter Richtung liegen, sind mit Chalcedon angefüllt. Der Diorit von Poläkowskoi besteht aus grünlichschwarzer Hornblende und schneeweissem bis grünlichweissem undurchsichtigen Albit; letzterer bildet gleichsam eine körnige Grundmasse, in welcher die Hornblende in einzelnen Krystallen, aber gegen den Albit stets in überwiegender Menge liegt, so dass das ganze Gestein ein sehr dunkles Ansehen erhält. Die Krystalle der Hornblende sind in manchen Stücken dünn, nadelförmig und 2 bis 3 Linien lang, in anderen kürzer und dicker, aber in diesem Fall oft recht deutlich krystallisirt. — Sehr ausgezeichnet ist ein Dioritporphyr, welcher sich 6 Werste von Poläkowskoi findet, und in einer lichte grünlichgrauen Grundmasse zwar nur undeutliche Krystalle von Albit, aber desto ausgezeichnetere Krystalle von Hornblende enthält. Die Albite sind klein, schmutzigweiss und nicht sehr von der Grundmasse verschieden, die Hornblendekrystalle sind aber zuweilen einen Zoll lang, schwarz und deutlich krystallisirt. Der Jaspis ist lauchgrün und bräunlichroth, zwei Abänderungen, die sich im südlichen Ural sehr häufig finden.

Bei dem Dorfe Raschkina, 5 Werste östlich von Poläkowsk, kommt in einem Gange in Talkschiefer derber blättriger Talk von grüner Farbe und Bitterspath vor. Wahrscheinlich stammen aus diesem Fundort die Krystalle von Bitterspath, die sich in der

Eversmannschen Sammlung bloss mit der Etiquette Miask finden. Die Krystalle sind Kombinationen des Hauptrhomboëders mit den Flächen des zweiten spitzeren Rhomboëders, welche letztere untergeordnet als Abstumpfungen der Seitenecken des Hauptrhomboëders erscheinen. Sie sind 1 bis 3 Zoll zwischen den Seitenkanten gross, grünlichweiss mit matter Oberfläche und mit Sprüngen parallel den Spaltungsflächen durchsetzt; letztere selbst sind aber so glatt und glänzend, dass sich dieser Bitterspath mehr wie irgend ein anderer zu genauen Messungen eignet. Auch sind diess die Krystalle, die Mitscherlich bei seinen Messungen benutzt hat, und bei denen er den Winkel in den Endkanten bei 14° R. 106° 15′ gefunden hat [1]).

In der Sanarskischen Kupfergrube, 37 Werste NNO. von der Festung Stepnaja am Ui, findet sich derber strahliger Tremolit mit sparsam eingemengter erdiger Kupferlasur; auf den Halden fanden Hofmann und v. Helmersen Quarz, viel Brauneisenerz, Kupfergrün, Kupferlasur und Malachit [2]). —

Von Poläkowskoi setzten wir nun unsere Reise ohne Aufenthalt über Orsk nach Orenburg fort. Wir fuhren in der Nacht über die Scheide zwischen dem Ui, in dessen Nähe Poläkowskoi liegt, und dem Uralflusse, und wechselten am Morgen des 17. Sept. die Pferde in Rissajewa, einem von Teptären [3]) bewohnten Dorfe, das schon in dem Thale des Ural liegt, an welchem nun der Weg fortan entlang ging. Das Thal ist hier schon breit und steppenartig und von niedrigen waldlosen Bergen begleitet, erhält aber die-

---

[1]) Vergl. Poggendorffs Annalen B. X S. 146. In der Abhandlung ist der Fundort der gemessenen Krystalle nicht angeführt.

[2]) Geognostische Untersuchung des Süd-Ural Gebirges S. 76.

[3]) Die Teptären machen einen besonderen Stamm der Baschkiren aus.

sen steppenartigen Charakter immer mehr, je mehr man in demselben nach Süden vorrückt. Der Uralfluss hat bis Orsk fast genau eine südliche Richtung, tritt also bald gänzlich aus dem Uralgebirge heraus, das seine südwestliche Richtung besonders im Anfang beibehält, während die östliche Kette des Ilmengebirges schon fast von Miask aus eine südliche Richtung angenommen hat. Hierdurch erweitert sich das Thal bis zu einer Breite von zwei Längegraden, und die begleitenden Gebirge verschwinden sehr bald aus den Augen. Hierzu trägt aber nicht allein ihre grössere Entfernung von dem Uralflusse, sondern auch ihr veränderter Charakter bei. Die Ilmenkette setzt schon als niedriges Gebirge diesseits Stepnaja über den Ui und zieht sich dann als solches in die Kirgisensteppe fort; eben so verliert auch der eigentliche Ural bald an Höhe, indem er in gleichem Maasse nach und nach an Breite zunimmt, so dass er zuletzt weniger als eine Gebirgskette, als ein niedriges Gebirgsplateau erscheint. Mit diesem veränderten Charakter verändern sich auch die Namen, indem die Fortsetzung des Ilmengebirges in der Kirgisensteppe anfänglich den Namen Dschambu Karagaiah von dem 51. Breitegrade, zwischen den Flüssen Or und Tobol den Namen Kara Edyr Tau, und endlich den Namen der Mugodscharskischen Berge enthält, die Fortsetzung des Uralgebirges aber unterhalb der Breite von Werch-Uralsk bis Orsk von den bewohnenden Baschkiren erst Kyrkty und dann Irendik genannt wird [1]).

Erst am Nachmittage um 2 Uhr kamen wir in der Kreisstadt Werch-Uralsk an. Der viele Regen der vergangenen Tage, der auch die ganze Nacht und den Vormittag nicht aufgehört, hatte die Wege sehr verschlechtert, so dass wir nur langsam hatten

[1]) Vergl. Hofmann und v. Helmersen, Geogn. Unt. des Süd-Ural-Gebirges S. 3.

vorrücken, Untersuchungen aber über etwa noch am Wege anstehendes Gestein gar nicht hatten machen können. In Werch-Uralsk erreichten wir die Orenburgsche Linie, welche von hier aus am Ural entlang bis zum Kaspischen Meere geht, und an welcher auch nun unser Weg weiter entlang führte. Wie diese Linie nur eine Fortsetzung der früher von uns bereisten Linien ist, so fanden wir auch auf ihr dieselben Einrichtungen wie früher wieder. Sie besteht demnach auch hier aus einer Reihe kleinerer und grösserer etwas befestigter Ortschaften, die den Namen von Vorposten, Redouten und Festungen führen, und die am obern Ural [1]) bis auf Werch-Uralsk und Orsk sämmtlich auf der rechten Seite des Ural liegen. Die sogenannten Festungen sind von Zeit zu Zeit zwischen den kleineren Oertern angelegt, und zu diesen gehören am obern Ural von Werch-Uralsk an die Ortschaften Magnitnaja, Kisylskaja, Urtasimskaja, Tanalyzkaja und Orskaja.

Die erstere dieser Festungen hat ihren Namen von dem in der Nähe befindlichen Magnetberge, Ulu Utasse Tau erhalten, den wir leider nicht selbst besuchen konnten, da wir in der Nacht durch Magnitnaja reisten. Nach Hofmann und v. Helmersen[2]) liegt er 7 bis 8 Werste nordöstlich von der Festung jenseits des Uralflusses in einer kleinen Gebirgskette, die aus Feldsteinporphyr besteht, der hin und wieder körnigen Grünstein mit vorherrschendem Feldspath umschliesst. Da man unter Grünstein bisher sowohl Hornblende-, als auch Augit-haltige Gebirgsarten ver-

[1]) Bei der doppelten Biegung, die der Ural während seines Laufes macht, zerfällt er natürlich in drei Theile, in den oberen Ural, der von seinem Ursprung bis nach Orsk an der ersten Biegung, in den mittleren Ural, der von Orsk bis nach Uralsk an seiner zweiten Biegung, und in den untern Ural, der von Uralsk bis nach Gurieff und seiner Mündung ins Kaspische Meer geht.

[2]) A. a. O. S. 27.

standen hat, so geht aus den obigen Angaben nicht hervor, ob der Porphyr zum Augitporphyr zu zählen sei, doch machen diess die Verhältnisse, unter denen das Magneteisenerz in dem nördlich von Katharinenburg gelegenen Theil des Ural vorkommt, wohl wahrscheinlich. Die Höhe des Magnetberges beträgt nach Hofmann und v. Helmerssen 270 Toisen über Orenburg. Sein Erz giebt 75 bis 80 pCt. Roheisen, und wird in der Eisenhütte Belorezk verschmolzen, die jenseits des Ural an der Belaja in etwas höherer Breite als Magnitnaja liegt, und jährlich 150,000 Pud Roheisen producirt. Der ganze dazu nöthige Vorrath von Erz wird im Sommer in 3 bis 4 Wochen von 150 Bergleuten gewonnen.

Bei der Festung Kisylsk, welche wir am Vormittage des 18. Septembers erreichten, und schon etwas vorher, steht weisser körniger Kalkstein an, der in Schichten abgesondert ist, die St. 6 nach W. fallen. Er findet sich aber nur auf dem rechten Ufer des Uralflusses; auf dem linken kommt nach Hofmann und v. Helmersen Hornsteinporphyr (?) vor, und 4 bis 5 Werst nordöstlich in der Kirgisensteppe entdeckten jene Beobachter mehrere kleine Granitkuppen, die hier unter Verhältnissen vorkommen, welche einer näheren Untersuchung werth wären. Sie sind mit Tannen bewachsen, und ragen wie Inseln aus der übrigens baumlosen Steppe hervor; die Ebene zwischen ihnen besteht aus Kieselschiefer [1]).

Jenseits des Irendik, fast in gleicher Breite mit Kisylskaja liegt der See Talkasch, aus dem der Tanalyk heranfliesst, der das westliche Gehänge des Irendyk bespült, bis er in östlicher Richtung durch denselben hindurchfliesst, und sich bei Tanalyzkaja in den Ural ergiesst. In der Nähe dieses Sees bei dem Dorfe Ilianowa am Tanalyk kommt ein schöner

---

[1]) A. a. O. S. 48.

rother Porphyr vor, den wir in Katharinenburg sahen, wo er verschliffen wird. Er hat eine bräunlichrothe Grundmasse und enthält viele kleine schneeweisse Albitkrystalle, die von einer Grösse von 1 bis $1\frac{1}{2}$ Linien gedrängt in der Grundmasse liegen, doch nicht recht scharf von derselben abschneiden; geschliffen habe ich ihn nicht gesehen, doch scheint er etwas klüftig zu sein, was zu bedauern wäre, da er in Rücksicht der Farbe der Grundmasse sowohl den Porphyr vom Altai wie auch selbst den antiken übertrifft, mit welchem er sonst zu einer Gattung gehört. Er enthält hier und da noch einige kleine Quarzmandeln, und in denselben öfters kleine blutrothe fasrige excentrisch zusammen gehäufte Krystalle, die mit dem Withamit (rothen Epidot) zu vergleichen sind, und die auch zuweilen ohne Quarz vorkommen.

Noch viel näher bei Kisylskaja ist ein anderes merkwürdiges Gestein zu erwähnen, auf das uns unsere Begleiter, die Herren v. Helmersen und Hofmann, aufmerksam machten. 7 Werste südlich nämlich, bei dem kleinen Flusse Chudalas, der sich in den Ural ergiesst, findet sich in kaum aus der Dammerde hervorragenden Erhöhungen neben dem Wege ein Gestein, das fast wie Basalt aussieht; es ist graulichschwarz, undurchsichtig, im Bruch uneben und an und für sich matt, erhält aber durch eine grosse Menge sehr kleiner flittterförmiger glänzender Krystalle, die in ihm eingemengt sind, eine Art von Schimmer. Die Krystalle sind höchst wahrscheinlich Labrador, denn obgleich sie gewöhnlich im Querbruch nur die Dicke eines Haares haben, lassen doch einige grössere Krystalle in diesem Bruche mit der Lupe die einspringenden Winkel wohl erkennen; ausserdem finden sich noch hier und da einzelne etwas grössere Körner von grünem Augit. Das ganze Gestein ist schwach magnetisch, was wohl von eingemengtem Magneteisenerz herrührt, der jedoch in diesem Fall in so feinen Theilen eingesprengt ist, dass man ihn mit dem Auge nicht erkennen kann. Vor dem Löthrohre schmilzt das Gestein nur schwer und an den Kanten zu einem olivengrünen blasigen Glase; im Kolben geglüht, giebt es Wasser, und verliert im Platintiegel über der Spirituslampe geglüht 2,44 pCt. an Gewicht, ohne aber dabei sein Ansehen merklich zu verändern, daher ungeachtet der ziemlich beträchtlichen Menge das Wasser doch nicht als wesentlich betrachtet werden kann. In Chlorwasserstoffsäure bildet das Gestein auch nach längerer Zeit keine Gallerte; es verändert ebenfalls sein Ansehen gar nicht, und die Säure wird nur etwas grün von aufgelöstem Eisen gefärbt, das wahrscheinlich von dem eingemengten Magneteisenerze herrührt.

Aus allem diesen ergiebt sich wohl, dass das Gestein kein Basalt, sondern nur ein dunkler Augitporphyr ist. Diess scheint auch schon aus seinem Vorkommen hervorzugehen, denn der Basalt pflegt da, wo er sich findet, nie auf einen einzigen Ort beschränkt zu sein, und stets in mehreren Kuppen in der Gegend anzustehen, während nicht allein in der Umgebung von Kisylsk, sondern auch am ganzen übrigen Ural gar kein Ort bekannt ist, wo sich noch Basalt gefunden hätte; er findet sich eben so wenig auch im Altai, und kommt, nachdem man ihn in Schlesien verlassen hat, im Osten fortgehend, nicht früher als jenseits Irkutzk vor, aber hier wieder recht charakteristisch und häufig. Am Ural wird der Basalt durchaus von den Gesteinen ersetzt, die man mit dem Namen Grünstein zu bezeichnen pflegt, die aber hier auch in grosser Menge und Mannigfaltigkeit vorkommen.

Das basaltähnliche Gestein wird von einem Mandelsteine begleitet, der in einer lichte röthlichgrauen, dichten und harten Grundmasse eine Menge kleiner runder oder länglicher Räume einschliesst, die mit Chalcedon und Kalkspath ausgefüllt sind; wie aber diese Gebirgsarten vorkommen und in welchem Zusammenhange sie unter einander stehen, war bei der geringen Felsentblössung nicht zu sehen, und konnte auch von den Herren Hofmann und v. Helmersen nicht ausgemittelt werden, die dieser Untersuchung längere Zeit widmen konnten [1]).

Ein dem beschriebenen schwarzen ähnliches Gestein bildet die steilen Felsufer des Uralflusses bei der 19½ Werst von Kisylskaja entfernten Redoute Gräsnuschinskoi; es hat aber hier einen mehr konglomeratartigen Karakter, enthält unregelmässige Stücke von grauem Kalkstein und röthlichbraunem Jaspis eingeschlossen, und ist mit Adern von Kalkspath durchzogen. Bei der Redoute Tereklinskoi, die wir am Morgen des 19. Sept. erreichten, sind die niedrigen Felsen am Ufer des Uralflusses wieder dichter Grünstein. Dergleichen kleine Felsenparthien sind aber auch nur an dem Ufer des Flusses entblösst, die übrige Gegend ist fast vollkommen eben und steppenartig, wenngleich das anstehende Gestein immer nur wenig von der Dammerde bedeckt ist, und an vielen Stellen hervortritt. Ueberall wo es sich nur zeigt, besteht es aus einem schiefrigen Grünstein, dessen Schichten sämmtlich auf dem Kopfe stehen, was ein recht bemerkenswerthes Phänomen ist. Der grosse Mangel an Bauholz zeigt sich auch recht deutlich in den schlechten niedrigen Häusern der Kosaken, die nur aus einem Stock bestehen, und fast überall ohne Dach sind.

Um 5 Uhr Nachmittags waren wir in Orsk, der Hauptfestung der Ober-Uralischen Linie. Sie liegt auf dem linken Ufer des Ural, aber schon auf seiner südlichen Seite, da kurz zuvor derselbe seine westliche Richtung angenommen hat. An der Biegung, welche der Fluss hier macht, verbindet sich mit ihm der von Osten kommende Or, dessen Richtung eigent-

[1]) Vergl. die geognost. Untersuchung des Süd-Urals S. 49.

lich der Ural nach seiner Vereinigung nur fortsetzt, und in dem spitzen Winkel, welcher von dem rechten Ufer des Or und dem linken des Ural gebildet wird, ist eben die Festung angelegt. Sie ist schon von weiter Ferne sichtbar, da die Kirche der Festung auf der Preobraschenskaja Gora, einem nach allen Seiten flach abfallenden Hügel, erbaut ist, der zwar an und für sich unbedeutend, doch in der Ebene hoch erscheint. Dieser Hügel besteht aus einem schönen Augitporphyr mit lichte grünlichgrauer harter Grundmasse, welche viele kleine pistaziengrüne deutlich spaltbare Augitkrystalle eingewachsen enthält.

Die Gegend von Orsk ist durch den Jaspis berühmt, der sich zwar schon am ganzen südlichen Ural von Polikowskoi an, häufig findet, doch in der grössten Menge und in den grössten Massen in der Gegend von Orsk vorkommt. Er lässt sich hier in Blökken von beträchtlicher Grösse gewinnen, daher auch auf ihn an mehreren Orten Brüche für die Katharinenburger Schleiferei errichtet sind, in welchen nach Bedürfniss von Zeit zu Zeit für die Schleiferei gebrochen wird. Um die Lagerungsverhältnisse dieses Jaspis näher kennen zu lernen, verweilten wir etwas in Orsk, und besuchten wenigstens einen dieser Brüche, welcher 7 Werste nördlich von Orsk entfernt liegt. Der hier vorkommende Jaspis ist von graulichgrüner Farbe ohne Streifen und Flecken, und bildet ein bedeutend mächtiges Lager, das von SO. nach NW., St. 10,4 streicht, und unter einem Winkel von etwa 65° nach NO. fällt. Das Liegende des Lagers, welches in dem Bruche gut zu sehen war und scharf an dem Jaspis abscheidet, besteht aus einem ähnlichen Augitporphyr, wie der von der Preobraschenskaja Gora; das Hangende war im Bruche nicht entblösst, und über Tage mit Dammerde bedeckt, besteht aber wahrscheinlich auch aus Augitporphyr, denn etwas weiter rechtwinklig auf dem Streichen im Hangenden fortgehend, kommt man an einen Hügel, der wiederum aus Augitporphyr besteht, und von derselben Beschaffenheit wie der im Liegenden ist, so wie er auch dasselbe Streichen, und nur ein etwas stärkeres Einfallen als das Lager hat.

Unter den übrigen Jaspisbrüchen in der Gegend von Orsk sind die wichtigsten die, welche am Or, 7 bis 8 Werste östlich von Orsk entfernt liegen, die wir aber, weil es schon finster geworden war, nicht mehr besuchen konnten. Der Jaspis kommt an den übrigen Orten, wo er sich findet, von verschiedener Farbe vor, am häufigsten sind indessen immer die grünen Abänderungen, wenngleich auch diese nicht immer von gleicher Schönheit sind, und das Grün oft in ein förmliches Grau übergeht; nächstdem finden sich besonders bräunlichrothe Abänderungen, wie wir auch eine solche am Fusse der Preobraschenskaja Gora sahen, wenngleich zu wenig entblösst, um seine Verhältnisse mit dem Augitporphyr kennen zu lernen. Ausser diesen kommen auch buntfarbige Abänderungen vor, und unter diesen der schöne Bandjaspis, dessen schon oben [1]) erwähnt ist, und in welchem bräunlichrothe und lauchgrüne Lagen mit einander wechseln. Zuweilen ist der Jaspis ganz mit Adern von weissem Quarz oder einem Gemenge von Quarz und Pistazit durchsetzt; auch enthält er öfter eine Menge Eisenkies in kleinen Krystallen eingesprengt. Wo er in grossen Massen anstehend sich findet, scheint er wie in dem von uns besuchten Bruche Lager im Augitporphyre zu bilden, und ist wahrscheinlich wohl für nichts anderes anzusehen, als für einen durch plutonische Einwirkung veränderten Thonschiefer, wie

---

[1]) Th. I S. 142. Ich habe über seinen Fundort nichts Näheres als das hier Angeführte erfahren können; nach dem Kataloge der russischen Sammlung in Berlin findet er sich beim Flusse Kondobulak.

auch wahrscheinlich der begleitende Augitporphyr, bei der schiefrigen Beschaffenheit, die er überall in der Gegend von Orsk zeigt, für nichts anderes als für eine metamorphische Gebirgsart zu halten ist. Für diese Entstehung des Jaspis spricht auch die chemische Zusammensetzung, da er keinesweges blosse durch Eisenoxyd gefärbte Kieselsäure ist, sondern auch eine bedeutende Menge Thonerde, Kalkerde und selbst etwas Kali enthält; denn nach einer von dem Herrn Capitain Avdeëff in dem Laboratorium meines Bruders angestellten Analyse besteht der grüne Jaspis aus dem von uns besuchten Bruche aus:

Kieselsäure	79,51
Thonerde	9,24
Eisenoxydul	3,32
Kalkerde	4,31
Talkerde	0,51
Kali	0,32
Wasser	1,56
	98,77.

Der Irendik, welcher sich in seiner südlichen Erstreckung zu einem förmlichen Gebirgsplateau ausbreitet, rückt hierbei wieder mehr nach Osten vor, und nähert sich auf diese Weise wieder dem Uralflusse, der auch seinerseits schon oberhalb Urtasymskuja eine etwas westlichere Richtung annimmt, so dass schon in einer Entfernung von 12 Wersten die Berge anfangen, durch welche der Ural, eine Querspalte benutzend, sich hindurchgedrängt hat. Man hat also, dem Laufe des Ural folgend, ein Profil der sämmtlichen Gebirgsarten des Irendik zu erwarten, und wiewohl dasselbe schon von unseren Begleitern untersucht war, wünschte ich doch, es aus eigener Ansicht kennen zu lernen. Während daher Herr v. Humboldt, um keine Zeit zu verlieren, sobald wir von dem Jaspisbruche zurückgekehrt waren, noch bei einbrechender Nacht die Reise nach Orenburg fortsetzte, blieb ich die Nacht in Orsk, um am Morgen des folgenden Tages erst den Durchbruch des Ural zu besichtigen. Mit mir blieb auch Herr Hofmann zurück, der sich wiederum mit der freundlichsten Bereitwilligkeit erboten hatte, mein Begleiter und Führer auf dieser Exkursion zu sein.

Wir brachen demnach am Morgen des 20. Sept. so früh als möglich auf, schickten unsern Wagen auf dem grossen Wege, der in grösserer Entfernung von dem Uralflusse geführt ist, nach Chabarnoi, der nächsten 26 Werste von Orsk entfernten Station, und ritten selbst, begleitet von einigen Kosaken [1]), die uns

---

[1]) Unter diesen befand sich auch ein junger Pole Namens Johann Witkiewicz, dessen ich hier erwähne, weil in der neueren Zeit sein Name vielfach die öffentliche Aufmerksamkeit auf sich gezogen hat. Er war früher ein Zögling des Gymnasiums zu Krozc im Wilnaschen Gouvernement, wurde aber, als 14jähriger Jüngling, mit mehreren anderen seiner Kameraden wegen politischer Ursachen noch bei Lebzeiten des Kaisers Alexander nach Orsk verbannt, und verurtheilt zeitlebens gemeiner Kosak zu bleiben. Witkiewicz benutzte in Orsk seine freie Zeit zur Erlernung der orientalischen Sprachen, besonders des Türkisch-Kirgisischen Dialekts, des Persischen und des Arabischen, wozu er in Orsk Gelegenheit hatte, und worin er es bald zu grosser Fertigkeit brachte, und mochte, da sich ihm bei der Thronbesteigung des Kaiser Nicolaus keine Aussicht zu einem besseren Loose eröffnete, wohl die Absicht haben, bei erster Gelegenheit durch die Steppen der Kirgisen zu entweichen und sich auf diese Weise einen Weg nach Europa zu bahnen. Herr von Humboldt, welcher in Orsk von diesen jungen Polen hörte, und von ihrem beklagenswerthen Schicksale ergriffen war, verwandte sich bei seiner Rückkehr nach Petersburg für drei derselben persönlich beim Kaiser Nicolaus. Die Verwendung hatte die glücklichsten Folgen. Witkiewicz wurde zuerst bei der Gränzkommission in Orenburg angestellt, und später als Hauptmann über Bokhara nach Kabul geschickt, und der russischen Gesandtschaft in Persien unter dem Herrn von Simonitsch beigegeben, wodurch er in Afghanistan mit dem berühmten Reisenden Sir Alexander Burnes, dem Abgesandten der englischen Regierung, zusammentraf. Nach der Zeit wurde Witkiewicz über Tiflis aus Persien zurückberufen, da die russische Regierung die dortigen Verhandlungen nicht billigte. Kaum in Petersburg angekommen, nahm sich der talentvolle junge Mann im Anfang des Jahres 1840, wahrscheinlich aus gekränktem Ehrgeiz, das Leben.

vor etwanigen Ueberfällen der Kirgisen schützen sollten[1]), den Fusspfad, der hart an dem rechten Ufer des Flusses entlang geht. Auf diesem Wege durchschneidet man einen besonderen Höhenzug des Iren-

[1]) Eine solche Eskorte hatte auch gestern Herr von Humboldt erhalten, und erhält überhaupt jeder Reisende an der mittleren uralischen Linie, denn die Gränze von Orsk bis Orenburg ist eine der unsichersten des russischen Reiches. Sehr häufig noch machen die Kirgisen, die die Steppen südwärts und westwärts der mittleren und unteren Uralischen Linie bewohnen, und die zu der kleinen Horde gehören, den Uralfluss überschreitend, feindliche Einfälle in das russische Gebiet, und rauben Menschen und Vieh. Die ersteren verkaufen sie den Khiwensen, im Süden des Aralsees, welche die Russen als gute Arbeiter schätzen, und zu ihren weitläuftigen Kanalarbeiten in der Oase des Amu-Deria, die sie bewohnen, gebrauchen, und daher theuer bezahlen. Die Nachbarschaft von Khiwa ist deshalb eine der Hauptursachen des feindlichen Zustandes der Gränze. Man sagt, dass an 6000 Russen in Khiwa in der Gefangenschaft schmachten*), denen, da sie durch die Steppen von ihrem Vaterlande getrennt sind, ein Entweichen fast unmöglich gemacht ist. Um von den Einfällen der Kirgisen gleich in Kenntniss gesetzt zu sein, sind zwischen den Redouten und Festungen der Linie noch von Zeit zu Zeit hölzerne Warten (sogenannte Majak's, von Balken zusammengefügte, oben etwas abgestumpfte Pyramiden, zu denen von aussen eine Treppe hinaufführt) errichtet, und auf welchen Wachtposten gestellt sind, die von allen Veränderungen in der Steppe den nächsten Festungen der Linie durch abgesandte Boten oder durch Feuerzeichen berichten müssen. Ausser den Kosaken sind auch noch die Baschkiren zu dem Vorpostendienst an der mittleren uralischen Linie verpflichtet, indem sie statt des früheren Tributs jetzt 15,000 Mann auf ihre eigenen Kosten zu stellen haben, diesen Felddienst zu verrichten.

*) Diese Zahl gründet sich auf die Angabe von Murawieff, der selbst längere Zeit in Khiwa gefangen gehalten wurde. Nach dem 1840 mit dem Khan von Khiwa abgeschlossenen Vertrage, nach welchem die russischen Gefangenen ausgeliefert werden sollten, sind jedoch nur 745 Russen zurückgekehrt, und nach der Aussage der Zurückgekehrten nur 18 in Khiwa geblieben. Der Khan von Khiwa hat übrigens in Folge dieses Vertrages in einem Ferman erklärt, dass alle Christen und ihr Eigenthum unter den Schutz des Khans gestellt würden und künftig unantastbar sein sollten, wodurch nun wohl die Verhältnisse an der Gränze sich anders gestalten, und einen friedlicheren Charakter annehmen werden.

dik, der etwa 3 Werste breit, von der darauf folgenden Hauptmasse durch ein etwa 10 Werste breites Thal getrennt ist, an dessen jenseitigem Abhange, aber noch vom Ural entfernt, Chabarnoi liegt. Dieser hat sich in dem Querthale dieses Höhenzuges ganz auf die linke Seite gezogen, und lässt daher auf der rechten Seite zwischen sich und den Bergen noch einen schwach geneigten Abhang, auf welchem entlang gehend, man die Beschaffenheit des Höhenzuges gut untersuchen kann. Er bildet lauter einzelne hervorspringende Felsen von sehr geringer Höhe, die durch kleine mehr oder weniger breite Schluchten und Thäler getrennt sind. Diese sind mit Dammerde und Gras bedeckt, während die Felsen von aller Vegetation entblösst sind. Die Gebirgsarten des Höhenzuges bestehen hauptsächlich aus dichtem Grünstein, Kieselschiefer und Serpentin, und ich will sie der Reihe nach aufführen, wenngleich ich durch den oben S. 165 erwähnten Verlust, den ich für keinen Ort mehr als für diesen beklage, nicht im Stande bin, eine genaue Beschreibung der Grünsteine hinzuzufügen.

Der erste Fels, den wir von Osten kommend erreichten, ist einer der interessantesten. Er besteht zum Theil aus Hypersthenfels, der im Ganzen von derselben Beschaffenheit wie der ist, welcher in dem deutschen Uebergangsgebirge, am Fichtelgebirge, am Harz und am Rheine vorkommt, aber sich durch ein grösseres Vorwalten des Labradors gegen den Augit, als gewöhnlich bei diesen letzteren statt findet, ausgezeichnet. Der Labrador des Gesteins ist grünlichweiss, undurchsichtig, und findet sich in tafelartigen Krystallen, die im Querschnitt etwa 2 bis 3 Linien lang und höchstens eine halbe Linie breit sind [1]); der

---

[1]) Vor dem Löthrohr schmilzt dieser Gemengtheil an den Kanten zu einem blasigen Glase, aber, wie es scheint, leichter als der Labrador von Labrador; daher es wohl sein könnte, dass dieser an-

Augit ist klein, schwärzlichgrün und undeutlich, was besonders durch den Umstand hervorgebracht wird, dass ausser dem Labrador und Augit in dem Gemenge noch 1 bis 2 Linien grosse Stücke einer weichen serpentinähnlichen Masse vorkommen, die von derselben schwärzlichgrünen Farbe wie der Augit, denselben ganz verdecken [1]). Er tritt aber ganz deutlich hervor, wenn man das Gestein in Chlorwasserstoffsäure legt, wodurch die schwarze serpentinähnliche Masse, wie auch der Labrador, ganz weiss wird, während der Augit seine Farbe gar nicht verändert. Das Gestein braust dabei etwas auf, zum Zeichen, dass es auch etwas kohlensaure Kalkerde eingemengt enthält; die Chlorwasserstoffsäure wird nach Verlauf eines halben Tages gelblichgrün gefärbt, giebt mit Ammoniak einen grünen Niederschlag, der sich an der Luft bald bräunt, und enthält etwas Kalkerde und sehr wenig Talkerde, daher die Serpentin-ähnliche Masse kein Serpentin sein kann. Beim Glühen des Gesteins wird der Labrador grünlichgrau, und die übrige Masse braun, und verliert dabei nach einem angestellten Versuche 3,331 pCt., die zum Theil in Kohlensäure, zum Theil in Wasser bestehen, wovon man sich überzeugt, wenn man das Gestein vor dem Löthrohr im Kolben erhitzt.

Dieser Hypersthenfels ist kugelförmig abgesondert; er bildet aber nur den oberen Theil *a* des Felsens, unter ihm folgen Lager von Jaspis und Thonschiefer (*b*, *c*, *d*), wie in der beifolgenden Zeichnung zu sehen ist, die eine Ansicht des Felsens von der

---

gebliche Labrador kein Labrador, sondern Oligoclas wäre, womit auch sein übriges Ansehen übereinstimmt. Diess gilt auch von dem Hypersthenfels des deutschen Uebergangsgebirges, und wenn sich diess bestätigt, würde diese Gebirgsart als eine eigenthümliche mit einem besonderen Namen zu bezeichnen sein.

[1]) Dieselbe serpentinartige Masse findet sich auch in dem Hypersthenfels vom Harze, wie besonders zu Mandelholz.

westlichen Seite darstellt, an welcher sich eine mit Bruchstücken bedeckte Schlucht nach der Höhe hinaufzieht.

Der Jaspis ist von derselben grünen Farbe, wie in dem Bruche, den wir besuchten, in den oberen Lagen *b* ist er ganz dicht, in den unteren *c* mit Adern von weissem Quarze durchsetzt. Der Thonschiefer *d* ist graulichschwarz, und enthält viele Lagen von Kieselschiefer. Jaspis und Thonschiefer sind gleichförmig gelagert, und haben ein Streichen St. 11 und ein mittleres Einfallen nach O. Die Mächtigkeit der

Jaspislagen möchte etwa 4 bis 5 Fuss betragen, wonach die Grösse des Ganzen zu beurtheilen ist.

Auf diesen ersten Felsen folgen meistens in anderen kleinen hervortretenden Felsen Thonschiefer, Grünstein und Kieselschiefer, deren Schichten noch ebenfalls ein Streichen in der 11. Stunde haben. Dann unterbricht ein etwas weiteres Thal die Reihe der Felsen, worauf nun wieder Thonschiefer und Kieselschiefer, und sodann Grünstein, dichter grauer Kalkstein, Serpentin und Kieselschiefer erscheinen. Letzterer hat auch ein Streichen St. 11, doch ein ganz sichtliches westliches Einfallen, und bedeckt ganz deutlich den vorhergehenden Serpentin. Dann folgte wiederum Grünstein, ein Serpentin-ähnliches Gestein, Kieselschiefer, wirklicher Serpentin, ein ähnlicher Kalkstein wie früher, und endlich Kieselschiefer, der mit einem Kieselschieferconglomerat sämmtliche folgende Felsen des Höhenzuges, die noch einen bedeutenden Raum einnehmen, bildet. Der vorkommende Serpentin ist meistens schwärzlichgrün, und ohne eingewachsene Gemengtheile, doch befindet sich darunter eine Abänderung, die mit eingemengtem Bronzit ganz erfüllt ist, welcher indessen eine gelblichgrüne, weniger braune Farbe, als der bekannte Baireuther hat, auch nicht so grobkörnig als dieser ist. Der Kieselschiefer ist meistens schwarz, und enthält öfters Eisenkies fein eingesprengt.

Nach Besichtigung dieser Felsen durchschnitten wir in diagonaler Richtung die Ebene bis Chabarnoi, wo wir den vorangeschickten Wagen fanden, und von nun an in ihm und auf der grossen Strasse unseren Weg weiter fortsetzten. Gleich hinter Chabarnoi erhoben sich die Berge wieder, die auch hier nur eine unbedeutende Höhe erreichten [1]), ein kegelförmiges

[1]) Die grösste Höhe zwischen Chabernoi und Guberlinsk liegt nur 850 Fuss über Orenburg; vergl. Hofmann und von Helmersen geognost. Untersuchung S. 82.

und kuppenförmiges Ansehen haben, und auch hier von aller Vegetation entblösst sind. Nach Herrn Hofmann, der diese Gegend genauer untersucht hat, bestehen die Berge in der Regel aus Grünstein und die Thäler aus Serpentin; dieser war es allein, den wir am Wege bemerkten, nur an einer Stelle sahen wir einen Gang von verwittertem Grünstein den Serpentin durchsetzen. Unter den Geschieben am Wege fanden wir öfters mehr oder weniger grosse Stücke von einem harten schneeweissen Magnesit, ganz ähnlich dem von Hrubschütz in Mähren. Bis zur Hälfte des Weges nach der nächsten Station Guberlinsk (26 Werste von Chabernoi) geht der Weg auf der Höhe zum Theil über die Kuppen fort, und gewährt einen vollkommenen Ueberblick der Gegend, deren höchst eigenthümliches Ansehen man nur mit einem tobenden Meere, das plötzlich erstarrt ist, vergleichen kann; dann senkt sich der Weg bis nach Guberlinsk. Hier tritt die Guberla, ein kleiner Fluss, aus dem Gebirge heraus, die Berge treten vor seiner Einmündung zurück, und umschliessen ein halbzirkelförmiges Thal, dessen Basis der Uralfluss bildet, und an dessen oberstem Bogen der kleine Ort mit seiner Kirche und dem Thurme darauf recht malerisch liegt[1]). Serpentin und Grünstein haben nun aufgehört, die

[1]) Nach diesem Orte wird der südliche Theil des Irendik auch das Guberlinskische Gebirge genannt. Es setzt jenseits des Ural mit gleichem Charakter südlich in die Steppe fort, und führt hier zuerst den Namen Taschkitschu und Karaultepe, dann Urtasch nach dem Or oder Ur, der auf seiner östlichen Seite fliesst, bis er sich erst später in der Breite von Orsk nach Westen biegt. Nahe bei den Quellen dieses Flusses verbindet es sich mit der zuletzt in südwestlicher Richtung hinstreichenden südlichen Fortsetzung des Kara-Edyr Tau und des Ilmengebirges, dem Mugodscharskischen Gebirge, und bildet mit ihm den Bergknoten Airuk, der sich nach Meyendorff, ungefähr 150 Toisen über die benachbarte Steppe erhebt. An seiner Südseite durchschneidet der Karavanenweg von Orenburg nach Bokhara das Gebirge, welches hier eine Breite von 6 Wersten hat. (Vergl. Voyage d'Orenbourg à Boukhara, redigé par le baron G. de Meyendorff p. 25.)

westliche Seite des Kessels bildet Kalkstein, der aber bald darauf von einem Grauwacken - ähnlichen Sandsteine bedeckt wird, der nun weiter fortsetzt, und oft ein grobes Konglomerat bildet. Er hat noch immer ein Streichen in der 11. Stunde und ein ziemlich starkes westliches Fallen, wodurch das Ansehen aller hinter einander folgenden Hügelreihen bedingt wird, die sich von N. nach S. fast rechtwinklig auf die Strasse hinabziehen, und mehr oder weniger breite Längenthäler einschliessen, aber alle nach W. sanft, nach O. steil abfallen.

Nach Ilinskaja, der vierten Station von Orsk, kamen wir mit einbrechender Nacht. Wir erhielten hier zu unserer Bedeckung 3 Baschkiren, die mit Spiess und Bogen bewaffnet, und mit ihren spitzen Mützen bedeckt, uns eine Zeit lang begleiteten, in der Dunkelheit der Nacht sich aber bald aus dem Staube machten. In der folgenden Station gab man uns keine neue Eskorte, wir blieben daher den grössten Theil der Nacht ohne Bedeckung, erlitten aber dessenungeachtet keinen Unfall, und erreichten glücklich am Morgen des 21. Sept. Krasnojarsk, und am Mittag um 2 Uhr Orenburg.

Krasnojarsk ist einer der grösseren Orte der mittleren Uralischen Linie. Die Gegend ist hier fast völlig eben, nur hin und wieder sahen wir einen weissen Sandstein mit söhligen Schichten anstehen, der nun das herrschende Gestein der ganzen Gegend wird, und durch die Kupfererze (Malachit und Kupferlasur), die er stellenweise eingemengt enthält, Gegenstand eines bedeutenden Bergbaues ist. Auch bei Krasnojarsk wurde ein solcher eine Zeit lang betrieben, wie wir an den Halden, die sich in einiger Entfernung vom Wege befinden, sehen konnten. Andere theils noch in Betrieb stehende, theils auch schon auflässig gewordene Kupfergruben befinden sich den Ural weiter abwärts und noch häufiger an der

Sakmara und deren Zuflüssen, dem Salmysch, Jängis und der Kargala, ja selbst in der Kirgisensteppe auf der linken Seite des Ural [1]). Weiter nach Orenburg zu nimmt derselbe eine rothe Farbe an.

Zu welcher Formation dieser Sandstein gehört, ist mit Gewissheit noch nicht zu bestimmen. An der Berdjanka und weiter südwärts am Ilek wird er nach Pander und v. Meyendorff [2]) von Mergel- und Kalksteinschichten bedeckt, die eine grosse Menge Versteinerungen, besonders Ammoniten, enthalten, und bis zu dem Mugodscharskischen Gebirge fortsetzen. Diese Versteinerungen sind in der neuesten Zeit von Leop. v. Buch bestimmt, der eine grosse Menge derselben durch den General v. Tschewkin aus Petersburg erhielt, und aus diesen Untersuchungen geht auf das bestimmteste hervor, dass der Kalkstein, worin sich dieselben finden, der mittleren Juraformation angehöre [3]). Nimmt man nun an, dass der Sandstein, der unter den muschelerfüllten Kalksteinschichten zum Vorschein kommt, ebenfalls dazu gehöre, so würde er nach Leop. v. Buch dem braunen Sandstein zu vergleichen sein, der im grössten Theil von Deutschland und in Yorkshire den Lias von den oberen Korallen-

---

[1]) Zu diesen Gruben gehört Saigatschei Rudnik, von welcher Pallas (Reise Th. I S. 246) Nachricht giebt. Sie liegt an der Berdjanka, die einige Werste oberhalb Orenburg in den Ural fällt, und ist eine von den Gruben, deren Entstehung durch alte sogenannte Tschudische Arbeiten (vergl. diese Reise Th. I S. 118) veranlasst ist. Sie ist aber deshalb merkwürdig, weil man hier ausser vielen Tagegruben einen ausserordentlich geräumigen Stollen, aus dem viele Oerter getrieben sind, noch im besten Zustande angetroffen und bei der Ausräumung desselben nicht nur geschmolzenes Kupfer in runden Scheiben, sondern auch viele runde, aus weissem Thon gemachte Töpfe, worin die Schmelzung verrichtet worden, und Gebeine von verschütteten Arbeitern gefunden hat.

[2]) Voyage d'Orenbourg à Boukhara p. 353 et 13.

[3]) Archiv für Mineralogie, Geognosie, Bergbau und Hüttenkunde B. XV S. 101.

schichten trennt. Er müsste in diesem Falle von dem kupferführenden Sandstein im Gouvernement Perm, der wegen seiner früher erwähnten Fischabdrücke [1]) offenbar einer älteren Periode, nämlich der Schichtenreihe von dem oberen Theile des Kohlengebirges bis zum Zechstein, und wahrscheinlich den jüngsten Schichten des Rothliegenden angehört, ganz verschieden sein, was aber doch wiederum wegen des vollständigen Zusammenhanges, in welchem der Sandstein von Perm mit dem von Orenburg zu stehen scheint, nicht wahrscheinlich ist. —

Wir stiegen in Orenberg in dem Hause des Obersten Herrn von Timascheff ab, wo auch Herr von Humboldt, der schon am Morgen angekommen war, eine gastliche Aufnahme gefunden hatte.

Orenburg ist die Hauptstadt des Gouvernements, die Hauptfestung der Orenburgschen Linie und der Hauptsitz des Asiatischen Karavanenhandels. Die Stadt ist von einem bedeutenden Umfange, und hat grosse breite, doch ungepflasterte Strassen mit einzeln stehenden Häusern, unter denen sich mehrere ansehnliche steinerne Gebäude finden. Sie liegt unmittelbar an dem rechten Ufer des Ural, 3 Werste oberhalb des Einflusses der Sakmara in denselben in einer hohen trocknen Steppe[2]), durch welche der Ural zwischen 10 bis

---

[1]) Vergl. diese Reise Th. I S. 117.

[2]) Die Stadt Orenburg hat schon mehrfach ihre Stelle gewechselt, denn sie wurde zuerst bei Anlegung der Orenburgschen Linie im Jahre 1738 an der Stelle gebaut, wo das jetzige Orsk steht, später aber als man diese Lage als Hauptwaffenplatz und für den Handel nicht passend fand, im Jahre 1741 weiter abwärts an den Ural an den Ort, wo jetzt Krasnojarsk steht, verlegt, bis endlich 1742 diejenige vortheilhafte Lage für sie gewählt wurde, die sie jetzt hat. Sie behielt ihren Namen nach der ersten Lage an dem Or, das erste Orenburg wurde aber nachdem Orsk und das zweite Krasnojarsk genannt. (Vergl. Falk Beiträge zur topographischen Kenntniss des Russischen Reichs B. I S. 182.)

15 Lachter hohen Ufern fliesst, und in welchen man den rothen feinkörnigen Sandstein der Gegend in söhligen Schichten anstehen sieht. Bei der steppenartigen Natur der Umgebung erfreut und überrascht um so mehr ein schöner grosser Park, auf einer Insel in dem Ural oder vielmehr zwischen dem alten und neuen Bette des Ural, in welchem sich hohe Bäume von der Schwarz- und Silberpappel und von Weiden finden[1]). Für den bedeutenden Handel mit den Kirgisen, Bokharen und Khiwensen ist auf der Südseite des Ural, 2 Werste von der Stadt, der grosse Asiatische Tauschhof gebaut. Er ist mit einer grossen steinernen Mauer in Form eines Quadrats, von welchem jede Seite 100 Faden lang ist, umgeben, und hat zwei Eingänge, einen für die Europäischen und einen andern für die Asiatischen Kaufleute. Ich sah ihn nur von fern, da er schon an demselben Tage von Herrn v. Humboldt in Begleitung des Zolldirectors Herrn Suschkoff besucht worden war.

Wir verweilten in Orenburg einige Tage, und durften so hoffen, in diesem Hauptsitze des Verkehrs mit Inner-Asien die interessantesten Bekanntschaften zu machen. Leider täuschte uns diese Hoffnung in Bezug auf den ersten Mann des Gouvernements, den General-Gouverneur v. Essen, der nur wenige Tage vor unserer Ankunft Orenburg verlassen hatte, und auf einer Inspectionsreise der Linie begriffen war, wo wir ihn den 18. Sept. in Sirtinskoi Redut am frühen Morgen auf einige Augenblicke gesehen hatten. Da er uns von allen Seiten und besonders von unseren Reisegefährten Hofmann und von Helmersen als ein Mann von Geist und Herz gerühmt wurde, der jede wissenschaftliche Unternehmung mit dem

---

[1]) Hier steht auch ein Tempel mit Säulen von einem weissen dichten Kalkstein, der in dem Berge Grebeni 20 Werste nördlich von Orenburg gebrochen wird.

grössten Eifer zu unterstützen bemüht wäre, so mussten wir um so mehr bedauern, dass seine Dienstverhältnisse ihn während unseres Aufenthaltes von Orenburg entfernt hielten.

Desto mehr schätzten wir uns glücklich, einen anderen Mann, den General-Major v. Gens, kennen zu lernen, der durch seine Kenntniss der Geographie und des politischen Zustandes von Mittel-Asien, womit er sich aus Vorliebe, und durch seine Stellung als Präsident der Asiatischen Gränz-Commission veranlasst, viel beschäftigt hatte, uns allen und besonders Herrn von Humboldt ein grosses Interesse einflösste. Er hatte durch die Karavanen, die aus Bokhara, Taschkend, Khokand und der Kirgisensteppe häufig nach Orenburg kommen, eine Menge Nachrichten über diese und die angränzenden Staaten eingezogen, die um so schätzbarer sind, als sie bei der grossen Unzugänglichkeit dieser Staaten für Europäer auf directem Wege gar nicht, oder nur mit den grössten Schwierigkeiten erhalten werden können. Ebenso hatte er auch eine grosse Anzahl Marschrouten der verschiedenen Karavanen, die er Herrn von Humboldt mittheilte, gesammelt, und hier wie überall durch lange Erfahrung und durch Vergleichung der verschiedenen Aussagen das oft absichtlich Entstellte erkennen, und das Falsche von dem Wahren zu scheiden gelernt [1]). Ausserdem theilte er uns auch viele Nachrichten über die Naturprodukte der Kirgisensteppe mit, und konnte uns auch einige derselben lebend vorzeigen, da er in seinen Ställen einen Kirgisischen Ziegenbock mit langen und feinen Haaren, einen vor-

[1]) Einen Theil dieser Sammlungen hat jetzt Herr von Helmersen unter dem Titel: Nachrichten über Chiwa, Buchara, Chokand und den nordwestlichen Theil des chinesischen Staates, gesammelt vom General-Major Gens, herausgegeben.

trefflichen Turkmenischen Hengst [1]) u. s. w. hatte. Da Herr General Gens vollkommen gut deutsch spricht, so waren die Unterhaltungen mit ihm für uns um so angenehmer und lehrreicher.

Unter den Personen, mit welchen wir sonst noch viel zusammenkamen, erwähne ich noch der Herren Suschkoff, Subkowski und Karelin. Herr Zolldirector Suschkoff ist ein eben so unterrichteter Mann als angenehmer Gesellschafter; er theilte Herrn v. Humboldt sehr viele Nachrichten über den Handel von Orenburg mit, und trug überhaupt durch seine gastliche Aufnahme und das liebenswürdigste Entgegenkommen bei allen unseren Wünschen sehr zur Annehmlichkeit unseres Aufenthaltes in Orenburg bei. Herr Subkowski ist Oberst der Kosaken von der Linie und ein Mann von vieler Tapferkeit und Entschlossenheit, der sich in dem immerwährenden kleinen Kriege, in welchem die Kosaken der Orenburgschen Linie mit den Kirgisen leben, bei vielen Gelegenheiten ausgezeichnet hat, und daher auch das Schrecken der Kirgisen ist. Er war es auch, der zum Führer der Bedeckung der Russischen Karawane ausersehen wurde, die im Jahre 1825 von Orenburg nach Bokhara gehen sollte, eine Expedition, die durch ihre tapfere Gegenwehr bei dem Ueberfalle der Khiwensen so berühmt geworden ist [2]). Leider konnten

---

[1]) Die Turkmenischen Hengste sind unter dem Namen Argamak bekannt, und bilden eine besondere Race von Pferden, die durch ihren schnellen Lauf berühmt sind. Man kann auf ihnen, nach Helmersen (a. a. O. S. 55), in 24 Stunden 100 Werst, ja sogar in 3 Tagen 400 Werst zurücklegen. Sie werden in Khiwa besonders geschätzt, und die besten Renner hier mit 100 khiwaer Dukaten (à $3\frac{1}{2}$ Silberrubel) das Stück bezahlt; die gewöhnlichen Preise sind 30 bis 40 Dukaten.

[2]) Es war diess die erste russische Karawane, welche die Orenburger Kaufleute nach Bokhara absandten. General v. Essen hatte

wir aus der Unterhaltung mit Oberst Subkowski nicht den Vortheil ziehen, den wir wünschten, da er keine uns verständliche Sprache spricht, und wir uns daher mit ihm nur mittelbar unterhalten konnten.

Herr Karelin war früher Hauptmann in dem russischen Heere gewesen, und lebte bei unserem Aufenthalte in Orenburg als Privatmann[1]). Er ist ein grosser Freund und Kenner der Naturgeschichte, und besitzt schöne naturhistorische Sammlungen, die, da sie besonders Gegenstände aus den Umgebungen Orenburgs enthielten, für uns auch von besonderem Interesse waren. Die Sammlungen erstrecken sich über alle Reiche der Naturgeschichte, doch sind die entomologischen wohl am bedeutendsten. Ein vorzügliches Interesse flösste uns aber Herr Karelin durch das Verhältniss ein, in welchem er zu Dschangir, dem Khan der inneren Kirgisenhorde[2]), stand, dessen Lehrer in der Mathematik er gewesen und mit dem er noch immer sehr befreundet war. Wir haben später Gelegenheit gehabt, diesen merkwürdigen Mann persönlich kennen zu lernen, wurden aber hier schon

---

sie dazu aufgefordert, um dem Handel mit dem westlichen Theile von Inner-Asien eine grössere Ausdehnung zu verleihen, und gab der Karawane eine, wie es schien, hinreichende Bedeckung von 500 Mann Kosaken mit, die unter den Befehl des Obersten Subkowski gestellt wurde. In der Steppe aber wurde die Karawane von 10 bis 12000 Khiwensen überfallen; die Russen vertheidigten sich mehrere Tage lang mit vieler Tapferkeit, fügten, ohne selbst viel zu leiden, ihren Feinden beträchtlichen Schaden zu, mussten sich aber doch zuletzt mit Verlust eines grossen Theiles ihrer Waaren nach Orenburg zurückziehen.

[1]) In neuerer Zeit ist der talentvolle Herr Karelin wieder in Aktivität gesetzt, und hat die Festung Nowo-Alexandrowsk an der Nordostseite des Kaspischen Meeres gegründet.

[2]) Hierher gehören diejenigen Kirgisen, die innerhalb des russischen Gebietes, zwischen dem Uralflusse und der Wolga nomadisiren und also russische Unterthanen sind.

durch Herrn Karelin auf seine Bekanntschaft sehr begierig [1]).

Unter den Mineralien des Herrn Karelin befinden sich eine grosse Menge der sogenannten Aërolithe von Sterlitamak, die von Eversmann zuerst bekannt gemacht, und von Hermann [2]) in Moskau später analysirt worden sind. Ich erwähne dieser vorzugsweise, da Herr Karelin, der sie früher selbst von Sterlitamak mitgebracht hatte, so gütig war mir einen grossen Theil derselben zum Geschenk zu machen, und ich daher im Stande bin, hier eine vollständige Beschreibung derselben zu geben.

Diese sogenannten Aërolithe von Sterlitamak haben die Gestalt von mehr oder weniger abgeplatteten Körnern, deren grösster Durchmesser 3 bis 4 Linien beträgt, und die offenbar unvollkommne Krystalle sind. Sie haben die Form von Octaëdern und Leucitoëdern, die nach einer octaëdrischen Axe mehr oder weniger zusammengedrückt sind. Die Flächen sind uneben und in der Regel eingesunken, zuweilen aber auch

---

[1]) Durch Herrn Karelin wurden wir noch mit einem jungen Kosaken-Unterofficier Herrn Karin bekannt, der neben seinen Amtsgeschäften sich unter der Leitung des Herrn Karelin sehr erfolgreich mit der Naturgeschichte, und namentlich mit der Botanik beschäftigte. Er besass ein schönes Herbarium, das die Pflanzen der Steppe enthielt, und aus dem er Herrn Ehrenberg, der dasselbe mit Interesse durchsah, manches Neue mittheilen konnte. Herr von Humboldt, der sich lebhaft für diesen jungen Mann interessirte, erlangte bei seiner Rückkehr nach Petersburg von Sr. Majestät dem Kaiser, dass auf Staatskosten für seine weitere wissenschaftliche Ausbildung gesorgt werden sollte, damit er später auf naturhistorirische Reisen in die Kirgisensteppe gesandt werden könnte, wozu er bei seiner Kenntniss der Sitten und Gebräuche der Kirgisen sich sehr eignete. Man liess ihn nach Petersburg kommen, wo er im botanischen Garten unter der Leitung des Professor Fischer sich ausbildete. Später wurde er als Officier ins Ausland geschickt, wobei wir das Vergnügen hatten, ihn auch in Berlin zu sehen.

[2]) Poggendorffs Annalen B. XXVIII S. 570.

gewölbt; die Kanten sind mehr oder weniger gekrümmt und treten aus den Flächen hervor, selbst wo diese gewölbt sind. Am meisten erscheinen die Octaëder zusammengedrückt, die Leucitoëder sind oft noch ziemlich gut erhalten. Im Innern sind die Krystalle, wie schon Hermann angegeben hat, fasrig; die Fasern stehen ungefähr senkrecht auf den Flächen und stossen demnach von beiden Enden in der Mitte zusammen. Von Spaltungsflächen, die Hermann beschreibt, habe ich nichts wahrgenommen. Sie sind auf der Oberfläche schwärzlichbraun, und wenig glänzend bis matt, im Innern reiner braun, und im Strich gelblichbraun. Ihr specifisches Gewicht ist nach Hermann 3,706 und ihre chemische Zusammensetzung

Eisenoxyd	90,02
Wasser	10,19
	100,21.

Die chemische Formel $\dddot{F}\,\dddot{H}$. Sie sind demnach nichts anderes als Krystalle von Eisenkies, die in dasselbe Eisenoxydhydrat verändert sind, worin sich, wie von Kobell gezeigt, der Eisenkies bei der Umänderung seiner chemischen Beschaffenheit immer verändert, und das verschieden von dem gewöhnlichen Eisenoxydhydrate, dem Brauneisenerze, ist. Dabei haben sie wahrscheinlich die Regelmässigkeit ihrer Form verloren; sie sind zusammengeschrumpft und im Innern fasrig geworden, was freilich bei der Umänderung des Eisenkieses nicht immer der Fall ist, indem die veränderten Krystalle gewöhnlich auf der Oberfläche glatt bleiben und im Innern dicht werden, doch erscheinen sie auch zuweilen im Innern fasrig, wie z. B. die schönen veränderten Eisenkieskrystalle von El Gisan im südlichen Aegypten beweisen, die Ehrenberg mitgebracht hat.

Diese Körner sollen nun als Kerne von Hagel am 24. Oct. 1824 herabgefallen sein, doch versicherte mich Herr Karelin, dass er Niemanden kenne, der sie auf diese Weise im Hagel eingeschlossen gesehen habe. Man hat sie auf einem beackerten Felde bei dem Dorfe Lewaschowka an der Belaja in der Nähe von Sterlitamak auf einem Flächenraum von etwa 200 Lachtern im Umkreise an einem sehr heissen Tage und nach einem bedeutenden Hagelschlage gefunden, ohne sie zuvor an dieser Stelle gesehen zu haben, und vermuthete wohl nur deshalb, dass sie mit dem Hagel, oder in demselben eingeschlossen, niedergefallen wären. Da nun auch in ihrer chemischen Zusammensetzung kein Grund für die Annahme eines meteorischen Ursprungs vorhanden ist, so scheint es mir mehr als nur wahrscheinlich zu sein, dass diese angeblichen Aërolithe keine Aërolithe sind [1]).

Was uns vor allem in der Nähe von Orenburg interessirte, war der grosse Ilezkische Salzstock in der Steppe zwischen dem Ural und seinem Nebenflusse, dem Ilek. Um ihn zu besichtigen, machten wir daher schon am folgenden Tage, wenig begünstigt von dem Wetter, das den ganzen Tag über regnicht und kalt war, eine Exkursion dorthin, und hatten uns dabei der Gesellschaft des Herrn Zolldirectors Suschkoff wie auch des Herrn Vicepräsidenten v. Perowski aus Petersburg zu erfreuen, der, auf einer Reise begriffen, zufällig mit uns in Orenburg zusammengetroffen war.

Das Ilezkische Salzwerk, oder, wie es amtlich genannt wird, Ilezkaja Saschtschita (die Ilezkische Schutzwehr) liegt 68 Werste südlich von Orenburg. Der Weg dahin führt noch durch 3 Stationen, ist aber sonst höchst einförmig, zumal jetzt, wo die Steppe ganz verdorrt war. Um 1 Uhr kamen wir in dem

---

[1]) Eines Quarzstückes mit mehreren schönen Goldkrystallen aus den Gruben von Beresowsk, das ich ebenfalls der Güte des Herrn Karelin verdanke, habe ich schon oben Th. I S. 100 beschrieben.

Orte an. Er besteht aus einer doppelten Reihe von Häusern, die eine breite Strasse zwischen sich bilden, und von den Beamten und den Arbeitern des Salzwerkes, unter welchen letzteren sich viele Verbannte befinden, bewohnt werden. An der Südseite der Colonie liegt ein See, der von Osten nach Westen, in welcher Richtung er seine grösste Ausdehnung hat, 150 Lachter lang ist, und der süsse See (Presnoje Osero) genannt wird, obgleich er, wenn auch nicht stark gesalzenes, doch übelschmeckendes Wasser enthält. Man hat um ihn einige Baum-Anlagen gemacht, die aber noch im Entstehen sind. Oestlich von dem See erheben sich in einiger Entfernung kurz hinter einander 2 Gypsberge, die durch einen niedrigen Rücken mit einander verbunden sind. Ihr Gestein ist ein weisser körniger, zuweilen röthlicher und grossblättriger Gyps, der in mächtigen Bänken abgesondert ist, die ein südwestliches Fallen haben und St. 8,4 von SO. nach NW. streichen. In dieser Richtung zieht sich auch der Rücken zwischen beiden Bergen fort. Der westliche führt den Namen des Wachtberges (Karaulnaja Gora), da man auf ihm als dem höheren eine Warte und eine kleine Citadelle errichtet hat, in welcher die schwereren Verbrecher, die in dem Salzwerke arbeiten, des Nachts über bleiben; in dem östlichen hat man Steinbrüche angelegt [1]). Unmittelbar im Süden des Sees und der Gypsberge, in der daran stossenden Steppe liegt nun der ungeheure Salzstock, an der Oberfläche durch nichts bemerkbar, und mit einer mehr oder weniger dicken Lage eines gelblichen Sandes bedeckt. Ein kleiner Bach mit süssem Wasser, die kleine Jelschanka genannt, fliesst

---

[1]) An dem südwestlichen Abhange des westlicheren Gypsberges befindet sich eine Höhle, die beständig Eis enthalten soll, was wir auch darin sahen. Die Luft hatte in der Höhle eine Temperatur von 5° R., ausserhalb derselben 10° R.

in südlicher Richtung darüber hin, nachdem er sich um die Südostseite der Gypsberge gewunden hat; ein anderer findet sich auch auf der Westseite der Berge, zwischen diesen und der Colonie, doch hat derselbe im Sommer gewöhnlich kein Wasser, und bildet nur ein trockenes Bachgerinne, das im Süden der Gypsberge auf die kleine Jelschanka zuführt. Diese selbst verbindet sich später mit der grossen Jelschanka, und durch diese mit dem Ilek, der von Ilezk selbst nur 5 Werste entfernt ist.

Die Mächtigkeit der den Salzstock bedeckenden Sandschicht ist nach der Unebenheit der welligen Oberfläche verschieden, und beträgt einige Fuss bis einige Lachter. Sie ist sehr reich an Wasser, das sich von den höher gelegenen Punkten auf dem tiefer liegenden Steinsalz wie auf einer Thonschicht sammelt, und theils süss, theils schon mehr oder weniger gesalzen ist. Wie weit sich darunter der Salzstock nach den verschiedenen Richtungen ausdehnt, ist noch nicht vollständig ausgemacht; durch angestellte Bohrversuche hat man sich nur von seiner ausserordentlichen Ausdehnung überzeugt. Er fängt gleich südlich von den Gypsbergen an, und setzt von hier in südlicher Richtung bis auf eine Entfernung von 1006 Saschenen (oder russischen Lachtern) fort; in ostwestlicher Richtung beträgt seine bekannte Ausdehnung 767 Saschenen und in senkrechter Richtung 68 Saschenen. Wahrscheinlich setzt er aber jenseits dieser Gränzen noch viel weiter fort, wenigstens wurden die Versuche zur Erforschung der Mächtigkeit des Salzstockes in einer Tiefe abgebrochen, wo das Steinsalz noch in unveränderter Reinheit anstand[1]). Nördlich

---

[1]) Der Director des Salzwerkes, Herr Strukoff, hat Herrn v. Humboldt auf dessen Wunsch einen Auszug aus dem bei diesen Bohrarbeiten geführten Journale gegeben, und ihm auch eine kurze Beschreibung und einen Plan des Werkes mitgetheilt. Die

von den Gypsbergen hat man kein Steinsalz mehr gefunden. Das Verhältniss, in welchem der Salzstock zu den Gypsbergen steht, kennt man nicht; kleinere Parthien Gyps finden sich indessen in dem Steinsalz eingeschlossen, und selbst eine grössere Masse, die wie ein kleiner Hügel aus der Oberfläche hervorragt, kommt mitten in dem Salzstock 250 Lachter südlich von dem See vor.

Das Salz des Salzstockes ist, was seine Beschaf-

Beschreibung habe ich in dem Folgenden benutzt, und daraus besonders die angegebenen Zahlenwerthe entnommen, aus dem Journale theile ich hier noch Folgendes mit: Die Bohrarbeiten zur Erforschung der Mächtigkeit des Salzstockes nahmen am 18. Sept. 1821 an einer Stelle ihren Anfang, wo das Salz bereits 9 Saschenen 1 Arschine und 8 Werschock tief ausgearbeitet war. Sie wurden zuerst mit 5 Arbeitern betrieben, die bis zum 10. Nov. 16 Sasch. 8 Wersch. tief eindrangen. Die Arbeit wurde dadurch beschleunigt, dass man das durch den Bohrer zerstückelte Salz nicht mit Instrumenten heraus holte, sondern durch in das Bohrloch gegossenes Wasser theils auflöste, theils herausschlämmte. Nach den zur Vergleichung hervorgeholten Proben hatte übrigens das Salz hier eine unveränderte Beschaffenheit. Vom 10. November wurde die Arbeit Tag und Nacht mit 8 Arbeitern in achtstündigen Schichten fortgesetzt. Auf diese Weise drang man bis zum 1. Januar 1822 15 Sasch. 3 A. 1 W. weiter vor. Man stiess hierbei dreimal auf Gypsstreifen, die sich durch grössere Härte beim Bohren zu erkennen geben, und zusammen eine Mächtigkeit von mehr als 8 Werschok hatten. Aehnliche Gypsstreifen fanden sich zuweilen noch bei den tiefern Arbeiten.

Vom 1. Januar bis zum 1. Juli rückte die Arbeit 19 Sasch. 2 A. 7 W. vor. Hier wurde die Arbeit unterbrochen, da die Arbeiter wegen der nothwendigen Feldarbeiten entlassen werden mussten. Als man am 1. October von Neuem zur Arbeit schritt, war man erst gezwungen, einen neuen Ansatz von 4 Sasch. Mächtigkeit wegzuschaffen, was bis zum 17. aufhielt, worauf man von da an bis zum 1. April 6 Sasch. 1 A. 8 W. weiter bohrte. Hier wurden aber die Arbeiten gänzlich eingestellt, weil die Anweisung des Geldes zur ferneren Fortsetzung derselben unterblieb. Im Ganzen erreichte man also mit den Bohrarbeiten eine Tiefe von 58 Sasch. 1 A. 8 W. Fügt man dazu die Tiefe des schon früher ausgearbeiteten Raumes von 9 Sasch. 1 A. 8 W., so erhält man 68 Sasch. für die bekannte Tiefe des Salzstocks.

fenheit anbetrifft, grobkörnig; die Körner sind im Allgemeinen von gleicher Grösse und von 2 bis 3 Linien Durchmesser, doch finden sie sich zuweilen auch grösser, und erreichen selbst die Schwere eines Puds. Diese grösseren Körner, die in der Regel ganz durchsichtig sind, werden hier Herzsalz genannt, und wie in Wieliczka zu allerhand Gegenständen verarbeitet. Das Steinsalz ist rein weiss, zuweilen nur etwas grünlichweiss; blau und grün gefärbte Abänderungen wie in Hallstadt und Wieliczka sind nicht vorgekommen. Zuweilen finden sich darin kleine Höhlungen, die eine Flüssigkeit mit einer Luftblase eingeschlossen enthalten [1]); im Allgemeinen decrepitirt es aber, wie jedes übrige Steinsalz, beim Glühen nicht. Eben so ist es auch bis auf den hier und da gewöhnlich sehr kleinen, selten in grösseren Parthien eingemengten Gyps sehr rein; einzelne Stücke bituminösen Holzes kommen nur zuweilen noch eingeschlossen vor.

Der Abbau des Steinsalzes geschieht durch Tagebau. Etwa 100 Lachter in südlicher Richtung von dem östlichen Ende des süssen Sees, da, wo der Salzstock sich am meisten an die Oberfläche erhebt, und von der dünnsten Sandschicht bedeckt ist, hat man eine Grube angelegt, die jetzt 76 Lachter lang, 24 Lachter breit, und an ihrer tiefsten Stelle 10 Lachter tief ist. An den Seiten sieht man das Steinsalz in senkrechten Wänden anstehen. An der Westseite dieses Raumes befinden sich die bequeme Treppe, auf welcher man in die Grube hinabsteigt, und die Göpel, durch welche das Salz gefördert wird; an der schmalen Seite steht ein Pumpwerk, durch welches die geringe Masse von Wasser, die sich in der Grube ansammelt, ausgepumpt wird. An der Sohle hat man zur Gewinnung des Salzes einen regelmässigen

---

[1]) Ich sah ein solches Stück in der Sammlung des Herrn Oberberghauptmanns Kowanko in Petersburg.

Strossenbau vorgerichtet. Von den Strossen, deren Richtung von O. nach W., also der Quere der Grube nach geht, trennt man parallelepipedische Stücke, die im Querschnitt 1 Quadrat-Arschin gross sind, und eine Länge von 3 bis 9 Arschinen haben, indem man dieselben von hinten und den Seiten mittelst spitzer Keilhauen schlitzt, und von unten mittelst eiserner Keile absprengt. Den Schlitzen giebt man eine Breite von $2\frac{1}{2}$ Werschock. Die gewonnenen Parallelepipede werden in kleinere zersägt, die einen Querschnitt von 4 Quadratwerschock und 12 Werschock Länge haben, und 85 Pfund wiegen [1]). Die unregelmässig ausfallenden Stücke werden in kleinere zerschlagen.

Hiernach wird das gewonnene Salz in 4 Sorten getheilt. Die erste und zweite Sorte besteht aus den grössern Stücken von regelmässiger und unregelmässiger Gestalt, die dritte und vierte Sorte aus dem feineren Pulver, das beim Schlitzen und beim Zersägen abfällt. Die beiden ersten Sorten werden bis zur Verschickung im Freien in Haufen aufgeschichtet, und nur mit einem darüber geschlagenen Dache bedeckt, die andern werden in Fässer, welche 12 Pud fassen, geschüttet, und in Magazinen aufbewahrt. Die etatsmässige Förderung des Jahres beträgt 700,000 Pud, von welchen den Kirgisen 7 — 8000 Pud unentgeltlich überlassen werden [2]). Die Selbstkosten betragen hierbei $4\frac{1}{2}$ Kopeken für das Pud Klumpensalz, 6 Kopeken für das Pud Balkensalz, und ebensoviel für das pulverförmige Salz, da bei diesem die Fässer noch in Anschlag kommen; bei einer Vergrösserung der Förderung würden auch die Selbstkosten geringer sein. Verkauft wird das Pud Salz in Orenburg mit 90 und in Petersburg mit 114 Kopeken. Das Gewicht des

---

[1]) Nach den weiter unten angegebenen Bestimmungen sollten sie 90 Pfund wiegen.

[2]) Im Jahre 1832 wurden 732,519 Pud gefördert.

Balkensalzes wird nach dem Volumen bestimmt, und hierbei angenommen, dass ein Kubikwerschock 45 Solotnik wiegt[1]).

Der Transport des Salzes nach den Niederlagen am Aschkader, dem Ik und der Samara geschieht meistentheils nur im Winter und durch die Teptären. Von diesen Niederlagen wird es dann weiter nach Kasan und dem übrigen Reiche auf den Flüssen verschifft.

Die Gewinuung des Steinsalzes geschieht nur im Sommer, und die Arbeit fängt damit an, dass man das durch den geschmolzenen Schnee entstandene Wasser auspumpt. Während des Sommers ist, wie schon angeführt, die Ansammlung von Wasser nur unbeträchtlich. Dieser würde man aber vielleicht ganz entgehen, und die Arbeit Sommer und Winter fortzusetzen im Stande sein, wenn man den Abbau des Steinsalzes unterirdisch betriebe. Schon Pallas hatte die russische Regierung auf diesen Umstand aufmerksam gemacht, und in Folge seines Rathes wurde schon in den siebenziger Jahren ein Schacht in dem Salzstock abgeteuft, und bis auf 50 Arschinen niedergebracht, dann aber wegen der Schwierigkeiten, die sich dem Abbau in grösserer Tiefe entgegensetzten, und die man nicht zu überwinden verstand, verlassen, worauf er mit der Zeit verfiel. In neuern Zeiten hat man einen neuen Versuch gemacht, und 100 Saschenen östlich von dem Tagebaue 2 Schachte in einer Entfernung von etwa 30 Saschenen nebeneinander abgeteuft, dieselben bis auf eine Teufe von 24 Saschenen niedergebracht und in einer Teufe von 10 Saschenen mittelst eines Querschlags verbunden. Man hatte hier überall den Salz-

[1]) Nimmt man an, dass 1 Werschock = 0,444 Metres; 1 Kubikcentimeter Wasser = 1 Gramme; 4,264 Gr. = 1 Solotnik, und dass das specifische Gewicht des Steinsalzes = 2,257; so würde hiernach 1 Kubikwerschock Steinsalz 46,33 Sol. wiegen. Das geringere Gewicht ist wohl wegen der etwanigen Höhlungen oder Unreinigkeiten des Steinsalzes angenommen.

stock von unveränderter Beschaffenheit gefunden, und nur sehr wenig Zudrang von Wasser gehabt. Die Kosten der unterirdischen Arbeit sollen die überirdische nicht übertroffen haben, und man hatte demnach schon einen Plan zu einer beständigen unterirdischen Arbeit der russischen Regierung eingereicht. Ich habe nicht erfahren, wie darauf höheren Orts verfügt ist.

Südwärts von der Grube, in welcher der regelmässige Abbau statt findet, sieht man eine grosse Menge alter Gruben und Löcher, in welchen Kosaken, Baschkiren und Kirgisen Salz gebrochen haben, ehe im Jahre 1754 der regelmässige Bau von der Regierung vorgerichtet wurde. In diesen Gruben, deren einige 10 und mehrere Lachter gross, und 6 bis 8 Fuss tief sind, haben sich die Tagewasser gesammelt und das Salz am Boden aufgelöst, wodurch eine vollkommen gesättigte Soole entstanden ist, die ein bräunliches Ansehen hat. Die Kirgisen kommen oft hierher, um bei verschiedenen Krankheiten in der Soole dieser Gruben zu baden. Wir untersuchten die Temperatur mehrerer derselben, und fanden sie wie die der äussern Luft 10,5, was ich nur anführe, weil Pallas berichtet, dass es die allgemeine Sage wäre, dass diese Soole zu Zeiten, selbst bei kaltem Herbstwetter, so heiss wäre, dass man die Hand nicht darin halten könne [1]).

Anstehendes Gestein ist ausser den beiden Gypsbergen in der Umgebung des Salzstockes nicht zu sehen, doch soll schon 15 Werste weiter aufwärts am Ilek der Kalkstein mit Ammoniten anfangen, dessen oben Erwähnung gethan ist, und in dem Ilek weiter abwärts sollen häufig Geschiebe eines solchen Kalksteins vorkommen. Wir erhielten selbst Stücke von diesen Geschieben mit Ammoniten; der Kalkstein in denselben ist dicht und lichte graulichgelb, und die eingeschlossenen Ammoniten sind *Am. cordatus* (nach

---

[1]) Vergl. Pallas Reise Th. 1, S. 243.

den Bestimmungen von Leop. v. Buch), denen von Popilani an der Windau vollkommen ähnlich. Sie haben noch ihre natürliche perlmutterartig glänzende Schale, und liegen sehr gedrängt in dem Kalkstein. Ob indessen bei dieser Nähe des Jurakalksteins das Steinsalz noch zur Juraformation gerechnet werden könne, muss noch unentschieden bleiben [1]).

Vor der Rückkehr nach Orenburg besuchte ich noch einige Quellen mit süssem Wasser, die 1½ Werste von dem Orte an der Jelschanka entspringen. Sie haben beide eine Einfassung, in welcher das Wasser sich vor dem Abfliessen zu einem etwa 4 Fuss tiefen Bassin sammelt, und haben eine Temperatur von 6°,8 und 6°,9 R. Die eine roch aber stark nach Schwefelwasserstoff. — Kurz vor 6 Uhr Abends verliessen wir Ilezk, waren aber doch erst um 3 Uhr in der Nacht wieder in Orenburg.

General Gens wünschte Herrn v. Humboldt Gelegenheit zu geben, die Kirgisen der angränzenden Steppe näher kennen zu lernen und hatte deshalb die nächsten Sultane durch Boten auffordern lassen, mit ihren Unterthanen in die Nähe von Orenburg zu kommen, und Wettkämpfe und Spiele zu veranstalten. Eine grosse Anzahl Kirgisen war in Folge dieser Aufforderung auch wirklich erschienen, hatte einige Werste von Orenburg in der Steppe an dem Wege nach Ilezk ihre Jurten aufgeschlagen, und ihre Sultane kamen nun gegen Mittag des 25. Septembers persönlich zum General Gens, um ihn und Herrn von Humboldt zu diesen Spielen abzuholen. Wir fuhren auch sogleich in ihrer Begleitung nach ihren Jurten, und hatten schon unterwegs Gelegenheit ihre Reiter-

---

[1]) Eben so wenig wie bei dem Steinsalz von Ilezk lässt sich auch bei der weiter westwärts in der Steppe zwischen dem Ural und der Wolga vorkommenden und später zu erwähnenden Steinsalzmasse von Tschaptschatschi bestimmen, zu welcher Formation sie gehört.

künste zu bewundern, da viele Kirgisen aus dem Gefolge der Sultane unsere Wagen oft in gestrecktem Gallop umkreisten, während sie mit den Händen auf den Sattel gestützt, den Kopf nach unten, die Füsse steil in die Höhe richteten.

Bei ihren Zelten angekommen, wurden wir zuerst zu den Frauen der Sultane geführt, die in einem der grösseren, dem Eingange gegenüber in einer Reihe aufgestellt waren, und unter denen wir, da sie sämmtlich unverschleiert waren, manche in ihrer Art recht hübsche Gesichter mit frischen rothen Wangen bemerken konnten. Nach einer kurzen Begrüssung, die darin bestand, dass wir ihnen der Reihe nach die Hand reichten, fingen sogleich die Wettkämpfe an. Zuerst stellten sich uns die Kirgisen vor, die den Wettlauf zu Pferde machen wollten; sie zogen bei uns vorüber, und trabten dann langsam nach einem 7 Werste von uns entfernten Orte, von welchem sie auf uns zugesprengt kommen sollten. Während dieser Zeit wurden die andern Spiele veranstaltet; in einen von den Zuschauern gebildeten Kreis traten 2 Kirgisen hinein, die nach abgeworfenem Oberkleide, ihre ledernen Gürtel um des Gegners Rücken schlangen, und sich nun gegenseitig nieder zu werfen suchten ganz auf dieselbe Weise, wie wir diess bei den Kämpfen der Tataren auf dem Saban bei Kasan gesehen hatten[1]). Auch hier blieb der Sieger auf dem Platze, bis er wieder seinen Mann fand. In den meisten Fällen ereignete sich diess schon bei dem zweiten Kampfe, doch zeichnete sich unter allen ein Kämpfer aus, der 5 andere nach einander niederwarf, bis er erst von dem sechsten besiegt wurde. Das Interesse, welches die übrigen Kirgisen an diesen Spielen nahmen, war so gross, dass sie sich von allen Seiten hinzudrängten, und den Kreis immer mehr und mehr verengten; sie

---

[1]) Vergl. diese Reise Th. I S. 107.

wurden dann von Zeit zu Zeit von den Aufsehern mit Peitschenhieben zurückgedrängt, was, so unbarmherzig es uns auch zu geschehen schien, doch niemals übel aufgenommen wurde, und ganz in aller Freundschaft vor sich ging. Auch die Frauen der Sultane waren aus ihrer Jurte getreten, und sahen auf einen Fleck zusammengedrängt, den Spielen zu.

Nachdem das Ringen eine ganze Zeit lang gewährt hatte, wurde ein grosser eiserner Kessel herbeigebracht, der bis über die Hälfte mit gekochter Grütze gefüllt war. In diesen warf der General Gens einen Silberrubel, und liess nun die Kirgisen auffordern, denselben mit dem Munde heraus zu holen. Ein Athemholen war unter der Grütze nicht möglich, daher der Versuch nicht lange währen konnte, aber in dem glatten Kessel die Münze mit den Zähnen zu fassen, war schwer, und vielen missglückte der Versuch, der zum zweiten Male von ein und demselben nicht wiederholt werden durfte; sie mussten den Kopf bis an den Schultern von anhaftender Grütze weiss, zum grossen Gelächter der Umstehenden unverrichteter Sache abziehn. Es war sehr ergötzlich die Anstrengungen zu sehen, die jeder machte zum Ziele zu gelangen, endlich glückte es einem, den Silberrubel mit dem Munde bis an den Rand des Kessels zu schieben, und ihn dann mit den Zähnen zu fassen, ein zweiter fasste einen andern hineingeworfenen Rubel gleich unten mit den Zähnen, und brachte ihn glücklich heraus, und so wurde das Spiel mit neuen Rubeln noch eine Zeit lang fortgesetzt.

Nun traten zwei Tonkünstler in den Kreis, ein alter und ein junger, die sich mit untergeschlagenen Beinen einander gegenüber hinkauerten, und einem einer Klarinette ähnlichen Instrumente klägliche Töne entlockten, theils abwechselnd einzeln, theils zusammen blasend. Sie schienen eine besondere Kunst darin zu setzen, recht lang anhaltende Töne hervorzubringen, und dabei erschreckliche Gesichter zu schneiden, worin es besonders der Alte weit gebracht hatte, der sich auch viel auf seine Kunst einzubilden schien. In ihrem ganzen Spiel war keine Spur von Melodie wahrzunehmen, aber sie waren davon doch selbst so entzückt, dass man sie nur schwer bewegen konnte aufzuhören, und sie immer von neuem wieder anfingen. Wir wollten indessen auch die Frauen hören, von denen nun eine ganz verschleiert in den Kreis trat sich dann auf ähnliche Weise, wie die Männer hinsetzte, und zu singen anfing, und wie diese, lang verhallende Molltöne hervorbrachte. Nach ihr stimmten 2 junge Mädchen ein Duett an, sie setzten sich das Gesicht einander zugekehrt, dicht nebeneinander, und erhoben ihre Schleier so, dass sie sich gegenseitig, die Zuschauer sie aber von den Seiten ansehen konnten, was sie nicht übel zu nehmen schienen. Sie wurden durch die Nachricht unterbrochen, dass man die Reiter ankommen sähe, worauf sie aufstanden und alle übrigen Zuschauer, von den Aufsehern durch Peitschenhiebe häufig daran erinnert, vor uns zurücktraten, um uns und den Frauen die Aussicht auf die heransprengenden Reiter zu eröffnen. Ein Knabe war allen übrigen zuvorgekommen; er gewann den Preis, der in einem mit Silber gestickten Oberkleide bestand, doch wurden auch noch die zunächst nach ihm Kommenden mit kleineren Geschenken belohnt.

Nach dem Wettrennen zu Pferde wurde nun noch zum Schluss ein Wettrennen zu Fuss veranstaltet. Die Kämpfer wurden bis auf eine Entfernung von anderthalb Wersten fortgeschickt, von wo sie auf uns zu liefen. Hier war es ein junger schon erwachsener Kirgise, der den ersten Preis, in einem Silberrubel bestehend, erhielt, die übrigen erhielten Stücke baumwollenen Zeuges und andere kleinere Geschenke. Der erste Läufer hatte aber den Weg von anderthalb Wersten, also von mehr als dem fünften Theil einer deutschen Meile, in der kurzen Zeit von 3 Minuten durchlaufen, was wir genau bestimmen konnten, indem wir ganz deutlich zu sehen im Stande waren, wann die Kämpfer ihren Lauf begannen, nnd über die Entfernung kein Zweifel statt fand, da diese nach den Werstphälen bestimmt wurde, die, wie überall an den Postwegen, also auch auf dem Wege von Orenburg nach Ilezk gesteckt waren.

Hiermit endeten die Spiele, die von dem heitersten und schönsten Wetter begünstigt, uns viel Vergnügen gemacht hatten, wofür wir uns dem Generale Gens, dessen Aufmerksamkeit wir es verdankten, sehr verpflichtet fühlten. Es war indessen 6 Uhr geworden, wir eilten nun nach Hause, um die Anstalten zu der morgen anzutretenden Abreise zu treffen.

X. Reise von Orenburg nach Astrachan.

Steppe zwischen dem untern Laufe des Ural und der Wolga; Sandberge Rynpeski: Salzseen und Salzpfützen; Steppenflüsse; Berge und anstehendes Gestein der Steppe; Wege durch und um die Steppe nach Astrachan. — Abreise von Orenburg. — Uralsk und Fischfang im Ural. — Schwefel-, Asphalt- und Salzquellen der Gegend zwischen dem Tok und Sok. — Schwefelberg an der Wolga. — Geognostische Beschaffenheit des hohen rechten Wolga-Ufers. — Wolsk. — Deutsche Kolonien auf der Wiesenseite der Wolga. — Saratoff. — Deutsche Kolonien auf der Bergseite. — Landenge zwischen Don und Wolga. — Excursion zum Elton-See. — Zarizyn und Wolga-Biegung. — Herrnhuter-Kolonie Sarepta. — Zwicks Sammlungen. — Tatarische Ruinen an der Achtuba. — Kalmückentempel bei Astrachan. — Ankunft in Astrachan.

Orenburg war nach unserm ursprünglichen Plan das letzte Ziel unserer Reise; seit längerer Zeit war indessen Herr von Humboldt von dem Wunsche beseelt, auch noch Astrachan und das kaspische Meer zu besuchen, und das gute Wetter, dessen wir uns seit einiger Zeit wieder zu erfreuen hatten, schien zur Ausführung dieses Planes einzuladen. Wir hatten deshalb in den vorhergehenden Tagen viel mit unsern Freunden über diese Reise und die Art und Weise sie auszuführen gesprochen. Es handelte sich hauptsächlich darum, ob wir die Steppe zwischen dem Uralflusse und der Wolga durchfahren, oder ob wir sie mit grossem Umwege umfahren sollten. Das erstere hat schon

Pallas im Jahre 1773 gethan[1]), es ist auch nach uns im Jahre 1834 vom Prof. Göbel [2]) ausgeführt worden, während S. G. Gmelin 1768 [3]) und Erdmann 1815 [4]) nur den westlichen Theil bereisten [5]). Nach ihren Beschreibungen ist die Steppe grösstentheils eine ebene Fläche mit magerem sandigen Thonboden, die zum Ackerbau untauglich und nur mit einzelnen grasreichen Niederungen versehen ist. In ihrer Mitte wird sie von einem breiten Sandstreifen, den die Kalmücken, ihre früheren Bewohner, Naryn d. i. schmalen Sand, die Russen aber mit Hinweglassung der ersten Sylbe Rynpeski, d. i. den Sand Ryn nennen, durchzogen. Dieser fängt in NW. etwa im 49.° der Breite an, und zieht sich mit einer Breite von 40 bis 50 Werst erst in mehr östlicher, dann in südöstlicher Richtung bis zum kaspischen Meere fort, nachdem er zuvor noch einen Arm bis zum Ural abgesendet hat. Von dem kaspischen Meere setzt er dann mit verminderter Breite an der Küste bis zur Achtuba, dem linken Nebenstrom der Wolga, und an dieser nordwestwärts bis zu der Krümmung bei Zarizyn fort. Ob dieser Sandrücken auch jenseits des 49. Grades fortsetze, und mit dem Obschtschei Syrt zusammenhänge, ist ungewiss. Er besteht aus unzähligen kleinen 2 bis 5 Faden hohen Sandhügeln, welche haufenweise nebeneinander liegen, und durch breite thalähnliche Vertiefungen von einander getrennt sind. Der Sand ist mehr oder weniger locker, oft ist er von der Art nur

[1]) Reise durch verschiedene Prov. des russischen Reichs Th. III, S. 521 etc.

[2]) Reise in die Steppen des südlichen Russlands.

[3]) Reise durch Russland zur Untersuchung der drei Naturreiche Th. II, S. 8. etc.

[4]) Beiträge zur Kenntniss des Innern von Russland Th. II, Hälfte I, S. 89 etc.

[5]) In seinen neuern Reisen in die südlichen Statthalterschaften des russischen Reichs 1793, hat Pallas auch diesen westlichen Theil genau beschrieben Th. I, S. 100 etc.

auf der Oberfläche, im Innern sind die Hügel dichter und fester, so dass auch die in der Steppe so häufigen Winde hier ihre Gestalt nur wenig verändern, in andern Fällen ist es förmlicher Flugsand. Die Sandhügel sind kahl oder nur stellenweise mit Sandhalmen bedeckt, die Gründe aber gewöhnlich mit schönem Graswuchs und mit Weiden, wilden Oelbäumen und Weisspappeln bedeckt, die meistens strauchartig sind, doch auch zuweilen zu Bäumen von einiger Stärke anwachsen; denn überall findet man in diesen Gründen Wasser, wenn man danach einige Fuss tief gräbt, wenn es gleich zuweilen salzig und nicht immer trinkbar ist. Die Rynpeski sind demnach für die die Steppe bewohnenden nomadisirenden Völker von grosser Wichtigkeit, denn sie dienen ihnen zum Winteraufenthalte, wo ihre Heerden Schutz gegen Kälte und Stürme und schönes Futter finden.

Nach allen Seiten sind die Rynpeski von einer grossen Menge grösserer oder kleinerer Salzseen und Salzpfützen umgeben, die theils einen so grossen Salzreichthum haben, dass sie auch im Frühjahr, wo sie durch den thauenden Schnee der Steppe und den Wasserreichthum der sich in sie ergiessenden Bäche bedeutend anschwellen, durch Auflösung des am Boden befindlichen Salzes doch stets mit einer concentrirten Soole erfüllt sind; theils nur im Sommer salziges, bei hohem Wasserstande im Frühjahr aber trinkbares Wasser enthalten. Sie sind im Sommer in der Regel nur ein bis einige Fuss tief, trocknen dann auch wohl ganz aus, in welchem Fall die Salzpfützen nur eine dünne Rinde Salz ablagern, während die Salzseen stets am

---

[1]) Unter diesen Salzseen befinden sich auch viele sogenannte Bitterseen, die sich vor den ersteren durch ihren relativ grösseren Gehalt an Bittersalz auszeichnen, der, wie später ausführlicher gezeigt werden wird, auch den Salzseen selten fehlt. Diese eigenthümlichen Bitterseen (*gorkii osera*) stehen über den Salzseen (*solonnoi osera*) an Grösse und Anzahl bei weitem nach.

Boden eine mehr oder weniger dicke Salzlage haben. Zu den bedeutendsten Salzseen gehört der berühmte Elton-See, der im 49. Grade, in der Breite von Dubowka an der Wolga und etwa 100 Werste von derselben entfernt liegt. Er hat einen Umfang von 47 Wersten, und aus ihm findet die grösste Salzgewinnung statt [1]). Ferner der Baskuntschatskische Salzsee oder Bogdo See, der einige 70 Werst im S. des vorigen, und der Wolga daher bei ihrer in dieser Breite schon veränderten südöstlichen Richtung näher als der vorige gelegen ist; er hat nur 40 Werst im Umfang, ist also kleiner als der Eltonsee, enthält aber am Boden eine dickere Salzlage als dieser; und endlich der Inderskische Salzsee, der in Rücksicht der Breite zwischen beiden, aber schon auf der Ostseite der Steppe, einige Werste jenseits des Uralflusses liegt, und wie der Baskuntschatskische See 40 Werste im Umfange hat. Zu den ausgedehntesten Salzpfützen gehören die Chaki im Südwesten der Rynpeski, eigentlich mehrere nebeneinander liegende Pfützen, die bei hohem Wasser zusammen eine Ausdehnung von 100 und einigen 20 Wersten in der Richtung von NW. nach SO. haben, und die Salzpfütze Torlo Kum oder Katmas im N. der Rynpeski; hierzu sind aber auch die beiden nebeneinander liegenden Seen Kamysch Samara zu rechnen, im Osten des Vorigen und etwa 120 Werste vom Ural entfernt, da dieselben nur im Frühjahr hohes Wasser haben, im Sommer aber ebenfalls sehr eintrocknen, so dass ihr Wasser dann nicht mehr trinkbar ist. Sie haben beide eine von N. nach S. langgezogene Gestalt, und bestehen eigentlich aus einer grossen Menge einzelner durch Canäle verbundener Bassins, die sehr schilfreiche Ufer haben. Sie enthal-

---

[1]) Von diesem See ist weiter unten eine ausführliche Beschreibung gegeben.

ten übrigens eine Menge Fische, besonders Hechte und Karpfen. In ihrem Nordende ergiessen sich die beiden grössten Steppenflüsse, die beiden Useen, die am Obschtschei Syrt entspringen, und die nördliche Steppe in südöstlicher Richtung in einer Entfernung von 20 bis 30 Wersten von einander durchfliessen[1]). Sie haben eine Breite von 20 Faden mit 2 bis 6 Faden hohen Thonufern, und ihre Niederungen sind mit demselben Gesträuch, wie die Gründe der Rynpeski, bewachsen, dem einzigen Gehölz in dieser sonst ganz waldlosen Oede. Im Frühjahr schwellen sie durch die Schneewasser des Obschtschei Syrt sehr an, und treten, durch viele schilfreiche Niederungen in ihrem Abfluss gehemmt, nicht allein an diesen Stellen 20 bis 30 Werst weit aus, sondern übersteigen auch noch ihre hohen steilen Ufer, wodurch aber die Steppe hier ausserordentlich an Fruchtbarkeit gewinnt, und auch in den trockensten Jahren das vortrefflichste Heu liefert. Aber ungeachtet der grossen Wassermasse, die sie den Kamysch Samara Seen zuführen, haben diese doch keinen Abfluss; sie verlieren ihren sämmtlichen Zufluss durch Verdunstung, und treten nach ihrer Anschwellung sogar sehr schnell in ihre früheren engen Gränzen zurück; sie stellen demnach im Kleinen dasselbe Schauspiel dar, wie das Kaspische Meer im Grossen. Ein anderer Steppenfluss findet sich noch ostwärts von beiden Useen, er zieht sich 40 Werst unterhalb Uralsk von dem Ural ab, und fliesst südlich dem flachen und seichten Zaghan Nor zu, hängt aber nur bei hohem Wasser mit dem Ural zusammen; im Sommer vertrocknet er stellenweise und hat dann stinkendes und brakiges Wasser.

So steinlos auch im Allgemeinen die Steppe ist, so finden sich doch hin und wieder in ihr einzelne

---

[1]) Der östliche Useen wird der grosse, der westliche der kleine Useen genannt: dieser ist übrigens eben so gross, nur weniger wasserreich, als der erstere.

Erhebungen festen Gesteins, die aus meist vorherrschendem Gyps mit Kalkstein-, Mergel-, Sandstein- und Thonlagen bestehen, und nach den wenigen Ueberresten organischer Wesen, die man in ihnen bis jetzt beobachtet hat, wohl neuerer, aber nicht gleichzeitiger Bildung zu sein scheinen. So finden sich dergleichen Hügel mit anstehendem Gestein an dem Inderskischen See, den sie an der Nordwest-, Nord- und Nordostseite umkränzen, während der übrige Theil des Ufers flach ist. Sie bestehen auch vorzugsweise aus Gyps, welcher unregelmässig mit Massen von Mergel und Thon von verschiedenen rothen, grünen, blaulichen und schwarzen Farben wechselt. An der nordwestlichen Seite des Sees findet sich ein Alaunschiefer mit ausgewittertem Alaun; an dieser Seite sah auch Claus, der Begleiter von Göbel, einen rothen Sandstein „mit eingesprengten Muscheln", und an einer andern Stelle Pallas einen grauen schiefrigen Sandstein, welcher in fast senkrechten Schichten anstand. In dem grünen Thone bemerkte derselbe Naturforscher hin und wieder Hexaëder von Eisenkies, und in dem grauen Thone eine grosse Menge zerbrochener grosser Austerschaalen und Belemniten. Auf der Ostseite des Sees entspringt aus diesen Bergen ein kleiner Fluss, der stark gesalzenes Wasser führt, und den See mit Salz speist, daher auch wohl in diesen Bergen anstehendes Steinsalz enthalten sein muss. Die Berge erheben sich in ihrer höchsten Kuppe bis zu einer Höhe von 170 Fuss über den See, und setzen noch weit nach O. in die Steppe fort, während sie sich auf der Westseite dem östlich abgehenden Arme der Rynpeski anschliessen.

Andere Gypsberge liegen nicht weit von der Mündung des Ural auf seiner rechten Seite, 3 bis 4 Werste nordwestlich von der Festung Gurieff. Es sind nach Göbel deren 5, die von N. nach S. streichen, 2 bis 3 Lachter hoch und untereinander 100 bis

200 Schritte entfernt sind. Einer derselben besteht hauptsächlich aus gypshaltigem Thone, die übrigen aus Thonschiefer und blättrigem braunen Gypse, der in grossen Lagen zu Tage ansteht, und von weissen Gypsadern durchsetzt ist [1]). Auch der Thonschiefer ist von Gypsadern durchzogen; ausserdem finden sich daselbst noch Röthel, Muscheln vom kaspischen Meere und fester Kalkmergel [2]). Solcher Thonschiefer findet sich noch auf der kleinen Insel Kamenoi Ostroff 4 bis 5 Werste von den Mündungen des Ural. Derselbe erhebt sich höchstens einige Fuss über dem Meere, und streicht von O. nach W., während die Ausdehnung der Insel von N. nach S. geht.

Andere Gesteinserhebungen sind auf der Ostseite der Steppe nicht bekannt; eben so wenig kennt man sie in dem mittleren Theile derselben, doch kommen noch mehrere auf der Ostseite vor. Die südlichsten Punkte finden sich am Arsagar, nicht weit von dem südöstlichen Ende des Chaki, und 120 bis 130 Werste nördlich von Krasnojarsk an der Achtuba. Hier erheben sich auf einer ungefähr 25 Werste von SW. nach NO. langen und 5 bis 6 Werste breiten Lehmsteppe eine Menge Gypshügel, deren Zahl sich auf 50 bis 70 belaufen mag, deren höchster 65 Fuss über der Steppe erhaben ist, die aber selbst hier noch 80 bis 100 Fuss höher als das Niveau der angränzenden Salzseen liegt. Eine Menge Geschiebe von Achat und Bandjaspis finden sich unter den Alabastertrümmern an dem Abhange der Gypsberge und in der Nähe der angränzenden Salzseen kaspische Muscheln. — Etwa 20 Werst südwestlich von Arsagar liegt noch ein anderer Gypsberg Akschinas, der aber nicht bedeutend zu sein scheint und den Göbel, der ihn erwähnt,

---

[1]) Unter dem Thonschiefer ist deshalb nicht der eigentliche Thonschiefer, wie er im Uebergangsgebirge vorkommt, zu verstehen.

[2]) Auf welche Weise die Muscheln vorkommen, ist nicht angegeben.

nicht weiter beschreibt; wichtiger dagegen ist der nordwestlich vorkommende Tschaptschatschi, der durch die grossen Massen Steinsalz, welche er enthält, ausgezeichnet ist.

Der Tschaptschatschi bildet eine aus mehreren aneinander stossenden Hügeln bestehende längliche Berggruppe, die von einem lehmigen flachen Thale mit verschiedenen Windungen und Busen von O. nach W. durchschnitten wird. Diess Thal ist etwa 3 Werste lang und eine halbe Werst breit und enthält mehrere Teiche mit ziemlich gutem Trinkwasser, östlich aber einen flachen Salzgrund. In den Hügeln liegt das Steinsalz, nach dem was man sehen kann, in grossen Nestern, und ist namentlich an der Ostseite des Salzsees in einem grossen Absturze zu sehen; doch möchten wahrscheinlich diese so hoch in der Steppe vorkommenden einzelnen sichtbaren Massen, nur die obern Theile einer grösseren und mächtigeren Masse sein, die in grösserer Tiefe ansteht. Da wegen des schweren Transportes dieses Steinsalzes zur Wolga und des übrigen grossen Salzreichthums der Steppe dasselbe von den Russen nicht benutzt wird, und nur von den Kirgisen und Kalmücken hin und wieder davon gebrochen wird [1]), so ist auch sein eigentliches Vorkommen nicht gekannt. Nach Göbel bestehen die Hügel, in welchen das Steinsalz liegt, meist aus Sand, nur an einer Stelle beobachtete er über einer Salzmasse eine Lage festen Sandsteins, ausserdem fand er Gerölle von Thonschiefer, Feldspath, Kiesel, Brauneisenstein und kaspische Muscheln, nie aber Gyps, dagegen nennt Pallas das kleine Gebirge im Allgemeinen ein kalkschiefriges, welches sich oft gypshaft zeige, und misst ihm die grösste Aehnlichkeit mit dem Inderskischen Gebirge bei. Das Steinsalz von

[1]) Von den Kalmücken schreibt sich auch der Name her, der in ihrer Sprache, nach Pallas, einen Ort bedeutet, wo man etwas mit dem Beil hauet.

Tschaptschatschi ist nächst dem von Ilezk das einzige Steinsalz, welches man im russischen Reiche kennt; wenngleich dasselbe wegen der vielen Salzseen der Steppe und der denselben zufliessenden Salzbäche noch an vielen Orten zu vermuthen ist.

Am interessantesten aber sowohl durch die Beschaffenheit seiner Massen, als auch durch seine Höhe ist der nördlichste Berg der Steppe, der Bogdo-Berg [1]), der der Wolga am nächsten, unmittelbar im SO. des Baskuntschatskischen Salzsees liegt. Er hat ungefähr die Gestalt einer dreiseitigen Pyramide, die sich über einer Basis erhebt, deren eine Seite parallel mit dem Streichen der Schichten des Berges von NO. nach SW. läuft, während eine zweite eine nordsüdliche, die dritte eine ostwestliche Richtung hat. Die östliche und südliche Seite dieser Pyramide fällt steil ab, die nordwestliche aber erhebt sich ganz allmählig, stellt indessen nicht eine vollkommene gerade Ebene dar, sondern ist in der Mitte eingesenkt, so dass sich hier ein flaches Thal mit einem Bache bildet, das gegen 3 Werste in nordwestlicher Richtung lang, zuletzt mit einer Krümmung gegen N. zum See abfällt. Dieser Bach ist salzig und der einzige Zufluss des Sees. Die Spitze des Berges, die fast ganz an der östlichen Seite liegt, hat eine Höhe von 541 Fuss über dem See und von 621 Fuss über dem kaspischen Meere. Von ihr herab gehen an der östlichen Seite des Berges eine Menge tiefer Schluchten und Wasserrisse, und dieser Seite gegenüber liegt noch eine kleinere von der grösseren wie abgerissene Felsmasse, wie auch mehrere andere Hügel sich an der südlichen Seite finden, zwischen denen eine Menge Erdfälle und Einsenkungen des Bodens zu sehen sind.

---

[1]) Von dem kalmückischen Worte Bogdo (erhaben, göttlich), da ihn die Kalmücken für heilig halten, und von weit und breit herbeikommen, um an ihm zu opfern. Die vollständige Benennung des Berges bei den Kalmücken ist Bogdo-Oola.

An den steilen, besonders östlichen Abhängen ragen die Schichtenköpfe der Gesteinsmassen, woraus der Berg besteht, hervor, daher diese auch hier am besten zu erkennen sind. Sie bestehen zu unterst aus einem groben graulichweissen Sandstein, der in dikken Schichten abgesondert ist, die unter einem Winkel von 35 bis 40° gegen den Berg einfallen, und in dessen Aussenseite, durch Einwirkung der Atmosphäre, eine Menge Risse und Höhlen entstanden sind. Auf diesen Sandstein, der den Fuss des Berges bildet, folgen Schichten von einem rothen und grünlichgrauen sandigen Thon, die mit einander wechseln. Sie machen die Hauptmasse des Berges aus, und geben ihm von der Ostseite ein gestreiftes Ansehen. Der Thon ist mit Steinsalz durchdrungen, und enthält davon zuweilen faustgrosse Stücke von grosser Reinheit eingeschlossen; ebenso kommt darin auch blättriger Gyps eingewachsen vor. Die Tagewasser haben auch in ihm oft grosse Auswaschungen hervorgebracht. Auf die Thonlagen folgt dann ein graulichweisser in ziemlich grossen und dicken Fliesen brechender Kalkstein, der voll Versteinerungen ist und bis zum Gipfel reicht. Die dem Bogdoberg östlich vorliegende Feldmasse besteht aus denselben Gesteinen, nur ist der Sandstein vorherrschender. In den Erdfällen an dem südlichen Fuss des Berges sieht man vielfältig Gyps anstehen.

Unter den Versteinerungen des Kalksteins konnte Pallas, einen wohlerhaltenen Ammoniten ausgenommen, nichts deutliches erkennen. Neuerdings sind aber einige dieser Versteinerungen von Leop. von Buch an einem Stücke dieses Kalksteins bestimmt, das sich in der königlichen Sammlung in Berlin befindet. Von Buch [1]) erkannte darin einen neuen Ammoniten, den

---

[1]) Vergl. Explication de trois planches d'Ammonites par Leopold de Buch. Pl. II.

er *Ammonites Bogdoanus* nannte, und der eine grosse Aehnlichkeit mit *A. nodosus* besitzt, viel *Mytilus* (*Avicula*) *socialis*, kleine Nuculakerne und eine Cucullaea. Obgleich die letzteren sich nicht genauer bestimmen liessen, und die zuerst genannte Versteinerung eine neue Species abgiebt, so reicht die Beobachtung des *M. socialis* doch hin, um zu beweisen, dass der Kalkstein, worin er sich findet, zur Formation des Muschelkalkes gehört, und die übrigen Versteinerungen, selbst der *Ammonites Bogdoanus* bei seiner Aehnlichkeit mit dem für Muschelkalk so charakterischen *A. nodosus*, sind dieser Meinung nicht entgegen. Aber diess vereinzelte Vorkommen des Muschelkalkes ist, wie L. v. Buch bemerkt, ein sehr merkwürdiger Umstand, da der Muschelkalkstein in Russland gar nicht gekannt ist, und im Westen fortgehend erst jenseits der Weichsel angetroffen wird [1]).

Nordwestwärts, 20 Werst vom grossen Bogdo, jenseits des Baskuntschatskischen Salzsees findet sich allerdings noch ein kleinerer Bergrücken, der bei einer Länge von einer Werst sich nur bis zu einer Höhe von 113 Fuss über der Steppe erhebt, aber dieser stimmt nach den Nachrichten, die Claus darüber mitgetheilt hat, in seinem Streichen und den übrigen Verhältnissen gänzlich mit dem grossen Bogdo überein, daher er nicht allein mit diesem zu einer und derselben Formation gehört, sondern sogar nur als ein Theil desselben anzusehen ist. —

Was nun noch die Bewohner dieser Wüsten anbetrifft, so bestanden diese früher sowohl hier, als auf

---

[1]) Sein Vorkommen zu Adsel in Livland, welches man nach dem Th. I S. 28 dieser Reise sub 24 erwähnten Stücke vermuthen könnte, hat sich nicht bestätigt, indem nach Leop. v. Buch das dortige Gebirge zur Formation des Old red zu rechnen, und die der *Avicula socialis* ähnliche Muschel doch bestimmt von *A. socialis* verschieden ist. (Vergl. Karsten Archiv für Min. Geogn. Bergbau und Hüttenk. B. XV S. 60.)

der Westseite der Wolga aus Kalmücken, die in der Steppe ein Nomadenleben führten. Seitdem aber die auf der Ostseite der Wolga wohnenden Kalmücken sich der russischen Herrschaft durch die bekannte Flucht im Jahre 1770 entzogen, und nach der chinesischen Songarei ausgewandert waren, blieb die Steppe hier eine Zeit lang verlassen, bis sie von mehreren Stämmen der Kirgisen der kleinen Horde eingenommen wurde, die, der innern Fehden müde, sich im Jahre 1797 der milden russischen Herrschaft unterwarfen und 1200 Kibitken (Familien) stark, unter dem Sultan Butei einwanderten. 1812 wurde dieser Sultan zum Chan dieser Horde erhoben, die nun den Namen der innern erhielt, und durch die Ruhe, die sie unter russischem Schutz genoss, bald zu grossem Wohlstand gelangte. Der jetzige Chan Dschangir ist der Sohn des Chan Butei; er hat seine Erziehung grösstentheils in Astrachan erhalten, und sich in der Steppe im Norden der Chaki ein schönes Haus gebaut, wo er den grössten Theil des Jahres zubringt.

Das Gebiet der kleinen Horde, wie es durch die Ukase vom 19. Nov. 1806 geregelt ist, geht auf der Ostseite bis zu dem kleinen Useen und dem westlichen Kamysch-Samara See, auf der Südseite bis zu dem Kordon, der sich an dem kaspischen Meere von Astrachan bis Gurieff entlang zieht, und west- und nordwärts bis jenseits des Arsagar und Tschaptschatschi und bis zum Elton-See. Der Streifen, ostwärts von der Wolga, wird von Kalmücken, Tataren und andern Völkerschaften [1]) bewohnt, die theils an der grossen Flucht nicht Theil genommen haben, theils von der Westseite der Wolga oder aus andern Ge-

[1]) Unter diesen befinden sich 1000 Gezelte Kondurowscher Tataren, die, früher kalmückische Unterthanen, bei der Kalmücken-Flucht zurückgeblieben sind, und 260 Kibitken Truchmenen, die mit Erlaubniss des Kaisers Alexander 1812 von den Ostküsten des kaspischen Meeres eingewandert sind.

genden eingewandert sind. Der Strich, ostwärts von dem kleinen Useen und den Kamysch-Samara Seen, gehört noch den uralischen Kosaken, die an der linken Seite des kleinen Useen mehrere Vorposten haben, unter denen der wichtigste Glininoi, am Einflusse des kleinen Useen in den westlichen Kamysch-Samara See ist, die aber auch vom Ural häufig nach den beiden Useen und den Kamysch-Samara Seen kommen, theils um in diesen fischreichen Gewässern Fischfang zu treiben, theils um an den Ufern der Useen Heu zu machen, theils um Salz aus mehreren Seen zwischen diesen beiden Flüssen zu holen.

Bei dem starken Verkehr zwischen Glininoi und dem Ural geht daher ein eingefahrner Weg von diesem Orte theils nach Kalmykowa, theils nach Mergeneff am Ural. Von Glininoi geht dann ein Steppenweg direct nach Astrachan durch die Rynpeski bei dem Tschaptschatschi vorbei nach der Achtuba, ein anderer führt westlich zur Wolga, von Glininoi zuerst im N. der Rynpeski entlang nach der Wohnung des Chans, von da zum Elton-See und dann entweder nach Dubowka oder Kamyschin an der Wolga. Den ersten Weg nahm Pallas im Frühjahr 1773 und vollendete ihn mit gemietheten Pferden in 16 Tagen, den letztern legte Göbel 1834 in umgekehrter Weise von der Wolga zum Ural zurück, und vollendete ihn in viel kürzerer Zeit, hatte sich aber dabei der grössten Unterstützung von Seiten des Chans zu erfreuen, der ihm nicht allein von seiner Wohnung Pferde bis zum Elton-See entgegensandte, sondern auch durch die Steppe bis nach Glininoi geleiten liess. Dieselben Unterstützungen würden auch wir von Seiten des Chans erhalten haben, wenn es bei der Kürze der Zeit nur möglich gewesen wäre, ihn davon zu benachrichtigen, und ohne Vorbereitung auf's Gerathewohl uns der Steppe anzuvertrauen, in der Hoffnung von Zeit zu Zeit Kirgisen Aule anzutreffen, von denen wir Pferde miethen konnten, schien Herrn von Humboldt doch zu misslich, wiewohl Herr Karelin, der uns zu dieser Reise nach Kräften zuredete, sich von freien Stükken anbot, uns bis zum Chane zu begleiten, und uns mit seiner Erfahrung zu unterstützen, da er diesen Weg schon mehrmals gemacht habe.

So blieb uns also nichts übrig, als die Steppe zu umfahren. Diess kann aber auch auf zweierlei Weise geschehen; indem man nämlich nördlich oder südlich um die Steppe fahren kann. Der nördliche Weg ist zu gleicher Zeit der Postweg, er geht von Orenburg zuerst nach Busuluk und Samara, wo er die Wolga trifft, und dann an dieser entlang über Saratoff und Sarepta nach Astrachan. Diesen Weg zurückzulegen hat keine Schwierigkeiten, da er aber von Orenburg erst nordwestlich geht, und die Wolga von Samara in einem grossen nach auswärts gekehrten Winkel nach S. fliesst, so führt er nur auf einem sehr grossen Umwege nach Astrachan. Der zweite Weg ist kürzer, er geht an der mittleren und unteren uralischen Linie entlang über Uralsk nach Gurjeff an der Mündung des Ural, und dann entweder zu Schiffe auf dem kaspischen Meere oder auf dem Cordon an der Küste entlang nach Astrachan. Auch dieser Weg hat bis Gurjeff keine Schwierigkeiten, wohl aber desto grössere von da weiter bis Astrachan. Ihn zu Schiffe ausführen zu können, war unwahrscheinlich, da auf solche Schiffe, wie sie zum Transport unserer Wagen nöthig gewesen wären, in Gurjeff nicht zu rechnen war; die Reise hätte so nur auf einem Fahrzeug zurückgelegt werden können, das von Astrachan nach Gurjeff eigends zu unserer Aufnahme abgesandt worden wäre, und bei dem Wege auf dem Cordon war zu befürchten, dass wir auf den Kosakenposten, die besonders von Gurjeff aus in sehr weiter Entfernung von einander stehen, nicht die für unsere Wagen nöthige Anzahl Pferde finden würden, der Schwierigkeiten nicht zu gedenken, welche das Uebersetzen mit unseren Wagen über die vielen Arme, in welche die Wolga vor ihrer Mündung sich zertheilt, unfehlbar gehabt haben würde. So blieb uns also nur der nördliche Weg übrig, der, wenn er gleich auf grossem Umwege zum Ziele führte, doch der einzige war, der eine sichere Rechnung zuliess; worauf es bei der vorgerückten Jahreszeit Herrn von Humboldt besonders ankam, und dieser wurde dann auch nun gewählt. Um aber doch noch Uralsk, den Hauptsitz der uralischen Kosaken, kennen zu lernen, beschloss Herr v. Humboldt, zuerst den Ural abwärts bis zu jener Stadt zu gehen, und dann erst in Busuluk die grosse Strasse zu treffen.

So verliessen wir denn Orenburg am Morgen des 26. September. Unsere Freunde, die Herren Gens und Suschkoff, begleiteten uns noch bis zu der drei Werste von der Stadt entfernten Sakmara; hier sagten sie uns ein Lebewohl und hier trennten sich auch unsre bisherigen Reisegefährten, die Herren Hofmann und von Helmersen von uns, die nun von Orenburg den geraden Weg nach Petersburg nehmen wollten, wo wir sie wieder zu treffen hofften. Eine Fähre führte uns darauf über die Sakmara, deren Ufer mit hohem Laubholz (Eichen und Buchen) angenehm bewachsen sind, und an welchen derselbe rothe Sandstein ansteht, der sich auch an den Ufern des Ural bei Orenburg findet. Nach der ersten Station Tschernoretschinsk (27 Werst von Orenburg) wird der Weg sehr bergig, und bleibt es auch bis zur dritten Station Nischne Osernaja (89 Werste von O.), wo wir am Abende anlangten. Das Steppen-Gebirge, der Obschtschei Syrt zieht sich hier ganz nahe an den Ural heran, weiter abwärts entfernt es sich mehr von demselben, und läuft dann in östlicher Richtung fort, die Zuflüsse des Uralflusses von denen der Wolga trennend, die sich durch die Samara dem Ural bei Tschernoretschinsk doch bis auf die geringe Entfernung von

15 bis 20 Wersten nähern. Jenseits Nischne Osernaja wird der Weg mehr eben, und geht nun immer neben dem Ural fort, dessen Ufer doch noch steil bleiben und in den Niederungen mit Espen, Pappeln und Weiden bewachsen sind, die sich auch auf häufig vorkommenden Inseln finden. Der Boden wird nun schon merklich salzig, und kleine Salzlachen finden sich häufig. Den Morgen des 27. Sept. waren wir in Kirsanowskoi, und des Nachmittags um 5 Uhr langten wir in Uralsk an (304 Werste von Orenburg).

Uralsk, am Einfluss des Tschagan in den Ural gelegen, da wo derselbe schon anfängt seine südliche Richtung zu nehmen, ist eine der schönsten Städte, die wir nach Moskau gesehen hatten. Die Hauptstrasse ist bedeutend gross, und hat an den Seiten viele schöne steinerne, selbst prachtvolle Gebäude, die alle von dem Wohlstand der Einwohner zeugen. Eins der schönsten ist das Haus des Atamans Borodin, welches uns aufnahm, und das auch im Innern auf das eleganteste eingerichtet ist. Mehrere hinter einander erfolgte Feuersbrünste, besonders die letzte vom Jahre 1821, haben sehr zur Verschönerung der Stadt beigetragen.

Uralsk ist der Hauptsitz der uralischen Kosaken. Früher wurden sie die Jaikschen Kosaken genannt, wie auch Fluss und Stadt die Namen Jaik und Jaizkoi Gorodok führten, bis nach dem Pugatscheffschen Aufruhre im Jahre 1774, dessen Hauptheerd Uralsk war, die jetzigen Namen eingeführt wurden, um jede Erinnerung an dieses verderbliche Ereigniss zu vernichten. Der Wohlstand der uralischen Kosaken schreibt sich von dem ergiebigen Fischfang im Ural her, der ausser dem Kriegsdienst, wozu aber stets nur ein Theil der Kosaken verwandt wird [1]), ihre

[1]) „Man rechnet alle uralischen Kosaken zusammen genommen 15,000 männliche Individuen, unter diesen 5500 dienstfähige Männer,

Hauptbeschäftigung ausmacht, während Viehzucht und Ackerbau nur als Nebengeschäft angesehen werden. Pallas hat den Fischfang im Ural ausführlich beschrieben und führt zugleich an, dass er nirgends in Russland durch Gewohnheitsgesetze so genau und so wohl eingeschränkt und angeordnet betrieben würde, als hier [1]). Die Fische, welche hier gefangen werden, sind besonders die grossen Wanderfische, Hausen (Belugi), Störe (Ossetra), die sogenannten Sewrugen und die Sterlede, die zu gewissen Zeiten im Jahre, im Frühling und im Herbst, wenn ihre Laichzeit ist, in grossen Schaaren aus dem kaspischem Meere stromaufwärts ziehen. Der Fang darauf geschieht im Ural dreimal im Jahre, im Januar, vom Anfang des Mais bis zum Juni und im October; ausserdem wird noch im Anfang des Decembers in den Nebenflüssen des Ural und in den fischreichen Seen der Steppe mit Netzen, die unter dem Eise gezogen werden, gefischt, und dieses kann für den vierten Fischzug gelten, doch hat er unter allen am wenigsten zu bedeuten, weil man alsdann meistens nur geringe Fisch-

---

die als solche in der Kriegs-Kanzlei eingeschrieben sind und das Recht haben, den Fischfang im Ural zu treiben, dagegen auch verpflichtet sind, Kriegsdienste zu leisten, und, sobald es gefordert wird, sich zu stellen. Gewöhnlich befinden sich gegen 3000 Mann in beständigem aktiven Dienste, sobald aber die Noth es erfordert, sind sie verbunden 10 Regimenter zu stellen, das Regiment zu 500 Mann; in welchem Falle also nur etwa 500 Mann eingeschriebene Kosaken zur Bewachung der Linie zurück bleiben. Von den 3000 in beständigem Dienste begriffenen Kosaken verrichten 1500 Mann den Dienst auf der Linie vom kaspischen Meere den Ural 650 Werste aufwärts; die übrigen befinden sich in verschiedenen Gegenden des russischen Reichs, in der Moldau, im Astrachanschen, in Petersburg, Nischne-Nowgorod und Kasan. Die vom aktiven Dienst noch übrig bleiben, d. h. diejenigen, welche die Dienenden gemiethet haben, beschäftigen sich mit dem Fischfange und nur diese haben für die Zeit ein Recht daran." Vergl. Eversmann in der Hertha von Berghaus B. XII, S. 326.

[1]) Pallas Reise durch versch. Prov. Th. I S. 283.

arten zum häuslichen Gebrauche fängt. Die grossen Störarten werden theils frisch, mehr aber eingesalzen grösstentheils den Kaufleuten, die zur Zeit des Fischfangs nach Uralsk kommen, verkauft. Zu dem Einsalzen verbrauchen die Kosaken eine Menge Salz, das aber in dieser salzreichen Gegend in grosser Menge vorhanden ist, und ohne Schwierigkeit gewonnen werden kann. Die Kosaken haben die Freiheit sich damit selbst zu versorgen, und gewinnen es besonders aus 3 Seen, dem Gräsnoi Osero (kothigen See), der 250 Werste südöstlich von Uralsk liegt, und der Stadt zwar am nächsten ist, aber doch am wenigsten Salz enthält, und diess in den Monaten Juli und August nur in fingerdicken Rinden absetzt, ferner aus einigen kleinen Seen, besonders dem Sakryzkischen See, zwischen dem grossen und kleinen Useen, vorzüglich aber aus dem Inderskischen See. Der jährliche Salzverbrauch beläuft sich nach Eversmann [1]) auf 200,000 Pud, von denen 100,000 Pud allein aus dem Inderskischen See genommen werden. Die jährliche Ausfuhr schlägt man auf 400,000 Pud Fische und 60,000 Pud Kaviar an, was einen Werth von 3,480,000 Rubel ausmacht. Es ist wohl im ganzen russischen Reiche, bemerkt Eversmann, kein Völkchen zu finden, das gleich den uralischen Kosaken bei der geringen Anzahl Menschen, dem Lande einen solchen Ertrag zuführte.

Der Herbstfischfang sollte erst in fünf Tagen beginnen; um uns indessen doch eine Vorstellung von wenigstens einer Art des Fanges zu geben, hatte der Ataman Borodin die Güte einen kleinen Fischfang zu veranstalten. Wir fuhren noch an demselben Tage Abends um 10 Uhr nach dem Wehre (Utschug) oberhalb der Stadt, durch welches der ganze Fluss gesperrt ist, und die Fische verhindert werden, den Strom weiter

---

[1]) A. a. O. S. 327.

hinaufzuziehen, weshalb sie sich hier ansammeln. Hier angekommen, bestiegen wir ein Boot und fuhren in einiger Entfernung an dem Wehre entlang, während sich 2 Kosaken, jeder mit einem eisernen Haken an der rechten Hand bewaffnet, in das Wasser stürzten, dicht an dem Gitter entlang schwammen, der eine unten, der andere oben, um mit ihren Haken die Fische, die sie an dem Gitter antrafen, heraufzuziehen. Ein Paar andere Kosaken in einem Boote folgten nach, um den schwimmenden Kosaken beim Heraufziehen der Fische zu helfen und den Fang in das Boot aufzunehmen. In kurzer Zeit waren auf diese Weise zwei grosse Fische herausgezogen, die Herrn von Humboldt zum Geschenk gemacht wurden. Es waren 2 Hausen, von denen der grössere eine Länge von 5 Fuss 6 Zoll Preuss. hatte.

Wir verweilten noch bis zum Mittag des 28. Sept. in Uralsk [1]), und setzten dann unsere Reise nach Astrachan weiter fort. Der Weg bis Busuluk ($196\frac{1}{2}$ Werst von Uralsk) geht in nordöstlicher Richtung zuerst an der linken Seite des Tschagan, und dann an der linken der Busuluk entlang, welche letztere sich bei der Stadt gleiches Namens in die Samara ergiesst. Zwischen beiden Flüssen zieht sich der Obschtschei Syrt hin, der aber auch hier nur ein hügliges Land darstellt, durch welches wir in der Nacht fuhren, sonst ist der Weg eben und gut, so dass wir schnell vorwärts rückten.

In Busuluk, einem kleinen Städtchen mit hölzernen Häusern und geraden Strassen, das wir am Mittage des 29. Sept. erreichten, kamen wir auf die grosse Strasse, die von Orenburg nach Moskau führt. Sie

---

[1]) Ich untersuchte den Vormittag die Temperatur von 9 offenen Brunnen in der Stadt, und fand sie bei allen ziemlich gleich, nämlich 5°,3; 5,4; 5; 5,1; 5,3; 4,8; 4,9; 5,3 R. Die Brunnen waren alle etwa 4 Saschenen tief, die Temperatur der Luft um $10\frac{1}{2}$ Uhr Morgens, wo ich die Brunnen untersuchte, 6° R.

geht bis zur Stadt Samara (165 Werste von Busuluk) an dem Flusse Samara entlang, anfangs an seiner linken, nach der ersten Station Moika aber, an seiner rechten Seite. Das Land ist noch eben und steppenartig, zum Theil aber hügelig, und in den Niederungen mit Waldungen von Laubholz, meistentheils von Eichen bedeckt, denn Nadelholz findet sich hier gar nicht [1]). Es bildet den Südabfall eines Hügelzuges, der sich zwischen dem Tok, der bei Busuluk in die Samara fällt und dem nördlicher fliessenden Sok von dem Ural bis zur Wolga zieht, und durch die in ihm hervorbrechenden Salz- und Asphaltquellen, besonders aber durch die vielen Schwefelquellen ausgezeichnet ist. Eine solche Schwefelquelle trafen wir am Morgen des 30. Sept. bei dem Prigorod (Flecken) Alexejewsk, der am Einfluss des Kinel in die Samara, 27 Werste von der Stadt Samara entfernt liegt. Sie entspringt an den Hügeln, die sich am Ufer der Samara entlang ziehen, und ist mit einem künstlichen Bassin umgeben, in welchem sich das Wasser ansammelt, ehe es zum Flusse abfliesst. Es verbreitete einen starken Geruch von Schwefelwasserstoffgas, war aber klar und rein. An einer Stelle in dem Bassin entwickelten sich eine Menge Blasen, die wahrscheinlich aus kohlensaurem Gase bestanden. Das Wasser hatte an dieser Stelle eine Temperatur von 6°,5 R., während die Luft eine Temperatur von 8°,3 und das dicht daneben fliessende Wasser der Samara von 10° hatte. In dem Bassin und dessen Abfluss hatte sich ein starker weisser erdiger Bodensatz gebildet, der wahrscheinlich aus einem Gemenge von Schwefel und kohlensaurer Kalkerde bestand, und durch Zersetzung von Schwefel-

---

[1]) Die Seiten der breiten Landstrasse hatte man mit jungen Birken bepflanzt, und, um sie vor den heftigen Winden, die die Gegend häufig heimsuchen, zu schützen, mit grossen korbartigen Geflechten umgeben; man zweifelte aber ungeachtet dieser Vorsicht doch, dass sie fortkommen würden.

wasserstoffgas und durch das Entweichen von kohlensaurem Gase, welches die kohlensaure Kalkerde aufgelöst hatte, entstanden war. Ein ähnlicher Niederschlag bildete sich auch durch die Vermischung des Quellwassers mit dem der Samara, das auf eine grosse Strecke getrübt und milchig erschien.

Die übrigen Schwefelquellen finden sich nach Pallas, der diesen Landstrich in einer besonderen Exkursion von Simbirsk bis Bugulminsk bereist hat [1]), vorzüglich an dem obern Sok. Die bedeutendsten liegen nicht weit von dem Städtchen Sergiewsk, am Einflusse des Surgut in den Sok, und etwa 80 Werste nordöstlich von Alexejewsk; und diese werden jetzt schon von vielen Personen als Heilmittel benutzt. Im Jahr 1811 war für den Empfang der Gäste noch sehr wenig gesorgt, wie man aus der lebendigen Schilderung sieht, die Professor Erdmann [2]) von seinem Aufenthalt daselbst entworfen hat, Professor Kupffer fand im Jahre 1827 schon einige hölzerne Privat-Häuser zur Aufnahme der Kranken errichtet [3]), und später wurden auch von Seiten der Regierung mehrere steinerne Gebäude zu demselben Zweck erbaut. Nach Erdmann brechen die Schwefelquellen, deren man hauptsächlich 5 unterscheiden kann, aus einem ungefähr 12 Faden hohen Abhange hervor, und sammeln sich in einem künstlichen Reservoir, von wo aus sie in den Surgut fliessen. Das Wasser ist wie das der Schwefelquelle von Alexejewsk farbenlos und klar, hat einen Geruch wie faule Eier, eine Temperatur von 7°,5 R. (nach Kupffer von 6°,5 R.), und bildet ebenfalls einen weissen erdigen Bodensatz [4]). Nach einer von Erdmann an Ort und Stelle

[1]) Reise durch versch. Prov. d. russ. Reichs Th. I S. 98 etc.

[2]) Beiträge zur Kenntniss des Innern von Russland Th. II S. 4.

[3]) Voyage dans l'Oural, p. 102.

[4]) Dieser wurde früher sowohl hier als bei einer andern etwas

unter Entbehrung vieler Hülfsmittel angestellten und deshalb wohl nicht völlig genauen Analyse besteht es in einem Medizinal-Pfunde aus:

kohlensaurem Gase ungefähr	1	Cubikzoll
Schwefelwasserstoffgas etwas über	2	Cubikzoll
kohlensaurer Kalkerde	1,16	Gran
- Talkerde	4,00	-
schwefelsaurer Kalkerde	9,52	-
- Talkerde	0,84	-
schwefelsaurem Natrum	0,58	-
salzsaurer Talkerde	0,60	-
Harzstoff	0,10	-
	16,80	Gran.

Die bedeutendste Asphaltquelle liegt nordöstlich von Sergiewsk in der Nähe der Quellen des Baitugan, eines kleinen linken Nebenflusses des Sok [1]). Der Asphalt quillt hier mit dem Wasser an der Seite eines mit Birken stark bewachsenen Berges hervor, und sammelt sich auf der Oberfläche des Wassers einer kesselartigen Vertiefung, die man um die Quelle gemacht hat, so oft man es wegschöpft, in wenigen Tagen wieder an. Er ist sehr dickflüssig und theerartig, doch findet sich mit ihm noch eine sehr flüchtige reine Naphtha, die man auf dem Wasser, wiewohl in geringer Menge, schwimmen sieht, wenn man den Asphalt weggeschöpft hat.

Die erwähnten Salzquellen sind auf der Ostseite der Wolga häufig, aber nur schwach, dagegen findet sich auf der Westseite derselben, an der Ussolka, einem kleinen Bache, der sich Stauropol schräg gegenüber in die Wolga ergiesst, eine Quelle, die doch so

---

weiter östlich bei dem Dorfe Ischkulkino liegenden Schwefelquelle gesammelt und auf Schwefel benutzt, doch hatte man diess schon zu Pallas Zeiten aufgegeben.

[1]) Pallas a. a. O. Th. I S. 99.

stark ist, dass sie längere Zeit in dem Dorfe Ussolie versotten wurde [1].)

Das herrschende Gestein in dieser Gegend ist Kalkstein, Gyps und Mergel. Daraus bestehen nach Erdmann die Hügel in der Nähe der Schwefelquellen von Sergiewsk, nach Pallas die Höhen, welche sich bei Ischkulkino am Surgut und weiter oberhalb am Sok entlang ziehen, wo sie an der Flussseite schöne zerrissene Felswände zeigen, und daraus nach Hermann [2]) auch der Hügel, auf welchem Alexejewsk gebaut ist, wiewohl wir an der Stelle der Schwefelquelle kein anstehendes Gestein bemerken konnten. Weiter ostwärts, von dem Flüsschen Baitugan an, stellt sich aber nach Pallas schon der Kupfersandstein ein, der sich von hier bis zum Ural hinzieht, und in welchem sich schon am Baitugan Erzspuren gezeigt haben. Der Kalkstein enthält aber an mehreren Orten gediegenen Schwefel eingemengt, und diesem eingemengten Schwefel haben auch höchst wahrscheinlich die hier vorkommenden Schwefelquellen ihre Entstehung zu verdanken. In der grössten Menge findet er sich auf dem rechten Ufer der Wolga in einem Berge, der sich an der Wolotschka, einem Nebenarm der Wolga, der Mündung des Sok fast gegenüber, sehr steil bis zu einer Höhe von ungefähr 100 Faden erhebt, und besonders mit dem Namen Schwefelberg (Sernaja Gora) bezeichnet wird [3]). Er besteht aus einem gelblichweissen dichten Kalkstein, in welchem der gediegene Schwefel nesterweise mit blättrigem Gypse vorkommt. Ersterer ist meistentheils ganz rein, halbdurchsichtig, derb oder krystallisirt, uud findet sich theils in ganz kleinen Parthien eingesprengt, theils in grösseren Massen bis zu einem Gewichte von mehreren Pfunden, und auf diese Weise besonders auf der Spitze des

[1]) Pallas a. a. O. S. 178.

[2]) Min. Beschr. des Uralischen Erzgebirges Th. I S. 35.

[3]) Vergl. Pallas Reise Th. I S. 190.

Berges. In der königlichen Sammlung in Berlin befinden sich mehrere sehr grosse Stücke von dem mit Schwefel gemengten Kalkstein dieses Berges, an welchem der Schwefel theils allein, theils mit Gyps und Strontspath (schwefelsaurem Strontian) enthalten ist, welcher letztere unter den russischen Mineralien bisher noch nicht aufgeführt worden ist. Der Strontspath, wie er hier vorkommt, ist meistentheils krystallisirt, seltener derb; die Krystalle sind die bekannten rhombischen Tafeln, die nach sämmtlichen Flächen spaltbar sind; sie haben wie die derben Massen eine smalteblaue Farbe, und sind durchsichtig bis durchscheinend.

Auf den Schwefel der Sernaja Gora war früher ein besonderer Bau vorgerichtet, der aber schon zu Pallas Zeiten aufgehört hatte. Der Schwefel wurde in verschiedenen Tagearbeiten gewonnen, der in grösseren Stücken vorkommende derbe Schwefel ausgeklaubt, der eingesprengte aber in einer am Fuss des Berges errichteten Schmelzhütte durch Destillation in irdenen Retorten von der begleitenden Bergart getrennt. Die Menge des gewonnenen Schwefels betrug jährlich 1500 Pud, darunter 3 bis 400 Pud von dem ausgeklaubten derben Schwefel. —

Wir hielten uns in Alexejewsk nur gerade so lange auf, als hinreichend war, um die Schwefelquelle zu besehen, und setzten dann unsere Reise nach der Stadt Samara weiter fort, wohin wir auch bald gelangten. Die Stadt liegt auf der rechten Seite des Flusses Samara bei seiner Einmündung in die Wolga, auf dem Abhange einer ziemlich bedeutenden sandigen Anhöhe, von welcher man eine schöne Aussicht auf die majestätische Wolga, und das rechte steile Ufer derselben hat. Die Stadt hat nur hölzerne Häuser, ist aber ziemlich gross und nahrhaft und treibt einen bedeutenden Handel.

In Samara verliessen wir die grosse Orenburger

Strasse, und fuhren nun auf einem Nebenwege auf der Südseite des grossen nach Osten gerichteten Bogens, den die Wolga zwischen Stauropol und Sysran macht, bis zu der Ecke, Sysran gegenüber, wo die Wolga wieder eine südliche Richtung annimmt, und wir auf das rechte Ufer hinübersetzten. Der Weg ist hier ganz eben und steppenartig, indem die Hügel nördlich von Samara auf das rechte Ufer hinüber setzen, und sich mit den Schigulewschen Bergen im Innern des Wolgabogens verbinden, oder sich im Norden des Wolgabogens bis Stauropol entlang ziehen. Er schneidet die Krümmungen der Wolga ab, und geht gewöhnlich in solcher Entfernung von ihm entlang, dass man den Strom nicht im Gesicht behält; da er indessen in dem steppenartigen Lande nirgends recht angezeigt ist, und dadurch leicht verfehlt werden kann, fuhren wir nur auf ihm, so lange es Tag war, und hielten während der Nacht in einem Dorfe an, indem wir in unseren Wagen sitzen blieben. Die Gegend wird hier, wie auch noch weiter östlich am Sok, von Tschuwaschen bewohnt, und ist noch ziemlich bebaut, wiewohl die Dörfer in grossen Entfernungen von einander liegen, und die Gehöfte der Bauern in demselben ganz einzeln und getrennt von einander stehen. Die Tschuwaschen sind wie die Russen griechische Christen, und unterscheiden sich auch im Aeussern gar nicht von den russischen Bauern, besonders was die Tracht der Männer anbetrifft; denn die Frauen haben allerdings noch manche Eigenthümlichkeiten beibehalten. Am Morgen erreichten wir das Dorf Nowa Kostitschi, und setzten dann 8 bis 9 Werste von demselben, etwas oberhalb Sysran, dem grossen Dorfe Batrak auf dem rechten Ufer gegenüber, über die Wolga, was bis Mittag aufhielt.

Eine breite sanft ansteigende Schlucht führte uns an diesem Ufer auf die Höhe, auf welcher das Dorf liegt. Der Absturz des rechten Ufers der Wolga ist hier dem zwischen Nischne Nowgorod und Kasan noch ganz ähnlich; bei dem Hinaufsteigen bei Batrak sahen wir kein anstehendes Gestein, und fanden von Versteinerungen nur einige lose Belemniten und unbestimmbare Steinkerne von Terebrateln. Die ersteren zeigen die Kreideformation an, doch kommen sie nur aus den oberen Schichten, denn die unteren gehören, wie aus der lehrreichen Beschreibung der vom General von Tschewkin an Leopold von Buch gesandten Sammlung russischer Versteinerungen hervorgeht [1]), bestimmt der Juraformation an; und zwar nicht allein hier, sondern auch noch nördlich an dem obern Wolga-Ufer bis Kostroma und vielleicht bis Jaroslaw, und südlich bis Zarizyn, wo die Wolga das begleitende Gebirge verlässt, und in südöstlicher Richtung dem kaspischen Meere zufliesst. Das ganze hohe rechte Wolga-Ufer ist daher den Abstürzen zu vergleichen, mit welchen die Juraschichten so häufig aufhören, und die ihnen so oft das Ansehen eines Festungsglacis geben [2]). In dem nördlichen Theile sind es die Juraschichten allein, die das Wolga-Ufer bilden, von Simbirsk an aber werden sie noch durch die Schichten der Kreideformation bedeckt.

Nach Pallas [3]) ist der Wolga-Absturz bei Simbirsk in 3 Theile getheilt, welche sich leicht von einander unterscheiden. Oben auf liegt der weisse Kreidemergel mit vielen ganzen und zerbrochenen Muschelschaalen; dann folgt ein grauer kiesiger Thon mit dem Ansehen einer Alaunerde und voll zerstreuter Versteinerungen, dann endlich bis zur Wolga ein schwarzer, zäher, ganz pyritöser Thon, der eine Menge verkiester Terebrateln, und oft bis über anderthalb Fuss

---

[1]) Archiv für Min. Geog. Bergbau und Hüttenkunde von Karsten und v. Dechen B. XV S. 1.

[2]) v. Buch über den Jura in Deutschland in den Schriften der Königl. Akad. d. Wiss. v. Berlin 1839.

[3]) Reise durch versch. Prov. d. russ. Reichs Th. I S. 83.

grosse, wie mit einem irisfarbigen Firniss überzogene Ammoniten enthält. Strangways, welcher in seinem Umriss der Geologie von Russland [1]) eine kleine illuminirte Karte dieses Wolga-Ufers geliefert hat, giebt hier 4 Lagen an, nämlich 1) Kreidemergel, 2) lichte rothen Sand, 3) schwarzen Schiefer und 4) schwarzen Thon, beide letztere mit den Ammoniten mit Perlmutterschaalen. In dem schwarzen Schiefer finden sich nach Pallas [2]) bei Gorodistsche, 20 Werste oberhalb Simbrisk, wirklich brennbare Kohlenflötze, von ziemlicher Mächtigkeit, aber von geringem Werthe. Die schlechteren Lagen blättern an der Luft auf, und diese enthalten besonders Ammoniten, Belemniten, so wie auch Telliniten und feine Kammmuscheln. Bei Sysran zeigt sich ein ganz ähnlicher Kohlenschiefer [3]), der hier von einer fast lachterdicken Schicht von derbem weissgrauen Kalkstein mit mehreren Arten von Ammoniten, und höher hinauf von einer sehr mächtigen bräunlichen Thonlage, die eine unsägliche Menge von kleinen und grossen Belemniten und von anderen Seemuscheln umschliesst, bedeckt wird. Bei dem Dorfe Kostytschi, 15 Werste oberhalb Sysran, findet sich in dem mergeligen Kalkstein des Ufers eine grosse Menge Asphalt [4]), der dem Kalkstein theils in kleinen Tropfen-ähnlichen Körnern, theils in grösseren bis zu mehrere Pfunde schweren Massen beigemengt ist. Der Asphalt ist von grossem Glanze und muschligem Bruch, schmilzt und fliesst am Lichte wie schwarzes Siegellack, entzündet sich dann und brennt unter Verbreitung eines angenehmen Geruches, verlischt aber bald. Er wird von den Schmieden anstatt des Pechs zum Verlacken des Eisenwerks benutzt.

Die Versteinerungen aus den Schichten von Sys-

1) Transactions of the geol. soc. sec. ser. vol. I p. I.
2) Reise durch versch. Prov. Th. I S. 119.
3) A. a. O. Th. I S. 174.
4) A. a. O. S. 167.

ran in der erwähnten Tschewkinschen Sammlung sind nach den Bestimmungen von Leop. von Buch [1]) *Ammonites biplex*, der 3 bis 4 Zoll gross in einem feinen mit Asphalt durchdrungenen Sandstein liegt; *Am. Brocchii* mit natürlicher Schale in grauem Sandstein mit Glimmerblättchen, *Am. sublaevis*. *Belemnites canaliculatus*, der zuweilen sehr dick wird, und mehr als einen Zoll im Durchmesser hat. Ausserdem fand Herr von Buch in einem grossen Block von schwarzem Kalkstein von Simbirsk aus der königlichen Sammlung von Berlin, der mit *Ammonites biplex* mit natürlicher farbenspielender Schale und mit *Belemnites canaliculatus* fast ganz erfüllt war, noch *Terebratula personata*, *Astarte porrecta*, *Avicula bramburiensis* und *Plagiostoma pectinoideum*.

Alle diese Versteinerungen zeigen, wie L. von Buch bemerkt, dass die Schichten, worin sie sich finden, den mittleren Schichten der Juraformation angehören, Schichten, welche gewissermassen um den sogenannten Oxford-clay her oscilliren. Die unteren Schichten dieser Formation, wie auch die oberen, scheinen an der Wolga gar nicht vorzukommen, denn man findet keine Ammoniten der unteren Schichten oder des Lias, keine Gryphaea, keine Saurierreste oder Fische dieser Schichten; nnd eben so wenig die Corallenbänke, Echinusreste, Encriniten, gefalteten Terebrateln der Concinneen, die die oberen Schichten charakterisiren. Merkwürdig sind deshalb die Kohlenschichten von Gorodistsche und von Kostytschi, da diese sonst in den mittleren und oberen Schichten der Juraformation nicht vorzukommen pflegen. Dass die oberen Juraschichten fehlen, liegt nach L. v. Buch in dem Umstande, dass eben die Korallen fehlen, denn diese sind es, von denen die oberen Schichten vorzugsweise gebildet wer-

---

[1]) Archiv für Min. Geogn. Bergb. und Hüttenk. von Karsten und v. Dechen B. XV S. 92.

den, und die Korallen selbst fehlen wahrscheinlich wegen der Entfernung von krystallisirten Gesteinen, welche so oft die Bildung von Korallenbänken begünstigt zu haben scheinen.

Die Schichten der Kreideformation, welche die Juraschichten bedecken, sind besonders bei Simbirsk entwickelt, und bestehen hier nach der Beschreibung, die Jasikoff[1]) davon gegeben hat, aus 3 Abtheilungen, oben aus weisser Kreide mit Feuersteinen, dann folgt graue Kreide (*Craie tufeau, Opaka*), dann Kalkmergel, und bei Simbirsk und Sysran noch darunter feinkörniger Sandstein. Die weisse Kreide, welche häufig gebrannt und verführt wird, besonders in den Dörfern Oborynie und Kluschkoff des Karsunschen Kreises findet sich nur in zerstreuten Massen oder Inseln. Zusammenhängender ist die graue Kreide, die von der weissen, durch einen mit kleinen grünen Körnern ganz erfüllten Mergel getrennt wird. Der Kalkmergel enthält Glimmerblättchen, und in einzelnen darin vorkommenden Thonschichten oft eine grosse Menge rundlicher Stücke von phosphorsaurer Kalkerde, die eine glatte und wie mit schwarzem Lack überzogene Oberfläche haben (Schilowka am Uren). Er bildet Höhen von 70 Fuss und mehr, wie z. B. die, worauf die Stadt Karsun steht. Organische Reste finden sich überall und in grosser Menge, besonders in den beiden oberen Abtheilungen. *Plagiostoma spinosum* und *semisulcatum* sind die gewöhnlichsten Versteinerungen der weissen Kreide bei Simbirsk. Echinus-Arten finden sich nur in der weissen Kreide; *Belemnites mucronatus, Scaniae* und *semicanaliculatus* in der unteren Schicht der weissen Kreide, *Inoceramus Brongniartii* nur in der grauen Kreide und im Kalkmergel.

Die Kreideformation setzt sehr weit südlich fort,

---

[1]) Gornoi Journal 1832 Th. II S. 155.

und bedeckt die Juraformation in dem ganzen südlichen Wolgagebirge, hört aber bald nördlich von Simbirsk auf und zieht sich, wie aus den Untersuchungen von v. Buch und der kleinen Karte, die seine Abhandlung begleitet, hervorgeht, von hier nach Westen, so dass die Juraschichten hier in einer Linie, die dem östlichen Laufe der Wolga zwischen Nischne Nowgorod und Kasan ziemlich parallel geht, unter den Kreideschichten hervortreten, und die Oberfläche des Bodens bilden. —

Von Batrak ging nun der Weg auf dem hohen Ufer dem Laufe der Wolga folgend, fort, sehr häufig mit der Aussicht auf den mächtigen Strom, dem steilen Abhang des diesseitigen, und der weiten unendlichen Ebene des jenseitigen Ufers. Diess giebt dem Wege einen eigenthümlichen Reiz, der sonst durch das ewige Einerlei ermüdet, denn die Gegend ist meistentheils öde und unangebaut, Dörfer sieht man nur wenige, und selbst auf den Stationen findet man oft nur einzelne Hütten, in welchen die Bauern mit den Pferden warten. Waldung ist nur in den Niederungen zwischen den Bergen, denn die heftigen Winde, welche so häufig wehen, lassen in der Ebene weiter nichts aufkommen; und auch die Waldung der Niederungen besteht nur aus niedrigem Buschwerk von Eichen, Linden, Weiden, Ebereschen und Pappeln. Einige Werste von der Ueberfahrtsstelle waren wir durch die Kreisstadt Sysran gekommen, in der Nacht fuhren wir durch Chwalynsk [1]), und am Mittage des 2. Octobers waren wir in Wolsk. Diess ist schon eine grössere Stadt, sehr anmuthig in einem kesselförmigen

---

[1]) Nach v. Helmersen findet sich in den Sammlungen des Bergcorps in Petersburg Brandschiefer aus dem Chwalynschen Kreise mit *Goniatites Panderi*, woraus hervorgeht, dass sich hier Kohlenkalkstein findet. (Vergl. die Erläuterungen zu der Uebersichtskarte der Gebirgsformationen im europäischen Russland von von Helmersen, Petersburg 1841.

Thale dicht an der Wolga gelegen, und von den übrigen Seiten mit höheren Bergen, als die uns bisher begleitet hatten, umgeben. Am höchsten sind sie auf der nördlichen Seite, über sie führt die Strasse, und gewährt auf diese Weise den überraschendsten Anblick auf die im Grunde gelegene Stadt und den daneben liegenden Strom. Die Berge bestehen in der Höhe aus einem weissen feinkörnigen Sandstein, näher der Stadt aus einem weissen dichten Kalkstein. In der Stadt selbst gewähren die Menge unvollendeter wie Ruinen dastehender Gebäude einen traurigen Anblick. Sie rühren alle von einem Mitbürger der Stadt, dem Kaufmanne Slowin her, der sich durch glückliche Spekulationen ein bedeutendes Vermögen erworben hatte, womit er eine grosse Menge von Bauten unternahm, von denen, als er später banquerott wurde, ein grosser Theil unvollendet geblieben ist.

In Wolsk trafen wir mit dem Gouverneur des Gouvernements Saratoff, dem Fürsten Gallitzin, zusammen, welcher Herrn von Humboldt bis hierher entgegen gekommen war, um ihn zu bewegen, die weitere Reise bis Saratoff auf dem linken Wolga-Ufer, wo sich die wichtigsten der deutschen Kolonien befänden, fortzusetzen und sich selbst zum Führer durch dieselben anbot. Ungeachtet der Eil, welche die vorgerückte Jahreszeit für unsere Reise erforderte, und obwohl wir die Aussicht hatten, einen Theil der deutschen Kolonien auf dem rechten Wolga-Ufer unterhalb Saratoff zu sehen, so glaubte doch Herr v. Humboldt, ein Anerbieten nicht abschlagen zu dürfen, welches mit so vieler Zuvorkommenheit geschah, bei der Leitung des Fürsten mit dem geringstmöglichen Zeitaufwand verknüpft war, und uns zu gleicher Zeit den Vortheil gewährte, den Zustand der deutschen Kolonien auf der Wiesen- oder linken Seite mit dem der Kolonien auf der Berg- oder rechten Seite der Wolga vergleichen zu können. Wir blieben nun aber den Nachmittag des 2. October und die folgende Nacht in Wolsk, da die Anstalten zum Uebersetzen über die Wolga doch nicht vor Abend beendet werden konnten, und benutzten den Abend, um einige Ausflüge in die Umgegend zu machen. Wir besuchten die Berge auf der Westseite der Stadt, und fanden sie hier überall aus deutlicher Kreide bestehend, die abfärbend und schreibend ist, und nicht selten Versteinerungen von *belemnites mucronatus* enthält. Einige Quellen, die aus derselben hervorbrachen, hatten eine Temperatur von 6,5 bis 7° R. (die Temperatur der Luft betrug 13°,5); da sie aber alle mit einer Einfassung umgeben waren, in welcher sich ihr Wasser vor dem Abfliessen sammelte, und durch die umgebende Luft erwärmte, so kann die gefundene Temperatur der Quellen kein ganz genaues Resultat für die Temperatur des Bodens von Saratoff abgeben.

Am Morgen des 3. Oct. wurden unsere Wagen in der Frühe mit der Fähre über die Wolga gesetzt, während wir selbst später in einem Bote mit dem Fürsten und den Herren Etatsräthen Stutz und Ernst von der Tutelkanzlei für die deutschen Kolonien hinüberfuhren, wozu wir dreiviertel Stunden Zeit gebrauchten. Die deutschen Kolonien fangen gleich Wolsk gegenüber mit der Kolonie Schafhausen an, und ziehen sich an dem linken Wolga-Ufer in einiger Entfernung von demselben entlang bis zu der Kolonie Krasnoi Jar, die 25 Werste von dem russischen Dorfe Pokrowskaja, dem Ueberfahrtsorte nach Saratoff entfernt ist. Eben so ziehen sie sich noch den grossen und kleinen Karaman aufwärts, zwei Flüsse, die nicht weit von einander und noch vor Krasnoi Jar sich in die Wolga ergiessen. Sie liegen meistens nahe neben einander, wie man aus der folgenden Uebersicht sehen kann, welche nur die Namen und relativen Entfernungen derjenigen Kolonien enthält, durch welche uns unser Weg führte.

1.	Schafhausen		
2.	Baratajewka	4	Werste
3.	Basel	4	-
4.	Zürich	2	-
5.	Solothurn	1	-
6.	Paninskoi	5	-
7.	Lucern	5	-
8.	Unterwalden	1	-
9.	Susannenthal	1	-
10.	Baskakowka	1	-
11.	Resanowka	1	-
12.	Orlowskoi	4	-
13.	Obermonjou	5	-
14.	Katharinenstadt	7	-
15.	Kuno	5	-
16.	Philippsfeld	2	-
17.	Niedermonjou	9	-
18.	Swonarewka	7	-
19.	Podstepnoi	6	-
20.	Krasnoi Jar [1])	5	-

Die Kolonisten treiben grösstentheils Ackerbau; sie bauen alle Getraide-Arten, Kartoffeln, Erbsen, Linsen, Hirse, Hanf und Lein, besonders aber Waizen und Taback, welche beide Produkte von vorzüglicher Güte und sehr gesucht sind. Der Taback erfreut sich besonders eines reichhaltigen Absatzes bei den Kirgisen und Kalmücken der benachbarten Steppen; er wird nur von den Kolonisten der Wiesenseite gebaut, und die gewonnene Menge desselben auf 250,000 Pud jährlich berechnet. Der Boden ist schwarz und fett, und so fruchtbar, dass er nur für den Taback gedüngt zu werden braucht, was um so erwünschter ist, da man sich in Ermangelung eines andern Brennmaterials

[1]) Der kleine Karaman fliesst zwischen den Kolonien Kuno und Philippsfeld, der grosse Karaman zwischen Niedermonjou und Swonarewka. Die Kolonien Schafhausen und Katharinenstadt sind Stationen.

des Düngers zur Feuerung bedienen muss [1]); die Luft ist indessen sehr trocken, und häufig eintretende dürre Sommer verursachen nicht selten mehr oder weniger grossen Misswachs. Auch mit dem Seidenbau hat man den Anfang gemacht, er wird hauptsächlich in Katharinenstadt, dem Hauptorte der Kolonien, und in Schafhausen betrieben, doch verursacht die Kultur der Maulbeerbäume noch grosse Schwierigkeiten; alle, welche wir sahen, waren strauchartig; sie werden im Winter mit einem korbartigen Flechtwerk umgeben, wie die Anpflanzungen auf der grossen Strasse von Busuluk. Ausser den Ackerbauern befinden sich unter den Kolonisten auch eine grosse Anzahl von Professionisten, die meistentheils in Katharinenstadt ansässig sind, so dass für alle Bedürfnisse gesorgt ist. Die Kolonisten sind theils evangelischer, theils katholischer Confession, grösstentheils aber doch evangelisch, denn unter den von uns besuchten Kolonien sind nur Solothurn, Penniskoi, Lucern und Obermonjou katholisch, die übrigen alle evangelisch. Jeder der Kolonisten hat hinter seinem Hause einen Garten; die Wohnungen, welche wir gesehen haben, sind reinlich und ordentlich, und zeugen von dem Wohlstand der Bewohner. Sie zeichnen sich hierdurch vortheilhaft vor den Wohnungen vieler russischer Bauern aus, wiewohl die Kolonisten doch im Allgemeinen mit den russischen Kronsbauern gleich gestellt sind, und dieselben Abgaben entrichten, nur mit dem Unterschied, dass sie freie Unterthanen sind, freie Disposition über ihre Person und ihr Eigenthum und eigene Gerichtsbarkeit haben und von den Kriegsdiensten ausgenommen sind.

Es erregte in uns ein höchst freudiges und rührendes Gefühl, so fern von dem vaterländischen Boden auf eine so grosse Erstreckung nur die vaterländische

---

[1]) Nur einige wenige Kolonien auf der Bergseite sind mit dem nöthigen Holzbedarf versehen.

Sprache zu hören, und vaterländische Sitten und Gebräuche zu sehen, und es war uns sehr wohlthuend, die Bewohner dieser Kolonien durch die Fürsorge einer liberalen und für sie wohlwollenden Regierung glücklich und mit ihrem Schicksale zufrieden zu finden. Wir konnten es daher dem Fürsten Gallitzin nur Dank wissen, uns zu dieser Reise bewogen zu haben, die er durch seine freundlichen Vorkehrungen eben so unterrichtend als angenehm gemacht hatte. Die jetzigen Generationen geniessen die Früchte der früheren, die nur mit den Schwierigkeiten der ersten Ansiedlung zu kämpfen hatte. Die Einwanderer waren unter der Regierung der Kaiserin Katharina II. [1]) aus verschiedenen Theilen Deutschlands, besonders aus Würtemberg, Hessen und Sachsen nach Russland gekommen, waren aber, des Ackerbaues unkundig, zum grossen Theil Fabrikarbeiter oder Handwerker, die sich nun genöthigt sahen, eine ihrer früheren ganz entgegengesetzte Lebensart zu führen, und nun auf die Benutzung eines Bodens angewiesen wurden, dessen Eigenthümlichkeiten ihnen ganz unbekannt waren. So ging die erste Generation ungeachtet der grossen Vergünstigungen, die ihr in der ersten Zeit ihrer Ansiedlung zu Theil wurden, in Noth und Sorge und in Heimweh nach dem verlornen Vaterlande unter, und arbeitete zum Wohl der folgenden Generationen, die im Lande geboren und erzogen mit den Eigenthümlichkeiten und Vortheilen desselben bekannt geworden sind, und sie zu benutzen gelernt haben [2]).

---

[1]) In Folge des unter dem 22. Juli 1763 erlassenen kaiserlichen Manifestes unter der Aufsicht der damaligen Tutel-Kanzlei für die Ausländer, welche von der Kaiserin eigends für die Ansiedlung derselben errichtet war.

[2]) Genauere Nachrichten über den jetzigen Zustand der Kolonien giebt Erdmann in seinen Beiträgen zur Kenntniss des Innern von Russland Th. II S. 282, so wie auch Göbel in seiner Reise in die Steppen des südlichen Russlands Th. I S. 277.

Es war 11 Uhr geworden, als wir in Pokrowskaja anlangten, worauf wir noch in derselben Nacht nach der Gouvernementsstadt Saratoff übersetzten; Herr von Humboldt hatte anfänglich nur die Absicht den Rest der Nacht und einige Stunden des folgenden Tages hier zu bleiben, um die Inklination der Magnetnadel zu bestimmen [1]), aber die liebenswürdige Gastfreundschaft des Fürsten veranlasste uns auch noch den übrigen Theil des Tages in Saratoff zu verweilen. Nach einem glänzenden Mittagsmahl besahen wir in seiner Gesellschaft die Stadt und einige merkwürdige Anstalten derselben, wie das Gymnasium und das Irrenhaus, und fuhren dann zu einem Bergschlipf, der sich kürzlich in der Nähe der Stadt ereignet und viel Aufsehen gemacht hatte. Saratoff hat eine ähnliche Lage wie Wolsk, aber das kesselförmige Thal ist viel grösser, und bildet eine ziemlich bedeutende Ebene neben der Wolga, an dessen südöstlicher Ecke die Stadt liegt. Sie wird in die neue und alte Stadt getheilt. Die erstere ist regelmässig gebaut, hat gerade Strassen, mehrere grosse Plätze und eine Menge steinerner, zum Theil recht geschmackvoller Gebäude. Zu diesen gehört auch das Gymnasium, welches durch die Thätigkeit des Directors Müller ausser einer ziemlich grossen Bibliothek, auch eine zoologische nnd mineralogische Sammlung und einen botanischen Garten besitzt. Die Berge im Norden der Stadt, in welchen der Bergschlipf stattgefunden hatte, bestehen aus Sandstein, wahrscheinlich demselben, der auch bei Wolsk vorkommt. Einige auf einer geneigten Thonschicht liegende Schichten waren herabgeglitten, und hatten den Bergschlipf veranlasst, der mehrere Häuser fortgerissen oder beschädigt hatte. Die Thonschicht enthielt Kugeln von Sphärosiderit. Eine Quelle im Westen der Stadt, auf dem Landgute des Directors

---

[1]) Herr v. Humboldt fand die Inklination 64° 40',9.

Müller, die aus der Dammerde hervorquoll, hatte eine Temperatur von 6°,2 R.

Am Morgen des 5. Oct. verliessen wir Saratoff. Statt der Herren Stutz und Ernst begleitete uns jetzt Herr Hofrath Engelke, um uns durch die deutschen Kolonien auf der Bergseite der Wolga zu führen. Nach 12 Wersten kamen wir auf eine bedeutendere Höhe, von welcher wir die Stadt zum letzten Male erblickten, und fuhren dann auf ebenem Boden und in grösserer Entfernung von der Wolga weiter. Bei der zweiten Station fangen die deutschen Kolonien der Bergseite an, die sich von hier bis gegen Kamyschin fortziehen, aber sich nicht allein auf der Poststrasse, sondern auch noch näher an der Wolga finden. In Talowka machten wir bei dem Schulzen Mittag, und fanden hier alles eben so reinlich und ordentlich, wie bei den Kolonisten des linken Wolga-Ufers. In der Kolonie waren mehrere Ziehbrunnen, die alle in einer Tiefe von 7½ bis 8 Faden gutes, zum Kochen und Trinken brauchbares Wasser enthielten. Die Temperatur desselben fanden wir bei 3 Brunnen, wo wir sie untersuchten, 4°,6; 4°,8 und 4°,8. Die zweite Kolonie und dritte Station von Saratoff, Ust-Salicha erreichten wir erst nach Sonnen-Untergang und durch die übrigen kamen wir in der Nacht.

Von Ust-Salicha hat man noch 4 Stationen bis zur Kreisstadt Kamyschin. Wir hatten uns vorgenommen, von dort aus den 127 Werst südöstlich von Kamyschin in der Steppe gelegenen und wegen seiner bedeutenden Salzproduction so wichtigen Elton-See zu besuchen, und von ihm gleich nach dem Flecken Dubowka, welches fast ebenso weit westlich vom See liegt, zu gehen, um hier die Poststrasse nach Astrachan wieder zu gewinnen. Da der Salztransport von dem Elton-See in Wagen geschieht, die mit Ochsen bespannt werden, und Dörfer, in denen Pferde zu miethen waren, sich nur in den nächsten Umgebungen der Wolga befinden, so werden zu den Reisen der Officianten des Salzwesens jährlich eine Menge Pferde in diesen Dörfern gemiethet, welche, sobald der Befehl von der Behörde gegeben wird, an die bestimmten Orte gestellt werden müssen. Durch die Güte des General-Gouverneurs von Saratoff sollten wir auch von diesen Pferden Gebrauch machen können; er hatte den Polizeimeistern in Kamyschin und Dubowka den Befehl zukommen lassen, die Pferde, welche wir zur Hin- und Rückreise benutzen sollten, an den bestimmten Orten und den bestimmten Tagen auf den Wegen von Kamyschin und von Dubowka zum Elton-See aufzustellen. Der Polizeimeister von Kamyschin war uns indessen bis nach Kamenka, der nächsten Station von Ust-Salicha, entgegengekommen, und wurde erst hier von dem Boten des Fürsten Gallitzin erreicht, der schon in Kamyschin gewesen war, und nun wieder bis hierher zurückkehrte, wo er kurz nach unserer Ankunft eintraf. Die Aufstellung von Pferden von Kamyschin zum Elton-See hatte demnach nicht besorgt werden können. Der Polizeimeister versprach sofort die nöthigen Einrichtungen zu treffen, und schlug uns vor, die Nacht in Kamenka zu bleiben, und erst den folgenden Morgen nach Kamyschin abzureisen, wo wir dann alles eingerichtet finden sollten, um am 7ten die Reise nach dem Elton-See antreten zu können. Herr von Humboldt glaubte indessen keine Zeit verlieren zu dürfen, daher wir die Exkursion nach dem Elton-See aufgaben, und ungesäumt die Reise nach Kamyschin fortsetzten.

Am Morgen des 6. Octobers waren wir schon in Bjeloglinskaja, der ersten Station hinter Kamyschin. Es ist nur ein einzelnes Posthaus, das zwischen kahlen Bergen liegt, die, so viel wir bei freilich schneller Durchreise gesehen haben, nur aus fester, wenig abfärbender Kreide bestehen, daher nicht mit Gewissheit zu sagen ist, wohin der Sandstein, der bei Kamyschin herrscht, und das Material zu den vortreffli-chen Mühlsteinen liefert, die von Kamyschin weit und breit verschickt werden, gehören möchte, wiewohl bei der Nachbarschaft der Kreide es wahrscheinlich ist, dass er zum Quadersandstein zu rechnen sei [1]). — So einzeln stehende Posthäuser wie in Bjeloglinskaja finden sich auch nur auf den übrigen Stationen bis Dubowka, die Dörfer liegen näher an der Wolga und in den Schluchten der Berge. Der Weg hält sich immer in grösserer Entfernung von der Wolga, und führt auf der Höhe fort, die öde und einförmig ist, und nur in den Niederungen, oder den zur Wolga führenden Schluchten und Thälern Buschwerk von Eichen und anderm Laubholz führt, denn Tannen oder Fichten finden sich hier gar nicht. So gelangten wir am 7. in der Frühe in Dubowka an, und kamen hier wiederum zur Wolga.

Dubowka ist hart an der Wolga und am Abhange der Höhen gelegen, die hier niedriger als gewöhnlich sind. Es ist ein lebhafter Flecken, der starken Handel treibt, wozu die grosse Nähe des Don Veranlassung ist, der sich hier der Wolga bis auf eine Entfernung von 60 Wersten nähert. Die Produkte von Kasan, dem Ural und von Astrachan werden daher hier auf Wagen nach dem Don transportirt, und auf diesen weiter den Häfen am Asowschen Meere und dem übrigen Europa zugeführt [2]). Schon oft hat da-

---

[1]) Die Sandsteinberge bei Kamyschin führen den Namen der Uschi Gori (Ohrenberge). Sie setzen nördlich von Kamyschin auch auf das linke Wolga-Ufer hinüber, und schliessen sich hier den Bergen an, die auf der Nordseite des Jeruslan fortstreichen, und wahrscheinlich eine Fortsetzung des Obschtschei Syrt sind.

[2]) Nach der Herrn v. Humboldt mitgetheilten Tabelle wurden während der Schifffahrt des Jahres 1829 Güter bei Dubowka ausgeladen und nach Katschalinsk am Don transportirt von:

Kronsschiffen 47 mit einem Werth von	1,850,437	Rub.	98 Kop.
Pivatschiffen 92 - - - -	3,219,683	-	— -
im Ganzen	5,070,120	Rub.	98 Kop.

her diese grosse gegenseitige Annäherung der beiden Ströme den Gedanken an eine Kanalverbindung beider rege gemacht, ohne dass sie aber bis jetzt ausgeführt worden wäre; man hat dieselbe theils hier, theils weiter südlich bei Zarizyn, wo die Ströme am meisten genähert sind, besonders aber nördlich bei Kamyschin vorgeschlagen, wo der kleine Zufluss der Wolga, die Kamyschenka, sich dem Zuflusse des Don, der Ilawla, bis auf die geringe Entfernung von 5 Wersten nähert, indem die Ilawla, welche südwärts von Saratoff entspringt, jenseits der die Wolga begleitenden Höhen in fast paralleler Richtung mit ihr bis in die Breite von Kamyschin fliesst, und sich dann erst in südwestlicher Richtung zum Don wendet. Hier sind auch die Arbeiten zur Ausführung dieses Plans schon zweimal angefangen worden, im Jahre 1568 durch die Türken unter Selim II, und 1716 durch die Russen unter Peter dem Grossen[1]), wie man noch an den Ueberresten zweier breiten, aber trocknen Gräben sehen kann, die von der Kamyschenka ziemlich weit westwärts fortgeführt sind, und in nicht grosser Entfernung von einander liegen. Auch später unter der Regierung der Kaiserin Katharina II. wurde an die Ausführung dieses Plans gedacht, und der Astronom Lowitz nach Kamyschin gesendet, um die nöthigen Messungen und Nivellements anzustellen. Aber dieser verlor bei dem Aufstande der Kosaken unter Pugatscheff im Jahre 1774 sein Leben, ehe er die Arbeit vollendet hatte, und obgleich der Plan unter Alexander wieder aufgenommen, und die Messungen vollendet wurden, blieb die Kanalisation doch unausgeführt. Bei der Nivellirung des Wasserstandes der beiden Flussspiegel hatte man gefunden, dass der

---

Der Transport geschieht mit Ochsen, und kostet für das Pud 8 bis 10 Kopeken.

[1]) Vergleiche Erdmann, Beiträge Th. II, 1 S. 83.

Spiegel der Wolga 100 Fuss tiefer läge als der des Don, indem der Fall von dem Theilungspunkte der Kanalwasser bis zur Wolga 310 Fuss, dagegen bis zum Don nur 210 Fuss betrug. Es ist möglich, dass die durch diesen Umstand für die Ausführung des Kanals herbeigeführten Schwierigkeiten dieselben verhindert haben, doch möchten wohl diese Schwierigkeiten bei dem grossen Verkehr, der hier jetzt schon statt findet, und der bei einer vorhandenen Wassercommunication leicht noch um ein Bedeutendes steigen könnte, gegen die zu gewinnenden Vortheile nicht so gross sein, um die künftige Ausführung zu hindern.

In Dubowka hörten wir, dass die Pferde, welche uns, dem Befehl des Gouverneurs zu Folge, vom Elton-See nach Dubowka bringen sollten, auf den verschiedenen Stationen dieses Weges wirklich aufgestellt wären. Da wir demnach mit ihnen auch zum Elton-See gelangen konnten, so entschloss sich auf diese Nachricht Herr von Humboldt, nun von hier aus die Exkursion nach diesem See zu machen, wozu auch nun sogleich die Anstalten getroffen wurden. Diese bestanden hauptsächlich darin, unsere nothwendigsten Sachen in die kleinen in Russland gebräuchlichen Wagen, welche wir durch Hülfe des Polizeimeisters leicht erhielten, zu packen; denn wegen des beschwerlichen Transports unserer grossen Reisewagen über die Wolga schien es zweckmässig, dieselben in Dubowka zurück zn lassen, wohin wir doch wieder zurückkehren mussten. Um 9 Uhr war die Ueberfahrt über die Wolga schon bewerkstelligt, worauf wir dann bei schönem heiteren Wetter unsere Reise in die sich auf der Ostseite ausbreitende Steppe antraten.

Die Entfernung des Elton-See von Dubowka wird 102 Werste gerechnet. Sieben Werste von der Wolga steht noch das russische Dorf Rachinka, dann finden sich hier und da noch einzelne Meierhöfe (chutora), wo russische Bauern ihren Viehstand halten, aber auch diese werden, je ferner von der Wolga je seltener. Das Land stellt eine fast vollkommene Ebene dar, die hier und da nur etwas wellig ist, doch in der Regel einen vollkommenen Horizont wie das Meer bildet. Bei der späten Jahreszeit war die Vegetation schon grösstentheils verdorrt, der spärliche Pflanzenwuchs bestand nur aus dem niedrigen, hinkriechenden *Polygonum aviculare*, das eine ganz rothe Farbe hatte, und mehreren Arten von Chenopodien. Schon lange hatte der Salztransport, der im Frühjahr und im Sommer die Wege, die zum Salzsee führen, belebt, aufgehört, und alles um uns war öde und einsam; nur in der Ferne sahen wir häufig die flüchtigen Saiga-Antilopen einzeln oder zu kleinen Heerden versammelt, vorüberspringen, und auf und neben dem Wege rollte der heilige Käfer *Ateuchus sacer* die aus Mist geformten Kugeln, worin er seine Eier gelegt hat. Viel grösser als er selbst verbergen diese Kugeln ihn fast ganz, und nur bei genauerer Untersuchung sieht man seine Anstrengung, dieselben mit den Hinterfüssen fortzuschieben, um sie in seine unterirdische Wohnung zu wälzen. Es war dieselbe Art, die Prof. Ehrenberg in den Wüsten Afrika's gefunden hatte, die auch dort fast das einzige lebende Wesen in der Wüste bildete, und die hier wiederzufinden ihm nicht geringe Freude machte.

Von Zeit zu Zeit sind bei dem Wege kleine Brunnen angelegt, die mit Brettern eingefasst sind, und von der Regierung unterhalten werden, damit die Salzfuhrleute an ihnen ihr Vieh tränken können. Die ersten, welche wir trafen, waren 20 Werste von Rachinka entfernt, und wurden Korotkoi kolodez (die kurzen Brunnen) genannt. Es waren ihrer zwei, die beide eine gleiche Tiefe von $6\frac{1}{2}$ Faden, und eine Temperatur von 6°,2 R. bei einer Temperatur der Luft von 16°,5 hatten. Nicht viel verschieden, 6°,4 war die Temperatur eines anderen Brunnen, den wir 10

Werste weiter bei dem Golowin-chutor, dem letzten Meierhofe auf diesem Wege antrafen. Hier fanden wir auch die ersten frischen Pferde; dann wechselten wir dieselben noch dreimal; bei der fünften Station, die wir erst nach Sonnen-Untergang erreichten, trafen wir aber keine frische Pferde an, daher wir genöthigt waren, mit denselben Pferden, die wir zuletzt erhalten hatten, auch noch den übrigen Theil des Weges, im Ganzen 40 Werste, zurückzulegen. Die Nacht war kalt; der Wind hatte sich zwar vollkommen gelegt, wir hatten dadurch aber nur um so mehr in unseren niedrigen Wagen von dem Staube zu leiden, den die Pferde auf dem trockenen Boden erregten. Um 2 Uhr erreichten wir endlich den Elton-See, wo uns natürlich Niemand erwartete, und wir nur mit Mühe in einem der hier befindlichen Gebäude auf der Westseite des Sees Einlass fanden. Während des Winters, wo nicht gearbeitet wird, bleibt nur ein Beamter an Ort und Stelle, der mit einem Kosakenofficier und einigen Kosaken die Aufsicht über die Gebäude und die Salzniederlagen führt.

Am Morgen wandten wir uns sogleich zur Untersuchung des Sees, der von der Sonne beschienen vor uns lag, und wegen des überall an seinem Boden und an seinen Rändern krystallisirten Salzes wie eine grosse Eisfläche erschien. Des Abends bei untergehender Sonne soll er häufig einen goldfarbigen Schein erhalten, und davon der Name Altan Nor (der goldene See) entstanden sein, den er bei den Kalmücken führt, und woraus der russische Name Elton entstanden ist. Er hat eine elliptische Form; sein grösster Durchmesser geht von O. nach W., und beträgt 20 Werste, sein kleinster Durchmesser von S. nach N. 16, sein Umfang 47 Werste. Er ist nur ganz flach, und zwar in dem Maasse, dass man ihn überall durchwaten kann, obgleich man diess nicht mit völliger Gewissheit sagen kann, da man bis zur eigentlichen Mitte wohl noch nicht gedrungen ist. Die über den Salzlagen an seinem Boden befindliche Soole hatte jetzt kaum einen Fuss Höhe, soll aber im Frühjahr, wo sie durch den thauenden Schnee der Steppe bedeutend anschwillt, mehr als das Doppelte erreichen. Eben so flach wie der See sind auch seine Ufer; in geringer Entfernung aber vom See erhebt sich das Land ganz steil 3 bis 7 Faden hoch, und bildet auf diese Weise rund um den See einen schroffen Absturz. Von diesem steigt die Steppe wiederum, doch ganz allmählig an, so dass der See wie in dem Mittelpunkt eines grossen flachen Kessels zu liegen scheint. Nach den barometrischen Messungen von Göbel liegt er noch 6,5 Toisen unter dem Spiegel der Wolga bei Kamyschin, und nur 9,6 Toisen über dem Niveau des kaspischen Meeres [1]). Die Ufer sind an der Westseite schlammig, an der Nordseite schilfig, an der Süd- und Ostseite mehr sandig.

Der steile Absturz wird an mehreren Stellen theils von trockenen Klüften und Wasserrissen, theils von mehr oder weniger grossen Flüssen durchschnitten, die sich in den See ergiessen, und deren Zahl im Ganzen auf 8 angegeben wird. Sie enthalten alle mehr oder weniger stark gesalzenes Wasser, und sie sind es demnach, die dem See die grosse Menge Salz zugeführt haben, die sich an seinem Boden befindet, indem bei der grossen Oberfläche des Sees das Wasser im Sommer stark verdunstet, und seinen Salzgehalt an den Boden des Sees absetzt. Der beträchtlichste unter den Zuflüssen des Elton-Sees ist die Charisacha, auf der Nordseite desselben. Sie entspringt etwa 40 Werste von dem Elton-See, nicht weit von

---

[1]) Wir selbst haben darüber keine Beobachtungen angestellt, da wir unser Barometer in Dubowka zurückgelassen hatten, aus Furcht es in den leichten Wagen, in denen wir die Exkursion nach dem Elton-See machten, und in denen man nur liegen kann, zu zerbrechen.

dem Wege nach Nikolajewskaja sloboda, Saratoff gegenüber, und ihre Breite an der Mündung schätzt Göbel im Frühjahr, wo er sie sah, und wo sie noch von dem Schneewasser angeschwollen war, auf 15 Faden. Ausser dieser ist besonders noch die grosse und kleine Smoroda auf der Ost- und Südseite des Sees zu erwähnen, von denen die erste nicht viel kleiner als die Charisacha sein soll. Dessen ungeachtet ist doch diese nur der einzige von den Zuflüssen des Elton-Sees, der das ganze Jahr über Wasser behält, die übrigen versiegen sämmtlich im Verlaufe des Sommers. Ohne den steten Zufluss der Charisacha würde vielleicht auch der ganze Elton-See, wie so viele andere Salzseen der Steppe im Sommer austrocknen.

Das Salz, welches sich an dem Boden des Sees findet, bildet verschiedene übereinander liegende Lagen, die 1 bis 2 Zoll mächtig und durch feine Schlamm- und Erdlagen von einander getrennt sind. Die oberste Lage hat eine rein weisse Farbe, und besteht aus lose zusammengehäuften Kochsalzwürfeln; die darauf folgenden sind fester, von lichte röthlichweisser Farbe, die sich aber verliert und ausblasst, wenn das Salz einige Zeit an der Luft liegt; dann folgen graue Lagen, die ihre Farbe von eingemengtem Schlamm erhalten haben, und zuletzt schwarze Lagen, welche so fest sein sollen, dass sie nur schwer zu durchbrechen sind. Diese finden sich noch 2 Faden unter der obersten Lage; wie weit sie noch nach unten fortsetzen, ist nicht bekannt, denn zu einer grössern Tiefe als der genannten war man mit einem kleinen Schachte, den man im Jahr 1805 in dem See, 2 Werste von seinem Ufer, zur Erforschung der Mächtigkeit der Salzlagen abgeteuft hatte, wegen der zu stark zudringenden Wasser und der stinkenden bösen Wetter in dem Schachte nicht gekommen.

Der Boden um den See besteht, wie an dem steilen Absturz zu sehen ist, aus Lehm, der eine Menge kleiner Gypskrystalle eingewachsen enthält, die linsenförmig, von 4 bis 5 Linien Durchmesser auf der Oberfläche matt, im Innern aber vollkommen spaltbar und glänzend sind. Sie finden sich theils einzeln, theils in ähnlichen Zwillingskrystallen, wie die vom Montmartre bei Paris, theils in kleinen unregelmässigen Gruppen. Pallas giebt auch in dem Lehme Versteinerungen von Kammmuscheln an, wie sie sich noch in dem kaspischen Meere finden sollen, doch haben wir diese nicht bemerkt, und ebenso wenig Göbel, der nach uns den See besucht hat. Unter dem Lehme liegt eine 2 Faden mächtige Schicht blauen Thons, der wahrscheinlich das Bette des Sees bildet, worauf dann eine Sandlage folgt, die süsses Wasser enthält. So war wenigstens die Beschaffenheit des Bodens, wie man sie nach Pallas Berichte beim Graben eines Brunnens auf der Westseite des Sees beobachtet hat. Im Ganzen befinden sich jetzt hier 14 Brunnen, die alle vortreffliches trinkbares Wasser liefern und wahrscheinlich auch alle wie der bei Pallas Besuche gegrabene Brunnen bis zum Sande gehen. Hiernach und nach den vielen Salzkräutern zu urtheilen, die um den See wachsen, scheint der Lehmboden eine salzige Beschaffenheit zu haben, doch mag diess auch nur in der Nähe des Sees der Fall sein, da nur 3 Werste westlich von ihm sich ein kleiner See befindet, der süsses Wasser und danach auch den Namen des süssen Sees (Presnoje osero) erhalten hat [1]). In einiger Entfernung vom Elton-See kommt auch festes anstehendes Gestein vor, denn solches beobachtete Göbel 2 Werste nordwestlich vom See in einer kleinen Schlucht, in welcher die Quellen des kleinen Baches Gorkoi Jerik entspringen, der sich etwa 15 bis 20 Werste von den Wohngebäuden am Elton-See in diesen ergiesst. Es besteht aus rothem Sandstein, der die 3 bis 5 Fa-

[1]) Er liegt nach Erdmann 17 Faden höher als der Elton-See.

den hohe Wände der Schlucht bildet, und auf der Oberfläche von einer 2 Fuss hohen dicken Schicht gelben Thons bedeckt ist. Wahrscheinlich müssen doch auch in der Nähe Steinsalzmassen liegen, aus denen die Quellen der Zuflüsse des Elton den Salzgehalt entnehmen, den sie enthalten.

Das Wasser des Elton-Sees stellt eine ganz concentrirte Soole dar, die wohl bei anhaltendem Regen, oder im Frühling nach Schmelzung des Schnees etwas verdünnt erscheinen kann, aber sich doch bald durch Auflösung des am Boden befindlichen Salzes sättigen muss. Sie sieht etwas trüb und gelblich aus, fühlt sich fettig und ölartig an, und röthet das Lakmuspapier nicht. Auf der Oberfläche des Sees sahen wir häufig einzelne Krystalle oder kleine Krystallgruppen von Bittersalz schwimmen, andere grössere waren aus dem Wasser schon herauskrystallisirt. In den kleinen Vertiefungen am Ufer, die beim Zurücktreten des Wassers gefüllt geblieben, und später ausgetrocknet waren, hatte sich ein äusserer Kreis von Gypskrystallen von derselben Beschaffenheit wie sie in dem Lehm des Ufers vorkommen, und sodann ein zweiter von Kochsalzkrystallen gebildet, und im Innern lag eine weisse erdartige Masse, die wahrscheinlich zerfallenes Bittersalz war.

Hieraus folgt schon, dass in dem Wasser vom Elton-See schwefelsaure Bittererde, schwefelsaure Kalkerde und Chlornatrium enthalten ist; indessen sind diess, wie aus den damit angestellten Analysen hervorgeht, nicht die einzigen Bestandtheile. Wir besitzen jetzt 3 Analysen des Elton-Wassers, nämlich die der Prof. Erdmann, Heinrich Rose und Göbel [1]). H. Rose untersuchte das von uns mitge-

[1]) Sie sind ausführlich beschrieben in den Beiträgen zur Kenntniss des Innern von Russland Th. II S. 252, in Poggendorffs Annalen der Physik und Chemie. B. XXXV S. 169. und in der Reise in die Steppen des südlichen Russlands Th. II S. I.

brachte Wasser, Erdmann und Göbel das, was sie selbst bei ihren Besuchen im August 1815 und im April 1835 geschöpft hatten. In dem Folgenden sind die Resultate dieser 3 Analysen zusammengestellt.

	Erdmann	H. Rose.	Göbel.
Chlornatrium	7,135	3,83	13,124
Chlorkalium	—	0,23	0,222
Chlormagnesium	16,539	19,75	10,542
Brommagnesium	—	—	0,007
Schwefelsaure Talkerde	1,858	5,32	1,665
Schwefelsaures Natron	0,384	—	—
Schwefelsaure Kalkerde	0,036	—	—
Kohlensaure Talkerde	0,038	—	—
Extractivstoff	0,505	—	—
Wasser	73,505	70,87	74,440 [1])
	100,000	100,00	100,000

Die Menge der in dem Elton-Wasser enthaltenen festen Bestandtheile beträgt nach diesen 3 Analysen 26,495; 29,13; und 25,656 pCt. Das specifische Gewicht des Wassers fand Erdmann 1,208; H. Rose 1,27268 (bei 9°,5 R.); Göbel 1,21879 (bei 14° R.).

Das Kochsalz vom Boden des Sees, wie es in den Magazinen von Pokrowskaja verkauft wird, fand Göbel bestehend aus:

Chlornatrium	96,59
Chlorkalium	0,01
Chlormagnesium	0,13
Schwefelsaurer Kalkerde	1,01
Mechanischen Beimengungen [2])	0,37
Wasser	1,87
	100,01

Geringe Mengen von schwefelsaurer Kalkerde fand auch mein Bruder in mehreren Proben Kochsalz vom Elton-See, das ich mitbrachte.

[1]) H. Rose und Göbel fanden nur Spuren organischer Substanz.

[2]) Bestehend aus Sand, Thon, kohlensaurer Kalkerde, Gyps und organischer Substanz.

Göbel untersuchte auch das Wasser der Charisacha und des Gorkoi Jerik; ersteres war 800 Schritt von der Mündung geschöpft; es war klar und durchsichtig, von stark und rein salzigem Geschmack und sein spec. Gewicht 1,03515 bei 14° R. Das Wasser des Gorkoi Jerik war nicht weit von seinen Quellen, 2 Werste vom See geschöpft; es war rein, aber nur schwach salzig, und sein spec. Gewicht bei 14° R. 1,01520. Es fanden sich in dem Wasser:

	der Charisacha	des Gorkoi Jerik
Chlornatrium	4,0650	1,6834
Chlormagnesium	0,5200	0,1646
Chlorcalcium	—	0,2068
Schwefelsaure Talkerde	0,2827	—
Schwefelsaure Kalkerde	0,1238	—
Wasser	95,0085	97,9452
	100,0000	100,0000

Das Wasser der Charisacha enthält demnach 4,9915, das des Gorkoi-Jerik 2,0548 pC. feste Bestandtheile.

Vergleicht man die Resultate der Analysen des Elton-Wassers unter einander, so findet man unter ihnen allerdings einen grossen Unterschied, doch hat man den hauptsächlichsten Grund nicht in Fehlern der Analyse, sondern in den nach der verschiedenen Jahreszeit und selbst Tageszeit verschiedenen Beschaffenheit des Wassers zu suchen. Die hauptsächlichsten Bestandtheile der Soole sind nach allen Analysen Natron, Talkerde, Chlorwasserstoffsäure und Schwefelsäure, und die vier Salze, die hiernach möglicher Weise in dem Wasser enthalten sein können, Chlornatrium, Chlormagnesium, schwefelsaures Natron und schwefelsaure Talkerde. Mein Bruder und später Göbel haben aber kein Glaubersalz in der Soole angenommen, da sich dasselbe beim Abdampfen der Soole bei gelinder Hitze nicht absetzt, sich nur bei einer Temperatur von mehreren Graden unter dem Gefrierpunkt bildet, und in der im Sommer und Herbst geschöpften Soole also nicht vorhanden ist. Sie nahmen an, dass die ganze Menge der gefundenen Schwefelsäure mit Talkerde zu neutraler schwefelsaurer Talkerde verbunden sei; das Magnesium der übrig bleibenden Talkerde, und das erhaltene Natrium waren dann gerade hinreichend, mit dem vorhandenen Chlor Chlormagnesium und Chlornatrium zu bilden. Im Frühjahr wird die Menge des Chlornatriums ausserordentlich zunehmen, indem dann durch den schmelzenden Schnee der Steppe eine Menge reines Wasser dem See zugeführt wird, welches das am Boden vorhandene Kochsalz bis zur Sättigung auflöst. Da aber das Bittersalz wohl bei mittlerer Temperatur von ziemlich gleicher Auflöslichkeit in Wasser wie das Kochsalz ist, bei einer höhern Temperatur aber viel auflöslicher ist, als bei einer niedrigern, während das Kochsalz in heissem und kaltem Wasser ziemlich gleich auflöslich ist, so wird sich im Sommer, bei fortgesetzter Verdunstung des Wassers, nur Kochsalz niederschlagen, und wenn sich in kühleren Sommernächten auch etwas Bittersalz ausscheidet, wie diess schon Pallas beobachtete, so wird sich dasselbe doch während des Tages wieder auflösen. Im Herbst krystallisirt dann schon viel Bittersalz, wie wir überall bemerkten, und im Winter wahrscheinlich durch wechselseitigen Austausch und unter Bildung von Chlormagnesium, Glaubersalz.

Hieraus ergiebt sich, dass das relative Verhältniss des Kochsalzes zum Bittersalze und zum Chlormagnesium im Frühjahr und im Sommer viel grösser sein wird, als im Herbste, und die Menge desselben im Verlauf des Jahres im umgekehrten Verhältniss mit der Menge des Bittersalzes und des Chlormagnesiums abnehmen wird. Diess ergeben auch im Allgemeinen die angestellten Analysen, indem hiernach das Wasser in den Monaten April, August und October an

Kochsalz 13,124; 7,135 und 3,83 pC., dagegen an Bittersalz 1,665; 1,858 und 5,32, und an Chlormagnesium 10,512; 16, 539 und 19,75 pC. enthält.

Wie sich die Beschaffenheit des Elton-Wassers in Rücksicht des verschiedenen Gehalts seiner Bestandtheile nach den Jahres- und Tageszeiten verändert, so wird sie sich auch mit dem Verlauf der Jahre verändern, und hat sich in dieser Rücksicht gewiss schon ausserordentlich verändert. Offenbar war im Anfang der Entstehung des Elton-Sees die Beschaffenheit seines Wassers von dem seiner Zuflüsse nicht verschieden, da, wie wir aus den Analysen von Göbel wissen, wenigstens das Wasser des Hauptzuflusses, der Charisacha, in qualitativer Hinsicht noch jetzt mit dem Elton-Wasser übereinstimmt [1]). Mit den Jahren musste aber der Gehalt an Bittersalz und Chlormagnesium immer mehr und mehr zunehmen, da diese Bestandtheile nur in der Soole des Sees blieben, während bei der Verdunstung des Auflösungsmittels sich nur Kochsalz ablagerte. Dieser Unterschied in dem Gehalte des Wassers ist bei der geringen Menge von Bittersalz und Chlormagnesium, die die Charisacha und wie sie vielleicht alle übrigen Flüsse dem See zuführen, in kurz hinter einander folgenden Jahren nur sehr unbedeutend, aber er würde gewiss sehr gross erscheinen, wenn man das Wasser verschiedener Jahrhunderte und Jahrtausende mit einander vergleichen könnte. Vielleicht würde er auch schon zu merken sein, wenn man mehrere Jahre hinter einander vergleichende Analysen mit Wasser anstellte, das im-

---

[1]) Das Wasser des Gorkoi-Jerik enthält zwar nach der Analyse von Göbel kein Bittersalz, doch war das untersuchte Wasser in der Nähe seiner Quellen geschöpft, und es wäre möglich, dass es in seinem weiteren Laufe durch Aufnahme von Bittersalz aus dem Boden doch bittersalzhaltig würde, und der Name Bitter-Bach (Gorkoi-Jerik), den dieser Bach erhalten, lässt diess wohl vermuthen.

mer an demselben Tage des Jahres und in derselben Stunde geschöpft ist.

Was die übrigen Verschiedenheiten in den Analysen des Elton-Wassers anbetrifft, so sind sie unbedeutend und erklären sich meistentheils leicht. Dass Erdmann kein Kali gefunden hat, liegt wohl nur daran, dass er nicht danach gesucht hat; dass H. Rose kein Brom entdecken konnte, obgleich er danach suchte, dass das Brom nur in geringer Menge in dem Elton-Wasser enthalten ist, und bei der geringen Menge von diesem Wasser, die meinem Bruder zu Gebote stand, mit Sicherheit nicht nachgewiesen werden konnte [1]. Auffallender ist der Umstand, dass Erdmann in dem Elton-Wasser etwas schwefelsaure Kalkerde angiebt, während H. Rose und Göbel in demselben nicht die geringste Menge davon entdecken konnten, aber auf der anderen Seite Göbel doch wiederum etwas schwefelsaure Kalkerde nicht allein in dem Wasser der Charisacha, sondern auch in dem am Boden des Elton-Sees abgelagerten Schlamm und Kochsalz auffand, in welchem letzteren es mein Bruder ebenfalls nachwies. Dieser Umstand, wie auch die von mir gemachte Beobachtung, dass sich in den am Rande des Sees ausgetrockneten Wassertümpeln ein äusserer Kreis von Gypskrystallen gebildet hatte, scheinen auf einen zu Zeiten selbst ziemlich beträchtlichen Gypsgehalt des Wassers schliessen zu lassen. Wahrscheinlich wird daher der Gypsgehalt, der in den sehr verdünnten Auflösungen der Zuflüsse des Elton-Sees bestehen kann, niedergeschlagen, wenn er sich mit der concentrirten Soole des Elton-Sees, in welcher er nicht auflöslich ist, vermischt; oder er bleibt nur zuweilen unter besonderen Umständen län-

---

[1]) Der erste, welcher einen Bromgehalt im Elton-Wasser bemerkte, war Hermann in Moskau. Vergl. Poggendorffs Annalen B. XL S. 634.

gere Zeit aufgelöst, wenn sich ein temporärer Gypsgehalt des Elton-Wassers bestätigen sollte.

Der Salzgehalt der Zuflüsse lässt, wie schon früher angeführt, schliessen, dass in der Umgebung des Elton-Sees Salzlager befindlich sind, aus denen die Quellwasser das Salz auflösen, das sie dem See zuführen. Da indessen das Steinsalz kein Bittersalz enthält, so hält schon Göbel es für wahrscheinlich, dass sie dieses aus dem Boden, durch welchen sie dringen, entnehmen. Der Bittersalzgehalt bleibt sich nicht in allen Seen der Steppe gleich, es findet sich darin bald in grösserer, bald in geringerer Menge, und fehlt auch zuweilen gänzlich, wie diess namentlich bei einem der 3 grossen Salzseen der Steppe, dem Baskuntschatskischen oder Bogdo-See [1]) der Fall ist. Zur Vergleichung lasse ich hiernach die Zusammensetzung seines Wassers nebst der des Inderskischen Sees nach der Analyse von Göbel folgen:

	Wasser des	
	Baskuntschatskischen Sees	Inderskischen Sees
Chlornatrium	18,9997	23,9275
Chlorkalium	0,1992	0,1014
Chlormagnesium	5,4349	1,7355
Brommagnesium	0,0065	0,0045
Schwefelsaure Talkerde	—	0,3464
Schwefelsaure Kalkerde	0,0280	0,0421
Wasser	74,3428	73,8425
	100,0000	100,0000

Das Wasser des Baskuntschatskischen hat demnach 25,657, das des Inderskischen Sees 26,157 feuerfeste Bestandtheile. Das specifische Gewicht des ersteren fand Göbel bei 14° R. = 1,23650, das des letzteren 1,20769 [2]).

[1]) Vergl. oben S. 220.

[2]) Ungeachtet das Salz des Baskuntschatskischen Sees viel reiner als das des Elton-Sees ist, wird es jetzt doch gar nicht benutzt.

Zu den reichsten Bitterseen gehören die Karrduanschen Seen, 17 kleine Seen, die in der Nähe des Kordons Karrduansk an dem Kigatsch, dem östlichsten Arme der Wolga und nicht weit von seiner Mündung liegen. Göbel besuchte im Juni 1834 nur einen derselben, doch sollen die übrigen von ganz gleicher Beschaffenheit sein. Er fand bei diesem die Soole etwa 1½ Fuss tief, und den Boden mit einer 2 Zoll dicken Lage eines blendend weissen in Würfeln krystallisirten Kochsalzes bedeckt, die im Laufe des Sommers bis zu einer Dicke von ein bis anderthalb Fuss anwachsen soll. Unter dieser Kochsalzlage befindet sich eine mehr als Fuss-tiefe Lage eines in prismatischen durchsichtigen Krystallen krystallisirten Salzes, das eine Verbindung von schwefelsaurer Talkerde und schwefelsaurem Natron ist.

Die Soole dies Sees enthält nach Göbel:

schwefelsaure Talkerde	8,2201
Chlornatrium	10,5387
Chlormagnesium	9,9124
Wasser	71,3288
	100,0000

Sie enthält demnach 28,6712 feste Bestandtheile; ihr spec. Gewicht betrug bei 14° R. 1,26881.

Das Doppelsalz am Boden des Sees enthielt:

schwefelsaures Natron	41,00
schwefelsaure Talkerde	35,18
Chlormagnesium	0,33
mit Gyps gemengte Sandkörner	1,75
Wasser	21,56

Hiernach würde ihm die Formel

$$Na\ddot{S} + Mg\ddot{S} + 4\dot{H}$$

zukommen. Das Salz verwittert an der Luft, und ist in Wasser leicht löslich. Bei einer in der Siedsitze bereiteten Auflösung zersetzte es sich, und es krystallisirte bei einer Temperatur von 10° das meiste Glaubersalz mit nur wenigem Bittersalze vermengt heraus, während die darüber stehende Flüssigkeit das übrige Bittersalz mit nur wenigem Glaubersalz enthielt. Seine Bildung scheint daher von gewissen Umständen abhängig zu sein [1]). Wahrscheinlich hat es sich im Winter durch gegenseitige Zersetzung von Bittersalz und Kochsalz gebildet, wodurch schwefelsaures Natron und Chlormagnesium entsteht. Bei der allmähligen Verdunstung im Frühjahr hat sich das schwefelsaure Natron in Verbindung mit unzersetztem Bittersalze abgeschieden, und eine Mutterlauge mit vielem Kochsalze, Chlormagnesium und wenigem Bittersalze hinterlassen, aus welcher sich dann im Sommer wie in den übrigen Seen noch weiter Kochsalz ablagert. Die Karrduanschen Seen haben keine Zuflüsse und ihr Salzgehalt ist daher nicht so unerschöpflich wie der des Elton-Sees und anderer. —

Was nun die Gewinnung des Salzes aus dem Elton-See anbetrifft, so findet diese nur auf der westlichen Seite des Sees statt, auf welcher sich auch die Wohnungen der Beamten, die hölzerne Kirche, das Wachthaus für das Kosakenpiquet, und die Erdhütten der Arbeiter befinden. Die Stellen, an welchen gebrochen wird, liegen in ziemlich weiter Entfernung vom Ufer, denn näher an demselben ist das Salz weniger rein, und in dünneren Lagen abgelagert. Um zu diesen Stellen zu gelangen und das gewonnene Salz leicht fortschaffen zu können, hat man vom Ufer aus Kanäle in den Salzgrund des Bodens gearbeitet, die mit Kähnen zu befahren, und oft 200 Faden lang sind. Diese Kanäle werden immer offen erhalten, und von dem sich in ihnen absetzenden Salze von Zeit zu Zeit gereinigt.

---

[1]) Es ist diess dasselbe Salz, welches früher von Astrachan unter dem Namen *Sal catharticum Astrachanense* viel verschickt wurde. Man könnte daher diess in der Natur fertig gebildete Salz Astrakanit nennen.

Die Art und Weise, wie das Salz gebrochen wird, ist höchst einfach. Die Arbeiter, mit grossen rindsledernen Stiefeln versehen, fahren in den Kähnen bis zu den Orten, wo sie zu brechen angewiesen sind, steigen dann in den See hinein und stossen paarweise neben einander stehend, mit hölzernen Stangen, die unten mit eisernen Spitzen beschlagen sind, Stücke von der Salzkruste am Boden des Sees ab, die sie sodann zerschlagen, zusammenschaufeln, mit der Soole vom Schlamme rein waschen, und in die Kähne laden. Man stösst nur die obere 5 Zoll dicke Kruste ab, die darunter liegenden Lagen, die mit Schlamm zu sehr verunreinigt sind, werden nicht benutzt. In den Kähnen wird das Salz zum Ufer geführt, und dort ausgeladen und in grosse prismatische Haufen zusammengestürzt, die man unbedeckt stehen lässt, bis sie dann weiter verfahren, und in die Magazine von Nikolajewskaja und Pokrowskaja, Kamyschin und Saratoff gegenüber gebracht werden. Die Lücken, die durch das Wegbrechen in der Salzkruste des Bodens entstehen, werden durch neuen Absatz bald wieder ausgefüllt, so dass eine Verminderung nicht zu bemerken ist, und die Masse des in dem Elton-See enthaltenen Salzes unerschöpflich genannt werden kann.

Das Brechen des Salzes geschieht durch freie Arbeiter, die von der Regierung gemiethet werden, und von Anfang Mai bis Mitte Septembers die Arbeit fortsetzen. Hier hört man auf, weil sich nun schon zu viel Bittersalz niederschlägt, welches das Kochsalz verunreinigt. Die Anzahl der Arbeiter richtet sich nach dem jedesmaligem Bedürfniss und dem Zustand der Bestände, und beträgt 5 bis 15 Hundert Mann. 2 Mann können bei günstiger Witterung täglich 600 Pud Salz liefern. Das gebrochene Salz wird von den Arbeitern nach dem Gewicht angenommen, und jedes Pud ihnen mit 3 Kopeken bezahlt. Zur Direction des

Ganzen ist ein Inspector mit 6 Aufsehern und 8 anderen Beamten angestellt.

Das Transportiren des Salzes vom See zu den Kronsmagazinen geschah früher durch besondere Fuhrleute, die sich in verschiedenen Dörfern an dem linken Wolga-Ufer angesiedelt hatten, und das Pud Salz für ein bestimmtes, sehr niedriges Fuhrlohn zu liefern sich verpflichtet hatten, wofür sie von der Rekrutenstellung und den übrigen Abgaben der Kronsbauern befreit waren, und bei ihrer Ansiedelung ein bestimmtes Stück Ackerland erhielten. Seit 1828 fand es aber die Krone bei der zunehmenden Bevölkerung jener Dörfer für angemessen, die Ausfuhr von Salz durch freie Fuhrleute zu bewerkstelligen, daher denn jene Dörfer von ihrer Obliegenheit befreit und in den Stand der Kronsbauern versetzt wurden.

Die von der Krone zur Gewinnung und zum Transport des Salzes am Elton-See getroffenen Einrichtungen bestehen erst seit dem Jahr 1747. Vor dieser Zeit beschäftigten sich die Bewohner von Kamyschin und Saratoff selbst damit; sie zahlten für jedes Pud Salz zu Saratoff 3 Kopeken Zoll, und verkauften dasselbe in den nahe gelegenen Provinzen. Im Anfang der von der Krone eingesetzten besonderen Verwaltung betrug die jährliche Ausfuhr vom Elton-See nur 13,500 Pud; sie vergrösserte sich aber allmählig, und stieg im Jahre 1807 bis auf 10 Millionen. Seit dieser Zeit verminderte sie sich durch Benutzung anderer Quellen wieder, beträgt aber immer noch 1 bis 3 Millionen Pud. Vom Jahre 1747 bis 1833, also im Verlauf von 86 Jahren, wurden vom Elton-See an die Magazine an der Wolga 366 Millionen Pud Salz geliefert, was eine durchschnittliche Ausfuhr von mehr als 4 Millionen Pud des Jahres ausmacht [1]).

---

[1]) Ausführlichere statistische und öconomische Nachrichten über

Nach den von Göbel mitgetheilten Tabellen wurden im Jahre 1832

am Elton-See an Salz gebrochen	2,096,482 Pud
an die Kronsniederlagen am Elton-See und in Pokrowskaja und Nicolajewskaja abgeliefert	1,645,528 [1]) -
in Saratoff und Kamyschin verkauft	2,214,137 [2]) -

Die Selbstkosten für das Pud betrugen der Regierung in Saratoff 30¼, in Kamyschin 23½ Kopeken; der Verkaufspreis für das Pud betrug in Saratoff 1 Rubel 30 Kop.; in Kamyschin 1 Rubel 20 Kop.; der reine Gewinn der Krone nach Abzug sämmtlicher Ausgaben 2,165,807 Rubel [3]).

---

die Gewinnung des Koch-Salzes aus dem Elton-See findet man in Erdmann's Beiträgen Th. II S. 244 und in Göbel's Reise Th. I S. 314, woraus die oben mitgetheilten Nachrichten zum Theil entnommen sind.

[1]) Das Uebrige blieb in den Niederlagen der Arbeiter liegen.

[2]) Der Ueberschuss rührte von den stets vorhandenen Beständen der früheren Jahre her.

[3]) Um zu sehen, in welchem Verhältniss die Salzgewinnung am Elton-See zu der im übrigen russischen Reiche steht, lasse ich hier noch eine Uebersicht der Production der wichtigsten übrigen russischen Salzwerke folgen, wie sie im Jahre 1832 statt gehabt hat und in dem *Annuaire du Journal des mines de Russie* Th. I Tabelle 15 angegeben ist. Es lieferten hiernach:

1. Die Salzwerke	
von dem Gouvernement Perm	
die Privatwerke	5,099,563 Pud
die Kronswerke	696,976 -
von Ledenga im Gouv. Wologda	108,090 -
von Staraja-Russa im Gouv. Nowgorod	131,133 -
von Irkutzk im Gouv. Irkutzk	167,139 -
2. Die Salzseen	
von Astrachan und dem Kaukasus	1,261,388 -
von Bessarabien	349,535 -
vom Gouvernement Taurien, nämlich	
von Perecop	7,261,992 -
- Jenitsche	2,217,642 -
- Kinburn	41,112 -
- Kertsch	1,311,858 -

Die Soole des Elton-Sees wird jetzt noch eben so wenig, wie die der übrigen Salzseen benutzt, obgleich sie doch mit vielem Vortheil auf Soda vermittelst der Fabrikation von Glaubersalz, und auf Magnesia alba angewandt werden könnte. Wenn man eine Auflösung von 2 Theilen Bittersalz und 1 Theil Kochsalz einer Temperatur von — 3° aussetzt, so schiesst Glaubersalz an, und Chlormagnesium bleibt in der Flüssigkeit aufgelöst. Ein solches Verhältniss von Bittersalz und Kochsalz würde man im Winter aus der Soole des Elton-Sees, wenn es dann nicht schon vorhanden ist, durch Zusatz von Kochsalz leicht darstellen, und auf diese Weise also auch Glaubersalz gewinnen können. Aus diesem würde dann das kohlensaure Natron darzustellen sein, dessen Bereitung im Grossen bekanntlich auf keine Weise leichter und vortheilhafter auszuführen ist, als aus dem Glaubersalz, so dass man sich ihrer auch in Frankreich und England noch mit grossem Vortheil bedient, wo man sich erst mit vielen Kosten das Glaubersalz aus dem Kochsalz durch Zersetzung mittelst Schwefelsäure bereiten muss. Allerdings würde diese letztere Operation am zweckmässigsten in Saratoff, Kamyschin oder einem anderen Orte an der Wolga auszuführen sein, da man am Elton kein Brennmaterial hat, doch würde das Glaubersalz eben so gut wie das Kochsalz nach der Wolga gebracht werden können.

Wenn man bedenkt, wie die Soda fast zu jedem

---

von Eupatoria	1,031,835 Pud
vom Elton See im Gouv. Saratoff	1,285,330 [1] -
§ 3. Der Salzstock	
von Ilezk im Gouv. Orenburg	732,519 -
die übrigen Salzwerke und Salzseen	203,363 -
Die ganze Salzproduction des russiseher Reiches im Jahre 1833 betrug demnach	21,899,475 -

---

[1]) Diese Angabe weicht, wie man sieht, bedeutend von der oben angegebenen ab, wovon ich den Grund nicht angeben kann.

technischen Zwecke, zur Seifensiederei, Glasfabrikation und Färberei die Pottasche nicht allein ersetzt, sondern sogar übertrifft, so begreift man leicht die grosse Wichtigkeit, welche die Sodafabrikation für Russland haben muss, wo die Pottasche einen bedeutenden Ausfuhrartikel ausmacht. Mit der Abnahme der Wälder muss diese nothwendig im Preise steigen, so dass vorherzusehen ist, dass die Soda bei ihrer grossen Anwendbarkeit, zumal da sie bei ihrer leichten Fabrikation auch zu einem geringeren Preise wird darzustellen sein, die Pottasche mit der Zeit ganz aus dem russischen Handel verdrängen wird. Diess kann aber nur zum Vortheil der russischen Wälder sein, die allerdings in einigen Gegenden noch in Ueberfluss vorhanden sind, in anderen dagegen schon so abgenommen haben, dass der Mangel an Holz sehr fühlbar geworden ist.

Das bei der Bereitung des Glaubersalzes in der Mutterlauge zurückbleibende Chlormagnesium könnte mit Vortheil auf Magnesia alba benutzt werden, welches auch unmittelbar aus dem Bittersalze gemacht werden könnte, indem man die Fabrikation mit der der Soda verbindet und das Bittersalz durch kohlensaures Natron zersetzt, wobei man wieder Glaubersalz erhielte. Die Magnesia alba wird in Russland jetzt gänzlich aus dem Auslande bezogen, und die dafür ausgegebenen Summen könnten daher auch gänzlich der inländischen Industrie zugewendet werden.

Vielleicht wären noch andere Salzseen des südichen Russlands durch vortheilhaftere Lage, oder eine grössere Menge von darin enthaltenem Bittersalze zur Bereitung von Soda noch geeigneter als der Elton-See, und Göbel macht namentlich auf die Karrduanschen Seen am Kigatsch aufmerksam, die ganz in der Nähe von Astrachan gelegen, an ihrem Boden schon fertig gebildetes Glaubersalz in ausserordentlicher Menge enthalten. Die Benutzung dieser ungeheuren Naturschätze, die jetzt noch unbenutzt da liegen, ist schon mehrfach angeregt, wie namentlich von Erdmann und von Göbel, und gewiss wird die zur Belebung der inländischen Industrie so thätige russische Regierung diesen so wichtigen Gegenstand nicht lange mehr unbeachtet lassen. —

Wir brachten den Vormittag des 8. Octobers mit der Besichtigung des Sees zu. Wir fuhren mit einigen Leuten auf den Kanälen in den See hinein, liessen uns hier die Gewinnung des Salzes zeigen, wobei die Leute mit blossen Füssen in den See stiegen, füllten mit der Soole, die eine Temperatur von 9°,3 R. hatte, eine Flasche, die mit einem gut schliessenden Korke verschlossen wurde, um sie zur Analyse mitzunehmen, und sammelten Proben von dem Salz. Wir gingen sodann an den Ufern des Sees entlang, um auch diese kennen zu lernen. An dem Rande des Sees lag eine unzählbare Menge von Käfern und Insekten, besonders Heuschrecken, die von den Stürmen in den See geworfen, hier aber vollkommen erhalten waren. Man hatte hier fast eine vollkommene Fauna der Steppe, und Prof. Ehrenberg sammelte von diesen in dem See umgekommenen Käfer und Insekten fast 200 Species. Auch Vögel befanden sich unter diesen Thieren; und diese sollen auch nicht selten noch lebend gefangen werden, wenn sie sich auf dem See niederlassen, indem sie, wenn ihr Gefieder mit der Salzsoole getränkt ist, sich nicht wieder erheben können. Nachdem wir nun noch die übrige Einrichtung am Elton-See kennen gelernt, Herr von Humboldt zur Bestimmung der Lage des Elton-Sees einige Sonnenhöhen genommen, und Prof. Ehrenberg das Skelett einer Saiga-Antilope, die er von dem Kosaken-Officier erhalten, soweit präparirt hatte, dass es mitgenommen werden konnte, verliessen wir den Elton-See, und kehrten auf demselben Wege, auf welchem wir gekommen, wieder zur Wolga zurück. Auf der letzten Station ereignete sich noch ein kleiner Unfall, indem nämlich ein Rad und die hölzerne Axe des Wagens, worin Herr von Humboldt fuhr, plötzlich zu brennen anfing. Glücklicher Weise geschah diess aber nicht weit von einem Brunnen, so dass die Flammen bald gelöscht, und Axe und Rad nicht so beschädigt wurden, dass, nachdem sie neu betheert waren, man sich ihrer nicht noch bis zur Erreichung der Wolga, die ohnehin nicht mehr sehr entfernt war, hätte bedienen können. So ging dieser Unfall noch ohne grösseren Aufenthalt vorüber. Um 6 Uhr Morgens waren wir an der Wolga, wo wir die schon bestellten Kähne vorfanden, auf denen wir nach Dubowka übersetzten.

In Dubowka verweilten wir nur noch so lange, als nöthig war, um unsere Sachen zu ordnen, worauf wir unsern Weg sogleich weiter fortsetzten. Dieser ging noch immer an dem hohen Ufer der Wolga entlang, und führte nach zwei Stationen zu der Kreisstadt und Festung Zarizyn, welche hart an dem hohen Ufer liegt. Sie ist demnach auf dieser Seite durch die Wolga gedeckt, auf der anderen aber mit Wall und Graben umgeben. Die Festungswerke sind nur unbedeutend, waren aber doch hinreichend, die Rebellen unter Pugatscheff aufzuhalten, welche die Festung 1774 belagerten, ohne sie einnehmen zu können. Die Stadt selbst ist schon alt, und wurde von Iwan II. gleich nach der Eroberung von Astrachan angelegt, aber erst durch Peter den Grossen auf ihre jetzige feste Stellung in einer Höhe von 40 Faden über dem Spiegel der Wolga versetzt. Er bestimmte sie zu einer Hauptfestung des Reiches an der unteren Wolga gegen die in den kaspischen Steppen nomadisirenden Völker, und führte von hier aus 60 Werste in nordwestlicher Richtung zum Don die sogenannte Zarizynsche Linie, von der man noch Ueberreste sieht. Zur Belebung ihres Muthes liess er den Einwohnern von

Zarizyn den Hut und Stock zurück, den er eben trug, als er bei ihnen war, und beide werden noch jetzt auf dem Rathhause aufbewahrt. Wir besahen diese Merkwürdigkeiten, während umgespannt wurde, und erfreuten uns beim Hingehen nach dem Rathhause des Anblicks der vielen schönen Arbusen, die auf dem Markte ausgeboten wurden. Sie gedeihen in den Umgebungen von Zarizyn zu vorzüglicher Güte und sind schon ein Zeichen der südlicheren Natur der Gegend.

Unterhalb Zarizyn verlässt die Wolga ihre bisherige südwestliche Richtung, und sich fast unter einem rechten Winkel nach Südosten zum kaspischen Meere wendend, tritt sie in die Steppe selbst ein, an deren westlichem Rande sie von Kamyschin an geflossen ist, während die begleitende Hügelkette in unveränderter Richtung noch weiter nach Süden fortsetzt, und den Westrand der sich nun zu beiden Seiten der Wolga ausbreitenden Steppe zu bilden fortfährt. An ihrer Biegung nimmt sie in ihre linke Seite noch die Sarpa auf, die in gerade entgegengesetzter Richtung, wie sie bisher selbst, am Fusse der südlich fortstreichenden Hügelkette hinfliesst, worauf sie den noch mehr als 50 Meilen bis zum Meere betragenden Weg ohne alle weiteren Zuflüsse zurücklegt [1]. Bei geringem Falle setzt sie langsam, wie vom langen Lauf ermüdet, ihren Weg fort, und sendet dabei von ihrer Linken unzählige Arme aus, die sich abwechselnd wieder theilend und vereinigend, ein gegen 40 Werste breites Flussnetz bilden, das auf der rechten Seite von dem Hauptstrome selbst, auf seiner linken von der Achtuba, dem sich schon oberhalb Zarizyn losziehenden Hauptnebenarme der Wolga begränzt wird, bis sich dieselbe mit mehr als 70 Mündungen in das Meer

[1]) Der letzte linke Zufluss mit seiner begleitenden Hügelkette begränzt hier den westlichen Rand der Steppe, wie oberhalb Kamyschin der letzte rechte Nebenfluss, der Jeruslan, den nordwestlichen Rand derselben.

ergiesst. Die vielen Inseln, welche die Wolga-Arme umschliessen, werden zum grossen Theil von den Frühlingsfluthen überschwemmt, wo die Wolga mit der Achtuba nur eine grosse Wassermasse bildet, und treten nur bei dem niedrigen Wasserstande hervor, wo sie die vortrefflichsten Weiden abgeben.

Je trauriger im Ganzen das Bild ist, das im Herbste die Steppe darbietet, wo Tulpen und Iris, der reizende Schmuck der Frühlingsflora, durch die alles zerstörende Hitze und Dürre des Sommers längst verdorrt sind, und graue Artemisien in trauriger Einförmigkeit den Boden bedecken, desto überraschender ist von dieser Seite her der Eintritt in dieselbe; denn hier liegt noch diesseits der Sarpa, und am Fusse der Sarpaschen Hügelkette das freundliche Städtchen Sarepta, die letzte deutsche Kolonie auf diesem Wege. Es ist eine Ansiedlung der mährischen Brüder, von der nämlichen Art, wie überall in Deutschland, aber die deutsche Bauart der Häuser, die geraden, reinlichen mit italienischen Pappeln besetzten Strassen, der freundliche Markt in der Mitte der Stadt, mit dem Springbrunnen darauf und der Kirche an demselben, alles dieses machte einen um so tiefern und angenehmern Eindruck auf uns, als wir lange auf den fast baumlosen Höhen der Wolga gefahren waren, und keine oder nur die baumlosen russischen Dörfer und Städte gesehen hatten. Wir hörten wieder die deutsche Sprache, sahen überall deutsche Einrichtungen und glaubten wieder unter Landsleuten zu sein. Auch fanden wir einen guten reinlichen Gasthof und in demselben manche lang entbehrte Bequemlichkeit.

Wir waren etwa um 4 Uhr Nachmittags hier angekommen, und trafen schon den Herrn Hofrath Engelke hier an, der die Exkursion nach dem Elton-See nicht mitgemacht hatte, und uns voraus nach Sarepta geeilt war. Er machte uns mit den Vorstehern der Gemeinde, den Herren Langerfeld und Zwick bekannt, die Theil an unserem Mittagsmahle nehmend und den übrigen Abend bei uns verweilend, uns von dem Zustande und den Einrichtungen der Kolonie unterrichteten. Die Kolonisten beschäftigen sich hauptsächlich mit Webereien aller Art, mit der Fabrikation von Schnupftaback, Senf, Liqueuren u. s. w., mit welchen Fabrikaten sie einen ausgebreiteten Handel, selbst mit den Kalmücken und den donischen Kosaken treiben, wie sie auch Niederlagen derselben in Saratoff, Moskau und anderen grösseren Städten unterhalten. Ausserdem treiben sie viel Viehzucht; Ackerbau jedoch nur wenig, da die salzige Beschaffenheit des Bodens und die Dürre des Klimas [1]) demselben nicht günstig sind, haben aber alle kleinere und grössere Gärten hinter ihren Häusern, in denen sie Taback, Obst und Wein ziehen, und aus letzterem selbst ein ziemlich gutes Getränk bereiten. Die Kolonie wurde in Folge einer Einladung der Kaiserin Katharina II. an die deutschen Herrnhuter-Gemeinden zur Ansiedlung an der Wolga im Jahre 1765 unter besonderen Privilegien und Begünstigungen angelegt, und gelangte bald dadurch, wie durch die gute Verwaltung ihrer Vorsteher und durch die Fabrikation einer Menge Artikel, die in diesem Theile von Russland noch unbekannt oder schwer zu erhalten waren, so wie auch durch den Handel mit den angränzenden Kalmücken zu einem blühenden Zustande. In der neueren Zeit hat sich der Absatz ihrer Fabrikate, und damit eine ihrer Haupterwerbsquellen sehr vermindert, indem die früher von dieser Gemeinde allein verfertigten Artikel nun auch in Saratoff, Astrachan und anderen Orten angefertigt wurden, und hierdurch, wie auch durch

---

[1]) Schon gegen das Ende des Mai's tritt, wie uns Hr. Zwick berichtete, in Sarepta eine sengende Hitze ein, die die Temperatur wochenlang auf 30° R. erhält, während austrocknende Ostwinde jede Spur von Wolkenbildung verhindern und kein Tropfen Regen die lechzende Natur erquickt. Dann verdorren alle Pflanzen, und die Steppe gewährt den Anblick einer fürchterlichen Einöde.

andere directe Verluste, durch den Banquerut von Handlungshäusern, bei denen sie ihr Vermögen angelegt hatte, durch wiederholte grosse Feuersbrünste, wie noch zuletzt im Jahre 1823, deren traurige Wirkungen wir noch jetzt in den Trümmern einer Menge von Gebäuden sahen, hat der Wohlstand der Kolonie sehr abgenommen, was bei den Schwierigkeiten, mit denen sie fortdauernd kämpfen muss, und die in der Beschaffenheit des Bodens und des Klima's, sowie in ihrer Abgeschiedenheit von der übrigen gebildeten Welt liegen, eine Niedergeschlagenheit unter ihren Mitgliedern hervorgebracht hat, die wir sowohl heute als auch am folgenden Tage zu bemerken häufig Gelegenheit hatten.

Am folgenden Tage lernten wir auch die übrigen Beamten der Kolonie, den Pastor Herrn Nitschmann, den Apotheker Herrn Wunderlich, und den Stadtvogt (Polizeimeister) Herrn Hamel kennen. Wir wurden sodann von den Vorstehern in das Bethaus, das Brüder- und Schwesternhaus, die Niederlage ihrer Fabrikate und in die Apotheke geführt, und sahen die Einrichtungen der Kolonie, die von derselben Art sind wie bei den übrigen Herrnhutern.

Von sehr grossem Interesse waren aber für uns die schönen, ganz localen Privat-Sammlungen des Herrn Zwick, die derselbe uns darauf zu zeigen und zu erklären die Güte hatte, und die sich auf die Steppe und ihre Bewohner, die Kalmücken, bezogen, unter denen Herr Zwick lange als Missionar gelebt hatte, und noch zuletzt im Jahre 1823 im Auftrag der russischen Bibel-Gesellschaft herumgereist war [1]). Bei diesem vielfachen Verkehr, und seiner

[1]) Herr Zwick hat diese letzte Reise in einem besonderen kleinen, recht interessanten Werke beschrieben, welches den Titel führt: Reise von Sarepta in verschiedene Kalmücken-Horden des astrachanischen Gouvernements im Jahre 1823 von H. A. Zwick und J. G. Schill, und von ersterem beschrieben. Der Zweck die-

vollkommenen Kenntniss der Sprache und Sitten der Kalmücken hatte Herr **Zwick** daher Gelegenheit gehabt, eine Menge Gegenstände zu sammeln, die einen wichtigen Beitrag zur Kenntniss dieses merkwürdigen Volkes geben. Wir sahen hier eine vollständige Sammlung aller zur Ausübung ihres Gottesdienstes gebräuchlichen Geräthschaften, ihre Götzenbilder, ihre geschriebenen Gebete, wie auch andere Kuriositäten. Die Götzenbilder sind aus Kupfer gegossen und vergoldet, meistentheils nur klein, selten einen Fuss gross und aus den Beschreibungen und Abbildungen von **Pallas** hinreichend bekannt. Die Gebete sind alle in tibetanischer Sprache [1]) geschrieben, da sich dieser Sprache allein die Priester bei ihrem Gottesdienste bedienen, obgleich sie dem gemeinen Kalmücken ganz unverständlich ist, und die Priester sie oft selbst nicht verstehen. Sie sind gewöhnlich auf lange Streifen eines baumwollenen Zeuges geschrieben, damit sie an hohe Stangen befestigt, vom Winde recht bewegt werden können; denn sie werden bei dem Gottesdienste von den kalmückischen Priestern nicht abgelesen und hergesagt, sondern man lässt sie auf die angegebene Weise wie Flaggen im Winde flattern, indem die Kalmücken der Meinung sind, dass die Bewegung der geschriebenen Gebete eben so wirksam sei, als das Hersagen derselben. Die meisten der angeführten Gegenstände kann man sich nur schwer verschaffen, da sie nicht durch Tausch oder Kauf, sondern nur als Geschenk zu erhalten, und die Kalmücken damit nicht

ser Reise war die Vertheilung von Bibeln unter den Kalmücken, indem nämlich hierauf allein die Thätigkeit der Herrnhuter in Ausbreitung der christlichen Religion beschränkt wurde, seitdem es im Jahre 1822 von der Regierung bestimmt ausgesprochen war, dass die Kalmücken nur zur griechischen Kirche bekehrt werden dürften.

[1]) Sie hat in den Schriftzügen Aehnlichkeit mit der hebräischen Sprache, wird aber umgekehrt wie diese, von der linken zur rechten geschrieben.

freigebig sind; die geschriebenen Gebete aber hat man bei Bereisung der Steppe öfter Gelegenheit zu sammeln, da die Kalmücken sie oft in Menge in die Kapellen oder Zaza's legen, die sie mitten in der Steppe denjenigen ihrer Lama's oder Oberpriester nach ihrem Tode erbauen, die sich im Leben durch besondere Heiligkeit ausgezeichnet haben. Diese Zaza's sind nur klein, viereckig, und von Ziegelsteinen aufgeführt, die mit Mörtel verbunden sind, worunter man die Asche von dem verbrannten Körper des Lama gemischt hat; sie haben in einiger Entfernung vom Boden eine kleine Oeffnung, durch welche man zur Noth hineinsteigen kann. Die Kalmücken lassen die hineingelegten Gebete unberührt liegen, die darin verrotten, wenn sie nicht von anderen Personen fortgenommen werden.

Ausser diesen kalmückischen Merkwürdigkeiten besitzt Herr Zwick noch eine wichtige Sammlung von orientalischen Münzen [1]), von denen ein grosser Theil unter den Ruinen der tatarischen Städte an der linken Seite der Achtuba [2]) gefunden ist, so wie auch

---

[1]) Prof. Göbel giebt in seiner Reise (Th. I S. 227) einen Katalog dieser Münzen, und führt auch an, dass Herr Zwick im Jahre 1836 nach Deutschland versetzt sei, und gegenwärtig in Ebersdorf bei Lobenstein im Voigtlande lebe, nachdem er vorher noch eine Reise nach Tifflis im Auftrage der Kolonie Sarepta gemacht habe, um Handelsverbindungen anzuknüpfen.

[2]) Die tatarischen Ruinen liegen an der ganzen Seite der Achtuba und sind ausführlich von Pallas in seinen älteren und neueren Reisen beschrieben. Die grössten Ruinenhaufen sieht man in der Nähe des Dorfes Zarewka, Sarepta gegenüber, und weiter südlich bei dem Orte Selitrennoi Gorodok (dem Salpeterstädtchen, weil man hier früher auf den Ruinen eine Salpeterhütte angelegt hatte) Jenotajewsk gegenüber; daher man auch bald die einen, bald die andern für die Ueberbleibsel von Serai (oder Sarai), dem Hoflager der Chane der goldenen Horde gehalten hat. Nach Pallas [1]) und Müller [2])

---

[1]) Reise in die südl. Statthaltersch. d. russ. Reichs Th. I S. 167.

[2]) Der Ugrische Volksstamm, Th. I Abth. 2 S. 574.

vortreffliche zoologische und botanische Sammlungen, aus denen wir die Fauna und die Flora der Steppe

---

war wahrscheinlich der nördlichere Ort der Sommeraufenthalt, und der andere der Winteraufenthalt des Hoflagers der Chane, durch welche Annahme die sich sonst widersprechenden Angaben der älteren Schriftsteller über die Lage von Sarai in Uebereinstimmung gebracht sein würden. Die meisten Ruinen bestehen jetzt in der Regel in nichts anderem, als in Mauerresten aus Backsteinen, und in grösseren und kleineren Ziegelhaufen, die oft mit Grabhügeln, sogenannten Kurganen, umgeben sind. In Zarewka ist die Hauptruine ein flach erhabener, auf einer viereckigen Erhöhung errichteter, aus sechs an einander stossenden sehr flachen Gewölben bestehender und über den Gewölben mit Erde überschütteter Grabhügel von 150 Faden Umfang, der äusserlich mit dem Fundament einer dicken Mauer von Sandsteinen, wie sie nur am jenseitigen Ufer brechen, umgeben ist; in Selitrennoi Gorodok findet man die Reste eines länglich viereckigen Gebäudes, bei welchen die Mauern an den Aussenseiten mit glasirten Thonzierathen von verschiedenen Farben besetzt sind, und an einer Seite noch Spuren von einer gothischen Stuckatur wahrnehmen lassen. So unbedeutend diese Trümmer an und für sich sind, so sind sie doch auf einem grossen Raum verbreitet, woraus man auf den Umfang der Hoflager schliessen kann. Aber auch diese wenigen Trümmer verschwinden immer mehr, indem sich die jetzigen Bewohner dieser Gegenden der Ziegelsteine aus diesen Trümmern zu ihren Bauten bedienen, wobei wegen der Festigkeit der Gemäuer immer mehr zerstört als gewonnen wird, und die grossen Schutthaufen entstehen, die die alten Gemäuer umgeben. Noch in der neueren Zeit hat man, wie Erdmann berichtet, zu dem Bau einer neuen Kirche in Zarewka die Steine von der Hauptruine genommen, so dass auch Erdmann 1815 nichts mehr von den sechs flachen Gewölben erwähnt, die Pallas 1793 beschreibt, und von den Ruinen von Selitrennoi Gorodok gingen sonst ganze Schiffsladungen solcher Ziegel nach Astrachan. Nach Pallas sind alle die vorhandenen Ruinen nicht Wohngebäude, sondern sämmtlich theils muhamedanische Bethäuser, theils mit Kapellen überbaute oder ummauerte Gräber gewesen, denn eine nomadische Nation, wie die goldne Horde, würde sich gewiss eben so wenig in Häusern zu wohnen bequemt haben, als die kalmückischen Chane und Fürsten dazu zu vermögen gewesen sind, ungeachtet man ihretwegen die Festung Jenotajewsk angelegt hatte und Wohnsitze daselbst für sie eingerichtet waren. In den Gräbern hat man früher einen grossen Reichthum an Geschmeide, goldenen und silbernen Pferdezierathen und Gefässen, mit Silber beschlagene Särge u. s. w. gefunden, von welchen Kostbarkeiten nur ein gerinkennen lernten. Am reichsten ist die entomologische Sammlung, bei welcher uns Herr Zwick, der ein sehr gründlicher Kenner der Naturgeschichte ist, unter anderem auf die giftigen Skorpione der Steppe, auf eine nur wenig gekannte äusserst giftige Spinnenart, welche von den Kalmücken die schwarze Wittwe genannt und deren Biss von ihnen sehr gefürchtet wird, und auf die Heuschrecken, diese fürchterlichste Plage der Steppe, deren die Luft verfinsternde Schaaren alles verheeren, wo sie hinfallen, aufmerksam machte.

Mit der Besichtigung dieser eben so interessanten als verschiedenartigen Sammlungen verging der Vormittag. Herr von Humboldt hatte sich schon etwas früher entfernt, um seine magnetischen Beobachtungen zu machen [1]), Herr Ehrenberg besuchte noch Herrn Wunderlich, um dessen botanische Sammlungen zu sehen, und ich ging mit Herrn Zwick zu der Quelle in der Nähe der Stadt, welche dieselbe mit Trinkwasser versorgt, um ihre Temperatur zu untersuchen. Ich fand dieselbe 8°,5 R.; die Quelle ist zwar gefasst, und die Quellwasser sammeln sich vor ihrem Abfluss in einem ziemlich grossen Bassin, scheinen aber doch in ihrer Temperatur durch die Temperatur der äusseren Luft nicht bedeutend verändert zu sein. Leider verhinderte es unsere Zeit, die 9 Werst entfernten in der Sarpaschen Hügelkette entspringenden Mineralquellen zu besuchen, die früher, ehe andere Mineralwasser in Russland bekannt und besucht waren, sich einer grossen Berühmtheit erfreuten, aber auch noch jetzt häufig sowohl zum Trinken als zum

---

ger Theil in die Sammlungen der Akademie der Wissenschaften in Petersburg gekommen ist. Münzen von Silber und Kupfer werden wie in Bolgari noch jetzt häufig von den Bewohnern dieser Gegenden gefunden, und an die Reisenden verkauft. Der grösste Theil derselben stammt aus dem vierzehnten Jahrhundert.

[1]) Herr von Humboldt fand hier die Inklination der Magnetnadel 62° 15',9.

Baden benutzt werden. Die Quellen sind aber später von Göbel besucht, der auch das Wasser einer chemischen Untersuchung unterworfen, und in 16 Unzen Wasser die folgenden Bestandtheile gefunden hat [1]:

freies kohlensaures Gas	0,79 Kub. Z.
doppelt kohlensaure Kalkerde	4,4476 Gran
- - Talkerde	0,0834 -
schwefelsaures Natron	12,3838 -
schwefelsaure Talkerde	4,5411 -
- Kalkerde	3,1000 -
Chlornatrium	13,8449 -
Chlorkalium und Kieselsäure	Spuren
	37,7008 Gran

Das specifische Gewicht des Wassers ist bei 15° R. 1,00276. Man sieht daraus, dass die Quelle zu den wirksamsten Heilwassern gerechnet werden muss.

Nachdem uns am Mittage noch die sämmtlichen Beamten der Kolonie mit ihrer Gegenwart erfreut hatten, nahmen wir Abschied von unseren Gästen, durch die uns die kurze Zeit unseres Aufenthaltes in Sarepta eben so angenehm als lehrreich vergangen war, so wie auch von dem Herrn Hofrath Engelke, der von hier aus wieder nach Saratoff zurückkehrte, und setzten unsere Reise nach Astrachan weiter fort. Wir waren hierbei wiederum nicht auf unsere ursprüngliche Gesellschaft beschränkt, denn der General-Gouverneur von Astrachan, Herr von Ossipoff, hatte, von der Ankunft von Herrn von Humboldt unterrichtet, mit zuvorkommender Güte ihm Herrn Stranak bis Sarepta entgegengesendet, um ihn durch sein Gouvernement, das gleich hinter Sarepta anfängt, zu begleiten. Da Herr Stranak zwar ein geborner Engländer, doch schon seit längerer Zeit in russischem Staatsdienst war, und sich namentlich schon längere

---

[1]) Vergl. Göbel Reise in die Steppen des südlichen Russlands Th. II S. 154.

Zeit in Astrachan aufgehalten und mit den Eigenthümlichkeiten des Gouvernements bekannt gemacht hatte, so war er uns durch seine Kenntnisse ein eben so nützlicher, als durch seine gesellige Bildung ein angenehmer Begleiter.

Es war schon ziemlich spät geworden, als wir Sarepta verliessen; wir fuhren in der bald darauf einbrechenden Nacht ohne Aufenthalt fort, kamen in derselben durch die Kreisstadt Tschernoijar, und frühstückten am Morgen 30 Werste weiter in der reinlichen und ordentlichen Wohnung eines Kosakenofficiers in Gratschewskaja [1]). Tschernoijar hat seinen Namen erhalten von dem erhabenen schwarzen Ufer der Wolga, denn wenn auch dieselbe nicht mehr von der grossen Hügelkette begleitet wird, so ist hier, sowohl oberhalb als unterhalb Tschernoijar, das Ufer doch ziemlich hoch; auch sieht man, wie Pallas berichtet [2]), bei Kamennoijar (Steinufer), 60 Werste oberhalb Tschernoijar einen flachen aus grauem Thonschiefer bestehenden Rücken von Westen her zur Wolga streichen, der an dem hohen steilen Ufer absetzt, und wenn er gleich an dem linken Ufer nicht sichtbar ist, doch wahrscheinlich mit den nicht weit entfernten Flötzschichten am Bogdo und Tschaptschatschi [3]) in Verbindung stehen mag. Hinter Gratschewskaja wird aber das Ufer wieder flach, die Gegend wird immer öder, auch der Boden von salziger Beschaffenheit, wie die häufigen Stellen mit ausgewittertem Bittersalz am Wege beweisen. Dörfer (sogenannte Stanitzen), die von den Kosaken bewohnt werden, finden sich auf dem Wege etwa alle 20 bis 30 Werste.

Mit einbrechender Nacht erreichten wir die Kreis-

---

[1]) Auf dem Hofe befindet sich ein 12 bis 15 Faden tiefer Brunnen, dessen Temperatur 8°,7, also nicht viel verschieden von der Temperatur der Quelle bei Sarepta war.

[2]) Reise durch Süd-Russland Th. 1 S. 85.

[3]) Vergl. oben S. 224.

stadt Jenotajewsk, die gegen die Regel der russischen Landstädte eng zusammengebaut ist, sonst aber wie diese nur aus hölzernen Häusern besteht. Wir sahen hier wie auch im Lande umher viele Kalmücken, die sich häufiger hier, als in den benachbarten Städten, einstellen, da sich in Jenotajewsk die Verwaltungsbehörde für die kalmückischen Angelegenheiten befindet. Sie besteht aus 8 gewählten Kalmücken, die als Deputirte der verschiedenen Horden unter dem Vorsitz eines russischen Ober-Pristaw's (Polizei-Inspectors) Streitigkeiten und Rechtsfälle schlichten, und zugleich das Organ der Regierung für das Volk ausmachen.

Hinter Jenotajewsk wird die Gegend überaus sandig, und ist stellenweise mit grossen Dünen bedeckt. Die Ufer der Wolga sind ganz flach, und zwischen ihnen fliesst der durch viele Arme getheilte, aber dennoch überaus mächtige Strom langsam hin. In dem tiefen Sande konnten wir fast nur im Schritte fahren. Wir kamen am Morgen des 12. Octobers bei mehreren kalmückischen Kibitken vorbei und Schaaren von Kalmücken mit ihren Heerden von Pferden, Schaafen und Kameelen begegneten uns häufig. Auch bei einem fast ganz einzeln stehenden und nur von einigen Kibitken umgebenen kalmückischen Tempel führte uns der Weg vorüber. Es war ein kleines länglich viereckiges hölzernes Gebäude, an dessen einer schmalen Seite die Thür, und an dessen längeren Seiten die Fenster sich befanden; an dem Eingange war aber die lange Stange zur Befestigung der geschriebenen Gebete errichtet[1]).

Das Flattern der Gebete an dieser Stange und die rauschende Musik, die aus dem Tempel uns entgegenschallte, lehrte uns, dass in ihm Gottesdienst gehalten wurde. Wir waren begierig denselben ken-

---

[1]) Vergl. oben S. 283.

nen zu lernen, und folgten daher gern der Aufforderung des Herrn Stranak hineinzutreten, woran wir auch von den vor dem Tempel befindlichen Kalmücken nicht gehindert wurden. In dem Gebäude befand sich an der der Thür gegenüber liegenden Wand der Altar, der in einem Tische mit einem terrassenförmigen Aufsatze bestand, auf welchem die Figuren ihrer Götzen aus vergoldetem Messing standen; andere in grellen Farben gemalte Bildnisse von Götzen hingen an den übrigen Wänden zur Rechten und zur Linken. Auf dem Tische neben dem Aufsatze waren eine Menge kleiner Näpfchen mit Früchten, Wasser, getrocknetem Fleische, Käse und allerhand anderen Opfern gefüllt, aufgestellt. Zwischen Thür und Altar sassen 6 Priester am Boden mit untergeschlagenen Beinen in 2 Reihen einander gegenüber, oben rechts vom Altar der Lama oder Oberpriester, auf den übrigen Plätzen die Gellongs oder Unterpriester, die mit verschiedenen Instrumenten die rauschende Musik hervorbrachten, welche wir schon von fern gehört hatten. Der Lama bediente sich dazu einer Klingel, der ihm gegenübersitzende Gellong zweier Becken, die er mit Heftigkeit an einander schlug, der dritte und der ihm gegenüber sitzende vierte Priester einer Art Trompete, der fünfte einer Pauke, die er mit krummen gepolsterten Schlägeln schlug, und der sechste einer grossen Schnecke, einer Art Strombus. Die Musik mit diesen Instrumenten, wenn man anders das fürchterliche Getöse so nennen kann, wechselte mit einem ähnlichen Gesange ab. Nachdem Beides, Musik und Gesang, eine Zeit lang gewährt hatte, erhob sich der Lama, worauf die Musik aufhörte. Er hatte, wie die andern, bisher nicht die geringste Notiz von uns genommen, nun trat er auf uns zu, und begrüsste uns. Es war ein schon älterer aber freundlicher Mann. Herr Stranak redete ihn russisch an, was er verstand, und stellte ihm Herrn von Humboldt vor; er erwiederte mit der Frage, ob er uns mit Thee bewirthen könnte, was aber Herr von Humboldt höflich dankend ablehnte, und sich darauf mit uns wieder entfernte.

In der Nähe von Astrachan wird die Strasse belebter. Wir kamen bei einzelnen rechts und links am Wege liegenden Meierhöfen und Weingärten vorüber, in welchen die vortrefflichen astrachanischen Trauben gebaut werden, und gelangten endlich zu einem tatarischen Dorfe, das sich am diesseitigen Ufer, gleichsam wie eine Vorstadt von Astrachan entlang zieht, bis endlich am jenseitigen Ufer des mächtigen Stroms die Stadt ausgebreitet vor uns lag, fast von den Masten der vorliegenden Schiffe verdeckt, über welchen die weisse Kathedrale hoch hervorleuchtete.

Wir waren um 4 Uhr Nachmittags an der Stelle angekommen, wo man überzusetzen pflegt. Hier erwartete uns schon ein Dampfboot, das von dem General-Gouverneur Herrn von Ossipoff zu unserer Ueberfahrt abgesendet war, und auf welchem wir auch sogleich unter Abfeuerung der auf dem Dampfboote befindlichen Kanonen nach Astrachan hinüber fuhren, ohne erst die Verladung unserer Wagen abzuwarten, die man, um uns nicht aufzuhalten, auf einem anderen Boote einschiffte. Unter einem grossen Zusammenfluss von Menschen, welche die ungewöhnlichen Veranstaltungen herbeigelockt hatten, stiegen wir ans Ufer, und setzten uns in ein Paar vierspännige Wagen, die auch hier schon für uns bereit standen, und uns in die für uns bestimmte Wohnung, in einem Hause des Kaufmanns Federoff, eines alten sehr reichen Mannes, der ein Vermögen von 3 Millionen Rubel haben soll, und 4 Häuser in Astrachan besitzt, führten. Das untere Stockwerk von einem dieser Häuser war zu unserer Aufnahme bestimmt, es enthielt einen grossen Saal und mehrere hohe und prächtig, wenn gleich altmodisch decorirte Zimmer nach der Strasse zu, mit anderen schlechten und verfallenen nach dem Hofe zu, die gegen den Glanz der vorderen merkwürdig abstachen. Kaum angekommen, begrüsste uns auch schon der General-Gouverneur, und wir erwiederten den Besuch, nachdem wir uns umgekleidet hatten.

XI. Astrachan und das kaspische Meer.

Gemischte Bevölkerung von Astrachan. — Beschreibung der Stadt. — Weingärten. — Kathedrale. — Persischer und indischer Kaufhoff. — Gottesdienst der Hindus. — Fakir. — Armenischer Ball. — Exkursion nach dem kaspischen Meere. — Wolgamündungen. — Dampfschifffahrt auf der Wolga. — Insel Birutschicassa mit der unteren Quarantaine. — Fahrt ins kaspische Meer. — Beschaffenheit des Wassers vom kaspischen Meere. — Leuchtthurm auf der Insel Tschetyre bugri. — Fischereien in der Wolga. — Tiefe Lage des kaspischen Meeres. — Besuch bei dem Kalmückenfürsten Sered-Dschab. — Rückreise nach Berlin. —

Astrachan hat keine grosse Bevölkerung, denn die Einwohnerzahl beträgt noch nicht 40,000 [1]), und

---

[1]) Die Bevölkerung ist früher grösser gewesen, und soll noch vor einem Jahrhundert bis auf 70,000 Einwohner gestiegen sein (Müller, der ugrische Volksstamm Th. I, Abth. I S. 605.) Auch hat die Stadt in den letzten Jahrhunderten mannigfache Schicksale erlitten. Vor ihrer Eroberung durch die Russen unter dem Zar Iwan Wasiljewitsch, die im Jahre 1554, 2 Jahre nach der Eroberung von Kasan, erfolgte, stand sie auf einer anderen Stelle, wahrscheinlich 10 Werste aufwärts, und wurde erst nach dieser Epoche auf ihre jetzige Stelle verpflanzt. Später wurde sie unter dem falschen Demetrius geplündert, 1670 von den rebellischen donischen Kosaken unter ihrem Anführer Stenka Rasin genommen und verheert, 1692 und 93 von der Pest heimgesucht, der 16,000 Menschen zum Opfer fielen, 1705 von den Strelitzen hart gedrückt, 1719 von den Persern geplündert, und 1767 durch einen Brand zum Theil eingeäschert (s. Erdmann's Beiträge II, 1 S. 213).

ist noch geringer als die von Kasan, aber man wird selten eine Stadt finden, in welcher wie hier eine so gemischte Bevölkerung lebt, die das merkantilische Interesse aus den entferntesten Enden von Asien und Europa zusammengeführt hat. Denn ausser den Russen, die etwa die kleinere Hälfte der Bewohner Astrachans ausmachen, den Kosaken und den übrigen hier ansässigen Europäern, finden sich hier noch Armenier, Tataren, Georgier, Bucharen, Chiwensen, Truchmenen, Perser, Hindus, Kirgisen und Kalmücken; demnach Bekenner der verschiedensten Religionen, Christen, Mohamedaner, Bramaisten und Buddhaisten [1]).

Wir hatten schon gleich am Morgen des 13. Octobers Gelegenheit diess bunte Gemisch von Völkerkerschaften kennen zu lernen, indem Abgeordnete der meisten derselben in unsere Wohnung kamen, Herrn von Humboldt ihre Aufwartung zu machen, und von dem Herrn General-Gouverneur der Reihe nach vorgestellt wurden. Zuerst erschien der Bürgermeister mit den Aeltesten der Kaufmannschaft, die, nach russischer Sitte, die Zeichen der Ehrerbietung, aber statt wie gewöhnlich Brod und Salz, hier einen mit den vortrefflichsten astrachanischen Früchten, mit Weintrauben, grossen Eierpflaumen, Birnen und Aepfeln geschmückten Napfkuchen und Salz brachten. Darauf kam der Adel, die Officiere der Garnison, und dann die Abgeordneten der Armenier, Perser, Hindus, Tataren u. s. w. Die Armenier sind unter den asiatischen Bewohnern Astrachans die zahlreichsten; sie haben alle eine ausgezeichnete Nationalphysiognomie, ovales Gesicht, schwarze Augen und Haare und eine gebogene Nase. Sie tragen eng anschliessende Röcke und darüber Kaftans mit aufgeschlitzten Aermeln, weite Beinkleider,

---

[1]) Auch Juden leben hier, doch nicht in grosser Zahl, da sie wegen der vielen Armenier, die nach den Berichten aller Reisenden ihnen im Charakter gleichen, nicht bestehen können.

enge Stiefel und hohe Pelzmützen. Die Perser sind fast alle hohe und schlanke Figuren mit schmalen Gesichtern und schwarzen Bärten. Sie sind mit zwei Kaftans über einander bekleidet, die vorn offen sind und mit einem Gürtel zusammen gehalten werden, und von denen der untere von geblümtem Zitz, der obere von einfarbigem Zeuge, gewöhnlich von blauem Tuche, ist; die Aermel sind lang, die des unteren Kaftans eng anschliessend, die oberen aufgeschlitzt, und am Körper herab hängend; an den Füssen tragen sie Socken von buntgemischter Wolle mit ledernen Pantoffeln, und auf dem Kopfe hohe Pelzmützen. Die Hindus sind ebenfalls lange hagere Figuren, an ihren braunen Gesichtern kenntlich, mit langen weissen Kaftan's bekleidet und mit weissen Turbans bedeckt; die Tataren sind von den übrigen in Russland wohnenden Tataren nicht verschieden. Diess sind zugleich die hauptsächlichsten der in Astrachan eigentlich ansässigen Völkerschaften; denn die Kosaken aus den Dörfern (Stanitzen) auf der Strasse nach Astrachan, und die Kalmücken und Kirgisen der Steppe sieht man wohl häufig auf den Strassen, sie kommen aber nur zufällig zur Stadt; und eben so die Bucharen, Chiwensen und Truchmenen [1]).

Nach diesen Besuchen fuhren wir mit Herrn von Ossipoff durch die Strassen, um die Stadt kennen zu lernen. Sie liegt auf der Nordseite einer Wolga-Insel (Dolgoi Ostroff, die lange Insel genannt), und wird westwärts von dem Hauptstrom, nord- und ostwärts von einem Nebenarme, dem Kutum, der sich fast unter rechtem Winkel von der Wolga abzieht, umflossen. Ihre Hauptausdehnung ist demnach auch

[1]) Vergl. die ausführliche Beschreibung dieser Völker in S. G. Gmelin's Reise durch Russland Th. II S. 120 — 162 und in Erdmann's Beiträgen zur Kenntniss des Innern von Russland Th. II Abth. 1 S. 146 etc.

von Ost nach West. Man theilt sie ein in die Festung (Kreml), die weisse Stadt (beloi Gorod) und die Vorstädte oder Sloboden. Die beiden erstgenannten Theile liegen auf einem hohen Plateau, das nie den Ueberschwemmungen der Wolga ausgesetzt ist, hart an der Wolga und im Süden des Kutums, die Vorstädte niedriger und tiefer im O. und S. der weissen Stadt. Der Kreml und die weisse Stadt waren ursprünglich mit Mauern und Thoren umgeben, die aber jetzt ganz verfallen sind, und daher die Stadt von keiner Seite absperren. Sie enthalten meistens steinerne Gebäude und gerade, aber ungepflasterte Strassen und Plätze. In dem Kreml liegen die Kathedralkirche, die Wohnung des griechischen Erzbischofs, das Dreieinigkeitskloster und die Kasernen der Garnison; er ist eigentlich nur ein freier Platz, im Westen der weissen Stadt, der mit den genannten Gebäuden umgeben ist; in der weissen Stadt befinden sich die vorzüglichsten Kronsgebäude, und die Kaufhöfe der verschiedenen Nationen. Die Sloboden haben fast nur hölzerne Häuser, übrigens auch nur gerade Strassen. Die vorzüglichsten derselben sind die alte armenische Slobode, östlich von der weissen Stadt, und im N. und O. von dem Kutum umgeben, und die neue armenische und die tatarische Slobode, im S. der weissen Stadt und der alten armenischen Slobode. Diese letzteren Sloboden werden von dem Kreml, der weissen Stadt und der alten armenischen Slobode durch einen 1200 Faden langen Kanal getrennt, der von O. nach W. gehend, die Wolga mit dem Kutum verbindet, und den nördlichen Theil der Insel, worauf Astrachan liegt, abschneidet. Er bietet für den Waarentransport grosse Vortheile dar, war schon 1745 angelegt, später aber ganz verfallen, und wurde im Jahre 1812 von einem reichen Griechen Warwazi auf eigene Kosten wieder hergestellt. Er ist an beiden Seiten mit Weiden bepflanzt, die aber bei dem salzigen Boden von Astrachan und den Stürmen des Winters nur kümmerlich zu gedeihen scheinen. Nördlich von dem Anfange dieses Kanals befindet sich in der Wolga der Hafen [1]).

Nachdem wir die Strassen durchfahren und eine Vorstellung von dem Aeussern der Stadt erhalten hatten, fuhren wir nach einem der grösseren Weingärten, ausserhalb der Stadt, um den hiesigen Weinbau kennen zu lernen, der einen so grossen Nahrungszweig der Stadt ausmacht. Die Reben wurden in diesem wie in allen übrigen Weingärten nicht an einzelnen Stäben, sondern an Spalieren gezogen, die reihenweise neben einander stehen; im Sommer werden sie wegen der grossen Dürre bewässert und im Winter unter die Erde gelegt. Auf das Bewässern wendet man vorzüglichen Fleiss. Ueberall sieht man in den Weingärten unseren Windmühlen ähnliche Thürme, die auf einem gewöhnlich ausgemauerten Bassin stehen, aus welchem Eimer, die durch Räder in Bewegung gesetzt werden, Wasser in die Höhe heben, und in ein Reservoir ausgiessen, aus welchem es dann durch hölzerne Röhren in alle Theile des Gartens, wo es nöthig ist, geleitet, und durch verschliessbare Oeffnungen in die Furchen, in welchen die Reben stehen, abgelassen werden kann. Man zieht in diesen Weingärten verschiedene Weinsorten, die aber meistens alle sehr grosse und saftige Beeren haben. Am häufigsten ist eine Art, deren Trauben dickhülsig, aber sehr süss und wohlschmeckend, und im Ansehen und Geschmack mit den Malagaischen zu vergleichen sind. Dann zieht man auch häufig den sogenannten Kischmisch, eine Weinsorte, deren Bee-

---

[1]) Vergl. die Beschreibungen und Pläne der Stadt in den citirten Werken von Gmelin Th. II S. 85 bis 105, und Erdmann Th. II, Abth. 1 S. 139 bis 141.

ren keinen Kern haben [1]). Die Astrachanischen Trauben werden grösstentheils frisch genossen; sie werden weit und breit versendet, was gewöhnlich in kleinen Fässern geschieht, in welchen sie mit Hirse verpackt sind. So gehen sie nach dem 2142 Werste entfernten Petersburg, wo sie auf den Tafeln der russischen Grossen nie fehlen, wie auch nach allen anderen russischen Städten, wohin nur irgend Wassertransport möglich ist. Weniger bedient man sich in Astrachan der Trauben, um Wein daraus zu keltern, da sie wegen der starken Bewässerung der Reben, wie Pallas meint, zu wässrig sind, und keinen feurigen Wein geben. In der That ist der einheimische Wein, wenigstens der, den wir in Astrachan zu kosten Gelegenheit hatten, wenig geniessbar; am wohlschmeckendsten fanden wir von den im südlichen Russland gekelterten Weinen den, welcher südlich von Astrachan zu Kislar am Terek, nicht weit vom kaspischen Meere, gewonnen wird, und der manchen rothen französischen Weinen wohl nahe kommt. — Auch Obst wurde in dem von uns besuchten Weingarten gezogen, namentlich votreffliche Birnen und Aepfel. Eben so fand sich auch hier noch eine ziemlich grosse Eiche (*Quercus pedunculata*), was ich wegen der allgemeinen Seltenheit der Bäume in dieser Gegend anführe.

Da die Witterung günstig war, so benutzten wir schon den folgenden Tag zu einer Exkursion nach den Wolga-Mündungen, wozu wir des guten Wetters besonders bedurften, blieben aber nach unserer Rückkehr noch einige Tage in Astrachan, wo wir noch mehrere der Merkwürdigkeiten, die der interessante Ort darbietet, besichtigten, die ich des Zusammenhanges willen hier gleich anführen will.

Zu den hauptsächlichsten Gebäuden von Astrachan gehört die grosse Kathedrale Uspenskoi Sobor.

---

[1]) Vergl. Pallas Reise nach d. südl. Statth. d. russ. Reichs Th. I S. 14.

Sie wurde im Jahre 1696 von dem Metropoliten Samson auf eigene Kosten erbaut[1]), und ist, wie die meisten russischen Kirchen ein viereckiges Gebäude, welches 5 mit Kreuzen versehene Kuppeln trägt, in der Mitte eine grosse, und vier kleinere zu den Seiten; die Ausführung ist aber doch in einem grösseren Massstabe, als gewöhnlich bei den Kirchen in Russland [2]). Im Innern ist sie reich, doch nicht geschmackvoll verziert, und wegen der starken Mauern und der mächtigen Pfeiler, welche die Hauptkuppel tragen, bei den verhältnissmässig kleinen Fenstern in der Höhe, finster. Sie besitzt viele Kostbarkeiten, wie unter anderen ein sehr reich vergoldetes Marienbild, ein 98 Pfund schweres silbernes Taufbecken, und viele mit Gold gestickte und mit Perlen besetzte, zum Theil sehr alterthümliche Messgewänder und Erzbischofsmützen, welche letztere in einem grossen Schranke aufbewahrt werden, der sich in einem Gewölbe über der Sakristei befindet. Hier sieht man auch die Oelbilder des jetzigen Erzbischofs, des schon oben erwähnten Griechen Warwazi und des russischen Kaufmanns Saposchnikoff, welche letztere sich durch ansehnliche Geschenke Verdienste um die Kirche erworben haben. Dem ersteren verdankt man namentlich die Erbauung eines grossen steinernen Glockenthurms neben der Kathedrale. Ausser dieser befinden sich in Astrachan noch 19 griechische, so wie auch 4 armenische Kirchen, welche letztere unter einem eigenen Bischof stehen, da die Armenier sowohl in den Glaubensartikeln als auch in dem Ritus von den griechischen Katholiken abweichen. Der tatarischen Medscheds giebt es 16, die meistentheils von Holz, seltener von Stein erbaut sind.

---

[1]) Vergl. Gmelin Reise durch Russland Th. II S. 93.

[2]) Die äusseren Stufen, die zur Kirche führen, bestehen aus Platten von Kalkstein, welcher Echinitenstacheln enthält; wir haben aber nicht in Erfahrung bringen können, wo derselbe möchte gebrochen sein.

Interessant sind die Kaufhöfe der verschiedenen in Astrachan wohnenden Völkerschaften, die meistens alle in der weissen Stadt liegen. Es befinden sich hier mehrere russische, armenische und tatarische, so wie auch ein persischer und ein indischer Kaufhof. Sie bestehen wie immer aus einem viereckigen Gebäude, das nach aussen zu lauter neben einander liegende Läden enthält, und einen innern Hofraum einschliesst, zu welchem man durch ein Thor von aussen gelangt. Der Kaufhof der Perser ist ein steinernes Gebäude, das in einem zweiten Stockwerk auch Wohnungen enthält, in welchen der grösste Theil der Perser, welche sich in Astrachan aufhalten, auch wohnt, da sie meistens Kaufleute sind. Erdmann giebt die Zahl derselben nur auf 500 an, sie stammen grösstentheils aus den Provinzen Masenderan und Gilan, den Seidenländern des persischen Reichs, mit deren Erzeugnissen sie auch grösstentheils handeln. Sie sind meistens unverheirathet, Handelscommis persischer Kaufleute die ab- und zugehen; nur wenige von ihnen sind in Astrachan fixirt, und einige mit tatarischen Weibern verheirathet, welche dann auch meistens in der Stadt wohnen. Sie handeln mit persischen seidenen Shawls und Tüchern, auch mit indischen Zeugen, persischen trockenen Früchten u. s. w., stehen sonst aber den ganzen Tag müssig schwatzend vor ihren Läden. Sie haben in Astrachan keine Medsched, und besuchen auch nur selten die zahlreichen Medscheds der Tataren, da sie zu einer anderen Sekte der Muhamedaner gehören.

Nicht weit von dem persischen Kaufhof befindet sich der indische, der nur aus Holz gebaut ist. Die Zahl der in Astrachan lebenden Hindus ist nicht gross, Erdmann giebt sie nur auf 70 an. Sie stammen aus der Landschaft Multan am Indus, und machen theils Handelsgeschäfte, theils leihen sie Geld zu hohen Zinsen zu 12 — 36 pC. aus, und werden dadurch reich, weil sie ein sehr mässiges Leben führen. Sie sind ebenfalls unverheirathet, ergänzen sich daher durch junge Leute von ihren Verwandten und Freunden, welche sie von Zeit zu Zeit als Gehülfen und Theilnehmer ihres Handels nachkommen lassen. Sie werden sonst als sehr gutmüthig und ehrlich gerühmt, wie sie auch ein solches Aeussere haben, und zeichnen sich dadurch vortheilhaft vor den Armeniern aus, deren Charakterlosigkeit schon Gmelin mit lebhaften Farben schildert. Sie wohnen ebenfalls in ihrem Kaufhofe, und halten dort auch ihre gottesdienstlichen Uebungen. Wir wünschten einen solchen Gottesdienst kennen zu lernen, und wurden deshalb von dem Gouverneur eines Nachmittags um 5 Uhr zu den Hindus geführt, denn sie beginnen ihre Uebungen jedesmal mit Sonnenuntergang.

Der Ort, an welchem die Indier den Gottesdienst hielten, war ein niedriges mässig grosses Zimmer mit 2 Fenstern, denen gegenüber man eintrat. Es hatte, einen kleinen Raum an dem Eingange ausgenommen, einen erhöhten Fussboden, der mit Teppichen belegt war, und zu welchem ein Paar Stufen führten. In der Ecke rechts am Fenster stand ein mit Seidenzeugen behängter Tisch, und auf demselben die Pagode, ein etwa 1½ Fuss langer und breiter Untersatz, mit einem terrassenförmigen Thron und einem von vier kleinen hölzernen roth angestrichenen Säulen getragenen Baldachin. Auf und neben dem Throne standen ihre Götter aufgestellt, unförmliche menschliche Figuren, welche von 6 bis 12 Zollen Höhe und aus Kupfer gegossen und vergoldet, zum Theil mit blauen und rothen seidenen Mäntelchen behängt waren, und wie Kinderpuppen aussahen [1]). Vor diesem hatte der Se-

[1]) Pallas hat in seiner Reise in die südlichen Statthalterschaften des russischen Reichs Th. I S. 225 alle diese Götter namentlich aufgeführt und beschrieben.

ligran seinen Platz, ein schwarzer unförmlicher Stein von etwa 2 Zoll Höhe und 4 Zoll Länge, der den verkörperten Wischnu darstellt, und jedesmal beim Anfang des Gottesdienstes bemalt wird. Frische Blumen schmückten den übrigen Theil des Tisches. In dem Fenster stand noch eine grosse Talglampe mit 2 Dochten, welche stets brennend erhalten wird.

Mit dem Bemalen des Seligran fanden wir, als wir hereintraten, den Braminen beschäftigt. Er hatte das Gesicht gegen die Pagode gekehrt, und fuhr in seinem Geschäft fort, ohne sich von uns stören zu lassen; hinter ihm stand ein zweiter Priester mit ebenfalls nach der Pagode gekehrtem Gesicht und ihm rechts zur Seite mit dem Gesicht nach dem Fenster gewandt ein dritter; der zweite hatte in jeder Hand ein Becken, der dritte hielt mit der rechten eine Schnur, durch welche er ein Paar Glocken, die an der oberen Wand hingen, läuten konnte. Um diese Priester herum in einiger Entfernung standen mit abgelegten Pantoffeln die übrigen Hindus, etwa 30 an der Zahl, und hier hatten auch wir uns hingestellt. Nachdem der erste Bramin sein Geschäft beendet hatte, legte er den Seligran vor sich hin, füllte eine Schnecke aus einer zur Rechten stehenden Schale mit Wasser, ergriff darauf mit der Linken eine Klingel, und klingelte, während er mit der Rechten die Schnecke in Kreisen um die Figuren der Götter bewegte, und von Zeit zu Zeit immer wieder etwas Wasser in die Schale zurückgoss, bis die Schnecke leer war. Darauf erhob er mit dem hinter und neben ihm stehenden Priester einen monotonem Gesang, wobei er immerwährend klingelte, der zweite Priester die Becken an einander schlug, und der dritte Priester die Glocken durch die Schnur taktmässig läutete, was alles in dem kleinen Zimmer einen ziemlichen Lärm hervorbrachte. Dieser monotone Gesang währte eine ziemliche Weile fort; nachdem er beendet war, nahm der erste Priester etwas Brod, welches er ass, schöpfte dann mit einem ziemlich grossen Löffel Wasser aus der Schale, kostete davon, und reichte ihn sodann zum Kosten sowohl den beiden andern Priestern, als auch den übrigen Hindus. Darauf ergriff er einen Leuchter mit 5 kleinen Wachslichtern, zündete dieselben an der Lampe an, und hielt die brennenden Lichter einem jeden der Hindus hin, die andächtig ihre beiden Hände eine Zeit lang darüber hielten, und dann mit den erwärmten Händen die Augen berührten. Hiermit endete die Ceremonie, die eine gewisse Aehnlichkeit mit den Ceremonien der christlichen Kirche nicht verkennen liessen. Nach beendigtem Gottesdienste zerstreute sich ein Theil der Hindus, wir aber wurden noch in demselben Zimmer von dem Braminen mit Weintrauben, Obst, getrockneten Datteln, Aprikosen, Pistazien, Rosinen, Zuckerkant und anderem Zuckerwerk bewirthet, was wir nicht verweigern durften.

Auf dem innern Hofe des Kaufhofes standen noch andere hölzerne Gebäude, auch war hier ein kleiner Garten angelegt, in welchem Blumen zur Ausschmükkung des Tempels gezogen wurden. Neben den hölzernen Gebäuden war aber ein Verschlag angebracht, auf welchem auf einem durchlöchertem hölzernen Fussboden ein Fakir sass, ganz zusammengekauert, das Kinn auf den Knieen gestützt, zwischen denen der lange weisse Bart bis zu dem Boden hinunter reichte. Er war ganz nackend, und nur mit einem Schaaffelle lose bedeckt, soll aber nun schon 15 Jahre auf derselben Stelle sitzen, ohne sich von ihr fortbewegt zu haben. Wie er diess bei der strengen Winterkälte Astrachans, die doch so gross ist, dass die breite Wolga sich Monate lang mit Eis bedeckt[1]), aushält, ist zu verwundern. Er ist schon alt und blind, und soll Zoll lange Nägel

---

[1]) Diese grosse Kälte ist eine Folge der östlichen Lage Astrachans, da sie sonst bei der südlichen etwa mit der von Venedig übereinstimmenden Breite sehr auffallen müsste.

haben. Er wird von den übrigen Hindus unterhalten, die ihm von Zeit zu Zeit Essen reichen; Geld nimmt er nicht, wohl aber soll er gern Taback schnupfen. —

Die Armenier machen, wie schon angeführt, nächst den Russen den ansehnlichsten Theil der Bevölkerung von Astrachan aus. Sie sind meistentheils Kaufleute, da ihr Adel von der russischen Regierung nicht anerkannt ist, doch können sie den russischen Adel sich durch Staatsdienste erwerben. Es finden sich unter ihnen sehr reiche Personen. So lernten wir einen Armenier Simon Jerjewitsch Ivanoff näher kennen, der in seinem prächtig eingerichteten Hause Herrn von Humboldt ein sehr luxuriöses Diner gab, und ihm zu Ehren am Abend einen brillanten Ball veranstaltete. Es war interessant, auf demselben die verschiedensten Nationen im bunten Gewirre sich durch einander bewegen zu sehen, und neben dem Europäer, der sich überall gleich ist, den Turban der Armenier, die langen Figuren der Perser in ihren blauen Kaftans mit aufgeschlitzten Aermeln, und die braunen Gesichter der Hindus mit in der Mitte geschorenen Köpfen, zu sehen. Eben so kontrastirten die französischen Moden der russischen Damen mit der Nationaltracht der Armenierinnen, die uns besonders interessant waren hier zu sehen, da die Armenierinnen, wenn sie auf der Strasse erscheinen, von Kopf bis zu den Füssen in grosse weisse Schleier gehüllt sind, und nur einen kleinen Theil ihres Gesichtes blicken lassen. Sie tragen auf dem Scheitel ein weisses Käppchen, um Stirn und Hinterkopf eine schwarze Binde, von der über den Nacken und Rücken ein weisses seidenes Tuch mit einer Ecke nach unten herabgeht, ferner schwere seidene Kleider von dunkler, seltener von weisser Farbe, und um den Hals dicke goldene Ketten, an welchen oft eine oder mehrere goldene Medaillen hängen. Die Mädchen unterscheiden sich von den Frauen dadurch, dass bei den ersteren ihr schwarzes Haar in Flechten unter dem Tuche herab hängt, während es bei den letzteren auf dem Kopfe zusammen geflochten ist. Eben so eigenthümlich wie ihre Tracht sind auch ihre Tänze, die stets nur von einem Paare aufgeführt werden, und in nichts anderem bestehen, als dass sich Herr und Dame mit halb erhobenen Händen abwechselnd trippelnd nähern und wieder von einander entfernen. So einfach dieser Tanz ist, so wurde er doch von den Armenierinnen, von denen mehrere bei ihren feurigen schwarzen Augen ein sehr feines Gesicht hatten, mit vieler Grazie ausgeführt, so dass man ihn recht gern sah. Ausser diesen Tänzen wurden nun die gewöhnlichen Polonaisen, Ecossaisen, Walzer und Contretänze wie in Berlin aufgeführt. Viele der vornehmen Armenier trugen indessen nicht ihre Nationaltracht, sondern hatten europäische Kleider angelegt.

Was endlich die Tataren betrifft, so sind sie die Abkömmlinge der ehemaligen Bewohner der Stadt und des Landes und auch jetzt noch zahlreich [1]). Sie sind den Tataren von Kasan ähnlich, und auch in Astrachan wie dort, die eigentlichen Fabrikanten, besonders Färber, Gerber und Seifensieder. Die astrachanische Krappfärberei ist berühmt; ich besah dieselbe nicht bei einem Tataren, sondern bei einem Armenier, Sacharoff mit Namen, zu welchem mich Herr Stranak hinführte. Der Armenier zeigte mir mit vieler Freundlichkeit das ganze Verfahren, und beschrieb mir dasselbe so wie es von Pallas beschrieben ist [2]), daher ich es hier nicht wiederhole. Er klagte sehr über schlechte Zeiten, indem er jetzt nur 200 bis 250 Pud baumwollenes Garn färbe, sonst aber 2000 Pud gefärbt habe. Den Krapp bezieht er dazu aus Derbend, und das

[1]) Nach der Petersburger Staatszeitung vom April 1835 befinden sich in Astrachan ungefähr 5,800 männliche Tataren.

[2]) Reise in Süd-Russland Th. I S. 203.

gefärbte Garn führt er grösstentheils nach Nischne-Nowgorod zur Messe. Er führte mich darauf noch zu einem anderen Färber, der in Seide mit Indigo und Scharte blau, grün und gelb färbte, und zum Gelbfärben die Scharte aus Saratoff bezog, wo sie gebaut wird. —

Am 14. October unternahmen wir, wie schon angeführt, unsere Exkursion nach den Wolga-Mündungen und dem kaspischen Meere. Die Mündungsarme der Wolga sind überaus zahlreich, und schliessen ein ausgedehntes Deltaland ein, dessen Länge am Meere über 140 Werste beträgt. Wiewohl aber schon oberhalb Zarizyn die Achtuba von der Wolga sich abzweigt, und stets durch viele Arme mit ihr in Verbindung bleibt, so fängt die eigentliche Verzweigung der Wolga und ihr eigentliches Deltaland doch erst 40 Werste oberhalb Astrachan an. Hier zieht sich zuerst von ihr ostwärts der Busan ab, der bald darauf den Parallelfluss der Wolga, die Achtuba, aufnimmt, und sodann, bei der Stadt Krasnojarsk vorüberfliessend, sich in besonderer Mündung ins Meer ergiesst. Drei Werste oberhalb trennt sich darauf die Bolda, und bei der Stadt selbst der Kutum, der sich später wieder mit der Bolda vereinigt. Von den unterhalb Astrachan abgehenden Armen sind die Zarewa unmittelbar unter der Stadt, die Bachmakowka, der Tschagan, der Iwantschuk und der Bachtemir die bemerkenswerthesten. Alle diese Arme gehen aber, sowohl die oberen als die unteren, bis auf den Bachtemir von seiner linken Seite ab, und fliessen mit kurzem südöstlichen und südlichen Laufe ins Meer, während der Hauptstrom immer auf der rechten Seite bleibt, und sich mit einem grossen Bogen in das Meer ergiesst. Schon nach Aussendung des Busan nämlich verlässt derselbe seine südöstliche Richtung und nimmt eine südliche, und unterhalb der Stadt eine südwestliche Richtung an, in welcher Richtung auch die westliche Küste des kaspischen

Meeres noch weiter fortsetzt. Der Hauptstrom bildet auf diese Weise fast überall die westliche Begränzung des Deltalandes, hat aber dadurch von Astrachan bis zur Mündung noch eine Länge von 85 Wersten, während die Entfernung der Stadt von dem Meere in gerader Richtung und auf den Seitenarmen nur etwa 30 Werste beträgt.

Wegen dieser grossen Entfernung der Haupt-Wolgamündung von der Stadt sowohl, als auch wegen der beabsichtigten Fahrt auf dem kaspischen Meere, schien es am rathsamsten, die Exkursion auf einem Dampfboote zu machen. Es sind derselben auf der Wolga schon mehrere im Gange, nämlich 1 Kronsdampfboot und 3 Privatdampfboote, die dem astrachanischen Kaufmanne Jevreinoff gehören, und sämmtlich vorzugsweise dazu benutzt werden, die Schiffe aus dem kaspischen Meere zum Hafen zu bugsiren und umgekehrt. Mit einem derselben macht auch Herr Jevreinoff zur Messe nach Nischne-Nowgorod eine jährliche Fahrt, die sehr einträglich sein soll. Diese auf der Wolga schon eingeleitete Dampfschifffahrt hat zwar in der neueren Zeit noch zugenommen[1]), allein sie ist noch immer mit grossen Schwierigkeiten verbunden, da die Wolga sehr viele seichte Stellen hat, und bei ihrer Breite, die ungeachtet der Theilung bei Astrachan noch 2200 Fuss beträgt, besonders nach den grossen Ueberschwemmungen im Frühjahr häufig den Lauf ihres Fahrwassers ändert. Sie reisst dann stellenweise den Sand vom Ufer los, und setzt ihn, Untiefen bildend, an anderen Stellen wieder ab, die sich zu Inseln gestalten und aus dem

[1]) Im Jahre 1836 bestanden auf der Wolga und dem kaspischen Meere schon 4 Privatdampfboote von 60, 30, 28, und 42 Pferdekräften und 3 Kronsdampfboote und ein viertes Predprijätie (die Unternehmung) war eben fertig geworden, und wurde von der Krone einer Gesellschaft oder einem Privatmanne unter annehmlichen Bedingungen angeboten.

Wasser hervorragen. Besonders häufig finden sich diese Untiefen gegen die Mündungen, wo bei anhaltenden Südostwinden die Wolga in ihrem Lauf gehemmt wird, und den mitgeführten Sand absetzt [1]). Ausser diesen Uebelständen, die eben so für die Beschiffung der Wolga mit grösseren Schiffen im Allgemeinen als für die Dampfschifffahrt statt finden, besteht für diese insbesondere noch ein anderer Uebel-

---

[1]) So hat auch schon der Hauptstrom mehrfach seine Richtung geändert; denn abgesehen davon, dass er in früherer Zeit ganz östlich auf dem kürzesten Wege gegangen zu sein scheint, hat auch noch in neuerer Zeit ein solcher Wechsel statt gefunden. 15 Werste von Astrachan abwärts bei der Quarantaine Bertul sendet die Wolga westwärts 2 Arme aus, von denen der westlichste Arm der Bachtemir ist, der andere nur unbedeutende, Tschelima genannt wird. Zu Gmelins Zeiten war hier die Wolga der Hauptstrom, und auf ihr fuhr er in einer dreimastigen Galiote nach Persien. Im Anfang dieses Jahrhunderts ist sie hier so seicht geworden, dass sie oft nur 4 Fuss tief ist, dagegen der Bachtemir jetzt an Tiefe gewonnen hat und nun den Hauptstrom bildet. Aber auch er leidet sehr an seichten Stellen, zu welchen besonders die berüchtigte Rakuscha, eine über 600 Faden lange Sandbank, zwischen der alten und neuen Quarantaine gehört, auf welcher der Wasserstand selten über 4 bis 6 Fuss ist. Die Corvette, womit Eichwald im Jahre 1828 die Reise ins kaspische Meer machte, und die ungeachtet ihrer halben Ladung 8 Fuss tief ins Wasser griff, musste auf ihr fast 4 Wochen sitzen bleiben, bis endlich ein anhaltender S. O.-Wind sich einstellte, der das Wolga-Wasser bis zu einer Höhe von 10 Fuss aufstaute, so dass sie über die Sandbank bugsirt werden konnte. Das Jahr vorher hatte die Corvette 3 Monate darauf zugebracht. Noch schlimmer aber als diese stellenweise Versandung des Fahrwassers ist der Umstand, dass der Wasserstand der Wolga im Allgemeinen von Jahr zu Jahr abzunehmen, und dieselbe fortwährend seichter zu werden scheint, was natürlich für ihre Benutzung durch grosse Schiffe grosse Besorgniss erwecken muss, und für den Handel von Astrachan sehr Gefahr drohend ist. Schon lange können die grossen Permschen Lastschiffe keine so grosse Last mehr tragen, wie zu Anfang des achtzehnten Jahrhunderts, und man denkt jetzt ernstlich daran, den schon von Gmelin in Vorschlag gebrachten Plan auszuführen, den Hafen von Astrachan, der jetzt fast ganz versandet ist, aufzuheben, und einen neuen an der Mündung der Wolga anzulegen.

stand in dem Mangel an Steinkohlen. Bei allen Dampfmaschinen in Astrachan bedient man sich noch zur Feuerung des Holzes, das nicht allein hier, wo es von fern her herbeigeführt werden muss, sehr theuer ist, sondern auch einen grossen Raum erfordert, so dass für grössere Fahrten der in dem Dampfboote selbst befindliche Raum nicht hinreicht, und man gezwungen ist, für den Transport des nöthigen Holzes noch besondere Boote mitzuführen, die von dem Dampfboote ins Schlepptau genommen werden, ohne oft auch durch dieses Mittel im Stande zu sein, eine hinreichende Menge Brennmaterial bei sich zu haben [1]). Dieser Uebelstand wird sich indessen mit der Zeit wohl mehr und mehr heben, wenn erst die Steinkohlen von Lugan an dem Donetz stärker bearbeitet werden, und man Mittel gefunden haben wird, den Transport derselben zur Wolga zu erleichtern.

Herr von Humboldt miethete für unsere Fahrt das grosse Jevreinoffsche Dampfboot, welches zwei Dampfmaschinen, eine jede von 30 Pferdekräften und einem 30zölligen Dampfcylinder hatte [2]). Wir wollten damit schon früh am Morgen abreisen, aber mehrere Reparaturen, die am Dampfboote noch vorzunehmen waren, und ein starker Wind aus WSW. verzögerte unsere Reise bis zum Nachmittag. Um 4 Uhr endlich lichteten wir die Anker, und fuhren nun rasch vorwärts. Das Wetter war äusserst angenehm, der Himmel heiter, die Temperatur der Luft 12° R. Wir

---

[1]) Diesem Umstande ist es auch hauptsächlich zuzuschreiben, dass Herr von Humboldt die Reise nicht bis zu den Schlammvulkanen von Baku ausdehnte, wohin man sonst bei hinreichendem Brennmaterial von Astrachan in 2½ Tagen gelangen könnte. Es war viel davon die Rede, und alle Möglichkeiten der Reise wurden reiflich überlegt, indessen wurde sie zuletzt doch aufgegeben.

[2]) Die Maschinen waren in der Maschinenbauerei des Engländer Baird in Petersburg gebaut. Sie verzehrten in 24 Stunden für 100 bis 120 Rubel Holz.

schifften bei dem Schiffswerft und den vielen Wolga-Schiffen vorbei, die bei Astrachan vor Anker lagen, und sahen noch lange die hohe Kathedrale, und die übrigen vielen Thürme der Stadt, bis die Sonne um $5\frac{1}{2}$ Uhr unterging, und die eintretende Dämmerung die Aussicht verdunkelte. Wir fuhren auf der breiten Wolga, an deren seichtem schilfbewachsenen Ufer nichts unsere Aufmerksamkeit auf sich zog, die Nacht hindurch, und gelangten so am Morgen um 7 Uhr nach der kleinen Insel Birutschicassa, die auf der rechten Seite in der Mündung der Wolga liegt, und von Astrachan 85 Werste entfernt ist. Wir wären schon früher hier angekommen, waren aber in der Nacht auf eine seichte Stelle gerathen, und hatten hier bis zum Anbruch des Tages gehalten, um in der Nacht nicht bald wieder einen ähnlichen Aufenthalt zu haben.

Auf Birutschicassa ist die untere Quarantaine, die obere und Hauptquarantaine befindet sich, wie schon angegeben, auf der Insel Bertul, 15 Werste unterhalb Astrachan. In der unteren Quarantaine müssen die aus Persien kommenden Schiffe 4 bis 6 Tage und nur bei Pestzeiten länger, auf der oberen dagegen, wo sie auch ausladen müssen, wenigstens 12 Tage liegen bleiben; auf der unteren Quarantaine [1]) sind daher auch nur einige hölzerne Häuser für die Aufseher errichtet, die hart am Ufer liegen, welches man hier etwas von dem Schilfe, das die übrigen Theile des Ufers dicht bedeckt, gereinigt hat. Da Herr von Humboldt nicht unterlassen wollte, an diesem südlichsten Punkte unserer Reise die Inklination der Magnetnadel zu bestimmen, so wurde hier gelandet. Das Dampfboot blieb wegen des seichten Grundes in einiger Entfernung vom Ufer, und wir landeten in einem kleinen Boote.

---

[1]) Nach Göbel ist indessen seit 1833 hierher die Hauptquarantaine verlegt worden.

Während Herr von Humboldt an einer schicklichen Stelle seine Beobachtungen anstellte, untersuchten Prof. Ehrenberg und ich die grossen Haufen von Kalksteinblöcken, die am Ufer lagen, und von den aus Baku kommenden Schiffern als Ballast mitgebracht werden, daher uns für die Kenntniss der dort vorkommenden Gebirgsformationen von Wichtigkeit waren. Der Kalkstein besteht fast nur aus grösseren und kleineren Muschelfragmenten, die ohne alles sichtbare Bindemittel mit einander verbunden sind. Die grösseren Muschelfragmente gehören fast alle einem Cardium [1]) an, das stark gestreift und bis einen Zoll gross ist, weniger häufig findet sich in dem Gemenge ein kleiner Mytilus, durch Form und Grösse dem *M. polymorphus* verwandt, ferner eine kleine Nativa und eine kleine Melania, die sich nicht bestimmen liessen. Es ist offenbar ein sehr neuer Kalkstein, wenn er nicht der jetzigen Zeit angehört, da der *Mytilus polymorphus* in dem kaspischen Meere lebt, und ihn Prof. Ehrenberg namentlich an der Stelle, wo der Ballast lag, in vielen frischen eben ausgeworfenen Exemplaren sammelte. Einen ähnlichen „mit Cardium- und Mytilus-Resten erfüllten Kalkstein" beschreibt auch Eichwald bei Baku; doch findet sich derselbe nicht allein hier und auf der Halbinsel Abscheron, wo aus ihm die Schlammvulkane hervorbrechen, sondern auch auf der ganzen Küste, sowohl südlich bis zum Kur, als auch nördlich bei Derbend und Tarki in grosser Verbreitung [2]).

---

[1]) Nach der Untersuchung des Prof. Quenstedt ist das Cardium dem *Cardium medium* verwandt, die Seitenzähne sind verschwunden, und dafür der Wirbelzahn um so deutlicher entwickelt, die Rippen sind glatt und treten sehr hervor, bei den grösseren Individuen ist jede derselben in der Mitte gespalten. Im hinteren Drittheil erhebt sich die Schale zu einem scharfen Kiele.

[2]) Vergl. Reise nach dem kaspischen Meere und dem Kaukasus Th. I S. 425, 221, 135 etc. Auch Eichwald hält die noch jetzt

Nachdem wir Proben von diesem Kalkstein gesammelt hatten, setzten wir mit Herrn Stranak auf einem Boote über einen Busen nach einem höheren Theile der Insel, auf welchem etwas weiter links eine dem Griechen Warwazi gehörige Watage (Fischerdorf), rechts einzelne Kalmückenkibitken standen. Letztere waren grösstentheils verschlossen, und ihre Bewohner abwesend, nur eine fanden wir geöffnet, und in dieser sass eine junge Kalmückin, mit dem Kratzen von Wolle beschäftigt. Sie sah recht hübsch aus, hatte rothe Wangen, und ihr schwarzes Haar hing ihr in dicken Flechten über den Rücken, zum Zeichen, dass sie noch Jungfrau sei, aber wir hielten es doch bei der grossen Unsauberkeit, die in einer Kalmückenkibitke herrscht, nicht für rathsam, uns näher darin umzusehen [1]). Uebrigens wimmelte dieser hohe Theil der Insel von Schlangen (*Coluber scutatus* und *Dione*) die in der warmen Sonne ruhig da lagen, und deren viele Prof. Ehrenberg mit besonderer Geschicklichkeit zu fangen verstand. Unter dem Gestrüpp fanden

---

im kaspischen Meere lebenden Mytilus- und Cardium-Arten kaum von den versteinerten verschieden.

[1]) Diese Unreinlichkeit wird durch ihren Hang zur Faulheit hervorgebracht, aber auch durch ihre Religion begünstigt. Da es nach der Lehre der Seelenwanderang, woran sie glauben, eine grosse Sünde ist, Creaturen zu tödten, so werden auch die beschwerlichen Gäste ihrer Köpfe möglichst geschont, und bei allzu grosser Zudringlichkeit gewöhnlich bloss abgelesen; wodurch sie aber in ihren Kibitken ausserordentlich überhand nehmen. Bei jedem Besuche beim Lama oder Fürsten oder einem anderen vornehmen Kalmücken musste Zwick auf seiner Reise unter den Kalmücken-Horden sie immer bei sich empor klimmen sehen, und jeder Besuch eines Kalmücken in seiner Hütte brachte ihm immer eine Menge neuer Einquartirung. So vertraut dagegen die Kalmücken mit diesem kriechenden Insekte umgehen, so sehr entsetzen sie sich doch, wie Zwick versichert, vor den hüpfenden Thierchen, und sie geben gegen diese ihren Ekel eben so stark zu erkennen, als ein Europäer den seinigen gegen jene den Kalmücken befreundeten kleinen Geschöpfe. (Vergl. Reise von Sarepta in verschiedene Kalmücken-Horden S. 89.

sich eine Menge Eidechsen, die bei unserer Annähe- entschlüpften, und in dem Sande sahen wir häufig kleine trichterförmige Vertiefungen, aus denen die Füsse der schwarzen Tarantel (*Lycosa Tarantula?* [1]) hervorragten. Ausser dem Gestrüpp, das sich hier und da fand, und das grösstentheils nur aus *Arctium Lappa,* einem *Atriplex,* einer *Artemisia, Urtica dioica* und *Rubus fruticosus* bestand, war die Insel kahl und sandig.

Als Herr von Humboldt seine Beobachtungen beendet hatte [2]), war inzwischen auch das Regierungs-Dampfboot angekommen, das in der Nähe postirt gewesen war, und welches wir nun am Nachmittage bestiegen, um auf demselben die weitere Exkursion ins kaspische Meer zu machen. Der Befehlshaber desselben, Capitain Krüger, war ein gebildeter und angenehmer Mann, der zwar ungeachtet seines deutschen Namens nicht deutsch, aber doch fertig englisch sprach, da er längere Zeit in England zugebracht hatte. Hinter Birutschicassa traten wir nun ins offene Meer hinein; zur Linken verschwand das Land bald gänzlich, nur zur Rechten fuhren wir noch bei einzelnen Schilfinseln vorüber, die sich an der Nordwestseite des kaspischen Meeres entlang ziehen, bis mit der Insel Tschetyre bugri (der Vierhügelinsel) auch diese aufhören. Diese Insel ist 20 Werst von Birutschicassa entfernt, und auf ihrer südlichen Spitze befindet sich der Leuchtthurm (Majak). Wir fuhren jetzt bei ihr ohne Aufenhalt vorüber, und lenkten nun in die hohe See hinein. Es wehte nur ein leiser Wind aus OSO., das Meer war ruhig, und nur um das Schiff von dem Schlage der Schaufelräder der Dampfmaschine bewegt. Bald stellte sich die Dämmerung ein, der Mond trat im Osten hervor, und leuchtete mit seinem milden

---

[1]) Nach Ehrenberg vielleicht eine neue Species; er hat sie in beiden Geschlechtern mit Farben an Ort und Stelle gezeichnet.

[2]) Herr von Humboldt hatte eine Inklination der Magnetnadel von 59° 21',1 gefunden.

Lichte uns zu der weiteren Fahrt. Es war ein warmer schöner Abend, der uns noch lange auf dem Verdecke fesselte, bis wir uns endlich in die Kajüte zurück zogen. Das Meer war hier wieder überaus flach, so dass man beständig den Grund sondiren musste, um nicht auf eine völlige Untiefe zu gerathen. Aber nachdem wir uns schon lange zurückgezogen hatten, hörten wir stets noch von dem Matrosen, der das Senkblei hielt, den einförmigen Ruf schest s'polowinoi (d. i. $6\frac{1}{2}$), der nun mit dem von schest s'tschetwertju (d. i. $6\frac{1}{4}$) nämlich Fuss, abwechselte. Wir legten uns zuletzt zur Ruhe; in der Nacht um 3 Uhr aber weckte mich der Capitain, da er wegen eintretenden Mangels an Holz weiter zu fahren anstand, und deshalb umzukehren für nöthig fand. Wir waren nach seiner Aussage nun 75 Werste von Tschetyre bugri und 95 Werste von Birutschicassa entfernt. Ich füllte einige Flaschen mit dem Meerwasser, aber ungeachtet des doch keinesweges ungünstigen Windes, der das Wasser aus dem Meere nach der Wolga treiben musste und der nicht unbeträchtlichen Entfernung von den Wolga-Mündungen, war das geschöpfte Wasser so wenig salzig, dass man es recht gut trinken konnte. Die Temperatur desselben war 13° R., die der Luft 13°,3, die Tiefe des Meeres an dieser Stelle $3\frac{1}{2}$ Faden. Wir sahen auch jetzt so wenig wie früher ein Leuchten des Meeres [1]), vielleicht nur wegen des Mondenscheins, denn zu anderen Zeiten soll es doch zu sehen sein,

[1]) Hablizl sah im Mai 1774 zu Enzelli am kaspischen Meere Feuerfunken im Schlamm des Ankers und in todten Muscheln des *Mytilus polymorphus.* Die Leuchtthierchen waren Weibchen des *Cancer pulex,* die kleine gelbe Eier unter dem Bauche trugen. Auch den Hausen (*Acipenser Huso*) und Zander (*Perca Lucioperca*) sah er todt leuchten. (Vergl. Ehrenberg über das Leuchten des Meeres in den Abhandl. d. Akad. d. Wiss. von Berlin 1834 S. 434 und 535.) Eichwald sah kein Leuchten, hörte aber von den Schiffern, dass das Meer im Sommer in den südlichen Gegenden Licht gebe.

auch keine Fucus-Arten, wie sie doch in anderen Meeren vorkommen, weder hier noch am Ufer; das Wasser war ganz rein.

Der geringe Salzgehalt des geschöpften Wassers ergab sich noch bestimmter nach meiner Rückkehr nach Astrachan; ich dampfte hier das Wasser einer der Flaschen ab, und erhielt dabei nur so wenig Rückstand, dass er in eine ganz kleine Kapsel gefüllt werden konnte. Das Wasser der anderen Flasche untersuchte nach meiner Rückkehr in Berlin mein Bruder H. Rose [1]); er fand sein specifisches Gewicht bei 10° R. nur 1,0013, also nicht grösser als das vieler Brunnenwasser, und seine Zusammensetzung:

Chlornatrium	0,0754
Schwefelsaures Natron	0,0036
Schwefelsaure Kalkerde	0,0406
Doppelt kohlensaure Kalkerde	0,0018
Doppelt kohlensaure Talkerde	0,0440
Wasser mit einer sehr geringen Menge organischer Substanz	99,8346
	100,0000

Es enthält hiernach also nur 0,1654 pC. feste Bestandtheile. Bei einer Wiederholung dieser Untersuchung mit der noch übrig gebliebenen geringeren Menge Wasser erhielt er aus 100 Th. derselben 0,13 Th. fester Bestandtheile, was in so fern gut mit der ersten Analyse übereinstimmt, als auch in dieser die Menge der festen Bestandtheile, nach Abzug des ganzen Kohlensäuregehalts in der doppelt kohlensauren Talkerde und des halben in der doppelt kohlensauren Kalkerde, 0,1368 Th. beträgt. Den aus dem Wasser der ersten Flasche erhaltenen Rückstand untersuchte mein Bruder ebenfalls. Der Rückstand wog geglüht 0,670 Grammen und enthielt:

---

[1]) Vergl. Poggendorffs Annalen B. XXXV S. 185.

Chlornatrium	0,4293
Schwefelsaures Natron	0,0080
Schwefelsaure Kalkerde	0,1322
Schwefelsaure Talkerde	0,0692
Talkerde	0,0265
	0,6652

Diese Analyse lieferte also ein anderes Verhältniss der Bestandtheile als die erstere, nämlich weniger Schwefelsäure, Kalk- und Talkerde, was sich erklärt, weil bei dem Abdampfen die kohlensauren Erdsalze, so wie auch ein grosser Theil des Gypses sich zuerst niedergeschlagen hatten und von dem Gefässe, worin das Wasser abgedampft wurde, nicht vollständig getrennt werden konnten. Es geht aber aus dieser letzteren Analyse hervor, dass im Wasser des kaspischen Meeres ein Theil der Talkerde als schwefelsaure Talkerde enthalten ist, deren Menge aber nicht bestimmt werden konnte, weil eine Wiederholung der Analyse zur directen Bestimmung der kohlensauren Kalk- und Talkerde bei der geringen Menge Wasser, mit welcher die Untersuchung angestellt werden musste, nicht statt finden konnte, und deshalb bei der Unmöglichkeit, durch Schlüsse aus dem Resultate der angestellten Analyse zu bestimmen, wie viel von den Erden mit Schwefelsäure, und wie viel von ihnen mit Kohlensäure verbunden sei, in der Aufführung der Bestandtheile angenommen wurde, dass die Schwefelsäure nur mit dem Natron und der Kalkerde, und die dabei übrig bleibende Kalkerde und die ganze Talkerde mit Kohlensäure verbunden sei.

Einen schon bedeutend grösseren Salzgehalt fand Göbel [1]) in dem Wasser des kaspischen Meeres, 40 Werste südlich von den Mündungen des im Vergleich zur Wolga freilich ungleich kleineren Ural, wo er das zur Untersuchung bestimmte Wasser schöpfte.

---

[1]) Reise in die Steppen d. südl. Russl. Th. II S. 101.

Das Wasser hatte hier bei 14° R. ein specifisches Gewicht von 1,00539, einen schwach salzigen Geschmack und folgende Zusammensetzung:

Chlornatrium	0,36731
Chlorkalium	0,00761
Chlormagnesium	0,06324
Doppelt kohlensaure Kalkerde	0,01705
Doppelt kohlensaure Talkerde	0,00129
Schwefelsaure Kalkerde	0,04903
Schwefelsaure Talkerde	0,12389
Wasser, nebst Spuren von Brom und organischen Substanzen	99,37058
	100,00000

Es enthält also in 100 Theilen 0,62942 feste Bestandtheile. Indessen ist doch auch hier wie überhaupt im ganzen nördlichen Theile des kaspischen Meeres wegen der grossen Menge süssen Wassers, das in diesen Theil, ausser der Wolga und dem Ural, auch noch die Emba, der Kur und der Terek ergiessen, der Salzgehalt nur unbedeutend. Nach Eichwald verliert sich der Einfluss, den diese Ströme, und namentlich die Wolga auf die Beschaffenheit des Wassers im kaspischen Meere ausüben, auf dem Wege von Astrachan nach dem südöstlich gegenüber liegenden Vorgebirge Tük-Karagan erst jenseits der sogenannten reinen Bank, wo die Tiefe des Meeres von 2½ Faden plötzlich bis zu 10 Faden zunimmt; hier erst wird das Meer eigentlich salzig und nimmt die ihm eigenthümliche meergrüne Farbe an [1]); und weiter südlich vermehrt sich dieser Salzgehalt noch mehr.

Bemerkenswerth ist aber dabei die grosse Bitterkeit des kaspischen Meeres. Schon in den nördlichen Theilen, wo das Wasser nur schwach salzig ist, ist doch der Gehalt an Talkerdesalzen verhältnissmässig grösser, als in anderen Meeren; denn während Göbel

---

[1]) Reise auf dem kaspischen Meere Th. I S. 46.

in dem Wasser dieses Theils des kaspischen Meeres bei 0,63 pC. festen Bestandtheilen 0,124 Bittersalz auffand, enthält nach demselben Chemiker das Wasser des schwarzen Meeres bei 1,766 pC. festen Bestandtheilen nur 0,147 Bittersalz [1]). Weiter südlich scheint sogar mit dem Gehalt an Kochsalz der Gehalt an Bittersalz noch zuzunehmen. Zwar besitzen wir von dem Wasser dieser Theile des kaspischen Meeres keine Analysen, denn die vielen Flaschen, die Eichwald an den verschiedensten Stellen des kaspischen Meeres mit Wasser füllte, wurden leider zerbrochen, doch zeigt diess schon der Geschmack, indem Eichwald anführt, dass schon beim Vorgebirge Tük-Karagan das Wasser des Meeres sehr bitter sei, weiter südlich bei Baku in dem Maasse, dass sein Genuss fast Brechen errege [2]).

Dieser grosse Bittersalzgehalt des Meeres, verbunden mit dem Umstand, dass dasselbe gar keinen Abfluss hat, und die grosse Menge Wassers, welches die darin sich mündenden Ströme ergiessen, nur durch Verdunstung verliert, während die festen Bestandtheile zurückbleiben, und sich anhäufen, kann daher wohl

---

[1]) Der Vergleichung wegen lasse ich hier die vollständige Zusammensetzung des Wassers vom schwarzen Meere folgen. Nach der Analyse von Göbel enthält dasselbe:

Chlornatrium	1,40195
Chlorkalium	0,01892
Chlormagnesium	0,13035
Brommagnesium	0,00052
Schwefelsaure Kalkerde	0,01047
Schwefelsaure Talkerde	0,14700
Doppelt kohlensaure Kalkerde	0,03586
Doppelt kohlensaure Talkerde	0,02086
Wasser nebst Spuren von organischen Substanzen	98,23337
	100,00000

(Vergl. Reise in die Steppen d. südl. Russl. Th. II S. 107.

[2]) Eichwald a. a. O. Th. I S. 247.

zu der Vermuthung Veranlassung geben, die auch Göbel aufgestellt hat [1]), dass das kaspische Meer ursprünglich ein Süsswassersee gewesen sei, und seinen Salzgehalt allmählig aus der angränzenden Steppe empfangen habe. Indessen würde sich damit doch nicht das Dasein der in dem kaspischen Meere lebenden Seethiere erklären lassen. Allerdings sind diese nicht sehr zahlreich, sowohl in Rücksicht der Species als auch der Individuen, denn der grosse Reichthum an Fischen, der das kaspische Meer so berühmt gemacht hat, findet sich nur in der Nähe der schilfreichen Mündungen der Flüsse, wo der Salzgehalt des Meeres durch das süsse Wasser der Flüsse verdünnt ist. Das eigentliche Meer wird von allen Reisenden als arm an Seethieren geschildert; aber ihre Zahl ist nach der neuesten Uebersicht, die Eichwald davon giebt, doch nicht so gering als man bisher vermuthet hatte, und unter diesen fanden sich recht eigentliche Seefische, wie Heringe, und die Arten der Gattungen *Atherina* und *Syngnathus* [2]).

---

[1]) Reise Th. II S. 104.

[2]) Vergl. *Bulletin de la société impériale des naturalistes de Moscou* 1838 B. I S. 125. Ausser der grossen Menge von Karpfen-Arten, Stören und Schlammbeisker (*Cyprinus*, *Acipenser* und *Cobitis*), welche von den Flüssen in das Meer, und aus diesem in die Flüsse steigen und den vielen Seehunden (*Phoca canina*, Pallas) die auch in dem süssen Wasser des Baikal Sees leben, führt Eichwald folgende Seethiere auf: Von Schildkröten *Clemmys caspia* (Wagler); von Fischen *Cyprinus Persa* (Pallas), *Cobitis caspia* (Eichwald), *Clupea caspia*, *C. pontica*, *Atherina caspia*, *A. pontica*, *Bentophilus* (*Gobius*) *macrocephalus* (Eichwald), *Gobius sulcatus*, *G. affinis*, *G. caspius*, *Syngnathus nigrolineatus*, *S. caspius*; von Krebsen *Astacus leptodactylus*, *var. caspia* (Eschscholz), *A. caspius* (Eichwald); von Mollusken *Paludina variabilis* (Eichwald), *P. pusilla*, *Neritina liturata*, *Cyrena orientalis*, *Mytilus* (*Dreissena*) *polymorphus*, *M. edulis*, *Venus gallina*, *Cardium edule*, *C. rusticum*, *Didacna trigonoides*, *D. crassa*, *Monodacna caspia*, *M. pontica*, *Adacna laeviuscula*, *A. plicata*, *A. vitrea*, *A. colorata*. — Die Fauna des kaspischen Meeres unterscheidet sich, wie Eich-

Nachdem wir das Wasser geschöpft hatten, kehrten wir um, und fuhren auf demselben Wege wieder zurück, auf welchem wir gekommen waren [1]). Um $10\frac{1}{2}$ Uhr des 16. Octobers waren wir wieder im Angesicht von Tschetyre bugri, wo wir diessmal aber nicht vorüber fuhren, sondern, um die Insel näher kennen zu lernen, anlanden wollten. Wegen des flachen Ufers konnte diess indessen nur mit Schwierigkeiten bewerkstelligt werden. Das Dampfschiff konnte sich dem Ufer nur bis auf eine Entfernung von 3 Wersten nahen, hier mussten wir schon das Boot, und als auch dieses sich nicht dem Ufer hinreichend nähern konnte, noch ein kleineres Fischerboot besteigen, welches wir glücklicherweise in der Nähe mit einigen Fischern sahen, und zu Hülfe riefen, und welches uns nun wenigstens so weit brachte, dass die Fischer ins Wasser steigen und uns einzeln ans Land tragen konnten.

Die Insel ist wie alle übrigen an dem Ufer grösstentheils mit Schilf bewachsen, weiterhin ist Graswuchs. Das Gras war gemäht, und das Heu in einzelnen Haufen zusammengethürmt und mit kleinen Gräben und Staketen umgeben, um es vor dem umher weidenden Viehe zu schützen. Hinter den Wiesen erhebt sich ein höheres sandiges Plateau, das bis zur südlichen Spitze der Insel reicht, wo der Leuchtthurm und neben demselben einige hölzerne Häuser stehen. Der Leuchtthurm ist ein sehr altes baufälliges, hölzernes, sechseckiges, nach oben etwas spitz zulaufendes Gebäude, das durch grosse Taue, welche von der

---

wald bemerkt, sehr auffallend von der des schwarzen Meeres, denn hier finden sich Hayfische, Rochen und Schollen, die in dem kaspischen Meere gar nicht vorkommen. Dieser Umstand redet einer früher statt gehabten Verbindung des kaspischen und schwarzen Meeres, die man häufig angenommen hat und annimmt, nicht das Wort.

[1]) In der Morgendämmerung sahen wir einen Seehund öfter auftauchen.

Spitze nach Pfählen gehen, die in den Boden eingepflanzt, und rund um das Gebäude vertheilt sind, gehalten, und vor dem Umsturz durch heftige Windstösse, bewahrt wird. Es besteht aus drei Stockwerken, die beiden oberen haben rund herum Fensterscheiben, und man gelangt zu ihnen auf Leitern, die eben so schmutzig als halsbrechend zu besteigen sind. Die Erleuchtung des Nachts ist sehr kläglich, und gar nicht mit den Einrichtungen auf andern Leuchtthürmen zu vergleichen. In dem dritten Stockwerk waren an die Fenster flache Schalen mit Thran gestellt, an deren Rändern, aber nur auf der einen Seite, Dochte lagen, die angezündet werden, in dem zweiten Stockwerk waren die drei Fenster der einen Hälfte, ein jedes durch drei Lichte, erhellt. Der Thurm verdiente wohl bei dem immer mehr zunehmenden Handel Astrachans einem anderen Platz zu machen, der der Würde des russischen Reiches angemessener wäre.

Einen besseren Eindruck macht die neben dem Thurm befindliche Wohnung des Wärters des Leuchtthurms, die reinlich und nett ist. Wir traten hier ein, und wurden von der Wirthin mit einem Frühstück bewirthet, wozu sie spendete was sie hatte, Milch, Butterbrot und Eier. Auf diesem höheren Theile der Insel sahen wir noch viel mehr Tarantellöcher als auf Birutschicassa; auch Eidechsen giebt es häufig. Am Nachmittage kehrten wir auf dieselbe Weise, wie wir gekommen waren, wieder zu dem Kronsdampfboote, und auf demselben nach Birutschicassa zurück, wo wir wiederum unser gemiethetes Dampfboot bestiegen.

Da wir vor unserer Rückkehr nach Astrachan noch die berühmten Fischereien auf der Wolga kennen lernen wollten, welche sich hauptsächlich auf den Seitenarmen der Wolga befinden, so fuhren wir nicht den alten Weg nach Hause, sondern bogen von Birutschicassa rechts ab, um in einen östlichen Wolga-

Arm, den Tschagan, einzulenken, in welchem sich die Fischereien des Herrn Saposchnikoff befinden. Wir konnten indessen den Weg nicht lange fortsetzen, denn bald erhob sich plötzlich ein solcher Nebel, dass wir anhalten mussten bis sich derselbe gelegt hatte, was nicht vor Anbruch des Tages geschah. Als die Sonne aufgegangen war, befanden wir uns schon in dem schmalen Tschagan, dessen Ufer so flach und dermassen mit Schilf bewachsen waren, dass man von ihnen und dem angränzenden Lande nichts wahrnehmen konnte. Erst weiter aufwärts erhoben sich die Ufer mehr, blieben aber bis zur Watage des Herrn Saposchnikoff, wo wir um 3 Uhr ankamen, immer noch sehr schilfreich.

Wir landeten in der Nähe eines sehr schönen Gebäudes, das Herr Saposchnikoff bei Gelegenheit der Reise des Kaisers Alexander nach dem Ural im Jahre 1824 hatte aufführen lassen, in der Hoffnung, dass der Kaiser auch nach Astrachan kommen und seine Fischereien besehen würde, was aber nicht geschah. Herr Saposchnikoff, schon von unserer Ankunft benachrichtigt, empfing uns sehr zuvorkommend, und führte uns nach eingenommenem Frühstück sogleich zu der Fischerei. Die Fische, welche hier wie in den übrigen Fischereien der Wolga gefangen werden, sind die nämlichen, welche in dem Ural vorkommen, und oben angeführt sind. Sie pflegen bei ihren Zügen immer gewisse Striche zu halten, und vorzugsweise dazu gewisse Arme der Wolga zu wählen, die durch genaue Untersuchung nun schon gekannt, und an denen dann vorzugsweise die Fischereien angelegt sind. Zu einem der fischreichsten Arme gehört nun, vielleicht wegen seiner besonders schilfreichen Ufer, der Tschagan. Wir fanden hier wie im Ural den ganzen Strom durch ein Pfahlwerk (Utschug) gesperrt [1]), das in einem stumpfen Zickzack quer durch

[1]) Zu den übrigen fischreichen Armen, die auch durch einen

den Fluss geführt war. An den einspringenden Winkeln des Utschugs, (wenn man nämlich stromaufwärts geht, waren Oeffnungen angebracht, die wiederum an der Aussenseite in einiger Entfernung durch halbzirkelförmige Flechtwerke, die bis an den Boden reichten, verschlossen waren. Die grossen Hausen und Störe schwimmen stromaufwärts durch die Oeffnung des Utschug in die mit dem Flechtwerk umgebenen Kammern, aus denen sie, wegen der Schwierigkeit des Umwendens, nicht wieder zurückkehren können, und so dann von Zeit zu Zeit mit Haken herausgezogen werden.

Die Fische, welche die ihnen verderblichen Oeffnungen nicht so bald finden, sammeln sich vor dem Utschug in grosser Menge an, und es wird ihnen nun hier noch auf andere Weise nachgestellt. Durch den ganzen Fluss sind querüber Taue gezogen, welche an dem Boden desselben liegen. An diesen sind alle anderthalb Spannen Schnüre von 2 Spannen Länge angebracht, an deren Enden eiserne Haken befestigt sind, die durch andere Schnüre mit kleinen Stücken Holz, die auf dem Wasser schwimmen, in der Höhe erhalten werden. Dergleichen Taue gehen nun mehrere in gewissen Entfernungen durch den Fluss. Die Störe, Hausen und Sewrugen, die sehr gefrässig sind, schnappen nach dem Holze, bewegen dabei den Angelhaken, und stossen sich denselben in den Leib; sie suchen sich nun loszureissen, stossen denselben aber dabei nur immer tiefer, und verwickeln sich wohl gar noch in einen benachbarten. Von Zeit zu Zeit fahren nun die Fischer in einem Kahne an den schwimmenden Hölzern entlang, ziehen mit Haken die gefangenen Fische heraus und bringen sie gewöhnlich erst nach einem durch Flechtwerk abgezäunten seichten

---

Utschug geschlossen sind, gehören der Iwantschug, Uwari und Kumusik.

Platz am Ufer, in welchem sie dann bis zur weitern Benutzung aufbewahrt werden [1]).

Als wir in einem Kahne über den Fluss fuhren, wurden in unserer Gegenwart eine Menge Fische herausgezogen, welche man, da man uns die weitere Zubereitung derselben zeigen wollte, sogleich mit einigen Schlägen auf den Kopf tödtete. Sie wurden sodann nach der Werkstätte der Watage gebracht, einem hölzernen Hause, das auf Pfählen auf der Wolga neben dem etwas erhöhten Ufer so stand, dass man von der Landseite mit Wagen bis zu ihm heranfahren, von der andern mit den Böten an ihm anlegen konnte. Der Boden des Hauses hatte eine gleiche Höhe mit dem nebenliegenden Ufer, und bestand aus Brettern, die nicht enge an einander schlossen, damit durch die Zwischenräume das Blut der auf demselben geschlachteten Fische in die Wolga fliessen konnte. Auf der dem Ufer entgegengesetzten Seite ging eine geneigte Fläche ins Wasser hinab, an welcher die Fische aus den Böten, die hier anlegen, mit Haken in das Haus gezogen wurden; an den beiden anderen schmäleren Seiten waren Stiegen angebracht, auf denen man aus den Böten in das Haus gelangen konnte.

Als alle Fische heraufgezogen waren, konnten wir sie näher betrachten. Der grösste Theil der gefangenen Fische waren Hausen (*acipenser Huso, bjeluga* russisch), nächst diesen fand sich am häufigsten eine Störart *acipenser Güldenstädtii* [2]), russisch *osselr*; von einer anderen Störart *acipenser stellatus* (*sewruga* russisch) waren nur 2 Exemplare, und von Sterleden, *acipenser ruthenus*, kein einziges Exemplar gefangen. Unter den Hausen waren auch die grössten Fische; der grösste derselben hatte nach der Messung von Prof.

---

[1]) Sehr ausführlich sind die grossartigen Fischereien in J. G. Gmelin's Reise durch Russland Th. II S. 199 — 246 beschrieben.

[2]) Vergl. Brandt und Ratzeburg medicinische Zoologie Th. II S. 13.

Ehrenberg eine Länge von 9 Pariser Fussen und 5 Zollen; sie kommen aber noch grösser vor, und erreichen nach Pallas eine Grösse von 12 bis 14 Fussen, nach Gmelin von 25, ja zuweilen von 35 Spannen. Die Osseters und Sewrugen sind im Allgemeinen kleiner, die ersteren nach Gmelin höchstens 9, gewöhnlich 5 bis 7 Spannen, die Sewrugen höchstens 8, gewöhnlich 5 bis 6 Spannen lang. Die Sterlede sind am kleinsten, sie überschreiten selten die Grösse von 2 Fussen. Die gefangenen Fische wurden nun zerlegt, man spaltete ihnen mit einem Beile den Kopf, schlitzte ihnen sodann mit einem scharfen Messer den Bauch auf, nahm Rogen, Eingeweide und Schwimmblase heraus, und that, jeden dieser Theile von einander abgesondert, in besondere Fässer, wobei man auch Acht hatte, die Theile der verschiedenen Fischarten nicht mit einander zu verwechseln; man riss sodann die Scheide mit dem Rückenmark aus dem Rückgrat heraus, und spaltete die Fische endlich vollends in zwei Hälften. Die Scheide wurde ausgeschwenkt und auf diese Weise von dem Rückenmark gereinigt, welches fortgeworfen wurde.

Man ging nun zu der Bereitung des Kaviars, die in nichts anderem besteht, als dass man den Rogen, um ihn von dem anhängenden Fette und dem Zellgewebe zu trennen, mit den Händen durch ein grobes Sieb drückt, das auf einem grösseren oben offenen Kasten steht, und die durchgeriebenen Körner sodann salzt. Das Salzen geschieht mehr oder weniger stark, je nachdem der Kaviar längere oder kürzere Zeit aufbewahrt werden soll. In letzterem Falle wird er nur etwas mit Salz angerührt, im ersteren aber in sehr scharf gesalzenes Wasser geschüttet, und darin umgerührt. Man füllt ihn dann in leinene Beutel, presst ihn erst mit den Händen und dann in bestimmten Pressen zusammen, und packt ihn nun in die zum Verschicken bestimmten Fässer, in welchen man ihn mit Fischfett übergiesst. Das auf dem Siebe zurückbleibende Fett und Zellgewebe wird nicht fortgeworfen, sondern mit den Eingeweiden zu Thran benutzt.

Die Menge Rogen, die diese Thiere enthalten, ist ausserordentlich. Grosse Hausen sollen nach Pallas bis 5 Pud Kaviar geben [1]; da nun nach demselben Naturforscher 5 Hauseneier einen Gran wiegen, so würden dergleichen Hausen fast sieben Millionen Eier enthalten, woraus sich ihre unglaubliche Vermehrung erklärt. Die Osseters und Sewrugen haben weniger Rogen, die ersteren geben nach Pallas niemals über 30 Pfund Kaviar, die letzteren nicht mehr als 10 bis 12 Pfund; auch sind die Eier dieser Störarten kleiner, indem davon 7 auf einen Gran gehen; dagegen wird der Kaviar von den Osseters und Sewrugen und besonders der Sterlede für wohlschmekkender gehalten und theurer bezahlt, als der der Hausen, der wegen des vielen Schleims die schlechteste Sorte abgiebt.

Zur Bereitung der Hausenblase werden die Schwimmblasen aufgeschnitten und gewässert; nachdem man sie darauf einige Zeit an der Luft hat liegen lassen, zieht man, während sie noch feucht sind, die innere weisse Haut, welche allein benutzt wird, von der äusseren ab, und trocknet sie, die schlechteren Sorten ohne weitere Zubereitung, die besseren, nachdem man sie zusammengerollt und auf die bekannte Weise, leier- oder hufeisenartig gebogen hat. Auch hierbei wird die Hausenblase der Hausen, obgleich sie von ihnen ihren Namen erhalten hat, der der übrigen Störarten nachgesetzt. Die Scheide des Rückenmar-

---

[1]) Reise in versch. Prov. Th. I S. 138. An einer anderen Stelle (Th. II S. 343) führt er aber an, dass man 1769 in dem Bagatoi Kultuk (der reichen Bucht), einem 70 Werste von den Mündungen des Ural gelegenen Busen des kaspischen Meeres, einen achthalb Ellen langen Hausen gefangen habe, dessen Gewicht auf 70 Pud geschätzt wurde und dessen Rogen zwanzig Pud gewogen hat.

kes wird der Länge nach gespalten, an der Luft getrocknet, und unter dem Namen Wäsiga verkauft; man bedient sich derselben in Russland zu Suppen und Saucen, um sie durch die darin enthaltene Gallerte kräftiger zu machen; oder auch um mit den kleingeschnittenen Stücken eigene Backwerke zu bestreuen, die in Russland sehr häufig statt des Brotes zur Brühsuppe genossen, und Pirogi genannt werden.

Die gespaltenen Fische werden noch mehrmals durchgeschnitten, einige Tage in Salzwasser gelegt, und sodann in besonderen Behältern mit Salz geschichtet. Diese Behälter liegen in eigenthümlichen Kellern, die an dem Abhange in das steile Ufer der Wolga so eingegraben sind, dass das Dach mit dem Boden des Landes, und die vordere Seite mit dem Abhange des steilen Ufers in einem Niveau ist. Ihr Grundriss bildet ein Rechteck; in der Mitte der vorderen schmalen Seite des Kellers befindet sich der Eingang, und von diesem aus geht durch den Keller der Länge nach ein Gang, zu dessen Seiten rechts und links die Behälter, 3 grosse vertiefte viereckige Kasten auf jeder Seite sich befinden, in welche die Lagen der zerschnittenen Fische abwechselnd mit Lagen von Salz gelegt werden. Ueber dem mittleren Gange an der Decke sind einige Fallthüren angebracht, durch deren Oeffnung Licht in den Keller eingelassen werden kann; und um den Keller kühl zu erhalten, sind die drei äusseren Wände desselben unter der Erde mit einer dicken Lage von Eis umgeben, die $2\frac{1}{2}$ Faden dick und 19 Fuss hoch ist. Diese Lage schwindet im Sommer bis auf ein Viertheil ihrer Dicke, und wird alle Winter erneuert.

Das Fleisch der Hausen ist zwar wohlschmeckender, aber weil es schwerer verdaulich als das der Osseter und Sewrugen ist, so wird es dem Fleische dieser Fische, wenigstens dem der Osseter nachgesetzt. Am meisten unter diesen Störartenwerden indessen wegen ihres Fleidie Sterlede geschätzt; ihr Fleisch ist frisch am wohlschmeckendsten, daher sie lebend mit vielen Kosten von Astrachan und aus der oberen Wolga, wie auch aus ihren Zuflüssen, der Kama und Oka, wo sie noch häufig vorkommen, bis nach Petersburg geführt, und dort theuer bezahlt werden.

Ausser den Fischereien des Herrn Saposchnikoff finden sich noch andere an anderen Stellen der Wolga-Arme, von denen die vorzüglichsten dem schon oben erwähnten Griechen, Major Warwazi, gehören. Die Wolga-Fischerei ist, wiewohl sie von dem Kaiser Alexander frei gegeben worden, noch immer wie früher das Monopol einzelner Weniger, da einmal schon die vorzüglichsten Stellen, an welchen die Fische vorzugsweise ihren Strich halten, in Beschlag genommen sind, und dann auch die reichen Besitzer der vorhandenen Fischereien alle möglichen Mittel anwenden, um keine neue aufkommen zu lassen. Herr Saposchnikoff hat die seinigen nur gepachtet, und zahlt dafür dem Fürsten Kurakin, und den Herren v. Besbarodski und v. Wsewolodski, denen sie gehören, eine jährliche Pacht von respective 500,000, 175,000 und 300,000 Rubel [1]). Wenn man bedenkt, welche Kosten ausserdem noch die Unterhaltung der Anstalten und der vielen dabei beschäftigten Menschen verursacht, so erhält man einen Begriff von der Wichtigkeit dieser Fischereien für Astrachan. Sie übertreffen, nach Pallas, an Ausdehnung bei weiten nicht nur die übrigen Fischereien Russlands, sondern auch, mit einziger Ausnahme der Neu-Fundländischen, die aller übrigen Länder; für Russland haben sie aber

---

[1]) Vergl. Erdmann Beiträge zur Kenntniss des Innern von Russland Th. II S. 195. Die Fischereien des Fürsten Kurakin gehörten ursprünglich der Krone, und waren früher den Astrachanischen Kaufleuten für 12,000 Rubel verpachtet, wurden aber dem Fürsten Kurakin vom Kaiser Paul geschenkt, als die astrachanischen Kaufleute sich über zu hohe Pacht beschwerten.

eine um so grössere Wichtigkeit, da sie vorzugsweise der russischen Bevölkerung in den mehr als ein Drittheil des Jahres ausmachenden Fasten, die die griechische Kirche vorschreibt, die hauptsächlichste Nahrung geben.

Nach Pallas[1]) lieferten die Fischereien in den Wolga-Armen bei Astrachan und in den fischreichen Busen des kaspischen Meeres am Ende des vorigen Jahrhunderts, nach einem vierjährigen Durchschnitt, allein an Hausen, Ossetern und Belugen, ausser der ungeheuren Menge kleinerer Fische, als Sterlede, Karpfen, Sander, Welse, Lachsforellen, und ohne die vielen Robben[2])

an Hausen	103,500	Stück
an Ossetern	302,000	-
an Sewrugen	1,445,000	-

Aus diesen Fischen wurden gewonnen

	an Hausenblase	und	an Caviar
aus den Hausen	776 Pud	und	10,350 Pud
aus den Ossetern	933 -	-	22,920 -
aus den Sewrugen	1806 -	-	90,700 -

Nach den damaligen Preisen lieferte der

Hausenfang einen Ertrag von			340,535 Rubel
Osseterfang	-	-	524,135 -
Sewrugenfang -	-	-	983,810 -
alle 3 zusammen	-	-	1,848,480 Rubel

Nach den Herrn von Humboldt mitgetheilten Tabellen, die indessen nur eine ungefähre Uebersicht gewähren sollen, ist die Menge und der Werth der nicht allein bei Astrachan, sondern auch in den übrigen Fischereien des kaspischen Meeres gefangenen Fische jetzt folgender:

---

[1]) Reise in die südlichen Statthalterschaften des russischen Reichs Th. I S. 183.

[2]) Im Jahre 1828 betrug die Menge der auf den schilfreichen Inseln gefangenen Robben allein 99,000 Stück.

	Stück	Gewicht	Preis für 1 Pud		Werth im Ganzen	
		Pud	Rub.	Kop.	Rub.	Kop.
I. Fischereien in den Wolga-Armen bei Astrachan und in den zu dieser Stadt gehörenden Busen des kaspischen Meeres:						
Hausen (*Belugi*)	87,766	438,830	5		2,194,150	
Osseters (*Ossetri*)	86,767		8		694,136	
Sewrugen (*Sewrugi*)	341,666		2		683,329	
Lachsforellen (*Lossosi*)	6,000		1	25	7,500	
Welse (*Somi*)	350,000	175,000	2		350,000	
Karpfen (*Sasani*)	375,000			40	134,000	
Sterlede (*Sterlädi*)	1,362,000			10	136,200	
Sander (*Sudaki*)	1,283,335			10	128,333	50
Brechsen (*Leschtschi*)	23,000,000				46,000	
Caviar (*Ikri*)		27,724	25		693,100	
Hausenblase (*Kleju*)		2,818	400		1,127,200	
Wesiga (*Wüsiga*)		2,337	22		51,714	
Seehunde (*Tjuleni*)		68,866	2	50	172,165	
					6,417,826	50
II. Freie Fischereien in der Emba und den Seehundsinseln:						
Hausen	10,238	25,595	2		51,190	

Osseters	4,914		2	50	12,282	50
Sewrugen	563,334		1		563,334	
Caviar		34,796	15		521,940	
Wesiga		1,022	22		22,480	
Hausenblase		998	350		349,300	
Karpfen und Sander	8,335				2,500	
Seehunde	80,524	56,134	2	50	140,345	
					1,663,371	50
III. Kronsfischereien im Tschetschenskischen Bezirk [1])						
Hausen	4,996	14,988	2		29,976	
Osseters	33,320	16,660	2		33,320	
Sewrugen	70,315		1		70,315	
Caviar		48	15		720	
Wesiga		141	22		3,102	
Hausenblase		184	350		64,400	
					201,833	
IV. Fischereien in Salian [2]), die jetzt unter der Vormundschaft der Krone stehen.						
Hausen	2,500	5,000	1	80	9,000	

[1]) In den Mündungen des Terek. [2]) In den Mündungen des Kur.

	Stück	Gewicht	Preis für 1 Pud		Werth im Ganzen	
		Pud	Rub.	Kop.	Rub.	Kop.
Osseters	3,000			70	2,100	
Sewrugen	300,000			50	150,000	
Caviar		40,000	10	50	420,000	
Hausenblase		600	350		210,000	
Wesiga		750	22		16,500	
					807,600	

V. Fischereien des persischen Schachs und bei den Bakuschen Inseln.

	Stück	Gewicht	Preis für 1 Pud		Werth im Ganzen	
		Pud	Rub.	Kop.	Rub.	Kop.
Hausen	3,500	7,000	1	80	13,860	
Osseters	147,000			70	102,900	
Sewrugen	100,000			50	50,000	
Caviar		17,000	10	50	178,500	
Hausenblase		750	350		262,500	
Wesiga		300	22		6,600	
Seehunde		2,000	2	50	5,000	
					619,360	

VI. Bei sämmtlichen Fischereien, ausser den persischen, gewonnenes Fett:

Aus den sogenannten rothen Fischen, als den Hausen, Ossetern und Sewrugen	20,000	4	80,000
Aus einer grossen Anzahl verschiedener kleiner Fische, sogenannter Taranji	50,000	3	150,000
			230,000
		im Ganzen	9,939,991

Anmerkungen. 1. Ausser den oben angezeigten giebt es noch in der Nachbarschaft der Tschetschenskischen Fischereien andere in dem Flusse Sulak- und dem benachbarten Meere, die einem russischen Unterthan, dem tscherkessischen Begh, General-Lieutenant Mechti Schamschal Tarkowski gehören, welcher sie an die Bewohner Kislar's für 8000 Rubel jährlich in Pacht giebt, und aue diesen Fischereien erhält man an Fischen im Ganzen einen Werth von etwa 100,000 Rubel jährlich.

2. Am Ufer der Kaukasischen Provinz befinden sich im Meere Fischereien unter dem Namen der Tschernorinskischen, die den Herren Gutsbesitzern Wsewoloschki gehören, in denen man verschiedene Sorten Fische und andere Fischprodukte und Seehunde bis zu einem Werthe von 300,000 Rubel jährlich erhält.

3. Aus den Kronsmagazinen von Astrachan wird an Salz mehr als 1,000,000 Pud zu einem Werthe von 1,000,000 Rubel verkauft[1]). Von diesem Salz, das grössten Theils zum Einsalzen der Fische verbraucht wird, verkauft man nämlich das Pud unmittelbar aus den Kronsmagazinen für 85 Kopeken, in Astrachan für 1 Rubel und in den Bezirksstädten für 1 Rubel 25 Kopeken.

4. In den Privat-Fischereien und Utschugen werden gebraucht an Verwaltern, Fischern und verschiedenen Handwerkern und sonstigen Arbeitern 10,450 Mann; in der Emba und auf den Seehunds-Inseln 5,454 M.; im Tschetschenskischen Antheil 800 M.; in Salian 1,200 M.; bei der Fischerei des persischen Schachs 250 M.; zusammen 18,154 Mann.

[1]) Das Salz wird jetzt grösstentheils nur aus einigen Salzseen gewonnen, die auf den Wolga-Inseln Basinskoi und Bertul, südwestlich von Astrachan, liegen und nur zum kleinen Theil aus ein Paar kleinen Seen bei Kapitanskoi, 20 bis 25 Werste oberhalb Krasnojarsk.

Nachdem wir auf diese Weise den Fischfang im Tschagan vollständig kennen gelernt hatten, wurden wir noch von Herrn Saposchnikoff vortrefflich bewirthet, bei welcher Gelegenheit uns auch der so eben bereitete Caviar vorgesetzt wurde, worauf wir dann um 6 Uhr mit dem Dampfboot abfuhren, und um 1 Uhr in der Nacht in Astrachan wieder anlangten. —

Wir hatten nun die merkwürdigsten Gegenstände Astrachans und seiner Umgebungen gesehen, und es blieb uns nur noch wünschenswerth, die Kalmücken und besonders ihren merkwürdigen Fürsten Sered-Dschab kennen zu lernen, der durch seine Bildung und seine wissenschaftlichen Kenntnisse vor allen anderen kalmückischen Fürsten hervorragt. Er ist der Fürst der Choschuder Horde, die in den reichen Wiesen zwischen der Wolga und der Achtuba nomadisirt, dorthin aber erst von der westlichen Steppe nach der grossen Flucht der Kalmücken der östlichen Steppe im Jahre 1770, mit Erlaubniss der Regierung eingewandert ist. Fürst Sered-Dschab hat als Anführer der Kalmücken nicht bloss seiner Horde, sondern auch der Horden der westlichen Steppe die letzten Kriege der Russen gegen die Franzosen mitgemacht, ist in Paris gewesen und war nun russischer Oberst und Ritter mehrerer Orden. Nach seiner Rückkehr hat er sich nicht weit von dem Wolga-Ufer ein stattliches hölzernes Haus von russischen Werkmeistern aufführen lassen, in welchem er wenigstens den Winter über wohnt, wenngleich er, der Sitte seines Volks gemäss, im Sommer noch in der Steppe nomadisirt. Ebenso hat er sich nicht weit davon einen steinernen Tempel von seinen Priestern, die diese heiligen Gebäude allein bauen dürfen, aufführen lassen.

Da die Wohnung des Fürsten Sered-Dschab nicht weit von der Wolga in der Nähe von Semänowskaja, der dritten Station von Astrachan auf der Strasse nach Sarepta liegt, so wurde beschlossen diese auf der Rückreise von hier aus zu besuchen, denn die Reise auf dem linken Ufer der Wolga zu machen, war wegen der vielen Kanäle und Flüsse, die das Land zwischen der Wolga und der Achtuba durchschneiden, nicht ausführbar. Wir verliessen demnach Astrachan am 21. Oct., setzten am Morgen früh in Begleitung des Herrn v. Ossipoff, in einem kleinen Boote über die Wolga, und erwarteten auf dem jenseitigen Ufer in dem hier gelegenen Hause der Frau von Sawarikin, auf die Ankunft unserer Reisewagen, die, da sie in grössere Boote geladen werden mussten, zur Ueberfahrt längerer Zeit bedurften. Um 10 Uhr war auch diese bewerkstelligt, worauf wir uns dann von Herrn v. Ossipoff in dankbarer Anerkennung der vielen genossenen Aufmerksamkeiten trennten, und unsere Rückreise auf dem schon bekannten Wege antraten.

Bei der sandigen Beschaffenheit des ersten Theils des Weges kamen wir in Semänowskaja (66 Werste von Astrachan) erst am Abend an. Da wir von hier nach Tumeniewka, der Residenz des Fürsten Sered-Dschab, übersetzen mussten, so blieben wir hier die Nacht, wurden aber noch denselben Abend von dem jüngeren Bruder des Fürsten Serenorwa begrüsst, den der Fürst, von unserer Ankunft unterrichtet, uns entgegen gesandt hatte, um uns zu verkündigen, dass der Fürst uns am folgenden Tage erwarte. Es war ein junger Mann, nach tscherkessischer Art mit einem kurzen blauen mit silberner Borte besetzten Ueberrock bekleidet, der vor der Brust auf beiden Seiten mit einer Art Tasche zum Einstecken der Patronen versehen war. Er blieb mit uns die Nacht in Samänowskaja, und führte uns nun am folgenden Morgen auf seinem mit 12 kräftigen Kalmücken bemannten Boote über die Wolga.

Die Nacht war ziemlich kalt gewesen, und noch jetzt am Morgen um 9 Uhr, wo wir übersetzten, hatte die Luft nur eine Temperatur von 3° R. Viel weniger war das Wasser der Wolga erkaltet, es hatte noch eine Temperatur von 7°,5, und bewirkte durch Erwärmung der über ihm stehenden Luftschicht eine Luftspiegelung, die so ausgezeichnet war, wie wir sie nur mitten im Sommer in den Steppen des Altai gesehen hatten. Die höhern Gegenstände des gegenüberliegenden Ufers schienen uns dadurch gehoben und nach unten zu verkehrt, wie wenn sich ein Gegenstand im Wasser spiegelt. Wir fuhren bei mehren mit Pappeln und Weiden besetzten Inseln vorüber und hielten endlich in ziemlicher Entfernung vom jenseitigen Ufer still, denn bis zum Ufer selbst konnten wir in dem Boote, wegen der Seichtigkeit des Wassers an dem Landungsplatze nicht gelangen. Die Kalmücken, unsere Ruderer sprangen daher ins Wasser, und trugen uns, je zwei einen Sessel mit ihren Händen bildend, ans Ufer. Hier erwartete unserer schon eine vierspännige und eine zweispännige Kutsche, sowie eine Menge Reit-Pferde, die uns Fürst S e r e d - D s c h a b entgegen geschickt hatte, in der Meinung, dass Herr v o n H u m b o l d t in einem viel grösseren Gefolge ankommen würde.

Tumeniewka, die Residenz des Fürsten, liegt von unserem Landungsplatze noch 12 Werste weiter aufwärts an der Wolga. Sie hat schon ziemlich das Ansehen eines russischen Dorfes und besteht aus einer Menge unregelmässig stehender hölzerner Häuser und Kibitken, über welchen allen das hölzerne Schloss des Fürsten hervorragt, ein etwa 30 Schritt langes Gebäude von 2 Stockwerken, dessen zweites Stockwerk gegen das untere etwas zurücktritt, und hier mit einem Geländer umgeben, in der Mitte aber mit einer gläsernen Kuppel versehen ist. Die umgebenden Kibitken werden von Kalmücken, die hölzernen Häuser aber meistens von Russen bewohnt, die sich bei dem Fürsten angesiedelt haben, und ihm dienstpflichtig sind.

Fürst Sered-Dschab empfing uns an der Thür seines Schlosses. Es war ein Mann von mittleren Jahren in dunkelgrüner Kutka als russischer Oberst gekleidet und mit allen seinen Orden geziert. In seiner Begleitung war sein dritter Bruder Seren-Danduk, in ähnlicher tscherkessischer Kleidung, wie sein vierter Bruder Seren-Norwa, der uns von Samänowskaja hergeleitet hatte. Sein zweiter Bruder Batur-Ubaschi war, wie wir nachher erfuhren, krank und zeigte sich nicht. Wir traten in einen schmalen tiefen Saal, in dessen Mitte ein Billard stand und dessen Seiten mit Meublen von Mahagoni, grossen Spiegeln und Spieluhren geschmückt waren. Aus diesem wurden wir rechts in ein kleines Seitenzimmer geführt, in welchem sich Herr von Humboldt und Fürst Sered-Dschab auf ein Kanapee von rothem Saffian den Fenstern gegenüber niederliessen; die übrige Gesellschaft setzte sich auf Polsterstühle von Mahagoni, die mit persischem seidenen Zeuge überzogen waren, und ordneten sich um einen grösseren runden Tisch, der vor dem Kanapee stand. Ueber dem Kanapee an der Wand hingen die wohlgetroffenen Oelbilder des Kaisers und der Kaiserin. Der Fürst sprach fertig russisch und unterhielt sich mit Herrn v. Humboldt durch Merrn Menschenin und und Herrn Stranak, welchen letzteren wir auch jetzt noch die Freude hatten bei uns zu sehen, da er uns bis zur Gränze des Gouvernements, wo er uns empfangen, zurückgeleitete. Die Unterhaltung hatte aber nicht lange gewährt, als ganz unerwartet ein reichgekleideter junger Mann von mongolischer, doch angenehmer Bildung, der Chan der inneren Kirgisenhorde Dschangir, mit seinem Gefolge hereintrat. Er war, wie wir erfuhren, beim Fürsten Sered-Dschab, seinem Nachbar, zum Besuch gekommen, hatte schon den Tag vorher abreisen wollen, war aber auf die Nachricht von der Ankunft des Herrn v. Humboldt noch geblieben. Er trug ein weites, vorn offenes Oberkleid von blauem Tuch mit goldener Borte, ein engeres Unterkleid von eben dem Tuche, das um den Leib mit einem breiten Gürtel zusammen gehalten wurde, und nur auf der Brust etwas geöffnet war, so dass man noch ein wenig die darunter befindliche mit Silber gestickte Weste und die grosse goldene mit Brillanten besetzte Medaille, die er vom Kaiser Alexander erhalten hatte, sehen konnte. Er hatte ferner weite Beinkleider von violettem Sammet, und auf dem Kopfe eine kleine spitze Mütze von blauem Tuche, die mit Gold gestickt und rund herum mit Zobel besetzt war, und über welche er nachher beim Ausgehen noch eine ähnliche, aber weitere von rothem Sammet setzte, welche er beim Hereintreten in der Hand hielt. Er sprach ebenfalls fertig russisch, konnte aber ausserdem noch persisch und arabisch sprechen, so dass in letzterer Sprache Professor Ehrenberg sich unmittelbar mit ihm unterhalten konnte. Er bedauerte sehr, dass wir nicht von Orenburg aus durch seine Steppe gereist wären, er habe diess geglaubt, und deshalb schon Pferde in der Steppe aufstellen lassen. Herr v. Humboldt sprach dann mit ihm von seinem Lehrer Karelin in Orenburg[1]), der sich lange bei ihm in der Steppe aufgehalten hatte, und den er sehr zu lieben schien. Dabei wurde in Gläsern auf einem Präsentirteller von lackirtem Eisenblech, Kumis oder Tschigan, wie die Kalmücken die gesäuerte Stutenmilch nennen, das Lieblingsgetränk der Kalmücken und Kirgisen, herumgereicht.

Nachdem wir hier einige Zeit verweilt hatten, fuhren wir in Begleitung des Chans der Kirgisen nach dem Tempel, in welchem der Fürst eine Feier zur

---

[1]) Vergl. oben S. 201.

glücklichen Beendigung des Krieges der Russen gegen die Türken veranstaltet hatte. Er liegt in einiger Entfernung von dem fürstlichen Wohnhause nach der Steppe zu und war ein länglich-viereckiges Gebäude mit einem japanischen Dache. Der Eingang lag an einer der schmalen Seiten, und von dieser gingen zu beiden Seiten bogenförmige Säulengänge aus, wie bei der Kasanischen Kirche in Petersburg. Diese hatte der Fürst nach eigener Idee seiner Kirche hinzufügen lassen, die sonst streng nach tibetanischen Modellen, wie man uns sagte, erbaut war.

Das Innere des Tempels hatte in der Anordnung der einzelnen Theile grosse Aehnlickeit mit dem Innern des Kalmückentempels, den wir auf der Hinreise bei Astrachan hesucht hatten; nur war hier alles in einem grossartigeren Styl eingerichtet. Der innere Raum war im Allgemeinen hell, die Fenster befanden sich an den längeren Seiten, und alle Wände waren weiss getüncht. Zwei Reihen viereckiger Pfeiler gingen von beiden Seiten der Thür aus der Länge nach durch den Tempel, und theilten das Innere gleichsam in 3 Abtheilungen, zwei äussere und eine innere, welche letztere aber eine grössere Tiefe als die äusseren hatte, und daher am Ende einen etwas finsteren Raum bildete. Hier befand sich, dem Eingange gegenüber, der Altar mit dem terrassenförmigen Aufsatze, worauf die Figuren der Götzen aufgestellt waren, und der hier durch angezündete Lichter erleuchtet war. An den Wänden der äusseren Abtheilungen, zwischen und unter den Fenstern, hingen die Abbildungen der Götzen, die der Burchanen oder guten Geister, des Dschagschaimuni, Abida und Maidarin in betender Stellung und mit untergeschlagenen Beinen, die Figur des bösen Geistes Erlik-Chan in stehender drohender Stellung. In der mittleren Abtheilung sassen auch hier die Priester, wie in dem Tempel bei Astrachan in zwei

Reihen neben einander mit untergeschlagenen Beinen, den Rücken gegen die Säulen und das Gesicht einander zugekehrt, und brachten auch hier mit ähnlichen Instrumenten wie dort ein ähnliches Getöse hervor. Es waren aber hier ihrer 6 in jeder Reihe; auch waren sie stattlicher in lange bunte Gewänder gekleidet, und trugen besonders eigenthümliche sechseckige, spitze, nach unten umgekrempte Mützen; die umgekrempten Theile waren in der Form gothischer Kirchenfenster ausgeschnitten, und eine jede dieser Spitzen mit einem Götzen bemalt. Der Lama zur Rechten des Altars hatte eine Klingel, die Gellongs Becken, Pauken, die auf besonderen Gestellen standen, kleine gerade Hörner oder grosse Schnecken; die Musik, welche sie mit diesen Instrumenten machten, war aber hier um so betäubender, da sie hier noch durch die Töne zweier wohl acht Fuss langer, auf besonderen Unterlagen stehender Trompeten verstärkt wurde, welche zwei Gellongs bliesen, die in jeder der äusseren Abtheilungen des Tempels, das Gesicht nach der Thüre gekehrt, sassen.

Die Musik wechselte mit Gesang ab; sie schallte uns schon von fern entgegen und währte auch noch nach unserem Eintritte fort. Wir blieben in dem inneren Gange zwischen den Priestern und der Thür, Fürst Sered-Dschab an unserer Spitze stehen, und hörten ihr zu, Chan Dschangir nicht ohne ein gewisses Lächeln, da er als Anhänger Mohamed's, den Budhaismus der Kalmücken verachtet. Während des Musicirens stand einer der unteren Gellongs auf, nahm ein Räuchergefäss vom Fuss des Altars, räucherte, und hielt darauf das Gefäss jedem der Priester vor das Gesicht. Als die Ceremonie nach einiger Zeit aufhörte, sprach der Fürst ein Paar Worte mit dem Lama, worauf die Musik wieder anfing, und die ganze Ceremonie sich in derselben Weise wiederholte, so dass es uns schien, als habe der Fürst bloss eine Wiederholung bestellt.

Herr von Humboldt hatte schon vor der Besichtigung des Tempels zum Fürsten Sered-Dschab den Wunsch geäussert, die Bereitung des aus dem Kumis dargestellten Branntweins zu sehen; der Fürst hatte deshalb eine solche Destillation veranstalten lassen, und führte uns nun zu der Kibitke, in welcher dieselbe vorgenommen wurde. Wir fanden hier die Destillation schon im vollen Gange. In der Mitte der Kibitke war ein Feuer angemacht, und auf diesem stand ein eiserner Dreifuss mit einem halbkugelförmigen eisernen Kessel, der als Destillir-Blase diente und den Kumis enthielt. Er war mit einem zweiklappigen hölzernen Deckel verschlossen, der in der einen Hälfte eine, in der anderen zwei runde Oeffnungen hatte. Erstere diente zum Ein- und Nachfüllen des Kumis, und aus jeder der anderen führte eine gekrümmte hölzerne Röhre zu einem runden eisernen Topfe, der die Vorlage abgab, und in einem Gefässe mit kaltem Wasser stand. Jede Röhre war mit einer besonderen Vorlage dieser Art versehen, so dass in dem Kühlgefässe deren zwei standen. Die Fugen am Deckel der Blase und bei der Vorlage waren mit einem Kitt aus Erde und Pferdemist lutirt, und hieraus bestand auch der Stöpsel, mit welchem die Oeffnung in dem Deckel zum Nachfüllen verschlossen war. Dieser Stöpsel wird jedesmal erst aufgesetzt, wenn der Kumis ins Kochen gekommen ist, worauf dann das Feuer unter dem Kessel vermindert wird. Das erste Destillat, welches man auf diese Weise erhält, sieht bräunlich aus, hat einen sehr fuseligen Geschmack und wird Araca genannt. Es wird noch einmal destillirt, und liefert nun ein zweites Destillat von weisserer Farbe, und stärkerem, wenngleich immer noch etwas fuseligem Geschmack, welches Arsa genannt wird.

Aus 6 Wedro Tschigan oder Kumis erhält man ein Wedro Araca, und aus 96 Stoff Araca 8 Stoff Arsa, also aus 72 Maass Tschigan 1 Maass Arsa.

Es ist aber nicht die gesäuerte Stutenmilch allein, aus welcher die Kalmücken diesen Branntwein machen; im Winter, wo die Stuten weniger Milch geben, bedienen sie sich auch dazu der gesäuerten Kuhmilch, welche sie Arjän nennen, so wie der daraus dargestellte Branntwein Airak heisst. Aber dieser Branntwein ist nicht allein schwächer als der Arsa, er wird auch in geringerer Menge als dieser erhalten [1]).

Die Bereitung des Tschigans geschieht auf die Weise, dass die Milch der Stuten, so wie sie gemolken ist, in Beutel von Schaffellen gethan und fleissig umgeschüttelt wird. Gemeiniglich sind die unreinen Gefässe allein schon hinreichend die Säuerung zu be-

---

[1]) Man hat die durch Pallas schon ausführlich beschriebene Bereitung eines Branntweins aus der Stutenmilch sich in so fern nicht erklären können und zum Theil bezweifelt, als durch die Versuche von Vauquelin, Fourcroy, Buchholz und Anderer ausgemacht schien, dass der Milchzucker nnd mithin auch die Milch nicht gährungsfähig sei. Neuere Versuche von Schill und Hess, womit aber auch schon andere ältere übereinstimmen, haben indessen bewiesen, dass dem nicht so ist, und dass nicht allein Stutenmilch, sondern auch jede andere Milch mit und ohne Ferment, in Gährung gebracht werden kann, dass aber dieselbe nur sehr langsam vor sich geht, wodurch mithin das Befremdende des gewiss schon seit uralten Zeiten von den mongolischen Völkerschaften bereiteten Milchbranntweins wegfällt. Diese Gährung entsteht, wie H. Rose gezeigt hat, bei dem Milchzucker wie bei dem Rohrzucker nur dadurch, dass diese Zuckerarten in Traubenzucker verwandelt werden, der nicht nur die einzige gährungsfähige Zuckerart, sondern überhaupt die einzige Substanz ist, welche der weinichten Gährung fähig ist. Bei dem Rohrzucker geht diese Veränderung sehr schnell durch den Einfluss von vielen Reagentien, auch schon durch gewöhnliches Ferment oder Bierhefe vor sich, weshalb man den Rohrzucker selbst früher für gährungsfähig hielt. Bei dem Milchzucker erfolgt die Umänderung in Traubenzucker viel langsamer, und sie erfolgt bei der Milch ohne Zusatz von Ferment durch den Einfluss der Milchsäure und des Käsestoffs der Milch.

wirken, doch lässt man auch wohl etwas Tschigan in dem Beutel, worin man die neue Milch thut, worauf diese dann bald sauer wird. Der reinlich bereitete Tschigan hat, wie schon oben bei Gelegenheit des Saban der Tataren, wo wir auch damit bewirthet worden, angeführt, einen nur wenig säuerlichen sehr angenehmen Geschmack, und soll überaus nahrhaft sein. Der aus der Kuhmilch dargestellte Airak soll dick und weniger wohlschmeckend sein.

Sered-Dschab ist ein grosser Liebhaber der Jagd, besonders der Falkenjagd, und soll deshalb besondere Kalmücken halten, die sich mit nichts Anderem als der Abrichtung von Falken beschäftigen. Da Herr v. Humboldt äusserte, dass er auch diese Jagd gern kennen lernen möchte, so liess Sered-Dschab einen Falken und einen Schwan holen, auf den der Falke stossen sollte. Der Falke stieg hoch in die Höhe, und wurde kaum des Schwans ansichtig, als er auf ihn zustürzte, und ihn mit seinem Schnabel mit Heftigkeit auf den Kopf hackte, und ihn getödtet haben würde, hätte man nicht die Vorsicht gehabt, dem Schwane, ehe man ihn laufen liess, einen dicken wollenen Ueberzug auf den Kopf zu binden. Aber auch dieser würde ihn noch nicht gerettet haben, wenn man ihn nicht schnell von dem Falken befreit hätte.

Nachdem wir nun auch noch den Obstgarten des Fürsten hinter seinem Wohnhause, und seine Arjamaks oder bucharischen Pferde [1]), die uns aus seinem Stalle alle einzeln vorgeführt wurden, gesehen hatten, kehrten wir nach seiner Wohnung zurück, wo wir in ein grosses Zimmer links von dem Saale mit dem Billard, geführt wurden, in welchem die Tafel gedeckt war. An dieser nahmen ausser uns nur der Fürst und seine beiden Brüder, ein russischer Secretair des Fürsten und der Chan Dschangir Platz, das Gefolge des

---

[1]) Vergl. oben S. 200.

Chans speiste in einem Nebenzimmer. Die Frauen des Fürsten, wie überhaupt weibliche Kalmücken, haben wir nicht gesehen. Die Brüder des Fürsten legten vor. Die Speisen waren vortrefflich zubereitet, da der Fürst einen russischen Koch in seinen Diensten hat, der sein Geschäft sehr gut versteht, sie waren daher aber auch ganz europäisch zubereitet. Nur ein den Kalmücken eigenthümliches Gericht befand sich darunter, das sie Ischkizin-machan nennen, und das aus klein geschnittenem gekochten Schaaffleisch besteht. Es folgte gleich nach der Sterledsuppe, mit welcher angefangen wurde. Champagner wie auch andere französische und einheimische Weine fehlten nicht. Während der Tafel führte ein Chor von Kalmücken, unter Anführung eines russischen Kapellmeisters, Ouverturen von Mozart und Rossini wie auch Märsche und Tanzmusik mit vieler Fertigkeit auf. Es gewährte allerdings einen merkwürdigen Anblick, unsere Musikanten mit ihren braunen, dicken, pfiffigen Kalmückengesichtern die europäischen Instrumente so fertig handhaben zu sehen. Nach Tische wurde noch Kaffee herumgereicht, worauf wir uns dann, sehr zufrieden mit dem eigenthümlich zugebrachten Tage, empfahlen. Der Fürst beschenkte uns beim Abschiede noch mit einer Flasche Araca und einer Flasche Arsa, um die wir gebeten, so wie mit einer kalmückischen ledernen Flasche, und liess uns dann quer über die Wolga, und darauf in seinen Equipagen, die schon früher hinübergeschafft waren, bis nach Seroglasinskaja, der vierten Station von Astrachan, fahren, bis wohin uns auch der junge Fürst Serendanduk begleitete. Hierhin hatten wir auch unsere Reisewagen bestellt, und mit diesen setzten wir nun bei einbrechender Nacht wohl eingehüllt die Reise weiter fort; denn es war kalt, und der Winter nahte sich mit starken Schritten.

In den folgenden Tagen fanden wir schon die ganze Landschaft mit Schnee bedeckt. Wir verfolgten in umgekehrter Richtung die auf dem Hinwege genommene Strasse bis Zarizyn, gingen dann über die Scheide zwischen der Wolga und dem Don, und machten, da die Strasse nach Moskau nicht unmittelbar bis zum Don führt, von der Stanitza Tischanskaja, wo wir uns diesem Flusse am meisten genähert hatten, eine eigene Exkursion dorthin, um an seinem Ufer noch den Stand des Barometers zu beobachten. Es war diess die letzte von den vielen Barometer-Beobachtungen, die wir an dem ganzen Laufe der Wolga, sowohl auf der Hin- als auf der Rückreise bis hierher, besonders in der Absicht angestellt hatten, um nach Möglichkeit auch das Unsrige zur Lösung der Frage über die relative Höhe des kaspischen Meeres beizutragen. Die Beobachtungen wurden später mit den gleichzeitig in Kasan angestellten Beobachtungen verglichen, und ergaben zwar im Allgemeinen wohl für den Spiegel des kaspischen Meeres, in Vergleich mit dem des atlantischen Meeres, einen lange nicht so bedeutenden Unterschied der Höhe, als aus dem im Jahre 1811 von Parrot und Engelhardt angestelltem barometrischen Nivellement zwischen dem kaspischen und schwarzen Meere hervorging; doch war der gefundene Unterschied immer noch bedeutend genug, um Herrn von Humboldt zu veranlassen, sein Bedenken über das Resultat des neuen, im Jahre 1829 angestellten barometrischen Nivellements von Parrot, wonach ein Unterschied in der Höhe des kaspischen und schwarzen Meeres so gut wie gar nicht statt finden sollte, auszusprechen [1]). Ich führe aber das Detail dieser Beobachtungen nicht an, da es jetzt nur ein geschichtliches Interesse haben würde, indem diess Problem nunmehr durch das im Jahre 1837 auf Befehl des Kaisers Nicolaus von den Herren G. von Fuss, Sabler und Sawitsch ausgeführte trigonometrische

---

[1]) Vergl. Parrot Reise zum Ararat Th. II S. 192.

Nivellement zwischen dem kaspischen und dem schwarzen Meere gelöst ist. Die tiefere Lage des ersteren Meeres ist dadurch festgestellt worden, sie beträgt aber hiernach nur 76,0 par. Fuss. —

Der übrige Theil unserer Rückreise bot wenig Gelegenheit zu Beobachtungen dar. Wir gelangten über Woronesch, Tula und Moskau nach Petersburg, und kehrten darauf nach einem vierwöchentlichen Aufenthalte in der Kaiserstadt nach Berlin zurück, wo wir den 28. Dec. Abends 10 Uhr nach einer Abwesenheit von fast 9 Monaten glücklich und gesund wieder eintrafen.

Ueber den Uralit[1]).

Mit dem Namen Uralit sind in dem Bisherigen Krystalle bezeichnet worden, welche in Rücksicht ihrer Form mit dem Augit, in Rücksicht ihrer Structur mit der Hornblende übereinkommen. Krystalle von dieser Eigenthümlichkeit waren vor unserer Reise nicht bekannt gewesen; es war zweifelhaft, wofür dieselben zu halten seien, und es schien mir zweckmässig sie mit einem besonderen Namen zu bezeichnen, wozu ich, wegen der grossen Verbreitung dieser Krystalle am Ural, den Namen Uralit gewählt habe. Ich will in dem Folgenden die Beschaffenheit dieser Krystalle, wie sie an vielen verschiedenen Orten in dem ersten und zweiten Theile dieser Reise angegeben ist, im Allgemeinen beschreiben, darauf anführen, was von diesem Uralite bis jetzt in anderen Ländern bekannt geworden ist, und endlich zu den Vorstellungen fortgehen, die man sich von ihm zu machen hat.

Der Uralit ist am Ural nur krystallisirt und zwar in eingewachsenen Krystallen in einer Gebirgsart vorgekommen, die eine eigenthümliche Abänderung des Augitporphyrs ist [2]). Die Krystalle sind Combinatio-

---

[1]) Dieser Aufsatz ist eine mit neuen Bemerkungen vermehrte Zusammenstellung des Inhalts dreier Abhandlungen, die in Poggendorffs Annalen B. XX S. 322, B. XXVII S. 97 und B. XXXI S. 619 erschienen sind.

[2]) Vergl. was später darüber bei der Uebersicht der Gebirgsarten des Ural gesagt ist.

nen eines vertikalen rhombischen Prisma *M* mit den Abstumpfungsflächen der scharfen und stumpfen Kanten, *r* und *l*, und einem schiefen rhombischen Prisma *s*, wie die eingewachsenen Krystalle des Augits (Taf. II), mit denen sie nicht allein in der Form im Allgemeinen, sondern auch in den Winkeln übereinstimmen. Man kann diess recht gut, wenigstens mit dem Anlegegoniometer bestimmen, da die Krystalle, wenngleich gewöhnlich nur einige Linien, doch auch nicht selten einen halben Zoll gross sind, und sich aus dem umgebenden Gestein, wenn diess weniger hart ist, recht gut herauslösen lassen, wie diess besonders bei dem Augitporphyr auf dem Wege von Katharinenburg nach Newjansk, und in der Umgebung des Sees Baltym [1]) der Fall ist. Eine Messung mit dem Reflexionsgoniometer ist nicht möglich, da die Seitenflächen der Krystalle matt und parallel den Kanten, die sie unter einander bilden, gestreift sind, wenngleich diese Streifung bei den Krystallen der genannten Oerter nicht stark ist. Die Krystalle sind theils einfach, theils regelmässig mit einander verwachsen; die Zwillingskrystalle sind ebenfalls nach demselben Gesetze wie die Zwillingskrystalle des Augits gebildet, und haben wie diese zur Zwillingsebene die Abstumpfungsfläche *r* der scharfen Seitenkante des rhombischen Prisma *M*, so dass die Flächen des schiefen Prisma *s* an dem einen Ende an der Zwillingsebene ein- und an dem anderen Ende ausspringende Winkel bilden.

So übereinstimmend die Form des Uralits mit der des Augits ist, so verschieden ist doch deren Structur. Die Krystalle sind nämlich nur nach zwei Richtungen spaltbar, die gewissen Abstumpfungsflächen der Combinationskanten zwischen *M* und *r* parallel gehen, und gegen einander über *r* unter einem Winkel von $124°\frac{1}{2}$, also wie die Spaltungsflächen der Horn-

[1]) Vergl. diese Reise Th. I S. 285.

blende, geneigt sind. Die Spaltungsflächen sind parallel den Kanten, die sie unter einander bilden, gestreift, indessen doch zuweilen so fein, dass man ihre Winkel noch mit dem Reflexionsgoniometer mit ziemlicher Genauigkeit messen kann, wie diess besonders bei den Krystallen von Kowelinskoi bei Miask [1]) der Fall ist.

Bei manchen Augitporphyren, wie z. B. bei denen von Kowelinskoi sind die Uralitkrystalle so fest mit dem umgebenden Gestein verwachsen, und dasselbe ist so hart, dass es nicht gelingt, die Krystalle, ohne sie zu zerbrechen, herauszulösen, und unmittelbar ihre Form zu bestimmen. Man kann dann an den Bruchstücken, die man erhält, wohl die Winkel der Spaltungsflächen messen, wird aber immer noch zweifelhaft bleiben, ob die Krystalle Hornblende oder Uralit sind. Wiewohl nun schon das gestreifte Ansehen der Spaltungsflächen des Uralits, bei einiger Uebung, selten zweifelhaft lassen kann, so kann man doch oft auch aus der Gestalt der Durchschnitte der Uralitkrystalle auf der Bruchfläche des Gesteins, worin sie eingewachsen sind, beurtheilen, ob die Form der Krystalle die des Augits oder der Hornblende sei. Die Krystalle, die man hier sieht, sind nämlich nicht selten parallel einer ihrer Spaltungsflächen gebrochen, und stellen in diesem Falle unsymmetrische Sechsecke (s. Taf. III) dar, die parallel zweien gegenüberliegenden meistens längeren Seiten, d. i. parallel den Durchschnittslinien durch die Seitenflächen *M* gestreift sind [2]). Bei diesen Durchschnitten beträgt der obere Winkel über der Streifung, wenn man ihn nach den

---

[1]) Vergl. diese Reise Th. II S. 27.

[2]) In der Figur bezeichnen die den Linien beigesetzten Buchstaben die Flächen und Kanten, durch welche der Schnitt gelegt ist. Mit $\frac{x}{M}$ ist die Kante zwischen *x* und *M* gemeint, und auf ähnliche Weise sind auch die übrigen Kanten bezeichnet.

Winkeln berechnet, die Haüy für den Augit angegeben hat, 127° 23'. Hätten die Krystalle auch die Form der Hornblende, wie sie deren Spaltungsflächen haben, so würden die Durchschnitte parallel einer Spaltungsfläche zwar ebenfalls unsymmetrische Sechsecke, aber mit ganz anderen Winkeln bilden, da die Hornblendekrystalle an den Enden viel stumpfer geneigte Flächen haben. Die Form, die diese Krystalle gewöhnlich haben, wenn sie eingewachsen sind, ist auf Taf. II dargestellt. Berechnet man bei ihnen die Winkel, welche die parallel einer Spaltungsfläche durch den Krystall Taf. II gelegten Durchschnitte haben, und legt man dabei ebenfalls die Haüyschen Winkel zum Grunde, so findet man den Winkel an ihrem oberen Ende 156° 30' [1]); also viel stumpfer als bei den ähnlichen Durchschnitten des Uralits. Diese Durchschnitte sind bei den Augitporphyren von Kowelinskoi vollkommen scharf und geradlinig, man kann daher durch ein Stückchen Papier, auf welchem man die Winkel des Uralitdurchschnitts ausgeschnitten hat, sich von der Uebereinstimmung der Winkel der Krystalle mit denen des Papiers überzeugen, und, ohne die Krystalle aus dem Gesteine genommen zu haben, gewiss sein, dass die äussere Form die des Augites und nicht der Hornblende ist.

Was nun die übrigen Eigenschaften der Krystalle des Uralits betrifft, so ist ihre Farbe schwärzlichgrün bis grünlichschwarz, auf den Spaltungsflächen nur schwach glänzend von Perlmutterglanz, und ebenfalls nur schwach an den Kanten durchscheinend.

Ihre Härte ist ungefähr die des Apatits; das specifische Gewicht von einzelnen Uralitkrystallen, die aus dem Augitporphyre aus der Umgebung des Sees

---

[1]) Man sieht dergleichen Durchschnitte sehr häufig auf den Bruchflächen der Dioritporphyre, die Hornblende in eingewachsenen Krystallen enthalten, wie z. B. in dem Th. I S. 391 dieser Reise beschriebenen Dioritporphyr von Pitatelewskoi bei Bogoslowsk.

Baltym bei Katharinenburg herausgenommen waren, fand ich 3,150, das specifische Gewicht des umgebenden Gesteins 2,991. Da es nicht möglich war, die Krystalle von dem umgebenden Gestein vollkommen zu befreien, so ist das specifische Gewicht der Krystalle vielleicht um ein Geringes zu niedrig.

Vor dem Löthrohre schmelzen dünne Splitter der Krystalle, in der Platinzange gehalten, zu einem schwärzlichgrünen Glase, das vom Magnete angezogen wird.

Die Krystalle vom See Baltym, welche ich ausgesucht hatte, um ihr specifisches Gewicht zu nehmen, hatte Hr. Kudernatsch die Güte in dem Laboratorium meines Bruders H. Rose auf meine Bitte zu analysiren. Er fand darin folgende Bestandtheile:

		Sauerstoffgehalt	
Kalkerde	12,47	3,502	14,351
Talkerde	12,90	4,993	
Eisenoxydul	16,37	3,727	
Thonerde	4,56	2,129	
Kieselsäure	53,05	27,559	
	99,35		

Die chemische Zusammensetzung dieses Uralites hat daher die grösste Aehnlichkeit mit der einer grünlichschwarzen Hornblende von der Eisensteinsgrube Normarken in Wermeland in Schweden, welche von Bonsdorf untersucht, und zusammengesetzt gefunden hat aus:

Kalkerde	10,16
Talkerde	13,61
Eisenoxydul	18,75
Manganoxydul	1,15
Thonerde	7,48
Kieselsäure	48,83
Flusssäure	0,41
Wasser	0,50
	100,89

Zuweilen kommt der Uralit in dem Augitporphyr mit Augit zusammen vor, findet sich aber dann stets regelmässig mit diesem verwachsen. Man sieht diess am ausgezeichnetsten bei dem Uralite des Augitporphyrs von Muldakajewa bei Miask [1]). Die Uralitkrystalle lassen sich hier recht gut aus der umliegenden Grundmasse herausnehmen, und rücksichtlich ihrer Form bestimmen. Sie sind von verschiedener Grösse, die kleineren haben im Innern ganz das gewöhnliche Ansehen der Uralitkrystalle, die grösseren aber haben im Innern einen mehr oder weniger grossen Kern von Augit, der eine lichte grasgrüne Farbe und Glasglanz hat, und sich dadurch von der schwärzlichgrünen Hülle unterscheidet, in welche er sich aber verläuft. Er hat vollkommen das Ansehen wie das Innere der Augitkrystalle, die an anderen Orten für sich allein in dem Augitporphyr vorkommen, wie z. B. zu Zarewo Nikolajewskoi bei Miask [2]), und seine Spaltungsflächen lassen sich noch eben so gut wie bei diesen mit dem Reflexionsgoniometer messen und bestimmen. Dieser Kern von Augit findet sich aber stets in regelmässiger Verwachsung mit dem umgebenden Uralit, seine Spaltungsflächen liegen mit denen des Uralits in einer Zone, und sind den äusseren Flächen des Uralits parallel. Hat man daher auf dem Reflexionsgoniometer die Spaltungsflächen des Kerns eingestellt, so sind es auch die der Hülle; sie bilden mit diesen Winkel von 161° 18′. In den grösseren Krystallen ist dieser Kern oft sehr gross, er nimmt dann fast das ganze Innere ein, und die Masse des Uralits bildet nur einen schmalen dunkler gefärbten Rand um denselben, in anderen Krystallen, besonders den kleineren, ist dieser Kern nur klein, und bildet oft nur ein lichtes Pünktchen im Innern der schwärzlichgrünen Masse, und in anderen

---

[1]) Vergl. diese Reise Th. II S. 171.

[2]) Vergl. diese Reise Th. II S. 40.

fehlt er ganz. Die Schmelzbarkeit der Massen vor dem Löthrohre ist hier wie da, wo sie einzeln vorkommen, bei dem Augite nur gering, bei dem umgebenden Uralit viel bedeutender.

Der Uralit ist in den verschiedenen Augitporphyren des Ural mehr oder weniger deutlich, findet sich aber in ihnen sehr häufig, und häufiger noch als Augit. Er fehlt indessen auch an anderen Orten nicht; ich habe ihn seitdem in den Augitporphyren vieler anderen Länder beobachtet. So fand ich ihn auf einer Reise in Tyrol an mehreren Orten dieses Landes, namentlich in der Nähe von Predazzo in dem Augitporphyr, der die Felsen auf der linken Seite des Travignolo bildet, welcher sich bei Predazzo in den Avisio ergiesst. Er kommt ferner unter den Geschieben der südbaltischen Ebene, wenn auch nicht häufig, doch sehr ausgezeichnet vor; ich erhielt ein solches Geschiebe, das sich bei Neustadt-Eberswalde gefunden hatte, von Herrn Prof. Ratzeburg, und ein anderes aus der Gegend von Posen, von Hrn. Berghauptmann v. Dechen, und endlich findet er sich, nach Stücken in der Königl. Mineraliensammlung zu urtheilen, zu Mysore in Ostindien, auf den Jungfern-Inseln in Westindien und am Tunguragua in Quito; das Stück von den Jungfern-Inseln wurde von Schomburgh, das vom Tunguragua von Alex. von Humboldt aus Amerika mitgebracht.

Der Uralit von Predazzo und der südbaltischen Ebene gleicht in Rücksicht seiner Beschaffenheit und seines Vorkommens auffallend dem Uralit von Kowelinskoi; die Krystalle sind rabenschwarz, haben etwas fasrige Spaltungsflächen, die sich unter Winkeln von 124° schneiden, und sind fest mit der Grundmasse, worin sie liegen, verwachsen, so dass man die äussere Krystallform nur aus den Umrissen ihrer Durchschnitte auf der Bruchfläche des Gesteins, aus diesen aber bei der Schärfe derselben mit vollkommener Sicherheit bestimmen kann. Die Krystalle von Mysore und den Jungfern-Inseln sind weniger fest mit der Grundmasse verwachsen, die auch etwas weicher als gewöhnlich ist, und ähneln auf diese Weise mehr dem Uralit aus der Gegend von Katharinenburg. Der Uralit vom Tunguragua ist dadurch ausgezeichnet, dasser in einer lichten graulichgrünen, harten Grundmasse mit schmalen weissen, auf den Spaltungsflächen stark glänzenden Krystallen von Labrador vorkommt.

Ausserdem ist aber hierher noch der sogenannte Smaragdit aus dem Euphotid von Corsica zu rechnen. Schon Haidinger hatte gezeigt [1]), dass derselbe weder ein eigenthümliches Mineral, noch eine Abänderung des Diallags sei, zu welchem ihn Haüy unter dem Namen *Diallage verte* gezählt hatte, sondern dass er zur Hornblende gerechnet werden müsse. Er schloss diess aus den 2 vorhandenen Spaltungsflächen, die zwar immer ein etwas fasriges Ansehen haben, dennoch aber von der Art sind, dass man die Winkel von 124°, die sie mit einander bilden, wenigstens annähernd mit dem Reflexionsgoniometer messen kann. Ueber die Form des Smaragdits giebt Haidinger nichts Näheres an, was auch damals von keinem Interesse war. Die Krystalle sind in Saussurit eingewachsen, und lassen sich aus demselben nicht herauslösen, aber sie haben zuweilen ganz regelmässig begränzte Umrisse, aus denen man sich überzeugen kann, dass die äussere Form die des Augits sei, die Krystalle daher zum Uralit und nicht zur Hornblende gehören.

Wahrscheinlich gehören auch die Smaragdite anderer Gegenden zum Uralit, wie z. B. der Smaragdit vom Saasser Thal am Monte Rosa, der auch in Saussurit eingewachsen vorkommt, und nach Haidinger ebenfalls zwei Spaltungsflächen, mit den Winkeln der

---

1) Gilberts Annalen Bd. LXXV S. 381.

Hornblende hat; aber sowohl dieser, wie auch der Smaragdit anderer Gegenden ist in den Stücken, die ich Gelegenheit hatte zu sehen, nicht regelmässig begränzt und daher auch nicht mit Gewissheit als Uralit zu bestimmen. —

Was nun die Frage anbetrifft, wofür der Uralit zu halten sei, so hat er, wie aus dem Vorhergehenden hervorgeht, so viele Aehnlichkeit sowohl mit der Hornblende als mit dem Augite, dass man diese Frage nicht entscheiden kann, ohne in eine nähere Vergleichung dieser beiden, in vieler Rücksicht so nahe verwandten Gattungen einzugehen.

Betrachtet man zuerst die Form der Hornblende und des Augits, so genügt es hierzu die Krystalle dieser Gattungen in ihren einfachsten Combinationen, wie sie in den Laven, dem Basalte und den verschiedenen Porphyren eingewachsen vorkommen und auf Taf. II. dargestellt sind, zu berücksichtigen. Nach den Haüyschen Winkelbestimmungen, die bei diesen Mineralien von den neuern Messungen nicht sehr abweichen, betragen die Neigungen:

bei der Hornblende				bei dem Augite			
von *M*	gegen	*M*	124°34',	von *M*	gegen	*M*	87°42'.
- *M*	-	*x*	117 43,	- *M*	-	*l*	136 9.
				- *M*	-	*r*	133 51.
- *P*	-	$\frac{M}{M}$	104 57,	- $\frac{s}{s}$	-	*r*	106 6.
- $\frac{r}{r}$	-	$\frac{M}{M}$	104 57,				
- *r*	-	*r*	149 38,				
- *z*	-	*z*[1])	123 4,	- *s*	-	*s*	120.

Untersucht man diese Winkel näher, so sieht man, dass einige derselben sich sehr nahe kommen, andere, die verschiedener sind, doch in bestimmter Beziehung

---

[1]) Die Flächen *z* sind in der Figur nicht gezeichnet, da sie nur selten vorkommen; sie bilden die Abstumpfungsflächen der Kanten, in welchen sich *P* und *x* schneiden würden, wenn sie grösser wären.

zu einander stehen. Die schiefe Endfläche *P* der Hornblende ist gegen die vordere Seitenkante, auf welcher sie gerade aufgesetzt ist, unter einem Winkel von 104° 57′ geneigt, der nicht viel von dem Winkel von 106° 6′ verschieden ist, unter welchem die schiefe Endfläche des Augits (die Abstumpfungsfläche der Kante $\frac{s}{s}$) auf der Abstumpfungsfläche *r* der vorderen Seitenkante aufgesetzt sein würde. Eben so weichen auch die Winkel der Flächen aus der Diagonalzone der schiefen Endflächen gegeneinander, der Flächen *z* bei der Hornblende, und der Flächen *s* bei dem Augite, d. i. die Winkel 123° 4′ und 120° nicht viel von einander ab. Die Winkel der vertikalen Prismen der Hornblende und des Augits sind zwar an und für sich sehr verschieden, aber sie kommen mit denen anderer Prismen sehr überein, die zu den vorkommenden in sehr nahen Verhältnissen stehen; denn bezeichnet man z. B. das rhombische Prisma des Augits mit dem Winkel von 87° 82′ mit $(a : b : \infty c)$, und berechnet danach den Winkel eines Prisma $(a: 2b : \infty c)$, so ergiebt sich für dieses ein Winkel von 124° 48′, der dem Winkel des vertikalen Prisma der Hornblende von 124° 34′ sehr nahe kommt.

Die Unterschiede in den Winkeln zwischen Hornblende und Augit sind also nach den Haüyschen Winkelbestimmungen nicht abweichender, als sie häufig bei isomorphen Species, wofür man bei der Aehnlichkeit der Winkel die Hornblende und den Augit halten könnte, vorkommen; nach den neueren, mit dem Reflexionsgoniometer angestellten Messungen verringern sich aber diese Unterschiede noch mehr und fallen oft ganz weg. So beträgt nach Mitscherlich[1]) bei der Hornblende die Neigung der Seitenflächen gegen einander 124° 31′, nach Kupffer[2]) bei dem

[1]) Schweigger's Journal f. Chem. N. R. Bd. V H. 2.
[2]) Kastner's Archiv Bd. X S. 305.

Augit 87° 6'; aber 2 Tang. $\frac{87° 6'}{2}$ = Tang. $\frac{124° 30' 50''}{2}$. Ferner beträgt nach Kupffer beim Augit die Neigung der Flächen *s* gegeneinander 120° 57', und nach Nordenskiöld[1]) bei der Hornblende von Pargas die Neigung der Flächen *r* gegeneinander 148° 26½', nach meinen Messungen bei der Hornblende vom Vesuv 148° 25'; aber 2 Tang. $\frac{120° 57'}{2}$ = Tang. $\frac{148° 22' 42''}{2}$ [2]).

Aber ungeachtet dieser Uebereinstimmung in den Winkeln, und der Möglichkeit, dass die vertikalen rhombischen Prismen der Hornblende und des Augits an einem und demselben Krystalle vorkommen können, ist es doch sehr bemerkenswerth, dass sie bis jetzt nie zusammen vorkommend beobachtet worden sind. Ich habe in dieser Rücksicht die mir zu Gebote stehenden Krystalle sehr sorgfältig untersucht. Bei der Hornblende finden sich öfters Zuschärfungsflächen der scharfen Seitenkanten, oder Abstumpfungsflächen der Kanten zwischen *M* und *x* (Taf. II.), wie z. B. bei der grünlichschwarzen Hornblende von Nordmarken in Wermland, und bei den kleinen schwärzlichgrünen sehr glänzenden Krystallen vom Vesuv, aber diese Flächen gehören stets den Prismen $(a : \frac{1}{3}b : \infty c)$ an, wenn man die gewöhnlichen Seitenflächen mit den Winkeln von 124° mit $(a : b : \infty c)$ bezeichnet, nie aber dem rhombischen Prisma $(a : \frac{1}{2}b : \infty c)$, welches dem des Augits entsprechen würde. Eben so finden sich bei dem Augite nicht selten Zuschärfungsflächen der vorderen schärferen Seitenkanten, wie z. B. bei dem grünlich-

---

[1]) Schweigger's Journal f. Chem. N. R. Bd. I S. 408.

[2]) Die Flächen *r* bei der Hornblende liegen zwar am oberen Ende auf der hinteren Seite, während die Flächen *s* bei dem Augite auf der vorderen liegen, doch ist dieser Umstand für diese Vergleichung kein Hinderniss, da bei der Hornblende die Neigungen von *P* gegen $\frac{M}{M}$ und von $\frac{r}{r}$ gegen $\frac{M}{M}$ gleich sind.

weissen Diopsid aus Piemont oder dem grünlichschwarzen Augite vom Taberge in Wermland; aber auch diese Flächen gehören den Prismen $(a : b : \infty c)$ und $(a : 6b : \infty c)$ an[1]), wenn die gewöhnlichen Seitenflächen des Augites, mit $(a : b : \infty c)$ bezeichnet werden, nie $(a : 2b : \infty c)$ oder dem Prisma, welches der Hornblende entsprechen würde.

Dieser Umstand würde indessen noch von keiner so grossen Bedeutung sein; es würden sich wohl ähnliche Beispiele auffinden lassen, dass die einfachen Formen einer und derselben Gattung sich nur in gewissen Combinationen zusammen finden, die nicht in einander überzugehen scheinen. Er wird aber bei der Hornblende und dem Augite von viel grösserer Bedeutung, da bei beiden Mineralien parallel ihren vertikalen Prismen eine Spaltbarkeit statt findet, und eben so wenig wie die Flächen beider Prismen, auch die Spaltbarkeit parallel diesen Prismen an einem und demselben Individuum vorkommt[2]). Da die Spaltbarkeit in Rücksicht der Flächen, denen sie parallel geht, sich auch bei den verschiedenen Species einer Gattung gleich bleibt[3]), so wird, wenn auch die Form eine Vereinigung der Hornblende und des Augits in eine

---

[1]) An dem Augite von Taberg habe ich auch Zuschärfungsflächen der stumpfen Seitenkanten, die dem Prisma $(a : \frac{1}{3}b : \infty c)$ angehören, beobachtet.

[2]) Die Fälle, wo ich früher diess Zusammenvorkommen zu beobachten glaubte, sind, wie ich mich später überzeugt habe, regelmässige Verwachsungen von Augit und Hornblende, nicht durch den ganzen Krystall stätig durchgehende Spaltungsflächen nach den Winkeln des Hornblende- und Augit-Prisma.

[3]) Nur in Rücksicht der Vollkommenheit der Spaltungsflächen scheint bei den verschiedenen Species einer Gattung, in welcher viele isomorphe Austauschungen vorkommen, zuweilen eine Verschiedenheit statt zu finden. Davon sind selbst Augit und Hornblende Beispiele, denn während in den meisten Species des Augits die Spaltbarkeit

Gattung zuliesse, die verschiedene Structur ein wesentliches Hinderniss sein.

Das **specifische Gewicht** der Hornblende und des Augits ist in den verschiedenen Species beider Gattungen sehr verschieden, da in beiden so viele Austauschungen von isomorphen Bestandtheilen vorkommen; es bildet bei beiden eine ziemlich grosse Reihe, die bei beiden gleich hoch hinaufgeht, aber bei der Hornblende tiefer hinabgeht als beim Augit. Diess erhellt aus folgender Uebersicht:

Hornblende.

Name.	Fundort.	spec. Gew.	Beobachter.
weisse H., Tremolit	Gotthardt	2,931	Haidinger
grüne H., Strahlstein	Zillerthal	3,026	-
- - Pargasit	Pargas	3,072	Breithaupt
grünlichschwarze H., Karenthin	Saualpe	3,095	-
grünlichschwarze H.	Nordmarken	3,175	-
pechschwarze basaltische H.	Kostenblatt	3,277	Hoffmann
grünlichschwarze H., Arfvedsonit	Grönland	3,340	Breithaupt
grünlichschwrrze H.	Schmalzgrube im Erzgebirge	3,445	-

Augit.

Name.	Fundort.	spec. Gew.	Beobachter.
weisser Augit	Orijerfvi	3,195	Nordenskiöld
- A., Diopsid	Zillerthal	3,299	Wackenroder
grünlichschwarzer A.	Rhöngebirge	3,314	Breithaupt
grünlichschwarzer, basaltischer A.	Frascati	3,419	-
schwärzlichgrüner A.	Mormorsgrube bei Tunaberg	3,525	-

---

nach den Flächen des vertikalen Prisma deutlicher ist, als nach den Abstumpfungsflächen der scharfen und stumpfen Seitenkanten dieses

Die chemische Zusammensetzung ist bei der Hornblende und dem Augit auch sehr ähnlich, sie enthalten beide nicht allein dieselben Bestandtheile, sondern diese auch in nicht sehr verschiedenen Verhältnissen; aber man kann über die eigentliche Beschaffenheit dieser Mineralien noch nicht mit völliger Bestimmtheit entscheiden, da unsere Kenntniss derselben noch mangelhaft ist, und wir noch keine allgemein gültigen chemischen Formeln für dieselben aufzustellen im Stande sind. Nach den Analysen meines Bruders ist der Augit ein $\frac{2}{3}$ Silicat von 4 Basen, Kalkerde, Talkerde, Eisenoxydul und Manganoxydul, die entweder alle oder nur zum Theil in den verschiedenen Species des Augits vorkommen. Entweder finden sich nur die beiden ersteren Basen, wie in den weissen Augiten oder Diopsiden, oder nur Kalkerde und Eisenoxydul, wie in dem Hedenbergite, einem grünen Augite von Tunaberg, oder nur Manganoxydul mit etwas Kalkerde, wie in dem rothen Augite oder Rhodonite, oder alle vier Basen in verschiedenen Verhältnissen, besonders die drei ersteren, wie in den übrigen grünen und schwarzen Augiten. Diese Bestimmung bezieht sich indessen nicht auf die Augite, die in den Basalten und Laven vorkommen; diese enthalten sämmtlich, wie aus den Analysen von **Klaproth** und besonders den neueren von **Kudernatsch**

Prisma, erscheint sie bei einer anderen Species desselben, dem Hypersthen parallel der ersteren Abstumpfungsfläche viel deutlicher, und rechnet man noch den Diallag zum Augit, wie diess nothwendig scheint, so findet sich hier fast allein eine Spaltbarkeit parallel dieser Fläche, die Spaltbarkeit nach der Abstumpfungsfläche der stumpfen Seitenkante ist nur sehr undeutlich, und nach den Flächen des vertikalen Prisma gar nicht vorhanden. Eben so ist bei den meisten Species der Hornblende die Spaltbarkeit parallel dem vertikalen Prisma am deutlichsten, und die parallel der Abstumpfungsfläche der scharfen Seitenkante nur unvollkommen, bei einer gewissen Species der Hornblende, dem Anthophyllit ist aber diess Verhältniss gerade umgekehrt.

hervorgeht, Thonerde, deren Menge in diesen bis auf 7 pCt. steigt, dagegen sie in den andern Augiten gänzlich fehlt. Da die Thonerde kein Oxyd ist, das mit den in den übrigen Augiten vorkommenden Oxyden isomorph wäre und das eine oder das andere ganz oder zum Theil ersetzen könnte, so ist ihr Vorkommen in den Augiten nicht erklärt. Die Augite mit Thonerde haben weniger Kieselsäure, als die, welche keine enthalten, daher die Thonerde in den Augiten sich wahrscheinlich nicht als Base, sondern als Säure befindet.

Ganz ähnlich verhält es sich mit der Hornblende. Die weisse Hornblende oder der Tremolit enthält ebenfalls als Basen nur Kalkerde und Talkerde, die grüne und schwarze Hornblende, der Strahlstein und die Hornblende im engeren Sinne, enthalten alle vier Basen in verschiedenen Verhältnissen. Ausserdem findet sich ebenfalls in manchen Abänderungen der Hornblende Thonerde, und dieser Bestandtheil stellt sich hier noch viel häufiger in grösserer Menge ein, als beim Augite; er steigt nach den Analysen von von Bonsdorff bis auf 13,94 pCt., und findet sich in einiger Menge nicht allein in den schwarzen Hornblenden, die in vulkanischen Gebirgsarten vorkommen, sondern auch in sehr wenig gefärbten, wie in den Strahlsteinen von Åker in Schweden. Auch hier nimmt der Gehalt an Kieselsäure ab, wenn der an Thonerde zunimmt, und diess Verhalten ist bei der Hornblende wegen der grösseren Menge der Thonerde noch deutlicher als beim Augit.

Indessen scheint doch die Hornblende im Allgemeinen mehr Kieselsäure als der Augit zu enthalten. Diess sieht man am deutlichsten bei der Vergleichung der weissen Abänderungen beider Substanzen, die beide fast von Thonerde frei sind, sich auch sonst in ihrer Zusammensetzung am nächsten kommen. So hat z. B. der weisse derbe Augit von Orijerfvi in

Finland nach der Analyse meines Bruders, und die weisse Hornblende von Gulsjö in Wermland nach der Analyse von v. Bonsdorff folgendes Verhältniss der Bestandtheile:

Augit.		Hornblende.	
Kieselsäure	54,64		59,75
Kalkerde	24,94		14,11
Talkerde	18,00		25,00
Manganoxydul mit etwas Kalkerde	1,81	Eisenoxyd, Thonerde	0,50
Eisenoxydul	0,97 [1]	Flusssäure	0,94
	100,36.	Wasser	0,10
			100,40.

Während hier bei dem Augite die Kalkerde und Talkerde fast hinreicht, mit der Kieselsäure $\frac{2}{1}$ Silicate zu bilden, (sie sättigen 53,75 Theile, die übrige Menge kommt auf das vorhandene Eisen- und Manganoxydul), so nehmen bei der Hornblende diese Basen als $\frac{2}{1}$ Silicate nur 52,44 Kieselsäure auf, daher von Bonsdorff auch nur die Talkerde als $\frac{2}{3}$ Silicat, die Kalkerde dagegen als neutrales Silicat in der Hornblende annimmt.

Ferner fand v. Bonsdorff in allen Hornblendarten Flusssäure, zwar nicht viel, gewöhnlich nur $\frac{1}{2}$ pCt.und nie bis 1 pCt., aber doch in allen wenigstens Spuren; ein Bestandtheil, der in den Augiten sowohl nach den Untersuchungen meines Bruders, als auch nach denen von Kudernatsch nicht enthalten ist.

Was die Schmelzbarkeit der Hornblende und des Augits betrifft, so schmelzen vor dem Löthrohr beide, die Hornblende im Allgemeinen leichter, der Augit schwerer, doch verhalten sich beide Substanzen nach Massgabe der verschienenen Basen, die sie enthalten, nicht im-

[1]) Eisen und Mangan, welche im Original (Schweigger's Jahrbuch für Chem. u. Phys. B. XXXV S. 86) als Oxyde angegeben sind, habe ich hier als Oxydule aufgeführt.

mer gleich. Schmelzt man Hornblende und Augit in Tiegeln, so zeigen sich in den erstarrten Massen merkwürdige Unterschiede. Grünlichweisser Diopsid aus dem Zillerthal in einem Platintiegel im Porzellanofen geschmolzen, bildete nach dem Erkalten eine derbe krystallinische Masse, die bräunlich und undurchsichtig geworden war, aber die Structur durchaus nicht verändert hatte. Die Stücke, die ich beim Zerschlagen der Masse erhielt, hatten grosse breite Spaltungsflächen, die sehr gut spiegelten, so dass ich ihre Winkel mit dem Reflexionsgoniometer messen konnte. Als ich aber lichtegrünen Strahlstein vom Zillerthal in Tyrol auf eine gleiche Weise im Platintiegel schmelzte, bildete sich eine ebenfalls etwas bräunliche Masse, die aber aus fasrigen, büschelförmig zusammengehäuften Individuen bestand, welche an einer Seite in haarförmige Krystalle ausliefen. Die Krystalle waren zwar sehr fein, liessen sich aber doch, da sie glänzende Flächen hatten, mit dem Reflexionsgoniometer messen, wodurch sich ergab, dass sie sämmtlich in der Form des Augites krystallisirt waren [1]). Ob bei dieser Schmelzung eine Zersetzung der Masse statt findet, oder ob die Masse der Hornblende unter gewissen Umständen fähig ist, wie der Augit zu krystallisiren, ist hierbei noch nicht ausgemacht; dennoch

---

[1]) Dasselbe Resultat hatten schon früher die Herren Mitscherlich und Berthier mit einem Tremolit vom Gotthardt erhalten, den sie in einem Kohlentiegel im Porzellanofen von Sèvres schmelzen liessen. Ich hatte von diesem Versuche, der nicht öffentlich bekannt gemacht worden war, erst später durch Herrn Mitscherlich erfahren, als ich die Messung meiner Krystalle schon angestellt hatte. Herr Mitscherlich besass noch die Stücke, und liess sie mich ebenfalls untersuchen. Die Krystalle, die durch Schmelzung des Tremolites erhalten worden, waren noch etwas grösser, als die, welche ich erhalten hatte, und die eine Beobachtung dient daher der anderen zur Bestätigung.

ist dieser Uebergang aus der einen Form in die andere sehr bemerkenswerth [1]).

Eben so wie man bei der Schmelzung eines Diopsides immer wieder eine krystallinische Masse erhält, welche die Spaltungsflächen des Augites hat, so gelingt es auch durch Zusammenschmelzung von Kieselsäure, Kalkerde und Talkerde in den richtigen Verhältnissen, krystallisirten Augit zu erhalten; die Herren Mitscherlich und Berthier haben darüber gemeinschaftlich eine Menge Versuche angestellt, welche letzterer später noch allein fortsetzte: aber Hornblende darzustellen glückte ihnen nicht, wie sie auch die Versuche abändern möchten. So befinden sich auch öfters unter den krystallisirten Hohofenschlacken solche, welche die Form des Augites haben, nie aber hat man Krystalle gefunden, welche die Form der Hornblende hatten.

Auch in dem geognostischen Vorkommen verhalten sich Hornblende und Augit im Allgemeinen sehr verschieden. Die Hornblende findet sich in Gebirgsgesteinen, die Quarz oder freie Kieselsäure, wenn auch nur als zufälligen Gemengtheil, enthalten, und sie ist darin meistentheils mit Mineralien verbunden, die gesättigte Verbindungen der Kieselsäure sind, wie Feldspath und Albit; der Augit kommt nie in Gebirgsarten vor, die Quarz enthalten, und findet sich in der Regel mit Mineralien zusammmen, die nicht gesättigte Verbindungen der Kieselsäure sind, wie Labrador, Olivin und Leucit. Man kann sogar fast die sämmtlichen massigen Gebirgsarten, je nachdem sie Hornblende oder Augit enthalten oder enthalten können, in zwei Klas-

[1]) Bei der Schmelzung der Hornblende geht allerdings eine kleine Veränderung in der Mischung vor sich, indem die Flusssäure mit einem Antheil Kieselsäure entweicht, doch ist dieser Verlust nicht bedeutend, und beträgt beim Tremolite nach von Bonsdorff nur 2,29 pCt., ist also nicht hinreichend, eine der Zusammensetzung des Diopsids entsprechende Mischung hervorzubringen.

sen theilen, zu deren einer der Granit, Syenit, Diorit, der rothe Porphyr und Dioritporphyr, zu der anderen der Hypersthenfels, Gabbro, Dolerit, Nephelinfels, Augitporphyr und Leucitophyr gehört. Nur höchst selten kommen Hornblende und Augit in den Gebirgsgesteinen zusammen vor, und wenn diess der Fall ist, finden sie sich gewöhnlich entweder in regelmässiger Verwachsung mit einander, wie Augit und Uralit [1]), oder unter ganz verschiedenen Verhältnissen, wie z. B. in den Laven vom Vesuv, bei welchen die in der Grundmasse eingewachsenen Krystalle Augit und Leucit sind, und Hornblende nur an den Wänden der Blasenräume, in dünnen nadelförmigen und überaus glänzenden Krystallen vorkommt, nie aber in der Grundmasse selbst. Zwar giebt es einige Trachyte und Basalte, die Hornblende und Augit, ohne mit einander regelmässig verwachsen zu sein, enthalten, aber diese Fälle gehören zu den seltenern, und verdienen deshalb noch besonders untersucht zu werden [2]). Eben so finden sich zuweilen Basalte, in welchen Hornblende und ein basisches Silikat, der Olivin, vorkommt.

Aus dieser Vergleichung geht wohl offenbar hervor, dass Hornblende und Augit, bei aller stattfindenden Aehnlichkeit, doch auch wiederum zu grosse Verschiedenheiten zeigen, um sie in eine Gattung zu vereinigen. Sind aber Hornblende und Augit zwei ganz verschiedene Gattungen, so kann man über die Uralitkrystalle bei den Beziehungen, in denen sie zu beiden Gattungen stehen, nur zwei Meinungen haben, man

---

[1]) Von diesen regelmässigen Verwachsungen ist noch weiter unten ausführlich die Rede.

[2]) Es wäre möglich, dass diese Fälle noch auf andere Weise gedeutet werden müssen, und die Hornblende in diesen Gebirgsarten nur ein fremdartiger Einschluss wäre, der durch den Basalt erwärmt und erweicht ist, und bei der Erhärtung eine krystallinische Beschaffenheit angenommen hat.

kann sie nämlich nur für ächte oder für After-Krystalle der Hornblende halten.

Zu der Annahme, dass die Uralitkrystalle ächte Hornblendekrystalle seien, könnte man durch die übereinstimmende Spaltbarkeit beider veranlasst werden. Der Uralit würde in diesem Fall als eine neue, bisher noch nicht beobachtete Combination der Hornblende zu betrachten sein, die ausser der Längs- und Querfläche von dem vertikalen Prisma ($a : \frac{1}{2}b : \infty c$), und von dem schiefen Prisma ($a : \frac{1}{4}b : c$) gebildet wäre, was, wie oben gezeigt, sehr gut möglich ist.

Wenn aber auch von dieser Seite jener Annahme keine Schwierigkeiten im Wege stehen, so finden sich diese doch auf andern Seiten. Die Flächen ($a : \frac{1}{2}b : \infty c$) sind, wie ebenfalls gezeigt ist, noch nie bei der Hornblende auch nur untergeordnet, geschweige denn so herrschend wie in diesem Fall, beobachtet worden. Diess aber könnte Zufall sein. Eingewachsene Krystalle pflegen sich indessen immer in der Form ziemlich gleich zu bleiben; diess sieht man bei der übrigen Hornblende, beim Augit, Olivin, und sehr auffallend bei dem Feldspath, der so häufig in Zwillingskrystallen eingewachsen vorkommt, die aber in diesem Falle stets als breite sechsseitige Prismen erscheinen, während er da, wo er sich in aufgewachsenen Zwillingskrystallen findet, gewöhnlich in rechtwinkligen Prismen krystallisirt ist. Die Hornblende müsste also eine Ausnahme von dieser Regel machen, und als Uralit in eingewachsenen Krystallen vorkommen, die von den bisher beobachteten eingewachsenen Krystallen so verschieden sind, dass man Uebergänge bisher noch gar nicht beobachtet hat.

Dann spricht auch gegen diese Annahme noch das geognostische Vorkommen des Uralits. Derselbe kommt in den Augitporphyren häufig mit Labrador vor, wie auch der Augit, aber es ist bis jetzt noch kein Fall bekannt, dass ächte Hornblende, welche nicht mit Augit regelmässig verwachsen wäre, oder die Form desselben besässe, mit Labrador vorkäme. Diese Gründe, wenn sie gleich die obige Annahme nicht unbedingt widerlegen, machen sie doch wenigstens nicht wahrscheinlich.

Auf die andere Annahme, dass die Uralite Afterkrystalle der Hornblende sind, führen besonders die Verwachsungen, die so häufig zwischen Augit und Hornblende stattfinden. Sie kommen stets so vor, dass grössere Augitkrystalle mit kleineren Hornblendekrystallen, nie umgekehrt grössere Hornblendekrystalle mit kleinen Augitkrystallen, regelmässig besetzt sind. Um diese Verwachsungen aber recht zu verstehen, ist es nöthig in ein grösseres Detail einzugehen. Die Verwachsungen der Hornblende mit dem Augite kommen auf zweierlei Weise vor. In der königlichen Mineraliensammlung zu Berlin befindet sich eine schöne Druse von einem grünlichweissen Augit (Sahlit) von Arendal, deren Krystalle die rhombischen Prismen sind, an welchen die Abstumpfungsflächen der schärferen und stumpferen Seitenkanten nur untergeordnet hinzugetreten, und die an den Enden mit den Flächen *P* und *t* begränzt sind (vergl. die Fig. von Haüy). Die Druse ist an einer Seite mit einer krystallinischen schwärzlichgrünen Hornblende bedeckt, die auch in einzelnen kleinen Krystallen auf den Seitenflächen der Augitkrystalle aufsitzt. Die kleinen Hornblendekrystalle haben in diesem Falle eine ganz regelmässige Lage gegen den Augitkrystall, nämlich die, dass ihre Hauptaxen und die Abstumpfungsflächen ihrer vorderen (stumpfen) Seitenkanten den Hauptaxen und den vorderen (stumpfen) Seitenkanten der Augitkrystalle parallel sind; sie sind aber nur an den Augitkrystall angewachsen, nicht in ihm eingewachsen, und lassen sich daher mit einem Messer absprengen, ohne einen Eindruck in ihm zu hinterlassen. Ausser diesen grünlichschwarzen Hornblendekrystallen sitzen aber auf den Seitenflächen der Augitkrystalle sehr gedrängt neben einander noch eine Menge anderer Hornblendekrystalle, die länger und schmäler und von lichte grünlichgrauer, zuweilen auch etwas bräunlicher Farbe sind; diese lassen sich, ohne zu zerbrechen, nicht absprengen, sondern ziehen sich ganz unbestimmt ins Innere der Augitkrystalle hinein. Beim Zerschlagen eines Sahlitkrystalles sieht man diess ganz deutlich, die Hornblendemasse schneidet ganz scharf an der Augitmasse ab, Farbe und Lage der Spaltungsflächen, die bei beiden sehr deutlich sind, lassen die Substanzen beider auf das Bestimmteste unterscheiden.

Dasselbe findet auch bei dem grünen Augite vom Baikal-See, dem sogenannten Baikalite, statt. Die Krystalle sind mit vielen schmalen, in diesem Falle weissen Hornblendeprismen in derselben Lage wie bei dem Sahlite von Arendal bedeckt, deren Masse sich auch mehr oder weniger tief ins Innere des Baikalits hineinzieht. Die Hornblendeprismen liegen sehr gedrängt neben einander, so dass dadurch die Oberfläche der Baikalitkrystalle wie angefressen erscheint. Nur wenige von Hornblende freie Stellen haben Glanz, die anderen mit Hornblendeprismen bedeckten Stellen erscheinen in allen Richtungen matt, die ausgenommen, in welchen ihre Seitenflächen liegen.

Am interessantesten in dieser Rücksicht sind aber die grünlichschwarzen Krystalle von Arendal. Diese Krystalle, haben in den verschiedenen Drusen, wie man sie in den Sammlungen sieht, gewöhnlich ein sehr verschiedenes Ansehen; die Flächen der einen sind glänzend und glatt, die Flächen von anderen stellenweise matt, und die von noch anderen vollkommen drusig. Das matte und drusige Ansehen rührt auch hier von kleinen Hornblendeprismen her, die auf der Oberfläche sitzen, und die im ersteren Falle wie bei dem Baikalite nur sehr klein und zart, im letzteren Fall grösser, und deutlich erkennbar sind. Sie haben in diesem Falle von Seitenflächen nur die Flächen des rhombischen Prisma von 124°, und die Abstumpfungsflächen der vorderen stumpfen Seitenkanten, bedecken aber den Augitkrystall, worauf sie sitzen, so vollständig, dass er nur in der Richtung der Flächen der kleinen Hornblendekrystalle spiegelt, und seine Flächen selbst gar nicht sichtbar sind, auch die Augitform nur dadurch kenntlich wird, dass die schärferen Kanten der bedeckenden, ungefähr gleich grossen Hornblendeprismen in Ebenen zurücktreten, die den Flächen des rhombischen Prisma und den Abstumpfungsflächen der stumpfen Seitenkanten des Augits parallel sind.

Im Innern haben die äusserlich glänzenden Augitkrystalle die gewöhnlichen Spaltungsflächen des Augits, und von der gewöhnlichen Vollkommenheit, bei den äusserlich gefleckten oder stellenweise mit kleinen Hornblendeprismen bedeckten Krystallen sieht man beim Zerschlagen, dass sich die Hornblendemasse mehr oder weniger ins Innere zieht; sie zeichnet sich vor der Augitmasse durch etwas dunklere Farbe aus, und ist schon hieran zu erkennen, besser noch wenn man die Spaltungsflächen bei einer hellen Lichtflamme spiegeln lässt; oft sind es nur wenige Hornblendestreifen, die bis in's Innere gedrungen sind, zuweilen ist aber das Innere fast ganz mit Hornblendemasse erfüllt. In den äusserlich ganz drusigen Krystallen sieht man dagegen von den dem rhombischen Prisma des Augits parallelen Spaltungsflächen nicht die geringste Spur, man findet nur die Spaltungsflächen der Hornblende; sie haben ein fasriges Ansehen, wie die Spaltungsflächen des in den Augitporphyren eingewachsenen Uralits, sind aber durch Reflexion einer Lichtflamme recht gut zu messen. Diese Krystalle sind innerlich auch oft mit eisenhaltigem Kalkspath gefüllt und brausen beim Betröpfeln mit Säuren; oft ist dieser zersetzt, und statt seiner sind Höhlungen entstanden, die nur zum Theil mit Eisenocker ausgefüllt sind; andere bilden aber im Innern eine vollkommen homogene Hornblendemasse, in welcher man weder durch Unterschied in der Farbe, noch durch Spiegelung die geringste Spur von Augitmasse sehen kann.

Dieser vollkommene Uebergang, den man bei dem Augit von Arendal beobachten kann, von den äusserlich glänzenden Krystallen, die im Innern nicht die geringste Spur von Hornblendemasse enthalten, bis zu den äusserlich drusigen Krystallen, die im Innern nicht die geringste wahrnehmbare Spur von Augit enthalten, wenn gleich sie äusserlich die Form des Augits haben, macht die Vorstellung einer Verwachsung von Augit- und Hornblendemasse, die man besonders bei Betrachtung des eben beschriebenen Sahlites von Arendal haben konnte, wenig wahrscheinlich. Man müsste annehmen, dass die drusigen Krystalle doch noch im Innern etwas Augitmasse enthielten, sieht aber nicht ein, wie diese, in jedem Fall doch nur sehr geringe Menge die Ursache hat sein können, dass das Ganze ihre Form angenommen hat. Vielmehr drängt sich hier der Gedanke auf, dass dieser ganze Uebergang bei den Krystallen von Arendal durch allmählige Umänderung der Masse des Augits in die der Hornblende hervorgebracht, die zuletzt beschriebenen Krystalle daher Afterkrystalle der Hornblende sind. Was aber von diesen aufgewachsenen Krystallen gilt, gilt auch von den eingewachsenen Uralitkrystallen, bei welchen, wie bei dem Uralit von Muldakajewa, ganz dieselbe Verwachsung vorkommt, und die man daher ebenfalls für umgeänderte Augitkrystalle zu betrachten hat. Die Uralitkrystalle, welche noch einen Kern von Augit haben, sind noch nicht vollständig umgeändert, die ohne diesen sind vollständig umgeändert. Man hat bei dem so häufigen Vorkommen des Augitporphyrs im Ural Gelegenheit, diesen Uebergang von Anfang an zu beobachten; denn auch bei den völlig unversehrt scheinenden grasgrünen Augitkrystallen von Nikolajewsk bei Miask habe ich beim Zerschlagen verschiedener Krystalle schon einzelne Stellen von Hornblende gefunden, die von der Oberfläche bis tief ins Innere des Augits gingen, und die auch, da ausserdem in der ganzen Masse des Augitporphyrs keine Hornblende vorkommt, für eine anfangende Umänderung gehalten werden müssen. Diese ist demnach auch bei den eingewachsenen Krystallen nicht immer ganz allmählig von aussen nach innen vor sich gegangen, sondern auch oft, durch kleine Risse und Spalten begünstigt, schnell ins Innere gedrungen, wie man diess bei den Krystallen von Arendal ganz deutlich wahrnehmen kann.

Auffallend wäre freilich bei dieser Erklärungsweise die grosse Regelmässigkeit, mit welcher diese Umänderung erfolgt ist. Sind die Uralitkrystalle in der That in Hornblende veränderte Augitkrystalle oder Afterkrystalle der Hornblende, so sind sie das erste Beispiel, dass die Afterkrystalle Spaltungsflächen haben. Gewöhnlich besteht das Innere der Afterkrystalle in einer mehr oder weniger grobkörnigen bis dichten, oder aus einer fasrigen Masse; die fasrigen Individuen stehen entweder senkrecht auf den äusseren Flächen des Afterkrystalls, wie bei dem geschmolzenen Zucker, wenn er sich in krystallisirten umgeändert hat, oder bilden büschelförmige Aggregate, die von der Oberfläche nach innen gewachsen sind, wie bei den Afterkrystallen des Malachits, in der Form der Kupferlasur. Vielleicht bestehen aber auch die Uralitkrystalle aus fasrigen Individuen, die nur nicht, wie gewöhnlich, rechtwinklig oder schiefwinklig auf der Oberfläche des Krystalls stehen, sondern unter einander und der Hauptaxe des Augitkrystalls parallel liegen, und ausserdem noch die bestimmte Lage gegen den Augitkrystall haben, wie die oben beschriebenen auf den Augitkrystallen aufgewachsenen Hornblendekrystalle, dass nämlich die Abstumpfungsfläche ihrer vorderen (stumpfen) Seitenkante parallel ist der Abstumpfungsfläche der vorderen (scharfen) Seitenkante des Augits. Das auffallend fasrige Ansehen und der seidenartige Schimmer, welchen die Spaltungsflächen des Uralits zeigen, und das drusige Ansehen, welches den aufgewachsenen Uralitkrystallen eigen ist, machen diese Ansicht wohl wahrscheinlich. Die regelmässige Gruppirung der fasrigen Individuen kann durch die Spaltbarkeit des Augits parallel den Flächen seines verticalen Prisma und den Abstumpfungsflächen seiner scharfen und stumpfen Kanten veranlasst, und durch die grosse Aehnlichkeit in der Form zwischen Hornblende und Augit begünstigt sein. Die fasrigen Individuen haben also Lagen angenommen, wie die sich durchschneidenden Linien der nebenstehenden Figur, die einen horizontalen Durchschnitt durch einen Uralitkrystall darstellt. Parallel diesen Lagen sind dieselben auch spaltbar, die Spaltungsfläche des einen Individuums liegt in der Fortsetzung der Spaltungsfläche des anderen Individuums, und so mag die ganze Spaltbarkeit des umgeänderten Krystalls entstanden sein.

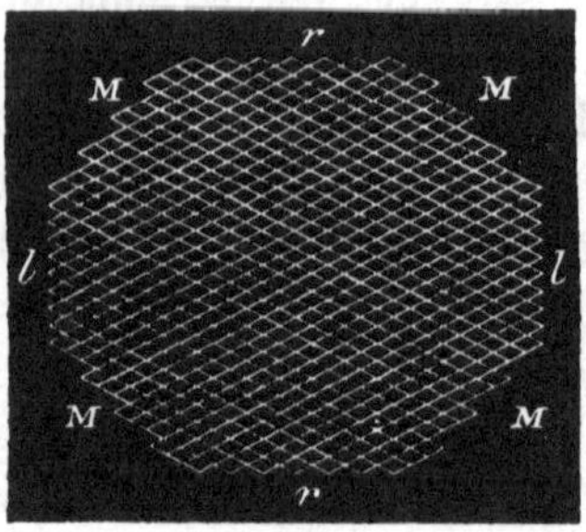

Zuweilen scheint aber in der That die Umänderung des Augits in Uralit nicht so regelmässig vor sich gegangen zu sein; denn in dem Augitporphyre nördlich von Pyschminsk [1]) kommen neben den ge-

[1]) Vergl. diese Reise Th. I S. 281.

wöhnlichen Uralitkrystallen andere vor, die rundlichere Flächen haben, und an denen die Augitform nur schwer noch zu erkennen ist, und ausser diesen noch andere, die schon ganz kugelig geworden sind. Diese letzteren haben keine regelmässigen Spaltungsflächen, sie bestehen aus excentrisch- oder verworren-fasrig zusammengehäuften Individuen, und sind darin also gewöhnlichen Afterkrystallen analog. Da sie sonst dieselbe schwärzlichgrüne Farbe, denselben matten, seidenartigen Glanz und dieselbe Härte, wie die regelmässig gebildeten Uralite haben, und auch vollkommen in diese übergehen, so sind sie gewiss auch für nichts Anderes, als für umgeänderte Augitkrystalle zu halten. Welcher Umstand zu ihrer unregelmässigeren Bildung Veranlassung gegeben hat, ist nicht sogleich einzusehen, aber offenbar reden diese unregelmässiger gebildeten Uralite der aufgestellten Ansicht über die Entstehung des Uralits im Allgemeinen sehr das Wort.

Eine besondere Frage bleibt es hierbei nun noch, ob bei dieser mechanischen Umänderung des Augits auch eine chemische Umänderung stattfinde oder nicht. Die verschiedene Farbe und Schmelzbarkeit des Uralits in Vergleich mit dem Augit, auch da, wo, wie in Muldakajewa, sie mit einander vorkommen, macht diess wohl wahrscheinlich; von welcher Art aber diese Umänderung sei, lässt sich jetzt noch nicht bestimmen, da eine Analyse des unveränderten Augites noch nicht angestellt ist [1]). Eine solche Untersuchung wäre aber

[1]) Am entscheidendsten wäre die Untersuchung, wenn man die Analyse mit dem Uralit von Muldakajewa, und sowohl mit der veränderten Hülle, als auch mit dem unveränderten Kern anstellte, was ich indessen aus Mangel an hinreichendem Material nicht habe thun können. Vielleicht würde es indessen schon genügen, wenn man Uralit und unveränderten Augit auch von verschiedenen Orten des Ural untersuchte; Herr Kudernatsch fing auf meine Bitte eine solche Untersuchung in dem Laboratorium meines Bruders an, und

nicht allein für die Entscheidung dieser Frage wichtig, sie könnte vielleicht auch noch von grösserer Bedeutung werden, und über die chemische Constitution des Augits und der Hornblende im Allgemeinen sowie über das Verhältniss, in welchem beide Substanzen zu einander stehen, Licht verbreiten.

Dieselben Verwachsungen mit Hornblende, wie sie bei den auf- und eingewachsenen Krystallen des Augits vorkommen, sieht man auch bei anderen Abänderungen des Augits, die sich nur als unregelmässig begränzte Individuen eingewachsen finden, wie bei dem Hypersthen und Diallag. Die Körner des Hypersthens aus dem Hypersthenfels von Penig in Sachsen sind an den Rändern, wo sie an den Labrador, den anderen Gemengtheil angränzen, so wie an den Seiten kleiner Risse, die sie öfter durchziehen, mit Hornblende verwachsen, die aber stets nach demselben Gesetze, wie bei den oben angegebenen Verwachsungen, mit dem Hypersthen verbunden ist. Der Letztere ist von schwärzlichbrauner Farbe, und auf den vollkommensten Spaltungsflächen von metallischem Perlmutterglanz, die mit ihm verwachsene Hornblende grünlichschwarz; man kann daher beide Substanzen schon an der Farbe sehr gut von einander unterscheiden. Dreht man die Hypersthenkörner um ihre Hauptaxe, so erhält man nach dem Spiegel der vollkommensten Spaltungsfläche des innern Hypersthens zuerst den Spiegel von den Rändern, wo die Hornblende liegt, und dann wieder von der anderen Spaltungsfläche des innern Hypersthens. Eben so ist auch der Diallag des Gabbro von der Baste im Harz, und noch viel ausgezeichneter der

---

ihm verdanken wir die oben mitgetheilte Analyse des Uralits vom See Baltym; ich hatte ihm auch noch den Augit von Nikolajewsk bei Miask mitgetheilt, doch konnte er die Analyse bei seiner schnellen Abreise von Berlin nicht mehr unternehmen, und später sie anzustellen, wie er sich vorgenommen, haben ihn wohl seine Amtsgeschäfte verhindert.

vom Dorfe La Prese im Veltlin, da wo er an den Labrador angränzt, mit Hornblende verwachsen. Die Verwachsung des Diallags von der Baste ist schon früher von Köhler[1]) beschrieben; sie findet nur an den Rändern statt; bei dem Gabbro vom Veltlin ist aber die Hornblende gegen den Diallag meistens überwiegend. Wo die Gemengtheile des Gabbro kleinkörnig sind, bestehen sie allein aus Hornblende und Labrador, und nur die grösseren Körner der Hornblende haben noch einen mehr oder weniger grossen Kern von Diallag, der durch lichte tombackbraune Farbe und durch starken Perlmutterglanz auf den Spaltungsflächen ausgezeichnet ist. Die Hornblende hat eine braun und ziemlich stark glänzende Spaltungsfläche, so dass sie wohl eine gewisse Aehnlichkeit mit Hypersthen hat, wofür sie auch öfter gehalten ist[2]).

Endlich ist auch der Smaragdit in dem Euphotid vom Baacher in Steiermark nur eine solche Verwachsung von Augit mit Hornblende. Der Smaragdit ist hier vorherrschend, und Saussurit nur in geringerer Menge darin enthalten; ausserdem kommt auch noch Granat und Cyanit darin vor. Der Smaragdit ist an den verschiedenen Stellen von verschiedenem Ansehen, mehr oder weniger grobkörnig, und schalig. Die grobkörnigen Parthien sind theils braun, theils lauch-

---

[1]) Vergl. Poggendorffs Annalen Bd. XIII S. 105.

[2]) Diese Hornblende ist auf meine Bitte von Herrn Kudernatsch in dem Laboratorium meines Bruders untersucht worden. Sie enthält hiernach:

		Sauerstoff.
Kalkerde	10,49	2,94
Talkerde (manganhaltig)	14,28	5,52
Eisenoxydul	15,93	3,26
Thonerde	11,88	5,54
Kieselsäure	45,31	23,53
Titansäure (kieselsäurehaltig)	0,66	
	98,55.	

Das specifische Gewicht fand Breithaupt 3,268 bis 3,301. (Vergl. Poggendorffs Annalen Bd. XXXVII S. 587.)

oder grasgrün, die Zusammensetzungsstücke haben aber in beiden Fällen dieselben Spaltungsflächen; sie sind sehr vollkommen und deutlich, und schneiden sich unter Winkeln von 124°. Beide Farben gehen nur wenig in einander über, ohne doch scharf abzuschneiden. Die weniger grobkörnigen Parthien sind grasgrün bis smaragdgrün und ihrer Beschaffenheit nach wenig erkennbar, scheinen aber Augit zu sein. Dunklere lauchgrüne Körner von Hornblende liegen nicht selten dazwischen. Von der grasgrünen Farbe sind auch der Hauptsache nach die schaligen Parthien. Die Zusammensetzungsstücke sind zuweilen nur sehr dünn, und dann auf den Zusammensetzungsflächen nach verschiedenen und durcheinander laufenden Richtungen gestreift, die dickeren Schalen sind mehr oder weniger deutlich spaltbar, von der Zusammensetzungsfläche aus hat man nach der einen Seite hinter einander zwei Spaltungsflächen, die mit der Zusammensetzungsfläche Winkel von ungefähr 152° und 134° machen, nach der entgegengesetzten Seite dieselben; die Spaltungsflächen gehen also parallel einem rhombischen Prisma von 124° und einem anderen von 88°, und die Zusammensetzungsfläche bildet bei dem einen die Abstumpfungsfläche der stumpfen, bei der anderen die der scharfen Seitenkante. Die einen Spaltungsflächen gehen also parallel dem verticalen Prisma der Hornblende, die anderen parallel dem des Augits. Die Spaltungsflächen beider sind aber unterbrochen und spiegeln durchaus nicht gleichmässig durch die ganze Masse durch. Die dem einen Prisma angehörigen Spaltungsflächen spiegeln bei der Messung mit dem Reflexionsgoniometer an gewissen Stellen, während die dem anderen Prisma angehörigen an anderen Stellen spiegeln. Daran, wie auch an den etwas verschiedenen Farben der verschiedenen Stellen, sieht man, dass das Ganze ein Gemenge ist von Hornblende und Augit. Die aufeinander liegenden Blättchen bestehen zum Theil aus Hornblende, zum Theil aus Augit, aber in der oben angegebenen Lage, so dass die Spaltungsflächen des Augits und der Hornblende in einer und derselben Richtung liegen. Wo das Gemenge am deutlichsten sich darstellt, ist der Augit an Masse vorherrschend, seine Spaltungsflächen sind dann ziemlich vollkommen, und reflectiren die Bilder der Gegenstände deutlich, wenn auch nicht mit ganz bestimmten Umrissen; die Spaltungsflächen der Hornblende dagegen sind viel unvollkommener, haben ein etwas fasriges Ansehen, und denselben seidenartigen Glanz, oder vielmehr nur Schimmer, der auch dem Smaragdite von Corsica, und, wenn gleich in weniger auffallendem Maasse, auch den übrigen Uraliten zukommt. Wo die Hornblende an Masse vorherrscht, ist das Gemenge undeutlicher, der Augit steckt zwischen der Hornblende in einzelnen Streifen und kleinen Parthien, und hat viel unvollkommenere Spaltungsflächen, als da, wo er vorherrschender ist. Man kann die Winkel der Spaltungsflächen nur des Abends bei Licht messen, aber die Bilder einer hellen Flamme sind undeutlich und langgezogen.

Dass die schaligen Parthien Gemenge von Hornblende und Augit sind, hat schon vor mir Haidinger nachgewiesen [1]), und darin stimme ich mit ihm überein, nur hat dieser ausgezeichnete Beobachter die Art der Verwachsung anders dargestellt als ich. Haidinger behauptet nämlich, dass die Zusammensetzungsfläche der schaligen Zusammensetzungsstücke der Hornblende wohl, wie oben angegeben ist, parallel der Abstumpfungsfläche der stumpfen Seitenkante des verticalen Prisma ginge, die des Augits dagegen parallel der schiefen Endfläche desselben, die mit der Abstumpfungsfläche der vorderen schärferen Seitenkante des verticalen Prisma den Winkel von 106° 6′

---

[1]) A. a. O. S. 374.

bildet. Diess ist allerdings die Zusammensetzungsfläche, die sich beim Augit gewöhnlich findet; auch habe ich zwischen den Blättern des Smaragdits zuweilen noch andere bemerkt, die in anderen als in den eben beschriebenen Richtungen, und dann sehr lebhaft spiegelten, aber die Blättchen waren äusserst dünn, und ich habe weder die Lage derselben, noch überhaupt bestimmen können, ob sie Augit oder Hornblende seien. Es ist möglich, dass es Augitblättchen in der von Haidinger angegebenen Lage waren, und dass sie in anderen Stücken deutlicher und grösser vorkommen. Da Haidinger die Stücke, die er zu seiner Beschreibung benutzt hat, an Ort und Stelle sammelte, so hatte er Gelegenheit, sich auch in dieser Rücksicht deutliche Exemplare auszusuchen, dass aber die Verwachsungen von Hornblende und Augit, wie ich sie angegeben habe, vorkommen, geht aus meiner Beschreibung hervor, und diese sind an den Stücken, die ich in der königlichen Sammlung in Berlin zu untersuchen Gelegenheit hatte, die allein deutlichen.

Wahrscheinlich sind nun alle diese letztgenannten Verwachsungen des Hypersthens, Diallags und des Smaragdits vom Baacher auch angefangene Umänderungen des Augits in Hornblende, wiewohl man, da diese Substanzen nur unregelmässig mit dem angränzenden Labrador oder Saussurit verwachsen sind, bei dem fehlenden Beweise von der äusseren Augitform diess nur der Analogie nach behaupten kann.

Ueber den Chrysoberyll vom Ural [1]).

Derselbe Glimmerschiefer an der Takowaja ostwärts von Katharinenburg, welcher die schönen Smaragdkrystalle und den Phenakit enthält [2]), hat in der neueren Zeit einen für den Ural neuen Edelstein, den Chrysoberyll, geliefert. Er findet sich hier nur krystallisirt; die Krystalle erscheinen stets in regelmässigen Verwachsungen von 3 Individuen, welche für sich allein die Th. I. Taf. VII. Fig. 1. dargestellte Form haben, und Combinationen sind der einfachen Formen:

$$o = (\ a : \ b : \ c)$$
$$n = (\ a : \tfrac{1}{2} b : \ c)$$
$$a = (\ a : \infty b : \infty c)$$
$$b = (\infty a : \ b : \infty c).$$

Die Flächen der Krystalle sind meistentheils mehr oder weniger glatt, und nur die Flächen *a* parallel der vertikalen Axe *c* gestreift. Die regelmässige Gruppirung findet nach dem bei dem Chrysoberylle gewöhnlichen Gesetze statt [3]), und die Individuen sind stets durch einander gewachsen. Hierdurch entsteht die Fig. 2

---

[1]) Dieser Aufsatz ist zum Theil schon früher in Poggendorffs Annalen der Physik und Chemie Bd. XXXXVIII S. 570 erschienen.

[2]) Vergl. diese Reise Th. I S. 483.

[3]) Die Zwillingsebene ist die Abstumpfungsfläche der schärferen Endkante von 86° 16′ des Octaëders *o*. Je zwei benachbarte Individuen haben eine solche Fläche, oder hier, wo sie fehlt, die Kante von 86° 16′ in gleicher Lage, und sind mit einer, auf dieser senkrechten Ebene aneinander gewachsen.

dargestellte Gruppe, welche, da die schärferen Endkanten des Octaëders *o*, welches in der Combination immer vorherrscht, unter einem Winkel von nahe 120° gegen einander geneigt sind, ungefähr das Ansehen eines Hexagondodecaëders hat, das an den Endspitzen gerade abgestumpft ist. Dieses Ansehen ist noch täuschender, wenn die Flächen *n* fehlen, und dadurch die einspringenden Winkel in der Mitte der Seitenkanten des Hexagondodecaëders fortfallen. Diese sind indessen meistens da, wenn auch häufig kleiner, als in der Zeichnung angegeben ist, und nicht selten treten auch noch die Flächen *b* hinzu, die den einspringenden Winkel noch tiefer einkerben. Ausserdem verräth sich noch der Drilling durch die Streifung auf den Flächen *a*, die an der Gränze zweier Individuen unter Winkeln von fast 60° zusammenstösst, und eben so durch eine stets zu erkennende Gränzlinie auf den Flächen des Hexagondodecaëders in der Richtung ihrer Diagonalen.

Da indessen die schärferen Endkanten des Octaëders nicht genau unter einem Winkel von 120° geneigt sind, so ist auch die Form, welche die Zwillingsgruppe hat, nur scheinbar die eines Hexagondodecaëders. Jener Winkel beträgt, nach Mohs[1]), 119° 46′; zwei gegenüberliegende Seitenkanten des scheinbaren Hexagondodecaëders, die nämlich, welche aus den Kanten der Octaëder *o′* und *o″* bestehen, bilden daher keine gerade Linie, und eben so wenig deren angränzende Flächen eine gerade Ebene, sondern an der Gränze der Octaëder *o′* und *o″* stossen, wenn die Flächen *n* und *b* fehlen, die Kanten der Octaëder *o′* und *o″* unter einem Winkel von 179° 18′ und die Flächen unter einem Winkel von 189° 31′ zusammen; aber diese Winkel sind so stumpf, dass sie, zumal da die Flächen nicht vollkommen eben sind, nicht sichtbar

---

[1]) Grundriss der Mineralogie, Th. II S. 348

werden, und die einspringende Kante an der Gränze der Individuen *o'* und *o''* nicht anders erscheint als die theilenden Linien, sowohl zwischen den Individuen *o* und *o'* als auch den Individuen *o* und *o''*.

Die Krystalle dieses Chrysoberylls kommen von sehr bedeutender Grösse vor; Herr Ober-Bergmeister Kämmerer aus Petersburg zeigte mir bei seiner Durchreise durch Berlin im August 1839 eine Drillingsgruppe, bei der die Entfernung zweier gegenüberliegender Seitenkanten des scheinbaren Dodecaëders genau $2\frac{1}{2}$ Zoll, und der beiden Flächen *a* $1\frac{1}{2}$ Zoll betrug; indessen sind die Krystalle doch gewöhnlich kleiner.

Ihre Farbe ist grasgrün und dunkler als die des beibrechenden Smaragdes, auch sind sie, wenigstens die, welche ich gesehen habe, nur durchscheinend, und ausserdem noch rissig, daher sie auch als Schmuckstein nicht zu benutzen sein möchten. Sie besitzen ferner einen sehr bemerkenswerthen Dichroismus, worauf mich schon Hr. Kämmerer, durch den ich die Krystalle zuerst kennen lernte, aufmerksam machte. Wenn man in einer Richtung rechtwinklig auf *a* durch sie hindurch sieht, sind sie sehr auffallend mit hyacinthrother Farbe durchscheinend, aber man sieht diese Farbe nur, wenn man die Krystalle gegen ein sehr helles Licht, z. B. das der Sonne oder einer hellen Kerze, nicht gegen die gewöhnliche Helle des Tages hält.

Das specifische Gewicht eines etwa 1 Zoll breiten, von ansitzender Bergart ganz freien, 3,1245 Grammen schweren Krystalls, im Besitz des Herrn Kämmerer fand ich 3,689 [1]).

---

[1]) Dieses Gewicht ist geringer als das, welches Mohs für eine durchsichtige spargelgrüne Varietät angiebt, und 3,754 beträgt (Grundriss der Mineralogie, Th. II S. 349); der Unterschied rührt wahrscheinlich von kleinen Höhlungen im Innern des uralischen Chrysoberylls, die bei Drillings- und Zwillingskrystallen selten fehlen, so wie auch von kleinen Sprüngen, die der Krystall hatte, her.

Vor dem Löthrohr verhält sich der Chrysoberyll des Ural grösstentheils wie der der übrigen Fundörter, doch giebt er mit Borax ein schwach smaragdgrün gefärbtes Glas, daher er wahrscheinlich, wie der Smaragd, seine Färbung dem Chrom verdankt.

Die Drillingskrystalle des Chrysoberylls sind theils einzeln, theils unregelmässig zusammengruppirt in dem Glimmerschiefer eingewachsen. Die königliche Sammlung in Berlin besitzt mehrere schöne Krystalle dieser Art, welche sie der Güte des Herrn Vice-Präsidenten von Perowski verdankt. Ausser dem Smaragd und Phenakit ist auch in dem Glimmerschiefer mit dem Chrysoberyll noch Rutil und Flussspath, ersterer zuweilen in Krystallen von beträchtlicher Grösse[1]) eingewachsen vorgekommen.

---

[1]) Nach einer brieflichen Mittheilung von Herrn von Helmersen findet sich ein an einem Ende auskrystallisirter Rutilkrystall dieses Fundorts, der $2\frac{1}{2}$ Zoll lang und $\frac{3}{4}$ Zoll breit ist, in der Sammlung des Herrn von Perowski in Petersburg.

Ueber den Pyrrhit.

Unter den Mineralien, die in Alabaschka vorkommen, und Th. I S. 416 beschrieben sind, ist noch ein neues zu erwähnen, das ich in einer früheren Beschreibung desselben [1]) nach seiner gelben Farbe **Pyrrhit** (von πυῤῥὸς, röthlichgelb) zu nennen vorgeschlagen habe. Ich lernte dasselbe aus einer prachtvollen Stufe kennen, die Herr Vicepräsident von **Perowski** in Petersburg mir im Sommer 1839 durch Hrn. Ober-Bergmeister **Kämmerer** zur Ansicht zu kommen zu lassen die Güte hatte. Die Stufe besteht vorzugsweise aus mehreren schönen Feldspathkrystallen, die einige Zoll gross und ockergelb sind; sie enthält aber ausserdem in sechsseitigen Tafeln krystallisirten, röthlichweissen, stark perlmutterglänzenden Lithionglimmer, kleine tafelartige, weisse, stark durchscheinende Krystalle von Albit, die kugelig zusammengehäuft sind [2]), grössere Krystalle von nelkenbraunem Bergkrystall, und einzelne weisse Topaskrystalle.

---

[1]) Poggendorffs Annalen Bd. XXXXVIII S. 562.

[2]) Der Albit ist von der Th. I S. 447 beschriebenen Varietät. Der schöne auf der Stufe vorkommende Lithionglimmer veranlasste mich, zu untersuchen, ob auf den von mir mitgebrachten Stücken mit jenem Albit sich nicht ebenfalls Lithionglimmer fände. Sie enthalten nur sehr wenigen Glimmer, und diesen schon von etwas gelblicher Farbe, derselbe erwies sich aber in der Untersuchung allerdings als Lithionglimmer. Man hat also unter den bei Alabaschka vorkommenden Mineralien neben dem zweiaxigen Glimmer nun auch den Lithionglimmer aufzuführen.

Die Krystalle des Pyrrhits sitzen nur auf einem Feldspathkrystall[1]), lassen sich leicht von demselben herunternehmen, zerfallen aber dabei leicht in kleine Stückchen, und hinterlassen in dem Feldspath wenig tiefe, scharfkantige Eindrücke. Sie haben die Form von Octaëdern, die, wenn sie vollständig ausgebildet wären, etwa eine Länge von 3 Linien hätten. Ihre Flächen sind eben, aber nur wenig glänzend, so dass ihre Winkel nicht mit grosser Genauigkeit mit dem Reflexionsgoniometer gemessen werden konnten, aber die gefundenen Werthe mehrerer Kanten schwankten stets nur wenig um 109° 28′, daher man wohl mit Wahrscheinlichkeit annehmen kann, dass die Octaëder regulär sind. Eine Spaltbarkeit habe ich bei den klei nen Bruchstücken, in welche die Krystalle beim Abnehmen zerfielen, nicht bemerkt.

Pomeranzengelb, von schwachem Glasglanz, an den Kanten durchscheinend.

Von der Härte des Feldspaths; das specifische Gewicht konnte bei der geringen, mir zu Gebote stehenden Menge des Minerals nicht bestimmt werden.

Vor dem Löthrohr schmilzt das Mineral nicht, verändert aber seine Farbe, indem kleine Splitter, in der Platinzange gehalten, an den Spitzen schwarz werden und dabei die Flamme stark gelb färben.

In Phosphorsalz wird es in Stücken nur sehr schwer aufgelöst; es wird bei längerem Blasen weiss und undurchsichtig, nimmt aber an Grösse nur sehr wenig ab. Zu feinem Pulver zerrieben, wird es dagegen in Phosphorsalz und Borax leicht und in grosser Menge zu einem klaren Glase aufgelöst; das Glas ist, in der inneren oder äusseren Flamme geschmolzen, bei geringerem Zusatz nach dem Erkalten ganz wasseshell, bei grösserem Zusatz etwas gelblichgrün

[1]) Es waren ihrer etwa 8, und ich hatte die Erlaubniss für die Untersuchung einige herabnehmen zu dürfen.

gefärbt; in der inneren Flamme geschmolzen vielleicht noch etwas stärker als in der äusseren.

Mit Soda schmilzt es zusammen, aber die Masse breitet sich bald aus und zieht sich in die Kohle; dabei bildet sich auf der Kohle ein geringer weisser Beschlag, der wie Zinkoxyd aussieht, über dessen Natur ich mir indessen doch bei der geringen Menge desselben nicht völlige Gewissheit verschaffen konnte. Metallische Theile wurden durch Abschlämmen der mit Soda getränkten Kohle nicht erhalten.

In Chlorwasserstoffsäure ist das Mineral ganz unauflöslich. Die Bestandtheile sind noch ganz unbekannt.

Ueber die Platinerze des Ural.

1. Gediegenes Platin.

Das gediegene Platin findet sich gewöhnlich in losen Schüppchen und kleinen Körnern, seltener in grösseren Körnern und Geschieben, die indessen bis zu einem Gewichte von 10, ja 19 und 20 Pfunden vorgekommen sind [1]). Man findet es theils für sich allein, theils in einem Gemenge von Chromeisenerz, das mit dem Platin in allen Verhältnissen verwachsen vorkommt. Die Körner von reinem Platin sind theils mehr oder weniger rundlich und haben eine glatte abgeriebene Oberfläche, theils sind sie noch ziemlich scharfeckig, zuweilen auch mit eckigen Eindrücken versehen; die, welche aus einem Gemenge von Platin und Chromeisenerz bestehen, sind stets eckig. Krystalle sind unter den Körnern vorgekommen, und haben sich auch wohl aufgewachsen bei den mit Chromeisenerz gemengten Stücken gefunden, aber immer nur äusserst selten und unvollkommen. Sie haben die Form von Hexaëdern, und sind stets nur sehr klein. Die grösseren Körner bestehen aus gröberen oder feineren eckigkörnigen Zusammensetzungsstücken, die sehr fest mit einander verbunden sind, aber bei äusserem Drucke sich zum Theil von einander trennen. Die einzelnen Zusammensetzungsstücke

[1]) Siehe die näheren Angaben darüber Th. I S. 41 und 332.

haben einen hakigen Bruch; Spuren von Spaltbarkeit lassen sich nicht erkennen.

Stahlgrau ins Silberweisse und metallisch glänzend, zuweilen aber bräunlich angelaufen und matt.

Geschmeidig, Härte: zwischen Flussspath und Apatit; specifisches Gewicht 17 — 18 [1]).

Magnetisch in einigen Körnern, in anderen nicht; in den ersteren aber nicht allein retractorisch, sondern zuweilen auch attractorisch.

---

[1]) Das specifische Gewicht ist bei grösseren Stücken nicht mit Genauigkeit zu bestimmen, da sie alle etwas porös sind. Ich habe ein grösseres sehr dicht aussehendes Stück von Nischne-Tagilsk zerschnitten und befeilt, und weil sich im Innern kleine Höhlungen zeigten, es wiederum zerschnitten und befeilt, ohne dass es mir gelang, die Stücke auch nur auf der Oberfläche frei von kleinen Poren zu erhalten. Ich habe sie daher in diesem Zustande gewogen, und fand das specifische Gewicht eines dieser Stücke, welches 9,6311 Grammen schwer war, 17,862, eines anderen, welches 14,5125 Grammen wog, 17,759 (die Temp. des Wassers bei beiden Versuchen 8° R.). Das specifische Gewicht eines besonderen kleinen Kornes, welches ich auch befeilte, aber auch nicht frei von Poren erhalten konnte, fand ich nur 17,000 (Temp. 8,8 R.). Aehnlich ist das spec. Gewicht auch von anderen Beobachtern angegeben. Breithaupt [1]) fand es:

17,108 bei zehn kleinen Körnern,

17,608 bei den zwei grössten Körnern von diesen.

Sokoloff fand es bei einem $35\frac{72}{96}$ Solotnik schweren, sehr compact aussehenden Stücke von Nischne-Tagilsk 17,6, bei kleinen Körnern von demselben Fundort 17,3, bei dem in kleinen Schüppchen vorkommenden Platin von Kuschwinsk 17,4 (Temp. des Wassers bei diesen Versuchen 14° R.). Bei anderen Körnern, die sich von den vorigen nicht unterschieden, höchstens nur eine etwas dunklere Farbe hatten, fand Breithaupt das spec. Gewicht:

14,666 bei ein und zwanzig kleinen Körnern,

14,831 bei drei grösseren Körnern,

15,790 bei dem grössten Korne.

Wegen dieses Unterschiedes im spec. Gewicht, der allerdings sehr beträchtlich ist, wenn es sich bestätigt, macht Breithaupt aus diesen Körnern eine eigene Species, die er Eisenplatin nennt.

---

[1]) Poggendorffs Ann. Bd. VIII S. 502.

Vor dem Löthrohr unveränderlich.

In kochendem Königswasser auflöslich, gewöhnlich mit Hinterlassung von Flittern von Osmium-Iridium, das nach Berzelius dem meisten uralischen Platin beigemengt ist.

Die chemische Zusammensetzung des uralischen Platins ist wie die des amerikanischen von Berzelius bestimmt worden [1]). Er untersuchte das uralische Platin von mehreren Fundorten, wie aus der folgenden Uebersicht zu sehen ist, der ich auch noch zur Vergleichung die Analyse des amerikanischen hinzugefügt habe.

a) Mehrere nicht magnetische Körner von Nischne-Tagilsk;

b) mehrere magnetische Körner von demselben Fundort;

c) eine Parthie feinschuppigen Platins von Kuschwinsk [2]), das, wie sämmtliches Platin dieses Fundorts, nicht magnetisch ist;

d) mehrere grössere Körner von Barbacoas in Südamerika.

	a.	*b.*	*c.*	*d.*
Platin	78,94	73,58	86,50	84,30
Iridium	4,97	2,35	—	1,46
Rhodium	0,86	1,15	1,15	3,46
Palladium	0,28	0,30	1,10	1,06
Osmium	geringe	Mengen		1,03
Eisen	11,04	12,98	8,32	5,31
Kupfer	0,70	5,20	0,45	0,74
Osmium-Iridium [3])	2,96	2,30	1,40	
Quarz [3])	—	—	—	0,64
Kalkerde [3])	—	—	—	0,12
	98,76	97,86	98,92	98,08

Das uralische Platin enthält demnach die nämli-

[1]) Vergl. Poggendorffs Annalen Bd. XIII S. 564.

[2]) Oder Blagodat, wie in der citirten Abhandlung steht.

[3]) Eingemengt.

chen Bestandtheile wie das amerikanische, die Verhältnisse sind aber sowohl bei den verschiedenen Abänderungen desselben unter einander als in Vergleich mit dem amerikanischen etwas abweichend. In dem uralischen findet sich im Allgemeinen mehr Eisen, als in dem amerikanischen, aber die magnetischen Körner von Nischne-Tagilsk enthalten doch wiederum nicht so viel mehr, als die nicht magnetischen, dass dadurch der Magnetismus der ersteren erklärt würde. Die magnetischen Körner von Nischne-Tagilsk enthalten wieder das meiste Iridium, die von Kuschwinsk dagegen gar keine Antheile dieses Metalls; Rhodium findet sich am meisten in dem amerikanischen, eben so auch Osmium, das indessen auch in geringer Menge in dem uralischen enthalten ist, und einen Theil des Verlustes ausmacht, den die Analysen ergeben haben.

Das Platin kommt in grosser Verbreitung in dem Seifengebirge des Ural vor; es findet sich sowohl in den nördlichsten Gegenden des Ural, wie bei Bogoslowsk und Kuschwinsk, als auch in dem mittleren, wie besonders bei Newjansk und Werch-Issetsk und in dem südlichen bei Kyschtimsk und Miask; es findet sich auch nicht nur auf der Ostseite des Gebirges, wo alle die genannten Orte liegen, sondern auch auf der Westseite, z. B. bei Nischne-Tagilsk, Bissersk und Bilimbajewsk; es kommt an den meisten dieser Orte jedoch nur in sehr geringer Menge und mit dem Golde zusammen vor; nur in dem Seifengebirge bei Nischne-Tagilsk findet es sich in grösserer Menge und auch meistentheils ohne Gold[1]). Hier allein haben sich auch die grossen Stücke gefunden. Nächst dem ist es in der grössten Menge in den Goldseifen bei Kuschwinsk vorgekommen.

Auf seiner ursprünglichen Lagerstätte ist das Platin bisher noch nicht gefunden worden, da nach

---

[1]) Vergl. diese Reise Th. I S. 327.

dem, was oben Th. I S. 339 darüber gesagt ist, sein angebliches Vorkommen in dem Dioritporphyre von Laja sehr zweifelhaft geworden ist. Doch findet es sich bei Nischne-Tagilsk fast nur in einem Gerölle von Serpentin, ist hier häufig mit Chromeisenerz verwachsen, das anstehend gewöhnlich im Serpentin vorkommt, und ist sogar in neuerer Zeit in einem Serpentingeschiebe eingewachsen gefunden worden, daher fast mit Gewissheit anzunehmen ist, dass in dem Serpentin die ursprüngliche Lagerstätte des Platins zu suchen sei, und es in demselben wie das Chromeisenerz eingesprengt und nesterweise vorkommen müsse.

2. Lichtes Osmium-Iridium [1]).

Das lichte Osmium-Iridium findet sich, wie das gediegene Platin, in losen Krystallen und Körnern. Die Krystalle haben die Taf. I abgebildete Form, und sind Combinationen eines Hexagondodecaëders *r* mit der geraden Endfläche *c* und dem ersten sechsseitigen Prisma *g*. Sie sind gewöhnlich durch Vorherrschen der Endfläche tafelartig. Die Neigung der Flächen:

r	gegen	*r*	beträgt	124°	(Seitenkante)
r	-	*r*	-	127° 36′	(Endkante)
r	-	*c*	-	118	
r	-	*g*	-	152 [2]).	

Die Neigung der Flächen *r* und *c* ist mit dem Reflexionsgoniometer gemessen, und danach sind die übrigen Winkel berechnet. Doch sind die Flächen *r* nur wenig glatt und glänzend, so dass die angegebenen Winkel nur für Annäherungswerthe gelten können.

---

[1]) Eine frühere Beschreibung dieser Krystalle von mir findet sich in Poggendorffs Annalen Bd. XXIX S. 452.

[2]) Das Hexagondodecaëder des Osmium-Irids nähert sich also in den Winkeln sehr dem des Eisenglanzes, das in den Endkanten Winkel von 128° und in den Seitenkanten Winkel von 122° 29′ hat.

Auch die Flächen *g* sind wenig glänzend, die Flächen *c* dagegen geben durch Reflexion Bilder mit ziemlich scharfen Umrissen. In der Regel fehlen die Flächen *r*, und die Krystalle erscheinen dann nur als niedrige tafelartige Prismen mit gerader Endfläche. Die Krystalle und Körner sind nur sehr klein, ihr Durchmesser beträgt selten mehr als eine Linie; doch finden sich Körner, welche 2 bis 3 Linien im Durchmesser haben. Sie sind parallel der geraden Endfläche ziemlich vollkommen spaltbar, die Spaltungsflächen sind glatt, jedoch schwer zu erhalten.

Zinnweiss, die Farbe ist etwas dunkler als die des gediegenen Antimons; metallisch glänzend.

Die Härte ist die des Quarzes; für eine metallische Substanz also sehr bedeutend. Wenn man das Osmium-Irid auf der Stahlplatte zerschlägt, so macht es auf derselben tiefe Eindrücke; ist es aber erst einmal zerbrochen, so lässt es sich, wenngleich immer noch schwer, im Agatmörser zu feinem Pulver zerreiben.

Das specifische Gewicht von einer Parthie Krystalle von Newjansk, die 2,084 Grammen wogen, und aus einer grösseren Menge sorgfältig ausgesucht waren, fand ich bei einem Versuche 19,386 (Temp. des Wassers 12°,3 R.), bei einem anderen 19,471 (Temp. 9° R.). Nach Berzelius beträgt dasselbe 19,25[1]).

Vor dem Löthrohr auf der Kohle geglüht, verändert sich das lichte Osmium-Irid nicht, und verbreitet nicht im geringsten den Geruch nach Osmium.

Von schmelzendem Phosphorsalz wird es nicht

---

[1]) Das specifische Gewicht des lichten Osmium-Irids vom Ural ist daher grösser als das des brasilianischen Osmium-Irids, welches nach Berzelius nur 16,445 beträgt. Wahrscheinlich hat daher das brasilianische Osmium-Irid eine andere chemische Zusammensetzung als das uralische; indessen fand auch bei diesem Berzelius Körner, deren spec. Gewicht von 19,25 bis 18,645 herabsank. Vergl. Poggendorffs Annalen Bd. XXXII S. 232.

aufgelöst, eben so lässt es sich nicht mit Gold zusammenschmelzen.

Von Königswasser wird es auch in der Siedhitze nicht angegriffen.

Im Kolben mit Salpeter geschmolzen riecht es, besonders wenn man es fein zerrieben hat, nach Osmium, und bildet eine grüne Salzmasse; wenn man diese mit Wasser kocht, so bleibt blaues Iridiumoxyd ungelöst zurück.

Nach der Untersuchung von **Berzelius**[1]) besteht das lichte Osmium-Irid aus der Gegend von Katharinenburg aus:

Iridium	46,77
Rhodium	3,15
Eisen	0,74
Osmium	49,34
Spur von Palladium	
	1,00.

Es ist hiernach IrOs, verbunden mit etwas Os, oder eine Verbindung von einem Atom Iridium mit einem Atome Osmium, wobei ein kleiner Theil des Iridiums durch Rhodium ersetzt ist.

Es kommt am Ural in dem Seifengebirge mit Gold und Platin vor, und findet sich hierin nicht selten in noch grösserer Menge als Platin, wie z. B. in den Seifenwerken von Bilimbajewsk und Werch-Issetsk bei Katharinenburg und von Newjansk. Zuweilen sieht man Körner, die ein mechanisches Gemenge von Gold und Osmium-Iridium sind, bei deren Auflösung in Königswasser das Osmium-Iridium rein zurückbleibt[2]).

[1]) A. v. O. S. 236. Die Zersetzung geschah hierbei im Goldtiegel mit kaustischem Kali; das Osmium wurde durch den Verlust bestimmt.

[2]) Dergleichen Körner sind in dem Seifengebirge von Zarewo-Alexandrowsk vorgekommen, wurden auch von Herrn von **Sobolewskoi** in Petersburg bei der Reinigung des Platins gefunden, wie oben S. 39 bemerkt ist. Ich habe neuerdings dergleichen Körner

3. Dunkles Osmium-Iridium.

Es findet sich wie das vorige in kleinen Körnern und Krystallen, welche in Form und Spaltbarkeit ganz mit den Krystallen des lichten Osmium-Iridiums übereinstimmen, in der Regel aber noch etwas grösser als diese sind. Die Krystalle sind sonst ebenfalls gewöhnlich tafelartige Combinationen des sechsseitigen Prisma mit der geraden Endfläche, und nach dieser vollkommen spaltbar; zuweilen finden sich auch die Flächen eines Hexagondodecaëders, und diese scheinen auch vollkommen dieselben Winkel zu haben, wie bei dem lichten Osmium-Iridium, so weit sich dieses bei dem nicht hinreichenden Glanz der Flächen bestimmen lässt. In jedem Falle scheinen aber doch die Abweichungen, wenn sie existiren, nur gering zu sein.

Die Krystalle sind indessen bleigrau, und durch diese dunklere Farbe unterscheiden sie sich gleich auf den ersten Anblik von dem lichten Osmium-Iridium. Ihre Härte ist nicht merklich verschieden, ihr specifisches Gewicht dagegen höher; ich fand es bei mehreren Krystallen aus dem Seifenge-

---

(5 an der Zahl) auch unter einer Parthie Osmium-Iridium von Kyschtimsk gefunden, aber diese Körner unterscheiden sich von den vorigen dadurch, dass sie nicht wie bei diesen aus kleinen unregelmässigen Parthien von Gold und Osmium-Iridium bestehen, sondern einen Kern von Gold enthalten, der an der Oberfläche mit lauter kleinen Täfelchen von Osmium-Iridium so dicht belegt ist, dass man von aussen von dem Golde fast gar nichts sieht. Auch entdeckte ich diese Verwachsung nur erst beim Zerschlagen eines dieser Körner, wozu ich durch die fremdartige Beschaffenheit derselben veranlasst wurde. Das grösste dieser Körner war länglich rund und etwa 2 Linien lang. Diese Körner enthalten aber nicht allein Gold und Osmium-Iridium, sondern auch Blei, was sich sowohl vor dem Löthrohr durch den gelben Beschlag auf der Kohle, als auch durch Digestion mit Salpetersäure zu erkennen gab, wodurch es aufgelöst wurde, und mit Schwefelwasserstoff gefällt werden konnte. Da sonst Blei in dem Seifengebirge nicht vorkommt, so bin ich zweifelhaft geworden, ob die Körner ein Naturproduct oder nicht etwa ein Kunstproduct sind.

birge von Nischne-Tagilsk, die 1,5205 Grammen wogen, 21,118 (Temp. des Wassers 13° R.).

Eben so wie durch Farbe und specifisches Gewicht unterscheiden sie sich durch ihr Verhalten vor dem Löthrohr; denn auf der Kohle geglüht, verlieren sie ihren Glanz, werden schwarz und verbreiten dabei einen durchdringenden Geruch nach Osmium, der die Augen heftig angreift. Wenn man sie mittelst der Platinzange in die Flamme einer Weingeistlampe hält, so machen sie dieselbe stark leuchtend und färben sie gelblichroth.

Ich beobachtete diese Krystalle zuerst in einer Parthie rohen Platins, das uns in Nischne-Tagilsk gezeigt wurde, und man erlaubte mir gern aus diesem Platin einige Krystalle auszulesen. Ich untersuchte sogleich nach unserer Rückkehr ihre äusseren Charaktere und ihr Verhalten vor dem Löthrohre; um ihre chemische Zusammensetzung zu erfahren, theilte ich meinen kleinen Vorrath bis auf einige der gemessenen Krystalle Berzelius mit, der auch die Güte hatte sie zu analysiren, indem er sie anderen ähnlichen Krystallen, die er aus einer Parthie Osmium-Iridium aus dem Bezirke von Katharinenburg ausgelesen hatte, hinzufügte. Da eine Analyse von mehreren solcher Krystalle ein von bestimmten Proportionen abweichendes Resultat gab, untersuchte er die übrig gebliebenen Krystalle einzeln, obgleich sie so nur ein Gewicht von 3 bis 5 Centigrammen hatten [1]). Er fand auf diese

---

[1]) Berzelius bewerkstelligte die Trennung des Osmiums vom Iridium dadurch, dass er den Krystall zuerst so lange in einem kleinen, offenen, gewogenen Platintiegel weiss glühte, als sich noch ein Gewichtsverlust durch das entweichende Osmiumoxyd, welches sich bei dem Glühen bildete, wahrnehmen liess, und als dieser durch das auf der Oberfläche des Krystalls entstandene Iridiumoxyd, das die Verflüchtigung erschwerte, zu gering wurde, bestrich er den Tiegel an der Innenseite mit Terpentinöl, und glühte von Neuem. Dadurch wurde das Iridium nicht nur von dem gasförmigen Oel reducirt,

Weise, dass einige Körner genau 25, andere 20 pCt. Iridium enthielten, ohne dass Zwischenstufen statt fanden, und dass demnach, da die Atomengewichte von Osmium und Iridium beinahe gleich sind, die Körner aus $Ir\,Os^3$ und $Ir\,Os^4$ beständen[1]). Die letztere Verbindung sah eben so aus, wie die erstere, liess sich aber in viel kürzerer Zeit rösten. Das oben angegebene specifische Gewicht bezieht sich also vielleicht auf beide Verbindungen gemeinschaftlich; da aber das specifische Gewicht der Verbindungen $Ir\,Os^3$ und $Ir\,Os^4$ zusammengenommen höher ist, als das specifische Gewicht von Ir Os, so lässt sich auch erwarten, dass das specifische Gewicht von $Ir\,Os^4$ grösser sei, als das specifische Gewicht von $Ir\,Os^3$, und dass auch das reine Osmium noch schwerer sei, als das reine Iridium. Das reine Osmium ist daher auch wohl noch specifisch schwerer, als das reine Platin, das man bisher für den schwersten Körper gehalten hat, da dessen Gewicht schon von der Verbindung des Osmiums mit einem Viertel Iridium übertroffen wird.

Das dunkle Osmium-Irid kommt weniger häufig vor, als das lichte Osmium-Irid, findet sich aber eben so verbreitet, wie dieses, denn ausser den angegebenen Fundörtern kommt es auch noch in Sissersk und Kyschtimsk[2]), also am nördlichen, mittleren und südlichen Ural vor.

sondern verband sich auch unter Feuererscheinung mit Kohle, entzündete sich aber, nachdem das Oel verdunstet war, worauf denn der Krystall wieder unter Geruch von Osmium verbrannte. Diese Operation wurde so lange fortgesetzt, als noch eine Gewichtsverminderung statt fand; das zurückbleibende Iridiumoxyd wurde dann mit Wasserstoffgas reducirt, und das Gewicht des Osmiums durch den Verlust bestimmt. Vergl. Poggendorffs Ann. B. XXXII S. 236.

[1]) Nach der Berechnung enthalten die Verbindungen:

	Ir Os	$Ir\,Os^3$	$Ir\,Os^4$
Iridium	49,78	24,83	19,86
Osmium	50,22	75,17	80,14
	100.	100.	100.

[2]) An dem ersteren dieser Fundörter scheint es in der neueren

4. Gediegenes Iridium.

Das gediegene Iridium findet sich in kleinen, meistens sehr abgerundeten Körnern und in kleinen Krystallen mit den vorigen in dem Seifengebirge. Breithaupt, der auf das gediegene Iridium zuerst aufmerksam war, beschrieb die Krystalle als Octaëder [1]), und fand auch bei den Körnern eine Spur von Spaltbarkeit nach den Flächen des Hexaëders. Ich habe später einen sehr deutlichen Krystall beobachtet, der eine Combination des Hexaëders und des Octaëders mit vorherrschenden Hexaëderflächen darstellt. Letztere waren recht glattflächig, doch nicht so glänzend, dass sie Bilder reflectirten, daher der Krystall auch nur mit dem Anlege-Goniometer zu messen war. Die Hexaëderflächen waren ungefähr eine Linie breit, sein Gewicht betrug 0,1880 Grammen.

Die Farbe des gediegenen Iridiums ist silberweiss, es ist metallisch glänzend, wie das Osmium-Iridium sehr hart, seine Härte steht zwischen der des Feldspaths und des Quarzes; das specifische Gewicht mehrerer Körner, die zusammen 0,1035 Drachmen wogen, fand Breithaupt 23,646; das Gewicht zweier einzelnen Körner davon, die 0,03875 und 0,0404 Drachmen, also etwa 0,14 und 0,136 Grammen wogen, nur 21,527 und 22,494. Ich fand das specifische Gewicht

---

Zeit häufig vorgekommen zu sein. Ich erhielt neuerdings eine Parthie auserlesener Krystalle von Herrn Capt. Awdejeff, die ich ebenfalls gewogen habe. Sie hatten ein absolutes Gewicht von 9,341 Grammen und das specifische Gewicht 22,55 (Temp. des Wassers 9,8). Die Körner sahen alle sehr gleichmässig aus. Nach dem hohen specifischen Gewicht sollte man glauben, dass die Krystalle die Verbindung $Ir\,Os^4$ seien; sie färben indessen die Weingeistflamme weniger leicht, als die Krystalle von Nischne-Tagilsk, und thun diess in der Regel erst, nachdem sie vor dem Löthrohr erhitzt sind. Eine Analyse soll noch angestellt werden.

[1]) Vergl. Schweiggers Jahrbuch für Chem. und Phys. B. IX S. 1 und 96.

eines Korns von Newjansk, das 0,2622 Grammen wog, 22,8000 (Temp. des Wassers 12° R.), und das specifische Gewicht des eben erwähnten Krystalls, der aus den Platinseifen von Nischne-Tagilsk abstammte, 22,6506 (Temperatur des Wassers 9°3). Diess hohe specifische Gewicht, wenngleich es bei der Kleinheit der untersuchten Körner noch nicht mit hinreichender Genauigkeit bestimmt ist, ist sehr auffallend. Es übertrifft noch das specifische Gewicht des dunklen Osmium-Iridiums, und ist das höchste, welches unter den Mineralien und bei den Körpern überhaupt gefunden ist.

Das von mir gewogene Korn von Newjansk, welches ich an Berzelius schickte, ist in dessen Laboratorium vom Lieutenant Svanberg untersucht worden, und besteht hiernach aus:

Iridium	76,85
Platin	19,64
Palladium	0,89
Kupfer	1,78
	99,16

Eine Entwickelung von Osmium wurde bei der Operation durchaus nicht bemerkt.

Das gediegene Iridium scheint ebenfalls an vielen Orten im Ural, aber doch überall nur sehr sparsam vorzukommen. Es ist unter den Platinerzen vom Ural bei weiten das seltenste.

5. Bemerkungen über die Form der Platinerze.

Nach dem Obigen finden sich also 3 Species von Osmium-Iridium, nämlich die Verbindungen von 1 Atom Iridium mit 1, 3 und 4 Atomen Osmium, und diese Verbindungen haben alle dieselbe Form, sie sind Combinationen eines und desselben Hexagondodecaëders mit der geraden Endfläche und dem ersten sechsseitigen Prisma. Hieraus folgt aber, dass auch reines Iridium und Osmium in derselben 3- und 1-axigen Form krystallisiren müsse, in der die Verbindungen untereinander erscheinen, und dass beide Metalle isomorph sind.

In demselben Verhältniss wie die verschiedenen Species des Osmium-Iridiums, stehen aber untereinander auch das gediegene Platin und Iridium. Sie haben beide dieselbe Form, nämlich das Hexaëder oder die Combination des Hexaëders und Octaëders, und enthalten verschiedene Mengen von Platin und Iridium; das gediegene Iridium enthält ausser Iridium 20 pCt. Platin, das gediegene Platin von Nischne-Tagilsk ausser dem Platin 2 bis 5 pCt. Iridium; dieses letztere ausserdem allerdings noch 11 bis 13 pCt. Eisen, und geringe Mengen verschiedener anderer Metalle. Da aber das Eisen für sich allein ebenfalls in Hexaëdern krystallisirt, und von den übrigen Metallen sich theils dasselbe anführen lässt, sie aber auf jeden Fall wegen ihrer geringen Menge zu vernachlässigen sind, so folgt hieraus wieder, dass auch reines Iridium und Platin in Hexaëdern krystallisiren müsse, und beide Metalle ebenfalls isomorph sind.

Da nun aber das Iridium nach Umständen im Stande ist, in Hexagondodecaëdern oder in Hexaëdern zu krystallisiren, so folgt wiederum daraus, dass das Iridium dimorph ist.

Eben so wie das Iridium ist aber auch das Palladium dimorph. Gediegenes Palladium ist bis jetzt am Ural noch nicht beobachtet, kommt aber in dem Goldsande von Brasilien in Körnern, zuweilen in Krystallen vor, die höchst wahrscheinlich Hexaëder sind, wie das gediegene Platin und Iridium. Zu Tilkerode am Harz findet es sich anstehend, wie Zinken beobachtet hat, in sehr kleinen sechsseitigen Tafeln, die auf Blättchen gediegenen Goldes aufgewachsen sind, das mit Selenblei und Bitterspath auf Gängen im Grünstein vorkommt; es hat also hier dieselbe Form wie das Osmium-Iridium. Das Palladium ist demnach nicht allein dimorph, sondern mit Iridium isodimorph.

Wahrscheinlich sind aber nicht allein Iridium und Palladium, sondern auch **Platin** und **Osmium** **isodimorph**. Dass alle diese 4 Metalle isomorph sein können, ergiebt sich aus der Beobachtung von **Berzelius**, dass die Chloride derselben mit dem Chlorkalium Verbindungen eingehen, die isomorph sind, indem sie nämlich alle eine gleiche Zusammensetzung haben, die durch die Formel $KCl^2 + RCl^4$ (wobei R Platin, Iridium, Osmium und Palladium bedeutet) ausgedrückt wird, und ferner auch eine gleiche Krystallform haben, die das Octaëder ist. Da nun von zweien dieser Metalle erwiesen ist, dass sie dimorph sind, so werden anch wahrscheinlich noch die anderen dimorph, und zwar untereinander isodimorph beobachtet werden.

Wir kennen demnach mit Gewissheit schon vier einfache Körper, welche dimorph sind, nämlich ausser dem Iridium und Palladium, die Kohle und den Schwefel, aber das Iridium und Palladium sind die ersten dimorphen Körper, die uns unter den Metallen bekannt werden. Muthmasslich gehören dahin noch das Platin und Osmium, doch würde man dergleichen muthmasslich dimorphe einfache Körper vielleicht noch mehrere aufzuführen haben.

6. Uebersicht der Menge des in den verschiedenen Seifen des Ural bis zum 1 Juli 1829 gewonnenen rohen Platinerzes und seines Gehalts an reinem Platin[1]).

No.	Namen der Seifenwerke und ihrer Eigenthümer.	Menge des ausdemSeifengebirge gewonnen rohen Platinerzes bis 1.Juli 1829.	Gehalt in Solotniks an rohem Platinerz in 100 Pud des Seifengebirges.	Gehalt an reinemPlatin in 100 Theilen des rohen Platinerzes.
1.	Zarewo Alexandrowsk im District vom Goroblagodat (d. i. von Kuschwinsk), der Krone gehörig.	17 Pud	2—3 Sol.	80 pCt.
2.	Seifenwerke im District von Nischne-Tagilsk, dem Kammerherrn Anatol v. Demidoff gehörig.	65 Pud	15—75 S.	73 pCt.
3.	Andere Seifenwerke in demselben District, demselben Besitzer gehörig.	108 Pud	10—20 S.	71 pCt.
4.	Seifenwerke in den Umgebungen von Bilimbajewsk, der Gräfin Stroganoff gehörig.	3 Pfund ungefähr	$\frac{1}{2}$ Sol.	$3\frac{1}{2}$ pCt.
5.	Seifenwerke in den Umgebungen von Kyschtimsk, den Erben des Kaufmanns Rastorgujeff gehörig.	12 Pf. ung.	$\frac{1}{4}$ Sol.	2 pCt.
6.	Andere Seifenwerke in demselben District, denselben Besitzern gehörig.	4 Pfund	$\frac{1}{4}$ Sol.	2 pCt.
7.	Seifenwerke aus den Umgebungen von Werch-Issetsk, Alexis Jacowleff gehörig.	17 Pfund	$\frac{1}{4}$ Sol.	10 pCt.
8.	Seifenwerke aus den Umgebungen von Newjansk, den Erben Peter Jacowleff's gehörig.	5 Pfund	$\frac{1}{8}$ Sol.	12 pCt.

[1]) Diese Uebersicht rührt von Herrn von Sobolewskoi her, und wurde von ihm Herrn von Humboldt bei unserer Rückkehr

Man ersieht aus dieser Tabelle, dass die Menge des rohen Platins, welche aus anderen Seifenwerken, als aus denen von Nischne-Tagilsk und Kuschwinsk, gewonnen wird, nur ganz unbeträchtlich ist, und dass das rohe Platinerz aus jenen Werken auch grösstentheils aus Osmium-Iridium besteht. So wenig erwünscht den Grundbesitzern am Ural diese grosse Verbreitung des Osmium-Iridiums in dem Seifengebirge im Vergleich zum Platin ist, da dieses durch seine Vermünzung in Petersburg einen bestimmten und hohen Werth erhalten hat, so ist doch auch das Osmium-Iridium von grosser technischer Wichtigkeit geworden, seitdem der Geh. Rath Frick in Berlin gefunden hat, dass das Iridiumoxyd, welches am besten aus dem natürlichen Osmium-Iridium darzustellen ist, das schönste und reinste Schwarz auf Porzellan liefert, welches man bis jetzt kennt [1]).

---

nach Petersburg nebst Proben der Platinerze überreicht. Unter dem rohen Platinerze ist dabei das Platin verstanden, wie es an die Münze in Petersburg zur Reinigung und Prägung abgeliefert wird, unter dem reinen Platin, die Menge welche bei der Reinigung im Grossen erhalten wird, wobei zu bemerken ist, dass das rohe Platinerz immer noch mit etwas Chromeisenerz und anderen Substanzen gemengt ist, die beim Verwaschen des Sandes nicht vollständig getrennt sind, und das reine Platin nicht die vollständige Menge des in dem Erze enthaltenen Platins darstellt, da einerseits ein kleiner Theil beim Auswaschen des Platinsalmiaks verloren geht, andererseits das erhaltene Platin noch Iridium enthält, was für die weitere Bearbeitung nicht nachtheilig ist. Das an Hundert Fehlende der letzten Spalte wird also hervorgebracht durch die dem gediegenen Platin beigemischten fremden Metalle, durch die dem rohen Platinerz beigemengten fremden Theile, und hauptsächlich durch das dem letzteren beigemengte Osmium-Iridium.

[1]) Vergl. Poggendorffs Annalen B. XXXI S. 87.

Ueber die chemische Zusammensetzung des gediegenen Goldes vom Ural [1]).

Das gediegene Gold ist, so viel man weiss, nie chemisch rein, sondern stets mit einer mehr oder weniger grossen Menge von Silber verbunden. Diess ergab sich schon aus den älteren Untersuchungen von Fordyce, Klaproth und Lampadius, ging aber besonders aus einer grossen Reihe von Analysen hervor, die Boussingault mit dem gediegenen Golde von Columbien angestellt hatte. Er fand in diesem einen fast stätig zunehmenden Silbergehalt von 2,0 pCt. (in dem Golde von Bucaramanga) bis 35,07 pCt. (in dem Golde von St. Rosa de Osos); einen ähnlichen Gehalt, 35,84 pCt. Silber fand er ausserdem noch in dem gediegenen Golde aus Siebenbürgen, das er ebenfalls untersuchte.

Nach diesen Analysen ist das gediegene Gold aber nicht allein stets silberhaltig, sondern es bildet auch Verbindungen, die zwar bei der so verschiedenen Menge von Silber, die das gediegene Gold enthält, aus sehr verschiedenen, aber doch stets bestimmten Proportionen von Gold und Silber bestehen. Da Gold gegen Silber electronegativ ist, so betrachtet Boussingault diese als Aureta, und weist nun auf diese Weise in dem gediegenen Golde 6 verschiedene Aureta nach, welche Verbindungen von

---

[1]) Dieser Aufsatz ist zum Theil ein Auszug einer früher in Poggendorffs Annalen B. XXIII S. 161 erschienenen Abhandlung.

1 Atom Silber mit 2, 3, 5, 6, 8 und 12 Atomen Gold sind [1]).

Diese bestimmten und doch wiederum so verschiedenen Proportionen bei zwei Substanzen, wie Gold und Silber, deren Formen, wenn sie auch zum regulären Krystallisationssystem gehören, doch so übereinstimmend sind, dass man sie für isomorph halten möchte, waren auffallend. Ich wünschte daher die Gelegenheit, die sich mir bei der Bereisung der verschiedenen Goldseifen des Ural darbot, das gediegene Gold an Ort und Stelle sammeln zu können, nicht vorüber gehen zu lassen, um mich später durch eigene Untersuchung von der Richtigkeit der Boussingaultschen Angaben zu überzeugen [2]). Herr von

[1]) In der folgenden Tabelle sind die verschiedenen Analysen Boussingault's und die Resultate, die er daraus zieht, zusammengestellt.

Fundort.	Chemische Zusammensetzung nach der Analyse. Gold.	Silber.	Chemische Formel.	Chemische Zusammensetzung nach der Theorie. Gold.	Silber.
St. Rosa de Osos . .	64,93	35,07	$Ag\ Au^2$	64,78	35,22
Siebenbürgen . . .	64,52	35,84	- -	-	-
Marmato bei la Vega de Supia	73,45	26,48	$Ag\ Au^3$	73,4	26,6
Titiribi	74,0	26,0	- -	-	-
Otra Mina bei Titiribi .	73,4	26,6	- -	-	-
Grube Sebastiana bei Marmato	74,4	25,6	- -	-	-
Trinidad bei St. Rosa de Osos	82,4	17,6	$Ag\ Au^5$	82,14	17,86
Vega de Supia . . .	82,1	17,9	- -	-	-
Ojas Anchas . . .	84,5	15,5	$Ag\ Au^6$	84,71	15,29
Malpaso bei Mariquita .	88,24	11,76	$Ag\ Au^8$	88,04	11,96
Rio Sucio bei Mariquita .	87,94	12,06	- -		-
Llana bei Vega de Supia .	88,58	11,42	- -	-	-
Baja bei Pamplona . .	88,15	11,85	- -	-	-
St. Bartolomé bei Quiebralomo	91,9	8,1	$Ag\ Au^{12}$	91,7	8,3
Giron	91,9	8,0	- -	-	-
Bucaramanga . . .	98,0	2,0			

Vergl. *Ann. de chim. et de phys. T. XXXIV p.* 408, und daraus in Poggendorffs Ann. B. X S. 313, und *Ann. de chim. et de phys. T. XLV p.* 440.

[2]) Zwar kennt man im Allgemeinen den Gehalt des uralischen Goldes an reinem Metall, da sämmtliches am Ural gewonnene Gold

Humboldt verwandte sich deshalb vor dem Antritt der Reise auf meine Bitte in dieser Angelegenheit bei dem Grafen von Cancrin, und dieser ertheilte auch darauf mit grosser Liberalität den kaiserlichen und Privatwerken den Befehl und die Erlaubniss [1]), mir

---

sowohl in der Münze von Katharinenburg, als auch in der von Petersburg probirt wird, und über den Gehalt desselben Tabellen geführt werden. Da jedoch hier das Gold aus ganzen Bezirken zusammengeschmolzen und dann erst probirt wird, so erfährt man aus diesen Tabellen nicht die Zusammensetzung eines einzelnen Kornes oder einer einzelnen Krystalldruse, und sie konnten mir daher für meinen Zweck zunächst nichts nutzen.

Da diese Tabellen indessen den mittleren Gehalt des Goldes der verschiedenen Bezirke geben, so will ich einen Auszug einer solchen Tabelle hier hersetzen, die ich dem Herrn Münzprobirer Weitz in Katharinenburg verdanke, und in der die Zusammensetzung des Goldes angegeben ist, das vom 1. Juli 1828 bis zum 1. Januar 1829 a. St. gewonnen ist.

Bezirke.	Das geschmolzene Gold enthält in einem Pfunde an Solotniks			in Procenten	
	Gold.	Silber.	fremde Theile.	Gold.	Silber.
Katharinenburg, Seifen . .	$86\frac{1}{2}$	$6\frac{1}{2}$	3	93,01	6,99
—, Grube	76	$9\frac{1}{2}$	$10\frac{1}{2}$	87,4	12,6
Miask, Seifen . . .	$88\frac{1}{6}$	$6\frac{2}{3}$	$1\frac{1}{6}$	93,0	7,0
Bogoslowsk —	$84\frac{1}{3}$	$10\frac{2}{3}$	1	88,8	11,2
Kuschwinsk —	$85\frac{1}{3}$	$9\frac{1}{6}$	$1\frac{1}{2}$	90,3	9,7
Werch-Issetsk —	$88\frac{1}{2}$	7	$\frac{1}{2}$	92.7	7,3
Nischne-Tagilsk —. . .	$86\frac{1}{2}$	$8\frac{5}{6}$	$\frac{2}{3}$	90,73	9,27
Kaslinsk —	$87\frac{5}{6}$	$7\frac{2}{3}$	$\frac{1}{2}$	91,97	8,03
Newjansk —	87	$8\frac{1}{6}$	$\frac{5}{6}$	91,42	8,58
—, Grube	$84\frac{1}{2}$	$8\frac{2}{3}$	$2\frac{5}{6}$	92,5	7,05
Sisserak, Seifen . . .	$87\frac{1}{2}$	$7\frac{5}{6}$	$\frac{2}{3}$	91,78	8,22
Ufaleisk —	$87\frac{1}{3}$	$8\frac{1}{6}$	$\frac{1}{2}$	91,45	8,55
Schaitansk —.	$90\frac{2}{3}$	$4\frac{2}{3}$	$\frac{2}{3}$	95,10	4,90
Bilimbajewsk —	$89\frac{1}{3}$	$6\frac{1}{6}$	$\frac{1}{2}$	93,54	6,46
Rewdinsk —	$88\frac{2}{3}$	$6\frac{1}{3}$	1	93,33	6,67
Wsewolodskoi — . . .	85	$10\frac{1}{2}$	$\frac{1}{2}$	89,01	10,99
Bisserak —	$87\frac{2}{3}$	$7\frac{1}{3}$	1	88,72	11,28

Die beiden letzten Spalten dieser Tabelle habe ich aus den früheren berechnet. Man ersieht daraus, dass das Gold vom Ural im Durchschnitt nicht sehr silberhaltig ist.

[1]) Auch Privatbesitzer von Goldseifen dürfen von ihrem gewonnenen Golde ohne Erlaubniss der Behörde nichts entnehmen, da dieses

Goldproben für die Analyse, wo ich sie wünschen sollte, zu verabfolgen.

Dadurch war ich in den Stand gesetzt, nach Vollendung der Reise, die Analysen von dem gediegenen Golde des Ural anzustellen, die ich im Verlauf der Beschreibung der Reise mitgetheilt habe, und die ich hier noch einmal zu einer Uebersicht zusammenstellen will, um einige allgemeine Schlüsse daraus abzuleiten. Ich habe diesen Analysen noch einige andere von dem gediegenen Golde anderer Länder hinzugefügt, da die abweichenden Resultate, welche ich erhielt, eine weitere Untersuchung nothwendig machten.

Das Gold wird meistentheils nur aus den Seifenwerken gewonnen, indem jetzt nur noch eine einzige Grube, nämlich die von Beresowsk, in Betrieb ist; ich habe daher auch besonders das Gold aus diesen Seifen erhalten und untersuchen können; es ist mir jedoch geglückt, ausser von Beresowsk noch Gold von

---

sämmtlich erst zum Einschmelzen und Probiren an die Münze von Katharinenburg und von da an die Münze in Petersburg geliefert werden muss, von wo es erst die Privaten gemünzt und nach Abzug der Abgaben an die Krone und der Scheide- und Prägekosten zurück erhalten (vergl. diese Reise Th. I S. 137). Die Abgaben an die Krone betragen bei Edelleuten 10 pCt. vom Golde, bei Kaufleuten aber oder bei Edelleuten, die von der Krone Vergünstigungen an Waldungen, Land, Leuten oder Geld erhalten haben, 15 pCt. Die Kosten für das Scheiden und Vermünzen betragen nach den Nachrichten, die mir Herr v. Sobolewskoi darüber mitgetheilt hat:

1. für das Schmelzen und Münzen von jedem Pfunde reinen Goldes 2 Goldrubel 94 Kopeken.

2. für die Scheidung von Kupfer von jedem legirten Pfunde 2 Silberrubel 86 Kopeken.

3. für das Silber werden dabei nur 2 Solotnik Abgang von jedem legirten Pfunde in Rechnung gebracht.

4. für jede Probe 24 Kopeken.

Der Werth von 1 Solotnik Gold ist festgesetzt auf 3 Silberrubel 55 Kopeken.

Der Werth von 1 Solotnik Silber auf $23\frac{12}{27}$ Kopeken.

anderen Gruben zu erlangen, was wegen der Vergleichung mit dem Golde der Seifenwerke von Wichtigkeit war. Von dem ersteren wurden jedesmal nur einzelne Körner untersucht, nie mehrere zusammen, von dem letzteren einzelne Drusen oder verschiedene Parthien, die auf einem und demselben Stücke sich befanden. Das Grubengold kommt gewöhnlich mit Quarz und Brauneisenerz vor, und es ist schwer, es auf eine mechanische Weise von diesen Begleitern zu trennen. Auch das Waschgold findet sich zuweilen mit diesen zusammen, daher das zu untersuchende Gold meistens zuerst in Chlorwasserstoffsäure, welche kein freies Chlor enthielt, gelegt und darin digerirt wurde, bis neue hinzugethane Säure nicht mehr gefärbt wurde. Enthielt das Stück Quarz, so wurde es nun in einem hessischen Tiegel geschmolzen, der Quarz, welcher an die Oberfläche der geflossenen Masse gekommen war, wurde abgefeilt und das Gold sodann auf dem Amboss ausgeplattet.

Die Methode, deren ich mich zur Analyse bediente, war verschieden, je nachdem das gediegene Gold mehr oder weniger Silber enthielt, welches an der messing- oder goldgelben Farbe zu erkennen war. Auch aus dem Verhalten vor dem Löthrohre liess sich diess schon ziemlich gut beurtheilen. Wenn man reines Gold mit Phosphorsalz vor dem Löthrohr zusammenschmelzt, so wird es davon gar nicht angegriffen, das Phosphorsalz bleibt klar und durchsichtig. Reines Silber, in der äusseren Flamme damit zusammengeschmolzen, verändert ebenfalls das Phosphorsalz gar nicht, in der inneren Flamme aber opalisirt das Phosphorsalz nach dem Erkalten gelblich, oder wird ganz gelb und undurchsichtig, nach dem geringeren oder grösseren Zusatz von Silber. Eben so verhält sich das natürlich vorkommende Gold; enthält es nur wenig Silber, wenn auch nur $\frac{1}{4}$ pCt., so opalisirt es mit Phosphorsalz in der inneren Flamme (weniger als

$\frac{1}{4}$ pCt. Silber ist auf diese Weise nicht mehr gut zu erkennen), enthält es viel Silber, so wird das Glas ganz gelb und undurchsichtig [1]).

Bei der Untersuchung des goldgelben Goldes wurde dasselbe in Königswasser aufgelöst. Die Auflösung geschah in einem mit einem Deckglase bedeckten Becherglase auf der warmen Kapelle. Das Silber blieb grösstentheils als Chlorsilber zurück, und hatte noch die Form der angewandten Goldplatte. Die Auflösung wurde abgegossen, das Chlorsilber mit dem Glasstab zerdrückt und neues Königswasser hinzugethan, mit welchem das Chlorsilber noch eine Zeit lang auf der warmen Kapelle digerirte. Hielt das Gold an 20 pCt. Silber, so hatte das zurückbleibende Chlorsilber so viel Zusammenhalt, dass es sich mit dem Glasstabe nicht zerstossen liess. Man ist dann unsicher, ob durch das Königswasser auch alles Silber ausgezogen ist, und diese Methode kann daher nur für den Fall angewendet werden, wenn man die Goldprobe zu einer sehr dünnen Platte ausgeschlagen hat. Der erste Aufguss von Königswasser sowohl als der zweite wurde nun mit Wasser verdünnt, wodurch sich der zweite von dem sich niederschlagenden Chlorsilber stark trübte, der erste gar nicht oder nur sehr wenig, so dass eine gesättigte Goldauflösung kein Chlorsilber aufzulösen scheint. Die Auflösungen wurden an einen warmen Ort gestellt, und wenn sich alles Chlorsilber abgesetzt hatte, die ersteren filtrirt, das Chlorsilber sodann getrocknet, in einem Porzellantiegel geschmolzen und gewogen. Die abfiltrirte Flüssigkeit wurde in der Porzellanschale

---

[1]) Als ich auf diese Weise das Gold vom Ural untersuchte, fand ich, dass zuweilen manche Körner eines Seifenwerkes gar nicht, andere Körner desselben Werkes sehr stark auf Silber reagirten, woraus sich schon ergab, dass die verschiedenen Goldkörner eines und desselben Seifenwerkes oft sehr verschieden zusammengesetzt sind; ein Resultat, welches sich durch die späteren Analysen bestätigte.

abgedampft, bis alles überflüssige Chlor verjagt war und die zurückbleibende Masse aufhörte zu dampfen. Letztere wurde darauf in Wasser aufgeweicht, in ein Becherglas gespühlt und mit Oxalsäure versetzt. Das Becherglas wurde mit einem convexen Deckglase bedeckt, damit das Gold, welches mit der sich entwikkelnden Kohlensäure mechanisch fortgerissen würde, nicht verloren gehe.

Die neutrale Goldauflösung trübt sich beim Zusatz der Oxalsäure augenblicklich, die getrübte Flüssigkeit sieht im durchgehenden Lichte grün, im zurückgeworfenen braun und undurchsichtig aus; doch bedarf es noch einiger Zeit, ehe das Gold vollständig gefällt ist, daher es 24 Stunden und länger auf der warmen Kapelle stehen gelassen wurde. Das Gold legt sich in metallisch-glänzenden Blättchen an die Wände des Glases an. Die Flüssigkeit war vollständig gefällt, wenn sie ganz wasserhell geworden war und sich keine Blasen, auch bei neuem Zusatz von Oxalsäure, mehr entwickelten. Sie wurde darauf filtrirt, das Gold gewogen, die filtrirte Flüssigkeit aber zur Trockne abgedampft, und die überschüssig zugesetzte Oxalsäure verjagt. Es blieb immer ein kleiner brauner Rückstand, der in Chlorwasserstoffsäure aufgelöst und mit Schwefelwasserstoffwasser versetzt wurde, wodurch ein geringer brauner Niederschlag von Schwefelkupfer entstand, der geglüht und gewogen, und, wegen der geringen Menge, als Kupferoxyd berechnet wurde. Die vom Kupfer abfiltrirte Flüssigkeit gab dann ferner noch mit Schwefelwasserstoffammoniak einen schwarzen Niederschlag von Schwefeleisen, der auch geglüht und gewogen, und für Eisenoxyd genommen wurde. Beide Niederschläge waren immer sehr gering; das Schwefelwasserstoffwasser verursachte meist nur eine grüne Färbung, aus der sich erst nach längerer Zeit ein schwarzer Niederschlag absonderte.

Das erhaltene Kupferoxyd wurde mit dem Löthrohr untersucht; es wurde sowohl mit Soda reducirt, als auch mit Phosphorsalz geschmolzen, gab in der Regel die bekannten Reactionen und zeigte sich ganz rein, zuweilen nur wurde die Probe, mit Phosphorsalz geschmolzen, in der inneren Flamme beim Erkalten gelb und undurchsichtig wie beim Silber, und nur stellenweise röthlich gefärbt. Andere Untersuchungen konnten damit nicht angestellt werden, da in der Regel die Menge nur hinreichend war, um einige Löthrohrversuche zu machen. Als ich eine grössere Quantität von verschiedenen Orten bloss auf diese Beimengung des Kupfers untersuchte, reagirte der durch Schwefelwasserstoffwasser erhaltene Niederschlag vor dem Löthrohr wie ganz reines Kupfer. Das Eisen wurde ebenfalls vor dem Löthrohr mit Soda reducirt, wodurch kleine metallische Blättchen erhalten wurden, die vom Magnete anziehbar waren.

Die beiden letzteren Bestandtheile waren mit dem Golde chemisch verbunden, und rührten nicht von dem Golde etwa ansitzendem Brauneisenerz oder von etwas Kupferkies her; denn ersteres konnte nicht der Fall sein, da das untersuchte Gold immer erst mit Chlorwasserstoffsäure digerirt war, und letzteres auch nicht, da die Auflösungen des Goldes in Königswasser mit chlorwasserstoffsaurem Baryt nie eine Fällung gaben.

Das Gold vom Ural liess sich auf diese Weise sämmtlich analysiren, auch habe ich in demselben keine anderen als die angegebenen Bestandtheile gefunden. Ich hatte mich durch eine besondere Untersuchung überzeugt, dass in dem Golde kein Platin oder eins der anderen mit dem Platin gemeinschaftlich sich findenden Metalle vorkommt. Da Gold und Platin am Ural sehr häufig auf denselben Lagerstätten gefunden werden, so hätte es wohl möglich sein können, dass sie auch chemisch mit einander verbunden wären. Ich habe deshalb Gold von zwanzig verschiedenen Stellen einer gemeinschaftlichen Analyse unterworfen, und dazu von jeder Goldprobe ungefähr ein halbes Gramm genommen. Folgendes sind die Namen der Orte, von denen ich Gold zu dieser Untersuchung genommen habe:

Alexandrowsk Mostawaja	bei Bogoslowsk.
Schilowla bei Nischne-Tagilsk.	
Newinsk bei Newjansk	
Perwo-Pawlowsk bei Beresowsk	
Beresowsk (aus der Grube)	
Mostawaja Pyschminsko-Kljutschewskoi Schabrowskoi	bei Katharinenburg
Schelesinsk bei Polewskoi	
Miaskaja Werchne-Anninsk Sugursk	bei Kyschtimsk
Alexander-Andrejewsk Kaskinowsk Zarewo-Alexandrowsk Wtoro-Pawlowsk Knäse-Alexandrowsk Zarewo-Nicolajewsk Kowelinsk	bei Miask

Die Goldkörner wurden mit Chlorwasserstoffsäure digerirt, wie oben angegeben, sodann auf dem Amboss ausgeplattet, in einem Stöpselglase mit gut eingeriebenem Stöpsel, mit Königswasser übergossen, der Stöpsel mit Blase festgebunden und das Ganze an einen warmen Ort gestellt. Nach einiger Zeit wurde die Auflösung, nachdem sie ganz erkaltet war, abgegossen, der Rückstand mit neuem Königswasser digerirt, und diese und die erste Auflösung darauf mit so wenigem Wasser als möglich verdünnt. Nachdem das Chlorsilber, welches sich niederschlug, sich gesetzt hatte, wurde die

Flüssigkeit in eine tubulirte Glasretorte gethan, an welche eine Vorlage mit einem Korke angepasst war, die durch Eis kalt erhalten wurde, und aus der eine Röhre in eine mit Ammoniak gefüllte Flasche führte. Die Goldauflösung wurde nun überdestillirt, bis alles Chlor übergegangen war; da indessen das Destillat noch etwas gelblich war, und Theile der Lösung mechanisch mit hinübergerissen waren, so wurde es noch einmal destillirt, wodurch es ganz wasserhell wurde. Das Destillat, welches durchaus keinen Geruch nach Osmium wahrnehmen liess, wurde mit dem Ammoniak der Flasche zusammengegossen, und noch mehr Ammoniak hinzugefügt, bis die Flüssigkeit nicht mehr sauer war, worauf die Flasche mit Schwefelwasserstoffwasser ganz gefüllt wurde. Sie wurde nun mit einem gut eingeschliffenen Stöpsel verschlossen und stehen gelassen. Die Flüssigkeit blieb indess auch nach Monaten ganz klar, und zeigte nicht die geringste Spur eines Absatzes, so dass also in dem untersuchten Golde kein Osmium enthalten war.

Die Rückstände in der Retorte bei der ersten und zweiten Destillation wurden nun mit Wasser verdünnt, wodurch sich noch etwas Chlorsilber ausschied, das filtrirt wurde. Die Flüssigkeit wurde darauf etwas abgedampft, und mit Alkohol und einer sehr concentrirten Auflösung von Chlorkalium in Wasser versetzt. Es bildete sich indess kein Niederschlag. Nach einiger Zeit setzten sich einige Krystalle ab, die aber ganz weiss waren, die Form von Würfeln hatten, sich in wenigem Wasser auflösten und Chlorkalium waren. Das untersuchte Gold enthielt also kein Platin, Iridium und Rhodium.

Die Flüssigkeit wurde nun zur Verjagung des Alkohols etwas abgedampft, mit Wasser verdünnt und mit einer Auflösung von Cyanquecksilber versetzt. Es entstand sogleich eine Trübung, die zunahm und einen röthlichen Niederschlag erzeugte, der ganz das

Ansehen von Cyanpalladium hatte, aber filtrirt, getrocknet und geglüht reines Gold zurückliess; der Alkohol war nämlich früher nicht völlig verdampft, und der Niederschlag, der entstand, war der nämliche, der sich bildet, wenn eine Goldauflösung mit Alkohol digerirt und mit Cyanquecksilber versetzt wird. In einer alkoholfreien Goldauflösung bildet sich durch Cyanquecksilber kein Niederschlag. Das untersuchte Gold enthielt also auch kein Palladium. Es ist bekannt, dass man schon Verbindungen von Rhodium sowohl als Palladium mit Gold gefunden hat, dass del Rio die erstere Verbindung in dem mexikanischen Golde, und Cloud in Philadelphia die letztere in Goldbarren gefunden hat, die aus Brasilien gekommen waren [1]; daher ich meine Aufmerksamkeit besonders auf diese Metalle gerichtet hatte.

Folgendes sind die Goldproben, die ich auf die oben angeführte Weise mittelst Königswasser analysirt habe. Ich führe sie in der Ordnung auf, wie ich sie analysirt habe, da die ersteren, in Rücksicht der Bestimmung des Goldes, aus Mangel an Uebung weniger genau sind als die letzteren, und werde später die Resultate, die ich daraus gezogen habe, zusammenstellen.

1) Gold aus dem Goldsande von Boruschkoi bei Nischne - Tagilsk; ein abgeplattetes glattes Korn 1,544 Gr. schwer. Sein spec. Gewicht betrug 17,061 bei 10°,2 R.; bei dem zweiten Aufguss von Königswasser hatte das Chlorsilber noch seine Form behalten, und liess sich nicht zerstossen, obgleich das angewandte Gold fein ausgeplattet war. Das Chlorsilber sah geschmolzen ganz rein aus. Es enthielt:

---

[1]) Das Palladiumgold ist in neuerer Zeit im natürlichen Zustande von Berzelius untersucht worden. Es enthält 9,85 Palladium und 4,17 Silber, findet sich in der Capitania Porpez und ist in Brasilien unter dem Namen „*Ouro poudre*" (faules Gold) bekannt. Poggendorffs Annalen B. XXXV S. 514.

Silber	16,15
Gold nebst etwas Kupfer und Eisen, und Verlust	83,85

2) Gold von derselben Stelle; ein ähnliches abgeplattetes und glattes, nur grösseres Stück, das 4,847 Gr. wog. Sein spec. Gewicht betrug 17,955, nachdem es geschmolzen war, 17,965, gehämmert 18,016. Es enthielt:

Silber	8,35
Gold	91,36
Kupfer, Eisen und Verlust	0,29.

3) Gold von derselben Stelle; ein Stück 1,548 Gr. schwer, ganz von der Form der früheren. Sein spec. Gewicht betrug 18,440, gehämmert 18,663. Es enthielt:

Silber	5,23
Gold	94,41
Kupfer, Eisen und Verlust	0,36.

4) Gold von derselben Stelle; ein Stück 0,8955 Gr. schwer, von der Form der früheren. Sein spec. Gewicht betrug 17,588, gehämmert 17,745. Es enthielt:

Silber	9,02
Gold, etwas Kupfer, Eisen und Verlust	90,76.

5) Gold aus dem Goldsande von Zarewo-Nicolajewsk bei Miask; ein Korn 2,5155 Gr. schwer. Sein spec. Gewicht betrug 17,484, geschmolzen 17,725. Es enthielt:

Silber	10,65
Gold, etwas Kupfer, Eisen und Verlust	89,35.

6) Gold aus dem Goldsande von Petropawlowsk bei Bogoslowsk; ein dick-drahtförmiges Stück mit vielen Längsstreifen, 6,55 Gr. schwer. Das spec. Gewicht betrug 16,869, was jedoch wegen der tiefen Streifen, in denen sich leicht einige Luftblasen festsetzen

konnten, nicht ganz sicher ist; geschmolzen fand ich das spec. Gewicht 16,964, gehämmert 17,109. Zur Analyse wurde ein Stück abgeschnitten, welches 2,473 Gr. wog. Es enthielt:

Silber	13,19
Gold	86,81
Kupfer, Eisen und Verlust	0,30.

7) Der Rest des vorigen Stückes wurde auf Silber untersucht. Er enthielt:

Silber 13,03.

8) Gold von Beresowsk aus der Grube. Das Gold sass in einzelnen Krystallen und kleinen Parthien in Quarz. Es wurde aus diesem herausgeschlagen und jedes einzelne Stückchen auf dem Amboss ausgeplattet und vom Quarz befreit. 1,788 Gr. erhaltener kleiner Plättchen enthielten:

Silber	8,03
Kupfer	0,09
Gold, Spur von Eisen und Verlust	91,88.

9) Ein Goldkrystall aus den Seifen bei Katharinenburg. Er enthielt:

Silber	6,28
Kupfer	0,06
Eisen	0,32
Gold und Verlust	93,34.

10) Gold aus dem Goldsande von Alexander-Andrejewsk bei Miask; ein einzelnes Stück von 3,506 Gr. Sein spec. Gewicht war im natürlichen Zustande 17,402, geschmolzen 17,542. Es wurde ausgeplattet, und ein Stück von 2,1305 Gr. analysirt. Es enthielt:

Gold	87,40
Silber	12,07
Kupfer	0,09
Eisen	Spur
	99,56.

11) Gold von Goruschkoi bei Nischne-Tagilsk. Ein grösseres Stück, das ausgeplattet und in drei

Stücke zerschnitten wurde, die alle untersucht wurden. Das erste Stück, 1,8515 Gr. schwer, enthielt:

Gold	87,31
Silber	12,12
Kupfer	0,08
Eisen	0,24
	99,75.

12) Das zweite Stück: 2,9867 Gr. schwer.

Gold	87,17
Silber	12,41
Kupfer	0,05
Eisen	0,23
	99,86.

13) Das dritte Stück: 1,6075 Gr. schwer.

Silber	12,30
Gold etc. und Verlust	87,70

14) Gold aus der Grube von Newjansk. Das Gold war in dünnen Blättchen in Quarz eingewachsen, und stand in den Drusenlöchern desselben aus dem Gestein frei hervor. 0,9165 Gr. solcher Blättchen enthielten:

Gold	88,65
Silber	10,64
Kupfer	0,09
Eisen	0,35
	99,73.

15) Gold aus dem Goldsande von Perwo-Pawlowskoi bei Beresowsk. Ein Stück, 3,0695 Gr. schwer, enthielt:

Gold	92,60
Silber	7,08
Kupfer	0,02
Eisen	0,06
	99,76.

16) Gold aus dem Goldsande von Zarewo-Nico-

lajewskoi bei Miask. Ein Stück, 2,249 Gr. schwer, enthielt:

Silber	7,27
Kupfer	0,18
Eisen	0,08
Gold und Verlust	92,47.

17) Gold aus dem Goldsande von Schabrowskoi bei Katharinenburg. Ein einzelnes Stück, unförmlich, aber von glatter Oberfläche, und recht passend, um das spec. Gewicht desselben zu bestimmen. Es wog 6,847 Gr. Sein spec. Gewicht war im natürlichen Zustande 19,099, im geschmolzenen Zustande 19,100. Es wurde ausgeplattet und hiervon ein Stück von 3,049 Gr. zur Analyse genommen. Vor dem Löthrohr mit Phosphorsalz geschmolzen, färbte es dasselbe nicht im geringsten. In Königswasser löste es sich ganz auf, und setzte, bei Verdünnung der Auflösung mit Wasser, nur erst nach einiger Zeit einen geringen Niederschlag von Chlorsilber ab; es war also fast reines Gold, wie auch schon aus dem grossen spec. Gewicht erhellt. Es enthielt jedoch mehr Kupfer als alle Goldproben, die ich analysirt habe. Es bestand aus:

Gold	98,96
Silber	0,16
Kupfer	0,35
Eisen	0,05
	99,52.

18) Gold aus den alten Gruben von Katharinenburg. Ein unförmliches Stück, das wahrscheinlich in Brauneisenerz, der aus Eisenkies entstanden war, gesessen hatte, wovon an dem Stücke auch noch etwas zu sehen war; aus der königlichen Sammlung in Berlin. Ein Stück von demselben abgemeisselt, das 3,1045 Gr. wog, enthielt:

Gold	92,80
Silber	7,02
Kupfer	0,06
Eisen	0,08
	99,96.

19) Gold aus den Gruben von Beresowsk. Ein Stück, an welchem das Gold in Blättchen in Brauneisenerz eingewachsen war, aus der königlichen Sammlung von Berlin. 4,6428 Gr. enthielten:

Gold	93,78
Silber	5,94
Kupfer	0,08
Eisen	0,04
	99,84.

20) Gold von Titiribi in Columbien; eine kleine Druse auf Quarz aufgewachsen, von Herrn A. von Humboldt der berliner königlichen Sammlung verehrt. Das Gold war sehr mit Quarz gemengt. Die einzelnen undeutlichen Krystalle, die sich sehr leicht von der Druse ablösen liessen, wurden auf dem Amboss ausgeplattet, konnten indessen doch auf diese Weise nicht völlig von Quarz befreit werden; daher sie mit dem noch etwas anhangenden Quarz in Königswasser aufgelöst wurden. Sie wogen 2,358 Gr. Das Gold von Titiribi ist sehr silberhaltig, und die Analyse mit Königswasser ist daher hierbei nicht zweckmässig, doch ward ich dazu durch die schöne goldgelbe Farbe des Stückes verleitet. Es musste lange mit Königswasser digerirt und dasselbe mehrmals abgegossen und durch neues ersetzt werden; dennoch liessen sich manche Plättchen von Chlorsilber nicht mit dem Glasstabe zerdrücken, sie enthielten indessen kein Gold mehr. Das Chlorsilber wurde, nachdem es geschmolzen und gewogen war, mit Ammoniak digerirt, worin es sich vollkommen auflöste, bis auf den geringen Rückstand von Quarz, der 0,0135 Gr. wog,

und vom Gewicht des Chlorsilbers und des Ganzen abgezogen wurde. Das Gold von Titiribi enthielt:

Gold	76,41
Silber	23,12
Kupfer	0,03
Eisen	Spur
	99,56.

21) Gold aus der Bucharei. Es waren einzelne Körner, die Pallas von seinen Reisen mitgebracht hatte, und die ich zur Analyse durch die Güte des Herrn Medicinalrath Staberoh erhielt. Die Körner hatten einen dünnen Ueberzug von einer schmutzig-grünen Farbe und einigem Fettglanz, der sich aber mit Chlorwasserstoffsäure fortnehmen liess. Ein Korn von 2,0845 Gr. enthielt:

Silber	7,52
Kupfer	0,30
Eisen	0,17
Gold und Verlust	92,01

22) Gold von der Grube St. Barbara zu Füses in Siebenbürgen, aus der berliner königlichen Sammlung. Das Gold findet sich in Blättchen mit Quarz auf kleinen Gängen in einem Thonporphyr von grauem Ansehen, in welchem viele kleine verwitterte Feldspathkrystalle und einige Quarzkrystalle liegen, der aber ausserdem mit kleinen, fast mikroskopischen Eisenkieshexaëdern ganz angefüllt ist. Ein Blättchen von 1,1035 Gr. enthielt:

Gold	84,89
Silber	14,68
Kupfer	0,04
Eisen	0,13
	99,74.

Das Gold, welches mehr als 20 Procent Silber enthält, lässt sich nicht mehr, oder wenigstens nicht gut mit Königswasser analysiren. Das gewöhnliche Verfahren, es zu untersuchen, besteht darin, es mit Silber und Blei auf der Kapelle zusammenzuschmelzen, wobei sich das Blei mit dem etwa noch in dem Golde befindlichen Kupfer und Eisen in die Kapelle hineinzieht, und eine Legirung von Gold und Silber zurückbleibt, aus der sich nun das Silber mit Salpetersäure ausziehen lässt. Weil ich indessen weder Uebung in diesem Cupellir-Verfahren noch eine Vorrichtung dazu hatte, auch Gay-Lussac gezeigt hat, dass diess Verfahren, selbst bei der grössten Vorsicht, stets mit einem kleinen Verlust an Silber verbunden ist, so schlug ich einen anderen Weg ein, und schmolz dieses Gold im Tiegel mit Blei zusammen. Da Blei sehr leicht schmilzt, und im geschmolzenen Zustande sehr leicht Gold auflöst, so konnte die Zusammenschmelzung mit Gold schon in einem kleinen Porzellantiegel über der Spirituslampe mit doppeltem Luftzuge vorgenommen werden. Die zusammengeschmolzene Masse wurde in dem Tiegel mit Salpetersäure begossen, und blieb damit eine Weile stehen, bis sie sich von dem Tiegel loslösen liess, worauf sie in ein Becherglas gespült, mit mehr Salpetersäure und mit Wasser, um das in Salpetersäure schwer lösliche salpetersaure Bleioxyd aufzulösen, begossen und warm gestellt wurde. Nachdem das salpetersaure Blei und Silber aufgelöst war, wurde der Rückstand mit Wasser abgespült, in Königswasser aufgelöst, mit Wasser verdünnt, und das wenige Chlorsilber, das sich hier noch gebildet hatte, filtrirt. Die filtrirte Flüssigkeit wurde zur Trockniss abgedampft, in Chlorwasserstoffsäure und Wasser aufgelöst, und das Gold mit einer Auflösung von Eisenchlorür gefällt. Eine Auflösung von schwefelsaurem Eisenoxydul wurde dazu nicht gewählt, weil das aufgelöste Gold vielleicht noch

Blei enthalten haben konnte. Die salpetersaure Auflösung, welche zuerst erhalten war, wurde mit Wasser sehr verdünnt, und darauf mit einer Auflösung von Chlorblei versetzt. Ich fällte das Silber nicht mit reiner Chlorwasserstoffsäure, um mit dem Chlorsilber nicht auch noch einen Niederschlag von Chlorblei zu erhalten, das bei seiner Schwerlöslichkeit sich nur schwer würde haben wegwaschen lassen. Nachdem die Flüssigkeit warm gestellt war und sich vollkommen geklärt hatte, wurde sie durch dasselbe Filtrum filtrirt, auf welches die Goldauflösung gegossen war. Die geringe Menge Eisen, welche sich noch in der durchgelaufenen Flüssigkeit befand, konnte wegen der Menge Blei nicht geschieden werden. Die Abänderungen von gediegenem Golde, welche ich auf diese Weise analysirte, waren:

23) Gold von Syränowsk im Altai. 1,300 Gr. wurden hierzu mit 7 Theilen Blei zusammengeschmolzen; wahrscheinlich kann man viel weniger nehmen, doch schadet ein Ueberschuss nichts. Ich erhielt:

Gold	60,98
Silber	38,38
Eisen[1])	0,33
	99,69.

24) Gold von Veröspatak in Siebenbürgen, aus der berliner königlichen Sammlung. Es findet sich, wie das von Füses, auf kleinen Gängen mit krystallisirtem Quarz in einem grauen Porphyr, der in Handstücken wie Grauwacke mit eingemengten Schieferstücken aussieht. Eisenkiespunkte sind auch hier durch die ganze Masse zu sehen. Es enthielt:

---

[1]) Die geringe Menge Eisen wurde durch eine andere Analyse bestimmt, wobei das Gold zu einer dünnen Platte ausgeplattet, und zu wiederholten Malen abwechselnd mit Salpetersäure, Königswasser und Ammoniak (mit letzterem, um das entstandene Chlorsilber von der Oberfläche fortzunehmen) behandelt worden war. Kupfer war in diesem Golde nicht enthalten.

Gold	60,49
Silber	38,74
Kupfer, Eisen und Verlust	0,77

Die letzteren Bestandtheile waren aus anderen Versuchen erkannt. Es ist also das silberreichste gediegene Gold von allen, die ich analysirt habe. —

Die angeführten Analysen sind meistens in der Reihenfolge aufgeführt, wie ich sie angestellt habe; ich will die untersuchten Abänderungen nun noch einmal zur Uebersicht in einer Tabelle aufführen, in der sie nach ihrem Silbergehalte geordnet sind.

No. der Analyse	Fundort.	Vorkommen aus den Seifen oder der Grube.	Silbergehalt in Proc.
(17)	Schabrowskoi bei Katharinenb.	Seifen	0,16
(3)	Boruschkoi bei Nischne-Tagilsk	—	5,23
(19)	Beresowsk	Grube	5,94
(9)	Katharinenburg . . .	Seifen	6,28
(18)	Beresowsk	Grube	7,02
(15)	Perwo-Pawlowsk bei Beresowsk	Seifen	7,08
(16)	Zarewo-Nicolajewsk bei Miask	—	7,27
(21)	Bucharei	—	7,52
(8)	Beresowsk	Grube	8,03
(2)	Boruschkoi bei Nischne-Tagilsk	Seifen	8,35
(4)	Boruschkoi - - -	—	9,02
(14)	Newjansk	Grube	10,64
(5)	Zarewo-Nikolajewskoi bei Miask	Seifen	10,65
(10)	Alexand. Andrejewskoi - -	—	12,07
(11)	Goruschkoi bei Nischne-Tagilsk	—	12,12
(13)	- - - -	—	12,30
(12)	- - - -	—	12,41
(6)	Petropawlowsk bei Bogoslowsk	—	13,19
(7)	- - -	—	13,03
(22)	Füses in Siebenbürgen . .	Grube	14,68
(1)	Boruschkoi bei Nischne-Tagilsk	Seifen	16,15
(20)	Titiribi in Columbien . .	Grube	23,12
(23)	Siränowsk im Altai . . .	—	38,38
(24)	Veröspatak in Siebenbürgen .	—	38,74

Betrachtet man diese angestellten Analysen näher, so ergiebt sich als allgemeines Resultat, dass in dem von mir analysirtem gediegenen Golde an eine Verbindung von Gold und Silber nach bestimmten Proportionen gar nicht zu denken sei. Scheinen einige Körner auch wohl nach solchen Proportionen zusammengesetzt zu sein [1]), so ist doch die Mehrzahl gar nicht damit in Uebereinstimmung zu bringen, und die vollständigen Uebergänge, die sich von einem Verhältniss zum andern finden, beweisen am besten, dass die bestimmten Verhältnisse hier gar nicht existiren. Und diess ist eben so der Fall bei den Verbindungen, die nur wenig Silber enthalten, wie bei denen, die viel Silber enthalten, und eben so bei den Legirungen, die im Goldsande vorkommen, als bei solchen, die auf der ursprünglichen Lagerstätte selbst gebrochen sind.

Diess Resultat ist demnach dem ganz entgegen, welches sich aus den Boussingaultschen Analysen ergiebt, wonach das Gold nicht zufällig, sondern stets in bestimmten Proportionen mit dem Silber verbunden ist. Da indessen auch unter dem Columbischen Golde Legirungen vorkommen, die nicht nach bestimmten Verhältnissen verbunden sind, wie das gediegene Gold von Titiribi, das nach meiner Analyse (No. 20.) 23,12 pCt. Silber enthält, während eine Legirung $AgAu^3$, die in der Zusammensetzung diesem Golde am nächsten kommt, 26,6 pCt. Silber enthält [2]), so

---

[1]) Wenn man die obige Tabelle mit der S. 403. angegebenen vergleicht, so sieht man, dass die Abänderungen 10, 11, 13, 12 allerdings fast wie eine Verbindung $AgAu^8$, die Abänderungen 8, 2, 4 wie eine Verbindung $AgAu^{12}$ zusammengesetzt sind.

[2]) Boussingault, der das Gold von diesem Fundort ebenfalls untersuchte, fand auch 26 pCt. Silber darin, wobei übrigens die Verschiedenheit des Resultats von dem meinigen, nach dem, was gleich angeführt werden wird, nicht weiter aufzufallen braucht. Ich bemerke noch, dass, da das von mir untersuchte Stück sich von Hrn.

möchte es wohl wahrscheinlich sein, dass Boussingault zufällig nur solche Stücke zu seinen Analysen genommen hat, deren Zusammensetzung mit den bestimmten Proportionen mehr oder weniger stimmt. Ein gleiches Resultat würden auch meine Analysen gegeben haben, wenn ich nur die Analysen 10, 11, 13, 12 und 8, 2, 4 angestellt hätte [1]).

Gold und Silber kommen also auch in unbestimmten Verhältnissen mit einander verbunden vor, woraus nun mit Sicherheit folgt, dass beide Metalle isomorph sind. Aus der Betrachtung der Krystallformen des Goldes und des Silbers war diess Resultat nicht unmittelbar abzuleiten. Die Formen dieser Metalle gehören zum regulären Krystallisationssystem, und es ist bekannt, dass Körper, die die verschiedenste chemische Zusammensetzung haben, in eben diesen Formen krystallisiren; indessen machte doch, wie schon angeführt, die grosse Uebereinstimmung in den Formen von Gold und Silber [2]), wie auch die gleichen

---

v. Humboldt herschreibt, an der Aechtheit des Fundorts nicht zu zweifeln ist.

[1]) In einer neueren Arbeit über das Columbische gediegene Gold, die in Folge meiner in Poggendorffs Annalen erschienenen Arbeit bekannt gemacht ist, vervielfältigt und wiederholt Boussingault seine Analysen; nimmt dann zur Erklärung einiger derselben noch complicirtere Verhältnisse an, wie Verbindungen Ag^2Au^3 oder Ag^3Au^5, giebt aber zu, dass Fälle vorkommen können, die auch durch diese noch nicht genau bezeichnet würden, die man dann als Gemenge verschiedener Legirungen in einfachen Verhältnissen bezeichnen müsse. (*Comptes rendus des séances de l'acad. franç. T. IV* 1837 *p.* 950)

[2]) So findet sich z. B. bei den Formen des gediegenen Goldes wie des ged. Silbers ganz selbstständig, oder nur mit untergeordnet hinzutretenden Octaëderflächen das stumpfere Ikositetraëder, das auf diese Weise bei keinem anderen Minerale vorkommt; und das gewöhnliche Ikositetraëder (Leucitoëder), das sich sonst unter den Formen des regulären Systems häufig findet, ist von den Formen des Goldes und Silbers gleichmässig ausgeschlossen. (Das Nähere darüber in meiner Abhandlung über die Krystallformen des Goldes und Silbers in Poggendorffs Annalen B. XXIII S. 196.

Structurverhältnisse den Isomorphismus beider Metalle immer sehr wahrscheinlich.

Uebereinstimmend mit **Boussingault**, habe auch ich in dem gediegenen Golde kein ganz reines Gold gefunden. Es möchte daher wohl überhaupt in der Natur nicht zu finden sein. Das gediegene Gold scheint vielmehr immer wenigstens noch etwas Silber und kleine Mengen von Kupfer und Eisen zu enthalten. Nach **Boussingault** findet sich in dem Golde, welches am wenigsten Silber enthält, noch 2 pCt. Silber [1]); am Ural kommt eine Abänderung vor, welche noch weniger Silber, nämlich nur 0,16 pCt., dagegen von allen untersuchten Goldproben das meiste Kupfer, nämlich 0,35 Procent enthält; die fremden Beimengungen zusammen betragen bei ihr noch nicht $\frac{1}{2}$ Procent; der Gehalt an reinem Golde 98,96 Procent.

Es ergiebt sich ferner, dass die verschiedenen Körner eines und desselben Seifenwerkes doch eine verschiedene chemische Zusammensetzung haben, ein und dasselbe Korn dagegen in seinen verschiedenen Theilen eine gleiche Zusammensetzung hat. Diess ergiebt sich aus den Analysen 1, 2, 3, 4 des Goldes von Boruschkoi, welches verschiedene Körner aus einem und demselben Seifenwerke waren. Das eine enthielt 5,23 pCt. Silber, das zweite 8,35, das dritte 9,02, und das vierte 16,15; das letztere aus den Analysen 11, 12 und 13, und aus 6 und 7, nach welchen die Theile der durchgeschnittenen Stücke eine gleiche chemische Zusammensetzung haben, indem die kleinen Verschiedenheiten, die bei dem Silbergehalte statt finden, von den unvermeidlichen Fehlern der Analyse herrühren.

---

[1]) Diese 2 Procent, die **Boussingault** gar nicht berücksichtigt, sprechen auch gegen die bestimmten Proportionen beim Gold und Silber.

Auch das Gold aus verschiedenen Stellen der Grube hat eine verschiedene chemische Zusammensetzung, wie sich aus den Analysen 8, 18, 19 des Goldes aus den Gruben von Beresowsk ergiebt. Der Silbergehalt der drei Proben ist zwar nicht sehr verschieden, aber doch auch nicht gleich, und beträgt 8,03, 7,02 und 5,94 Procent. Verbindungen, die isomorphe Substanzen enthalten und an den verschiedenen Fundorten ganz verschieden zusammengesetzt sind, pflegen sonst von einem und demselben Fundorte eine gleiche Zusammensetzung zu haben. Man hätte daher erwarten können, dass auch das gediegene Gold aus den Gruben von Beresowsk eine gleiche Zusammensetzung habe. Diese Gruben sind indessen sehr weitläufig, man baut in denselben auf einer grossen Menge von Gängen, die in einem Districte, der grösser als eine geogr. Quadratmeile ist, aufsetzen, zumal wenn man noch die alten Gruben von Uktuss dazu rechnet, woher das Stück No. 19 war. Diese verschiedenen Gänge können daher wohl verschiedene Legirungen enthalten, wenn auch auf einem und demselben Gange nur gleich zusammengesetzte vorkommen. Diess Letztere bleibt aber noch auszumachen übrig, wie auch, wenn es sich ergiebt, dass auf einem und demselben Gange verschiedene Legirungen vorkommen, ob dann ihr Silbergehalt bei grösserer Teufe zu- oder abnimmt, oder ob in dieser Rücksicht gar keine Regel wahrzunehmen ist.

Man ist sowohl am Ural, als auch in Petersburg allgemein der Meinung, dass das Gold aus den Seifen reiner sei, und weniger Silber und andere fremde Beimischungen enthalte, als das aus den Gruben gewonnene Gold. Diess ist jedoch nicht durchaus der Fall, wie sich ergiebt, wenn man sowohl die Tabelle, Seite 404, welche den durchschnittlichen Gehalt des gewonnenen Goldes in einem halben Jahre, als auch meine Analysen einzelner Stücke vergleicht. In der angeführten Tabelle ist der Gehalt des Goldes an Silber von zwei Gruben angegeben, von Katharinenburg (Beresowsk) und von Newjansk. Der Gehalt des ersteren beträgt hiernach 12,6 pCt., der des letzteren 7,05 pCt. Es ist wahr, dass der durchschnittliche Silbergehalt des Goldes aus den Gruben bei Katharinenburg grösser ist, als er in dieser Tabelle bei irgend einem Waschgolde vorkommt, indem der Silbergehalt dieses Waschgoldes nur bis zu 11,28 pCt. steigt (bei dem Waschgolde von Bissersk), und bei dem Waschgolde von anderen Stellen bis zu 4,90 pCt. sinkt (bei dem von Schaitansk); aber dafür ist der Silbergehalt des Goldes aus der Grube von Newjansk geringer als der von dem Waschgolde mancher anderen Districte, und selbst geringer als der Silbergehalt des Waschgoldes, welches in der Nähe der Gruben von Newjansk gewonnen wird, indem letzterer 7,05, ersterer 8,58 pCt. beträgt, und man hat hier immer nur Grubengold von zwei Stellen mit Waschgold von vielen Stellen verglichen, so dass das Resultat immer unvortheilhaft für das Grubengold ausfallen muss. Der mittlere Gehalt giebt nach dieser Tabelle für das Grubengold 9,32 pCt., für das Waschgold 8,37 pCt. Silber. Nach meinen Analysen stellt sich der mittlere Gehalt für das Grubengold zu 7,91 pCt. und für das Waschgold zu 8,97 Silber.

Was endlich das specifische Gewicht des gediegenen Goldes betrifft, so sind die gefundenen Zahlen in der folgenden Tabelle übersichtlich zusammengestellt.

No. der Analyse.	Silbergehalt.	Specifisches Gewicht im natürlichen Zustande.	gehämmert.	nachdem es geschmolzen und erkaltet ist.
(17)	0,16	19,099		19,100
(3)	5,23	18,440	18,663	
(2)	8,35	17,955	18,016	17,965
(4)	9,02	17,588	17,745	
(5)	10,65	17,484		17,725
(10)	12,07	17,402		17,542
(6)	13,19	16,869	17,109	16,964
(1)	16,15	17,061	17,061	
(23)	38,38			14,556

Man ersieht daraus, dass das specifische Gewicht des gediegenen Goldes grösser wird, wenn es geschmelzt und besonders, wenn es gehämmert worden ist, was wohl nur von kleinen Höhlungen herrühren kann, die sich gewöhnlich im Innern des gediegenen Goldes finden müssen. Wenn man die Stücke hämmert und nachher wieder schmelzt, so wird das specifische Gewicht des geschmolzenen und erstarrten Goldes wieder etwas geringer als des gehämmerten, daher sich auch wieder beim Erkalten des geschmolzenen Goldes Höhlungen bilden müssen.

Im Allgemeinen ergiebt sich aber, dass das specifische Gewicht des gediegenen Goldes im umgekehrten Verhältniss mit seinem Silbergehalte steht, und um so grösser wird, je kleiner dieser ist. Das gediegene Gold von Schabrowskoi (17), welches fast reines Gold ist, hat auch fast das specifische Gewicht des reinen Goldes, das gediegene Gold von Syränowsk mit dem grössten Silbergehalt das geringste specifische Gewicht. Das gediegene Gold von Petropawlowsk (6) macht scheinbar davon eine Ausnahme, doch nur im natürlichen Zustande und nachdem es geschmolzen worden war; daher bei dem ursprünglichen Stücke grössere Höhlungen vorhanden gewesen sein müssen, als bei den übrigen untersuchten Abänderungen, was auch schon aus seiner gestreiften Oberfläche zu vermuthen war [1]).

In der neueren Zeit wurden noch Analysen des gediegenen Goldes vom Ural vom Capitain Awdejeff angestellt [2]), deren Resultate ich hier noch mittheile, da sie ebenfalls Beiträge zu der Kenntniss der chemischen Beschaffenheit dieses Goldes abgeben. Die Analysen wurden nur mit dem gediegenen Golde aus den Seifen des Katharinenburger Bezirks, jedoch stets mit einzelnen Krystallen angestellt. Da Herr Awdejeff als Probirer in der Katharinenburger Münze angestellt war, wohin, wie angeführt, das sämmtliche am Ural gewonnene Gold abgeliefert werden muss, so hatte er Gelegenheit, die Krystalle aus dem abgelieferten Waschgolde auszulesen. Er untersuchte dieselben sowohl auf trockenem als auf nassem Wege, die wenig silberhaltigen Abänderungen durch Kupellation und nach der von mir eingeschlagenen Methode, die stark silberhaltigen, nachdem sie zuvor mit Silber zusammengeschmolzen waren. Die Resultate sind in der folgenden Tabelle zusammengestellt:

---

1) Noch viel grössere Unregelmässigkeiten fand Boussingault bei dem specifischen Gewichte des Columbischen gediegenen Goldes. So giebt er an bei dem gediegenen Golde von:

Malpaso, Silber	: 11,76,	spec. Gew.	: 14,706
Rio Sucio -	: 12,06,	- -	: 14,690
Marmato -	: 26,48,	- -	: 12,666
St. Rosa de Osos -	: 35,07,	- -	: 14,149

Offenbar sind hier die Höhlungen in dem gediegenen Golde noch viel grösser und unregelmässiger gewesen, als bei den von mir untersuchten Stücken.

2) Poggendorffs Annalen B. LIII S. 153.

No.	Specifisches Gewicht		Resultat der Analyse auf trockenem Wege			nassem Wege		
	im natürlichen Zustande	ausgestreckt	Gold	Silber	Legirung	Gold	Silber	Kupfer, Eisen, Verlust
1	18,77	18,399	92,23	6,17	1,6	92,71	6,51	0,78
2	18,771	18,892	95,5	4,0	0,5	95,3	3,86	0,84
3	17,74	18,35	91,21	8,03	0,76			
	gesch	molzen						
4		18,791	95,81	3,58	0,61	95,83	4,34	0,33
5			93,75	6,01	0,24			
6			94,09	5,55	0,36			
7			93,66	5,72	0,53			
8			93,54	5,62	0,8			
	ausge	streckt						
9		16,03	79,69	19,47	0,84	79,0	20,34	0,66
	gesch	molzen						
10		15,627	70,5	28,5	1,0	70,86	28, 3	0,84

Es ergiebt sich aus diesen Analysen wie aus den meinigen, dass in dem gediegenen Golde Gold und Silber in unbestimmten Verhältnissen verbunden sind [1]).

[1]) Die Krystalle, mit denen die ersten 8 Analysen angestellt waren, hatten die Form des Dodecaëders, die der letzteren des Octaëders. Da die ersteren weniger, die letzteren mehr Silber enthielten, so glaubte Herr Awdejeff annehmen zu können, dass es bei dem gediegenen Golde ein gewisses Verhältniss zwischen dem Silbergehalt und der Form gäbe, und das ged. Gold bis zu einem Silbergehalt von etwa 8 pCt. im Dodecaëder, darüber hinaus im Octaëder krystallisire, eine Ansicht, die er jedoch, durch spätere Analysen veranlasst, selbst wieder aufgegeben hat, wie er mir bei seiner darauf erfolgten Anwesenheit in Berlin mündlich mittheilte.

Ueber die Production an Gold, Silber und Platin im russischen Reiche und besonders im Ural.

I. Uebersicht über die Quantitäten silberhaltigen Goldes, welche der Ural innerhalb der Jahre 1823 bis 1840 geliefert hat [1]).

Im Jahre	Kronwerke			Privatwerke			Sämmtliche Werke		
	Pud	Pfd.	Sol.	Pud	Pfd.	Sol.	Pud	Pfd.	Sol.
1823	35	36	42¼	53	20	68½	89	17	15¼
1824	52	4	58	113	—	12	165	4	70
1825	60	30	42	172	3	54	232	34	—
1826	69	21	12	166	2	50	235	23	62
1827	89	20	25	171	14	48	260	34	73
1828	86	38	53½	187	39	20¼	274	37	74¼
1829	100	1	73	209	27	70¼	309	29	47¼
1830	147	31	67	185	6	63	332	38	34
1831	153	37	53	214	15	50	368	13	7
1832	164	12	38¼	187	10	46¾	351	22	85
1833	142	7	30¼	185	—	20¼	327	7	50½
1834	138	11	2½	163	11	12½	301	22	15
1835	132	8	58	146	19	66¾	278	28	28¼
1836	129	17	35	141	16	20¼	270	33	55¼
1837	131	—	13	152	37	9	283	37	12
1838	132	5	68	167	32	94½	299	38	66½
1839	142	25	83	170	22	39	313	8	26
1840	135	3	2½	164	17	15¼	299	20	17¼
	2043	33	84¼	2952	17	88¼	4996	11	77½

Die grösste Production war hiernach also im Jahre 1831, wo sie 368 Pud betrug. Seit dieser Zeit ist sie im Abnehmen, wenn sie gleich in den letzten Jahren wieder etwas gestiegen ist.

[1]) Diese Tabelle ist aus dem Gorni Journal von 1838 No. 11 entlehnt, und nach handschriftlichen officiellen Tabellen, die Herr von Humboldt vom Herrn Grafen von Cancrin erhalten, und mir gütigst mitgetheilt hat, bis 1840 fortgesetzt. Eine ähnliche Tabelle findet sich auch in von Helmersen's Reise nach dem Ural und der Kirgisensteppe in den Jahren 1833 und 1835 S. 36. Das silberhaltige Gold vom Ural enthält im Durchschnitt 88 pCt. reines Gold und 9 pCt. Silber.

II. Vergleichende Uebersicht der Gold- und Platinproduction im Ural und im übrigen Sibirien in den Jahren 1829 und 1839[1]).

1. Silberhaltiges Gold.	1829			1839		
A. im Ural.						
Kronwerke.	Pud.	Pfd.	Sol.	Pud.	Pfd.	Sol.
Bezirk von Slatoust	54	31	25	60	36	95
- - Bogoslowsk	17	13	10	37	27	18
- - Katharinenburg	26	32	52	30	35	30
- - Goroblagodatsk	1	4	51	13	6	36
	100	1	42	142	25	83
Privatwerke.						
Werch-Issetsk	51	22	59	54	1	24
Syssertsk	9	13	65	22½		
Nischne-Tagilsk	39	12	58	16½		
Newjansk	15	19	94	15		
Kyschtimsk und Kaslinsk	46	21	36	14		
Wsewolodoblagodatsk	2	20	3	12½		
Besitz. des Gener. Lieut. Schemtschuschnikoff				11		
Uebrigen Werke.	21	20	52	25	1	15
	186	10	79	170	22	39
Ural im Ganzen	286	12	15	313	8	26[2])

[1]) Diese Tabelle ist gänzlich aus den Briefen des Herrn Grafen von Cancrin an Herrn von Humboldt gezogen. Die Zahlen weichen etwas von den vorigen ab, besonders in der Menge des auf den Privatwerken gewonnenen Goldes von 1829, die nach dieser Tabelle 186 Pud 10 Pfd. 79 Sol.; nach der ersten Tabelle 209 Pud 27 Pfd. 70¼ Sol. beträgt. Diese letztere Zahl ist, wie angeführt, aus dem Gorni Journal 1838 No. 11 entnommen. In dem Gorni Journal 1829 No. 9 S. 489 und 1830 No. 3 S. 404 ist die Goldproduction des Ural von 1829 ebenfalls angegeben, hiernach beträgt diese von den Kronwerken 100 Pud 9 Pfd. 86½ Sol. und von den Privatwerken 187 Pud 21 Pfd. 3¼ Sol., welche Angaben den in der zweiten Tabelle angegebenen sich viel mehr nähern.

[2]) Nach ihrer geographischen Lage von N. gegen S. geordnet ist die Folge dieser Werke:
Wsewolodoblagodatsk dem Kammerherrn Wsewolodski gehörig.
Bogoslowsk der Krone gehörig.

B. Im übrigen Sibirien. District des Altai.	1829 Pud.	1829 Pfd.	1829 Sol.	1839 Pud.	1839 Pfd.	1839 Sol.
Waschg. v. d. Kronwerken		18	$5\frac{3}{4}$	186 (zusammen)	20 [1])	
- - - Privatwerk.	1	10	$20\frac{1}{4}$			
- aus Nertschinsk	—	—	—	4		
	1	28	26	190	20	
Hierzu das Gold vom Ural	286	12	15	313	8	26
	288	—	41	503	28	26
2. Platin.						
Kronwerke	1	31	$24\frac{3}{4}$		8	$76\frac{3}{4}$
Privatwerke	76	36	$57\frac{3}{4}$	91	27	$66\frac{1}{2}$
im Ganzen	78	27	$82\frac{1}{2}$	91	36	$47\frac{1}{4}$
Hiervon lieferte allein Nischne-Tagilsk	76	22	25	90	25	$95\frac{1}{2}$

Goroblagodatsk der Krone gehörig.
Nischne-Tagilsk Herrn v. Demidoff gehörig.
Newjansk dem wirkl. Staatsrath Jakowleff gehörig.
Werch-Issetsk dem Cornet Jacowleff gehörig.
Katharinenburg der Krone gehörig.
Syssertsk den Erben von Turtschanikoff gehörig.
Kaslinsk - - des Kaufm. Rastorgujeff gehörig.
Slatoust der Krone gehörig.
Die Besitzungen von Gen. Lieut. Schemtschuschnikoff.

Alle diese Seifenwerke liegen sämmtlich auf der Ostseite des Ural.

[1]) Zu diesem Golde ist die Menge nicht gerechnet, die aus dem goldhaltigen Silber des Altai geschieden wird, und die betrug:

im Jahre 1829: 26 Pud 28 Pfd. $3\frac{1}{4}$ Sol.
- - 1839: 28 - 20 - — -

III. Uebersicht der Quantitäten von Gold, Silber und Platin, welche in den 16 Jahren von Anfang 1823 bis Ende 1838 im russischen Reiche gewonnen worden sind.

I. Silberhaltiges Gold (ungefähr 88 pCt. reines Gold enthaltend) aus den Seifenwerken und Gruben.

A. Von den Kronwerken.

	Pud.	Pf.	Sol.
a. im Ural.			
Katharinenburg	444	33	54¼
Slatoust	711	39	57¼
Bogoslosk	378	27	1½
Goroblagodatsk . . .	56	34	6
Summa	1592	14	23
b. im Districte des Altai . .	111	18	83¾
c. im Districte von Nertschinsk .	3	5	9
Sämmtliche Menge des Goldes von den Kronwerken	1706	38	19¾

B. Von den Privatwerken.

	Pud.	Pf.	Sol.
a. im Ural.			
Werch-Issetsk . . .	748	26	50¾
Newjansk	320	18	26¼
Nischne-Tagilsk . . .	463	36	25
Kaslinsk	471	12	65½
Syssertsk	185	33	17½
Schaitansk	75	12	57
Bilimbajewsk	66	10	58
Wsewolodoblagodatsk . .	58	24	24½
Werchne-Ufaleisk . . .	47	3	52¼
Krestowosdwischensk . .	32	39	32¾
Rewdinsk	9	5	40
Preobraschensk	—	18	5¼
Ländereien von Major . .	9	31	6¾
- von Bulgakow .	—	—	72¼
- von Schemtschuschnikoff	53	32	12
b. im Innern Sibiriens . . .	466	6	6¾
Menge des Goldes von den Privatwerken	3009	30	72½
General-Betrag alles Goldes	4716	28	92¼

---

[1]) Aus dem *Supplément d'intérieur au journal de St. Petersbourg* mit einigen Veränderungen abgedruckt.

	Pud.	Pf.	Sol.
2. Goldhaltiges Silber			
von den altaischen Werken .	15.131	7	85¾ [1])
von den nertschinskischen - .	3,308	14	23¾ [2])
Summa	18,439	22	13½
3. Rohes Platin vom Ural.			
von verschiedenen Kronwerken	29	—	83¾
von den Privatwerken . .			
von Nischne-Tagilsk . .	1216	29	91½
von verschiedenen anderen in geringer Menge . .	13	13	65
	1259	4	48¼

IV. Bemerkungen über die Tabelle II und das Gold im Innern Sibiriens.

Der grosse Ueberschuss in der Goldproduction des Jahres 1839, verglichen mit dem von 1829, rührt ausser der etwas grösseren Production des Ural selbst im Jahre 1839 gegen 1829, besonders von den seit dieser Zeit im Innern Sibiriens entdeckten Goldseifen her. Sie finden sich hier in einer ausserordentlichen Verbreitung an dem ganzen Nordabfalle der die Südseite Sibiriens begränzenden Gebirge vom Ob bis jenseits Nertschinsk, besonders auf der Ostseite des Kusnetskischen Gebirgszuges, der sich auf der Ostseite des Altai vom Sandypskoi nordwärts über Kusnetsk bis an die Kija erstreckt [3]), in der Gegend zwischen dem oberen Tom und oberen Tschulym, am Jenissei bei Minusinsk und Abakansk, von da ostwärts

---

[1]) Enthält 427 Pud — Pf. 4¼ Sol. Gold.

[2]) Enthält 6 Pud 24 Pf. 3¾ Sol. Gold.

[3]) Vergl. die Karte des Altaischen Hüttenbezirkes im ersten Theile dieser Reise. Dieser Gebirgszug hat nicht allein in seiner Richtung und in dem Vorkommen der Goldseifen vorzugsweise auf seiner Ostseite, sondern auch in seiner geognostischen Beschaffenheit im Allgemeinen die grösste Aehnlichkeit mit dem Ural, aber, wiewohl die seit langer Zeit schon bebauten reichen Silbergruben von Salairsk in ihm liegen, hat er doch erst in der neuesten Zeit angefangen, etwas bekannter zu werden.

nach dem Kan und der Birussa, und längs dem ganzen oberen Laufe dieser Nebenflüsse des Jenissei [1]), ferner an der Südwestseite des Baikal-Sees und der aus ihm tretenden Angara, sowie auch an der Ostseite des Jablonoi Chrebet in dem Thale der Schilka ober- und unterhalb Nertschinsk. Da nun auch Gold sowohl westlich vom Ural gegen Perm hin, als auch unweit Udskoi nahe am Ochotskischen Meere gefunden wird, so sieht man, dass eine, wenngleich zuweilen unterbrochene goldhaltige Zone zwischen dem 50. und 60. Breitegrade das ganze alte Continent in einer Erstreckung durchsetzt, die um die Hälfte breiter ist als die grösste Breite Afrika's [2]). Die Goldproduction im Innern Sibiriens ist noch im steten Steigen begriffen, denn im Jahre 1840 betrug sie 252 Pud, also 62 Pud mehr als 1839.

Ein Schreiben des Herrn Staatsministers Grafen v. Cancrin an Herrn v. Humboldt vom 21. März 1841 war mit einer Karte begleitet, welche die relative Wichtigkeit der Goldwäschen Sibiriens in einer Zone nördlich vom Altai darstellte. Die Hauptpunkte sind hiernach:

1. Das System der Wäschen der Flüsse Berd und Inia, Zuflüsse des Ob, westlich von der dem Ural parallel streichenden Kette von Kusnetsk. Es lieferte von 1830 und 1832 bis 1840 in 3 Seifenwerken zusammen 50 Pud. Breite 54° 50′—55° 20′, Länge 83° vom Meridian von Paris.

2. System des Tom, lieferte seit 1831 in 6 Seifenwerken 220 Pud. Br. 55° — 56° ½.

3. System der Kija, Zufluss des Tschulym, der von Atschinsk kommt, und in den Ob fliesst. Br. 55°

---

[1]) Der Kan ergiesst sich in geringer Entfernung unterhalb Krasnojarsk, die Birussa in grösserer Entfernung und durch die Ona, Tassejewa und Werchnaja-Tunguska in den Jenissei.

[2]) Vergl. darüber *A. de Humboldt Asie centrale, t. I. p.* 378, woraus die hier mitgetheilten Nachrichten entlehnt sind.

— 57°. Es lieferte seit 1830 in 5 Seifenwerken 496 Pud; am reichsten ist das Seifenwerk Wosskressensk am Kundustoïle (Kundustiul), das allein 257 Pud gegeben hat.

4. System von Atschinsk am Tschulym, gab seit 1832 nur 25 Pud.

5. System von Abakansk und Minusinsk, unfern des Jenissei; Br. 53° ½ — 55; gab in 4 Seifenwerken seit 1833 nur 67 Pud.

6. System des Kan, eines östlichen Zuflusses des Jenissei; Br. 55° — 56°; es gab seit 1834 in 3 Seifenwerken nur 11 Pud.

7. System der Birussa, die durch die Ona, Tassajewa und Werchnaja-Tunguska ihre Wasser dem Jenissei zuschickt, Br. 53° — 55° ½; lieferte seit 1836 in 4 Seifenwerken 167 Pud.

8. System der Werchnaja-Tunguska, Zufluss des Jenissei, Br. 58° — 58° ½, seit 1838 nur 33 Pud.

9. System der Podkamennaja-Tunguska, Nebenfluss des Jenissei, Br. 60° — 61°, Länge 93° vom Meridian von Paris, seit 1840 in 3 Seifenwerken nur 3 Pud.

10. System der Angara, 20 bis 40 Meilen westlich vom Baikal-See, Br. 51° ¼, arm.

11. System von Daurien oder Nertschinsk am Onon und an der Schilka, Br. 51° — 52° ½, Länge 112° — 115° vom Meridian von Paris; seit 1833 nur 13 Pud.

12. Einige Seifenwerke der Kirgisen-Steppe ½ bis 1° ½ südlich von Ust-Kamenogorsk bei den Quellen des Djuss-Jagatsch, der in den Dsaisan-See fliesst und vom Irtysch-Thale durch die kleine Kette Kolbinskoi getrennt ist. Br. 48° ½, Länge 79° vom Meridian von Paris.

Die Aufzählung dieser 12 Gruppen, sagt Herr von Humboldt in einer Note, die er dem dritten Theile seiner *Asie centrale* beigefügt hat, bezeugt die grosse Ausdehnung des goldhaltigen Schuttlandes Sibiriens. Die Aufzählung lehrt, wo schon Goldwäschen haben angelegt werden können, nämlich zwischen der Breite 48°½ (Parallel der Kirgisensteppe, südlich von Ustkamenogorsk) bis zur Br. 61° (Parallel der Podkamennaja-Tunguska). Betrachtet man aber den jetzigen relativen Reichthum der Zone, die vom Ural bis zum Onon 55 Längengrade umfasst, so erkennt man, dass die reichste Gold-Niederlage sich vom Thale des Ob, eigentlich von der Berd, dem Zuflusse des Ob, über den Tom und die Kusnetskische Gebirgskette bis zum Jenissei und der Birussa erstreckt. (Br. 51°½—56°, doch am meisten im Parallelkreise von 55°, Länge 83°—97°½). In diesem Raume von 3600 geographischen Quadratmeilen sind wiederum bisher der wichtigsten Punkte vier gewesen. Wenn man sie nach der Menge des Waschgoldes ordnet, das sie seit ihrer ersten Benutzung geliefert, so muss man sie auf einander also folgen lassen:

1. Gruppe der Kija, Zufluss des Ob mittelst des Tschulym, (496 Pud).

2. Gruppe des Tom, südwestlich der Kija (220 Pud).

3. Gruppe der Birussa, nordöstlich von Abakansk (167 Pud).

4. Gruppe von Minusinsk (67 Pud).

Nachtrag. Nach einem neuen Schreiben des Herrn Grafen v. Cancrin an Herrn v. Humboldt bin ich im Stande noch die Goldproduction Russlands vom Jahre 1841 hinzuzusetzen. Sie beträgt hiernach:

1) an silberhaltigem Golde:

	Pud	Pf.	Sol.
im Ural,			
von den Kronwerken	134	33	40
- - Privatwerken	168	33	14
zusammen	303	26	54.

	Pud	Pf.	Sol.
im übrigen Sibirien,			
in den Kronwerken	37	—	17
- - Privatwerken	318	—	44
zusammen	355	—	61
im ganzen russ. Reiche	658	27	19.
Hierzu kommen noch Gold aus dem Silber der Bergwerke:			
	31	20	
im Ganzen also	690	7	19.
2) an Platin:			
in den Kronwerken	3	13	56
- - Privatwerken	105	7	25
	108	20	81.

Man sieht hiernach, dass, während die Goldproproduction im Ural sich ziemlich auf gleicher Höhe erhält, die aus dem Innern Sibiriens fortwährend im raschesten Steigen begriffen ist, denn während sie 1839 noch 190 Pud betrug, macht sie 1840 252 und 1841 schon 355 Pud aus. Es ist hiernach nicht unwahrscheinlich, dass die Goldproduction im ganzen Reiche sich in den nächsten Jahren bis auf 1000 Pud steigern wird.

Zu den reichsten Seifen, die in dem letzten Jahre entdeckt sind, gehören die am oberen Theile des Flusses Pita mit seinen Zuflüssen im Gouv. Jenisseisk, worunter sich einige befinden, die 7, ja 11 Solotnik in 100 Pud enthalten.

Höhe des nördlichen Ural.

Zur Berichtigung dessen, was oben B. I S. 381 und im *Bulletin de l'Académie de St. Petersbourg T. II p.* 100 gesagt worden ist, bemerke ich hier nach einer Note, die Herr v. Humboldt dem dritten Bande seines Werkes *Asie centrale* beigefügt hat, folgendes:

„Da die irrige Behauptung wiederholt worden ist, der von Bogoslowsk aus sichtbare Kondschakowskoi Kamen sei nach einer trigonometrischen Messung des gelehrten Reisenden, Herrn Fedoroff, an 1300 Toisen hoch, so ist hier nothwendig zu bemerken, dass nach einer mir von Herrn Wassili Fedoroff gütigst mitgetheilten Note jener Berg nur eine Höhe von 764 Toisen über dem Niveau des Flüsschens Turja bei Turjinsk hat. In der physikalischen und geognostischen Beschreibung des Ural, welche Herr Schurowsky, Professor der Mineralogie zu Moskau, in russischer Sprache neuerdings herausgegeben hat, findet sich (S. 5) folgende Notiz: Westlich und nordwestlich von Bogoslowsk erheben sich über dem Flussthal der Turja der Denischkin Kamen zu 3284 engl. Fussen (513 T.), der Koswinskoi Kamen zu 1748 engl. F. (273 T.) und der Kondschakowskoi Kamen zu 4875 engl. F. (762 t., also fast identisch mit der von Hrn. Fedoroff angegebenen Zahl). Unser Freund und Reisebegleiter Herr v. Helmersen giebt in seiner neuen Reise nach dem Ural B. I S. 77 dem Kondschakowkoi Kamen über dem Meere 880 T., indem er zu den 764 T. des Herrn Fedoroff die 116 T. hinzufügt, welche Professor Kupffer für die Höhe von Bogoslowsk über dem Meere annimmt. Nach unseren correspondirenden Barometer-Beobachtungen von Katharinenburg und Bogoslowsk scheint aber der letztere Ort nur eine absolute Höhe von 80 Toisen zu haben, so dass mit Vernachlässigung der kleinen Differenz zwischen Bogoslowsk und Turjinsk der Gipfel vom Kondschakowskoi Kamen etwa 844 t. über dem Meere hoch wäre. Hypsometrische Resultate können nur allmählig verbessert werden.

Nach unserer jetzigen Kenntniss der Uralkette folgen also von Süden nach Norden als Culminations-Punkte gemessen:

	Höhen über dem Meere.
Der Iremel (Br. 54° 20′) . . . nach Helmersen, aber Orenburg zu 39 t. gerechnet.	793 Toisen
Der grosse Taganai (Br. 55° 17′) . nach Kupffer, aber Slatoust zu 184 t. gerechnet.	545 T.
Der Kondschakowskoi Kamen (Br. 59° 40′) nach Fedoroff, wenn man Turjinsk zu ungefähr 80 t. absoluter Höhe anschlägt.	844 T.
Berge westlich von Obdorsk (Br. 67° 12′) nach Erman.	780 T.

Der höchste Gipfel ist also der Kondschakowskoi Kamen, und der Ural hat sonderbar genug an beiden Extremen unter 54° $\frac{1}{3}$ und 67° $\frac{1}{5}$ Breite fast gleiche Höhe.

Ueber die Etymologie des Wortes Ural hat mir Herr von Humboldt folgende Bemerkungen mitgetheilt, die ich mit seinen eigenen Worten hier einschalte.

„Da, wie allgemein bekannt, die gewöhnliche russische Benennung des Ural Semlännii Pojas

(Erdgürtel) ist, von Pojas der Gürtel [1]), und ich vermuthen konnte, der Name Ural müsse eine ähnliche Bedeutung in irgend einer Sprache Asiens haben, so richtete ich darüber eine Frage an den sehr unterrichteten Professor der persischen und kirgisischen Sprache bei der asiatischen Schule in Orenburg. Er versicherte mir, dass im türkisch-kirgisischen und im alten türkisch-nogaischen Dialecte Uralmak, umbinden, zusammenbinden, Uralgan umbunden heisse. Zwar ist der gebräuchlichere Name des Gürtels bei den Kirgisen, nach Klaproth, Bilbow, in den türkischen Dialecten in Kasan Bilbau, in Tobolsk Bilbow; aber es ist sehr wahrscheinlich, dass es früher auch eine Wurzel Ural, Gürtel, gegeben habe, und dass uralmak, umbinden, nach Analogie von aghyzmak, schreien, gebildet sei, worin man aghyz, Mund, erkennt. Herr Schott, Professor der asiatischen Sprachen an der Universität zu Berlin, bemerkt scharfsinnig, dass im türkisch-uigurischen Dialecte der Gürtel den Namen Kur führt, und dass diese Form mit den kirgisischen Wurzeln Ur und Ural identisch scheint. Die Mongolen pflegen mit dem Namen Gürtel eine lange, aus horizontalen Lagen von Syenit bestehende Felsenmauer, welche die Gobi im Norden begränzt, zu bezeichnen. „Als wir auf dem Wege von Urga nach Peking, sagt Herr von Bunge, von der Station der Ruinen (Olonbaiching, wörtlich viel Gebäude) hinabstiegen, sahen wir am Horizont einen schwarzen Streifen; diess war der Bussa-tschilon." Aber Bussa ist nach dem mongolischen Wörterbuch von Schmidt

---

[1]) Auf der Karte von Hirschvogel (Hirsfogel), die zu dem Werke des vom Kaiser Maximilian im Jahre 1516 nach Russland gesandten Baron Herberstein gehört, findet sich der Name Ural gar nicht, aber eine von dem Parallel von Perm bis zum Eismeere fortlaufende Bergkette führt den Namen: *Montes dicti Cingulus Terrae*, welches Ramusio in seiner Uebersetzung dieser Reise mit *Cingolo del Mondo o ver della Terra* wiedergiebt.

Gürtel, und Tschilagon oder Tschilon Stein. Also wieder ein Ural, ein Steingürtel in der Gobi."

„Es ist sehr auffallend, dass nach einer allgemein verbreiteten Gewohnheit die Bewohner der bergigen Gegend des Ural den Namen Ural keineswegest der ganzen Gegend, d. h. der Vereinigung der verschiedenen kleinen Ketten geben, die das System des Ural der Geognosten, bilden, sondern dass sie ihn vorzugsweise nur auf eine einzige Kette, auf eine einzige Felsenmauer anwenden. Auf den berühmten Kupfergruben von Gumeschewsk glaubt man eben so wenig „sich im Ural zu befinden", als in dem Thale von Miask. Man überschreitet den Ural nach dem Sprachgebrauch der Eingebornen, wenn man von Gumeschewsk nach Syssertsk, wie wenn man von Miask nach Slatoust reist. Bei der Zertheilung des ganzen Systems in drei Ketten zwischen Guberlinsk und Kyschtymsk nennt man zuerst von der Breite 51°¼ bis 53°½ die westlichste Kette, von der Breite 53°½ bis 56° aber die Central-Kette, die von Kyrkty, Ural. Die Höhenverhältnisse haben auf den Sprachgebrauch keinen Einfluss, denn die westliche Kette des grossen Taganai ist viel höher als der Ural oder die Central-Kette im Osten von Slatoust, und dieselbe westliche Kette des Taganai, welche bei Kananikolskoi im Süden des 53°½, den Namen Ural führt, verliert ihn, wenn sie in der Gruppe des Iremel (883 Toisen) das Maximum ihrer Erhebung erreicht. Es dürfte schwer sein, den Grund aufzufinden, warum man bei einer ziemlich engen Verbindung von Bergzügen vorzugsweise dem einen oder dem anderen Zuge den nur allzu majestätischen Namen des Gürtels der Erde gegeben hat."

Systematische Uebersicht
der
Mineralien und Gebirgsarten
des
U r a l [1]).

I. Mineralien des Ural.

In der folgenden Uebersicht ist die Anordnung der Gattungen und Species im Allgemeinen nach den Grundsätzen des electro-chemischen Systems gemacht, die Gattungen und Species selbst aber sind nach denselben Grundsätzen, wie in meinen Elementen der Krystallographie bestimmt. Die Gattung ist demnach durch die Form, die Species durch die chemische Zusammensetzung bedingt. Verbindungen zweier isomorphen einfachen oder zusammengesetzten Körper sind hierbei

---

[1]) Eine allgemeine orographische und geognostische Schilderung des Ural, die man vielleicht hier erwarten möchte, zu geben, scheint mir überflüssig, da eine solche so vortrefflich in dem nächstens erscheinenden Werke des Herrn von Humboldt, seiner *Asie centrale* geliefert ist, dass ich mich vollkommen darauf beziehen kann. Ich begnüge mich daher, hier eine systematische Uebersicht der mir bekannt gewordenen Mineralien und Gebirgsarten des Ural zu geben, damit man dadurch leichter übersehen kann, welche Mineralien und Gebirgsarten in dem Buche beschrieben sind, und unter welchen Verhältnissen dieselben an den verschiedenen Orten im Ural vorkommen. Diese Uebersicht kann so gewisser Maassen die Stelle eines Registers vertreten, und ich habe auf diese Weise noch Gelegenheit, manche mir gemachte Mittheilung hinzuzufügen, und dadurch die Vollständigkeit des Buches zu vermehren.

nicht für höhere Verbindungsstufen, die Verbindungen des Goldes und Silbers z. B. für einfache Körper genommen. Auch sind, um die Rubriken nicht zu sehr zu vermehren, Verbindungen von basischen und neutralen Salzen bei den neutralen, von neutralen und sauren Salzen bei den sauren u. s. f. aufgeführt und ferner die Verbindungen von Oxyden mit Fluor- und Chlormetallen zu den Sauerstoffverbindungen, die Verbindungen von Silicaten mit Boraten und Carbonaten, zu den Silicaten gestellt worden. Die wasserhaltigen Verbindungen folgen auf die wasserfreien. Wo im Einzelnen noch etwas über die Stellung eines Minerals zu bemerken war, ist diess in Anmerkungen geschehen, die der Uebersicht folgen.

I. Einfache Körper.

1. **Octaëdrische Metalle.**
   1) Gediegenes Kupfer . . Cu.
   2) - Silber . . Ag.
   3) - Gold . . . $\left\{\begin{matrix}Au\\Ag\end{matrix}\right\}$
   4) - Platin . . $\left\{\begin{matrix}Pt\\Fe\\Ir\end{matrix}\right\}$
   5) - Iridium . . $\left\{\begin{matrix}Ir\\Pt\end{matrix}\right\}$
2. **Hexagondodecaëdrische Metalle.**
   1) Lichtes Osmium-Iridium $IrOs$.
   2) Dunkles - - $IrOs^3$.
   3) - - - $IrOs^4$.
3. **Diamant** } . . . . C.
4. **Graphit** }
5. **Gediegener Schwefel** . . S.

II. Schwefelverbindungen.

A. Einfache Schwefelverbindungen.

1. Kupferglanz . . . . Cu^2S.
2. Bleiglanz . . . . PbS.
3. Silberglanz . . . . AgS.
4. Blende . . . . ZnS.
5. Zinnober . . . . HgS.
6. Eisenkies . . . . FeS^2.

B. Schwefelsalze.

1. Kupferkies . . . . $\overset{\prime}{Cu}\overset{\prime\prime\prime}{Fe}$.
2. Magnetkies . . . . $\overset{\prime}{Fe}{}^5\overset{\prime\prime\prime}{Fe}$.
3. Nadelerz [1]) . . . . . . $\overset{\prime}{Cu}{}^3\overset{\prime\prime\prime}{Bi} + 2\overset{\prime}{Pb}{}^3\overset{\prime\prime\prime}{Bi}$.
4. Fahlerz . . . . $\left.\begin{matrix}\overset{\prime}{Fe}{}^4 \\ \overset{\prime}{Zn}{}^4\end{matrix}\right\}\left\{\begin{matrix}\overset{\prime\prime\prime}{Sb} \\ \overset{\prime\prime\prime}{As}\end{matrix}\right. + 2\overset{\prime}{Cu}{}^4\left\{\begin{matrix}\overset{\prime\prime\prime}{Sb}. \\ \overset{\prime\prime\prime}{As}.\end{matrix}\right.$

III. Fluorverbindungen.

1. Flussspath . . . . CaF.

IV. Sauerstoffverbindungen.

A. Einfache Oxyde.

1. Rothkupfererz . . . . . Cu^2O.
2. 1) Corund . . . . Al^2O^3.
   2) Eisenglanz . . . . . Fe^2O^3.
   3) Titaneisenerz [2]) . . . $\left\{\begin{matrix}Ti^2O^3 \\ Fe^2O^3\end{matrix}\right\}$
3. Rutil } . . . . TiO^2.
4. Anatas [3]) }
5. Pyrolusit . . . . MnO^2.
6. Quarz . . . . SiO^3.

B. Sauerstoffsalze.

a. Verbindungen von $\dddot{R}$ mit Basen.

α. Verbindungen von Thonerde, Eisenoxyd, Chromoxyd und Manganoxyd.

1. Diaspor . . . . $\dot{H}\dddot{Al}$.
2. Hydrargillit . . . . $\dot{H}^{x}\dddot{Al}$.
3. Brauneisenerz . . . . . . $\dot{H}^{3}\dddot{Fe}^{2}$.
4. 1) Nadeleisenerz . . . . $\dot{H}\dddot{Fe}$.
   2) Manganit . . . . . . $\dot{H}\dddot{Mn}$.
5. Stilpnosiderit . . . . . $\dot{H}\dddot{Fe}$.
6. Chrysoberyll . . . . $\dddot{Be}^{x}\dddot{Al}$.
7. 1) Chlorospinell . . . . $\dot{Mg}\left\{\begin{matrix}\dddot{Al}.\\ \dddot{Fe}.\end{matrix}\right.$
   2) Zeilanit . . . . $\left.\begin{matrix}\dot{Mg}\\ \dot{Fe}\end{matrix}\right\}\dddot{Al}$.
   3) Magneteisenerz . . . $\dot{Fe}\dddot{Fe}$.
   4) Chromeisenerz . . . . $\left.\begin{matrix}\dot{Fe}\\ \dot{Mg}\end{matrix}\right\}\left\{\begin{matrix}\dddot{Cr}.\\ \dddot{Al}.\end{matrix}\right.$
8. Psilomelan . . . . $\left.\begin{matrix}\dot{Ba}^{x}\\ \dot{Ka}^{x}\end{matrix}\right\}\dddot{Mn}$.

b. Verbindungen von $\dddot{R}$ mit Basen.

α. Titanate und Tantalate).

1. Perowskit . . . . $\dot{Ca}$, $\ddot{Ti}$.
2. Aeschynit . . . . $\dot{Ce}$, $\ddot{Zr}$, $\ddot{Ti}$.
3. Pyrochlor . . . . $2\dot{Ca}^{4}\,\ddot{Ta}^{3} + Na\,Fl$.
4. Uranotantal . . . . $\dot{U}$, $\ddot{Ta}$.

β. Carbonate.

5. 1) Kalkspath . . . . . $\dot{Ca}\,\ddot{C}$.
   2) Dolomit (Bitterspath) . $\dot{Ca}\,\ddot{C} + \dot{Mg}\,\ddot{C}$.
6. Magnesit . . . . $\dot{Mg}\ddot{C}$.
7. Weissbleierz . . . . . . $\dot{Pb}\ddot{C}$.

8. **Brucit** . . . . $\dot{Mg}, \ddot{C}, \dot{\bar{H}}$.

9. **Malachit** . . . . $\dot{Cu}\ddot{C} + \dot{Cu}\dot{\bar{H}}$.

10. **Kupferlasur** . . . . $2\dot{Cu}\ddot{C} + \dot{Cu}\dot{\bar{H}}$.

c. Verbindungen von $\overset{\cdot\cdot\cdot\cdot\cdot}{\bar{R}}$ mit Basen.

α. Phosphate und Arseniate.

1. **Libethenit** . . . . $\dot{Cu}^4\overset{\cdot\cdot\cdot\cdot\cdot}{\bar{P}} + 2\dot{\bar{H}}$ (?).

2. **Blaueisenerde** . . . . . $\dot{Fe}^3\overset{\cdot\cdot\cdot\cdot\cdot}{\bar{P}} + 6\dot{\bar{H}}$ (?).

3. **Monazit** . . . . $\dot{Ce}, \dot{La}, \dot{Th}, \overset{\cdot\cdot\cdot\cdot\cdot}{\bar{P}}$.

4. 1) **Apatit** . . . . $3\dot{Ca}^3\overset{\cdot\cdot\cdot\cdot\cdot}{\bar{P}} + Ca\left\{\begin{matrix}\bar{Cl}.\\ \bar{Fl}.\end{matrix}\right.$

2) **Grünbleierz** . . . . . $3\dot{Pb}\overset{\cdot\cdot\cdot\cdot\cdot}{\bar{P}} + Pb\bar{Cl}$.

d. Verbindungen von $\dddot{R}$ mit Basen.

α. Silicate.

αα. Basische Silicate.

1. **Cyanit** . . . . $\dddot{Al}\,\dddot{Si}$ (?).

2. **Staurolith** . . . . $\left.\begin{matrix}\dddot{Al}^2\\ \dddot{\bar{Fe}}^2\end{matrix}\right\}\dddot{Si}$ (?)

3. **Andalusit** . . . . $\dddot{Al}^4\,\dddot{Si}^3$.

ββ. Drittel-Silicate.

4. **Einaxiger Glimmer**[6]) . . $\left.\begin{matrix}\dot{Mg}^3\\ \dot{Ka}^3\\ \dot{Fe}^3\end{matrix}\right\}\dddot{Si} + \left.\begin{matrix}\dddot{Al}\\ \dddot{\bar{Fe}}\end{matrix}\right\}\dddot{Si}$.

5. **Granat** . . . . $\dot{R}^3\dddot{Si} + \dddot{\bar{R}}\dddot{Si}$.

1) **Eisenthongranat (Almandin)** $\dot{Fe}^3\dddot{Si} + \dddot{Al}\dddot{Si}$.

2) **Kalkthongranat** . . . $\dot{Ca}^3\dddot{Si} + \dddot{Al}\dddot{Si}$.

3) **Kalkeisengranat**[7]) . $\dot{Ca}^3\dddot{Si} + \dddot{\bar{F}}\dddot{Si}$.

6. **Vesuvian** . . . . $\left.\begin{matrix}\dot{Ca}^3\\ \dot{Fe}^3\end{matrix}\right\}\dddot{Si} + \dddot{Al}\dddot{Si}$.

7. **Epidot** . . . . $\dot{R}^3\dddot{Si} + 2\dddot{R}\dddot{Si}$.

  1) **Pistazit** . . . . . . $\left.\begin{matrix}\dot{Ca}^3\\ \dot{Fe}^3\end{matrix}\right\}\dddot{Si} + 2\dddot{Al}\dddot{Si}$.

  2) **Zoisit** . . . . $\dot{Ca}^3\dddot{Si} + 2\dddot{Al}\dddot{Si}$.

  3) **Buklandit**

8. **Titanit***) . . . . $\dot{Ca}^3\dddot{Si} + \ddot{Ti}^3\dddot{Si}$.

9. **Zirkon**. . . . . $\dddot{Zr}\dddot{Si}$.

10. **Chlorit** . . . . $\left.\begin{matrix}\dot{Mg}^3\\ \dot{Fe}^3\end{matrix}\right\}\dddot{Si} + \dddot{Al}\dddot{Si} + 2\dot{Mg}\dot{H}^2$

11. **Chloritoid**. . . . . . . $\left.\begin{matrix}\dot{Fe}^3\\ \dot{Mg}^3\end{matrix}\right\}\dddot{Si} + \dddot{Al}^2\dddot{Si} + 3\dot{H}$.

12. **Sodalith** . . . . $\dot{Na}^3\dddot{Si} + 3\dddot{Al}\dddot{Si} + NaCl$.

13. **Topas** . . . . $6\dddot{Al}\dddot{Si} + (2AlF^3 + \dddot{Al})$.

γγ. **Halb - Silicate.**

14. **Eläolith** . . . . $\left.\begin{matrix}\dot{Na}^2\\ \dot{Ka}^2\end{matrix}\right\}\dddot{Si} + 2\dddot{Al}\dddot{Si}$.

15. **Cancrinit**. . . . . . . $\dot{Na}^2\dddot{Si} + 2\dddot{Al}\dddot{Si} + \dot{Ca}\ddot{C}$.

δδ. **Zweidrittel - Silicate.**

16. **Augit** . . . . $\dot{R}^3\dddot{Si}^2$.

  1) **Diopsid** . . . . . . $\dot{Ca}^3\dddot{Si}^2 + \dot{Mg}^3\dddot{Si}^2$.

  2) **Grüner Augit** . . . $\left.\begin{matrix}\dot{Ca}^3\\ \dot{Mg}^3\\ \dot{Fe}^3\\ \dot{Mn}^3\end{matrix}\right\}\dddot{Si}^2$

  3) **Rhodonit** . . . . . . $\left.\begin{matrix}\dot{Mn}^3\\ \dot{Ca}^3\end{matrix}\right\}\dddot{Si}^2$

17. **Diallag** . . . . $\left.\begin{matrix}\dot{Ca}^3\\ \dot{Mg}^3\\ \dot{Fe}^3\\ \dot{Mn}^3\end{matrix}\right\}\dddot{Si}^2$.

18. Hornblende . . . . . $\dot{R}, \dddot{Al}, \dddot{Si}$.

1) Tremolit.

2) Strahlstein.

3) Schwarze Hornblende.

19. Barsowit . . . . . . $\left.\begin{matrix}\dot{Ca}^3\\ \dot{Mg}^3\end{matrix}\right\}\dddot{Si}^2 + 3\dddot{Al}\dddot{Si}$.

20. Axinit[9]) . . . . $\left.\begin{matrix}\dot{Ca}^3\\ \dot{Mg}^3\end{matrix}\right\}\left\{\begin{matrix}\dddot{Si}^2\\ \dddot{B}^2\end{matrix}\right. + \left.\begin{matrix}\dddot{Al}\\ \dddot{\bar{Fe}}\\ \dddot{\bar{Mn}}\end{matrix}\right\}\begin{matrix}\dddot{Si}\\ \dddot{B}\end{matrix}$

21. Turmalin[10]).

22. Phenakit . . . . . . $\dddot{\bar{Be}}\dddot{Si}^2$).

23. Beryll[11]) . . . . . . $\dddot{\bar{Be}}\dddot{Si}^4 + 2\dddot{Al}\dddot{Si}$.

24. Lepidolith[12]) . . . . $4\dddot{Al}\dddot{Si}^2 + 3\left.\begin{matrix}K\\ Li\end{matrix}\right\}F\,(?)$

25. Serpentin . . . . . . $2\dot{Mg}^3\dddot{Si}^2 + 3\dot{Mg}\bar{H}^2$.

26. Amianth . . . . $\dot{Mg}^3\dddot{Si}^2 + \dot{Mg}\dot{\bar{H}}^3$.

27. Kupfergrün . . . . . . $\dot{Cu}^3\dddot{Si}^2 + 6\dot{\bar{H}}$.

28. Kupferblau . . . . . . $\dot{Cu}, \dddot{Si}, \dot{\bar{H}}, \ddot{C}$.

29. Pyrophyllit . . . . . . $\dot{Mg}^3\dddot{Si}^2 + 9\dddot{Al}\dddot{Si}^2 + 9\dot{\bar{H}}$.

30. Analcim . . . . $\dot{Na}^3\dddot{Si}^2 + \dddot{Al}\dddot{Si}^2 + 6\dot{\bar{H}}$.

31. Laumonit . . . . . . $\dot{Ca}^3\dddot{Si}^2 + 3\dddot{Al}\dddot{Si}^2 + 12\dot{\bar{H}}$.

ss. Neutrale Silicate.

32. Feldspath . . . . . . $\dot{K}\dddot{Si} + \dddot{Al}\dddot{Si}^3$.

33. Albit . . . . $\dot{Na}\dddot{Si} + \dddot{Al}\dddot{Si}^3$.

34. Oligoclas . . . . . . $\left.\begin{matrix}\dot{Na}\\ \dot{K}\\ \dot{Ca}\\ \dot{Mg}\end{matrix}\right\}\dddot{Si} + \left.\begin{matrix}\dddot{Al}\\ \dddot{\bar{Fe}}\end{matrix}\right\}\dddot{Si}^3$.

35. Labrador . . . . . . $\left.\begin{matrix}\dot{Ca}\\ \dot{Na}\end{matrix}\right\}\dddot{Si} + \dddot{Al}\dddot{Si}$.

36. Zweiaxiger Glimmer . $\dot{K}\dddot{Si} + 4\left.\begin{matrix}\dddot{Al}\\ \dddot{Fe}\end{matrix}\right\}\dddot{Si}$.

37. Talk . . . . $\dot{Mg}\dddot{Si}$ (?).

ζζ. Unbestimmte Silicate.

38. Tschewkinit . . . . $\dot{Fe}, \dot{Ce}, \dot{L}, \dddot{Si}$.

39. Xanthophyllit . . . . $\dot{Na}, \dot{Mg}, \dot{Ca}, \dddot{Al}, \dddot{Si}$.

40. Rhodochrom . . . . $\dot{Mg}, \dddot{Cr}, \dddot{Si}$.

β. *Borate.*

1. Rhodizit . . . . $\dot{Ca}^3\dddot{B}^4$ (?).

γ. *Vanadate.*

1. Vanadinbleierz . . . . $3\dot{Pb}^2\dddot{V} + PbCl\,\dot{Pb}^2$.
2. Volborthit . . . . $\dot{Cu}, \dddot{V}$.

δ. *Chromate.*

1. Rothbleierz . . . . . . $\dot{Pb}\dddot{Cr}$.
2. Melanochroit . . . . . . $\dot{Pb}^3\dddot{Cr}^2$.
3. Vauquelinit . . . . . . $\dot{Cu}^3\dddot{Cr}^2 + 2\dot{Pb}^3\dddot{Cr}^2$.

ε. *Sulphate.*

1. 1) Schwerspath . . . $\dot{Ba}\dddot{S}$.
   2) Vitriolbleierz . . . $\dot{Pb}\dddot{S}$.
2. Brochantit . . . . $\dot{Cu}^3\dddot{S} + 3\dot{H}$.

Anhang I.

Unzerlegte Mineralien.

1. Uwarowit.
2. Mengit.
3. Pyrrhit.

Anhang II.

Mineralien organischen Ursprungs.

1. Bernstein.

2. Braunkohle.

Anmerkungen.

[1]) Diese Formel ist von der in der neueren Zeit angenommenen und Theil I Seite 196 dieser Reise angegebenen darin verschieden, dass bei ihr das früher von Berzelius angenommene Atomengewicht des Wismuths wieder zum Grunde gelegt ist. Berzelius hatte diess Atomengewicht nur in Folge der Bestimmungen von Aug. Stromeyer, nach welchen der Sauerstoff des Superoxyds sich zu dem des Oxyds verhalten sollte, wie 2 : 1, geändert; die von Varrentrapp in dem Laboratorium meines Bruders angestellten Untersuchungen haben aber jene Bestimmungen keinesweges bestätigt.

[2]) Die Formel des Titaneisenerzes ist nach einer neueren noch nicht bekannt gemachten Ansicht meines Bruders aufgestellt, nach welcher das Titaneisenerz als eine Verbindung in unbestimmten Verhältnissen von Eisenoxyd und einem Oxyde Ti^2O^3 zu betrachten wäre, das zwar noch nicht dargestellt, dessen Existenz aber von Fuchs und Berzelius bei dem, dem Titan sonst ähnlichen Zinne bewiesen ist, und das daher auch wohl bei dem Titane vorkommen kann. Da diess Oxyd nun eine dem Eisenoxyde analoge Zusammensetzung hat, so erklärt sich hierdurch leicht die gleiche Form des Eisenglanzes und des Titaneisenerzes, und die verschiedenen Mengen, in welchen im letzteren Eisenoxyd und dieses Titanoxyd gemengt sind. Diese Erklärungsart ist viel einfacher, als die von Mosander angegebene und Th. II S. 61 dieser Reise angeführte Erklärungsart, die, so scharfsinnig sie ist, doch durch keine analogen Fälle gerechtfertigt wird.

[3]) Nach neueren noch nicht bekannt gemachten Untersuchungen meines Bruders hat der Anatas, wie diess auch schon früher vermuthet wurde, dieselbe Zusammensetzung wie der Rutil, so dass also Anatas und Rutil heteromorph sind.

[4]) Nadeleisenerz und Manganit sind isomorph; vergl. darüber meine Elemente der Krystallographie, 2te Aufl. S. 165 und Breithaupt in Erdmann und Marchand's Journ. für pract. Chemie B. XIX S. 103.

[5]) Nach neuern noch nicht bekannt gemachten Untersuchungen meines Bruders, ist es sehr wahrscheinlich, dass die Tantalsäure nicht, wie man bisher angenommen hat, 3 Atome Sauerstoff auf 2 Atome Radikal, sondern, wie die Titansäure, mit der sie isomorph ist, 2 Atome Sauerstoff auf I Atom Radikal enthält; ihre Formel ist daher nicht $\dddot{\underline{\mathrm{T}}}\mathrm{a}$, sondern $\ddot{\mathrm{T}}\mathrm{a}$.

[6]) Die Formeln des einaxigen Glimmers, des Granats und des Vesuvianssind, bis auf den Alkaligehalt und den immer nur geringen, und daher in der Formel nicht ausgedrückten Fluorgehalt des ersteren, gleich. Nimmt man an, dass Kali mit Kalkerde und Eisenoxydul isomorph sein können, und dass der geringe Fluorgehalt zu vernachlässigen wäre, so müsste man alle diese 3 Mineralien für heteromorph halten.

[7]) Die hier gebrauchten Namen sind Abkürzungen von Eisenoxydul-Thonerde-Granat, Kalkerde-Thonerde-Granat, und Kalkerde-Eisenoxyd-Granat. Die Beinamen des Granats beziehen sich auf die hauptsächlichsten Basen, die in diesen Species enthalten sind; zuerst stehen immer die Basen $\dot{\mathrm{R}}$, dann die Basen $\dddot{\underline{\mathrm{R}}}$, daher die Stellung schon immer anzeigt, ob unter Eisen zu verstehen sei Eisenoxydul oder Eisenoxyd.

[8]) Die hier angeführte Formel des Titanits ergiebt sich aus den neuern noch nicht bekannt gemachten Analysen meines Bruders.

[9]) Die hier gegebene Formel unterscheidet sich von der oben S. 33 angeführten dadurch, dass die Borsäure hier als ein der Kieselsäure isomorpher electronegativer Bestandtheil aufgeführt ist, während sie bei der früheren Formel als electropositiver Bestandtheil betrachtet ist. Beide Formeln sind von Rammelsberg aufgestellt; da sich aber Berzelius für die erstere Ansicht entschieden hat (Jahresbericht XXI S. 211), so bin ich ihm hierin gefolgt.

[10]) Die chemische Zusammensetzung des Turmalins ist noch ganz ungewiss; ich habe ihn nur deswegen hierher gestellt, weil er, wie der Axinit, kleine Mengen von Borsäure enthält.

[11]) Ich führe den Beryll hier neben dem Phenakit auf, weil beide Beryllerde enthalten, wiewohl nach der jetzigen Ansicht die Kieselsäure in dem ersteren in einer höheren Sättigungsstufe mit der Beryllerde verbunden ist, als im letzteren. Indessen sind diese Formeln noch nicht als ausgemacht zu betrachten, da nach den Untersuchungen, die der Capitain Awdejeff in dem Laboratorium meines Bruders angestellt hat, und die er noch weiter verfolgt, dem Atomengewicht der Beryllerde und somit den Formeln der Beryllerdehaltigen Mineralien eine wesentliche Aenderung bevorsteht.

[12]) Die vorläufige von v. Kobell aufgestellte Formel.

Vorkommen dieser Mineralien.

I. Einfache Körper.

1. *Octaëdrische Metalle.*

1. Gediegenes Kupfer. Es findet sich vorzugsweise auf den verschiedenen Kupfergruben des Ural, und kommt hier krystallisirt, derb, eingesprengt, in Platten und angeflogen vor. Die schönsten Krystalle haben die Turjinschen Gruben geliefert (I. 401), wo sie besonders in früherer Zeit von einer Grösse, Regelmässigkeit und Glätte vorgekommen sind, wie von keiner anderen Gegend bekannt ist. Die Krystalle, wie sie hier vorkommen, sind Combinationen des Hexaëders mit mehreren anderen Formen des regulären Systems, in denen aber die Flächen des Hexaëders stets vorherrschen; sie sind meistens Zwillingskrystalle, die aber nach den 3 in der gemeinschaftlichen Octaëderebene liegenden Kantenaxen des Hexaëders in paralleler Stellung aneinander gruppirt sind, wodurch die regelmässig-baumförmigen Gestalten Werners entstehen, die bei dem Kupfer dieser Gruben so ausgezeichnet vorkommen.

Auf der Kupfergrube Miädno-Rudiansk [1]) bei Nischne-Tagilsk (I. 313) sind die Krystalle kleiner und undeutlicher, aber dadurch ausgezeichnet, dass sie sich in einer Form finden, die bisher bei dem Kupfer noch nicht beobachtet war, aber bei dem gediegenen Silber (von Kongsberg) und dem Electrum (von Sie-

[1]) So wird die Kupfergrube bei Nischne-Tagilsk genannt.

benbürgen) vorkommt; nämlich dem Ikositetraëder ($3a : 3a : a$). Die Krystalle sind nur unregelmässig gruppirt. Noch kleiner und undeutlicher sind sie in Gumeschewskoi (I. 263) vorgekommen.

Ueberall findet sich das gediegene Kupfer zusammen mit anderen meistens oxydischen Kupfererzen, die wahrscheinlich durch seine Oxydation entstanden sind, hier nesterweise in Thon; in geringer Menge kommt es aber noch auf andere Weise im Ural vor, in dünnen Plättchen in dem Serpentin, der das Liegende des Goldsandes von Malo-Mustowskoi bei Katharinenburg bildet, eingewachsen (I. 288), und nach Hermann[1]) auf Quarzgängen am Kontschekowskoi- und Kakwinskoi Kamen. Ebenso ist es auch auf der sogenannten Nordexpedition (I, 384 Anmerkung) nördlich von Bogoslowsk an der Manja, einem linken Nebenfluss der grossen Sosswa vorgekommen, wo es theils in Blättchen und Krystallen in Diorit eingewachsen, theils in losen Stücken oder in Blöcken von Trapp eingewachsen im Thone liegend, gefunden ist[2]).

2. Gediegenes Silber; ist am Ural nur an wenigen Orten und in geringer Menge vorgekommen, wie auf einem Quarzgange auf der Grube Blagodat bei Beresowsk mit anderen Silbererzen, Bleiglanz u. s. w. (I, 222); und auf den Frolowschen und Swätotschudowskischen Kupfergruben bei Bogoslowsk und an der Kunara (I, 415 und 482). Es hat sich hier derb, eingesprengt und haarförmig gefunden.

3. Gediegenes Gold; es findet sich theils anstehend, theils lose im Seifengebirge; anstehend in kleinen Krystallen, die einzeln oder in kleinen Drusen

---

[1]) Vergl. Mineralog. Beschr. des Ural. Erzgebirges Th. II S. 355. Hermann nennt das Gebirgsgestein, worin die Quarzgänge aufsetzen, Gneiss, doch ist es wahrscheinlich Diorit, da daraus die genannten Berge bestehen.

[2]) Gorni Journal 1833 Th. IV S. 301 etc. und *Annuaire du Journal des mines de Russie* 1835 *p.* 269.

versammelt aufgewachsen sind, oder in meistens kleinen derben Parthien eingewachsen und eingesprengt; lose im Seifengebirge findet es sich meistens in kleinen Körnern und Schüppchen, oft in ganz feinen staubartigen Theilen, seltener in Krystallen oder in grösseren Stücken und Klumpen, die aber bis zu einem Gewichte von 24 Pfunden 69 Sol. (zu Zarewo - Alexandrowsk bei Miask, II, 39) vorgekommen sind. Die Krystalle des anstehenden Goldes sind auf den Gruben von Beresowsk sehr complicirte Combinationen, in denen bald die Flächen des Octaëders, bald des Dodecaëders vorherrschen, und die in der Regel bei ihrer Kleinheit (ich kenne sie nur von der Grösse von 1 bis $1\frac{1}{2}$ Linien) und der unregelmässigen Ausdehnung der Flächen, sehr undeutlich sind (I, 198). Unter dem Waschgolde findet man Krystalle, welche die Form des Octaëders, Dodecaëders, zuweilen auch des Tetrakishexaëders $(a : \infty a : \frac{1}{2}a)$ [1]) haben. Die Dodecaëder sind theils einfache, theils Zwillings - Krystalle. Im letzteren Falle sind die Individuen des Zwillings gewöhnlich mit einer Octaëderfläche aneinander gewachsen [2]), zuweilen kommen sie aber auch mit einer (darauf rechtwinkligen) Leucitoëderfläche verbunden vor [3]). Man findet sie von der Grösse mehrerer Linien und sie sind verhältnissmässig nur wenig an den Kanten abgerundet. Die Dodecaëder sind häufig nach einer rhomboëdrischen, seltener nach einer octaëdrischen Axe verlängert.

Die Farbe des Goldes vom Ural ist in der Regel goldgelb, da der Silbergehalt, der sich bei dem Golde vom Ural nach den jetzigen Erfahrungen stets findet,

---

[1]) Diese Form findet sich bei einem Goldkrystall aus dem Katharinenburger Bezirk, den ich in Katharinenburg erhielt.

[2]) Die königliche Sammlung in Berlin erhielt einige solcher Krystalle durch die Güte des Herrn Generals von Tschewkin.

[3]) Ich beobachtete einen solchen Krystall in der Universitätssammlung in Dorpat.

gewöhnlich nicht sehr gross ist. Er beträgt in den meisten Fällen 6 bis 8 pCt., doch finden sich auch Körner, die 16 pCt. enthalten, wie auch anderseits andere mit nur ½ pCt. vorkommen, II, 421 [1]). In bestimmten Verhältnissen ist in dem gediegenen Golde das Gold und Silber nicht enthalten, zwischen den angegebenen Gränzen kommen die vollständigsten Uebergänge vor (II, 422). Ausser dem Silber sind immer geringe Mengen von Eisen und Kupfer darin enthalten.

Das anstehende Gold findet sich in der Regel auf Quarzgängen im Granit oder dem krystallinisch-schiefrigen Gebirge (in Beresowsk I, 186, Newjansk I, 293 etc.) [2]), ausser mit Quarz besonders mit Eisenkies, der gewöhnlich in Eisenoxydhydrat verändert ist, in Beresowsk auch noch mit Nadelerz verwachsen: es kommt aber in geringer Menge zuweilen auch in dem Gebirgsgesteine selbst eingewachsen vor, wie z. B. in Serpentin bei Soimonowsk (II, 145). In den Goldseifen findet es sich nicht selten mit Quarz, zuweilen auch mit lichtem Osmium-Iridium und mit Titaneisenerz verwachsen, mit dem ersteren z. B. zu Zarewo Alexandrowsk bei Miask (II, 39), mit dem letzteren auf den Seifenwerken bei Bissersk, zu Beresowskoi bei Nischne-Tagilsk und wahrscheinlich auch zu Soimonowsk (II, 145).

4. Gediegenes Platin findet sich in kleinen losen Körnern und Schüppchen in dem Seifengebirge, selten in kleinen Krystallen (Hexaëdern) oder in grösseren Stücken, die indessen bis zu einer Grösse von 20 Pfunden vorgekommen sind. Die grösseren Körner und Stücke sind öfter mit Chromeisenerz, sehr selten aber mit Chromeisenerz und Serpentin verwachsen.

---

[1]) Man nimmt im Durchschnitt 9 pCt. Silber an.

[2]) Ueber das Vorkommen des Goldes im Ural vergleiche weiter unten den besonderen Artikel über den Goldsand.

In geringer Menge findet es sich auf allen Seifenwerken des Ural, in bedeutender Menge jedoch nur auf den Seifenwerken westwärts von Nischne-Tagilsk. Hier ist es auch meistens ohne Gold angetroffen, und hier sind auch nur die grösseren Stücke, und die Verwachsungen mit Chromeisenerz vorgekommen, II, 386.

5. Gediegenes Iridium findet sich lose in kleinen Körnern und Krystallen (Hexaëdern mit abgestumpften Ecken) in verschiedenen Seifenwerken, wie bei Nischne-Tagilsk, Newjansk u. s. w., im Allgemeinen jedoch nur sehr selten (II, 396).

2. *Hexagondodecaëdrische Metalle.*

1—3. Osmium-Iridium findet sich in losen Körnern, Schüppchen und Krystallen (sechsseitigen Tafeln) im Seifengebirge zuweilen häufiger als Platin, wie z. B. in Bilimbajewsk, Werch-Issetsk, Newjansk und Kyschtimsk. Es kommen 3 verschiedene Species vor, die Verbindungen von 1 Atom Iridium mit 1, 3 uud 4 Atomen Osmium sind, und sich durch Farbe, specifisches Gewicht und Verhalten vor dem Löthrohr unterscheiden. Die erstere dieser Verbindungen ist am häufigsten, und kommt zuweilen mit gediegenem Golde verwachsen vor (II, 390).

3. *Diamant*

findet sich in losen Krystallen in dem Seifengebirge. Er ist überall nur sparsam vorgekommen, doch kennt man bis jetzt schon 4 Stellen, an denen er sich gefunden hat; diese sind:

1) die der Fürstin Butera (früheren Gräfin Polier) gehörenden Seifenwerke Krestowosdwischenskoi und Adolphskoi bei Bissersk,

2) das dem Herrn Medscher (Major) gehörige Seifenwerk, 14 Werst ostwärts von Katharinenburg,

3) das der Krone zugehörige Seifenwerk Kuschaisk, 25 Werste von Kuschwinsk,

4) das dem General-Lieutenant **Schemtschuschnikoff** gehörige Seifenwerk bei Werch-Uralsk.

In den Seifenwerken von Bissersk wurden die Diamanten zuerst und noch während unserer Reise entdeckt, und sind hier immer noch in der grössten Menge vorgekommen. Bis zum Jahre 1833 waren 37 aufgefunden, von denen der grösste $2\frac{17}{32}$, der kleinste $\frac{1}{8}$ Karat wog[1]). Das Seifengebirge liegt in Krestowosdwischenskoi auf graulichschwarzem Kalkstein, in Adolphskoi auf feinkörnigem bröckligen, schwarzen Dolomit (I, 353 — 371). Die Diamanten in dem Seifenwerke des Herrn **Medscher** wurden 1831 entdeckt; man fand in diesem Jahre zwei, von denen der grösste $\frac{5}{8}$ Karat wog; nachher hat man hier keine mehr gefunden (I, 373 und 473). In dem Seifenwerke Kuschaisk wurde, wie in dem bei Werch-Uralsk, nur ein Diamant gefunden. Die Entdeckung geschah im ersteren im Jahre 1838, im letzteren vom Capt. **Redikorzoff** in dem darauf folgenden Jahre. Der Diamant von Kuschaisk wiegt ungefähr $\frac{3}{8}$, der von Werch-Uralsk $\frac{7}{8}$ Karat. Das Seifengebirge von Kuschaisk liegt auf Syenitporphyr und Diorit[2]).

4. *Graphit*

wird in einzelnen abgerundeten Stücken an den Ufern des Sees Jelautschik im Ilmengebirge bei Miask an-

---

[1]) Nach dieser Zeit scheinen nur wenige aufgefunden zu sein, da man wegen der Kostspieligkeit es bald unterliess, eigene Nachsuchungen auf Diamanten anzustellen, und dieselben nur gelegentlich beim Goldwaschen gesammelt wurden, wobei der Finder eine Belohnung erhielt.

[2]) Die Angaben über den Diamant von Kuschaisk sind grösstentheils aus dem *Annuaire du Journal des Mines de Russie*, *année* 1838 *p.* 373, die über den Diamant von Werch-Uralsk aus einer Zeitungsnachricht entnommen. In dem *Annuaire* ist das Gewicht des Diamantes von Kuschaisk auf $7\frac{7}{16}$ Karat angegeben, wobei aber wahrscheinlich die erste 7 ein Versehen ist. Die oben angeführte Zahl ist aus einem Briefe von H. v. **Helmersen** entnommen.

getroffen, wo er von den Wellen des Sees ausgeworfen wird (II, 94). Nach Lissenko findet er sich ferner in einzelnen Blättchen nnd zusammengehäuften Parthien in dem Granit an der Tscheremschanka im Ilmengebirge; in schiefrigen Massen in dem Glimmerschiefer des Seredni Myss, 2 Werste im NO. von Slatoust (II, 116), und in einzelnen Parthien in dem Gneiss am Ursprung der Isranda [1]).

5. *Gediegener Schwefel*

findet sich in sehr kleinen Krystallen als Product der Zersetzung des Eisenkieses in dem zelligen Quarze der Beresowschen Gruben (I, 196 und 214); nach Hermann auch im Innern von Eisenkieskugeln, die in dem Thone bei dem Dorfe Oschurkowa am Isset vorkommen [2]).

II. Schwefelverbindungen.

A. Einfache Schwefelverbindungen.

1. *Kupferglanz*

findet sich in der Regel nur derb auf den Kupfergruben bei (Bogoslowsk I, 408), und Nischne-Tagilsk (I, 313). Auf den ersteren Gruben ist er in früherer Zeit besonders häufig und auch krystallisirt vorgekommen.

2. *Bleiglanz*

findet sich besonders auf Quarzgängen, derb und eingesprengt, nicht krystallisirt und, wie es scheint, nirgends in grosser Menge; so kommt er vor:

1) auf den Gruben von Beresowsk mit gediegenem Golde (I, 203);

---

[1]) Vergl. Gorni Journal 1837 Th. I S. 393.

[2]) Mineral. Beschr. d. Ural Th. II S. 341. Ferner vom Ural findet sich der Schwefel in grosser Menge nesterweise im Kalkstein der Sernaja Gora an der Wolga (II, 239), und als Absatz der am oberen Sok vorkommenden Schwefelquellen (II, 237).

2) auf den Gruben Pawlowsk und Anatolsk am linken und rechten Ufer des Tagil, 25 Werste von Nischne-Saldinsk und 70 Werste im NO. von Nischne-Tagilsk; die Quarzgänge setzen im Talk und Chloritschiefer auf, und führen beide ebenfalls Gold[1]);

3) auf der Grube Utkinsk am rechten Ufer der Utka, und auf dem Schurfe an der Bertewaja bei Nischne-Tagilsk (I, 321);

4) auf der Grube Blagodat bei Beresowsk mit Gold und Silbererzen (I, 222);

5) auf der schon 1758 verlassenen Grube Smolinsk am unteren Isset[2]);

6) endlich findet er sich auch auf den Kupfergruben bei Bogoslowsk (I, 415) und Kukuschewsk bei Miask (II, 173). In geringer Menge kommt er auch in dem Uebergangs-Kalkstein bei Satkinsk eingesprengt vor (II, 137).

3. *Silberglanz*

findet sich derb auf den Gängen von Blagodat bei Beresowsk (I, 222).

4. *Blende*

in geringer Menge und nicht ausgezeichnet auf den Kupfergruben bei Bogoslowsk (I, 415) und auf der Blei- und Goldgrube Anatolsk bei Nischne-Saldinsk.

5. *Zinnober*

sparsam und in losen abgerundeten Körnern hier und da in dem Seifengebirge, z. B. in Kalinowskoi bei Beresowsk (I, 236), Wtoro-Pawlowsk und Zarewo-Alexandrowsk bei Miask (II, 30 und 39), Oleno-Tra-

---

[1]) Vergl. die ausführliche Beschreibung dieser Gruben, wie auch der gleich zu erwähnenden Grube Utkinsk, von dem Berg-Offizier Koltowskoi in dem *Annuaire du Journal des mines de Russie*, *a.* 1839 *p.* 271. Die Grube Pawlowsk baut auf dem I, 322 in der Anmerkung angeführten Gange.

[2]) Vergl. Hermann mineralog. Beschr. des Ural B. I S. 189.

wjansk bei Bogoslowsk (II, 30). Die Körner sind gewöhnlich nur klein, in dem letztgenannten Seifenwerke sind sie jedoch bis zu einem Gewichte von anderthalb Pfunden vorgekommen. Anstehend ist der Zinnober am Ural nicht bekannt.

6. *Eisenkies*

ist, wie überall, so auch am Ural sehr verbreitet, wenngleich er hier nirgends in sehr beträchtlichen Massen vorkommt. Er findet sich krystallisirt in auf- und eingewachsenen Krystallen, derb und eingesprengt. Am ausgezeichnetsten ist er auf den Goldgängen von Beresowsk (I, 193), vorgekommen. Die Krystalle sind hier gewöhnlich Hexaëder oder Combinationen des Hexaëders und Pyritoëders, in der Regel aber auf den Hexaëderflächen, parallel den Combinationskanten mit dem Pyritoëder stark gestreift. Sie sind von verschiedener, oft sehr beträchtlicher Grösse; es kommen Krystalle vor, die bis 6 Zoll im Durchmesser haben, sie sind aber sehr häufig nicht mehr frisch, sondern mit Beibehaltung der Form in Eisenoxydhydrat umgeändert. Die Krystalle sind auf derben Massen aufgewachsen. Das Gold dieser Gänge ist vorzugsweise in dem Eisenkies eingewachsen. — Nächst dem findet sich der Eisenkies in der grössten Menge in den Kupfergruben von Bogoslowsk (I, 415); hier gewöhnlich derb, doch auch in Hexaëdern, die in Kalkspath eingewachsen sind, ferner in kleinen Parthien derb und in Drusen krystallisirt in dem Magneteisenerz von Blagodat (I, 345) und den übrigen Magneteisenlagern.

In eingewachsenen Krystallen und eingesprengt kommt der Eisenkies in vielen Gebirgsgesteinen vor; besonders häufig ist er in dem Granite (Beresite), in welchem die Goldgänge von Beresowsk aufsetzen (I, 187). Die Krystalle sind gestreifte Hexaëder, haben zuweilen 5 Linien im Durchmesser und kommen besonders in der Nähe der Goldgänge angehäuft vor, sind aber, wie der Eisenkies der Gänge, gewöhnlich in Eisenoxydhydrat umgeändert. In kleineren Krystallen, auch häufig umgeändert, findet er sich auch in anderen Granitabänderungen, wie in der von Kalinowskoi und neben der chemischen Fabrik des Herrn Helm bei Katharinenburg (I, 234 und 174) u. s. w. Der Eisenkies kommt ferner in dem Chloritschiefer vor, wie besonders in dem, welcher die Basis des Seifengebirges von Schelesinskoi bei Gumeschewskoi bildet (I, 260), wo die Krystalle 3 bis 4 Linien grosse Hexaëder und ganz frisch sind; in kleineren Krystallen und in geringerer Menge aber in sehr vielen anderen Abänderungen des Chlorschiefers wie auch anderer Gesteine, wie des Talkschiefers, Listwänits, Diorits und Augitporphyrs.

In eingewachsenen Kugeln findet er sich in der Alaunerde von Kaltschedanskoi, östlich von Katharinenburg (I, 480), und in losen kleinen Krystallen und Körnern, die aber stets in Eisenoxydhydrat umgeändert sind, in mehr oder weniger grosser Menge in dem Seifengebirge aller Gegenden, z. B. von Schabrowskoi bei Katharinenburg (I, 158), von Adolphskoi bei Bissersk (I, 367) u. s. w.

Schwefeleisen in der zweiten Form, als Speerkies, ist am Ural noch nicht beobachtet worden.

B. Schwefelsalze.

1. *Magnetkies*

findet sich am Ural nur sehr selten, und stets nur in kleinen Parthien in dem Gebirgsgestein eingewachsen, wie in dem Hornblendeschiefer der Urenga bei Slatoust (II, 117) oder in dem Dioritporphyr an der Lobwa bei Lobwinskoje (I, 393). In der Urenga findet er sich nicht bloss in kleinen derben Parthien, sondern auch in kleinen eingewachsenen Krystallen, die etwas rundliche Kanten haben, und zuweilen kleine glänzende Hexaëder von Eisenkies einschliessen. Auch in dem

Dioritporphyr an der Lobwa kommt er mit Eisenkies zusammen vor.

2. *Kupferkies*

auf den verschiedenen Kupfergruben, doch auf allen diesen gewöhnlich nur in untergeordneter Menge, indem die oxydirten Kupfererze vorherrschen. Er kommt hier meistens derb vor, Krystalle von bedeutender Grösse ($3\frac{3}{4}$ Zoll lang und 2 Zoll breit) haben sich indessen auf der Kupfergrube Kiräbinsk bei Miask gefunden (II, 174). In geringer Menge ist er auch auf den Goldgängen von Beresowsk vorgekommen (I, 198).

3. *Nadelerz*

ist in prismatischen Krystallen, die gewöhnlich in Quarz eingewachsen sind, nur auf den Beresowschen Gruben (I, 196), vorgekommen, wo es sich bis jetzt überhaupt auch nur gefunden hat.

4. *Fahlerz*

findet sich in geringer Menge derb und in Quarz eingewachsen auf den Goldgängen von Beresowsk (I, 198), und in Kalkspath eingewachsen auf den Kupfergruben bei Bogoslowsk (I, 408), wo es aber in früherer Zeit, besonders auf der Wassiliewschen Grube in grosser Menge vorgekommen sein soll. So soll es sich auch auf den jetzt verlassenen Kupfergruben Kukuschewskoi und Sanarskoi bei Miask gefunden haben, (II, 173), und Hermann min. Beschr. d. Ural II, 360. Von allen diesen Abänderungen ist in Rücksicht seiner chemischen Zusammensetzung nur das Fahlerz von Beresowsk bekannt, das nach der Analyse ein zinkhaltiges Antimonfahlerz ist, was auch schon sein dunkelkirschrother Strich anzeigt [1]).

---

[1]) Der Strich ist von derselben Art, wie bei dem Fahlerze von Kapnik und von Dillenberg, und dieser dunkelkirschrothe Strich überhaupt ein Charakter aller zinkhaltigen Fahlerze.

III. Fluorverbindungen [1]).

1. *Flussspath*

findet sich an mehreren Orten [2]), doch, wie es scheint, nie in beträchtlicher Menge,

1) beim Dorfe Bojewskoje, nicht weit von der Eisenhütte Kamentsk auf Gängen im Schiefergebirge mit Quarz und gelbem Glimmer, welcher in breitstängligen Zusammensetzungsstücken bricht (I, 481);

2) auf der Waloschnaja Gora bei Syrostan auf dem Wege von Miask nach Slatoust, auf einem Granitgange in Granit (II, 104);

3) im Ilmengebirge bei Miask in Miascit eingewachsen (II, 94);

4) und endlich im Glimmerschiefer an der Takowaja und dem Bolschoi Reft ostwärts von Katharinenburg mit Phenakit, Smaragd, Chrysoberyll und Rutil (II, 382).

Den Flusspath der beiden letzteren Fundörter kenne ich nicht aus eigener Ansicht. Der Flussspath von Bojewskaje ist mehr oder weniger dunkel-violblau, zuweilen ganz farblos, durchsichtig und gewöhnlich derb, doch nach Hermann auch zuweilen krystallisirt; der Flusspath von Waloschnaja Gora dunkelviolblau, und derb oder eingesprengt. Die Flussspathe beider Fundörter aber phosphoresciren bei Erwärmung ausserordentlich stark und schön, der erste mit einem smaragdgrünen, der letztere mit einem lasurblauen Lichte [3]).

---

[1]) Da das Steinsalz von Ilezkaja bei Orenburg nicht im eigentlichen Ural vorkommt, so sind auch hier keine Chlorverbindungen aufgeführt.

[2]) Hiernach ist die I, 481 in der Anmerkung gemachte Bemerkung zu berichtigen.

[3]) Der Phosphorescenz des Flussspathes von Bojewskoje erwähnt schon Hermann; Mineral. Beschr. d. Ural Th. II S. 186. Er führt an, dass dieselbe bei diesem Flussspath so stark sei, dass er nur in

IV. Sauerstoffverbindungen.

A. Einfache Oxyde.

1. *Rothkupfererz*

findet sich derb und krystallisirt auf den Kupfergruben von Gumeschewskoi (I, 263), Nischne-Tagilsk (I, 313) und Bogolslowsk (I, 408) mit andern Kupfererzen, besonders gediegenem Kupfer, Malachit, Kupfergrün und mit Brauneisenerz. Die Krystalle finden sich besonders in Gumeschewskoi und sind hier von ausserordentlicher Schönheit vorgekommen; die Dodecaëder von Zoll-Grösse, die Octaëder gewöhnlich kleiner, aber von grossem Glanze und grösser Durchsichtigkeit. Die Krystalle finden sich hier auch mit Beibehaltung der Form in Malachit umgeändert (I, 271). Die gestrickten Formen kommen in Gumeschewskoi, besonders aber in Nischne-Tagilsk vor, und bestehen stets aus sehr dünnen, nach einer octaëdrischen Axe verlängerten Hexaëdern oder solchen Combinationen vom Hexaëder und Octaëder [1]).

---

warmes Wasser gelegt zu werden brauche, um mit einem schönen, der Farbe des Mondes ähnlichen Lichte zu leuchten; ja dass manche Stücke darunter diese Erscheinung schon zeigen, wenn sie einige Zeit nur in der warmen Hand gehalten werden.

[1]) Diese gestrickten Abänderungen müssen nach den Beschreibungen, die Pallas in seinen neuen nordischen Beiträgen Bd. V S. 284 davon macht, früher in Gumeschewskoi sehr ausgezeichnet vorgekommen sein. Er führt an: „Von diesem schönen Erz, welches man nirgends noch in so derben Stufen und Krystallen, als aus obgedachter Grube aufzuweisen hatte, ist neuerlich eine noch gröbere und ansehnlichere Abänderung, aus einem neuen Bau derselben Grube in grossen Stufen, die oft 30 Pfund und darüber wiegen, gefördert worden. Der krystallisirte rothe Knpferkalk dieser Abänderung bildet nebeneinander hohl stehende und nicht verwachsene, fingerdicke vierkantige Säulen, sechs bis zehn Zoll lang, die sich verschiedene Male theilen oder sogenannte Dichotomien machen, aus lauter aufeinander gesetzten und ineinander geschobenen, gleichsam *à la grecque* ausgearbeiteten Pyramiden oder Octaëdern bestehen, und vierseitige Pyramiden zu Spitzen haben."

2. *Corund, Eisenglanz und Titaneisenerz.*

1) Corund; er ist an mehreren Orten vorgekommen:

1. an mehreren Stellen des Ilmengebirges (II, 76): er findet sich hier in den grössten Krystallen, und zwar in Zoll-grossen bauchigen sechsseitigen Prismen von rauchgrauer und brauner Farbe und geringer Durchscheinenheit in der Nähe von Miask; und in noch grösseren 2 bis 3 Zoll grossen Krystallen von schöner saphirblauer Farbe und stärkerer Durchscheinenheit, so dass er sich fast, wenigstens stellenweise, zur Verarbeitung eignet, 20 Werste nordwärts beim Dorfe Selankina; an beiden Orten mit Feldspath verwachsen;

2. in dem Seifengebirge von Barsowskoi bei Kyschtimsk (II, 152), in dünnen, doch zuweilen zollgrossen, gewöhnlich aber viel kleineren Krystallen von saphirblauer Farbe und einiger Durchscheinenheit. Die Krystalle sind in grosser Menge in Barsowit eingewachsen, der in mehr oder weniger grossen Blöcken in dem Seifengebirge vorkommt [1]). Anstehend ist der Corund hier nicht gefunden worden.

3. in kleinen derben Parthien. selten krystallisirt, im Chloritschiefer eingewachsen, bei Kassoibrod, südlich von Katharinenburg (I, 256 und 151);

4. als Schmirgel fein eingesprengt im Chloritschiefer vom Mramorskoi, südlich von Katharinenburg (I, 248).

2) Eisenglanz findet sich am Ural gewöhnlich in eingewachsenen, selten in aufgewachsenen Krystallen, ferner in losen Krystallen und Körnern, und endlich derb in grossen anstehenden Massen.

In eingewachsenen Krystallen kommt er in verschiedenen Gebirgsgesteinen vor, namentlich im Talkschiefer, im Listwänit und im Chloritschiefer, vorzugs-

---

[1]) Ein solcher grosser Block von 60 Pud Gewicht findet sich in der Sammlung des Bergkorps zu Petersburg.

weise im ersteren. Die Krystalle sind gewöhnlich nur klein, wenngleich sehr glatt und glänzend; in den grössten, 3 bis 4 Linien im Durchmesser haltenden Krystallen ist er in dem Talkschiefer von Schabroskoi bei Katharinenburg vorgekommen (I, 157); gewöhnlich findet er sich nur in kleinen Täfelchen und Blättchen, wie in dem Talkschiefer von Nagornoi und von Beresowsk (I, 231 und 182), in welchem letzteren er mit kleinen Rhomboëdern von Bitterspath vorkommt; in dem Listwänit von Beresowsk und von der Berkutskaja Gora bei Miask (I, 184 und II. 32); und in dem Chloritschiefer von Schabrowskoi und von Beresowsk (I, 157 und 182), in dem ersteren mit Turmalin, in dem letzteren mit Rhomboëdern von Bitterspath. Auch in Kalkspath eingewachsen, ist er so auf den Kupfergruben von Bogoslowsk (I, 415) vorgekommen.

Kleine auf krystallisirten Quarz aufgewachsene Blättchen von Eisenglanz finden sich in den Höhlungen des Mandelsteins der Taratarskischen Berge, westwärts von Slatoust (II, 139). — In losen Krystallen und Körnern findet er sich in dem Seifengebirge; er gehört hier immer noch zu den häufigern Gemengtheilen, wenngleich er in viel geringerer Menge darin enthalten ist, als der Magneteisensand. Diese losen Krystalle sind wie die eingewachsenen nur klein, doch sind sie auch, wie zu Nagornoi von $\frac{1}{4}$ bis 1 Zoll Grösse vorgekommen, wo sie sich auch durch Ausbildung und Regelmässigkeit auszeichnen (I, 149 und 231). Ziemlich grosse Krystalle kommen auch in dem Seifengebirge von Bertewskoi bei Nischne-Tagilsk (I, 323) vor. In grösseren derben Massen ist nach dem *Annuaire du Journal des mines de Russie* [1]) in neuerer Zeit der Eisenglanz bei Beresowsk angetroffen worden. Er bildet hier einen besonderen Gang, der in zersetz-

[1]) Von 1837 S. 251.

tem Talk- und Chloritschiefer (Krassik) aufsetzt, von O. nach W. streicht und seiger fällt[1]).

3) **Titaneisenerz** findet sich in eingewachsenen Krystallen von der Form des Eisenglanzes, zuweilen von bedeutender Grösse, wie auch in kleinen derben Parthien, in dem Miascit des Ilmengebirges bei Miask (Ilmenit) (II, 59): in sehr kleinen Krystallen in den Drusenräumen des Bitterspaths von Werchneiwinsk (I, 302); in losen, gewöhnlich nur kleinen Körnern in dem Seifengebirge, wie z. B. von Werchoturskoi (I, 290) und Newinsko-Stolbinskoi (I, 299). In diesen Körnern ist es zuweilen auch mit Gold verwachsen vorgekommen, wie in den Seifenwerken von Beresowskoi bei Nischne-Tagilsk, von Soimonowsk bei Kyschtimsk und bei Bissersk (II, 145).

3. *Rutil*

findet sich in eingewachsenen, zuweilen 3 Zoll grossen Krystallen in dem Glimmerschiefer von der Takowaja, ostwärts von Katharinenburg, mit Smaragd, Phenakit u. s. w. (II, 382), in ziemlich dicken Krystallen mit blauem krystallisirtem Corund in dem Barsowit von Barsowskoi bei Kyschtimsk (II, 150)[2]); ferner nach **Lissenko** in kleinen Krystallen mit Octaëdern von Magneteisenerz in Bitterspath, der in einem einen Fuss mächtigen Gange in dem Chloritschiefer des Berges Raschkina bei Poläkowsk (II, 177) vorkommt[3]);

---

[1]) In dem Aufsatz steht: *lorsqu'elle (la veine) arrive en contact avec le gîte aurifère, elle s'y montre sous la forme de fragments cristallisés octaédriques et dodecaédriques.* Dergleichen Krystalle kommen aber nicht beim Eisenglanz, sondern beim Magneteisenerze vor; wenn daher die Beobachtung richtig ist, so wäre der derbe Eisenglanz mit Magneteisenerz gemengt, oder vielleicht die ganze Masse kein Eisenglanz, sondern Magneteisenerz.

[2]) Ich sah ein solches Stück in der Sammlung der mineralogischen Societät in Petersburg.

[3]) Vergl. *Annuaire du Jonrnal des mines de Russie* 1835 *p.* 51. Wahrscheinlich kommt der Rutil auch in langen nadelförmigen Kry-

und endlich in kleinen losen Körnern und Bruchstükken von einfachen oder den knieförmigen Zwillings-Krystallen nicht selten in dem Seifengebirge, besonders von Nikolajewsk bei Polewskoi (I, 255), wo er auch zuweilen in Quarz eingewachsen vorkommt, von Neiwinskoi (I, 296), Schabrowskoi (I, 158) u. s. w.

4. *Anatas*

findet sich am Ural, wie überall, nur krystallisirt in aufgewachsenen oder losen Krystallen, oder in losen Krystallbruchstücken. In aufgewachsenen Krystallen hat er sich in den Spalten eines Chloritschiefers von Schabrowskoi bei Katharinenburg gefunden (I, 157), die Krystalle sind nur klein, aber sehr glänzend; in losen Krystallen und Körnern in dem Seifengebirge von Bortewskoi bei Nischne-Tagilsk und von Adolphskoi bei Bissersk (I, 323 und 360). Aus dem Seifengebirge von Bortewskoi erhielt ich einen tafelförmigen Krystall von 5 Linien Breite.

5. *Pyrolusit*

kommt in sehr kleinen Krystallen mit nierenförmigem Psilomelan aufgewachsen auf eine gleiche Weise, wie im Siegenschen, und in tropfsteinartigen Massen, die aus deutlich fasrigen Individuen bestehen, und mit einem Ueberzuge von Psilomelan bedeckt sind, auf der II, 117 erwähnten Achtenskischen Grube bei Slatoust vor[1]). Ein derbes loses Stück fand sich in dem Seifengebirge von Nagornoi bei Katharinenburg (I, 231).

---

stallen in durchsichtigen Bergkrystall eingewachsen zu Mursinsk vor, wenn anders der rothe Strahlschörl, den Pallas auf diese Weise, besonders an einem grossen Stücke in der Sammlung des Grafen Alex. Stroganoff in Petersburg (neue nordische Beiträge B. V S. 276) beschreibt, Rutil ist. Dergleichen Stücke führen in Russland den Namen Wolossatik (Haarsteine).

[1]) Ich verdanke Herrn Major v. Lissenko einige Stufen von diesem Fundort. Auf der genannten Grube findet sich auch brauner erdiger Wad.

6. *Quarz*
kommt am Ural wie überall sehr häufig vor, anstehend theils als Gemengtheil vieler Gebirgsarten, theils als eigene Gebirgsart, oder lose. Ich erwähne hier nur seines Vorkommens in Krystallen. So findet er sich

1) in den Drusenräumen des Granits in grösseren mehr oder weniger durchsichtigen Krystallen (als Bergkrystall), besonders mit Feldspath und Glimmer zusammen, z. B. zu Alabaschka bei Mursinsk (I, 441), auf der Waloschnaja Gora, westwärts von Miask (II, 104), und an der östlichen Seite des Ilmensees im Ilmengebirge (II, 79). Die Krystalle kommen hier oft von bedeutender Grösse vor, gewöhnlich mehr oder weniger dunkel nelkenbraun gefärbt, als sogenannter Rauchtopas, sind auch oft in paralleler Stellung untereinander in dem Feldspath eingewachsen, den sogenannten Schriftgranit bildend;

2) auf Quarzgängen in Granit, z. B. zu Beresowsk (I, 189), und zu Sisikowa und Juschakowa bei Mursinsk (I, 456). Auf den (goldführenden) Quarzgängen von Beresowsk kommen die grösseren Krystalle gewöhnlich graulichweis, und nicht völlig durchsichtig, die kleineren öfter nelkenbraun und sehr ausgebildet vor; auf den Gängen von Sisikowa und Juschakowa sind sie violblau (Amethyst), und auf derben weissen Quarz aufgewachsen, die grösseren Krystalle sind auch weniger durchsichtig, als die kleineren, doch sind auch diese nur stellenweise, selten durch den ganzen Krystall gleichmässig violblau gefärbt, daher sie zur Verarbeitung mehr oder weniger tauglich sind [1]).

---

[1]) Die Krystalle kommen auch hier oft von ausserordentlicher Grösse vor. Ein Krystall von 7 Pud Gewicht, der in früherer Zeit gebrochen war, wurde vor einigen Jahren Sr. Maj. dem Kaiser von einem Gutsbesitzer zum Geschenk gemacht. Ein anderer von 4 Pud Gewicht befindet sich in der Sammlung des Bergcorps in Petersburg. (Zeitungsnachricht.)

3) in den Höhlungen des Mandelsteins vom Taratarskischen Berge, westwärts von Slatoust, als gemeiner Quarz, auf weissem Chalcedon aufsitzend, der in concentrischen Lagen oft die ganzen Höhlungen ausfüllt (II, 139). Dergleichen Chalcedon kommt auch in den kleinen Höhlungen des Mandelsteins von Kisylsk vor (II, 183).

Ausser diesen Fundörtern führt Hermann [1]) noch eine Menge anderer an, und rühmt besonders die schönen und reinen Drusen von Quarz von den Eisensteingruben bei Kyschtimsk. Chalcedon findet sich nicht bloss in den Höhlungen der Mandelsteine, sondern nach Lissenko und Tschaikowski auch auf Gängen im Serpentin, wie beim See Mias im Ilmengebirge [2]), und in der Gegend zwischen dem Rhodonitbruche und dem Dorfe Pantjuschy bei Katharinenburg [3]), und nach Hermann auf Gängen in der Grauwacke, wie in der Gegend zwischen Katharinenburg und Schartasch [4]). Er kommt hier nierenförmig und tropfsteinartig, im Ilmengebirge noch mit Cacholong, bei Schartasch mit Quarz vor.

Loser Quarz macht in der Regel den Hauptgemengtheil des Seifengebirges aus; er findet sich darin, wenngleich am häufigsten in kleinen, doch auch in Körnern von der verschiedendsten Grösse, zuweilen in grossen Blöcken, wie in dem Seifengebirge von Werchoturskoi (I, 290), und von Nicolajewsk (I, 251), zuweilen auch in durchsichtigen Krystallen, wie zu Newinsko-Stolbinskoi (I, 299) und zu Adolphskoi, (I, 370). Diese werden nach Irman [5]) auch oft von grosser Schönheit mit Topas und Beryll in dem Sande

---

[1]) Ural Th. II S. 305.
[2]) Gorni Journal 1834 B. I.
[3]) Daselbst 1833 B. I.
[4]) Ural Th. II S. 304.
[5]) *Annuaire* 1836 p. 115.

der Flüsse bei Mursinsk gefunden, so wie auch runde durchsichtige Geschiebe mit matter Oberfläche, sowohl von Bergkrystall als Amethyst nach Hermann [1]) am See von Kundrawi bei Miask und bei den Dörfern Lipowka und Schaitansk vorkommen. Nach diesem Beobachter findet sich auch Chalcedon in Geschieben im Sande des Isset bei Katharinenburg [2]).

B. Sauerstoffsalze.

a. Verbindungen von $\ddot{R}$ mit Basen.

α. *Verbindungen von Thonerde, Eisenoxyd, Chromoxyd und Manganoxyd.*

1. *Diaspor*

derb, in dünnen schaaligen Zusammensetzungsstücken, die wieder zu grobkörnigen verbunden, und in den Höhlungen undeutlich krystallisirt sind, mit Chloritoid in einem Gange in Chloritschiefer bei Mramorskoi, südlich von Katharinenburg (I, 249).

2. *Hydrargillit*

ist bis jetzt nur in geringer Menge vorgekommen, derb in körnigen Zusammensetzungsstücken und krystallisirt in regulären sechsseitigen Prismen in Höhlungen des Talkschiefers der Schischimskaja Gora, westlich von Slatoust (II, 122). Quantitativ ist das Mineral noch nicht untersucht.

3. *Brauneisenerz*

kommt in grosser Menge am Ural vor, wie überall in dichten erdigen und nierförmigen Varietäten, aber auf verschiedenen Lagerstätten:

1) in grossen Massen und Nestern, auf Lagern von körnigem Kalk im schiefrigen Urgebirge, wie in den Eisengruben bei Newjansk (z. B. Schuralinsk

---

[1]) Ural Th. II S. 305 und 308.

[2]) A. a. O. Th. II S. 304.

I, 297), bei Bilimbajewsk und Schaitansk (I, 125 und 126), bei Kyschtimsk (II, 147) und Slatoust (II, 105);

2) auf eine gleiche Weise im Uebergangskalkstein bei Kamensk (I, 479);

3) nesterweise im Serpentin, ostwärts bei Katharinenburg (I, 173);

4) mit dem Magneteisenerz an der Wissokaja Gora bei Nischne-Tagilsk (I, 310), wo er wahrscheinlich durch Oxydation des Magneteisenerzes entstanden ist;

5) mit den Kupfererzen auf den verschiedenen Kupfergruben von Gumeschewsk (I, 269), Nischne-Tagilsk (I, 317), Bogoslowsk (I, 415).

Nur das mit dem körnigen und Uebergangskalkstein und mit dem Magneteisenerz vorkommende Brauneisenerz wird als Eisenerz verschmolzen und zur Darstellung des Eisens benutzt.

4. *Nadeleisenerz und Manganit.*

1) Nadeleisenerz findet sich in nadelförmigen kleinen Krystallen auf Klüften in der Grauwacke beim Dorfe Broda, ostwärts von Katharinenburg (I, 478), und in dichten Varietäten in der Form des Eisenkieses, durch dessen Zersetzung es entstanden ist, auf den Goldgängen von Beresowsk (I, 194 und 214), und lose in kleinen Krystallen nnd Körnern im Seifengebirge (s. Eisenkies).

2) Manganit findet sich nur in kleinen derben Parthien mit Rhodonit verwachsen auf dem Rhodonit-Lager bei Katharinenburg (I, 164).

5. *Stilpnosiderit*

oder das amorphe Eisenoxydhydrat findet sich in derben Parthien mit muschligem Bruch mit den amorphen Kupfererzen, Kupfergrün und Kupferblau auf den Kupfergruben bei Bogoslowsk (I, 415).

6. *Chrysoberyll*

findet sich krystallisirt und in kleinen derben Parthien mit Phenakit und Smaragd in Glimmerschiefer eingewachsen an der Takowaja, ostwärts von Katharinenburg (II, 379). Die Krystalle sind ausgezeichnet durch ihre Grösse, worin sie die bekannten Abänderungen aller anderen Länder übertreffen, durch ihre dunkel grasgrüne Farbe, die von allen übrigen Abänderungen verschieden ist, und von einem geringen Gehalt an Chromoxydul herrührt, und durch ihren Dichroismus, indem sie, gegen ein helles Licht gehalten, hyazinthroth durchscheinend sind.

7. *Spinell- und Magneteisenerz-artige Mineralien.*

1) Chlorospinell findet sich nur krystallisirt in Octaëdern von 1 bis 3 Linien Grösse und von grasgrüner Farbe, die mit krystallisirtem Magneteisenerz und gelbem Granat in dem Talkschiefer der Schischimskaja Gora ostwärts von Slatoust eingewachsen sind (II, 117).

1) Zeilanit in grünlichschwarzen Körnern von 1 bis 3 Linien Durchmesser, nie in regelmässigen Krystallen, im Barsowit eingewachsen, der in Blöcken in dem Seifengebirge von Barsowskoi bei Kyschtimsk vorkommt (II, 153.) Er unterscheidet sich in Rücksicht seiner chemischen Beschaffenheit von der vorigen Art nur durch den Zustand, in welchem sich das Eisen in ihm befindet, indem es in ihm als Oxydul, in dem Chlorospinell als Oxyd enthalten ist.

3) Magneteisenerz kommt sehr häufig am Ural, theils anstehend, theils lose vor; anstehend theils in einzelnen kleinen Krystallen und Körnern in dem Gebirgsgestein eingewachsen, theils in grossen selbstständigen Massen als Gebirgsart; lose in Krystallen und Körnern im Seifengebirge.

Wenn das Magneteisenerz im Gebirgsgestein eingewachsen ist, findet es sich meistentheils in Krystallen, seltener in kleinen Parthien derb mit feinkörnigen Zusammensetzungsstücken oder eingesprengt. Die eingewachsenen Krystalle sind stets Octaëder, die meistentheils sehr glattflächig und regelmässig, sich von fast mikroskopischer Kleinheit bis zu einer Grösse von 2 bis 3 Linien finden. Sie kommen zuweilen mit Beibehaltung der Form in Eisenoxyd umgeändert vor (in dem Serpentin von Kalinowkoi bei Beresowsk, I, 234), haben aber dann eine rothe Farbe und wenigen Zusammenhalt, und unterscheiden sich also von den schönen und grossen Afterkrystallen des Eisenglanzes, dem sogenannten Martit, der in Brasilien in körnigem Eisenglanz eingewachsen vorkommt und noch Metallglanz hat. Das Magneteisenerz kommt auf die angegebene Weise besonders in dem Chloritschiefer und Serpentin, nächstdem im Talk- und Glimmerschiefer, aber auch im Granit und im Dioritporphyr vor, und findet sich in diesen Gebirgsarten oft in ausserordentlicher Menge. In dem Chloritschiefer findet er sich z. B. häufig in der Umgebung von Katharinenburg auf der Beresowaja Gora (I, 127), zu Schabrowskoi (I, 157), in der Stadt selbst beim alten Mehlmagazin (I, 172), zu Brussiansk, 40 Werste SO. von Katharinenburg [1]); ferner in Werchneiwinsk (I, 301), und in der Nasimskaja Gora bei Slatoust (II, 128), in dessen Höhlungen er auch in ausserordentlich schönen und grossen aufgewachsenen Dodecaëdern krystallisirt vorkommt; in dem Serpentin z. B. bei Pyschminsk und Kalinowsk bei Beresowsk (I, 180 und 234), zu Schelesinsk bei Gumeschewsk (I, 261), in Katharinenburg

[1]) Die Magneteisenerz-Octaëder sind hier sämmtlich mit einer etwa eine Linie dicken Hülle von blättrigem Chlorit umgeben, der aber nicht, wie bei den Krystallen von Fahlun, in parallelen Lagen auf den Flächen des Magneteisenerzes liegt, sondern rechtwinklig auf denselben steht. Ich sah ein Stück Chloritschiefer mit solchen Krystallen in der I, 46 erwähnten Sammlung des Herrn Kowanko in Petersburg.

(I, 172), am See Auschkul (II, 165), wo sich mit ihm zugleich auch Chromeisenerz findet; in dem Talkschiefer z. B. bei Bilimbajewsk (I, 125) und in der Schischimskaja Gora bei Slatoust (II, 119), in dem Glimmerschiefer westwärts von Slatoust (II, 116); in dem Granit und Dioritporphyr bei der Grube Taratarskoi bei Slatoust (II, 139).

Wo das Magneteisenerz in grossen Massen vorkommt, findet es sich in grob- und feinkörnigen Zusammensetzungsstücken und dicht, in den Höhlungen und Spalten auch in Octaëdern oder mehr noch in Dodecaëdern krystallisirt. So findet er sich in den grossen Magnetbergen Wissokaja Gora bei Nischne-Tagilsk (I, 310), dem Blagodat bei Kuschwinsk (I, 345), dem Kaschkanar bei Nischne-Turinsk (I, 379) und dem Ulu-Utasse-Tau bei Magnitnaja (II, 180), und in der kleineren lagerartigen Masse in Chloritschiefer der Nasimskaja Gora bei Slatoust (II, 134).

Im Seifengebirge findet sich das Magneteisenerz wie da, wo es eingewachsen vorkommt, meistentheils in kleinen Octaëdern krystallisirt. Es kommt hier in grosser Menge und in der Regel unter den kleineren Gemengtheilen nächst dem Quarze am häufigsten vor.

4) Chromeisenerz findet sich nesterweise derb und eingesprengt in Serpentin, oder lose im Seifengebirge.

In grösseren derben Massen mit körnigen Zusammensetzungsstücken in der Gegend von Syssertsk bei Katharinenburg, bei dem Dorfe Fomina und bei dem See Schtschutschje (I, 215 und 275), auf den westlichen Abhängen des Katschkanar (I, 380) und bei Kyschtimsk (II, 157); an beiden letzteren Orten mit Uwarowit und Rhodochrom. Fein eingesprengt in dem Serpentin zu Malo-Mustowskoi, nördlich von Katharinenburg (I, 289) und beim See Auschkul mit fein eingesprengtem Magneteisenerz (II, 165) u. s. w.

Lose findet es sich in den Platinseifen westwärts

von Nischne-Tagilsk (I, 329), und hier vielleicht ganz ohne Magneteisenerz, theils in kleinen Körnern, zuweilen auch in kleinen Octaëdern, die jedoch nie so scharfkantig wie die in dem Seifengebirge vorkommenden Octaëder des Magneteisenerzes sind, theils in grösseren Geschieben mit körnigen Zusammensetzungsstücken, worin nicht selten gediegenes Platin eingewachsen vorkommt, wie auch nicht selten kleine Octaëder von Chromeisenerz in den Höhlungen der grösseren Platingeschiebe sitzen. In geringerer Menge findet sich das Chromeisenerz auch in den Goldseifen, wie z. B. von Malo-Mustowskoi (I, 289) u. s. w.

8. *Psilomelan*

in nierenförmigen Massen mit Pyrolusit auf der Achtenskischen Grube bei Slatoust (vergl. Pyrolusit).

b. Verbindungen von $\ddot{R}$ mit Basen.

α. *Titanate und Tantalate.*

1. *Perowskit*

findet sich nur krystallisirt in 1 bis 3 Linien grossen aufgewachsenen Hexaëdern mit krystallisirtem Chlorit und Magneteisenerz in Höhlungen im Chloritschiefer der Nasimskaja Gora bei Slatoust (II, 128 und 131).

2. *Aeschynit*

kommt nur krystallisirt vor in schwarzen prismatischen Krystallen, die in einem Gemenge von fleischrothem bis gelblichweissem Feldspath und Albit und grünlichschwarzem Glimmer im Ilmengebirge bei Miask eingewachsen sind. Die Krystalle umschliessen öfter einen Kern von Feldspath, auch kommen kleine Zirkonkrystalle in ihnen auf- und eingewachsen vor (II, 70).

3. *Pyrochlor*

findet sich nur krystallisirt in Octaëdern, die glattflächig, doch nicht sehr glänzend bis zu einem halben

Zoll gross in einem Gemenge von Feldspath, Albit und Glimmer im Ilmengebirge bei Miask eingewachsen sind. Kleine Krystalle von Zirkon kommen zuweilen mit ihm verwachsen vor (II, 64 und 67).

4. *Uranotantal*

findet sich in Körnern und undeutlichen Krystallen mit Aeschynit in Feldspath eingewachsen im Ilmengebirge bei Miask (II, 72).

β. *Carbonate.*

5. *Kalkspath* und *Dolomit.*

1) Kalkspath kommt am Ural körnig und dicht vor, und wird als solcher bei den Gebirgsarten beschrieben. In krystallisirten Varietäten findet er sich am Ural nicht häufig und im Allgemeinen nicht ausgezeichnet; doch kommt er in Krystallen, die wegen ihrer Durchsichtigkeit bemerkenswerth sind, in Höhlungen eines derben Kalkspaths vor, der sich in ungefähr 2 Fuss mächtigen Gängen in Chloritschiefer bei der Kiräbinskischen Kupfergrube findet (II, 176). Die Krystalle haben die Form des Hauptrhomboëders, erreichen eine Grösse von 1 bis 2 Zoll, und kommen an Klarheit mit dem Isländischen Doppelspath vollkommen überein.

Andere Kalkspathkrystalle von geringerer Güte finden sich auf den Kupfergruben bei Gumeschewsk (I, 262 [1]) und bei Bogoslowsk (I, 399) in den Höhlungen des körnigen Kalksteins oder mit Brauneisenerz.

2) Dolomit (Bitterspath) findet sich eingewachsen im Gebirgsgestein oder auf Gängen. In dem

---

[1]) Bei der Beschreibung dieser Gruben sind diese Krystalle nicht erwähnt worden, da ich sie erst nach dem Druck jener Stelle erhielt. Die Krystalle haben sämmtlich die Form des ersten spitzeren Rhomboëders, und sitzen auf Brauneisenerz.

Gebirgsgestein kommt er in kleinen Krystallen, wie immer von der Form des Hauptrhomboëders, im Chloritschiefer und Talkschiefer vor, z. B. zu Beresowsk (I, 182), in den Umgebungen von Newjansk (I 298 und 302) und bei Ufaleiskoi (II, 157). Die Krystalle sind häufig, besonders bei Beresowsk in der Nähe der Goldgänge, mehr oder weniger zersetzt, und statt ihrer sind oft nur rhomboëdrische Höhlungen, zum Theil mit rothbraunem Ocher angefüllt, als Residuum der Zersetzung, da er stets etwas eisenhaltig ist, geblieben. Er findet sich ferner in einem Gemenge mit quarzigem Talkschiefer im Listwänit (I, 183 [1]), bei welchem er fast als wesentlicher Gemengtheil anzusehen ist.

Auf Gängen kommt der Dolomit in Beresowsk vor, wo er in Rhomboëdern von einem halben Zoll im Durchmesser in Quarz eingewachsen ist (I, 193); bei Werchneiwinsk, wo er grobkörnig und in den Drusenräumen krystallisirt und mit kleinen Krystallen von Titaneisenerz besetzt ist (I, 302); in sehr ausgezeichneten, 1 bis 3 Zoll grossen, zwar mit Sprüngen durchsetzten, doch sonst durchsichtigen Krystallen, auf einem Gange im Talkschiefer mit blättrigem Talke am Berge Raschkina bei Poläkowsk (II, 177); ferner in einem anderen Gange in dem Chloritschiefer desselben Berges mit kleinen Krystallen von Magneteisenerz und Rutil (s. Rutil), und endlich derb mit Amianth durchzogen auf einem Gange in Serpentin auf der Grube Kljutschewskoi bei Miask (II, 21).

Von allen diesen Abänderungen des Bitterspathes besitzen wir noch keine vollständigen chemischen Untersuchungen. Genaue Winkelmessungen sind nur mit dem Bitterspath aus der Gegend von Miask von Mitscherlich angestellt [2]), wonach die Winkel dieses Bitter-

---

[1]) Siehe weiter unten bei den Gebirgsarten.

[2]) Wahrscheinlich vom Berge Raschkina; vergl. darüber II, 178.

spathes mit denen des tyroler übereinstimmen. Mit den Krystallen aus dem Chloritschiefer von Beresowsk habe ich einige Messungen angestellt (I, 182), aber diese Messungen, wiewohl sie bei der Kleinheit und Unvollkommenheit der gemessenen Krystalle auch nur unvollkommen sein konnten, weichen doch zu sehr von denen des Bitterspathes von Miask ab, als dass man die Abweichungen nur für Fehler der Messung halten könnte. Die Winkel stimmen vielmehr mit denen des Talkspaths überein, wofür man die Krystalle aber auch nicht nehmen kann, weil sie nach den angestellten chemischen Untersuchungen Kalkerde enthalten. Wahrscheinlich bilden daher die Krystalle aus dem Chloritschiefer von Beresowsk eine besondere Species, worüber die Entscheidung noch weiteren Untersuchungen vorbehalten bleiben muss.

6. *Magnesit*

findet sich in dichten schneeweissen Geschieben in dem Serpentingebirge zwischen Chabarnoi und Guberlinsk (II, 194).

7. *Weissbleierz*

in kleinen, zuweilen recht durchsichtigen und stark glänzenden Krystallen, auch als Schwarzbleierz mit Bleiglanz und Quarz auf den Goldgängen von Beresowsk (I, 211); in geringer Menge auch auf den Quarzgängen der Bertewaja Gora bei Nischne-Tagilsk (I, 322).

8. *Brucit*

in kleinen weissen perlmutterglänzenden Blättchen und schuppig-körnigen Parthien in dem Serpentin von Pyschminsk bei Beresowsk (I, 180).

9. *Malachit*

findet sich in sehr ausgezeichneten nierförmigen Massen, und in aufgewachsenen Kugeln und Büscheln von excentrisch zusammengehäuften fasrigen Individuen mit anderen Kupfererzen und mit Brauneisenerz, nesterweise im Thone, auf den verschiedenen Kupfergruben, besonders zu Gumeschewsk (I, 265) und Nischne-Tagilsk (I, 314), weniger ausgezeichnet auf den Turjinschen Gruben (I, 409 [1]). Er kommt ausserdem noch in Afterkrystallen vor, die theils die Form des Rothkupfererzes, wovon sie oft noch unzersetzte Theile im Innern einschliessen, theils eine prismatische Gestalt haben, die mit der keines bekannten Minerals übereinkommt; die von der ersteren Form sind im Innern dicht, und finden sich zu Gumeschewsk (I, 271), die von der letzteren bestehen aus fasrigen Individuen, die von gewissen Punkten der Oberfläche sich excentrisch nach dem Innern verbreiten, und kommen in den Turjinschen Gruben vor; beide finden sich in Thon eingeschlossen. Selten sieht man Stücke nierförmigen Malachits im Seifengebirge, wie in Soimonowsk bei Kyschtimsk.

10. *Kupferlasur*

findet sich auf den Kupfergruben bei Nischne-Tagilsk (I, 315) und Bogoslowsk in kleinen Krystallgruppen, doch im Allgemeinen nicht ausgezeichnet, und bei weitem nicht von der Schönheit, wie die Krystalle auf den Altaischen Kupfergruben (I, 541) oder in Chessy vorgekommen sind.

---

[1]) Der nierförmige Malachit ist bekanntlich in den Kupfergruben des Ural von einer Grösse und Schönheit vorgekommen, wie er von keiner anderen Gegend bekannt ist. Von der grossen Malachitmasse, die auf der Kupfergrube bei Nischne-Tagilsk (Miädno-Rudiansk) vorgekommen, finden sich in dem *Annuaire* von 1836 S. 321 einige nähere Nachrichten. Man hat das Gewicht des Theils der Masse, den man bis dahin durch die Grubenarbeiten kennen gelernt hatte, auf 3000 Pud berechnet. Der grosse Malachitblock von Gumeschewsk, der in der Sammlung des Bergkorps in Petersburg (I, 40) aufbewahrt wird, hatte, als er aus der Grube geschafft war, nur ein Gewicht von 106 Pud, und wiegt, so wie er jetzt da steht, 90 Pud. Der Malachit von Nischne-Tagilsk ist eben so compact und schön gefärbt, wie der von Gumeschewsk, und daher zu Kunstarbeiten eben so geeignet wie dieser.

c. Verbindungen von $\dddot{R}$ mit Basen.

α. Phosphate und Arseniate.

1. *Libethenit*

findet sich in kleinen Krystallen, die in den Winkeln mit denen des Libethenits aus Ungarn nicht ganz stimmen, auf nierförmigen Malachit aufgewachsen, auf der Kupfergrube bei Nischne-Tagilsk (I, 316). Hier sind in der neueren Zeit auch kleine fasrige Massen, und krystallinische Ueberzüge eines anderen phosphorsauren Kupfererzes vorgekommen, die mit dem phosphorsauren Kupferoxyde von Rheinbreitenbach Aehnlichkeit haben, aber noch nicht analysirt sind.

2. *Blaueisenerde*

findet sich nach Hermann[1]) in den Morästen mehrerer Gegenden des Ural, bei Irbit, am Jurumbache des Isset, bei Ilina u. s. w.

3. *Monazit*

in kleinen einzelnen Krystallen in einem Gemenge von Feldspath, Albit und zweiaxigem Glimmer eingewachsen, im Ilmengebirge bei Miask (II, 87). Die Krystalle sind in der Regel wenig glänzend, aber durch die Vereinigung dreier so seltener Stoffe, wie des Cer- und Lanthanoxyds und der Thorerde merkwürdig. Die letztere hat sich bis jetzt im Ural ausser im Monazit nur noch im Pyrochlor gefunden, der aber davon weniger enthält, als jener. Da sich ergeben hat, dass der Edwardsit von Connecticut mit dem Monazit identisch ist, so hat sich nun also noch ein anderer Fundort für dieses seltene Mineral ergeben; er kommt dort auf eine ganz gleiche Weise wie am Ilmengebirge vor[2]).

---

[1]) Ural II, 351.

[2]) Die Schwierigkeiten, die sich der Vereinigung des Edwardsits und Monazits noch entgegenstellten, und die nur in gewissen Ver-

4. *Apatit und Grünbleierz.*

1) Apatit findet sich, wie fast überall, nur krystallisirt und theils in eingewachsenen, theils in aufgewachsenen Krystallen. Die eingewachsenen Krystalle sind in dem Miascit, und in dem körnigen Kalkstein des Ilmengebirges (II, 59 und 69) vorgekommen, an beiden Orten in grossen Krystallen, mit meistens abgerundeten Kanten, von gelber Farbe und durchsichtig oder stark durchscheinend, wie der Spargelstein in Tyrol. Beide Abänderungen enthalten nur Spuren von Chlor, die Krystalle aus dem Kalkstein haben eine Länge von 1 bis 3 Zollen, welche die aus dem Miascit nicht erreichen. In scharfkantigen, auch über Zoll-grossen Krystallen von bräunlicher Farbe und ziemlich durchscheinend hat er sich in körnigen Kalkstein eingewachsen auch zu Achmatowsk, westlich von Slatoust, gefunden [1]). In aufgewachsenen Krystallen ist er mit krystallisirtem Albit auf Gängen in Chloritschiefer zu Kiräbinsk (II, 175), und mit Granat-, Diopsid- und Chloritkrystallen auf Klüften in dem Chloritschiefer der Nasimskaja bei Achmatowsk (II, 128), vorgekommen; die Krystalle dieser Lagerstätten sind farblose, durchsichtige, höchstens einen halben Zoll grosse, dicke Prismen, aber besonders in Kirabinsk ausserordentlich glattflächig, glän-

---

schiedenheiten in der Zusammensetzung beider Mineralien nach den Analysen von Shepard und Kersten lagen, sind durch eine neue von Shepard auf Veranlassung meiner Behauptung der Identität beider Mineralien angestellte Untersuchung gehoben, indem sich aus dieser ergiebt, dass der Edwardsit ebenfalls Thorerde und Lanthanoxyd enthält, die Shepard früher nicht angegeben hatte, und dass die Zirkonerde, die er angegeben hatte, nur von der Einmengung von kleinen Zirkonen herrührt.

[1]) Nach einem Stücke zu urtheilen, welches ich neuerdings von Herrn Capt. Awdejeff erhalten habe. Der Apatit kommt hier noch mit einem gelben blättrigen, mit dem Messer ritzbaren Mineral zusammen vor, welches noch nicht näher untersucht ist.

zend und ausgebildet. Sie sind nach Lissenko hier auch von violblauer Farbe vorgekommen.

2) Grünbleierz auf den Goldgängen von Beresowsk (I, 207). Die Krystalle sind mehr oder weniger dicke sechsseitige Prismen, zuweilen ganz haarförmig von gelblichgrüner, seltener von grünlichgelber Farbe. Die letzteren enthalten neben der Phosphorsäure etwas Arseniksäure, und beide Abänderungen auch etwas Chrom. Arseniksäure kommt allerdings öfter in den Grünbleierzen anderer Fundörter vor, ist aber deshalb in diesem Grünbleierze bemerkenswerth, weil sie sonst am Ural nicht weiter gefunden worden ist; der Chromgehalt dagegen ist noch bis jetzt überhaupt bei keinem anderen Grünbleierze vorgekommen, und er ist um so auffallender, da die bekannten Oxydationsstufen des Chroms mit den übrigen Bestandtheilen des Grünbleierzes nicht isomorph sein können, und seine Anwesenheit also nicht zu erklären ist. — In geringer Menge findet sich das Grünbleierz noch auf kleinen Quarzgängen mit Bleiglanz an der Bertewaja Gora bei Nischne-Tagilsk (I, 322).

d. Verbindungen von $\ddot{R}$ mit Basen.

α Silicate.

αα. Basische Silicate.

1. *Cyanit*

findet sich in Krystallen oder derben Parthien mit breitstängligen Zusammensetzungsstücken von blauer Farbe theils in Glimmerschiefer selbst eingewachsen, theils auf Quarzgängen in diesem oder in Thonschiefer. Im Glimmerschiefer selbst eingewachsen kommt er am Taganai vor (II, 111); auf Quarzgängen im Glimmerschiefer auf der Urenga nach Lissenko[1]), und im

[1]) *Annuaire*, 1835 *p.* 19.

Thonschiefer bei dem Dorfe Kolotkina, einige 40 Werste SO. von Katharinenburg (I, 477). Ausserdem findet er sich auch in Geschieben; lose Stücke Quarz mit eingewachsenem Cyanit kommen in der Nähe des letztgenannten Dorfes, am Einflusse der Brussianka in den Isset auf den Feldern vor (I, 477), und Geschiebe von Cyanit mit breitstängligen Zusammensetzungsstücken von lichte-ockergelber Farbe, ähnlich dem sogenannten Rhätizit von Tyrol in Ekaterininskoi bei Kyschtimsk im Seifengebirge (II, 160).

2. *Staurolith*

in 1 bis 2 Zoll grossen undurchsichtigen Krystallen mit rothem Granat in dem Glimmerschiefer des Taganai (II, 111), in viel kleineren schmäleren, höchstens einen halben Zoll grossen und verhältnissmässig breiten Krystallen mit kleinem rothen Granat und kleinen schwarzen Glimmerblättchen in einem sehr harten blaulichschwarzen Thonschiefer bei Polewskoi, südlich von Katharinenburg. Die Krystalle sind, wie die des vorigen Fundorts, gewöhnlich einfach, sie sind ferner dunkelgraulichschwarz, undurchsichtig, haben eine glatte, ziemlich glänzende Oberfläche, und hinterlassen auch in der Grundmasse, wenn man sie aus dieser herausnimmt, glatte und glänzende Eindrücke (nach einem Stücke unter den russischen Mineralien der Berliner Sammlung). Er findet sich ferner auch in dem Glimmer von Nischne-Saldinsk (nach einer Mittheilung von Herrn Schwettsoff in Nischne-Tagilsk).

3. *Andalusit*

derb, mit auseinanderlaufenden, stark verwachsenen, 2 bis 3 Zoll langen Zusammensetzungsstücken zu Juschakowa bei Mursinsk (I, 458). Nach Breithaupt ist das specifische Gewicht dieses Andalusits 3,121[1]).

---

[1]) Schweigger's Journal für Chem. und Phys. LV S. 244.

ββ. Drittel - Silicate.

4. *Einaxiger Glimmer*

ist wahrscheinlich ein Gemengtheil vieler Gebirgsarten des Ural, doch ist diess noch nicht hinreichend untersucht. Mit Bestimmtheit findet er sich im Miascit des Ilmengebirges, in welchem er einen wesentlichen Gemengtheil ausmacht, und darin mit Feldspath und Eläolith enthalten ist (II, 49). Auf der Westseite des Ilmensees bei Miask kommt er darin in Blättern von bedeutender Grösse und Dicke eingewachsen, und auf den Drusenräumen in eben solchen Krystallen (z. B. 6 Zoll hoch und 9 Zoll breit) aufgewachsen vor. Eben so findet er sich auch, wenngleich in kleineren Blättern, mit grünem Feldspath und Quarz in dem Granit, der gangförmig in diesem Miascit auf der Südostseite des Ilmensees aufsetzt (II, 79). Als unwesentlicher Gemengtheil kommt er in einzelnen, oft einen halben Zoll grossen Blättern in dem Chloritschiefer mehrerer Gegenden eingewachsen vor, z. B. bei Slatoust (II, 117) und bei dem Dorfe Kassoibrod bei Polewskoi (I, 257). Bei einem anderen Chloritschiefer-Stücke von Kassoibrod (unter den russischen Mineralien der berliner Sammlung), das in dem Werke noch nicht erwähnt ist, und grosse eingewachsene rothe Granatkrystalle enthält, durchschneiden die braunen Glimmerblätter die, den Schichtungsflächen parallelen Blätter des Chlorits rechtwinklig.

5. *Granat.*

1) Eisenthon-Granat oder Almandin findet sich, von kolombinrother bis bräunlichrother Farbe, nur in eingewachsenen Krystallen oder lose im Seifengebirge. In eingewachsenen Krystallen kommt er besonders in den krystallinisch-schiefrigen Gebirgsarten, wie im Glimmerschiefer, Chloritschiefer, Hornblendeschiefer, Thonschiefer vor, und findet sich hier oft in ausserordentlicher Menge, ohne doch in irgend einer

einen wesentlichen Gemengtheil auszumachen. Im Glimmerschiefer findet er sich am Taganai (II, 111), und an anderen Stellen der Gegend von Slatoust (II, 116) und zu Syssertsk (I, 275); im Choritschiefer bei Slatoust (II, 117); im Hornblendeschiefer: in der Urenga bei Slatoust (II, 117) und Kassoibrod (russ. Min. der berl. Sammlung), im Thonschiefer von Polewskoi (ebendaselbst). Die Krystalle, gewöhnlich Combinationen des Leucitoëders mit dem Dodecaëder, erreichen am Taganai, zu Syssertsk und Kassoibrod die Grösse von ein bis zwei Zollen, zu Polewskoi dagegen kaum von einer Erbse, und finden sich am Taganai und zu Polewskoi in Begleitung von Staurolith, und zu Kassoibrod von einaxigem Glimmer. Sie kommen ferner in Granit eingewachsen vor, wie in Werch-Issetsk (I, 171), auf der Höhe des Ilmengebirges bei Miask, wo das Gestein Weissstein-ähnlich ist (II, 68), zu Poläkowskoi (Eversmannsche Sammlung) und zu Alabaschka bei Mursinsk (I, 452). Die Krystalle sind in diesem Falle Leucitoëder, nur in Alabaschka treten noch untergeordnet die Dodekaëderflächen hinzu. An den beiden ersteren Orten sind sie nicht grösser, als Stecknadelknöpfe, zu Poläkowskoi etwa von der Grösse einer Erbse, zu Alabaschka von verschiedener bis über Zoll-Grösse; letztere haben in den Drusenhöhlungen des Granits, in welchem sie vorkommen, eine stellenweise freie, aber dann durch Zersetzung meistens schwarze Oberfläche; auch sind sie hier öfter mit Quarz durchwachsen.

Lose in dem Seifengebirge findet er sich gewöhnlich nur in sehr kleinen Körnern und Krystallen als Leucitoëder, seltener als Dodecaëder, wie zu Neiwinskoi (I, 296), zu Newinsko-Stolbinskoi (I, 298), zu Barsowskoi (II, 149[1]).

[1]) Zuweilen finden sich die Krystalle in dem Seifengebirge einer und derselben Gegend von verschiedener Form und Farbe, wie

2) Kalkthon-Granat enthält meistentheils noch etwas Eisenoxydul, und erscheint daher roth, grün, zuweilen aber auch fast rein weiss. Er findet sich krystallisirt und derb in grossen Massen. In den schönsten Krystallen kommt er auf Gängen im Chloritschiefer zu Achmatowsk bei Slatoust (II, 125) vor, und zwar hier in aufgewachsenen zu prachtvollen Drusen zusammengruppirten Krystallen, die röthlichbraun, sehr regelmässig in Leucitoëdern krystallisirt, bis zollgross und besonders in den kleineren Krystallen stark glänzend sind; die grösseren Krystalle erscheinen wegen ihrer stärkeren Streifung nach der längeren Diagonale der Flächen von geringerem Glanze. — Er findet sich ferner nach einigen von Menge gesandten und in diesem Buche noch nicht erwähnten Stücken zu Pyschminsk bei Beresowsk. Er kommt hier in kleinen Parthien derb und in Höhlungen krystallisirt mit Magneteisenerz verwachsen vor, das wahrscheinlich ein Lager im Chloritschiefer bildet. Er ist von Farbe schwärzlichgrün und hat im Bruch einigen Fettglanz, auf den Krystallflächen Glasglanz. Die Krystalle sind einige Linien gross und haben die Form der beistehenden Figur. Sie sind Dodecaëder *d* mit den beim Granat sehr ungewöhnlichen Flächen des Hexaëders *a* und Octaëders *o* [1]). Letztere kommen zwar nur untergeordnet vor, haben aber den grössten Glanz;

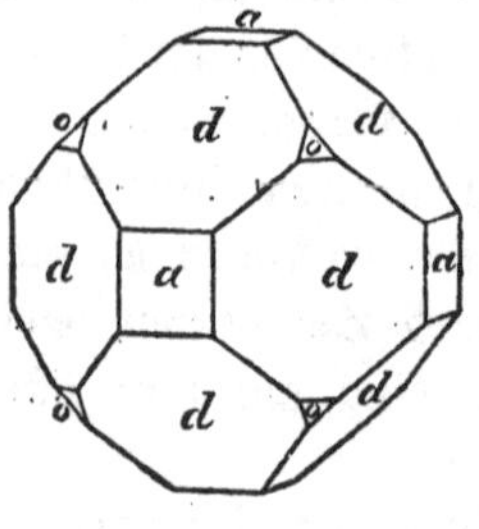

zu Neiwinskoi, wo ausser den häufigeren blutrothen Leucitoëdern kleine gelblichrothe Dodecaëder vorkommen, die wahrscheinlich Kalkthongranaten sind.

[1]) Die Flächen des Hexaëders sind schon von Haüy, Mohs

die Flächen sind alle glatt, auch die Dodecaëderflächen. Vor dem Löthrohr schmilzt dieser Granat zu einer grünlichschwarzen, glänzenden, nicht magnetischen Kugel; in Phosphorsalz löst er sich mit Ausscheidung von Kieselsäure auf, die Kugel zeigt die Eisenfarbe, so lange sie heiss ist, beim Erkalten blasst die Farbe aus, uud die Kugel opalisirt.

Der in grösseren Massen vorkommende derbe Granat ist dicht, hat einen feinsplittrigen Bruch und theils eine weisse, theils eine grüne Farbe. Der weisse findet sich in der Gegend von Slatoust (II, 132) und ist durch die eingewachsenen Krystalle von Vesuvian merkwürdig, der grüne westlich von Miask (II, 99) wo er den Kern von mehreren Serpentinhügeln bildet.

3) Der **Kalkeisen-Granat** kommt ebenfalls krystallisirt und derb vor. Er hat gewöhnlich eine gelbe, ins Grüne und Braune fallende Farbe, und findet sich in kleinen, selten über eine Linie grossen eingewachsenen Dodecaëdern mit kleinen Magneteisenerz-Octaëdern in dem Talkschiefer der Schischimskaja bei Slatoust (II, 120) [1]; in etwas grösseren Krystallen, bei welchen die Dodecaëder an den Kanten schwach abgestumpft sind, in bläulichweissen körni-

---

und Lévy beim Granat beschrieben. Sie finden sich nach diesen Mineralogen bei Krystallen aus England, dem Temesvarer Banat und Ala; ich habe sie ferner auch noch bei den Krystallen vom Vesuv bemerkt, wo sie zwar nur klein, aber ganz deutlich vorkommen. Die Octaëderflächen sind indessen beim Granat, so viel ich weiss, noch nicht beobachtet worden.

[1]) In seinem Verhalten vor dem Löthrohr und namentlich in seiner Schwerschmelzbarkeit stimmt dieser Granat vollkommen mit dem Kalkeisengranat von Långbauschyttan in Schweden überein, wonach das oben S. 120 Gesagte zu berichtigen ist. Die Schwerschmelzbarkeit vor dem Löthrohr, der Magnetismus der geschmolze-

gen Kalkstein eingewachsen zu Achmatowsk (II, 125), in noch grösseren aufgewachsenen rauhen Krystallen, welche die Form von Leucitoëdern mit nur untergeordnet hinzutretenden Dodecaëderflächen haben, mit krystallisirtem Chlorit auf Gängen im Chloritschiefer zu Achmatowsk (II, 125 und 131), und endlich in grossen Massen derb mit unebenem Bruch, und an der Gränze mit dem körnigen Kalkstein krystallisirt auf den Turjinschen Gruben bei Bogoslowsk (I, 400).

6. *Vesuvian*

von grüner Farbe und mehr oder weniger durchsichtig, kommt in auf- und eingewachsenen Krystallen und in eingewachsenen Körnern in der Gegend von Slatoust an mehreren Orten vor, zu Achmatowsk in Chloritschiefer eingewachsen, und auf den Klüften desselben mit Chlorit krystallisirt (II, 128 und 131), in der Schischimskaja in aufgewachsenen Krystallen mit Kalkspath (II, 131) und auf der Beresowaja Gora in kleinen eingewachsenen Krystallen und Körnern in weissem dichtem Granat (II, 131), ein Vorkommen, das wegen des Heteromorphismus des Granats und Vesuvians recht bemerkenswerth ist. Die Krystalle sind in allen Fällen nur niedrige quadratische Prismen.

7. *Epidot.*

1) Pistazit kommt am ausgezeichnetsten vor: zu Rächety bei Katharinenburg (I, 129), 8 Werste von der Eisenhütte Achtenskoi bei Slatoust (II, 117) und zu Achmatowsk bei Slatoust. In Rächety findet er sich auf einem Quarzgange in Granit; die Krystalle

---

nen Masse und die leichte Zersetzbarkeit durch Salzsäure sind überhaupt Charaktere, wodurch diese Species des Granats ausgezeichnet ist.

sind einen Zoll gross und drüber, haben sehr glatte und glänzende Flächen, und sind von den Seiten des Ganges, dessen Saalband sie gleichsam bilden, in den Quarz hineingewachsen. Bei Achtenskoi findet er sich wahrscheinlich auf eine ähnliche Weise; in Achmatowsk kommt er aber aufgewachsen vor, auf Klüften in Chloritschiefer, in zuweilen einen halben Zoll grossen, sehr ausgebildeten und glänzenden Krystallen mit Diopsidkrystallen [1]). An anderen Orten findet er sich weniger ausgezeichnet, so in kleinen körnigen und stängligen Parthien mit Corund und Glimmer in Barsowit eingewachsen zu Barsowskoi bei Kyschtimsk (II, 154); derb und stänglig mit gelbem Feldspath verwachsen von Tschernoi Osero im Ilmengebirge (II, 91); in 3 bis 4 Linien langen dünnen Krystallen mit unbestimmter Endkrystallisation in dem Oligoclas-Porphyr von Ajatskaja bei Katharinenburg (I, 144); und endlich feinkörnig und dicht in einem Gemenge mit Quarz, einen besonderen Höhenzug zwischen der Kussá und Schumnaja bei Slatoust bildend (II, 116).

Ganz neuerdings erhielt ich einen sehr grossen schönen Pistazitkrystall des Ural von Herrn Capt. Kokscharoff bei seiner Durchreise durch Berlin. Er ist aus der Gegend von Slatoust, an welchem letzteren Orte ihn Herr Kokscharoff selbst erhalten hatte, und, nach dem ansitzenden Chlorit zu urtheilen, wahrscheinlich von Achmatowsk. Der Krystall hat etwa einen Zoll Grösse, dabei aber ein so ungewöhnliches Ansehen, dass ich ihn doch nur erst nach genauerer Untersuchung für Pistazit erkannte. Diess

---

[1]) Ich verdanke Herrn Lissenko eine schöne kleine Druse mit Pistazit von diesem Fundort. Der Pistazit ist demnach den in Achmatowsk vorkommenden und II, 123 aufgeführten Mineralien hinzuzufügen.

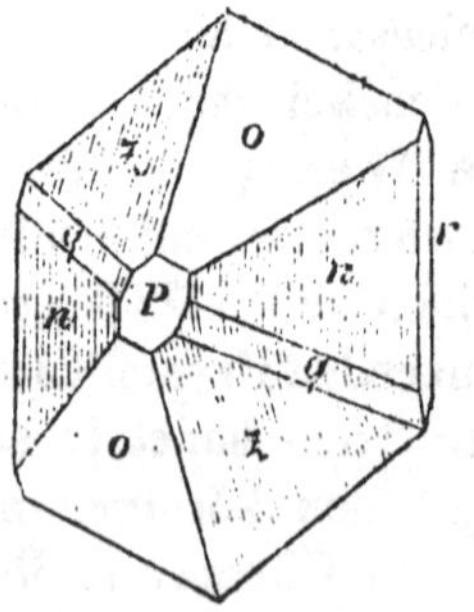

ungewöhnliche Ansehen entsteht, wie aus der beistehenden Figur zu sehen ist, dadurch, dass die Flächen *T*, *M*, *r*, die sonst gewöhnlich sehr ausgedehnt sind, und als die Flächen eines unsymmetrischen sechsseitigen Prisma erscheinen (vergl. die Haüyschen Figuren), hier bis auf die Flächen *r*, die auch nur als schmale Abstumpfungsflächen vorkommen, ganz verschwunden sind; ausserdem finden sich nur die Flächen *n*, *o*, *z*, und untergeordnet noch *q* und wahrscheinlich auch *P*, doch ist der Krystall hier an beiden Seiten verbrochen, so dass man nicht mit Bestimmtheit sagen kann, ob diese Flächen wirklich vorkommen. Bei der grossen Ausdehnung der Flächen *n*, *o*, *z* hat der Krystall das Ansehen eines Hexagondodecaëders; er ist bei seiner Grösse und des nur geringen Glanzes mancher Flächen nur mit dem Anlege-Goniometer zu messen, doch überzeugt man sich bald, dass die Basis dieses scheinbaren Hexagondodecaëders Winkel von 128° 19′, 115° 24′ und 116° 17′ hat, und die Kanten an der Basis bei *n* 70° 33′, bei *z* 70° 8′, bei *o* 63° 8′, und die Endkanten zwischen *n* und *z* ungefähr 151, zwischen *z* und *o* 145 °$\frac{1}{2}$, und zwischen *o* und *n* 146° betragen.

Nur die Flächen *o* sind glatt und glänzend, die Flächen *r* wohl noch glänzender, aber uneben, die Flächen *z*, *q*, *n* wenig glänzend und wie in der Zeichnung angegeben, zart gestreift. Der Krystall ist parallel der Fläche *M* sehr deutlich spaltbar, dabei dunkel schwärzlich grün, nur schwach an den Kanten durchscheinend, und, gegen eine helle Lichtflamme gehalten, röthlich durchscheinend, fast wie der Chrysoberyll des Ural; auch scheint er etwas Chrom zu enthalten, denn mit Borax vor dem Löthrohr geschmolzen, löst er sich zu einem klaren Glase auf, das, so lange es heiss ist, schön smaragdgrün gefärbt erscheint.

2) Zoisit findet sich nur unbedeutend, körnig und von gelblichgrauer Farbe in kleinen Gängen in dem mit Schmirgel gemengten Chloritschiefer vom Marmorbruch von Gornoschit, unweit Katharinenburg (I, 248); und in kleinen derben Parthien mit fasrigen, excentrisch zusammengehäuften Zusammensetzungsstücken und von rother Farbe, wie der sogenannte Withamit in kleinen Blasenräumen eines Porphyrs beim Dorfe Ilianowa am Tanalyk (II, 182).

3) Buklandit findet sich in einen halben Zoll langen dünnen prismatischen Krystallen in dem Granit von Werchoturie eingewachsen (I, 432); der dritte bekannte Fundort dieses seltenen Minerals.

8. *Titanit*

findet sich in ein- und aufgewachsenen Krystallen. In den grössten Krystallen kommt er eingewachsen vor, und findet sich auf diese Weise mit Pyrochlor und Apatit in dem Syenit des Ilmengebirges bei Miask (II, 67). Die Krystalle sind mehrere Zoll lang, gelblichbraun, aber auf der Oberfläche rauh und uneben. Glattflächigere und auch noch ziemlich grosse Krystalle finden sich mit Zirkon in dem Syenit von Turgojakskaja (II, 143) und am Ischkul im Ilmengebirge (II, 67). In kleinen, aber sehr glänzenden Krystallen von brauner Farbe kommt er in dem Granite bei Katharinenburg vor, z. B. zu Werch-Issetsk (I, 168) am See Schartasch (I, 178) und zu Gornoschitt (I, 244). Eben so kommt er auch in dem Diorite des nördlichen Ural vor, wie beim Flusse Wiazka (russ. Min. der berl. Samml.).

Die aufgewachsenen Krystalle sind von lichtegrünlichgelber Farbe, und finden sich in einfachen und Zwillingskrystallen mit krystallisirtem Chlorit, Granat und Diopsid in Klüften des Chloritschiefers zu Achmatowsk bei Slatoust (II, 128). Er kommt hier auch zuweilen in Krystallen von bedeutender Grösse vor.

9. *Zirkon*

kommt anstehend in sehr ausgezeichneten Varietäten wie sonst an wenigen Orten, an mehreren Stellen im Ilmengebirge, besonders in den Umgebungen des Ilmensees bei Miask, vor. Er findet sich hier in mehreren Varietäten, am ausgezeichnetsten in Krystallen mit vorherrscheuden Quadratoctaëderflächen, die gelb, stark glänzend, ganz oder wenigstens stellenweise durchsichtig sind, und zuweilen eine Grösse von 1½ Zoll erreichen, wenngleich sie in der Regel kleiner, zuweilen nur von Nadelknopf-Grösse sind; sie kommen an der Nordseite des Ilmensees in einem Gemenge von Feldspath, Eläolith und schwarzem Glimmer (im Miascit) vor. Hier finden sich an anderen Stellen auch noch andere grosse Krystalle, aber in der sogenannten Hyazinthkrystallisation, theils bräunlichroth und durchsichtig mit Feldspath, Albit und schwarzem Glimmer (II, 62) theils mehr gelblichbraun und nur an den Kanten durchscheinend, mit denselben Begleitern und mit Pyrochlor, mit welchem er in kleineren Krystallen oft verwachsen ist (II, 64); in dergleichen kleineren Krystallen kommt er auch mit Aeschynit verwachsen vor (II, 72), und in etwas grösseren, aber unregelmässiger ausgebildeten Krystallen in den topasführenden Granitgängen des Ilmengebirges mit grünem Feldspath (II, 82). In grossen undurchsichtigen Krystallen von derselben Farbe wie die letzteren Varietäten, aber in der sogenannten Zirkonkrystallisation, jedoch mit kleinen Flächen des Prisma, findet er sich in dem Syenit von Turgojaksk bei Miask (II, 143) und in viel kleineren Krystallen von derselben Form, und Undurchsichtigkeit, aber gelber Farbe in der breitstängligen grünen Hornblende des Ilmengebirges (II, 86).

Ausserdem findet sich der Zirkon lose im Seifengebirge, gewöhnlich nur in kleinen, in der Regel fast mikroskopischen Krystallen. Diese Krystalle, in ihrer Art eben so merkwürdig als die grossen eingewachsenen, sind wasserhell oder gelblichweiss, sehr glattflächig und von starkem Demantglanz, wodurch sie sich ungeachtet ihrer Kleinheit in dem Seifengebirge erkennen und rücksichtlich ihrer Form bestimmen lassen. Die Krystalle sind durch das Vorherrschen der Dioctaëderflächen ausgezeichnet; sie gleichen daher in dieser Rücksicht, wie auch in ihrem Vorkommen, ganz den kleinen Krystallen von Ohlapian in Siebenbürgen, nur dass diese roth sind. Diese kleinen Zirkone finden sich an vielen Orten im Seifengebirge; ich erwähne nur der Seifenwerke bei Beresowsk, Perwopawlowsk, Mariinsk, Klenowsk und Kalinowsk (I, 228, 231, 233 und 236), und der Seifenwerke bei Newjansk, Neiwinsk und Newinsko-Stolbinskoi (I, 297 und 299). Sie sind um so interessanter, da sie anstehend in den benachbarten Gebirgen noch gar nicht beobachtet sind. Grössere lose Zirkonkrystalle haben sich in dem Seifengebirge bei dem Dorfe Muhambetjewa bei Miask gefunden (II, 143).

10. *Chlorit*

findet sich in schönen aufgewachsenen Krystallen, und in derben krummblättrig körnigen Parthien, mit krystallisirtem Granat und Diopsid auf Gängen in Chloritschiefer zu Achmatowsk bei Slatoust (II, 125). Die Krystalle sind durch ihre schöne lauchgrüne Farbe und durch ihren ausgezeichneten Dichroismus, wodurch sie in gewissen Richtungen mit hyazinthrothem Lichte durchscheinend sind, sehr merkwürdig. Eingewachsene tafelartige Krystalle, von denen es noch auszumachen ist, ob sie dieselbe chemische Zusammensetzung haben, finden sich in dem Chloritschiefer von Beresowsk (I, 182).

11. *Chloritoid*

in krummschaligen Zusammensetzungsstücken, die wiederum zu grobkörnigen verbunden sind, mit Diaspor, auf einem Gange im smirgelhaltigen Chloritschiefer zu Mramorskoi bei Katharinenburg (I, 252).

12. *Sodalith*

in unregelmässig begränzten, aber deutlich spaltbaren schön saphirblauen Individuen im Miascit des Ilmengebirges, besonders mit dem Feldspath und Eläolith desselben verwachsen (II, 52). Es ist diess der früher sogenannte Cancrinit, welchen Namen ich aber auf ein anderes Mineral übertragen habe, als sich ergab, dass dieser Cancrinit nur Sodalith sei.

13. *Topas*

kommt anstehend an 2 Orten im Ural vor, und in beiden auf Drusenräumen im Granit, zu Alabaschka bei Mursinsk (I, 453) und auf der Ostseite des Ilmensees im Ilmengebirge (II, 80). An ersterem Orte findet er sich zuweilen in Krystallen von bedeutender Grösse, die bei einem Krystalle in der Sammlung des Bergkorps in Petersburg in einer Richtung 4 Zoll 9 Linien, und in einer anderen darauf rechtwinkligen 4 Zoll 6 Linien beträgt. Sie sind in der Regel von einer bläulichen Farbe und durchsichtig, und kommen hier von einer Schönheit der Krystallisation vor, die bei ihrer Grösse von keinen Topaskrystallen anderer Fundorte übertroffen wird. Die Topase vom Ilmengebirge sind wasserhell und viel kleiner, als die vorigen, gewöhnlich nur einige Linien hoch, aber ebenfalls sehr glänzend und glattflächig, und übertreffen durch ihren Flächenreichthum alle anderen bekannten Topase. Die Krystalle sind hier gewöhnlich mit dem hier vorkommenden grünen Feldspath verwachsen. Geschiebe von Topas sollen sich nach Irmann auch in dem Sande der Bäche bei Mursinsk finden[1]).

$\gamma\gamma$. Halb-Silicate.

14. *Eläolith*

findet sich gewöhnlich nur derb, graulichweiss, und an den Kanten durchscheinend, in einem grosskörnigen Gemenge mit weissem Feldspath und schwarzem Glimmer, den Miascit des Ilmengebirges bildend (I, 51).

15. *Cancrinit*

findet sich in kleinen derben Parthien, die theils nur aus einem Individuum, theils aus mehreren kurzstängligen, stark mit einander verwachsenen Individuen bestehen, in dem Miascit des Ilmengebirges bei Miask eingewachsen (II, 55). Er ist nach den Flächen eines regulären sechsseitigen Prisma spaltbar, lichte rosenroth und durchscheinend, und bildet eine merkwürdige Verbindung eines Silicats und Carbonats und zwar von 1 Atom Eläolith und 1 Atom Kalkspath[2]).

---

[1]) Wenn diess keine Verwechselung mit dem sog. Rauchtopas ist (*Annuaire* von 1838 S. 116).

[2]) Als ich den Cancrinit zuerst beschrieb, kannte man ausser dem amorphen Kupferblau noch kein Mineral, welches, wie er, eine Verbindung eines Silicates mit einem Carbonate ist. Später zeigte Breithaupt (Poggendorffs Annalen B. LIII S. 145), dass der Davyn nicht allein ebenfalls Kohlensäure enthalte, die Monticelli und Covelli bei ihrer ersten Untersuchung und Beschreibung ganz übersehen hatten, sondern er suchte es auch wahrscheinlich zu machen, dass der Cancrinit mit dem Davyn identisch sei; so lange wir noch keine neuere chemische Untersuchung des Davyns haben, muss dieses noch dahin gestellt bleiben.

dd. Zweidrittel-Silicate.

16. *Augit*

findet sich von lichte- und dunkelgrüner und von rother Farbe als Diopsid, Augit im engeren Sinne und Rhodonit.

1) Diopsid kommt in Zoll langen, lichtegrünlichgrauen, durchscheinenden Krystallen in schönen Drusen mit krystallisirtem Granat zu Achmatowsk auf Gängen in Choritschiefer vor (II, 128 und 130).

2) Grüner Augit kommt in gewöhnlich 2 bis 4 Linien grossen, häufig aber schon auf der Oberfläche oder ganz in Uralit umgeänderten Krystallen in Augitporphyr eingewachsen vor. Ganz unversehrte Krystalle finden sich besonders zu Nischne-Tagilsk (I, 305), Zarewo-Nicolajewsk bei Miask (II, 40), beim See Auschkul (II, 167) und bei Orsk (II, 185). Die Krystalle sind gewöhnlich grasgrün, ziemlich vollkommen spaltbar und glattflächig; auf der Oberfläche umgeänderte finden sich zu Muldakajewa (II, 171), und am Blagodat (I, 344); ganz umgeänderte ebenfalls am Blagodat und ferner zu Kowelinskoi bei Miask (II, 26), Mostowaja bei Katharinenburg (I, 284) u. s. w. Ausserdem findet sich der Augit auch noch derb in grobkörnigen Zusammensetzungsstücken, von schwärzlichgrüner Farbe und mit Magneteisenerz gemengt am Katschkanar (I, 379).

Hypersthen in Geschieben in körnigen Zusammensetzungsstücken von schwärzlichgrüner Farbe und in einzelnen Körnern von holzbrauner Farbe findet sich in dem Seifengebirge von Rublowskoi bei Nischne-Tagilsk (I, 328) und von Barsowskoi bei Kyschtimsk (II, 149).

3) Rhodonit findet sich derb von rosenrother Farbe auf einem Lager von Quarz, gewöhnlich dicht, doch stellenweise grob- und grosskörnig und dann mit deutlichen Spaltungsflächen bei dem Dorfe Schabrowa bei Katharinenburg (I, 162). Er wird zu kleinen

Vasen und allerhand anderen Gegenständen verarbeitet.

17. *Diallag*

in grösserer oder geringerer Menge im Serpentin; in zollgrossen eckigen Stücken dicht nebeneinander am See Auschkul, südlich von Miask (II, 164); in kleineren einzelner liegenden Blättchen zu Mustowskoi (I, 289), und am Uraldurchbruch (II, 193), an welchem letzteren Orte er indessen mehr von der Beschaffenheit des Bronzits ist. Lose in sehr kleinen Blättchen im Seifengebirge.

18. *Hornblende*

kommt von weisser, grüner, am häufigsten aber von schwarzer Farbe, als Tremolit, Strahlstein oder Hornblende im engeren Sinne, vor.

1) Tremolit findet sich derb und strahlig mit sparsam eingemengter erdiger Kupferlasur auf der Sanarskischen Kupfergrube am Ui (II, 178).

2) Strahlstein, in langen prismatischen, an den Enden verbrochenen Krystallen in grosser Menge im Talkschiefer, auf eine ähnliche Weise, wie in den schweizer und tyroler Alpen, zu Kyschtimsk (II, 160), Werchneiwinsk (I, 301) und Gornoschit bei Katharinenburg (russ. Min. d. berl. Samml.); in feineren prismatischen Krystallen von grünlichweisser Farbe in dem Chloritschiefer von Slatoust (II, 117) und in fasrigen Individuen, die excentrisch zusammengehäuft zu Kugeln und Bündeln verbunden sind, zu Poläkowsk (II, 176).

3) Hornblende von schwarzer Farbe als wesentlicher Gemengtheil in dem Dioritporphyr, Diorit, Syenit und Hornblendeschiefer; in dem ersteren in eingewachsenen Krystallen zuweilen von Zoll-Grösse und regelmässig begränzt zu Pitatelewskoi bei Bogoslowsk (I, 391), am Auschkul (II, 168 und 170) und zu Poläkowsk (II, 177); — in dem Diorit in körni-

gen Stücken oft von bedeutender Grösse, wie vom Konschekowskoi-Kamen bei Bogoslowsk und vom Dorfe Kaltajewa (I, 382) in einzelnen unregelmässig begränzten Krystallen zwischen den kleinkörnigen Zusammensetzungsstücken des Albits auf den Turjinschen Gruben (I, 399); in kleineren körnigen Stücken mit sehr glänzenden Spaltungsflächen, und schwärzlichgrüner Farbe, ähnlich dem Karenthin von der Saualpe, bei Kyschtimsk (II, 160); und in kleinen Kugeln, die aus sehr feinen excentrisch zusammengehäuften Nadeln bestehend, wie bei dem Tigererze vom Schemnitz, in dem körnigen Albite liegen zu Reschewsk, nördlich von Katharinenburg (I, 146); — in dem Syenite zu Neohorowkowa bei Nischne-Turinsk (I, 388) und Räschety bei Katharinenburg (I, 128) — in dem Hornblendeschiefer der Urenga bei Slatoust (II, 117), und von Newinsko-Stolbinskoi (I, 298).

Als unwesentlicher Gemengtheil in einzelnen grossen Krystallen in dem Chloritschiefer der Dawidowskoi-Grube bei Slatoust (II, 117), und in grossen Massen mit breitstängligen Zusammensetzungsstücken von schwärzlichgrüner Farbe mit kleinen eingewachsenen Zirkonkrystallen am See Kissägatsch im Ilmengebirge (II, 85).

Als Uralit in eingewachsenen Afterkrystallen von der Form des Augites in den meisten Augitporphyren, besonders auf den beim Augit genannten Fundörtern.

19. *Barsowit*

findet sich nur derb in losen Blöcken in dem Seifengebirge von Barsowskoi bei Kyschtimsk (II, 150). Er ist in diesen dicht oder körnig, und enthält Krystalle von blauem Corund oder Körner von Zeilanit eingewachsen.

20. *Axinit*

findet sich meistens derb in schaligen Zusammensetzungsstücken und von geringer Durchscheinenheit mit Quarz und Asbest auf einem Gange im Dioritporphyr der Berkutskaja Gora bei Miask) II, 32). Krystalle haben sich nur unvollkommen auf der derben Masse auf- und in Quarz eingewachsen gefunden.

21. *Turmalin*

findet sich häufig am Ural, wie überall gewöhnlich krystallisirt, meistentheils in schwarzen undurchsichtigen, aber auch in sehr ausgezeichneten gefärbten, durchsichtigen Krystallen.

Die schwarzen Krystalle sind theils auf-, theils eingewachsen vorgekommen; aufgewachsene Krystalle 1) zu Alabaschka bei Mursinsk; sie finden sich hier in den Drusenräumen des Granits, gewöhnlich auf Feldspath aufgewachsen, und sind theils dünn und säulenförmig und gewöhnlich 1 Zoll, aber auch 3 bis 4 Zoll lang, theils kürzer und dicker, auf den Seitenflächen gestreift und gewölbt, auf den Endflächen glatt (I, 450), 2) in der Nähe der Achtenskischen Grube mit Beryll ebenfalls in Drusen in Granit (II, 139).

Eingewachsene schwarze Krystalle kommen besonders in Chloritschiefer vor, theils einzeln in demselben zerstreut, theils zu mehreren excentrisch zusammengehäuft. Einzelne Krystalle finden sich in dem Chloritschiefer von Gornoschit bei Katharinenburg; sie sind in sechsseitigen Prismen krystallisirt, unregelmässig durcheinander gewachsen, und an den Enden verbrochen, aber durch die Glätte der Seitenflächen ausgezeichnet (I, 157); grössere, oft excentrisch zusammengehäufte Krystalle in dem Chloritschiefer ebenfalls von Gornoschit und von Syssertsk (russ. Min. in der berl. Samml.), zu Werchneiwinsk (I, 301), zu Kassoibrod mit Saphir (I, 256), zu Poläkowsk (II, 176) u. s. w. Die excentrisch zusammengehäuften Krystalle und stängligen Stücke von Kassoibrod sind dadurch merkwürdig, dass in ihrer Verlängerung ähnliche stängliche Stücke liegen, die aus schuppigem Chlorit bestehen, und wie der Turmalin in Chloritschiefer eingewachsen sind, so dass es hier offenbar das Ansehen hat, als sei der Turmalin hier in Chlorit umgeändert [1]).

Kleine feine Krystalle und dünnstänglige Stücke schwarzen Turmalins kommen in den topasführenden Gängen des Ilmengebirges vor, die haarförmigen Krystalle öfter in den Topas eingewachsen (II, 83). Kugeln, aus excentrisch fasrigem Turmalin bestehend, in dem feinkörnigen Quarz von der Totschilnaja Gora (I, 437) und im Granit bei Schaitansk (I, 459), und grössere Massen grosskörnigen Turmalins, die selbst wieder aus fasrigen Zusammensetzungsstücken bestehen, finden sich im Chloritschiefer am See Schartasch bei Beresowsk (I, 438) und bei Bohorodskoi an der Tura (russ. Min. der berl. Samml.). Der Turmalin hat hier schon eine bräunliche Färbung und ist etwas durchscheinend.

Der durchsichtige oder stark durchscheinende gefärbte Turmalin findet sich besonders in den Drusen eines Granits, der bei Schaitansk gangförmig in Serpentin aufsetzt (I, 460). Die Krystalle, die hier vorkommen, sind von einigen Linien bis zu 2, ja nach Irmann [2]) 5 Zoll Grösse; sie sind verschieden gefärbt, von verschiedenen braunen, rothen und violblauen Farben, zuweilen fast wasserhell, häufig an einem

---

[1]) Diese Beobachtung, die, als ich sie beschrieb (I, 256), ganz einzeln stand, habe ich später auch bei einem Stücke Chloritschiefer mit eingewachsenem Turmalin von Pfitsch in Tyrol gemacht, das die berl. Samml. erwarb, und die Erscheinung ist auch später von demselben Chloritschiefer von Anker beschrieben, der diesen stängligen Chlorit ebenfalls für Afterkrystalle und für Umänderungen aus Turmalin erklärt (Isis 1837 S. 899). Ein Gegenstück dieser Afterkrystalle bieten offenbar die Afterkrystalle des Glimmers von der Form des Skapoliths dar, die in Arendal vorkommen.

[2]) *Annuaire* 1836 S. 122.

Ende anders gefärbt, als an dem anderen. Die schönsten rothen Krystalle (sog. Rubellite) haben sich indessen in Sarapulsk 12 Werste von Mursinsk (I, 465) in losen Stücken, die aus excentrisch zusammengehäuften stängligen Individuen bestehen, in der mit Granitgrus gemengten Dammerde am östlichen Gehänge einer Granitanhöhe gefunden [1]. Nach **Irmann** sind noch 1810 sehr schöne Rubellite auf diese Weise vorgekommen. — Turmalin in haar- und nadelförmigen Krystallen von grüner Farbe findet sich auf den Goldgängen von Beresowsk (I, 190). Die Krystalle sind von den Wänden des Ganges aus in derben und krystallisirten Quarz eingewachsen, der häufig durchsichtig ist, so dass man den Turmalin im Innern des Quarzes erkennen kann.

22. *Phenakit*

in 1 bis 2 Zoll grossen Krystallen in dem Glimmerschiefer bei der Takowaja und dem Bolschoi Reft, ostwärts von Katharinenburg (I, 484). Die Krystalle sind weiss und in der Regel nur durchscheinend, kommen aber auch ganz oder stellenweise durchsichtig vor, so dass sie sich in dieser Abänderung wohl zum Verschleifen eignen, und sogar durch ihren grossen Glanz ausgezeichnete Schmucksteine liefern [2]. Der Phenakit kommt mit dem Chrysoberyll und Smaragd zusammen vor, welcher letztere in ihm zuweilen eingeschlossen vorkommt [3].

---

[1]) Vergl. **Pallas** neue nordische Beiträge B. V S. 277.

[2]) Hiernach ist also das I, 485 über die Durchsichtigkeit des Phenakits Mitgetheilte zu berichtigen. Ich verdanke der Güte des Herrn v. **Helmersen** einen solchen geschliffenen Phenakit, der an Glanz wohl dem Diamante nahe kommt.

[3]) Nach einer Mittheilung des Herrn Ober-Bergmeister **Kämmerer** befindet sich ein Phenakitkrystall von der Grösse eines Hühnereies, in welchem ein solcher Krystall von Smaragd eingeschlossen ist, in der Sammlung des Herrn Vice-Präsidenten v. **Perowski** zu Petersburg.

23. *Beryll*
kommt am Ural theils mit gelber Farbe als eigentlicher Beryll, theils mit der schönen grünen Farbe als Smaragd und in beiden Abänderungen sehr ausgezeichnet vor.

Der eigentliche Beryll findet sich in aufgewachsenen Krystallen von weingelber Farbe und durchsichtig zu Alabaschka bei Mursinsk (I, 451), und von einer sehr eigenthümlichen blassrosenrothen Farbe mit kuglig zusammengehäuftem Albit zu Schaitansk (I, 461); die Krystalle kommen in beiden Fällen in den Drusenräumen eines Granits vor, und finden sich oft von grosser Schönheit; die von Alabaschka erreichen zuweilen eine Grösse von $9\frac{1}{2}$ Zoll (I, 40), wiewohl sie in der Regel viel kleiner, dann aber auch oft von sehr regelmässiger Form sind; die Krystalle von Schaitansk sind niedrige dicke Prismen, von 1 bis Zoll Grösse und auch sehr ausgebildet. Weniger ausgezeichnet findet sich der Beryll in dem Granit von Juschakowa bei Mursinsk eingewachsen mit Albit, Quarz und Lepidolith (I, 457), ferner in dem Ilmengebirge, nördlich vom Ilmen-See, in einem dem Weissstein ähnlichen Gesteine eingewachsen, und am See Jelantschik (II, 68), und in den Drusen des Granits mit Turmalin aufgewachsen in der Nähe der Achtenskischen Grube bei Slatoust (II, 139).

Der Smaragd kommt in grossen stellenweise durchsichtigen Krystallen mit Phenakit und Chrysoberyll in dem Glimmerschiefer an der Takowaja vor (I, 483) [1]). Die Krystalle stehen in Rücksicht der Farbe den Columbischen nicht nach, und werden auch wie diese geschliffen, und zu Schmucksteinen verarbeitet [2]).

---

[1]) In der Sammlung des kaiserlichen Bergkorps in Petersburg wird ein Smaragdkrystall von diesem Fundort aufbewahrt, der 8 Zoll Höhe und 5 Zoll im Durchmesser hat.

[2]) Das Verhalten des uralischen Smaragdes vor dem Löthrohr

24. *Lepidolith*

findet sich in einzelnen grossen tafelförmigen Krystallen, wenngleich mit unbestimmter Begränzung, in einem grobkörnigen granitischen Gemenge von Albit, Quarz und Beryll zu Juschakowa bei Mursinsk (I, 457); die Krystalle erreichen zuweilen einen Durchmesser von mehr als 2 Zollen, und sind von pfirsichblüthrother Farbe; er findet sich ferner in kleineren röthlichweissen bis gelben ein- und aufgewachsenen Krystallen und derben blättrigen Parthien in dem Granit von Alabaschka bei Mursinsk mit krystallisirtem und kuglig zusammengehäuftem weissem Albit, gelbem Feldspath und Quarz (II, 383), und endlich in kleinen derben Massen mit körnigen Zusammensetzungsstücken, die nur 1 bis 2 Linien Durchmesser haben, von der gewöhnlichen pfirsichblüthrothen Farbe, in dem Granit von Schaitansk (I, 464). Er kommt hier zuweilen in regelmässiger Verwachsung mit gelbem Glimmer vor, indem er die Ränder desselben umgiebt, und die Spaltungsflächen des Glimmers in die des Lepidolithes fortsetzen.

25. *Serpentin*

kommt sehr häufig und in ganzen Lagern und Bergen als Gebirgsart vor, und ist daher bei den Gebirgsarten ausführlicher beschrieben. Stark durchscheinende Abänderungen kommen bei Pyschminsk (I, 180), zu Mramorsk bei Katharinenburg (I, 248), und am See Auschkul (II, 164) vor.

---

ist von dem des Columbischen allerdings etwas verschieden, doch findet eine Abwesenheit des Gehalts an Chromoxyd, wie I, 84 vermuthet wurde, nicht statt. Nach einer Beobachtung des Dr. Volborth in Petersburg, die mir von Herrn Kämmerer mitgetheilt wurde, schmilzt der uralische wie der amerikanische Smaragd mit Flussspath zu einer Kugel, die, so lange sie heiss ist, wasserhell ist, beim Erkalten aber undurchsichtig wird, und nun, wenngleich schwach, doch deutlich chromgrün gefärbt erscheint, was ich auch bestätigt fand.

26. *Amianth*

findet sich gewöhnlich in Gängen im Serpentin, in den kleineren parallelfasrig und von der einen Wand des Ganges nach der anderen herübergewachsen, in den grösseren Gängen gewöhnlich grosskörnig, und in diesen grosskörnigen, oft 4 bis 5 Zoll im Durchmesser haltenden Stücken, excentrisch-fasrig. Der parallelfasrige findet sich unter anderen an der Scholkowaja Gora bei Newjansk (I, 300), bei der alten Eisenhütte Elisabetskoi am Uktuss, in der Nähe von Katharinenburg nach Hermann [1]) und 10 Werste von Poläkowsk (nach einem von Herrn Lissenko erhaltenen Stücke); der excentrisch-fasrige in dem Asbestberge, 30 Werste oberhalb Syssertsk, nach Hermann [2]), und zu Pyschminsk und an den Quellen des Tschussowaja (russ. Min. der berl. Samml.). In Syssertsk kommen nach Hermann auch parallel-fasrige Stücke vor, die über 2 Fuss lang sind. Zuweilen kommt der Asbest auch in kleinen Fasern unregelmässig in dem Serpentin eingewachsen vor, wie zu Newjansk (I, 296).

27. *Kupfergrün*

findet sich in amorphen Massen oder in den merkwürdigen Afterkrystallen, die dieselbe Form wie die Afterkrystalle des Malachits haben, auf den Turjinschen Gruben (I, 412); die amorphen Massen meistens mit Stilpnosiderit oder Rothkupfererz zusammen, die Afterkrystalle in braunem Thon eingeschlossen.

28. *Kupferblau*

in kleinen amorphen Massen von lasurblauer Farbe mit Kupfergrün und erdigem Brauneisenerz, auf den Turjinschen Gruben (I, 414).

---

[1]) Ural B. I S. 128.

[2]) A. a. O. S. 123.

29. *Pyrophyllit*

findet sich nur undeutlich krystallisirt auf den Gängen von Beresowsk (I, 190) Die Krystalle, breite rechtwinklig-vierseitige, einige Linien lange Prismen, kommen excentrisch zusammengehäuft, von den Wänden des Ganges aus in dem Quarz eingewachsen vor. Sie sind wegen ihres starken Aufblähens vor dem Löthrohr sehr merkwürdig.

30. *Analcim*

findet sich derb, in gröbkörnigen, stark verwachsenen Zusammensetzungsstücken, aber auch in hexaëdrischen Krystallen, die in Magneteisenerz eingewachsen sind, auf dem Goroblagodat (I, 346). Er ist grünlich- bis röthlichweiss, von Fettglanz, und nur an den Kanten durchscheinend, hat daher ein von den übrigen Abänderungen des Analcims ziemlich abweichendes Ansehen.

31. *Laumonit*

kommt in etwas verwitterten Krystallen in den Höhlungen eines Dioritporphyrs auf dem Petropawlowschen Berge bei Bogoslowsk vor. Ich verdanke ein schönes Exemplar von dem Laumonite dieses Fundorts der Güte des Herrn Generals v. Tschewkin.

ss. Neutrale Silicate.

32. *Feldspath*

macht in derben Stücken einen Gemengtheil des Granits, Syenits und Miascits aus; krystallisirt findet er sich besonders in aufgewachsenen Krystallen in den Drusenräumen des Granits, weniger in denen des Miascits, in eingewachsenen Krystallen nur zuweilen im Granit.

In den Drusenräumen des Granits findet er sich zu Alabaschka bei Mursinsk (I, 443), an der Ostseite des Ilmensees bei Miask (II, 78) und auf der Woloschnaja Gora bei Miask (II, 104). Die Feldspathkrystalle von Alabaschka sind durch ihre Grösse ausgezeichnet; sie übertreffen darin die Feldspathkrystalle aller anderen bekannten Fundorte, und haben zuweilen eine Länge von mehr als einem Fuss; sie sind dabei von gelber Farbe, und nur an den Kanten durchscheinend, meistens einfach, seltener zusammengesetzt, und dann mit der ersten Spaltungsfläche (*P*) verbunden; häufig sind sie, einen schönen sogenannten Schriftgranit bildend, mit Quarzkrystallen regelmässig durchwachsen, und mit schwarzem Turmalin wie auch mit Albit in kugligen Zusammenhäufungen besetzt. Die Feldspathkrystalle aus dem Granit der Ostseite des Ilmensees sind durch ihre schöne spangrüne Farbe ausgezeichnet, welche von einer geringen Menge Kupferoxyd herrührt, bei den grösseren Krystallen aber nicht gleichmässig verbreitet ist, sondern stellenweise in ein lichtes Fleischroth übergeht. Die Krystalle kommen auch hier von bedeutender Grösse vor, und sind auch oft mit Quarzkrystallen regelmässig durchwachsen. Die Krystalle von der Waloschnaja Gora sind viel kleiner, aber durch die häufig unter ihnen vorkommenden Vierlingskrystalle bemerkenswerth, die, wie die Vierlingskrystalle von Adular am Gotthardt, nur aus dem rhombischen Prisma von 119° mit der schiefen Endfläche (*x*) bestehen. Die Krystalle sind von röthlichbrauner Farbe und kommen mit braunem Bergkrystall vor.

Der Feldspath von Alabaschka, wie auch ein derber gelblichweisser Feldspath aus dem I, 460 beschriebenen Granite von Schaitansk sind in neuerer Zeit in dem Laboratorium meines Bruders von den Herren Moss und Litton in chemischer Hinsicht untersucht worden. Nach diesen Untersuchungen enthalten beide, wie wahrscheinlich aller Feldspath aus dem Granit, neben dem Kali noch etwas Natron; nämlich der Feldspath:

	von Alabaschka	von Schaitansk
Kali	10,18	12,25
Natron	3,50	3,30
Kalkerde	0,11	0,34
Talkerde	—	0,07
Thonerde	20,93	19,00
Kieselsäure	65,91	65,82
	100,63	100,78.

In den Drusenräumen des Miascits finden sich Feldspathkrystalle an der Nordseite des Ilmensees bei Miask; sie kommen aber nicht häufig vor, sind weiss, höchstens einen Zoll gross und nicht bedeutend (II, 49).

Eingewachsene Krystalle von Feldspath kommen 4 bis 5 Linien lang in dem Granite von Kljutschewskaja, ostwärts von Miask und dem Ilmengebirge (II, 18) vor.

An mehreren Orten findet sich der Feldspath zersetzt und mehr oder weniger in Porzellanerde verwandelt. Stark zersetzt findet er sich in dem Granite von Beresowsk neben den Goldgängen (I, 186); reine Porzellanerde kommt in ganzen Lagern auf der Ostseite des Ilmengebirges bei Tschebarkulsk (II, 96); und eben so nach Karpinski[1]) zu Nikolaje-Pawdinskoi bei Bogoslowsk vor.

33. *Albit*

macht in derben Massen ebenfalls einen Gemengtheil mehrerer Gebirgsarten, wie besonders des Granits und Diorits aus, und findet sich in letzterem oft ziemlich grosskörnig, wie in den bei der Hornblende angeführten Abänderungen. Krystallisirt findet er sich in auf- und eingewachsenen Krystallen, die wie immer regelmässige Verwachsungen von zwei oder mehreren Indivi-

[1]) Gorni Journal 1833 Th. I S. 145. Da die Porzellanerde hier im Gebiete des Diorites liegt, so möchte sie aber wahrscheinlich durch Zersetzung des Albits entstanden sein.

duen sind, welche auch stets bei den derben Massen vorkommen. Aufgewachsene Krystalle kommen in den Drusenräumen des Granits von Alabaschka (I, 446) vor; sie haben in den verschiedenen Brüchen ein verschiedenes Ansehen, sind aber immer zu aufgewachsenen Kugeln zusammengehäuft, und im Allgemeinen nicht sehr ausgezeichnet. Auf eine ähnliche Weise, nur noch unbedeutender, finden sie sich in den Drusenräumen des Granits auf der Ostseite des Ilmensees (II, 79) und in kleinen Krystallen in den Drusen des Miascits (II, 62). Alle diese Abänderungen sind nicht zu vergleichen mit den Krystallen, die auf Gängen im Chlorit- und Hornblendeschiefer bei der Kupfergrube Kiräbinsk (II, 174) vorkommen. Sie finden sich hier mit kleinschuppigem Chlorit und durchsichtigem Kalkspath, sind wasserhell und durchsichtig, sehr ausgebildet und glänzend, und gehören unstreitig zu den schönsten bekannten Abänderungen ihrer Art.

Nach einer Analyse des Herrn Dr. Abich, die derselbe auf meine Bitte angestellt hat, enthält dieser Albit:

		Sauerstoffgehalt	
Natron	11,24	2,87	
Kali	0,65	0,11	2,98 = 1
Kalkerde	0,50	0,14	
Mangan und Talkerde	0,18		
Thonerde	8,73	8,73	8,81 = 3
Eisenoxyd	0,27	0,08	
Kieselsäure [1])	68,45	35,55	= 12
	100,00.		

Das specifische Gewicht fand Herr Abich bei 15° R. 2,624.

In eingewachsenen Krystallen kommt der Albit in dem Dioritporphyr vor, z. B. zu Pitatelewskoi bei

[1]) Der Albit wurde mittelst Flussäure zerlegt, und die Kieselsäure aus dem Verlust bestimmt.

Bogoslowsk (I, 392), am Fuss des Anschkul (II, 170), zu Swiäto-Leontewskoi, südlich von Miask (II, 172) u.s.w. die Krystalle sind in der Regel nur einige Linien gross, und mehr oder weniger durchscheinend.

34. *Oligoclas*

ist in diesem Buche von Albit und Labrador noch nicht unterschieden, doch haben spätere Untersuchungen gezeigt, dass er sich an mehreren Orten und auf verschiedene Weise findet; er kommt nämlich derb und in eingewachsenen Krystallen vor; auf die erstere Weise bei Schaitansk in einem Granite, der wahrscheinlich gangförmig im Serpentin aufsetzt (I, 460); in eingewachsenen Krystallen in den Porphyren von Ajatskaja bei Katharinenburg (I, 144). Der Oligoclas von Schaitansk findet sich in einem Gemenge mit Quarz, gelblichweissem Feldspath und schwarzem Glimmer, ist grünlichweiss bis lauchgrün, und in der citirten Stelle als Albit beschrieben; der Oligoclas von Ajatskaja findet sich in Krystallen, die zuweilen 1½ Zoll gross und in dem Porphyre in grosser Menge enthalten sind; er ist weiss, undurchsichtig, und hat ein specifisches Gewicht 2,730. Nach den in dem Laboratorium meines Bruders von den Herren Bodemann und Francis angestellten Analysen enthalten diese beiden Abänderungen des Oligoclas:

	von Schaitansk	Sauerstoff		von Ajatskaja	Sauerstoff	
Natron	7,98	2,04	3,37	7,55	1,93	3,60 = 1
Kali	1,06	0,17		3,91	0,66	
Kalkerde	2,57	0,72		2,16	0,60	
Talkerde	1,14	0,44		1,05	0,41	
Thonerde	22,24	10,37	10,53	19,68	9,46	10,72 = 3
Eisenoxyd	0,54	0,16		4,11	1,26	
Kieselsäure	64,23		33,37	61,06		31,72 = 9
	99,76			99,52		

Der Oligoclas von Schaitansk enthält hiernach etwas zu viel Kieselsäure, was wahrscheinlich in einem Fehler der Untersuchung seinen Grund hat. Der Oligoclas von Ajatskaja hat durch seinen grösseren Gehalt an Kali und Eisenoxyd eine ungewöhnliche Zusammensetzung; vielleicht schreibt sich aber daher das hohe specifische Gewicht, das er besitzt, und das allerdings beim Oligoclas grösser als gewöhnlich, und selbst für Labrador noch ein hohes zu nennen ist.

35. *Labrador*

kommt in kleinen eingewachsenen Krystallen in den Augitporphyren vor, sie sind indessen noch nicht genauer untersucht.

36. *Zweiaxiger Glimmer*

kommt in vielen Gebirgsarten, besonders in Granit, Gneiss und Glimmerschiefer vor; ausgezeichnete Krystalle finden sich jedoch nur im Granit, und sind in demselben besonders an zwei Orten vorgekommen, zu Alabaschka bei Mursinsk (I, 448) und auf der Ostseite des Ilmensees im Ilmengebirge (II, 86). In Alabaschka finden sich die Krystalle in den Drusen des Granits, besonders mit Feldspathkrystallen und kugligem Albit gruppirt; sie sind gelblich bis graulichweiss und bilden oft dicke rhombische Tafeln, deren Seitenflächen aber immer sehr stark gestreift sind, so dass sich ihre Winkel nicht bestimmen lassen; zuweilen zeigen sie, wie der Lithionglimmer von Zinnwald, auch auf der Spaltungsfläche eine Streifung, die auf den Seiten des Rhombus, welchen die Spaltungsfläche bildet, rechtwinklig steht, was auf Zwillingskrystallisation deutet. — Im Ilmengebirge sind die Krystalle von gleicher Farbe, aber in gelblichweissen körnigen Feldspath eingewachsen; sie haben eine prismatische Form und oft eine bedeutende Grösse, indem sie zwischen den Endflächen, denen parallel sie sich spalten lassen, 3 bis 4 Zoll lang sind; aber die Seitenflächen sind rauh, die dünneren Krystalle oft ganz gebogen, so dass auch hier die Winkel nicht zu bestimmen sind; indessen ist es selten, dass man eingewachsene Glimmerkrystalle von einer solchen Grösse sieht.

Glimmer von grünlichweisser Farbe, klein-blättrig und in blumiger Verbreitung zwischen weissem Feldspath findet sich in Ufaleisk (Eversmannsche Samml.).

37. *Talk*

bildet für sich allein oder im Gemenge mit Quarz den Talkschiefer und Listwänit, der sehr häufig am Ural vorkommt. In krummblättrigen Massen findet er sich gangförmig im Chloritschiefer, z. B. zu Newjansk (russ. Min. der berl. Samml.), am Berge Raschkina bei Poläkowsk mit Bitterspath (II, 177), und wahrscheinlich auch so zu Brussiansk bei Katharinenburg, von welchem Fundort der von v. Kobell [1]) analysirte Talk ist. In kleinen spangrünen Krystallen und schuppigen Parthien findet er sich auf den Quarzgängen von Beresowsk und in den Höhlungen des Listwänits von Beresowsk (I, 190 und 184), von schöner smaragdgrüner Farbe nach Koltowskoi [2]) auf den goldführenden Quarzgängen der neuen Grube Anatolsk und Pawlowsk bei Nischne-Saldinsk.

ζζ. Unbestimmte Silicate.

38. *Tschewkinit*

findet sich in mehr oder weniger grossen Stücken mit Feldspath verwachsen im Ilmengebirge bei Miask (II, 92). Er hat eine schwarze Farbe und muschligen Bruch, und, wie es scheint, gewöhnlich eine unregelmässige Begränzung, doch habe ich neuerdings Stücke gesehen, an welchen man theilweise eine regelmässige

---

[1]) Kastners Archiv XII, 28.

[2]) *Annuaire* 1838 S. 274 und 278.

Begränzung nicht verkennen konnte, daher man wohl hoffen darf, dass man ihn auch in vollkommneren Krystallen finden werde. Er ist hauptsächlich eine Verbindung von Kieselsäure mit Eisenoxyd, Ceroxydul und Lanthanoxyd, und durch den Gehalt dieser letzteren seltenen Oxyde merkwürdig.

39. *Xanthophyllit*

findet sich in gelben durchsichtigen, tafelförmigen Krystallen, die 1 bis 2 Zoll grosse kuglige Zusammenhäufungen bilden, welche einen Kern von Talkschiefer einschliessen, und selbst in Talkschiefer eingewachsen sind, in den Schischimskischen Bergen bei Slatoust (II, 120). Die Krystalle sind excentrisch zusammengehäuft, parallel der Hauptfläche der Tafel vollkommen spaltbar, und zeigen, wo sie in den inneren Talkschiefer hineinragen, Spuren von regelmässiger Begränzung; sie enthalten neben der Kieselsäure Thonerde, Kalkerde, Natron und Eisenoxyd.

40. *Rhodochrom*

findet sich in dichten Massen mit splittrigem Bruch und graulichschwarzer, in dünnen Stücken pfirsichblüthrother Farbe auf Chromeisenerz in der Nähe von Kyschtimsk (II, 157); und in kleinen Parthien von mehr schuppigem Ansehen mit Uwarowit auf Chromeisenerz zu Saranowskaja bei Bissersk (I, 380) [1]. Er enthält hauptsächlich Kieselsäure, Chromoxyd und Talkerde, und scheint ein chromhaltiger Serpentin zu sein.

β. Borate.

1. *Rhodizit*

in kleinen Krystallen, Combinationen des Dodecaëders mit dem Tetraëder, die auf rothem Turmalin und Quarz auf- und eingewachsen sind, zu Sarapulsk und Schaitansk bei Mursinsk (I, 466). Die Kry-

[1]) Vergl. darüber weiter unten den Artikel Uwarowit.

talle sind nur klein, höchstens 2 Linien gross und durchscheinend, aber stark glänzend, und werden durch Temperaturveränderung stark polarisch-electrisch. Das Mineral hat mit dem Borazit die grösste Aehnlichkeit und es ist wahrscheinlich, dass es nur ein Borazit ist, in welchem die Talkerde durch Kalkerde ersetzt ist.

γ. Vanadate.

1. *Vanadinbleierz*

findet sich in kleinen sechsseitigen Prismen von brauner Farbe mit dem eben so krystallisirten Grünbleierz, das es oft mit einem krystallinischen Ueberzuge bedeckt, auf den Goldgängen von Beresowsk (I, 209).

2. *Volborthit*

oder das vanadinsaure Kupferoxyd findet sich, nach zwei Stufen in der Sammlung des Herrn Staatsraths Dr. Rauch in Petersburg, die derselbe mir zur Ansicht zu schicken die Güte hatte, zu urtheilen, in kleinen, olivengrünen Krystallen von der Form von sechsseitigen Tafeln, welche 1 bis 4 Linien grosse kuglige Zusammenhäufungen bilden, auf Klüften eines mit erdigem Malachit gemengten thonigen Gesteins in den Turtschininowschen Kupfergruben (also Syssertsk oder Gumeschewsk) und in noch kleineren und dünneren, höchstens eine halbe Linie grossen Krystallen, die einzeln oder in kleinen schuppigen Parthien auf dichtem Brauneisenerz aufsitzen, auf der Kupfergrube bei Nischne-Tagilsk [1]).

---

[1]) Wegen der Kleinheit der Krystalle liess sich an diesen Stufen nichts Näheres als das Angegebene über die Form der Krystalle bestimmen. Die erste dieser Stufen ist dieselbe, nach welcher Dr. Volborth die Species bestimmt hat (*Bulletin scientifique publié par l'Acad. Imp. des sciences de St. Petersbourg T. IV No.* 2). Sie war damals die einzige bekannte; nach der Zeit ist der Volborthit ausser in Nischne-Tagilsk, wie die zweite Stufe beweist, in schuppigen Parthien und angeflogen auf Klüften des Kupfersandsteins ver-

d. Chromate.

1. *Rothbleierz*

findet sich in den schönsten Krystallen und in der grössten Menge in den Gruben von Beresowsk (I, 204), wo es theils mit krystallisirtem Quarz zusammen auf den Quarzgängen selbst, theils in den Klüften im Granit neben denselben bricht. Es ist ferner auf eine ganz ähnliche Weise auf den Quarzgängen im Granit der Totschilnaja Gora bei Mursinsk (I, 437), und in geringer Menge auf der Bertewaja Gora bei Nischne-Tagilsk (I, 322) vorgekommen.

2. *Melanochroit*

kommt undeutlich krystallisirt mit Bleiglanz auf den Quarzgängen von Beresowsk vor (I, 205).

3. *Vauquelinit*

kommt in kleinen grünen, büschelförmig zusammengehäuften undeutlichen Krystallen mit Rothbleierz auf denselben Gängen vor (I, 206).

e. Sulphate.

1. *Schwerspath* und *Vitriolbleierz*

1) Schwerspath, sonst als Gangart so häufig, findet sich am Ural nur sehr sparsam. In schönen Drusen kommt er nur beim Dorfe Medwedjewa, westwärts von Slatoust (II, 137) vor, wo er mit Brauneisenerz und Letten nesterweise im Thonschiefer bricht. Die Krystalle dieses Fundorts sind rücksichtlich ihrer Form merkwürdig, indem die Flächen des sonst gewöhnlich nur niedrig und tafelartig erscheinenden rhombischen Prisma, mit welchen parallel der Schwer-

---

schiedener Kupfergruben des Gouv. Perm, wie der Iwanowschen Grube bei der Stadt Perm und der zu den Bisjarskischen Hüttenwerken gehörigen Tschuryschinskischen Grube vorgekommen. Ich verdanke mehrere schöne Stücke dieses Vorkommens der Güte des Herrn Generals von Tschewkin.

spath spaltbar ist, hier sehr ausgedehnt vorkommen. — Ausserdem findet sich der Schwerspath noch auf den Turjinschen Gruben bei Bogoslowsk (I, 416) und an der Bertewaja Gora bei Nischne-Tagilsk, aber nicht ausgezeichnet [1]).

2) Vitriolbleierz nur in kleinen derben Massen sparsam mit Bleiglanz auf den Beresowschen Gruben (I, 211).

2. *Brochantit*

in kleinen smaragdgrünen, glänzenden Krystallen, die auf kleinen derben Parthien und auf Rothkupfererz aufgewachsen sind auf der Kupfergrube Gumeschewsk (I, 267) [2]).

Anhang I.

Unzerlegte Mineralien.

1. *Uwarowit*

in kleinen glänzenden Dodecaëdern von schön-smaragdgrüner Farbe auf Chromeisenerz mit schuppigem Rhodochrom aufgewachsen zu Saranowskaja bei Bissersk (I, 380) [3]), und in einem dünnen Ueberzuge auf Chromeisenerz bei Kyschtimsk (II, 160). Von seiner Zusammensetzung weiss man nur, dass es Chromoxyd und etwas Kieselsäure enthält [4]).

---

[1]) Strontspath ist am Ural selbst noch nicht gefunden, kommt aber theils derb, theils in rhombischen Tafeln krystallisirt an der Wolga mit gediegenem Schwefel, in den Höhlungen des dichten Kalksteins von der Sernaja Gora (II, 240) vor.

[2]) Die hier versprochene Analyse konnte wegen der geringen Menge des Materials, welches ich zur Disposition stellen konnte, nicht genügend ausgeführt werden.

[3]) In der citirten Stelle ist das violette, mit dem Uwarowit brechende Mineral als Lepidolith angegeben; spätere Versuche haben mich aber überzeugt, dass es in der That Rhodochrom sei.

[4]) Bei dieser Gelegenheit erwähne ich noch eines anderen chromhaltigen Minerals, des Wolchonskoits, der in der neueren Zei-

2. *Mengit*

in kleinen schwarzen prismatischen Krystallen, die in dem Granit auf der Ostseite des Ilmensees bei Miask und zwar gewöhnlich in dem Albit desselben eingewachsen sind (II, 83); er enthält neben Eisenoxyd sehr wahrscheinlich Zirkonerde.

3. *Pyrrhit*

in kleinen gelben octaëdrischen Krystallen auf krystallisirten Feldspath aufgewachsen in den Drusen des Granits von Alabaschka (II, 383). Ueber die chemische Zusammensetzung dieses Minerals ist noch nichts ausgemacht.

Anhang II.

Organische Mineralien.

1. *Bernstein*

in der Braunkohle von Kaltschedanskoi am Isset bei Kamensk (I, 481)[1]).

2. *Braunkohle*

in Kaltschedanskoi bei Kamensk (I, 480), an dem Flüsschen Mostowaja bei Bogoslowsk (I, 422) u. s. w.

Nach dieser Uebersicht sind also am Ural bekannt 93 Mineralgattungen mit 110 Species, wobei aber die Species mancher Gattungen, wie die des Turmalins, nicht mitgezählt sind. Die Zahl der Gattungen und Species ist demnach sehr bedeutend, obgleich der Ural

---

als grüne amorphe Masse in dem Kupfersandstein des Kreises Ochansk (Gouv. Perm) vorgekommen ist. Nach den Analysen von Berthier und Kersten ist er eine wasserhaltige Verbindung von Kieselsäure mit Chromoxyd, Eisenoxyd, Thonerde und Talkerde.

[1]) Ausführlichere Nachrichten über diesen Bernstein finden sich im *Annuaire* 1836 S. 127.

doch im Ganzen noch wenig durchforscht ist, und in ihm wenig Gangbergbau statt findet, durch den im Allgemeinen die meisten Mineralien zu Tage gefördert werden. Aber es ist nicht nur die Zahl der Mineralien, sondern auch die Schönheit und sonstige Seltenheit vieler derselben bemerkenswerth. Sehr viele derselben haben sich entweder in gar keinen oder nur sehr wenigen anderen Gegenden gefunden, und viele anderwärts bekannte sind hier von einer ungewohnten Schönheit und Grösse vorgekommen.

Zu den Mineralien, die bisher noch an keinem anderen Orte gefunden sind, gehören:

1. Dunkles Osmium-Iridium	11. Cancrinit
2. Nadelerz	12. Tschewkinit
3. Diaspor	13. Xanthophyllit
4. Hydrargillit	14. Rhodizit
5. Chlorospinell	15. Volborthit
6. Aeschynit	16. Melanochroit
7. Perowskit	17. Uwarowit
8. Uranotantal	18. Mengit
9. Chloritoid	19. Pyrrhit.
10. Barsowit	

Zu den Mineralien, die nur an sehr wenigen anderen Orten vorgekommen sind, gehören:

1. Pyrochlor	7. Rhodochrom
2. Monazit (Edwardsit)	8. Vanadinbleierz
3. Libethenit	9. Rothbleierz
4. Buklandit	10. Vauquelinit
5. Phenakit	11. Brochantit
6. Pyrophyllit	

Auch ist vielleicht Platin und Diamant zu diesen Mineralien zu zählen.

Zu den Mineralien, die an vielen anderen Orten vorkommen, aber am Ural durch Grösse und Schönheit der Ausbildung ausgezeichnet sind, gehören:

1. Gediegenes Kupfer von Bogoslowsk.
2. - Gold von Beresowsk.

3. Gediegenes Platin von Nischne-Tagilsl.
4. Rothkupfererz von Gumeschewskoi und Nischne-Tagilsk.
5. Corund vom Ilmengebirge.
6. Ilmenit daher.
7. Chrysoberyll von der Takowaja.
8. Magneteisenerz von der Nasimskaja.
9. Kalkspath von Kiräbinsk.
10. Bitterspath von Miask.
11. Malachit von Gumeschewskoi und Nischne-Tagilsk.
12. Apatit von Kiräbinsk.
13. Einaxiger Glimmer vom Ilmengebirge.
14. Rother Granat von Achmatowsk.
15. Gelber Granat von der Schischimskaja.
16. Zirkon vom Ilmengebirge.
17. Chlorit von Achmatowsk.
18. Sodalith vom Ilmengebirge.
19. Topas vom Ilmengebirge und von Alabaschka.
20. Turmalin (Rubellit) von Schaitansk.
21. Diopsid von Achmatowsk.
22. Rhodonit von Katharinenburg.
23. Diallag vom Auschkul.
24. Beryll von Alabaschka und vom Ilmengebirge.
25. Phenakit von der Takowaja.
26. Lepidolith von Schaitansk und Juschakowa.
27. Feldspath von Alabaschka und dem Ilmengebirge.
28. Albit von Kiräbinsk.
29. Zweiaxiger Glimmer vom Ilmengebirge.
30. Titanit von Turgojaksk und Achmatowsk.
31. Schwerspath von Slatoust.

So gross die Anzahl der Mineralien des Ural ist, so verdient doch bemerkt zu werden, was auch Herr v. Humboldt hervorhebt [1]), wie wenig dieselben gleichmässig vertheilt sind. Abgesehen von denen, die zur eigentlichen Constitution der Gebirgsarten

[1]) *Asie centrale* B. I S. 474.

gehören, und am ganzen Ural verbreitet sind, kommen die übrigen meistentheils nur an einigen wenigen Orten gleichsam concentrirt vor, und bilden hier einen merkwürdigen Gegensatz mit der übrigen grösseren Einförmigkeit in der Felsstructur des Ural. Zu diesen mineralogisch wichtigen Punkten gehören:

1) das Ilmengebirge, besonders in demselben die Umgebungen des Ilmensees bei Miask,

2) die Umgebungen von Mursinsk und namentlich von Alabaschka, Sisikowa, Juschakowa, Schaitansk und Sarapulsk,

3) die Goldgruben von Beresowsk,

4) die Gegend an der Takowaja, ostwärts von Katharinenburg,

5) die Nasimskaja Gora mit dem Mineralienschurf Achmatowsk bei Slatoust,

6) die Schischimskaja Gora bei Slatoust,

7) die Kupfergrube Kiräbinsk bei Poläkowsk,

8) die Kupfergruben Gumeschewskoi, Nischne-Tagilsk und Bogoslowsk.

Im Ilmengebirge kommen die Mineralien auf Drusenräumen im Miascit und Granit vor, bei Mursinsk auf Drusenräumen und Quarzgängen, in Beresowsk nur auf Quarzgängen im Granit. An der Takowaja, der Nasimskaja Gora und Schischimskaja Gora und zu Kiräbinsk kommen sie im metamorphischen Gebirge vor, an der Takowaja und der Schischimskaja Gora in Glimmerschiefer und Talkschiefer eingewachsen, an der Nasimskaja Gora und zu Kiräbinsk auf Gängen und Höhlungen im Chloritschiefer, wie auch in diesem eingewachsen, auf den Kupfergruben Gumeschewsk, Nischne-Tagilsk und Bogoslowsk nesterweise im Thone.

In dem Ilmengebirge kommen vor:

1. Zirkon
2. Topas
3. Corund
4. Ilmenit
5. Feldspath
6. Einaxiger Glimmer
7. Zweiaxiger Glimmer
8. Sodalith

9.	Cancrinit	20.	Granat
10.	Aeschynit	21.	Eläolith
11.	Mengit	22.	Turmalin
12.	Monazit	23.	Beryll
13.	Pyrochlor	24.	Apatit
14.	Tschewkinit	25.	Flussspath
15.	Uranotantal	26.	Kalkspath
16.	Quarz	27.	Titanit
17.	Albit	28.	Magneteisenerz
18.	Hornblende	29.	Graphit
19.	Pistazit		

Von diesen sind besonders die ersteren 15 ausgezeichnet, die 7 ersteren durch Grösse und Vollkommenheit ihrer Krystalle, der Sodalith durch seine Farbe, die auch bei dem Feldspathe eigenthümlich ist, die 7 übrigen durch ihre sonstige Seltenheit. Der Monazit, Pyrochlor, Tschewkinit und Uranotantal sind zugleich die einzigen Cer, Lanthan, Tantal und Thorium enthaltenden Mineralien, die am Ural vorkommen.

In den Umgebungen von Mursinsk finden sich:

1.	Topas	8.	Quarz (Bergkrystall und Amethyst)
2.	Beryll	9.	Zweiaxiger Glimmer
3.	Rother Turmalin (Rubellit)	10.	Albit
4.	Feldspath	11.	Schwarzer Turmalin
5.	Lithionglimmer	12.	Granat
6.	Rhodizit	13.	Andalusit.
7.	Pyrrhit		

Von diesen gehören Topas, Beryll und Rubellit zu den vollkommensten Abänderungen ihrer Art; ebenfalls ausgezeichnet ist der Bergkrystall und Amethyst, sowie auch der Feldspath, der an Grösse noch den grünen Feldspath vom Ilmengebirge übertrifft. Der Lithionglimmer ist durch seine Grossblättrigkeit, Rhodizit und Pyrrhit durch ihre Seltenheit ausgezeichnet. Die Umgegend von Mursinsk ist die eigentliche Edelsteingegend des Ural.

In den Goldgruben von Beresowsk finden sich:

1.	Quarz	11.	Bleiglanz
2.	Turmalin	12.	Rothbleierz
3.	Talk	13.	Melanochroit
4.	Pyrophyllit	14.	Vauquelinit
5.	Bitterspath	15.	Vanadinbleierz
6.	Gold	16.	Grünbleierz
7.	Eisenkies	17.	Weissbleierz
8.	Nadelerz	18.	Vitriolbleierz
9.	Fahlerz	19.	Schwefel
10.	Kupferkies		

Die hier vorkommenden Mineralien sind nächst dem Golde, das sich in complicirten Krystallen findet, dem seltenen Nadelerz und Pyrophyllit und dem in grossen, freilich meistens in Eisenoxydhydrat umgeänderten Krystallen von Eisenkies, durch die seltenen Bleisalze, namentlich das schöne Rothbleierz, das Vanadinbleierz, der Vauquelinit und Melanochroit ausgezeichnet. Das Nadelerz, welches sich nur hier findet, ist das einzige Wismutherz des Ural.

In dem Glimmerschiefer an der Takowaja kommen vor:

1.	Smaragd	4.	Rutil
2.	Phenakit	5.	Flussspath.
3.	Chrysoberyll		

Von diesen haben die drei ersten an Grösse der Krystalle nicht ihres Gleichen, und der Smaragd kommt wenigstens in einzelnen Krystallen dem Columbischen gleich. Sie enthalten nicht allein sämmtlich Beryllerde, sondern sie machen zusammen auch fast sämmtliche Beryllerde-haltigen Mineralien aus, indem von diesen eigentlich nur der Euclas fehlt [1]).

---

[1]) Auch der Helvin, Gadolinit und Leucophan gehören hierher, die aber doch Beryllerde nur in geringerer Menge enthalten.

Auf der Nasimskaja Gora bei Slatoust finden sich:

1. Granat
2. Chlorit
3. Diopsid
4. Pistazit
5. Apatit
6. Titanit
7. Vesuvian
8. Magneteisenerz
9. Perowskit.

Fast alle diese Mineralien sind durch Schönheit der Krystallisation ausgezeichnet; sie gleichen auf das Auffallendste sowohl den Mineralien von dem Zillerthal in Tyrol, als auch von Ala in Piemont, namentlich der Chlorit mit seinem ausgezeichneten Dichroismus, der Apatit, Titanit und Vesuvian den Zillerthaler, der Granat und Diopsid den Alaer Mineralien. Der Pistazit ist grösser als vom Zillerthal, er hat fast eine Arendaler Physiognomie, der Perowskit ist dem Ural eigenthümlich.

In der Schischimskaja Gora finden sich:

1. Chlorospinell
2. Magneteisenerz
3. Gelber Granat
4. Strahlstein
5. Hydrargillit,

bis auf den in kleinen scharfbegränzten Krystallen vorkommenden Granat und das Magneteisenerz lauter nur diesem Fundort eigenthümliche Mineralien.

In Kiräbinsk kommen ausser den verschiedenen Kupfererzen, unter denen besonders der Kupferkies ausgezeichnet ist, vor:

1. Albit
2. Apatit
3. Kalkspath
4. Strahlstein
5. Chlorit,

von denen die beiden ersten durch Klarheit und Schönheit der Krystallisation wenige ihres Gleichen haben, der Kalkspath an Durchsichtigkeit dem Isländischen Doppelspath gleich kommt, wenn er auch nicht in so grossen Stücken bricht.

Auf den Kupfergruben Gumeschewsk, Nischne-Tagilsk und Bogoslowsk kommen vor:

1. Ged. Kupfer
2. Rothkupfererz

3. Malachit
4. Kupfergrün
5. Brochantit
6. Kupferkies
7. Kupferglanz
8. Fahlerz
9. Kupferlasur
10. Kupferblau
11. Libethenit
12. Ged. Silber
13. Eisenkies
14. Zinkblende
15. Eisenglanz
16. Brauneisenerz
17. Stilpnosiderit
18. Schwerspath
19. Quarz

Von diesen sind besonders die drei ersten Mineralien berühmt, doch auch das Kupfergrün von Bogoslowsk und der Brochantit von Gumeschewskoi ausgezeichnet.

Nachträge.

1. Zu *Phenakit*, *Beryll* und *Chrysoberyll*.

Herr Capt. Awdejeff hat indessen seine oben S. 452 erwähnten Untersuchungen beschlossen. Es ergiebt sich daraus, dass die Beryllerde wahrscheinlich nicht zu den Basen $\dddot{R}$, sondern zu den Basen $\dot{R}$ gehört, und ihr Sauerstoffgehalt nicht 31,15 pCt., wie man bisher angenommen hatte, sondern 63,258 pCt. beträgt. Das Atomengewicht des Berylliums ist demnach 58,084, das kleinste nächst dem Wasserstoff. Die Beryllerde-haltigen Mineralien erhalten nun andere Formeln, und zwar:

der Phenakit die Formel $\dot{G}^3\dddot{Si}$

der Beryll - - $\dot{G}^3\dddot{Si} + \dddot{Al}\dddot{Si}$.

Beide sind also Drittel-Silicate, und ihre Stelle würde in der obigen Uebersicht auf S. 448 hinter Epidot zu setzen sein. Nach dem neuen Atomengewicht berechnet ist die Zusammensetzung:

	des Phenakits	des Berylls
Beryllerde	44,56	13,59
Thonerde	—	18,80
Kieselsäure	55,44	67,61
	100,00	100,00.

Der Chrysoberyll ist von Awdejeff neu untersucht worden. Er hat sowohl die Abänderung vom Ural, als auch die aus Brasilien analysirt. Die Analyse der ersteren hat folgendes Resultat ergeben:

		Sauerstoffgehalt	
Beryllerde	18,02	11,40	1
Eisenoxydul	3,12	0,71	
Thonerde	78,92	36,86	3
Chromoxyd	0,36	0,11	
Kupfer- und Bleioxyd	0,29		

Chemische Formel: $\dot{G}\dddot{Al}$. Hiernach berechnet würde die Zusammensetzung sein:

Beryllerde	19,75
Thonerde	80,25
	100,00

Ganz ähnlich ist auch der Chrysoberyll aus Brasilien zusammengesetzt, er enthält nur etwas mehr Eisenoxydul (4,47 pCt.) und kein Chromoxyd.

Der Chrysoberyll ist demnach eine ganz ähnliche Verbindung wie der Spinell, gehört aber nicht mit ihm zu derselben Gattung, da seine Form ganz verschieden ist. Dasselbe ist auch der Fall mit dem Phenakit und Beryll in Bezug auf den Olivin und Granat oder Vesuvian, indem ihre atomistische Zusammensetzung ebenfalls gleich, und ihre Form verschieden ist. Die Beryllerde hat daher eine von den Formen der übrigen Erden und wahrscheinlich auch der Alkalien verschiedene Form, und bildet unter den einatomigen Basen eine ganz besondere Abtheilung.

2. Zu *Xanthophyllit* (II, 120 und 450).

Der Xanthophyllit ist auf meine Bitte von Herrn Meitzendorf in dem Laboratorium meines Bruders analysirt worden. Herr Meitzendorf hat 3 Analysen angestellt, und das Mineral bei der ersteren mit kohlensaurem Natron, bei der zweiten mit Flusssäure, bei der dritten mit Schwefelsäure aufgeschlossen, indem diese den Xanthophyllit leichter als Chlorwasserstoffsäure zersetzt. Sie haben folgendes Resultat gegeben.

	1.	2.	3.	Mittel	Sauerstoff	
Talkerde	21,24	19,04	19,47	19,91	7,70	} 4
Kalkerde	11,37	13,12	14,50	12,99	3,64	
Eisenoxydul	2,12	2,92	2,49	2,51	0,46	
Natron	—	0,67	0,62	0,65	0,16	
Thonerde	44,00	43,73	43,17	43,63	20,37	6
Kieselsäure	17,05	—	16,41	16,73	8,69	3
Wasser	4,21	—	4,45	4,33	3,84	1
			101,11	101,75		

Die Zusammensetzung des Xanthophyllits ist hiernach, wegen der geringen Menge der Kieselsäure bei dem grossen Thonerdegehalt sehr merkwürdig. Die Analysen stimmen nicht vollkommen überein, was in der Schwierigkeit einer genauen Bestimmung der Talkerde bei einem grossen Gehalte an Kalkerde und Thonerde seinen Grund hat [1]), und die Aufstellung einer chemischen Formel für das eigenthümlich zusammengesetzte Mineral erschwert. Nimmt man aber an, dass sich der Sauerstoff von $\dot{R}$, $\overset{\cdots}{Al}$, $\overset{\cdots}{Si}$ und $\dot{H}$ ver-

---

[1]) Herr Meitzendorf hat deshalb auch die Analysen noch zu wiederholen beschlossen. Bei der II, 120 angeführten qualitativen Untersuchung habe ich die Talkerde ganz übersehen, wahrscheinlich weil ich nur die Auflösung des Xanthophyllits in Chlorwasserstoffsäure, wovon er nur sehr schwer zersetzt wird, und wodurch er bei meinem Versuche wohl nur unvollständig aufgeschlossen war, untersucht habe

hält wie 4 : 6 : 3 : 1, und dass die Thonerde hierbei die Rolle einer Säure spielt, so erhält man die Formel:

$$\dot{R}\dddot{S} + 2\dot{R}\,\dddot{Al} + \dot{R}\dot{H}.$$

Berechnet man nach dieser die Zusammensetzung unter der Voraussetzung, dass der Sauerstoff der Talkerde zu dem der Kalkerde sich wie 2 : 1 verhalte, so fällt sie folgender Massen aus:

Talkerde	21,96
Kalkerde	15,13
Thonerde	40,94
Kieselsäure	18,40
Wasser	3,58
	100,01.

Interessant ist nach diesen Analysen die Uebereinstimmung des Xanthophyllit's mit dem Minerale von Amity in New-York, das von Clemson, Thomson und Breithaupt den Namen Seybertit, Holmesit und Chrysophan erhalten, und auch ausserdem noch Clintonit benannt ist. Es hat nämlich nach den Analysen von Clemson, Richardson [1]) und Plattner [2]) folgende Zusammensetzung:

Talkerde	24,3	9,05	9,8	
Kalkerde	10,7	11,45	12,5	
Eisenoxydul	5	Oxyd 3,8	4,3	
Manganoxydul	—	1,35	—	
Zirkonerde	—	2,05	—	
Thonerde	37,6	44,75	46,7	
Kieselsäure	17,0	19,35	21,4	
Flusssäure	—	0,9	—	
Wasser	3,6	4,55	3.5	nebst Natron
	98,2	98,25	98,2.	

Nach den Stücken, die die königl. berl. Sammlung neuerdings erhalten, und nach den Beschreibungen in den oben citirten Werken kommt der Seybertit auch in

[1]) *Dana system of mineralogy* S. 266.

[2]) Breithaupt, Handbuch der Mineralogie Th. II, S. 385.

unbestimmt begränzten tafelförmigen Krystallen vor, die nach der Hauptfläche vollkommen spaltbar, und in Kalkspath eingewachsen sind. Er ist gelblichbraun, hat auf der Hauptfläche der Tafeln metallischen Perlmutterglanz, eine Härte, die zwischen der des Flussspaths und Apatits steht, und ein specifisches Gewicht 3,098 (Dana), oder 3,071 (Breithaupt). In dem Kalkspath findet sich neben ihm noch Hornblende und Graphit eingewachsen.

Dunklere Farbe, die vielleicht durch den etwas grösseren Eisengehalt hervorgebracht wird, so wie das Vorkommen zeichnen den Seybertit, bei der noch unvollständigen Kenntniss seiner chemischen Zusammensetzung, besonders vor dem Xanthophyllit aus; nicht so die Härte, denn diese ist auch bei dem letzteren geringer, als S. 120 angegeben ist, wenn man sie auf der Hauptfläche der Tafeln untersucht, indem er hier durch Apatit geritzt wird, während er mit den Rändern der Tafel den Apatit deutlich ritzt. Es ist demnach wahrscheinlich der Xanthophyllit nicht wesentlich, wenigstens nicht als Gattung, verschieden, was indessen völlig auszumachen, noch weiteren Untersuchungen vorbehalten bleiben muss.

3. Zu *Lepidolith.*

Der I, 457 und II, 505 beschriebene grossblättrige Lepidolith von Juschakowa ist von Herrn Rosales aus Cadix in dem Laboratorium meines Bruders analysirt worden. Nach einem Mittel von 3 Analysen enthält derselbe:

Thonerde	20,80
Manganoxyd	4,30
Kieselsäure	48,92
Kalium	9,20
Natrium	1,66
Lithium	1,24
Calcium	0,08

Fluor	10,44
Chlor	1,31
	97,95.

Die wahrscheinlichste Formel, die sich hiernach aufstellen lässt, ist:

$$\left.\begin{matrix}\dddot{Al}\\ \dddot{Mn}\end{matrix}\right\}\dddot{Si}^{2} + \left.\begin{matrix}3K\\ 3L\\ 1Na\end{matrix}\right\}Fl^{2}.$$

Hiernach berechnet würde die Zusammensetzung sein:

Thonerde	27,72
Kieselsäure	49,83
Kalium	9,09
Lithium	1,51
Natrium	1,76
Fluor	10,09
	100,00.

II. Gebirgsarten des Ural.

In der folgenden Uebersicht sind die Gebirgsarten in die 3 jetzt üblichen Klassen eingetheilt, in neptunische, metamorphische und vulkanische[1]). Von den neptunischen sind nur wenige zu erwähnen, denn der Ural fängt eigentlich erst da an, wo diese aufhören und in die metamorphischen übergehen. Er ist ein langes, schmales Meridiangebirge[2]), das aus mehreren ziemlich parallelen Gebirgszügen besteht, die oft längere Zeit nebeneinander fortlaufen, dann abwechselnd abfallen und sich wieder erheben. Diese Züge sind grösstentheils nur die nach parallelen Linien emporgerichteten Schichten des metamorphischen Gebirges, welche von dem wie auf grossen Gangspalten hervorgebrochenen vulkanischen Gebirge begleitet oder durchschnitten werden. Auf dem metamorphischen Gebirge folgt ost- und westwärts das nep-

---

[1]) Letztere im weiteren Sinne des Worts, die älteren vulkanischen, oder sogenannten plutonischen Gebirgsarten, die am Ural allein vorkommen, mit eingerechnet.

[2]) Die Länge des Ural beträgt, wie Hr. v. Humboldt bemerkt*), über 500 geographische Meilen, wenn man als seine südliche Verlängerung die Hochebene des Ust-Urt in dem Isthmus der Truchmenen zwischen dem Aral-See und dem Kaspischen Meere und als seine nördliche Fortsetzung die Berge von Novaja-Semla betrachtet. Diese Länge kommt dem Theile der Anden von der Magellan-Strasse bis zu dem Busen von Arica oder der ganzen Breite Europas von der Südspitze des Peloponnes bis zum Cap Nord gleich.

---

*) *Asie centrale* B. I S. 412.

tunische Uebergangsgebirge, aus silurischen und devonischen Formationen bestehend, das mit jenem nicht allein gleichförmig gelagert ist, sondern auch einen so vollständigen Uebergang in dasselbe bildet, dass man das metamorphische Gebirge selbst für nichts anderes als ein verändertes Uebergangsgebirge halten kann. Weiter ostwärts fällt das Gebirge zur Steppe ab, ohne hier von neueren Formationen bedeckt zu sein, während diese auf der Westseite noch ein weit fortsetzendes hügliges Vorland bilden, das sich fern vom Ural zu Höhen erhebt, die diesen an manchen Stellen nur wenig an Grösse nachstehen [1]). In dem eigentlichen Ural kommt also weiter kein anderes neptunisches Gebirge vor, bis auf die neuesten Bildungen desselben, Braunkohle, Torf, und das in neuerer Zeit durch die in ihm entdeckten Massen Goldes und Platins so wichtig gewordene Seifengebirge, das die Thäler und Niederungen im Innern des Ural bedeckt.

In dem Folgenden werde ich nun zuerst das metamorphische, sodann das ältere neptunische und das vulkanische, und zuletzt die eben erwähnten neuesten Bildungen des neptunischen Gebirges aufführen, da das Seifengebirge, welches bei diesen die Hauptsache ist, aus den Trümmern aller übrigen Gebirge besteht, die daher zuvor erwähnt sein müssen.

---

[1]) In der Breite von Katharinenburg folgen schon bei Grobowskoje, der dritten Station oder 50 Werste (die Krümmungen des Weges mit eingerechnet) westwärts von jener Stadt auf den Uebergangskalkstein die neueren Formationen, die sich zwischen hier und der sechsten Station Bisserskaja in der Beresowaja Gora und Majaskaja Gora, über welche die sibirische Hauptstrasse hinwegführt, bis zu 1093 und 978 Fuss erheben, während die Strasse auf dem Rücken des Ural keine grössere Höhe als 1271 Fuss erreicht (I, 122 und 126). Wollte man also die Gränze des Ural nicht nach den Formationen, sondern nach der Höhe der Berge bestimmen, so hätte man sie nach dieser Seite noch jenseits Grobowskoje bis Bisserskaja hinauszurücken.

I. Metamorphisches Gebirge.

1. Glimmerschiefer

herrscht im südlichen Ural, und bildet zwischen Miask und Slatoust sowohl die Kette des eigentlichen Ural, als auch die Kette des Iremel, der Urenga, des Taganai und der Jurma (II, 104, 107, 116), welche letztere nach Hofmann und v. Helmersen auch in ihrer weiteren Fortsetzung bis fast an den Durchbruch des Ural (Jaik) daraus besteht. Auch in der nördlichen Fortsetzung der Jurma findet er sich, wie bei Syssertsk (I, 275), doch scheint er weiter nördlich in dieser Kette dem Talkschiefer Platz zu machen. Dagegen findet er sich in der Breite von Katharinenburg noch auf der Ostseite des Ural, wie an der Takowaja und dem Bolschoi-Reft (I, 477 und 483), hier wie überall mit einem Streichen, das dem Gebirge parallel geht, und einem steilen, aber bald östlichen, bald westlichen Einfallen; im Kleinen indessen öfter wellenförmig gebogen und geknickt (II, 116).

Der Glimmerschiefer der Gegend von Slatoust ist in der Regel dünnschiefrig und sehr quarzig; sein Glimmer grünlichgrau und graulichweiss. Der Glimmerschiefer von Syssertsk und der Takowaja ist weniger dünnschiefrig und quarzig, der Glimmer kleinschuppig, braun und grün. Zufällige Gemengtheile kommen in ihm häufig vor, besonders rother Granat (Eisenthon-Granat), wie am Taganai und an anderen Stelllen in der Gegend von Slatoust und zu Syssertsk, wo er durch seine Grösse ausgezeichnet ist; ausserdem Staurolith und Cyanit am Taganai und körniges Magneteisenerz und Graphit in dem Glimmerschiefer westlich von Slatoust; besonders merkwürdige eingewachsene Krystalle finden sich aber in dem Glimmerschiefer der Takowaja, wo die schönen Smaragde und der seltene Phenakit und

Chrysoberyll, und ausserdem noch Flussspath und Rutil vorkommen.

An der Gränze des Glimmerschiefers mit körnigem Kalkstein finden sich bei Slatoust Nester von Brauneisenerz, die bebaut werden (II, 105).

2. Hornblendeschiefer

findet sich in untergeordneten Lagern in dem Glimmerschiefer, wie an der Urenga bei Slatoust, wo er eingewachsene Krystalle von rothem Granat, Magnet- und Eisenkies enthält (II, 117), und in einem Lager mit körnigem Kalkstein zu Newinsko-Stolbinskoi bei Newjansk (I, 298). In grösster Ausdehnung scheint er indessen in dem nördlichen Ural mit dem Diorit vorzukommen, der dort ebenfalls eine grosse Entwickelung gewinnt.

3. Aventurin

findet sich in grossen mächtigen Lagern im Glimmerschiefer, und nimmt bei seiner Unzerstörbarkeit und der steilen Stellung der Gebirgsschichten die höchsten Punkte ein, wie im eigentlichen Ural zwischen Miask und Slatoust, am Taganai, Iremel, der Urenga und Jurma, und nach Hofmann und Helmerssen auch in dem übrigen Theile des Baschkirischen Ural (II, 105, 111, 116). Er ist eine Quarzmasse, die sehr häufig Glimmerschiefer eingemengt enthält, und ist demnach nichts anderes, als ein sehr quarzreicher Glimmerschiefer; stellenweise ist er öfter röthlich und gelblich gefärbt, und bei der guten Politur, die er geschliffen annimmt, zur Verarbeitung zu Vasen, Tischplatten und anderen Gegenständen geeignet.

4. Gneiss

zieht sich als schmaler Streifen auf der Westseite des Ilmengebirges entlang bei Miask, Muhambetjewa und Barsowskoi bei Kyschtimsk (II, 47, 144 und 148). Er ist dünnflasrig und besteht aus weissem oder fleischrothem Feldspath, graulichweissem bis gelblichgrauem Quarz und schwarzem Glimmer. Er kommt auch im südlichen Ural vor.

5. Miascit

macht den Westabhang des Ilmengebirges aus, und findet sich hier zwischen dem oben erwähnten Gneiss und dem auf der Ostseite vorkommenden Granit (II, 47). Er besteht aus weissem Feldspath, graulichweissem Eläolith, und ist in der Nähe des Gneisses noch deutlich schiefrig und gleichförmig mit ihm gelagert, verliert aber ferner davon ganz seine schiefrige Structur, und bildet hier stellenweise ein sehr grobkörniges Gestein [1]). Mit der Structur verändert sich auch noch seine mineralogische Beschaffenheit, indem der Eläolith verschwindet und Albit hinzutritt, auch zuweilen Hornblende und selbst Quarz sich einstellen.

Der Miascit ist durch seine grosse Menge unwesentlicher Gemengtheile ausgezeichnet. In dem eläolithhaltigen Miascit finden sich von diesen Sodalith, Cancrinit, Zirkon, Apatit, Ilmenit, Flussspath, in der eläolithfreien Varietät ausser dem Albit, Quarz und der Hornblende: Zirkon, Pyrochlor, Apatit, Titanit, Aeschynit, Uranotantal, Tschewkinit, Monazit, Corund, Pistazit.

6. Talkschiefer

findet sich im südlichen Ural nur untergeordnet als Lager im Glimmerschiefer, wie in der Schischimskaja Gora bei Slatoust (II, 117), oder mit Thonschiefer, wie in dem Thale von Miask bei der Goldgrube Perwopawlowsk (II, 37); im mittleren Ural nimmt er indessen an Ausdehnung zu, nordwärts von Kathari-

[1]) Es ist daher noch ungewiss, wohin der Miascit zu rechnen sei. Ich habe ihn bei der mangelhaften Kenntniss desselben daher hier nur vorläufig zu den metamorphischen Gebirgsarten gestellt.

nenburg findet er sich schon auf dem Kamme selbst (I, 125), und von Nischne-Tagilsk an bildet er denselben fast ganz allein bis in den höchsten Norden (I, 349 und 382).

Seiner Beschaffenheit nach ist er in der Regel sehr dünnschiefrig, und besteht aus nichts anderem als aus grossen übereinander liegenden Blättern von grünlich- und gelblichgrauem Talk; an manchen Stellen wird er indessen sehr quarzig, und enthält selbst grosse Lager von Quarz, wie zu Suchowissimsk, Bissersk und Magdalinskoi-Kamen (I, 328, 368, 382); zuweilen erhält er auch durch eingemengten Feldspath eine gneissähnliche Beschaffenheit, wie z. B. zu Bilimbajewsk, westwärts von Katharinenburg (I, 125).

Zufällige Gemengtheile kommen in ihm häufig vor, schöne, mehrere Linien grosse Krystalle von Eisenglanz finden sich in dem Talkschiefer von Schabrowskoi (I, 157), sehr kleine Magneteisenerzoctaëder in dem Talkschiefer von Bilimbajewsk (I, 125) [1]), Bitterspathrhomboëder und kleine Blättchen von Eisenglanz in dem Talkschiefer von Beresowsk (I, 182), und ohne diese in dem von Werch-Neiwinsk (I, 301) und Ufaleisk (II, 157). Strahlstein, ganz ähnlich wie in dem Talkschiefer vom Zillerthal und vom Gotthardt kommt in dem von Gornoschit (russ. Min. der berl. Samml.), von Werch-Neiwinsk (I, 301), Kyschtimsk (II, 160) und Poläkowsk (II, 176) vor. Besonders ausgezeichnet aber durch die vielen und eigenthümlichen Mineralien, die in ihm vorkommen, ist der Talkschiefer der Schischimskaja bei Slatoust (II, 117), denn er enthält nicht bloss Krystalle von Magneteisenerz eingewachsen, sondern auch Krystalle von dem seltenen Chlorospinell und vom gelben Granat (Kalkeisen-Granat) und ausserdem

[1]) Eisenglanz und Magneteisenerz scheinen in dem Talkschiefer einer und derselben Gegend nie zusammen vorgekommen.

findet sich darin noch Xanthopyllit und Hydrargillit.

Der Bitterspath in dem Talkschiefer ist öfter, besonders in der Nähe durchsetzender Granitgänge, zersetzt; er ist dann meistens ganz verschwunden, und man erkennt sein früheres Dasein nur an den regelmässigen rhomboëdrischen Höhlungen, die er hinterlassen, und die zum Theil noch mit rothem Ocher, als Residuum der Zersetzung, ausgefüllt sind. Talkschiefer mit so zersetztem Bitterspath nennt man zu Beresowsk, wo er sich häufig findet, Crassik (I, 183 und 185). Er kommt aber auf eine gleiche Weise an der Totschilnaja Gora (I, 436) u. s w. vor.

Auch in dem Talkschiefer kommen, wie in dem Glimmerschiefer, Lager von körnigem Kalkstein mit bauwürdigen Nestern von Brauneisenerz vor, wie z. B. zu Bilimbajewsk (I, 125).

7. Listwänit.

Mit diesem Namen bezeichnet man in Beresowsk ein eigenthümlich aussehendes Gestein, das, wie I, 183 gezeigt ist, ein Gemenge eines sehr quarzigen Talkschiefers mit eisenhaltigem Bitterspath (Dolomit) darstellt. Es findet sich derb in Verbindung mit den übrigen metamorphischen Gebirgsarten, und ist mit ihnen gleichförmig gelagert. Ein solches Gemenge kommt aber auf eine ganz gleiche Weise an sehr verschiedenen Orten am Ural vor, wie z. B. an der Bertewaja bei Nischne-Tagilsk (I, 322), an der Berkutskaja Gora und der Goldgrube Perwo-Pawlowsk bei Miask (II, 32 und 37), auf dem Wege zwischen Miask und Slatoust (II, 98), zu Ufaleiskoi (II, 157); ich stehe daher nicht an, es hier als selbstständige Gebirgsart aufzuführen, und den Localnamen von Beresowsk auf diese im Allgemeinen auszudehnen.

Der Talk des Listwänits ist von spangrüner, seltener von gelblichweisser Farbe, und findet sich in dem Quarze gewöhnlich nur in einzelnen schiefrigen oder schuppig-körnigen Parthien; zuweilen aber auch ganz innig mit ihm verbunden, so dass er eine dichte grüne Masse mit ihm bildet. Durch das Gemenge mit dem weissen Bitterspath bekommt aber das Gestein ein ganz körniges, grün und weiss geflecktes Ansehen; hat man mit Säuren den Bitterspath weggenommen, so erscheint es als ein poröser, mit grünem Talk gemengter Quarz. Zuweilen ist der Bitterspath, wie in dem gewöhnlichen Talkschiefer, zersetzt, und in braunen Eisenocher umgewandelt, wodurch dann auch das ganze Gestein ein braunes Ansehen erhält; wenn man indessen diess zersetzte Gestein mit Chlorwasserstoffsäure kocht, so wird das Eisenoxyd aufgelöst, und das Gestein erscheint wie das mit Säuren behandelte unzersetzte Gestein.

Nicht selten kommen kleine, stark glänzende Blättchen von Eisenglanz in dem Listwänit eingewachsen vor, wie in dem Listwänit von Beresowsk und von der Berkutskaja Gora, wodurch das bunte Ansehen des Gesteins noch vermehrt wird; in einer Abänderung von Beresowsk sind auch kleine Hexaëder von Eisenkies in grosser Menge eingemengt, doch hat hier der Talk nicht die gewöhnliche grüne, sondern eine gelblichweisse Farbe.

8. Chloritschiefer

findet sich am Ural von fast gleich grosser Verbreitung wie der Talkschiefer, und in der Regel mit diesem zusammen. Er ist von der gewöhnlichen graulichgrünen Farbe und schuppig-körnigen Beschaffenheit, findet sich aber auch zuweilen in förmlichen scheinbaren Uebergängen in Thonschiefer und Talkschiefer, wie zu Beresowsk und Werch-Neiwinsk (I, 182 und 301).

Der Chloritschiefer ist am Ural reicher an zufälligen Gemengtheilen, als irgend eine andere schiefrige Gebirgsart, denn es findet sich in ihm eingewachsen: Magneteisenerz, Eisenglanz, Corund, Eisenkies und Kupferkies, ferner Turmalin, Hornblende, Strahlstein, Granat, einaxiger Glimmer, grossblättriger Chlorit und Bitterspath, also Oxyde, Schwefelmetalle, Silicate und Carbonate. Unter allen diesen Gemengtheilen ist aber das Magneteisenerz derjenige, der sich nicht allein in den meisten Gegenden, sondern auch in der grössten Menge in ihm findet [1]); der Chloritschiefer erscheint mit den octaëdrischen Krystallen oft wie übersäet; sie sind meistentheils sehr regelmässig ausgebildet, und finden sich von der Grösse mehrerer Linien bis zu einer fast mikroskopischen Kleinheit. Krystalle von Eisenglanz finden sich dagegen in dem Chloritschiefer nur sehr selten; sie kommen auf diese Weise in Beresowsk (I, 182) vor, sind mir aber sonst in ihm nicht bekannt, und scheinen viel mehr dem Talkschiefer anzugehören, in welchem sich auf der anderen Seite auch nur sehr selten Magneteisenerz findet. Eisenkies theils in grossen, theils in kleinen Hexaëdern findet sich in dem Chloritschiefer von Schelesinsk (I, 260), Kupferkies fein eingesprengt in dem vom Mehlmagazin in Katharinenburg. Unter den übrigen Mineralien kommen Turmalin und Bitterspath am häufigsten vor. Ersterer findet sich in schwarzen, zuweilen auffallend glatten Krystallen zu Gornoschit, Schabrowskoi und Kassoibrod bei Katharinenburg (I, 157 und 256), zu Poläkowsk (II, 176) u. s. w.; in stängligen derben Parthien am See Schartasch und zu Bohorodskoi (II, 502); der Bitterspath in kleinen Krystallen zu Beresowsk und Newjansk (I, 182 und 298). Hornblende von schwarzer Farbe, Strahlstein, Granat, einaxiger Glimmer kommen in verschiedenen Abänderungen des Chloritschiefers in der Gegend von Slatoust vor (II, 117), grossblättriger Chlorit zu Beresowsk (I, 182), Corund zu Kassoibrod (I, 256), Schmirgel

---

[1]) Vergl. die oben S. 475 beim Magneteisenerz genannten Fundörter.

zu Mramorsk bei Katharinenburg (I, 248). Gewöhnlich findet sich in dem Chloritschiefer einer und derselben Gegend nur ein Gemengtheil, nicht mehrere beisammen, doch kommen blättriger Chlorit, Eisenglanz und Bitterspath zusammen in dem Chloritschiefer von Beresowsk, Turmalin und Corund in dem von Kassoibrod vor.

Andere sehr ausgezeichnete Mineralien finden sich gangweise in dem Chloritschiefer, wie alle die II, 125 und 524 erwähnten schön krystallisirten Mineralien von Achmatowsk in der Nasimskaja Gora bei Slatoust, und die Mineralien von der Kupfergrube Kiräbinsk bei Poläkowsk (II, 174 und 524). Auch die übrigen Kupfergruben in der Gegend von Miask bauen vorzugsweise auf Gängen im Chloritschiefer, weniger in anderen metamorphischen Gebirgsarten.

9. Serpentin

findet sich ebenfalls in grosser Verbreitung im ganzen Gebirge; in dem südlichen Ural z. B. beim Durchbruche des Ural (Jaik) (II, 193), im Thale von Miask (II, 44), und zu Soimonowsk bei Kyschtimsk (II, 145); im mittleren Ural in den Umgebungen von Katharinenburg, Newjansk und Nischne-Tagilsk, im nördlichen bei Kuschwinsk, Turinsk und Bogoslowsk. In der Breite von Newjansk und Nischne-Tagilsk bildet er nicht nur die beträchtlichsten Höhen und die Sohle vieler Thäler in dem Hauptrücken des Ural selbst, wie die Jeschowaja Gora (I, 299), die sumpfige Hochebene Martian (I, 334) und die Basis der Platinseifen von Suchoi, Pupkowoi und Martianowskoi (I, 332 und 333), sondern er findet sich auch weiter östlich in dem Wasserscheider zwischen dem oberen Tagil und der oberen Neiwa (I, 300), der fast allein aus ihm besteht, und selbst noch in ziemlicher Entfernung von dem Hauptrücken des Ural am Resch bei Reschewsk und zu Schaitansk (I, 435 und 460). Bei Kyschtimsk bildet er den Kamyschok (I, 351).

Ueberall findet sich hier der Serpentin in dem schiefrigen Urgebirge, und erscheint mit diesem gleichförmig gelagert. So beobachteten wir selbst sein Verhalten z. B. in Katharinenburg und in dem Seifenwerke Kowelinskoi bei Miask, und so ergiebt es sich aus den geognostischen Beschreibungen einzelner Gegenden des Ural von Tschaikowski und Redikorzoff. In Katharinenburg sieht man beim alten Mehlmagazin (I, 172) den Serpentin in Berührung mit Chloritschiefer, dessen steil einfallende Schichten der Gränze mit dem Serpentin parallel gehen, sowie auch selbst die vielen übereinander liegenden Schalen, woraus der letztere hier besteht, im Allgemeinen auch dieser Gränze parallel sind; in Kowelinskoi (II, 26) findet sich der Serpentin in Berührung mit dem Thonschiefer, dessen Schichten parallel den Kluftflächen, und daher auch wahrscheinlich der Gränzfläche mit dem Serpentin parallel gehen, wenngleich wir diese selbst, da sie in dem Seifenwerke zufällig verdeckt war, nicht beobachten konnten. Nach Tschaikowski (I, 173) bildet der Chloritschiefer an der Patruchicha, einem Nebenfluss des Uktuss, in der Nähe von Katharinenburg, ein gegen 20 Lachter mächtiges Lager in dem Serpentin, und nach Redikorzoff[1]) der Serpentin an der Tschernaja, nicht weit von dem II, 100 beschriebenen Seifenwerke Knäse - Alexandrowsk, ein ebenfalls sehr mächtiges Lager zwischen Talkschiefer und Thonschiefer[2]).

Der Serpentin des Ural ist von verschiedenen theils lichte- theils dunkelgrünen Farben, gewöhnlich unebenen Bruchs und an den Kanten schwach durch-

---

[1]) Gorni Journal 1832 Th. II S. 315.

[2]) Wegen dieses am Ural so deutlich lagerartig erscheinenden Vorkommens des Serpentins habe ich auch denselben bei dieser Uebersicht zu den metamorphischen Gebirgsarten gestellt, da er sonst gewöhnlich zu den plutonischen Gebirgsarten gerechnet wird.

scheinend. Stärker durchscheinende Abänderungen, wie sie auch vorkommen, sind unter den Mineralien bei dem Serpentin aufgeführt. Zuweilen besteht er auch aus fasrigen Zusammensetzungsstücken, wie zu Gornoschitt (I, 244). Er ist oft nur wenig klüftig, zuweilen aber scheint er fast aus lauter übereinander liegenden krummschaligen Stücken zu bestehen, und diese Abänderungen bilden besonders kahle, von aller Vegetation entblösste Berge. Auf der Oberfläche ist er häufig mit einer mehrere Linien dicken, gewöhnlich weissen, seltener braunen (I, 332) Verwitterungsrinde bedeckt.

Manche Abänderungen des Serpentins sind frei von zufälligen Gemengtheilen, andere enthalten deren mehr oder weniger. Zu den Gemengtheilen, die am häufigsten in ihm vorkommen, gehören Diallag, Magneteisenerz und Chromeisenerz. Diallag findet sich wie gewöhnlich in Blättchen, doch am Auschkul (II, 164), von einer Grösse und Schönheit, wie an wenigen anderen bekannten Orten; Magneteisenerz findet sich gewöhnlich in kleinen glattflächigen Octaëdern, seltener fein eingesprengt; Chromeisenerz fein eingesprengt oder in grösseren Parthien nesterweise [1]). In dem Serpentin vom Auschkul finden sich alle diese drei Gemengtheile zusammen, grossblättriger Diallag mit fein eingesprengtem Magnet- und Chromeisenerz, in dem Serpentin von Malo-Mustowskoi bei Katharinenburg (I, 289) Diallag nur mit Chromeisenerz. Sehr selten kommen noch andere Gemengtheile vor, doch findet sich Brucit mit fein eingesprengtem Magneteisenerz in dem Serpentin von Pyschminsk (I, 180), Kupfer in kleinen Plättchen sparsam in dem Diallagführenden Serpentin von Malo-Mustowskoi, Gold ebenfalls sparsam in dem Serpentin von Kyschtimsk

---

[1]) Vergl. die in der Uebersicht der Mineralien beim Diallag, Magnet- und Chromeisenerz angegebenen Fundörter.

(II, 145). Wahrscheinlich kommt auch gediegenes Platin mit Chromeisenerz in anstehendem Serpentin eingewachsen vor, bis jetzt haben sich indessen nur lose Stücke Serpentin mit eingewachsenem Platin und Chromeisenerz in den Platinseifen bei Nischne-Tagilsk gefunden (I, 334 und 335) [1]).

Noch ist unter den Mineralien, die sehr häufig in dem Serpentine vorkommen, der Amianth zu erwähnen, doch findet sich dieser nur sehr selten in kleinen Fasern unregelmässig in Serpentin eingewachsen, wie in Newjansk (I, 296), gewöhnlich kommt er in kleinen oder grösseren Trümmern und Gängen, parallelfasrig, von der einen Wand des Ganges nach der anderen hinüber gewachsen, oder excentrisch-fasrig, auf beide Weise aber an mehreren Orten recht ausgezeichnet, vor [2]).

10. Dolomit,

feinkörnig, bröcklig und von schwarzer Farbe, bildet im Thale von Adolphskoi bei Bissersk ein Lager zwischen silberweissem Talkschiefer und schwarzem, mit Talkschüppchen gemengtem Kalkstein (I, 367 und 368). Er enthält Adern von weissem Bitterspath und stängligem Quarz, die sich zu Drusenhöhlen erweitern, und mit wasserhellen Quarzkrystallen und Bitterspathrhomboëdern von hellgrauer Farbe besetzt sind. Dieser Dolomit ist besonders deshalb merkwürdig, weil er von einem goldhaltigen Seifengebirge bedeckt ist, in welchem Diamanten vorkommen.

11. Körniger Kalkstein,

mehr oder weniger grobkörnig, von weisser, grauer und schwarzer Farbe, bildet ebenfalls Lager im metamorphischen Gebirge, wie zu Krestowosdwischenskoi bei Bissersk, wo er sich auch mit Talkschüppchen

---

[1]) Vergl. weiter unten auch den Artikel über den Goldsand.

[2]) S. die beim Amianth angegebenen Fundörter (I, 506).

gemengt findet (I, 366 und 368), zu Newinsko-Stolbinskoi, wo er mit Hornblendeschiefer vorkommt (I, 298) u. s. w. Der Kalkstein von Krestowosdwischenskoi ist auch von Diamanten-führendem Seifengebirge bedeckt.

12. Grüne Schiefer.

Gesteine mit mehr oder weniger deutlichem schiefrigem Gefüge, von verschiedenen trüben, grünlichgrauen Farben, die bald lichter, bald dunkler, auch an einem und demselben Stücke, das man abschlägt, nicht von gleicher Beschaffenheit vorkommen; sie sind matt oder nur zuweilen auf den Schichtungsklüften von aufliegenden kleinen Glimmer- oder Talkblättchen glänzend, mehr oder weniger hart, doch immer noch durch das Messer ritzbar, und gleichen in ihrer Masse bald mehr oder weniger einem Chloritschiefer oder Serpentin, bald einem Talk-, Thon- oder Wetzschiefer, wie sie auch in alle diese Gesteine Uebergänge zu bilden scheinen; sie enthalten jedoch kein oder nur eine sehr geringe Menge Wasser, wodurch sie sich bestimmt von dem Chloritschiefer und dem Serpentine unterscheiden. Zuweilen schneiden die ungleich gefärbten Stücke schärfer ab, und die Masse erhält ein conglomeratartiges Ansehen, auch kommen Stücke körnigen Kalkes eingemengt vor, die an den Rändern mit kleinen Hornblendenadeln besetzt sind. Noch häuger erhalten sie durch Krystalle von Uralit, die darin eingewachsen vorkommen, ein porphyrartiges Ansehen; die Uralitkrystalle sind mehr oder weniger scharf begränzt, oft nur sehr wenig, so dass in diesem Fall auch ihre äussere Form nur sehr undeutlich wird, und sie nur wie dunklere Flecke auf einem lichten Grund erscheinen. Sie haben zuweilen noch einen Kern von unzersetztem Augit, wie in Perwo-Pawlowsk bei Miask (II, 31), doch habe ich völlig unveränderten Augit nie darin beobachtet[1]; zuweilen kommen auch kleine Labrador- oder Albitkrystalle darin vor, wie zu Mostowaja bei Katharinenburg (I, 287). Häufig ist auch das Gestein schon etwas zersetzt, und auf den Kluftflächen, wie an der Begränzung mit dem eingewachsenen Uralite braun gefärbt.

Diese grünen Schiefer kommen an dem Ural sehr häufig vor, in und bei Katharinenburg, zu Uktuss und Pyschminsk (I, 171, 166, 175, 281 etc.) auf dem Wege nach Newjansk (I, 287), bei Miask, z. B. zu Perwo-Pawlowsk (II, 31), bei Orsk (II, 184) u. s. w.; ich habe sie jedoch in dem Buche nicht mit diesem Namen bezeichnet, sondern sie wegen der häufig eingeschlossenen Uralitkrystalle, die freilich sonst in den Schiefern nicht vorzukommen pflegen, oder wenigstens nicht beobachtet waren, von dem Augitporphyre nicht getrennt, und sie meistentheils nur als schiefrige Augitporphyre bezeichnet. Wegen des schiefrigen Gefüges, das sich an ihnen mehr oder weniger beobachten lässt, gehören diese Gesteine aber offenbar zu den metamorphischen Gesteinen. Auch haben sie, abgesehen von den häufig eingewachsenen Uralitkrystallen, mit den grünen Schiefern anderer Gebirge, besonders mit denen, die den Granit des Riesengebirges umgeben, viele Aehnlichkeit, und in diesen habe ich neuerdings auch, namentlich bei Kupferberg, Uralite beobachtet.

13. Jaspis

kommt am Ural in so grosser Verbreitung vor, dass es wenige Gebirge geben mag, die ihm hierin gleich zu setzen sind; in der grössten Menge und in den grössten Massen findet er sich aber am südlichen Ura von Miask, Poläkowskoi und Werch-Uralsk an (II, 169 und 176) bis Orsk, aber wahrscheinlich noch in eben der Menge in seiner weiteren südlichen Fort-

[1]) Wenn nicht etwa der in Orsk mit dem Jaspis vorkommende etwas schiefrige Augitporphyr (II, 185) schon hierher zu rechnen ist.

setzung in die Kirgisensteppe bis zum Airuk (II, 194), nach den wenigen Nachrichten zu urtheilen, die man über diesen Theil des Ural hat. Im nördlichen Ural kommt er ebenfalls häufig, doch, wie es scheint, immer nur in geringer Menge vor, z. B. bei Bogoslowsk (I, 426).

Wo er in grösseren Massen erscheint, findet er sich immer in mehr oder weniger grossen Lagern mit grünen Schiefern, Thonschiefer und Augitporphyr, und mit den ersteren gleichmässig geschichtet, wie besonders in der Gegend von Orsk, wo sich zu gleicher Zeit theils in den zu seiner Gewinnung angelegten Steinbrüchen (II, 185), theils bei den durch den Durchbruch des Ural (Jaik) entstandenen Gebirgsprofilen (II, 192) seine Lagerung vortrefflich beobachten lässt. Kleinere Massen kommen mehr unregelmässig mit Diorit- und Augitporphyr vor, wie zu Gräsnuschinsk (II, 184) und Bogoslowsk.

Er findet sich in verschiedenen grünen, grauen, rothen und gelben Farben, die oft in Lagen und Streifen oder auf unregelmässige Weise mit einander wechseln, so dass er bald als einfarbiger Jaspis, bald als Band- oder gefleckter Jaspis erscheint. Der bei Orsk in grossen Lagern vorkommende Jaspis ist einfarbig und graulichgrün. Nicht selten ist er auch mit Adern weissen Quarzes durchzogen, wie z. B. beim Uraldurchbruch (II, 192). Er ist ferner gewöhnlich ganz dicht, matt und eben im Bruch und undurchsichtig, nimmt aber durch das Schleifen eine schöne Politur an, daher er, je nach der Grösse der Blöcke, in welchen er sich gewinnen lässt, zu grösseren und kleineren Vasen, Tisch- und Kaminplatten, Säulen, Badewannen und anderen Gegenständen verarbeitet wird. Zuweilen nur findet er sich wenigstens stellenweise etwas blasig und porös. Chemische Zusammensetzung, die von dem von Orsk II, 187 angeführt ist, sowie Gesteins - Uebergänge und Lagerung machen es sehr wahrscheinlich, dass er nichts anderes, als ein veränderter Thonschiefer sei. Für einen erhärteten Thonschiefer erklärt ihn auch schon Hermann, der in seiner Uebersicht der uralischen Mineralien ein grosses Verzeichniss seiner verschiedenen Fundorte anführt [1]).

II. Aelteres neptunisches Gebirge.

Das neptunische Gebirge besteht am Ural fast nur aus den älteren Schichten, Grauwacke, Thonschiefer, Kieselschiefer, älterem und jüngerem Uebergangs-, dem Silurischen und Devonischen System angehörigen Kalkstein [2]). Es findet sich in den Thälern im Innern des Ural, und an den Rändern ost- und westwärts, hat überall mit dem metamorphischen Gebirge eine

[1]) Mineralog. Beschr. des ural. Erzgebirges Th. II S. 281—295.

[2]) Nur im hohen Norden hat man noch Juraschichten beobachtet. Sie finden sich an den Ufern der Soswa und Tosja, 460 Werste von Bogoslowsk, in der Breite von Beresoff am Ob, und man verdankt diese merkwürdige Entdeckung dem Berg-Officier Strachewsky, der im Jahre 1838 der Nordexpedition (I, 384) vorstand*). Herr v. Buch hat die in diesen Schichten vorkommenden Versteinerungen nach den Exemplaren, die ihm Herr General von Tschewkin zugesandt hatte, bestimmt**), und dadurch ausgemacht, dass die Schichten, sandig-thonige Kalksteinschichten mit Glimmerblättchen und Mergel, den oberen Juraschichten angehören, und nicht mehr den Charakter der Schichten an der Wolga und am Ilek (II, 242, 196 und 212) tragen. Herr v. Buch macht auf das merkwürdige Vorkommen dieser Juraschichten aufmerksam, da dergleichen unter solcher Breite weder in Europa, noch in Amerika bekannt sind, dagegen sie in Asien vielleicht in noch höherer Breite vorkommen mögen, nach der in Wrangels sibirischer Reise mitgetheilten Nachricht zu urtheilen, dass Sannikoff 1811 Ammoniten mit perlmutterglänzender Schale von der Ostseite der neusibirischen Insel Fadejeff nach Irkutzk gebracht habe.

*) Vergl. Al. de Humboldt: *Asie centrale* Th. 1 S. 487.

**) Karsten und von Dechen Archiv für Mineralogie und Geognosie B. XV S. 103.

gleichförmige Lagerung, und geht in dieses förmlich über.

1. Grauwacke

ist von verschiedenem Ansehen, und erscheint bald als grobes Conglomerat, bald als feinkörniger Sandstein, bald dick-, bald dünnschiefrig. Sie hat eine grosse Verbreitung auf der Westseite von Slatoust, wo sie ziemlich hohe Berge bildet, die Silija, Tschulkowa, Lipowaja und den Selitur (II, 134), findet sich auch in dem Thale von Miask, wie zu Wtoro-Pawlowskoi, Knäse-Alexandrowskoi und bei den Suchija oserka (II, 29, 100 und 35), und erscheint auch auf der Ostseite des Ural von Katharinenburg bei dem Dorfe Turbanowo am Isset (I, 478).

2. Thonschiefer

findet sich dick- und dünnschiefrig, zuweilen in dem Grade, dass er zum Dachdecken benutzt werden kann, von grauer oder schwarzer Farbe. Er kommt so auf der Westseite von Slatoust vor, wo er die Smäinaja und die benachbarten steilen Bergrücken, sowie auch die niedrigen Berge an der Juwaschulja und Isranda bildet (II, 135), ferner in dem Thale von Miask, wie zu Nikolaje-Alexejewskoi, Kowelinskoi, Zarewo-Alexandrowskoi, und auf dem Wege nach Syrostan (II, 25, 26, 38 und 98), beim Durchbruch des Uralflusses (II, 193), zu Beresowsk (I, 181), und weiter ostwärts am Isset beim Dorfe Turbanowo (I, 478). An den meisten dieser Orte wechselt er mit Kalkstein, Grauwacke und Serpentin, zu Beresowsk mit Talk- und Chloritschiefer. Er schliesst sich besonders dem metamorphischen Gebirge an, und enthält in einer schwarzen, sehr harten Abänderung in der Nähe von Polewskoi Krystalle von Staurolith und Granat (II, 485).

3. Kieselschiefer

findet sich häufig in untergeordneten Lagern im Thonschiefer; er bildet die malerischen Felsen an der Tschulkowa (II, 135), und kommt besonders in grosser Ausdehnung an dem Durchbruche des Ural vor (II, 193).

4. Uebergangs-Kalkstein

findet sich auf beiden Seiten des Ural ost- und westwärts in fast allen Breiten. Auf der Ostseite sieht man ihn in der grössten Ausdehnung im Norden bei Bogoslowsk, z. B. an dem Ufer der Turja bei dem Orte selbst, und an der Kakwa (I, 398 und 394); weiter südlich findet man ihn am Isset bei Kamensk (I, 478), und auf der Ostseite des Ilmengebirges bei Koëlskaja (II, 18). Auf der Westseite ist er bei Grobowskaje in der Breite von Katharinenburg (I, 123), besonders aber weiter südlich bei Satkinsk zwischen der Schischimskaja und Silija, und bei Satkinskaja Pristan auf der Westseite der Silija, wo er die steilen Ufer des Ai bildet, verbreitet. Er findet sich ferner in dem Längenthale von Miask (II, 25, 38, 98, 145), bei Poläkowsk (II, 176) und bei dem Durchbruch des Ural (II, 193).

Er ist seiner Beschaffenheit nach am häufigsten graulichweiss, doch auch gelblich-, röthlich- und schneeweiss, wie auf der anderen Seite röthlichbraun und graulichschwarz; er ist ferner gewöhnlich dicht, öfter mit weissen Kalkspathadern durchsetzt, zuweilen auch körnig, wie zu Koëlskaja, Zarewo-Alexandrowsk bei Miask, am Auschkul bei Poläkowsk u. s. w. Versteinerungen haben sich in ihm besonders in der Gegend von Bogoslowsk gefunden. Herr v. Buch hat sie nach den ihm vom Herrn General v. Tschewkin gesandten Exemplaren beschrieben [1]), und führt davon folgende auf:

---

[1]) Karsten und von Dechen Archiv für Mineral. Geogn. B. XV S. 107.

Calomopora polymorpha
- *gothlandica*
Astrea prisca
Rhodocrinites verus
Crinoidienglieder
Terebratula prisca
- *nuda*
- *didyma*
- *camelina*
Orthis Arimaspus
- *elegantula*
Spirifer speciosus micropterus
- *superbus*
- *vetulus*
- *rostratus*
Pentamerus Knightii
Euomphalus
Pleurotomaria cingulata

Ausserdem kommen noch vor:

Calymene Blumenbachii an der Kakwa (I, 394)
Spirifer striatulus bei Poläkowsk (II, 176)
Syringopora ramulosa } bei Kamensk (I, 478 [1])
Productus comoides }
- *limaeformis* bei Grobowskoje (I, 123 [1]).

Die um Bogoslowsk vorkommenden Versteinerungen bestimmen, wie Herr v. Buch bemerkt, den dortigen Kalkstein als älteren, zu dem Silurischen System gehörigen Uebergangskalkstein. Der Kalkstein von Grobowskoje und Kamensk würde aber, da er *Productus* enthält, die nach Herrn v. Buch „den Bergkalk so gut und oft so scharf bezeichnen" [2]), zum

---

[1]) An den citirten Stellen sind die *Productus* nicht näher bestimmt; die hier angegebenen Bestimmungen verdanke ich Herrn v. Buch.

[2]) Karsten's und v. Dechen's Archiv B. XV S. 61.

Bergkalk gehören[1]), so dass hiernach also älterer und jüngerer Uebergangskalkstein am Ural vorkommen.

Der Uebergangskalkstein enthält zu Kuwaschi bei Slatoust Nester von Brauneisenerz, bei Kussinsk Adern von Malachit und Kupferkies, und bei Satkinsk Adern von Bleiglanz (II, 137). Das Vorkommen der Kupfer- und Bleierze ist nur unbedeutend, dagegen das Eisenerz in verschiedenen Gruben gewonnen, und in Kussinsk verschmolzen wird.

III. Vulkanisches Gebirge.

1. Granit

ist eine der häufigeren vulkanischen Gebirgsarten des Ural, kommt aber vorzugsweise auf der Ostseite des Ural vor. Sehr verbreitet ist er im mittleren Ural bei Katharinenburg, wo er vier grosse ungefähr parallele Züge bildet, die in den Hauptrücken des Ural in nordwestlicher Richtung hineinsetzen (I, 154). Nördlich von diesen findet er sich in einzelnen Parthien zu Mursinsk und Werchoturje (I, 440 und 431), die vielleicht untereinander und mit dem Granite von Katharinenburg zusammenhängen; südlich davon zwischen Ufaleisk und Kaslinsk (II, 157) und in der Breite von Slatoust kommt er sowohl an der Ostseite des eigentlichen Ural, der mittleren Bergkette (II, 104), als auch in noch grösserer Ausdehnung an der Ostseite der östlichen Gebirgskette oder des Ilmengebirges vor, wo er unmittelbar aus der Steppe emporsteigt.

---

[1]) Auch unter den Versteinerungen von dem Ufer der Ljalja bei Nicolaje-Pawdinsk, südwestlich von Bogoslowsk, fand sich ein *Productus* (*comoides*), doch vermuthete Herr v. Buch, weil er die einzige Bergkalkversteinerung wäre, und weil er den Versteinerungen des Waldai, sowohl was die Form der Versteinerung, als was die Beschaffenheit des Kalksteins betrifft, völlig gliche, dass er aus Verwechselung unter die Versteinerungen der Bogoslowsker Gegend gerathen sei.

In dieser Kette findet er sich nach Hofmann und v. Helmersen noch da herrschend, wo sie bei Stepnaja in die Kirgisensteppe hineinsetzt, westlich davon scheint er nun aber nur noch in einzelnen Kuppen in dem Thale des Uralflusses bei Kysylskaja vorzukommen (II, 181).

Die Beschaffenheit des Granits vom Ural ist sehr verschieden; man kann eine grosse Menge von Abänderungen unterscheiden, von denen ich die wichtigsten hier anführen und nach gewissen Hauptlokalitäten benennen will.

1) Haupt-Uralgranit. Er besteht aus gelblichweissem Feldspath, eben so gefärbtem Albit, graulichweissem bis rauchgrauem Quarz und schwarzem, in dünnen Blättchen grünem, zuweilen tombakbraunem Glimmer. Diese Abänderung ist unter allen die bei weitem verbreitetste. Sie findet sich herrschend in der Gegend von Katharinenburg, und bildet wahrscheinlich vorzugsweise die 4 grossen Züge, die das Gebirge hier durchsetzen; gewiss kommt er vor auf der Westseite zu Werch-Issetsk, Räschety und Gornoschit (I, 168, 129, 244), und auf der Ostseite am See Schartasch, zu Kalinowskoi, an der Tobolskischen Landstrasse und bei der chemischen Fabrik des Herrn Helm (I, 178, 234, 472 und 174). Weiter nördlich findet er sich zu Ajatskaja und Ossinowka bei Newjansk (I, 291 und 293), zu Juschakowa und Sisikowa bei Mursinsk (I, 456) und Werchoturje (I, 431); südlich zu Syrostan bei Miask (II, 104).

Seiner Beschaffenheit nach ist dieser Granit in der Regel von mittlerem Korn, zuweilen jedoch sehr feinkörnig, wie zu Kalinowskoi und bei der Helmschen Fabrik. In der grobkörnigeren Abänderung finden sich öfter grossblättrige Parthien von Feldspath, die mit Quarz und Glimmer durchwachsen sind, z. B. zu Werch-Issetsk, wodurch er ein eigenthümliches Schillern erhält; der Albit ist deutlich gestreift, und der Quarz in einzelnen Körnern, zuweilen in kleinen 2 bis 3 Linien grossen Parthien, die aus körnigen Zusammensetzungsstücken bestehen, enthalten, wie zu Werch-Issetsk, Gornoschit und am See Schartasch. Quarz und Feldspath scheinen ziemlich zu gleichen Theilen Albit untergeordnet darin enthalten zu sein, wiewohl das Verhältniss des letzteren zum Feldspath bei der meist gleichen Farbe, ungeachtet der den Albit kenntlich machenden Streifung, schwer zu übersehen ist. Der Granit ist in der Regel dicht, nur zu Alabaschka bei Mursinsk [1]) finden sich in ihm viele und grosse Drusenräume, die mit den schönsten Krystalldrusen besetzt sind, und in welchen sich Feldspathkrystalle von einer Grösse finden, wie sie kaum anderwärts bekannt sind. Diese Feldspathkrystalle sind gewöhnlich mit Quarzkrystallen regelmässig durchwachsen, und bilden damit den sogenannten Schriftgranit.

Fremdartige Gemengtheile kommen in ihm öfter vor, aber nie in grosser Menge; unter diesen findet sich vorzüglich Titanit in kleinen braunen glänzenden Krystallen an mehreren Orten, wie zu Werch-Issetsk, Gornoschit und am See Schartasch; ferner Eisenkies in kleinen Hexaëdern, besonders in den feinkörnigen Abänderungen auf der Ostseite von Katharinenburg; fein eingesprengt in den grobkörnigeren zu Ossinowka; Buklandit, in schwarzen prismatischen Krystallen in dem Granit von Werchoturje, und Hornblende von schwarzer Farbe in dem Granit von Ajatskaja. Andere Gemengtheile sind eingewachsen nicht bekannt, in den Drusenräumen des Granits von Alabaschka finden sich aber ausser den Krystallen

---

[1]) Es ist mir wenigstens sehr wahrscheinlich, dass der Granit von Alabaschka zum Haupt-Uralgranit gehört, wiewohl ich ihn nur in den kleinen Schürfen gesehen haben, wo man den Drusenräumen zur Aufsuchung von Edelsteinen nachging.

des Feldspaths, Albits und Quarzes noch andere, die nicht in dem übrigen Gemenge vorkommen, wie zweiaxiger Glimmer, Lithionglimmer [1]), schwarzer Turmalin, Granat und besonders Topas und Beryll (I, 441).

Der Haupt-Uralgranit wird von verschiedenen Gängen im Allgemeinen, doch nicht häufig durchsetzt. Es finden sich darin Granitgänge und Quarzgänge. Die ersteren finden sich in Werch-Issetsk und am See Schartasch, und bestehen aus einem feinkörnigen Granit, der im Allgemeinen mit dem des Nebengesteins übereinkommt, in welchem aber der Feldspath sehr vorherrscht, und der Glimmer fast ganz zurückgetreten ist. Die Gänge sind von der Mächtigkeit eines Zolles und drüber, und schneiden nicht scharf am Nebengestein ab, wie diess im Allgemeinen bei den Granitgängen im Granit der Fall ist. Quarzgänge finden sich in Räschety und zu Sisikowa und Juschakowa. Die von Räschety sind ein bis mehrere Zoll mächtig, und enthalten Pistazitkrystalle, die von den Saalbändern aus in den Quarz hineingewachsen sind (I, 129), die von Sisikowa und Juschakowa sind im Innern drusig und hier mit schönen Amethystkrystallen besetzt (I, 456).

Der Haupt-Uralgranit bildet nur niedrige Felsen und Berge. Er ist von Klüften nach 3 ungefähr rechtwinkligen Richtungen durchsetzt, wodurch die den Granit so häufig auszeichnende parallelepipedische Absonderung entsteht, die namentlich bei diesem Granite westwärts von Katharinenburg sehr deutlich zu sehen ist. Bei dem Granite von Werch-Issetsk wiederholen sich parallele flach einfallende Klüfte sehr häufig, wodurch Lagen von etwa einem halben Fuss Mächtigkeit gebildet werden. Der Granit ist an der Oberfläche häufig sehr stark verwittert, wie besonders bei Rä-

---

[1]) S. darüber die Anmerkung S. 383.

chety; er wird dadurch bröcklig, Kanten und Ekken der parallelepipedischen Stücke, woraus er besteht, runden sich ab; die Berge und Hügel scheinen dann nur aus übereinander gethürmten Wollsack-ähnlichen Blöcken zusammengesetzt, und die Abhänge sind mit dem Grant des zerfallenen Granits bedeckt.

Dieser Granit durchsetzt das metamorphische Gebirge gangförmig. Besonders deutlich sieht man diess an den 4 grossen Zügen in der Umgebung von Katharinenburg, wo es Tschaikowski zuerst nachgewiesen hat [1]). Die Züge haben eine Mächtigkeit von 2 bis 10 Werste, streichen untereinander ungefähr parallel von SO. nach NW., während die Richtung des metamorphischen Gebirges selbst bei steilem Einfallen von N. nach S. geht. Kleinere Gänge dieses Granits, von ungefähr 5 Lachter Mächtigkeit, durchsetzen bei Kalinowskoi den Serpentin (I, 234).

2) Granit von Schartasch besteht aus einem Gemenge von bläulichweissem, feinkörnigem, oft ganz dichtem Feldspath mit kleinen schwarzen Glimmerblättchen, der gleichsam eine Grundmasse bildet, worin Albitkrystalle von 1 bis $1\frac{1}{2}$ Linie Länge und hier und da einige Quarzkörner von lichter, graulichweisser Farbe liegen. Dieser Granit hat schon ein ganz porphyrartiges Ansehen, und bildet mehrere grosse Kup-

---

[1]) Diess Verhalten ergiebt sich aber auch schon aus Hermanns Beschreibung des ural. Erzgebirges, wo er Th. I S. 128 in einer Note sagt: „Diese ganze Gegend, und sonderlich am Uktus, Sinara, Sysert enthält vielen Talkstein, der zuweilen unmittelbar auf den Granit sich anlegt. Eins der merkwürdigsten Beispiele davon findet sich an den Granithügeln, worauf die Slobode Aramilsk steht, wo sich der Schneidestein und Talkstein in die Schluchten zwischen den Granithügeln gleichsam wie eingesenkt hat, und wo man den Uebergang aus Granit in Talkstein zwar sehr deutlich, aber ohne die mindeste Ablösung bemerkt, so dass man an solchen Stellen Stücke brechen kann, die halb Granit und zur andern Hälfte Talkstein sind".

pen an der Nordseite des Sees Schartasch bei Katharinenburg, die neben dem grobkörnigen Granit der vorigen Abänderung anstehen (I, 178).

3) Granit von Kljutschewskaja. Er ist völlig porphyrartig und besteht aus einem kleinkörnigen Gemenge von schneeweissem Albit, graulichweissem Quarz und bräunlichschwarzem Glimmer, in welchem 4 bis 5 Linien lange weisse Feldspathkrystalle porphyrartig eingewachsen sind (II, 18). Dieser Granit kommt bis auf sein kleineres Korn ganz mit dem bekannten porphyrartigen Granit von Elnbogen in Böhmen überein[1]), und enthält auch wie dieser kleine, mit dem Nebengestein nicht scharf abschneidende Gänge, die fast nur aus kleinkörnigem weissen Feldspath, mit sehr wenigem Quarz und Glimmer, bestehen. Er findet sich bei Kljutschewskaja in der hügligen Ebene östlich von dem Ilmengebirge; neben ihm steht ein anderer Granit an, der wohl im Ansehen von dem Haupt-Uralgranit etwas abweicht, doch aber wahrscheinlich zu derselben Varietät gehört.

4) Granit des Ilmengebirges. Ich kenne ihn nur von einer Stelle auf der Ostseite des Gebirges, wo er ein sehr grosskörniges Gemenge von gelblichweissem Feldspath, graulichweissem Quarz und bräunlichweissem zweiaxigen Glimmer bildet (II, 86). Der Glimmer kommt oft in grossen säulenförmigen Krystallen mit rauhen Seitenflächen zwischen den anderen Gemengtheilen vor. Wie weit sich dieser Granit in seiner Beschaffenheit nach Norden und Süden zu gleich bleibt, und wie er sich gegen den weiter westwärts vorkommenden Miascit verhält, ist mir unbekannt. Nach Lissenko kann man im Ilmengebirge

---

[1]) Eben so mit dem Porphyr der Narymschen Berge bei Buchtharminsk im Altai (I, 599).

deutlich sehen wie der Granit den Serpentin durchbrochen hat[1]).

5) Granit von Werch-Issetsk. Er steht in einem Steinbruche, 10 Werst von diesem Orte, an, und besteht aus schneeweissem Feldspath von mittlerem Korn, der eine Grundmasse bildet, in welcher graulichweisse durchscheinende Körner von Quarz, kleine dicke grünlich- und gelblichweisse Blättchen von Glimmer, einzelne Körner von Albit, die sich in Farbe nur wenig von dem Feldspath unterscheiden, und endlich eine ziemliche Menge kleiner scharf ausgebildeter Krystalle von rothem Granit in der Leucitoëderform, eingewachsen sind (I, 170). Ich habe diesen Granit nicht an Ort und Stelle gesehen, und es ist mir über seine Verbreitung nichts bekannt. Vielleicht gehört zu dieser Varietät ein anderer Granit, der sich im Ilmengebirge einige Werste nördlich vom Ilmensee findet, und nur dadurch unterschieden ist, dass der Glimmer fehlt, und der Quarz in kleinen körnigen Parthien zwischen den übrigen Gemengtheilen liegt (II, 68).

6) Granit von Beresowsk (Beresit) findet sich ausser in Beresowsk (I, 186) noch an vielen Orten im Ural wie zu Newjansk (I, 294), Werchneiwinsk (302), an der Bertewaja Gora bei Nischne-Tagilsk (321) und Totschilnaja Gora bei Mursinsk (436), und endlich zu Mariinskoi und Perwo-Pawlowskoi bei Miask (II, 34 und 36); er ist aber nicht überall von gleichem Ansehen, und an der Oberfläche und selbst bis zu einer beträchtlichen Teufe mehr oder weniger zersetzt, wodurch seine allgemeine Charakteristik erschwert wird. Er besteht häufig aus einem gelblich- oder graulichweissen feinkörnigen Feldspath, der ge-

[1]) Vergl. Gorni Journal von 1835 S. 36 etc. Etwas Näheres über diess Verhältniss im Allgemeinen, wie auch über den Ort, wo es beobachtet werden kann, ist nicht angegeben.

wissermassen eine Grundmasse bildet, in welcher graulichweisser Quarz in einzelnen abgerundeten Hexagondodecaëdern, oder in kleinen körnigen Parthien, silberweisser oder graulichweisser, sehr selten tombakbrauner Glimmer (wie in Newjansk) in einzelnen Schüppchen oder in schuppigen Parthien eingewachsen ist, und aus welcher man zuweilen auch wie in Perwo-Pawlowsk einzelne grössere Krystalle oder Körner von schneeweissem Feldspath heraustreten sieht, wodurch besonders sein Ansehen porphyrartig wird. Indessen erscheint es auch oft bei der Feinkörnigkeit und dem wenigen Zusammenhalt der Grundmasse sandsteinartig, oder durch zunehmenden Glimmer, der dann oft eine untereinander ziemlich parallele Lage annimmt, Talkschiefer-ähnlich. Eisenkies von verschiedener Form und Grösse, gestreifte Hexaëder und Pyritoëder, von Stecknadelknopf-Grösse bis zu 5 Linien Durchmesser (Beresowsk) kommen in ihm mehr oder weniger häufig eingewachsen vor; wo ich sie aber gesehen habe, sind sie in Eisenoxydhydrat verwandelt, und haben auch die Umgebung braun gefärbt; in einem völlig frischen Zustande ist mir dieser Granit überhaupt nie vorgekommen, und seine Zersetzung ist oft so gross, dass das ganze Gestein, wie an manchen Stellen in Beresowsk, in eine gelbliche Porzellanerde oder einen röthlichgelben Thon umgeändert erscheint, der oft von kleinen Gängen und Adern von Brauneisenerz durchzogen ist.

Dieser Beresit findet sich gewöhnlich in mächtigen Gängen in dem metamorphischen Gebirge. Bei Beresowsk, wo sein Verhalten am vollständigsten gekannt ist, kommen deren mehrere, 18 bis 20 Lachter mächtig, nebeneinander vor, die von S. nach N. streichen, und das steil geschichtete, hier von NW. nach SO. streichende Schiefergebirge unter schiefen Winkeln durchsetzen. Die Beresit-Gänge werden aber selbst in der Regel von Quarzgängen durchsetzt, die an mehreren Orten Gold enthalten, wie zu Beresowsk, Newjansk, Perwo-Pawlowsk, wodurch der Beresit noch eine besondere Wichtigkeit erhält. Die goldführenden Quarzgänge sind in Beresowsk einen Zoll bis mehrere Fuss mächtig, schneiden am Schiefergebirge ab, setzen aber auch zuweilen in dieses hinein, und führen neben dem Quarz besonders noch Eisenkies, aber ausserdem eine grosse Anzahl anderer Mineralien in grösserer oder geringerer Menge, wie oben S. 523 angegeben ist. Ein so grosser Reichthum von Mineralien ist in den Quarzgängen des Beresits anderer Orte nicht vorgekommen, gewöhnlich findet sich mit dem Quarze nur Eisenkies, auf der Totschilnaja Gora, wo kein Gold vorkommt, aber Rothbleierz, und auf der Bertewaja Gora Bleiglanz mit Rothbleierz und einigen anderen Bleisalzen.

Wie sich der Beresit zu den übrigen Arten des Granits verhält, ist nicht bekannt, selbst nicht in Beresowk, wo der Beresit mit dem Haupt-Uralgranit und Schartasch-Granit nahe aneinander gränzt (I, 189).

7) Granit von Schaitansk, ein grobkörniges Gemenge von gelblichweissem Feldspath, grünlichweissem bis lauchgrünem Oligoclas, graulichweissem bis rauchgrauem Quarz und grünlichschwarzem, in dünnen Blättchen lauchgrünem Glimmer, in welchem die ersteren Gemengtheile vorherrschen (I, 460) [1]. Wahrscheinlich ist es dieser Granit, in dessen Drusen sich die vielen von Schaitansk bekannten Mineralien finden, der rothe und verschiedentlich gefärbte Turmalin, der Lepidolith, der bloss rosenrothe Beryll und der Rhodizit. Er soll gangförmig im Serpentin aufsetzen.

8) Granit von Juschakowa, ein grosskörniges Gemenge von schneeweissem Albit, graulichweissem Quarz und Lepidolith (I, 457). Der Albit findet

---

[1]) Vergl. hierbei auch II, 511.

sich in grosskörnigen Zusammensetzungsstücken, die selbst wieder aus stängligen Individuen bestehen; der Lepidolith in grossen Blättern. Zuweilen kommt darin auch krystallisirter gelber Beryll und stängliger Andalusit vor.

9) Grüner Granit, ein grobkörniges Gemenge von spangrünem Feldspath (Amazonenstein) mit schneeweissem, stängligen Albit, graulichweissem bis nelkenbraunem Quarz und grünlichschwarzem einaxigen Glimmer (II, 78). In den Drusen desselben findet sich weisser krystallisirter Topas, fasriger schwarzer Turmalin und Zirkon; auch kommt hier der Mengit vor, der gewöhnlich in kleinen schwarzen Krystallen in dem Albit eingewachsen ist. Dieser Granit bildet mehrere parallele Gänge, die östlich vom Ilmensee in der eläolithfreien Varietät des Miascits aufsetzen; es wäre möglich, dass er von dem Augit-Uralgranit nicht verschieden ist.

2. Syenit

scheint nicht häufig im Ural vorzukommen; ich kenne ihn nur von 3 Stellen, von der Beresowaja Gora, ostwärts von Katharinenburg (I, 128), von Neschorowkowa, ostwärts von Turinsk (I, 388) und von Turgojaksk, nördlich von Miask (II, 143). Am ausgezeichnetsten findet er sich in Neschoroschkowa; er ist hier von mittlerem Korn und besteht aus graulichweissem Feldspath, eben so gefärbtem Albit, graulichschwarzer Hornblende und grünlichschwarzem Glimmer. Wegen der gleichen Farbe des Feldspaths und Albits ist das Menge-Verhältniss zwischen beiden nicht zu übersehen, beide sind etwa in doppelter Menge in dem Syenit enthalten als die Hornblende; Glimmer findet sich nur hier und da in einzelnen Schüppchen. Das Gestein bildet das felsige Bette der Tura, und gränzt wahrscheinlich an den weiter ostwärts vorkommenden Granit von Werchoturje.

Der Syenit von der Beresowaja Gora besteht fast nur aus gelblichweissem Feldspath und schwarzer Hornblende, beide von mittlerem Korn und in ungefähr gleicher Menge, doch bestehen die Feldspath-Körner noch wieder aus feinen Zusammensetzungsstücken, wodurch das Ganze ein sandiges und bei der sehr dunkelen Farbe der Hornblende auch im Ganzen ein dunkeles Ansehen erhält. Glimmer von tombakbrauner Farbe ist auch hier hin und wieder eingemengt. Auch dieser Syenit gränzt an östlich daran stossenden Granit.

Der Syenit von Turgojaksk hat dieselben Gemengtheile, ist aber kleinkörniger, und die Hornblende liegt in Streifen zwischen dem Feldspath, wodurch das Gestein eine etwas schiefrige Structur erhält; auch gränzt derselbe an den hier vorkommenden Gneiss. Er ist ausgezeichnet durch die schönen und grossen braunen Titanite, und durch die Zirkone, die in ihm eingewachsen vorkommen.

3. Diorit.

Je weniger der Syenit am Ural verbreitet ist, je mehr ist es der Diorit; er bildet im Verein mit dem Dioritporphyr das hauptsächlichste plutonische Gestein dieses Gebirges. Weniger im Süden entwickelt, nimmt er im mittleren Ural an Menge zu, und bildet im Norden die höchsten Erhebungen. In der Nähe bei Katharinenburg sieht man ihn nur in kleinen Kuppen bei Uktuss und bei Werch-Issetsk (I, 165 und 171); in der Breite von Nischne-Tagilsk bildet er im Hauptrücken die hohe Bjelaja Gora (I, 336), und in noch höherer Breite den Pawdinskoi und Konschekowskoi Kamen (I, 382), und wahrscheinlich die meisten der übrigen hohen Piks dieses Theiles des Ural. Er findet sich ferner zu Tscherno-Istotschinsk bei Nischne-Tagilsk (I, 325); in dem Scheider des oberen Tagil und der oberen Neiwa zwischen Nischne-Tagilsk und Newjansk (I, 305 und 319), und wahrscheinlich in der ganzen Kette bei Barantschinsk vom Kundrawi-Kamen und der Sinaja Gora bis zum Kamyschok (I, 350). Er findet sich ferner in den Turjinschen Gruben bei Bogoslowsk (I, 399), und selbst noch ziemlich weit östlich von dem Hauptrücken des Ural bei Alapajewsk und Reschewsk (I, 434 und 146). Sehr schöne Abänderungen sind auch auf der Schischimskaja Gora und zu Turgojaksk bei Slatoust (II, 140), und ferner bei den Dörfern Kaltajewa (I, 382) und an der Wiazka (nach Stücken in der russischen Sammlung) vorgekommen.

Der Diorit besteht wesentlich nur aus Albit und Hornblende, die in körnigem Gemenge mit einander verbunden sind. Der Albit ist rein weiss bis grünlichweiss sehr selten röthlichweiss (wie in der Gegend von Slatoust), und gewöhnlich nur an den Kanten durchscheinend; in den reinern Abänderungen ist er auch deutlich spaltbar und glänzend, und zeigt die charakteristische Streifung auf den vollkommensten Spaltungsflächen deutlich, in den weniger reinen grünlichweissen Abänderungen, ist er dagegen undeutlich spaltbar, und matt und splittrig im Bruch. Diese finden sich gewöhnlich da, wo der Albit in untergeordneter Menge enthalten ist, wie zu Uktuss und Werch-Issetsk, aber doch auch zuweilen da, wo er schon in grösserer Menge vorkommt, wie an der Bielaja Gora. Die Hornblende ist grünlichschwarz bis schwärzlichgrün, und undurchsichtig. Vor dem Löthrohr schmilzt sie unter Aufschäumen zu einem schwarzen Glase, das schwach magnetisch ist.

Als zufällige Gemengtheile finden sich Quarz in Körnern von graulichweisser Farbe, wie auf den Turjinschen Gruben, und in dem Scheider der Neiwa und des Tagil, zuweilen auch von milchweisser Farbe und mit Fettglanz, wie zu Tscherno-Jstotschinsk; Glimmer in Blättchen von tombakbrauner Farbe, Titanit in braunen Krystallen, grösser als in dem Haupt-Uralgranit, an der Wiazka; Pistazit, eingesprengt und in kleinen Schnüren zu Tscherno-Istotschinsk; Eisenkies, in kleinen stark glänzenden Hexaëdern, an der Bjelaja Gora; Magneteisenerz, in kleinen Körnern eingesprengt in den Turjinschen Gruben und zu Werch-Issetsk.

Der Diorit findet sich am Ural von sehr verschiedenem Korn, gross und feinkörnig; zuweilen ausserordentlich grosskörnig, besonders in Rücksicht der Hornblende, wie am Konschekowskoi Kamen, zu Schaitansk und Kaltaewa, wo die Zusammensetzungsstücke derselben oft eine Länge von 9 Zoll haben, dann aber auch ziemlich feinkörnig, wie z. B. auf dem Scheider zwischen dem Tagil und der Neiwa. Von einem mittleren Korn kommt er zu Alapajewsk und Tscherno-Istotschinsk vor [1]).

Was das Verhältniss der Gemengtheile anbetrifft, so scheinen die Fälle selten zu sein, wo beide Hauptgemengtheile, Albit und Hornblende, in ungefähr gleicher Menge in dem Gemenge enthalten sind, gewöhnlich herrscht die Hornblende vor, zuweilen auch umgekehrt der Albit. In den grosskörnigen Abänderungen vom Konschekowskoi-Kamen, von Kaltajewa u. s. w. ist immer die Hornblende vorherrschend; der Albit findet sich wohl noch in Zoll-grossen Parthien, aber wie an Grösse so auch an Menge der Hornblende bedeutend nachstehend. In dem Diorite vom mittleren Korn von Uktuss und Werch-Issetsk ist die Hornblende bei weitem vorherrschend, und so mögen auch die Fälle vorkommen, wo der Albit wenigstens stellenweise verschwindet. In den russischen Mineralien der berliner Sammlung finden sich Stücke eines grobkörnigen Hornblendegesteins sowohl von den Turjinschen Gruben, als auch vom Kundrawi-Kamen und der Sinaja Gora bei Barantschinsk, die wahrscheinlich

[1]) An diesen Orten finden sich die Abänderungen von gröberem Korn mit denen von feinerem zusammen.

nichts anderes als solche Abänderungen von Diorit sind, in denen der Albit stellenweise ganz verschwunden ist. Bei dem Diorite von mittlerem Korn von Alapajewsk und von Tscherno-Istotschinsk sind die beiden Hauptgemengtheile ziemlich im Gleichgewicht oder Albit nur wenig, bei dem Diorite von den Turjinschen Gruben und von Reschewsk dagegen bei weitem vorherrschend. — Die unwesentlichen Gemengtheile kommen immer nur untergeordnet vor, nur in dem grobkörnigen Diorite von Wiazka, den ich nur aus einem Stücke kenne, ist der Titanit in Menge eingemengt.

Wo der eine oder der andere der Hauptgemengtheile des Diorits bedeutend vorherrscht, geht die Structur des Gesteins aus der körnigen, in die porphyrartige und kuglige über. Der Diorit der Turjinschen Gruben bildet hauptsächlich nur eine körnige Albit-Masse von mittlerem Korn mit noch deutlich erkennbaren Streifen auf der Hauptspaltungsfläche der Zusammensetzungsstücke, welche die 2 bis 3 Linien langen prismatischen Körner der Hornblende, und eben so die darin in untergeordneter Menge vorkommenden kleinen und zum Theil sehr feinen Körner von Quarz und Magneteisenerz von allen Seiten umschliesst. Merkwürdiger noch ist der Diorit von Reschewsk; der Albit bildet bei ihm eine noch mehr feinkörnige Grundmasse, in welcher die Hornblende in kleinen Kugeln von einer, höchstens $1\frac{1}{2}$ Linien Durchmesser vertheilt ist, die aus kleinen haarförmigen Individuen bestehen, die um den Mittelpunkt der Kugeln excentrisch gruppirt sind. Es ist dieselbe Structur, die sich auch bei dem Diorite von Schemnitz, dem sogenannten Tigererze, findet, nur dass die Kugeln der Hornblende hier 3 bis 4 Linien Durchmesser haben und in der Grundmasse viel sparsamer enthalten sind [1]). Den

[1]) Diorit mit schöner kugliger Structur kommt nach dem *An-*

Gegensatz bildet der Diorit von der Schischimskaja Gora und von Torgojaksk bei Slatoust, wo die Hornblende eine ziemlich grobkörnige Grundmasse bildet, in welcher der Albit in Zoll-langen und 2 bis 3 Linien dicken deutlich spaltbaren Krystallen porphyrartig eingewachsen ist. Da die Albitkrystalle ziemlich gross und auch in der Grundmasse ziemlich häufig liegen, so ist der Unterschied in der Menge der Gemengtheile jedoch hier nicht so gross, als bei dem Diorite der Turjinschen Gruben und von Reschewsk.

Der Diorit von mittlerem Korn ist ein sehr zähes, schwer zu zerschlagendes Gestein. Besonders ausgezeichnet in dieser Rücksicht sind die Abänderungen von Uktuss und von Werch-Issetsk.

Ein Stück Diorit von Alapajewsk, von mittlerem Korn, und nur Albit und Hornblende, ersteren in etwas vorherrschender Menge enthaltend, hatte bei einem absoluten Gewicht von 32,0332 Grammen, ein specifisches Gewicht von 2,792.

Dieselbe Varietät in einen Platintiegel gethan, schmolz im Ofen der berliner Porzellanfabrik zu einem grünlichschwarzen, in dünnen Splittern grünlichweissen und durchsichtigen Glase. Die Hornblendereiche Varietät von Uktuss schmolz im Kohlentiegel im Porzellanofen zu einer weissen, nur schwach an den Kanten durchscheinenden, vom Messer nicht ritzbaren Masse mit splittrigem Bruch, an deren Boden sich ein Eisenregulus gebildet hatte, wie auch andere kleine Reguli an den Seiten sassen. Der grössere Eisenregulus enthielt kleine Krystalle und Flitterchen von Titan eingemengt, die an der kupferrothen Farbe deutlich zu erkennen waren, und bei der Auflösung

---

nuaire (von 1835 S. 134) auch auf dem rechten Ufer der Lobwa etwas oberhalb der Einmündung der Kuschwa und nicht weit von dem Wege von der Eisenhütte Nicolaje-Pawdinskoi nach Bogoslowsk vor.

des Eisens in Salpetersäure unaufgelöst zurückblieben. Hieraus sieht man, dass auch Titansäure, wenn auch nur in geringer Menge selbst in den Dioriten enthalten ist, die kein Titaneisen oder keinen Titanit sichtbar eingemengt enthalten. Es ist schwer zu sagen, wo sich diese Titansäure herschreibt, es wäre möglich, dass sie in geringer Menge in der Hornblende enthalten ist, wie sie auf diese Weise ja auch zuweilen in dem Glimmer vorkommt.

Der Diorit wird zuweilen von Quarzgängen durchsetzt; wie z. B. der von Reschewsk. Der hier vorkommende Quarz ist durchsichtig bis stark durchscheinend, und hat im Bruche ein feinsplittriges, etwas sandiges Ansehen, ist aber fest mit dem Diorite verwachsen, so dass er zu Vasen verarbeitet werden kann, die zur Hälfte aus diesem Quarz, zur Hälfte aus Diorit bestehen (Allianzstein I, 146).

Ueber das Verhältniss des Diorits zu den übrigen plutonischen wie auch metamorphischen Gebirgsarten sind am Ural keine Beobachtungen bekannt. In dem Scheider zwischen der Neiwa und dem Tagil ist er ganz von Serpentin umgeben, und scheint diesen durchbrochen zu haben.

4. **Dioritporphyr**

findet sich am Ural eben so ausgezeichnet, wie der Diorit; er kommt meistens in seiner Nähe vor, scheint aber noch verbreiteter am südlichen als am nördlichen Ural zu sein, wo er sich auch nicht zu so grossen Höhen als der Diorit erhebt. In der Nähe von Katharinenburg scheint er ganz zu fehlen; er findet sich in dieser Breite erst sehr weit östlich auf der Tobolsker Strasse bei dem Dorfe Tigysch (I, 474); nördlich erscheint er an der Bertewaja Gora bei Nischne-Tagilsk (I, 319); er bildet dann ferner die Felsen bei Laja (I, 339), und findet sich am Kamyschok bei Barantschinsk (I, 350), bei dem Seifenwerk Pitatelewskoi nördlich von Werchoturje (I, 391), an der Lobwa (I, 393) und in den Turjinschen Gruben (I, 399). In den Umgebungen von Miask findet er sich zu Portnaschinskoi, 12 Werste von Miask [1]), an der Berkutskaja Gora (II, 32), sehr verbreitet ferner in der Umgebung des Sees Auschkul, wo auch der Berg Auschkul aus ihm besteht (II, 168, 169 und 172), und zu Poläkowsk (II, 177).

Der Dioritporphyr besteht aus einer dichten Grundmasse mit eingewachsenen Albit- und Hornblendekrystallen.

Die Grundmasse ist am häufigsten und in den am meisten charakteristischen Abänderungen grünlichgrau, blasst aber öfters aus, und wird aschgrau bis lichte- graulich- und gelblichweiss; sie hat einen fast ebenen und feinsplittrigen Bruch, ist matt, und so hart, dass sie sich mit dem Messer nicht ritzen lässt. Vor dem Löthrohr schmilzt sie zu einem Glase, das mehr oder weniger von Eisen gefärbt erscheint.

Der Albit findet sich zuweilen in weissen glänzenden, deutlich spaltbaren und scharf begränzten Zwillingskrystallen, welche die einspringenden Winkel der vollkommensten Spaltungsflächen sehr deutlich zeigen, wie am Auschkul und zu Pitatelewskoi (zweite Abänderung), in anderen Fällen aber sind die Krystalle weniger scharf begränzt, sie sind schon etwas grünlich und graulich gefärbt und haben einen matten, splittrigen Bruch, und in noch anderen Fällen treten sie so wenig aus der Grundmasse hervor, dass sie nur sichtbar werden, wenn man die Stücke befeuchtet, wie in der ersten Abänderung von Pitatelewskoi.

Die Hornblende ist graulich- und grünlichschwarz und hat sehr vollkommene und glänzende Spaltungsflächen. Die Krystalle sind mehr oder weniger säulenförmig, zuweilen über Zoll-lang und verhältnissmässig dick (zu Poläkowsk), in anderen Fällen

---

[1]) Nach einem in Miask erhaltenen Stücke.

klein und haarförmig (zu Laja und an der Lobwa); sie schneiden besonders die grösseren Krystalle an der Grundmasse scharf ab, und erscheinen häufig auf den Bruchflächen des Gesteins mit vollkommen geradlinigen Umrissen, sind aber doch gewöhnlich sehr fest mit der Grundmasse verwachsen. Vor dem Löthrohr verhält sich diese Hornblende, wie die des Diorits.

Von zufälligen Gemengtheilen findet sich Quarz in stark abgerundeten Hexagondodecaëdern, graulichweiss, durchscheinend und im Bruche fettglänzend (Pitatelewskoi, zweite Abänderung), Glimmer in kleinen tombakbraunen Schüppchen (Bertewaja Gora) Flussspath in kleinen derben Parthien zu Laja, Eisenkies in sehr kleinen glänzenden Hexaëdern, wie ebenfalls zu Laja, oder in kleinen derben Parthien, wie an der Lobwa, Magnetkies in kleinen Körnern ebenfalls an der Lobwa.

In dem gegenseitigen Menge-Verhältniss der eingewachsenen Gemengtheile zur Grundmasse, und in dem gegenseitigen Grössenverhältniss der Gemengtheile untereinander kommen grosse Verschiedenheiten vor. Die eingewachsenen Krystalle sind zuweilen in so grosser Menge in der Grundmasse enthalten, dass sie eben so viel und mehr Raum einnehmen, als diese selbst, wie am Auschkul und zu Pitatelewskoi (zweite Abänderung), oder sie finden sich darin sparsamer verbreitet, und fehlen zuweilen fast gänzlich, wie auf der Spitze des Berges Auschkul. Albit und Hornblende kommen zuweilen in ungefähr gleicher Menge in der Grundmasse eingewachsen vor, häufiger aber noch ist bald der eine, bald der andere dieser Gemengtheile in geringerer Menge oder in geringerer Grösse der Krystalle darin enthalten. In dem Dioritporphyr vom Fuss des Auschkul und von der Berkutskaja Gora kommen Albit und Hornblende in ungefähr gleicher Menge und Grösse vor; in dem Dioritporphyr von Pitatelewskoi (zweite Abänderung) ist dagegen der Albit nicht allein in grösseren Krystallen, sondern auch in grösserer Menge als die Hornblende enthalten, und noch mehr tritt der Unterschied in dem Grössenverhältniss bei dem Dioritporphyr von Swiäto-Leontewskoi, nördlich vom See Auschkul (II, 172) ein, wo der Albit in fast Zollgrossen weissen Krystallen, wenn auch verhältnissmässig sparsam, die Hornblende dagegen nur in kleinen feinen Nadeln in der Grundmasse verbreitet ist. Am meisten charakteristisch für den Ural sind indessen die Abänderungen, bei denen die Hornblende sich in grossen Krystallen und ziemlich häufig, der Albit dagegen sich nur in kleinen und undeutlichen Krystallen findet. Dazu gehören die Abänderungen von Pitatelewskoi (erste Abänderung), von den Turjinschen Gruben, von Portnaschinskoi und von Poläkowsk, die sich alle sehr ähnlich sehen, obgleich sie sich an den entgegengesetzten Enden des Ural finden. Alle diese Abänderungen haben zugleich eine ziemlich dunkle grünlichgraue Grundmasse; wo die Hornblende in geringer Menge und in kleinen Nadeln enthalten ist, ist auch die Grundmasse gewöhnlich lichter, und diess ist auch der Fall bei allen den undeutlichen Abänderungen von der Bertewaja Gora, von Laja, von der Lobwa und der Spitze des Auschkul.

Was die unwesentlichen Gemengtheile anbetrifft, so findet sich der Quarz an dem Gipfel des Auschkul nur sehr sparsam, in der zweiten Abänderung des Dioritporphyrs von Pitatelewskoi dagegen sehr häufig, und hier häufiger noch als die Hornblende, wenngleich in geringerer Menge als der Albit; der Glimmer findet sich in der Bertewaja Gora ziemlich häufig, aber in kleinen excentrisch zusammengehäuften Parthien; der Flussspath zu Laja sparsam, der Eisenkies zu Laja ziemlich häufig, und eben so auch der Magnetkies an der Lobwa.

Der Dioritporphyr von der Lobwa ist an manchen

Stellen ganz conglomeratartig, und enthält grosse Stücke schwarzen Kiesel- und Thonschiefers und eines dichten grauen Kalksteins, wie auch noch Stücke eines dichten feldspathartigen Gesteins von gelblichweisser Farbe eingeschlossen. — An der Berkutskaja Gora findet sich in dem Dioritporphyr ein Gang von Quarz mit Axinit.

Das specifische Gewicht eines 32,5866 Grammen schweren Stücks Dioritporphyrs von Pitatelewskoi, welcher in grünlichgrauer Grundmasse grosse Krystalle von Hornblende und kleine undeutliche Albitkrystalle enthielt, betrug 2,884.

Im Kohlentiegel im Porzellanofen schmolz dieser Dioritporphyr zu einem grauen Glase, an dessen Boden sich ein Eisenregulus mit eingesprengten Flitterchen kupferrothen Titans, wie bei dem Diorite von Alapajewsk gebildet hatte.

Von den Lagerungsverhältnissen des Dioritporphyrs am Ural ist wenig bekannt. Bei Tygisch scheint er den Uebergangskalkstein und die Grauwacke durchbrochen zu haben (I, 474), und am Kamyschok in zwei Gängen im Serpentin vorzukommen (I, 351). Auch die eingemengten Stücke von Kieselschiefer, Thonschiefer und Kalkstein, die er an der Lobwa enthält, zeigen, dass er hier diese Gebirgsarten durchbrochen hat.

5. Euphotid

kommt am Ural nicht häufig vor, scheint sich aber besonders in der Umgebung von Katharinenburg zu finden. Er bildet die Dumnaja Gora bei Polewskoi (I, 262), findet sich auch ostwärts von dem letzteren Orte (I, 258), bildet ferner die Unterlage des Seifengebirges von Mariinskoi bei Beresowsk (I, 230), und kommt endlich noch bei Anninskoi südlich von Miask vor (II, 172). Wahrscheinlich gehört hierher auch das Gestein von Mostowaja nordwärts von Katharinenburg (I, 288).

Er besteht wahrscheinlich aus Saussurit, der eine weisse, dichte Grundmasse mit feinsplittrigem Bruche bildet, worin mehr oder weniger regelmässig begränzte Krystalle von Uralit eingewachsen liegen. Am regelmässigsten sind die Krystalle bei dem Euphotid der Dumnaja, wo sie zugleich mehrere Linien lang und ziemlich dick sind; an den übrigen Orten sind die Krystalle länger und schmaler und unregelmässiger begränzt. Bei dem Gestein von Mostowaja scheinen die eingewachsenen Krystalle die Winkel des Augits zu haben.

6. **Hypersthenfels**

ist mir nur bekannt vom Durchbruch des Uralflusses bei Orsk (I, 191), wo derselbe näher beschrieben ist.

7. **Oligoclasporphyr** [1])

findet sich auf der Ostseite des mittleren und nördlichen Theiles des Ural, bei Ajatskaja, nördlich von Katharinenburg (I, 143) zwischen Kuschwinsk und Nischne-Turinsk (I, 375) und bei Bogoslowsk, theils unmittelbar bei der Hütte an den Felsen auf der rechten Seite der Turja, theils einige Werste südlich von derselben (I, 424 und 394). Er besteht aus einer Grundmasse mit grösstentheils nur eingewachsenen Krystallen von Oligoclas.

---

[1]) Die hierher gehörigen Gebirgsarten sind in diesem Werke als Augitporphyr mit vorwaltendem Labrador aufgeführt; da aber die in dem Porphyre von Ajatskaja eingeschlossenen Krystalle sich als Oligoclas bewiesen haben (II, 511), so ist es wahrscheinlich, dass alle in ähnlichen Porphyren eingeschlossene Krystalle ebenfalls Oligoclas sind. Diese Porphyre machen daher eine eigenthümliche Gebirgsart aus, die ich vorläufig nach den eingeschlossenen Krystallen benannt habe. Es ist möglich, dass der feldspathartige Bestandtheil sowohl in den übrigen Augitporphyren, als auch in dem Hypersthenfels Oligoclas sei (vergl. die Anmerkung II, 190); wenn diess aber auch der Fall ist, so möchte es doch nicht unpassend sein, die Porphyre, die vorwaltend Oligoclas enthalten, von denen zu trennen, die nur oder vorwaltend Augit oder Uralit enthalten.

Die Grundmasse ist gewöhnlich grünlichgrau bis graulichbraun, zuweilen auch ganz lichte-graulichweiss, ferner feinsplittrig und hart. Die eingewachsenen Krystalle sind schneeweiss, grünlich- oder röthlichweiss und undurchsichtig; sie sind zuweilen mehr als Zoll-gross und dabei in grosser Menge in der Grundmasse eingewachsen, wie besonders bei einer Abänderung von Ajatskaja [1]), wo zu gleicher Zeit auch die Grundmasse von sehr lichter Farbe ist, gewöhnlich aber sind sie kleiner und sparsamer in der Grundmasse verbreitet, die dann auch meistens etwas dunkler gefärbt erscheint. Manche Abänderungen enthalten neben dem Oligoclas noch kleine Krystalle und Körner von schwärzlichgrünem Augit, wie die von Bogoslowsk, andere enthalten neben demselben kleine undeutliche Krystalle von Uralit, wie die meisten Abänderungen von Ajatskaja; in der erwähnten Abänderung mit den grossen Oligoclaskrystallen und der lichteren Grundmasse finden sich neben dem Oligoclas kleine Blättchen von grünem Talke und einzelne kleine Prismen von bräunlichem Pistazit [2]).

Zwischen Kuschwinsk und Nischne-Turinsk wird das Gestein sehr conglomeratartig; es enthält oft in grosser Menge mehr oder weniger grosse Stücke schwarzen Thonschiefers, während Kalkspath in kleinen Trümmern ihn durchzieht. Dieser findet sich auch bei dem Oligoclasporphyr in der unmittelbaren Nähe von Bogoslowsk.

Ganz ähnliche Abänderungen, wie die mit etwas

---

[1]) Vergl. oben S. 511.

[2]) Es ist oft sehr schwer, manche Abänderungen von Oligoclasporphyr von den Dioritporphyren, die vorzugsweise Albit enthalten, zu unterscheiden; ich habe mich auch in diesen Fällen hauptsächlich nach den begleitenden Mineralien gerichtet, und die Porphyre, wo ich neben dem feldspathartigen Gemengtheil Hornblende erkennen konnte, zu dem Dioritporphyre, wo ich aber Augit oder Uralit erkennen konnte, zu den Augit- oder Uralitporphyren gerechnet.

dunklerer Grundmasse von Ajatskaja kommen am Tscharysch im Altai vor, und sind I, 564 beschrieben. Das specifische Gewicht eines 21,501 Grammen schweren Stückes eines solchen Oligoclasporphyrs betrug 2,878. Es ist etwas geringer als das des bekannten *Verde antico*, welcher offenbar auch ein Oligoclasporphyr ist, und dessen specifisches Gewicht ich 2,923 fand.

Der *Verde antico* schmolz im Kohlentiegel im Porzellanofen zu einer grünlichweissen Masse mit einem Eisenregulus am Boden, in welchem ebenfalls Flitterchen kupferrothen Titans zu sehen waren.

Der Oligoclasporphyr von Bogoslowsk kommt in grossen Säulen abgesondert vor, die in den Felsen südlich von Bogoslowk senkrecht, in den Felsen neben der Hütte schief stehen, und von anderen gegen die Axe der Säulen rechtwinkligen Spalten durchsetzt werden. Diese wiederholen sich zuweilen so schnell, dass der Porphyr an diesen Stellen plattenförmig abgesondert erscheint. In einigen Felsen ist er auch kuglig abgesondert (I, 426). Er findet sich hier mit älterem Uebergangskalkstein und Grauwackenschiefer, die er durchbrochen hat.

Der Oligoclasporphyr von Ajatskaja wird in der Steinschleiferei von Katharinenburg verarbeitet.

8. Augitporphyr

findet sich am Ural sehr verbreitet, doch ist es schwer seine Ausdehnung schon jetzt etwas näher zu bestimmen, da er gänzlich in die oben S. 544 erwähnten grünen Schiefer übergeht, und von mancher Abänderung es jetzt noch zweifelhaft sein möchte, wohin sie zu stellen ist. Mit einiger Gewissheit sind zum Augitporphyr zu rechnen die Gesteine, die südlich von Mostowaja und beim See Baltym bei Katharinenburg (I, 284) und am grossen und kleinen Blagodat (I, 343 und 344) vorkommen, sowie am südlichen Ural die von den Goldseifen Kowelinskoi und Zarewo-Nicolajewskoi bei Miask (II, 27 und 40) und die von Muldakajewa bei Poläkowsk (II, 171). Zweifelhafter sind die Augitgesteine von Orsk (II, 185).

Der Augitporphyr besteht aus einer Grundmasse, in welcher vorzugsweise Augit- oder Uralitkrystalle, zuweilen auch neben diesen Labradorkrystalle [1]) eingewachsen sind.

Die Grundmasse hat in den verschiedenen Abänderungen ein verschiedenes Ansehen. Am häufigsten ist sie grünlichgrau, bald lichter, bald dunkler, zuweilen ziemlich lichte graulich- oder grünlichweiss, wie am See Baltym, zuweilen aber auch graulichschwarz, wie die basaltähnliche Abänderung von Kysilskaja (II, 182); sie ist im Bruch mehr oder weniger eben und feinsplittrig, von der Härte des Apatits bis zu der des Feldspaths, gewöhnlich aber noch mit dem Messer, wenngleich schwer ritzbar. Von Chlorwasserstoffsäure wird sie nur sehr schwer angegriffen. Vor dem Löthrohr schmelzen dünne Splitter an den Kanten zu einem mehr oder weniger dunkelgrünen Glase. Den angestellten Untersuchungen zu Folge besteht sie (mit den eingeschlossenen Krystallen) ungefähr zur Hälfte aus Kieselsäure; im Uebrigen aus Thonerde, Eisenoxyd, Kalkerde und Talkerde. Wasser ist, 1 bis 2 pCt. ausgenommen, die nur mechanisch eingeschlossen sind, in der Grundmasse nicht enthalten [2]), und hierdurch unterscheidet sie sich unter

---

[1]) Vergl. die Anmerkung beim Oligoclosporphyr S. 571.

[2]) Nach einigen Versuchen, die Herr Dr. Girard auf meine Bitte angestellt hat, verliert beim Glühen an Gewicht der Augitporphyr

von Kowelinskoi	0,316	pCt.
- Muldakajewa	0,505	-
- See Baltym	0,65	-
- Wtoro Pawlowsk bei Miask	1,96	-
- Pyschminsko-Kljutschewskoi bei Katharinenburg	2,08	
- Zarewo-Nicolajewskoi bei Katharinenburg	2,25	-

anderm von dem Serpentin und dem Basalt, mit denen sie in ihren Extremen zuweilen im Aeusseren Aehnlichkeit hat.

Die **Augit-** und **Uralitkrystalle**, die in dieser Grundmasse eingewachsen vorkommen, sind von der S. 498 und 347 angegebenen Beschaffenheit. Beide finden sich nie zusammen, es sei denn in regelmässiger Verwachsung miteinander, so dass die Augitmasse den Kern eines Uralitkrystalles bildet, wie diess z. B. bei dem Augitporphyr von Muldakajewa (II, 352) der Fall ist. Ausserdem erscheinen sie stets von einander getrennt, und man kann demnach recht gut eigentliche Augitporphyre, die nur Augit enthalten, von den Uralit-haltigen Porphyren (Uralitporphyren) unterscheiden. Erstere finden sich z. B. zu Nischne-Tagilsk, Zarewo-Nicolajewsk bei Miask, sind aber bei weitem die selteneren, letztere zu Kowelinskoi bei Miask, am See Baltym u. s. w. — **Labrador** findet sich, wenn er vorkommt, neben dem Augit oder Uralit nur in kleinen undeutlichen Krystallen. Zu den deutlichsten gehören noch die, welche in dem Augitporphyre des kleinen Blagodat neben dem Uralite vorkommen; die Labradorkrystalle haben hier noch einige Dicke, und zeigen die charakteristischen einspringenden Winkel deutlich. In der basaltähnlichen Varietät von Kysilskaja erscheinen sie als kleine, äusserst dünne Tafeln mit einigen kleinen Körnern grünen Augits, und gewöhnlich sind sie so undeutlich, dass sie nur erst beim Befeuchten des Gesteins wie kleine weisse runde oder eckige Flecken hervortreten, wie bei den

---

Alle diese Abänderungen enthalten Uralit, bis auf die letzte, welche Augit enthält; die vor- und drittletzte hat aber schon ein schiefriges Gefüge und möchte zu den grünen Schiefern gehören. Die basaltähnliche Varietät von Kysylskaja verliert beim Glühen 2,44 pCt. (II, 183).

Uralitporphyren, südlich von Mostowaja, am See Baltym und am grossen Blagodat. In anderen Abänderungen, wie z. B. dem Augitporphyre von Nischne-Tagilsk oder dem Uralitporphyre von Kowelinskoi sind sie gar nicht zu erkennen.

Die Gemengtheile, sind in der Grundmasse in grösserer oder geringerer Menge eingemengt. In dem Augitporphyre von Nischne-Tagilsk sind die kleinen Augitkrystalle in solcher Menge vorhanden, dass sie mehr Raum einnehmen, als die Grundmasse; herrschender ist diese schon bei dem Uralitporphyre von Kowelinskoi, und bei dem Uralitporphyre vom See Baltym (mit Einschluss der hier noch vorkommenden undeutlichen Labradorkrystalle) ist sie bei weitem vorschend.

Als unwesentliche Gemengtheile des Augitporphyrs sind noch anzuführen: Eisenkies und Magneteisenerz. Ersterer kommt in geringer Menge fein eingesprengt in dem Uralitporphyr von Kowelinskoi vor, letzterer fein eingesprengt oder auch in grösseren Parthien in dem Uralitporphyr vom Blagodat.

Die Augitporphyre gehören im Allgemeinen zu den zähesten Gesteinen, die vorkommen. Sie sind nur mit der grössten Mühe zu zerschlagen, und es ist ausserordentlich schwer, ordentliche Formatstücke von ihnen zu erhalten. Am meisten ist mir in dieser Rücksicht der Uralitporphyr von Muldakajewa aufgefallen, der Uralitkrystalle mit einem Kern von Augit enthält.

Folgendes sind die specifischen Gewichte einiger Augitporphyre:

	Fundort.	Absolutes Gewicht in Grammen	Specifisches Gewicht
1.	Augitporphyr von Nicolajewsk bei Miask	30,1022	3,002
2.	Uralitporphyr von Muldakajewa bei Miask [1])	15,5027	3,100
3.	Uralitporphyr von Kowelinskoi bei Miask [2])	27,0183	3,030
4.	Uralitporphyr südlich von Mostowaja bei Katharinenburg [3]) . .	23,9587	2,993

Die von den eingewachsenen Uralitkrystallen möglichst befreite Grundmasse dieses letzteren Porphyrs hatte ein specifisches Gewicht = 2,991, die aus derselben herausgenommenen Uralitkrystalle, wie oben S. 351 angegeben, = 3,150.

Der Augitporphyr von Muldakajewa schmolz, in einem Platintiegel dem Feuer des Porzellanofens ausgesetzt, zu einem schwärzlichgrünen durchsichtigen Glase, das an den Rändern in einer Schicht von der Dicke einer Linie entglast, grünlichgrau, undurchsichtig und feinfasrig geworden war.

Im Kohlentiegel schmolzen im Porzellanofen die Augitporphyre von Mostowaja, Kowelinskoi und Nicolajewsk zu gelblich- oder graulichweissen undurchsichtigen Massen, an deren Boden sich grosse, wie an den Seiten eine Menge kleinerer Eisenreguli gebildet hatten, in welchen viele kleine Flitterchen von Titan eingemengt waren, zum Beweise, dass auch der Augitporphyr etwas Titansäure enthält. —

Noch ist zu bemerken, dass der Augitporphyr

[1]) Die Uralite enthielten Kerne von Augit.

[2]) Das untersuchte Stück enthielt hier und da etwas Eisenkies einpesprengt.

[3]) Die ziemlich lichte Grundmasse enthielt sehr undeutliche Krystalle von Labrador.

öfter blasig ist, und in seiner Grundmasse eine Menge kleiner, mit Kalkspath oder Chalcedon ausgefüllter Blasenräume enthält, wie z. B. am Blagodat (I, 345) oder zu Poläkowsk (II, 177). Zuweilen erscheint er auch als förmliches Conglomerat, wie auf der Ostseite des Sees Auschkul (II, 167), wo abgerundete Stücke von Augitporphyr oder einzelne Augitkrystalle durch ein Bindemittel verbunden sind, das ein körniges Gemenge von weissem Kalkspath und einem rothen, schon etwas zersetzten Minerale (Zeolithe?) darstellt. Das Bindemittel ist hierbei nur sparsam vorhanden, der Augit, sowohl der, welcher in dem Augitporphyre eingewachsen ist, als der in einzelnen Krystallen in dem Bindemittel vorkommt, ist sehr frisch, von Farbe grün und deutlich spaltbar.

Die Oberfläche des Augitporphyrs wird durch Einwirkung der Atmosphäre ziemlich stark angegriffen. Die Grundmasse verwittert, verliert Farbe und Zusammenhalt und wird von den Tagewassern fortgewaschen, wodurch die unzerstörbareren Augit- oder Uralitkrystalle an der Oberfläche hervortreten, und ihr ein rauhes Ansehen verleihen.

9. Granatfels

bildet an mehreren Orten zwischen Miask und Slatoust den Kern vieler Serpentinhügel, welche er durchbrochen zu haben scheint (II, 98 und 165).

10. Magneteisenerz.

Das Magneteisenerz verhält sich nach den Beschreibungen von v. Helmersen[1]) an dem Blagodat bei Kuschwinsk (I, 342) auch wie eine plutonische Masse, die den umgebenden Augitporphyr durchbrochen hat, und gangförmig in denselben eingedrungen ist. Man hat es demnach auch unter den plutonischen Ge-

---

[1]) Vergl. *Bulletin scientifique publié par l'Acad. Imp. des sciences de St. Pétersbourg*, T. *III* No. 8.

birgsarten aufzuführen, zu deren jüngsten Bildungen es gehört. Der Analogie nach ist es wahrscheinlich, dass das Magneteisenerz der übrigen Magneteisenberge des Ural, nämlich die Wissokaja Gora bei Nischne-Tagilsk (I, 310), der Katschkanar bei Nischne-Turinsk (I, 379), und der Ulu-Utasse-Tau bei Magnitnaja (II, 180), ein ähnliches Verhalten haben werden.

Man sieht aus dieser Uebersicht, dass am Ural nur die älteren vulkanischen, die sogenannten plutonischen Gebirgsarten und unter diesen besonders Diorit, Dioritporphyr, Granit und Augitporphyr vorkommen; die neueren oder eigentlichen vulkanischen Gebirgsarten, wie Trachyt [1]), Phonolith, Basalt [2]) und Leucitophyr fehlen dagegen gänzlich. Aber auch von den plutonischen Gebirgsarten kommen manche sonst weit verbreitete, wie der rothe (Feldspath-führende) Porphyr, gar nicht vor, und andere, wie der Syenit und der Hypersthenfels, finden sich nur sehr untergeordnet, obgleich der letztere doch in unserem deutschen Uebergangsgebirge an so vielen Stellen und mit sich so gleich bleibenden Charakteren zu sehen ist.

Aus dem gänzlichen Mangel des neueren vulkanischen Gebirges erklärt sich nun auch der gänzliche Mangel mehrerer Mineralien, die in diesem Gebirge ihre eigentliche Lagerstätte haben, wie des Olivins

---

[1]) Tschaikowski erwähnt zwar eines Trachyt-Porphyrs zu Kaltschedanskoi am untern Isset (I, 480), aber diese Angabe ist seit 1830, wo die Abhandlung im Gorni Journal erschien, von keinem neueren Beobachter bestätigt worden, daher man glauben muss, dass sie auf einem Irrthum beruht.

[2]) Ueber den Basalt-ähnlichen Augitporphyr von Kisylskaja vergl. II, 182.

und Leucits[1]), und eben so auch die grosse Seltenheit der Zeolithe, indem von diesen nur Analcim und Laumonit, und jeder von ihnen nur an einer Stelle vorkommt, der erstere unter sehr eigenthümlichen Verhältnissen mit dem Magneteisenerz am Blagodat, der letztere in den Höhlungen eines Dioritporphyrs der Gegend von Bogoslowsk. Die Zeolithe kommen zwar nicht allein in den Höhlungen der neueren vulkanischen Gebirge, sondern häufig auch auf Erzgängen vor, aber auch die eigentlichen Erzgänge, wie sie sich am Erzgebirge und am Harze finden, sind dem Ural fremd.

IV. Neueres neptunisches Gebirge.

Hierher gehört das Braunkohlengebirge, das sich an einigen Orten an der Ostseite des Ural bei Kamensk und Bogoslowsk (II, 518) u. s. w. findet, ferner die neueste Bildung, der Torf, vorzüglich aber das Seifengebirge, das hier vorzugsweise zu erwähnen ist.

Das Seifengebirge (der Gold- und Platinsand) besteht aus Lagen von losen Trümmern sehr verschiedener Gebirgsarten, die eben so durch Grösse und Gestalt, als durch Mannigfaltigkeit der Masse verschieden sind, indem sie theils ganz eckige, scharfkantige Stücke, theils mehr abgerundete Geschiebe, bald noch Fuss-grosse Blöcke, bald kleinere Stücke und Körner bilden; aber Trümmer von der verschiedensten Gestalt und Grösse kommen in der Regel zusammen vor und sind durch staubartige erdige Theile mit einander verbunden. Die Gebirgsarten, die in diesen Trümmern erkannt werden können, sind besonders Quarz, Chlorit-, Talk-, Thon- und Kieselschiefer, Jaspis, Serpentin, Granit, Diorit und Augitporphyr,

[1]) Beide sollen in dem Trachytporphyre von Kaltschedanso vorkommen, was aber wie dieser selbst zweifelhaft ist.

lauter Gebirgsarten, die sich am Ural anstehend finden, und mit denen auch die Geschiebe in Rücksicht ihrer mineralogischen Beschaffenheit vollkommen übereinstimmen. Bald ist die eine, bald die andere Gebirgsart vorherrschend, und daher auch das Ansehen des Seifengebirges verschieden, das bald eine ockergelbe, lehmartige, bald eine grünlichgraue Farbe hat, letztere besonders da, wo es vorherrschend aus Serpentin besteht.

Das Seifengebirge bedeckt den Boden der Thäler und Niederungen im ganzen Ural, und findet sich sowohl auf dem östlichen als westlichen Abhange, wie auch auf dem Rücken selbst. Es ist hier unmittelbar auf den oben beschriebenen Gebirgsarten, bald aber auf der einen, bald auf der anderen abgelagert, hat dabei eine sehr verschiedene Mächtigkeit, die bald nur einige Fuss, bald bis gegen 20 Fuss beträgt, und ist in manchen Fällen unmittelbar von Rasen, in anderen von einer mehr oder weniger mächtigen Torf- oder einer nicht goldhaltigen Thonschicht bedeckt. Wie verschieden das Liegende des Seifengebirges ist, ersieht man aus der folgenden Uebersicht, welche die Angabe des Liegenden der von uns besuchten, oder in dem vorliegenden Werke näher beschriebenen Seifenwerke enthält.

	Name des Seifenwerkes	Ort, in deren Nähe es liegt	Liegendes des Seifengebirges [1])	Theil und Seitenzahl der Beschreibung
1.	Schabrowskoi	Katharinenburg	Chlorit und Talkschiefer	I, 156
2.	Perwo-Pawlowskoi	-		I, 227
3.	Mariinskoi	-	Euphotid	I, 230

[1]) Wo sich in dieser Spalte keine Angabe findet, ist das Seifengebirge nicht bis zu dem unterliegenden festen Gestein abgebaut worden, weil die unteren Schichten des Seifengebirges nicht bauwürdig befunden waren.

	Name des Seifenwerkes	Ort, in deren Nähe es liegt	Liegendes des Seifengebirges	Theil und Seitenzahl der Beschreibung
4.	Nogornoi	Kathariburg		I, 231
5.	Klenowskoi	-		I, 232
6.	Kalinowskoi	-	Serpentin und Granit	I, 234
7.	Nicolajewskoi	-	Thonschiefer	I, 254
8.	Schelesinskoi	-	Chloritschiefer und Diorit	I, 259
9.	Pyschminsko-Kjutschewskoi	-	Grüner Schiefer mit Uralit	I, 281
10.	Malo-Mostowskoi		Serpentin	I, 288
11.	Werchoturskoi			I, 290
12.	Newinskoi	Newjansk	Serpentin	I, 295
13.	Newinsko-Stolbinskoi	-	Körniger Kalkstein u. Hornblendeschief.	I, 298
14.	Wiluyskoi	Nischne-Tagilsk	Serpentin und Chloritschiefer	I, 320
15.	Bertewskoi	-		I, 322
16.	Rublowskoi	-	Chloritschiefer und quarz. Talkschief.	I, 328
17.	Martianowskoi I.	-		I, 331
18.	Suchoi	-	Serpentin	I, 332
19.	Pupkowoi	-	Serpentin	I, 333
20.	Martianowskoi II.	-	Serpentin	I, 333
21.	Adolphskoi	Bissersk	Schwarzer Dolomit	I, 367
22.	Krestowosdwischenskoi	-	Graulichschwarzer Kalkstein	I, 366
23.	Pitatelewskoi	Bogosl.	Dioritporphyr	I, 390
24.	Alexandrowskoi	-	Schwärzlichgrauer Kalkstein	I, 421
25.	Nicolaje-Alexejewsk	Miask	Thonschiefer und Kalkstein	II, 25
26.	Kowelinskoi	-	Serpentin und Thonschiefer	II, 26
27.	Wtoro-Kaskinowskoi	-	Serpentin	II, 28
28.	Tretje-Kaskinowskoi	-	Thonschiefer	II, 29
29.	Wtoro-Pawlowskoi	-	Grauwackenschiefer	II, 30
30.	Perwo-Pawlowskoi	-	Serpentin	II, 31
31.	Mariinskoi	-		II, 33

	Name des Seifenwerkes	Ort, in deren Nähe es liegt	Liegendes des Seifengebirges	Theil und Seitenzahl der Beschreibung
32.	Zarewo-Alexandrowskoi	-	Thonschiefer und körnig. Kalkstein	II, 38
33.	Zarewo-Nicolajewskoi	-	Augitporphyr	II, 40
34.	Knäse-Alexandrowskoi	-	Thonschiefer und Conglomerat	II, 100
35.	Anninskoi	-	Serpentin	II, 164
36.	Miaskaja	Kyschtimsk	Talkschiefer	II, 145
37.	Soimonowskoi	-	Serpentin und Kalkstein	II, 145
38.	Barsowskoi	-	Gneiss	II, 148

Unter den Trümmern ist das Gold und Platin enthalten, wodurch das Seifengebirge von einer so grossen technischen Wichtigkeit geworden ist. Ausser diesen kostbaren Metallen kommen darin noch eine grosse Anzahl anderer Mineralien theils in Körnern oder selbst in wohlerhaltenen Krystallen vor, die man indessen meistens erst erkennt, wenn man die erdigen Theile, von denen sie bedeckt und unkenntlich gemacht werden, durch Waschen entfernt. Die Mineralien, die man in dem Seifengebirge erkannt hat, sind aber folgende.

1. Ged. Gold. Es findet sich in Schüppchen kleineren Körnern und Krystallen, die ungeachtet der Weichheit des Goldes oft nur wenig an den Kanten abgerundet sind, selten in grösseren Stücken bis zu einem Gewichte von $24\frac{1}{4}$ Pfund (zu Zarewo-Alexandrowsk bei Miask [1]) nicht selten mit Quarz, zuweilen auch mit Titaneisenerz und Serpentin verwachsen (II, 454).

[1]) Die grossen Goldklumpen, die auf diesem Seifenwerke vorgekommen sind, wurden grösstentheils alle unmittelbar unter der Oberfläche des Bodens und noch zwischen den Wurzeln der darauf wachsenden Kräuter und Gräser gefunden.

2. **Ged. Platin** gewöhnlich in Schüppchen und kleinen Körnern, nur in den Seifenwerken an der Bjelaja Gora bei Nischne-Tagilsk auch in grösseren Klumpen bis zu einem Gewichte von 20 Pfunden. Die grösseren Stücke sind hier häufig mit Chromeisenerz, zuweilen auch mit Serpentin verwachsen (II, 386).

3. **Ged. Iridium** in kleinen Körnern und Krystallen (II, 396).

4 — 6. **Lichtes** und die beiden Arten von **dunklem Osmium-Iridium** in kleinen sechsseitigen Tafeln, Schüppchen und Körnern (II, 390).

7. **Ged. Kupfer** in abgerundeten kleinen Körnern.

8. **Diamant** in dodecaëdrischen Krystallen mit gewölbten glänzenden Flächen (II, 457).

9. **Zinnober** in kleinen Körnern, zuweilen auch in grösseren Geschieben bis zu einem Gewichte von anderthalb Pfunden (II, 460).

10. **Eisenkies** in kleinen Krystallen und Körnern, die stets in Eisenoxydhydrat umgeändert sind (II, 462).

11. **Eisenglanz** gewöhnlich in Schüppchen, kleinen Körnern und tafelartigen Krystallen, selten in grösseren Krystallen wie zu Nagornoi bei Beresowsk (II, 467).

12. **Titaneisenerz** in kleinen, selten in grösseren Körnern, in letzteren zuweilen mit Gold verwachsen, wie auf den Seifenwerken bei Bissersk, Nischne-Tagilsk und Kyschtimsk (II, 468).

13. **Magneteisenerz** gewöhnlich in kleinen scharfkantigen Krystallen, die zuweilen mehrere Linien gross sind, seltener in Körnern (II, 476).

14. **Chromeisenerz** gewöhnlich in kleinen Körnern, seltener in kleinen Krystallen (Octaëdern) mit rundlichen Kanten, in den Platinseifen bei Nischne-Tagilsk auch in grösseren Geschieben mit körnigen

Zusammensetzungsstücken, die öfters mit Platin verwachsen sind (II, 476).

15. Rutil in abgeriebenen einfachen oder Zwillingskrystallen, nicht selten auch in Quarz eingewachsen (II, 469).

16. Anatas in kleinen, zuweilen mehrere Linien grossen Krystallen (II, 469).

17. Pyrolusit in einzelnen Geschieben (I, 231).

18. Corund in blauen, oft ziemlich durchsichtigen Krystallen, sowie

19. Zeilanit in schwärzlichgrünen Körnern in mehr oder weniger grossen Blöcken von

20. Barsowit eingewachsen (II, 152).

21. Quarz meistentheils in kleinen abgerundeten Körnern, zuweilen in Fuss-grossen Blöcken und selbst in durchsichtigen Krystallen (II, 471).

22. Granat in kleinen bräunlich- und bläulichrothen Leucitoëdern (Eisenthon-Granat), zuweilen auch in gelblichrothen Dodecaëdern (Kalkthon-Granat) (II, 487).

23. Zirkon in kleinen fast mikroskopischen, aber stark glänzenden und dadurch doch leicht erkennbaren Krystallen (II, 495).

24. Pistazit gewöhnlich in kleinen grünen unkenntlichen, selten in so deutlichen kleinen Krystallen wie zu Neiwinsk (I, 296).

25. Diallag in kleinen grünen Blättchen (II, 499).

26. Hypersthen in kleinen Geschieben mit körnigen Zusammensetzungsstücken (II, 498).

27. Malachit in kleinen Geschieben.

Von allen diesen Gemengtheilen sind Quarz und nächstdem Magneteisenerz wohl die häufigsten, so dass bei dem Verwaschen des Seifengebirges, die auf dem Waschheerde zurückbleibenden schwereren Gemengtheile (der Schliech) gewöhnlich fast nur aus Magneteisensand bestehen, und die davon abgewaschenen leichteren Gemengtheile, die sich in einiger Entfernung von dem Waschheerde ablagern, fast nur Quarz sind, während die staubartigen Theile noch weiter fortgeführt werden. Dennoch giebt es auch Seifenwerke, in welchen sich nur wenig Quarz und vielleicht gar kein Magneteisenerz findet, wie die Platinseifen bei Nischne-Tagilsk (I, 329). Dieser letztere Gemengtheil scheint auch in den Seifenwerken von Malo-Mustowskoi und Werchoturskoi (I, 289 und 290) zu fehlen; an seiner Stelle findet sich dann Chromeisenerz, das besonders in den Platinseifen von Nischne-Tagilsk in sehr grosser Menge vorkommt. An anderen Orten ist dasselbe in dem Seifengebirge in grösserer oder geringerer Menge neben dem Magneteisenerz enthalten, wie zu Neiwinsk und Newinsko-Stolbinskoi (I, 296 und 298) oder es fehlt auch ganz. Titaneisenerz und Eisenglanz gehören auch noch zu den häufigeren Gemengtheilen; sie finden sich gemeinschaftlich mit dem Magnet- und Chromeisenerz, das Titaneisenerz besonders zu Werchoturskoi und Newinsko-Stolbinskoi (I, 290 und 298), der Eisenglanz besonders in den Seifen bei Katharinenburg (z. B. Schabrowskoi I, 158) oder bei Nischne-Tagilsk (z. B. Bertewskoi I, 323). Häufiger doch noch als die beiden letzteren Gemengtheile kommt im Allgemeinen der in Eisenoxydhydrat verwandelte Eisenkies vor; er fehlt wohl in keinem Seifenwerke, findet sich aber am häufigsten in dem Diamanten-führenden Sande von Adolphskoi bei Bissersk (I, 367).

Unter den Silikaten sind die häufigsten Gemengtheile Granat und Zirkon, die meistentheils krystallisirt sind und durch Farbe und Glanz hervorstechen. Besonders interressant sind die kleinen farblosen, aber stark glänzenden Zirkonkrystalle. Sie fehlen vielleicht in keinem Seifenwerke, finden sich aber doch besonders in denen des mittleren und nördlichen Ural verbreitet. Zu den häufigeren Gemengtheilen ist auch der Diallag zu zählen, der in gewissen Seifen in der

Nähe des Serpentins nie fehlt; vielleicht gehört hierzu auch der Pistazit, da man die kleinen grünen prismatischen Krystallbruchstücke, die häufig vorkommen, möglicher Weise dafür ansehen kann, wenngleich ich deutlich erkennbaren Pistazit nur sehr selten gefunden habe. Die übrigen Gemengtheile, ausser dem Golde und den Platinerzer, kommen viel seltener vor; am merkwürdigsten ist unter diesen der Diamant, der zwar bis jetzt nur an 4 Stellen, und hier auch, ausser in Bissersk, nur in ein oder zwei Krystallen gefunden ist, aber doch an Orten vorkommt, die sehr weit von einander am nördlichen, mittleren und südlichen Ural gelegen sind [1]), was seine grosse Verbreitung am Ural beweist. Eben so wie der Diamant ist auch der Zinnober nur sehr sparsam, aber sehr verbreitet vorgekommen. Häufiger als diese letzteren findet sich noch der Rutil; der Anatas dagegen ist im Allgemeinen nur sehr selten, und nur in Adolphskoi bei Bissersk (I, 370) etwas häufiger. Ged. Kupfer ist nur in zwei Seifen (bei Katharinenburg und zu Schelesinskoi nach Völkner und Stomirski), Barsowit mit eingeschlossenem Corund und Zeilanit nur in Barsowskoi bei Kyschtimsk, Pyrolusit nur in Nagornoi bei Beresowsk, Malachit in Soimonowsk bei Kyschtimsk vorgekommen.

Was endlich noch die Reichhaltigkeit des Seifengebirges an den edlen Metallen, worüber allein genauere Versuche angestellt sind, anbetrifft, so ist diese nicht allein in den verschiedenen Seifenwerken, sondern auch häufig an den verschiedenen Stellen eines und desselben Seifenwerkes sehr verschieden. Nur wo die Mächtigkeit des Seifengebirges gering ist, findet sich auch das Gold in demselben ziemlich gleich-

---

[1]) Die Entfernung von Bissersk bis Werch-Uralsk beträgt in gerader Linie etwa 280 geogr. Meilen.

mässig vertheilt, bei grösserer Mächtigkeit sind bald die unteren, bald die mittleren, bald die oberen, zuweilen auch nur die unteren und oberen Teufen reicher als die übrigen, ohne dass sich eine bestimmte Regel für die reichsten Teufen aufstellen liesse. Stets muss es durch Versuche ausgemacht, und bei jeder Stelle von Neuem ausgemacht werden, wo das Seifengebirge so reichhaltig ist, dass es den Abbau lohnt, und wo bei einer grösseren Mächtigkeit die bauwürdigen Lagen liegen, und bei fortgesetztem Abbau muss man sich immer von Neuem wieder davon überzeugen, da schon oft für den oberen Theil einer Wäsche die Erfahrungen, die man für den unteren gemacht hat, nicht mehr gelten; Es giebt auf diese Weise Stellen, wo das Seifengebirge abgesehen von den etwa darin vorkommenden grossen Stücken, 6 bis 12 und noch mehr Solotniks Gold in 100 Pud enthält; dergleichen Stellen sind aber selten, und halten nie sehr lange an; gewöhnlich ist das Gold viel sparsamer verbreitet, wenngleich Spuren von Gold sich wohl überall in dem Seifengebirge, finden mögen. Der mittlere Gehalt des Seifengebirges, welches am Ural verwaschen wird, möchte etwa 1 Sol. in 100 Pud Sand oder 0,00026 pCt.[1]) betragen. Bei der grossen Verbreitung desselben, und der Leichtigkeit das Gold daraus zu gewinnen, erklärt es sich, wie das Seifengebirge in dem kurzen Zeitraum von 1823 bis 1841 die grosse Menge von 5300 Pud oder 370470 Mark Gold hat liefern können (II, 430 und 437).

[1]) So war wenigstens der mittlere Gehalt des Seifengebirges, das verwaschen wurde, zur Zeit unserer Reise anzunehmen. Es ist wahrscheinlich, dass auch jetzt schon dieser Gehalt sich etwas vermindert hat, da die reichen Seifenwerke stets zuerst bearbeitet werden, wiewohl auf der anderen Seite der geringer gewordene Gehalt auch durch ein vollständigeres Ausbringen des Goldes bei den verbesserten Methoden und durch die grössere Uebung im Waschen des Goldsandes ausgeglichen wird.

Platin ist im Allgemeinen in viel geringerer Menge in dem Seifengebirge enthalten. In grösserer Menge ist es bis jetzt nur in Zarewo-Alexandrowsk bei Kuschwinsk, ganz besonders aber auf dem Westabhange der sumpfigen Hochebene Martian und der Bjelaja Gora bei Nischne-Tagilsk vorgekommen. In Zarewo-Alexandrowsk enthält das Seifengebirge 2 bis 3 Sol. Platin in 100 Pud, in den Seifen bei Nischne-Tagilsk dagegen 10—75 Sol oder 0,0026 — 0,02 pCt. (II, 400), also bedeutend mehr als sonst das Seifengebirge Gold zu enthalten pflegt. In Zarewo-Alexandrowsk findet sich das Platin noch in Begleitung mit Gold; diess ist auch noch auf dem Ostabhange vom Sumpfe Martian bei Nischne-Tagilsk der Fall, auf dem Westabhange kommt es aber ganz ohne Gold vor. Osmium-Iridium findet sich mit dem ged. Golde und Platin, auch wo das letztere, wie bei Nischne-Tagilsk, ohne Gold vorkommt. Wo die Platinerze im Allgemeinen in grosser Menge in dem Seifengebirge enthalten sind, ist das gediegene Platin vor dem Osmium-Iridium bei weitem überwiegend, wo aber die Platinerze im Allgemeinen in geringer Menge vorkommen, ist auch sehr häufig das Entgegengesetzte der Fall; denn während das Platinerz von Nischne-Tagilsk 71 — 73 pCt. und das von Zarewo-Alexandrowsk sogar 80 pCt. reines Platin bei der Platinreinigung liefert, giebt das von Bilimbajewsk, Kyschtimsk, Werch-Issetsk und Newjansk nur 2 bis 12 pCt. (II, 400). — Gediegenes Iridium findet sich in dem Seifengebirge von der Bjelaja Gora bei Nischne-Tagilsk und in den von Newjansk, aber überall nur sehr sparsam. Die Menge Platinerz, die der Ural und also vorzugsweise die Platinseifen von Nischne-Tagilsk innerhalb der Jahre 1829 bis 1839 geliefert haben, beträgt 1259 Pud oder 88004 Mark (II, 434).

Unter den Gemengtheilen des Seifengebirges sind ferner noch die organischen Reste zu erwähnen, die man hin und wieder in ihm gefunden hat. Sie bestehen in Knochen, besonders Zähnen vom Mammuth und anderen urweltlichen Pachydermen und sind zu Nagornoi, Konewskoi und auf anderen Seifenwerken bei Beresowsk, zu Kasionnä-Pristan bei Bilimbajewsk (I, 232) und zu Anninskoi südlich von Miask (II, 164), an letzterem Orte auf der Gränze zwischen einer unteren goldhaltigen und einer oberen goldfreien Sandschicht vorgekommen. Auch Pallas erwähnt schon solche fossile Ueberreste, namentlich sechsspitzige Zähne (wahrscheinlich von einem Mastodont), die man am Ural angetroffen habe [1]). Wenngleich dieselben nicht häufig vorzukommen scheinen, so sind sie doch in mehr als einer Rücksicht bemerkenswerth. —

Wie die in dem Seifengebirge vorkommenden Trümmer der Gebirgsarten mit denen übereinstimmen, die am Ural anstehend vorkommen, so stimmen auch fast alle darin vorkommenden Mineralien mit denen überein, die in den anstehenden Gebirgsarten entweder eingewachsen oder in ihren Gängen enthalten sind, und diejenigen, die in diesen Gebirgsarten am häufigsten sind, kommen auch in dem Seifengebirge am häufigsten vor. Da die bestimmte Ausmittelung dieser Thatsache für die Untersuchung über die Entstehung und Abstammung des Seifengebirges von grosser Wichtigkeit ist, so scheint es nothwendig, hierbei etwas mehr ins Einzelne zu gehen.

Was zuerst das Vorkommen des Goldes, als des wichtigsten Gemengtheils des Seifengebirges, anbetrifft, so ist dasselbe an mehreren Orten im Ural anstehend gefunden, und man hat an diesen lange, ehe man das Gold in den Trümmerschichten entdeckte und bearbeitete, einen mehr oder weniger anhaltenden Bergbau getrieben. Dieser Orte sind im Ganzen 14 [2]), nämlich:

---

[1]) Vergl. Al. v. Humboldt: *Asie centrale* Th. I S. 506.

[2]) Kleinerer Schürfe auf Gold nicht zu erwähnen, wie die I,

1) die Gruben von Beresowsk (I, 176),
2) - - - Newjansk (I, 293),
3—4) - - Uktuss und Schilowa am Isset, 6 und 64 Werste unterhalb Katharinenburg (I, 177 und 478),
5) die Tschussowskischen Gruben an der Tschussowaja beim Dorfe Makarowa, 25 Werste südwestlich von Katharinenburg und etwas weiter aufwärts (I, 177).
6) die Gruben an der Tschernaja, 17 Werste von Sissertsk [1]),
7) die Gruben von Ufaleisk (II, 156),
8—10) die Gruben Petro-Pawlowskoi, Metschnikowskoi und Perwo-Pawlowskoi bei Miask (II,36),
11) die Grube Stepnoi bei Miask [2]),
12—13) die Gruben Anatolskoi und Pawlowskoi, 16 Werste von Nischne-Saldinsk [3]),
14) die Grube Utkinskoi, 22 Werste von Nischne-Tagilsk [4]).

Wenngleich die Goldproduction aller dieser Gruben, in Vergleich mit dem, was jetzt die Seifenwerke liefern, nur sehr unbedeutend genannt werden kann [5]),

---

422 und II, 36 und 38 angeführten bei den Turjinschen Gruben, bei Turinsk und Miask.

[1]) Vergl. Hermann in dem Magazin der Gesellschaft naturforschender Freunde zu Berlin Jahrg. I S. 41.

[2]) Vergl. Lissenko und Engelmann im *Annuaire* von 1835 S. 51 und von 1838 S. 229.

[3]) Vergl. Koltowskoi im *Annuaire* von 1838 S. 271, auch I, 322.

[4]) Vergl. *Annuaire* von 1838 S. 274.

[5]) Die Gruben von Beresowsk, die bedeutendsten von allen, haben von ihrem Beginn im Jahre 1754 bis 1828 im Durchschnitt jährlich nur $8\frac{1}{3}$ Pud Gold, nie über 19 und gewöhnlich nur 3 bis 4 Pud geliefert (I, 225). Die Gruben von Analowsk, Pawlowsk, und Utkinsk hat man erst 1832 und 33 zu bearbeiten angefangen, und man kann von ihnen noch nicht sagen, ob sie mit Vortheil betrieben werden können, da der Hüttenbetrieb noch nicht vollständig

und der Bergbau auf mehreren derselben wegen ihres geringen Ertrages nur von kurzer Dauer gewesen ist, auch durch die Entdeckung der Goldseifen selbst die Gruben, welche zu dieser Zeit noch betrieben wurden, bis auf Beresowsk, zum Erliegen gekommen sind, so haben diese Gruben doch alle über das ursprüngliche Vorkommen des Goldes Aufschluss gegeben, und sind deshalb von grosser Wichtigkeit. Ueberall hat sich in ihnen das Gold auf Quarzgängen gefunden, die in dem metamorphischen Gebirge, besonders im Talkschiefer, Chloritschiefer und Thonschiefer, aber auch im Glimmerschiefer aufsetzen. An mehreren dieser Orte findet sich noch Granit, der ebenfalls gangförmig das Schiefergebirge durchsetzt, aber die Granitgänge sind dann stets älter als die Quarzgänge, indem sie von diesen durchsetzt werden. In Beresowsk, wo man diess Verhalten am besten kennen gelernt hat, haben der Talk-, Chlorit- und Thonschiefer bei steilem Einfallen ein nordwestliches und die Quarzgänge ein östliches Streichen. Der Granitgänge finden sich mehrere, die untereinander ziemlich parallel und in der Regel 18 bis 20 Lachter mächtig sind, der Quarzgänge sind sehr viele einen Zoll bis mehrere Fuss mächtig, mehr oder weniger weit von einander entfernt, und mehr oder weniger weit ins Feld streichend, gewöhnlich nicht weiter als die Mächtigkeit der Granitgänge beträgt (I, 181).

Wahrscheinlich auf ganz ähnliche Weise und bestimmt von gleichem Ansehen findet sich der Granit auch zu Schilowa, auf der unteren Tschussowskischen Grube, zu Newjansk und Perwo-Pawlowsk; auf der oberen Tschussowskischen Grube, zu Syssertsk, Stepnoi,

---

eingerichtet ist. In Anatolsk findet sich auf den Goldgängen silberhaltiger Bleiglanz. In Pawlowsk hat man im Jahre 1832 auf den verschiedenen Gängen Stücke Gold von 19, 58 und 19 Solotniks erhalten (vergl. *Annuaire* von 1838 S. 278).

Anatolsk, Pawlowsk und Utkinsk kommt dagegen kein Granit vor, hier setzen die goldführenden Quarzgänge ganz allein im Schiefergebirge auf; bei den meisten der genannten Gruben im Talkschiefer, auf Anatolsk in einem quarzigen Kalkstein, der ein Lager im Talkschiefer bildet, zu Syssertsk im Glimmerschiefer.

Wenn demnach das Vorkommen des Goldes auf Quarzgängen in dem metamorphischen Gebirge und im Granit das eigentliche Vorkommen des Goldes am Ural ist, so findet es sich in sehr geringer Menge doch noch auf eine andere Weise, nämlich in dem Gebirgsgestein und zwar im Serpentin eingewachsen [1]). So ist es nämlich in Soimonowsk bei Kyschtimsk gefunden (II, 145), und auf diese Weise scheinen am Ural auch andere Metalle, wie gediegenes Kupfer vorzukommen, das wir selbst in dünnen Blättchen in dem Serpentin von Malo-Mustowskoi bei Katharinenburg (I, 289) eingewachsen fanden.

Von den übrigen Mineralien des Seifengebirges bildet Quarz nicht bloss die Gangmasse der Goldgänge, sondern ist auch in den meisten Gebirgsarten als wesentlicher oder zufälliger Gemengtheil verbreitet, und kommt auch ausserdem in grossen Lagern im Schiefergebirge vor. Magneteisenerz ist in Octaëdern wie in dem Seifengebirge oder fein eingesprengt, in dem Chloritschiefer und Serpentin oft in unendlicher Menge vorhanden (II, 475), Chromeisenerz kommt ebenfalls im Serpentin eingesprengt oder nesterweise vor (II, 476), Eisenglanz findet sich in kleinen Krystallen und Blättchen wie im Seifengebirge in grosser Menge im Talkschiefer und im Listwänit (II, 466); Eisen-

[1]) Ich führe hier nicht auch den Granit an, obgleich er in Beresowsk Eisenkieshexaëder enthält, die goldhaltig sind (I, 217), da diese offenbar in einem Zusammenhange mit den Goldgängen stehen, so wenig man ihn auch erklären kann.

kies ist nicht allein der häufigste und wohl nie fehlende Begleiter des Goldes auf den Quarzgängen, sondern findet sich auch in kleinen Hexaëdern, wie er in dem Seifengebirge so häufig vorkommt, sowohl in dem Granite, in welchem die Goldgänge aufsetzen, als auch in anderen Granitabänderungen, und eben so auch im Chloritschiefer, Talkschiefer u. s. w. (II, 461). Titaneisenerz habe ich am Ural allerdings selten anstehend gefunden, ich kenne es nur in grossen, in dem Miascit des Ilmengebirges eingewachsenen Krystallen und in kleinen, die in den Höhlungen eines Dolomits von Newjansk vorkommen, doch findet es sich gewiss auch am Ural häufig in Serpentin eingewachsen, wie es auf diese Weise in anderen Ländern, z. B. Norwegen, vorkommt; was wohl nur bei der äusseren Aehnlichkeit mit dem Magneteisenerze übersehen ist.

Granat findet sich in denselben kleinen rothen Krystallen, wie im Seifengebirge auch im Granit (II, 487) und im Glimmerschiefer; Diallag auch im Serpentin; Pistazit mit feinstängligen Zusammensetzungsstücken, wie dergleichen kleine Stängel im Seifengebirge vorkommen, im Granit (II, 491); Rutil ist im Glimmerschiefer und in Dolomit, der in Chloritschiefer gangförmig aufsetzt (II, 468) oder in Quarz eingewachsen[1]); Anatas findet sich auf Gängen im Chloritschiefer (II, 469), Malachit, gediegenes Kupfer und Pyrolusit auf den Kupfer- und Eisengruben.

Die einzigen Gemengtheile des Seifengebirges, die man bis jetzt noch nicht anstehend am Ural gefunden hat, sind also:

1) Barsowit mit eingewachsenem Corund und Zeilanit,

---

[1]) Er kommt auf diese Weise nach Stücken unter den russischen Mineralien der berliner Sammlung bei Mursinsk vor, was S. 469 noch nachzutragen ist.

2) Zinnober,
3) Zirkon,
4) Diamant,
5) Platin[1]),
6) Iridium,
7—9) die verschiedenen Species von Osmium-Iridium.

Indessen kommen auch diese Mineralien sehr wahrscheinlich in den genannten Gebirgsarten des Ural auf Gängen oder eingewachsen vor, und sind der Beobachtung vielleicht nur wegen ihrer Seltenheit oder Kleinheit entgangen. Der Barsowit mit dem eingewachsenen Corund und Zeilanit, der übrigens nur in einem Seifenwerke vorgekommen, findet sich nach dem, was oben S. 155 darüber angeführt ist, wahrscheinlich im Chloritschiefer anstehend. Zinnober, wenngleich nur an wenigen Orten in grosser Menge aufgehäuft, kommt in geringer Menge doch in vielen Gebirgen vor, im Erzgebirge, im Harz, in den Gebirgen Böhmens u. s. w.; er findet sich hier meistentheils auf Quarzgängen im Schiefergebirge, und kann so ebenfalls am Ural vorgekommen sein. Die kleinen glänzenden mikroskopischen Zirkonkrystalle, die sich ganz ähnlich auch in dem Seifengebirge anderer Länder gefunden haben, wie z. B. zu Ohlapian in Siebenbürgen[2]), wo sie freilich auch noch nicht anstehend beobachtet sind, kommen am Ural doch am häufigsten in einem Seifengebirge vor, das auf Serpentin liegt, und grösstentheils aus Serpentingeröllen besteht; sie finden sich daher wahrscheinlich auch im Serpentin eben so eingewachsen, wie die grossen Zirkonkrystalle des Ilmengebirges im Miascit, und haben sich vielleicht

---

[1]) Ueber sein angebliches Vorkommen in dem Dioritporphyr von Laja siehe I, 399.

[2]) Die Krystalle sind hier nur von rother Farbe, sonst aber von ganz gleicher Form und Grösse (I, 229).

nur wegen ihrer grossen Kleinheit der Beobachtung bis jetzt entzogen. Die übrigen Mineralien kommen auch an den anderen Orten, wo sie sich gefunden haben, nur lose im Seifengebirge vor [1]), und man kann daher nicht von ihrem ursprünglichen Vorkommen in anderen Gebirgen auf das am Ural schliessen.

Abgesehen aber von diesen letzteren Mineralien, deren Abstammung sich noch nicht hat nachweisen lassen, sind also die Gemengtheile des Seifengebirges lauter Gebirgsarten und Mineralien, die entweder den festen Boden ausmachen, auf welchem das Seifengebirge gelagert ist, und in den Umgebungen in grossen Massen anstehen, oder in den Gebirgsarten theils eingewachsen, theils in Gängen enthalten sind. Berücksichtigt man nun ausserdem, dass die Trümmer des Seifengebirges häufig von ganz eckiger Beschaffenheit, die weichen Krystalle des Goldes oft an den Kanten nur wenig abgerundet sind, das Seifengebirge ferner ohne Zwischenschicht auf dem festen Gestein gelagert ist, so ergiebt sich wohl auf das Bestimmteste, dass das Seifengebirge nicht von fern her angeschwemmt, und an dem Ural wie an einem Damme abgesetzt, sondern durch theilweise Zerstörung desselben Gebirges entstanden ist, auf welchem es liegt. Da nun das Gold, wo es am Ural ansteht, fast nur in Quarzgängen, die im Schiefergebirge und Granit aufsetzen, und in dem Seifengebirge wie in den Gängen nicht selten in Quarz eingewachsen und immer in Begleitung derselben Mineralien, die theils auf den Gängen, theils auf dem Schiefergebirge in grosser Menge anstehen, gefunden wird, so ist es auch wahrscheinlich, dass das Gold des Seifengebirges aus jenen Quarzgängen stammt, deren obere Teufen zerstört sind, die aber mit dem umgebenden Granit- und Schie-

---

[1]) Ueber das muthmassliche ursprüngliche Vorkommen des Platins in Columbien siehe weiter unten.

gebirge das Material zu dem Seifengebirge gegeben haben. Es ist eine gewöhnliche Erfahrung bei den edlen Gängen, die man auch namentlich bei den Gängen von Beresowsk [1]) (I, 218), und so vielleicht auch bei allen übrigen Gängen des Ural gemacht hat, dass sie in den obersten Teufen am edelsten sind. Die zerstörten Teufen sind demnach vielleicht am reichsten gewesen, daher sich auch daraus der Reichthum des Seifengebirges erklärt, der aber doch nur im Verhältniss der leichten Gewinnung des Goldes aus ihm gross ist, da die aus den Gruben gewonnenen Erze an und für sich viel reicher sind und sein müssen, wenn sie die Kosten der Bearbeitung tragen sollen [2]).

Diese Ansicht von der Abstammung des Goldes in dem Seifengebirge des Ural wird ganz besonders augenscheinlich durch die Goldseifen von Beresowsk, die unmittelbar auf dem Ausgehenden der Goldgänge liegen, indem dieses Ausgehende hier in einer fast völligen Ebene liegt. An anderen Orten liegt es vielleicht im höheren Gebirge, von wo die Trümmer mehr in die Thäler geschwemmt sind [3]).

---

[1]) Eben so auch am Schlangenberg im Altai, bei den Gruben von Pasco und Gualgayoc in Peru u. s. w. Vergl. Al. v. Humboldt: *Asie centrale* Th. I S. 513.

[2]) Die Erze von Beresowsk enthalten nach einem Durchschnitt von 75 Jahren 5,3 Sol. Gold in 100 Pud (I, 226), sind also im Durchschnitt mehr als 5 Mal so reich, als im Durchschnitt das Seifengebirge.

[3]) Die Entdeckung von Stücken Goldes in dem Boden von Beresowsk, wo zufällig die Goldgänge von dem Seifengebirge bedeckt werden, ist Ursache gewesen, dass man dort, nach mehrerem Golde in der Tiefe suchend, Baue angelegt, und die Goldgänge entdeckt hat. Hätte man zu derselben Zeit die grossen Goldstücke in dem Boden von Zarewo-Alexandrowsk bei Miask entdeckt, so hätte man, abgesehen von dem S. 38 erwähnten kleinen Gange, dort kein Gold gefunden, aber dieser Umstand hätte vielleicht schon zu jener Zeit die Entdeckung der Goldseifen veranlasst.

Es könnte bei dieser Ansicht auffallen, dass nicht allein die Anzahl der Goldgänge, sondern auch ihr Ertrag, in Vergleich mit der Anzahl und dem Ertrage der Seifenwerke nur sehr gering ist. Indessen muss man in Rücksicht der Zahl der Gänge bedenken, dass der Ural in dieser Hinsicht noch zu wenig gekannt ist, und daher noch viele Goldgänge vorhanden sein können, von derem Dasein man nichts weiss [1]); dass auch die Auffindung von Goldgängen, selbst wenn der Ural viel weniger unwegsam wäre, als er es ist, mit grossen Schwierigkeiten verknüpft ist und planmässig kaum betrieben werden kann, sondern gewöhnlich nur dem Zufall überlassen bleiben muss, während die Auffindung von Goldseifen, wenn einmal ihr Dasein überhaupt nachgewiesen, viel leichter ist und planmässiger erfolgen kann. Auch ist es viel leichter, sich von der Vertheilung des Goldes in einem Seifenwerke Auskunft zu verschaffen, als in einer Grube; man kann dort schnell die Stellen auffinden, wo das Gold in der grössten, und überhaupt in bauwürdiger Menge vorhanden ist, während alle diese Versuche in der Grube unsicherer und bei weitem zeit- und geldraubender sind. Die Seifenwerke werden daher in kurzer Zeit und mit geringen Kräften eine Menge Gold produciren können, welche die Gruben bei einer entsprechenden Reichhaltigkeit auch bei dem stärksten Betriebe in gleicher Zeit nicht zu liefern im Stande sind; sie werden daher aber auch um so längere Zeit im Betriebe bleiben, während das Bestehen eines Seifenwerkes immer schnell vorübergehend ist, wie diese Erfahrung schon häufig am Ural gemacht ist. Es ist vorauszusehen, dass der eigentliche Bergbau auf

---

[1]) Diess beweist auch die Entdeckung der Goldgänge von Pawlowsk, Anatolsk und Utkinsk bei Nischne-Saldinsk und Nischne-Tagilsk (I,), so wie die bei Miask (II, 36), die erst in ganz neuer Zeit erfolgt ist.

Gold am Ural erst anfangen wird, wenn die Goldseifen aufgehört haben ergiebig zu sein. — Wahrscheinlich liegen aber die Goldgänge des Ural vorzugsweise auf seiner Ostseite, da auf dieser Seite die meisten und reichsten Goldseifen, so wie alle bekannten Goldgänge liegen, auch hier die meisten Durchbrüche von Granit und anderen plutonischen Gebirgsarten statt gefunden haben.

Ganz verschieden von dem ursprünglichen Vorkommen des Goldes am Ural ist aber sehr wahrscheinlich das ursprüngliche Vorkommen des Platins daselbst. In den reichen Platinseifen auf dem Westabhange der Bjelaja Gora bei Nischne-Tagilsk, wo sich das Platin in der grössten Menge findet, kommt es ohne Gold, und mit nur sehr wenigem Quarz in einem Gerölle vor, das fast nur aus Serpentin besteht, ist darin häufig mit Chromeisenerz verwachsen, dessen eigentliche Lagerstätte der Serpentin ist, und ist angeblich selbst in einem Serpentingerölle angetroffen worden. Hiernach ist es sehr wahrscheinlich, dass dieses Platin ursprünglich in Serpentin eingewachsen gewesen ist, der hier auch den Rücken des Ural bildet, und an dessen Abhängen die Platinseifen liegen; in diesem Serpentin möchte es daher auch selbst noch anstehend anzutreffen sein. Dieses Vorkommen wäre dann nicht allein von dem gewöhnlichen Vorkommen des Goldes am Ural verschieden, sondern auch von dem ursprünglichen Vorkommen des Platins in Columbien, wo es sich nach Boussingault wahrscheinlich auf Gängen findet [1]). Ob diess Vorkommen in Serpentin aber das alleinige Vorkommen des Platins am Ural sei, könnte noch zweifelhaft scheinen, da auch in den Goldseifen Pla-

[1]) Boussingault fand zu Santa Rosa de los Osos Körner von Platin in dem pulverförmigen Golde, das man aus einem erdigen Brauneisenerze, dem sogenannten Paco, ausgewaschen hatte, welches auf Gängen im verwitterten Syenite vorkommt (vergl. Poggendorffs Annalen B. VII S. 523).

tin fast überall, wenn auch in geringer Menge gefunden wird. Man könnte deshalb annehmen, dass dieses Platin mit dem Golde auf Quarzgängen vorgekommen sei. Indessen hat man es bis jetzt auf diesen noch nie gefunden, und so möchte es wohl wahrscheinlich sein, dass auch das Platin der Goldseifen ursprünglich in Serpentin eingewachsen gewesen ist, wenngleich in viel geringerer Menge als in dem Serpentin der Bjelaja Gora, wo es durch Zufall sich nur so angehäuft hat, als man aus der Reichhaltigkeit des dortigen Seifengebirges an Platin anzunehmen berechtigt ist. Eine zufällige Anhäufung metallischer Stoffe kommt in dem Serpentine öfters vor, wie z. B. zu Reichenstein in Schlesien, wo der Serpentin eine grosse Menge von Arsenikeisen enthält, das sonst doch nur sehr selten darin vorkommt. Da der Serpentin am Ural so verbreitet ist, und überall mit den Gesteinen, die die Goldgänge enthalten, vorkommt, so ist nun auch aus der theilweisen Zerstörung dieses Serpentins der kleine Gehalt an Platin zu erklären, der sich gewöhnlich in den Goldseifen findet.

Wie das Platin, so ist auch wahrscheinlich das Osmium-Iridium und das gediegene Iridium, da sie stets mit dem Platin zusammen vorkommen, in dem Serpentin ursprünglich eingewachsen, und es wird deshalb auch wahrscheinlich, dass das gediegene Gold, welches mit dem Osmium-Iridium und eben so mit dem Titaneisenerz verwachsen, im Seifengebirge vorgekommen ist, sich ebenfalls aus dem Serpentin herschreibt, da auch von dem Titaneisenerze oben gezeigt worden, dass seine ursprüngliche Lagerstätte wahrscheinlich der Serpentin ist. Man muss also annehmen, dass nicht alles Gold des Seifengebirges aus den Quarzgängen, sondern ein Theil aus dem Serpentine herzuleiten ist, worin man in Kyschtimsk es in geringer Menge auch wirklich angetroffen hat.

Wenn aus dem Angeführten nun aber auch hervorgeht, dass das Seifengebirge des Ural durch eine ganz locale Zertrümmerung eines Theiles des anstehenden Gesteins entstanden ist, so bleibt es doch noch eine andere Frage, wodurch diese Zertrümmerung hervorgebracht und zu welcher Zeit sie geschehen sein mag. Wahrscheinlich steht sie in einem innigen Zusammenhange mit der Umänderung der neptunischen Bildungen in die metamorphischen, mit der Aufrichtung der Schichten, der Erhebung des ganzen Gebirges, und der Bildung der Erzgänge, welche Erscheinungen vielleicht alle nur Wirkungen einer und derselben Ursache, und alle wohl ziemlich zu gleicher Zeit erfolgt sind, da das Seifengebirge unmittelbar auf dem metamorphischen Gebirge ruht, mit dem es in Rücksicht seiner mineralogischen Beschaffenheit übereinstimmt. Die innige Verbindung des älteren neptunischen und metamorphischen Gebirges am Ural zeigt, dass dieser ein verändertes älteres neptunisches Gebirge ist, aber wir können deshalb noch nicht schliessen, dass diese Umänderung auch sehr alt sei. Sie kann im Gegentheil in einer sehr späten Zeit erfolgt sein, wie in den Alpen, wo wir zwar keine älteren neptunischen Bildungen mehr erkennen und ihr Vorhandensein nur aus einzelnen Umständen vermuthen können, die metamorphischen Schichten aber in die deutlich erkennbaren Schichten der Kreideformation übergehen, die Umänderung der Schichten also erst nach der Bildung dieser letzteren erfolgt sein kann [1]). Da wir so wenig über die Ursachen dieser Veränderungen wissen, so bleibt die Bestimmung, wann diese Umänderung erfolgt sei, um so schwankender, je weniger dieselbe sich über die älteren Schichten ausdehnte. Setzt man sie in Verbindung mit dem Erscheinen des massigen Gesteins, so ist es bemerkenswerth, dass am

---

[1]) Vergl. Lyell Elemente der Geologie, Uebersetzung von Hartmann S. 443.

Ural nur die plutonischen Gesteine, die man für die älteren Bildungen dieser Art hält, vorkommen (II, 579). Hiernach könnte man die Umänderung, und eben so auch die Hebung und Zertrümmerung als einer älteren Zeitperiode angehörig halten. Ein anderer Umstand, worauf Herr von Humboldt[1]) hinweist, macht es aber wahrscheinlich, dass die Hebung des Ural erst in sehr neuer Zeit erfolgt sei, und zwar nach der grossen Senkung des Kaspischen Meeres und den quaternären Bildungen des Ust-Urt, „da derselbe sich so vollkommen dem übrigen Theile der südlichen Kette des Ural anreiht, dass bei seiner geringen Erhebung es wenig glaublich wäre, dass ein Rücken sich in dem Isthmus erhalten hätte, wenn die Erhebung des Ural der grossen Katastrophe der Senkung des Bodens in dem westlichen Theile Central-Asiens vorangegangen wäre".

Eine grosse Aufmerksamkeit verdienen in dieser Rücksicht die Reste der urweltlichen Pachydermen, die man in dem Seifengebirge gefunden hat. Sie beweisen ebenfalls die neue Entstehung desselben, kommen aber nur selten vor, und es dürfte wohl noch auszumachen sein, ob sie wirklich dem Seifengebirge angehören, oder nicht etwa einer darüber liegenden neueren Schicht, wie ihre Lagerung in dem Seifenwerke Anninskoi zu beweisen scheint.

---

[1]) *Asie centrale*, Th. I S. 508.

Nachtrag.

In dem dritten Hefte des *bulletin de la société impériale des naturalistes de Moscou* von 1841, das ich so eben erhalte, befindet sich die Beschreibung eines neuen Minerals vom Ilmengebirge, die ich hier der Vollständigkeit wegen noch nachtrage. Hermann, der das Mineral beschrieben und analysirt hat, nennt es Ural-Orthit.

Es findet sich nur derb und nierenförmig, hin und wieder mit kleinen Parthien fleischrothen Feldspaths verwachsen, hat kleinmuschligen Bruch, schwarzbraune Farbe, ist undurchsichtig oder nur an den äussersten Kanten etwas durchscheinend, und glänzend von Fettglanz. Die Härte fast wie die des Feldspaths; das specifische Gewicht: 3,41.

Vor dem Löthrohr verändert sich das Mineral bei schwachen Hitzegraden gar nicht; bei stärkeren Hitzegraden schmilzt es an den Kanten zu einem blasigen schwarzen Glase, wobei es zu Blumenkohl-ähnlichen Verzweigungen auswächst.

Im Kolben verändert es sich nicht, giebt aber etwas Wasser.

In Borax löst es sich in der Oxydationsflamme zu einem in der Hitze gelben, nach der Abkühlung farblosen Glase auf. In der Reductionsflamme erscheint die Farbe in der Hitze grünlich.

Phosphorsalz greift das Mineral schwierig an; doch löst es sich endlich unter Eisenreaction und mit Hinterlassung von Kieselsäure auf.

Der Ural-Orthit giebt ein grünlichgraues Pulver,

welches beim Glühen an der Luft seine Farbe verändert und rothbraun wird.

Concentrirte Chlorwasserstoffsäure zersetzt das geschlämmte Mineral vollständig, wobei die Auflösung nach Verjagung der überschüssigen Säure gelatinirt.

Die Analyse ergab:

Kalkerde	9,50
Talkerde	2,06
Ceroxydul	10,85
Lanthanoxydul	6,54
Eisenoxydul	13,03
Manganoxyd	2,37
Thonerde	18,10
Kieselsäure	35,49
Wasser	2,00
Verlust	0,20
	100,00.

Das Mineral hat hiernach eine grosse Aehnlichkeit mit dem Orthit von Finbo; es unterscheidet sich von diesem nur dadurch, dass es keine Yttererde, sondern statt deren Talkerde und ferner weniger Wasser enthält, dessen Menge bei dem Orthit 5,3 bis 8,7 pCt. beträgt.

Verbesserungen
im ersten Theile.

Seite XX	Zeile 5	von oben	schalte hinter Korund ein: und Turmalin.
- 32	- 10	- unten	schalte hinter Septemb. ein: 1825.
- 61	- 16	- -	lies Mai statt Juni.
- 98	- 18	- - -	das obere statt die obere.
- 98	- 17	- - -	demselben statt derselben.
- 228	- 18	- - -	3 statt x.
- 228	- 14	- - -	Th. II Taf. I Fig. 2 st. Taf. VII.
- 250	- 8	- - -	stängligen statt stumpfen.
- 322	- 9	- - -	1834 statt 1824.
- 360	- 10	- - -	Resultate statt Resulte.
- 368	- 15	- - -	Talkschüppchen statt Kalkschüppchen.
- 371	- 18	- - -	Jequetinhonha statt Tequetinhonha.
- 366	- 16	- - -	Kalkspath statt Feldspath.
- 445	- 3	- - -	Taf. VII Fig. 4. statt Taf. VII a.
- 446	- 6	- - -	- - - - - -
- 465	- 3	- oben -	Völkner statt Völker.

im zweiten Theile.

Seite 1	Zeile 1	von oben	lies VII statt VI.
- 65	- 14	- unten -	Thorerde statt Thonerde.
- 102	- 11	- - -	sahen statt sehen.
- 121	- 6	- -	schalte hinter Auflösung ein: des Minerals in Chlorwasserstoffsäure.
- 147	- 2	- -	schalte hinter zu Hause ein: beschäftigt.

Seite	153	Zeile	16	von	unten	lies Chlorit und Rutil statt und Chlorit.
-	177	-	5	-	-	- Berge statt Dorfe.
-	179	-	14	-	-	- Karagai statt Karagaian.
-	191	-	17	-	oben	schalte hinter enthält ein: nun nur noch.
-	204	-	3	-	unten	lies Ein Quarzstück statt Eines Quarzstücks.
-	272	-	3	-	-	schalte hinter liefern ein: bei Regen und dem in der Steppe häufigen Winde kann aber nicht ge arbeitet werden.
-	314	-	10	-	oben	lies nur statt nun.
-	379	-	9	-	-	- Fig. 5 statt Fig. 1.
-	379	-	10	-	unten	- Fig. 6 statt Fig. 2.
-	465	-	6	-	oben	- Bogoslowsk st. Bogolslowsk.

Gedruckt bei C. Feister.

II

Zirkon.

1

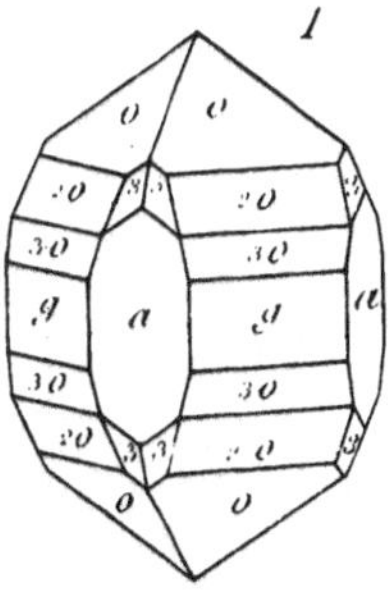

Pyrochlor.

3

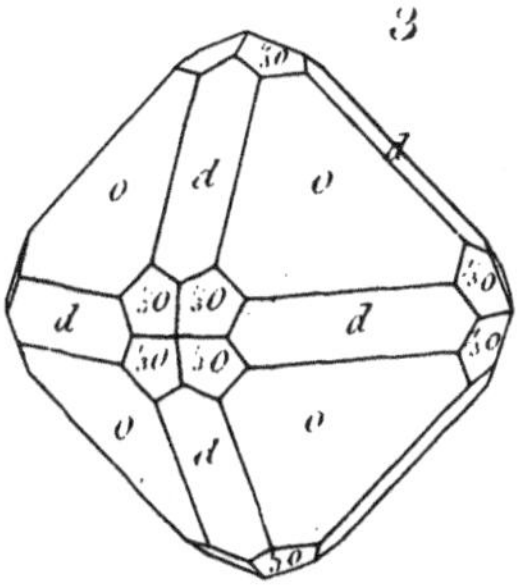

2

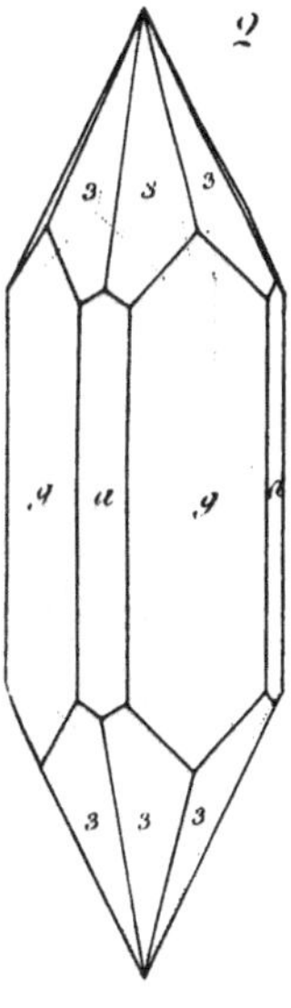

Aeschynit.

4

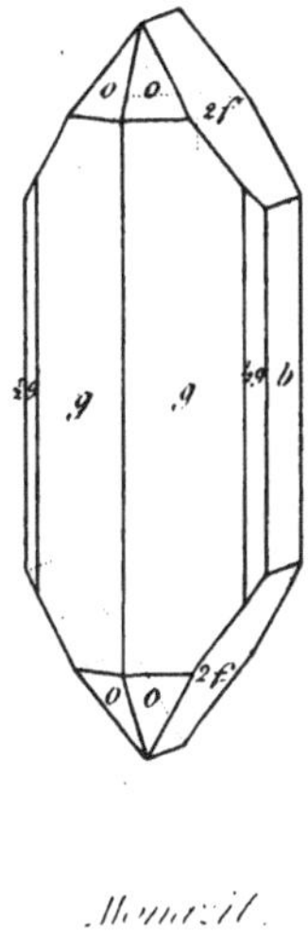

Osmium Iridium.

5

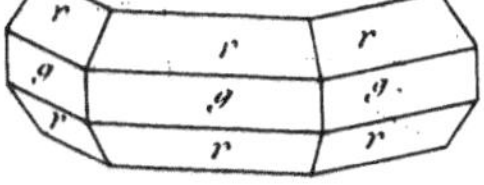

Monazit.

6

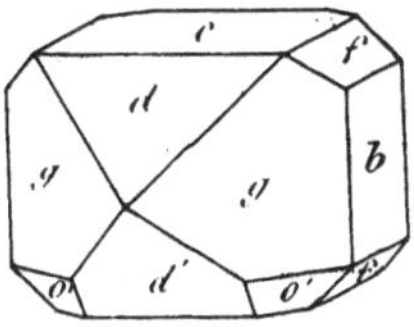

Topas.

1

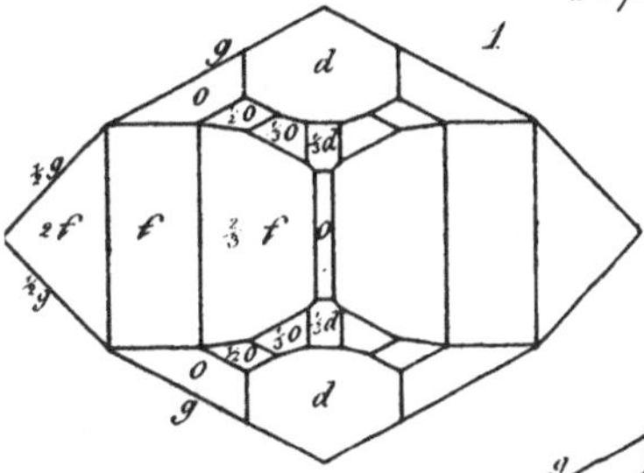

2

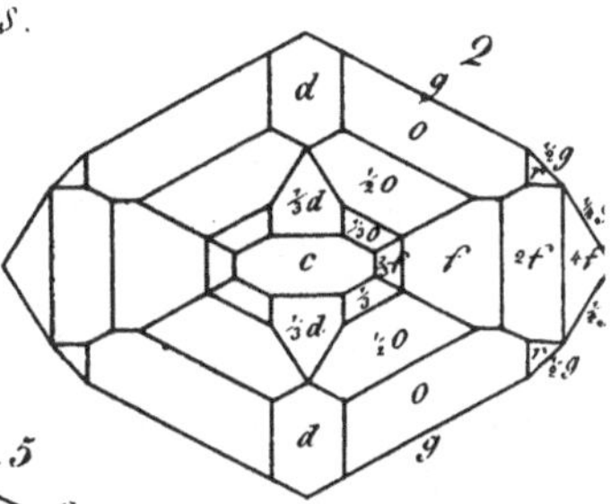

5

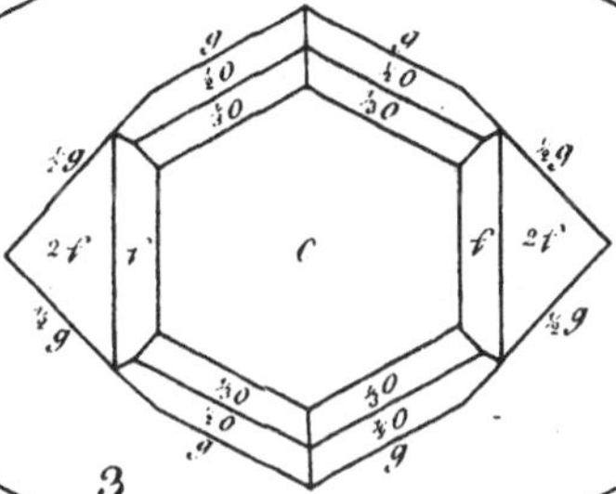

3

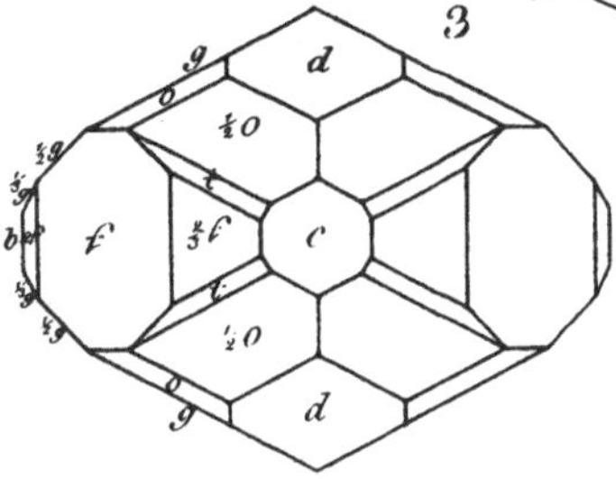

4

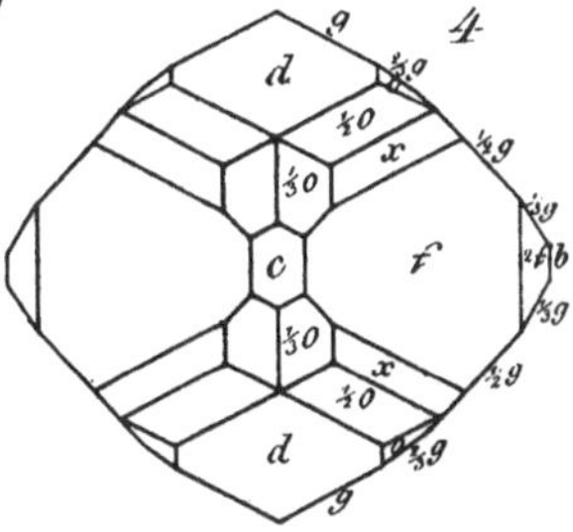

Hornblende.

6

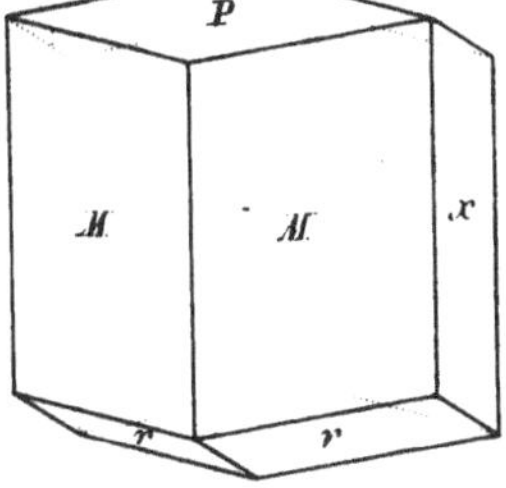

Augit.

7

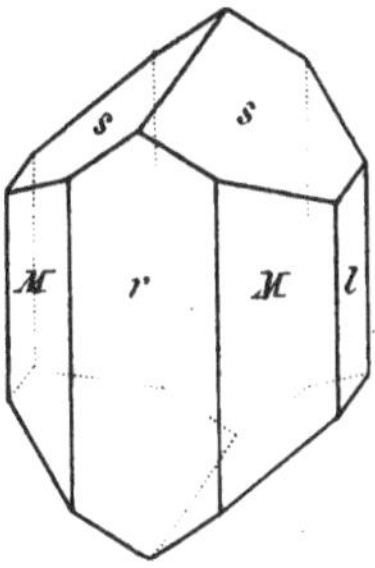

Schwerspath.

1

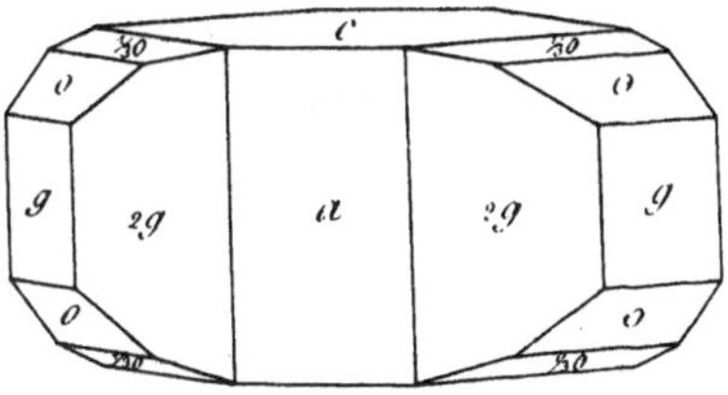

Diopsid.

4

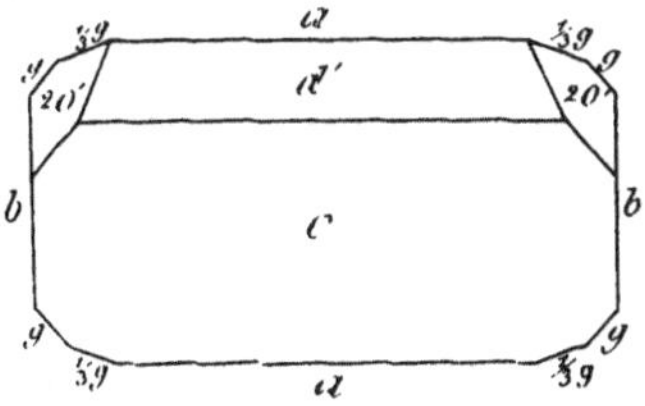

2

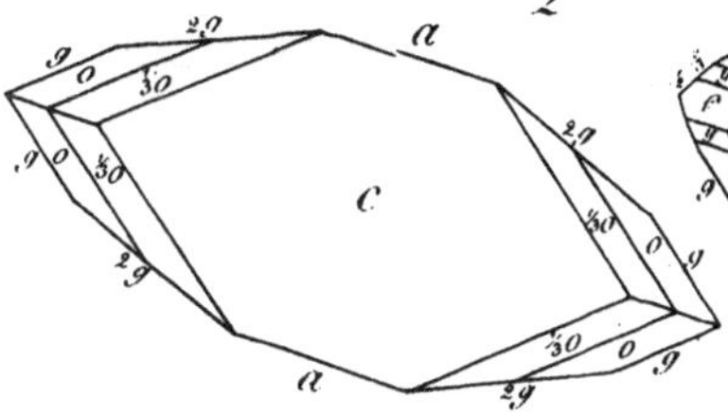

3

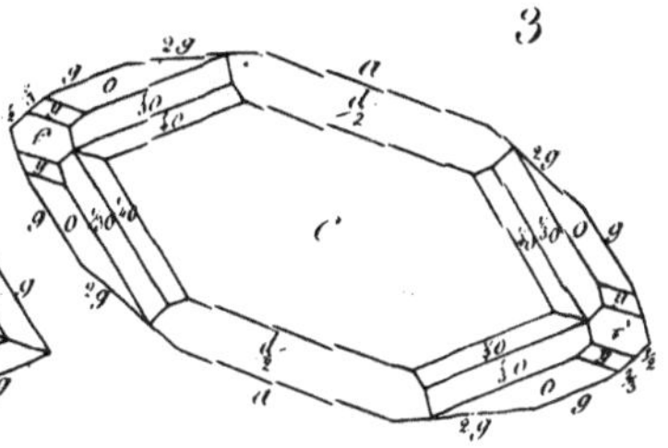

Hornblende.

5

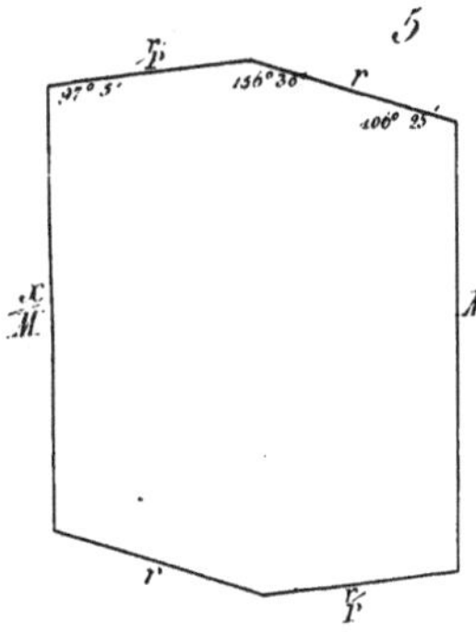

Uralit.

6

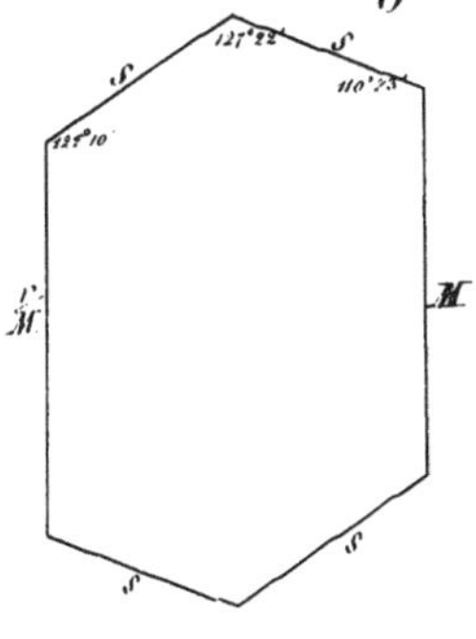

DES LANDES ZWISCH

WOLGA

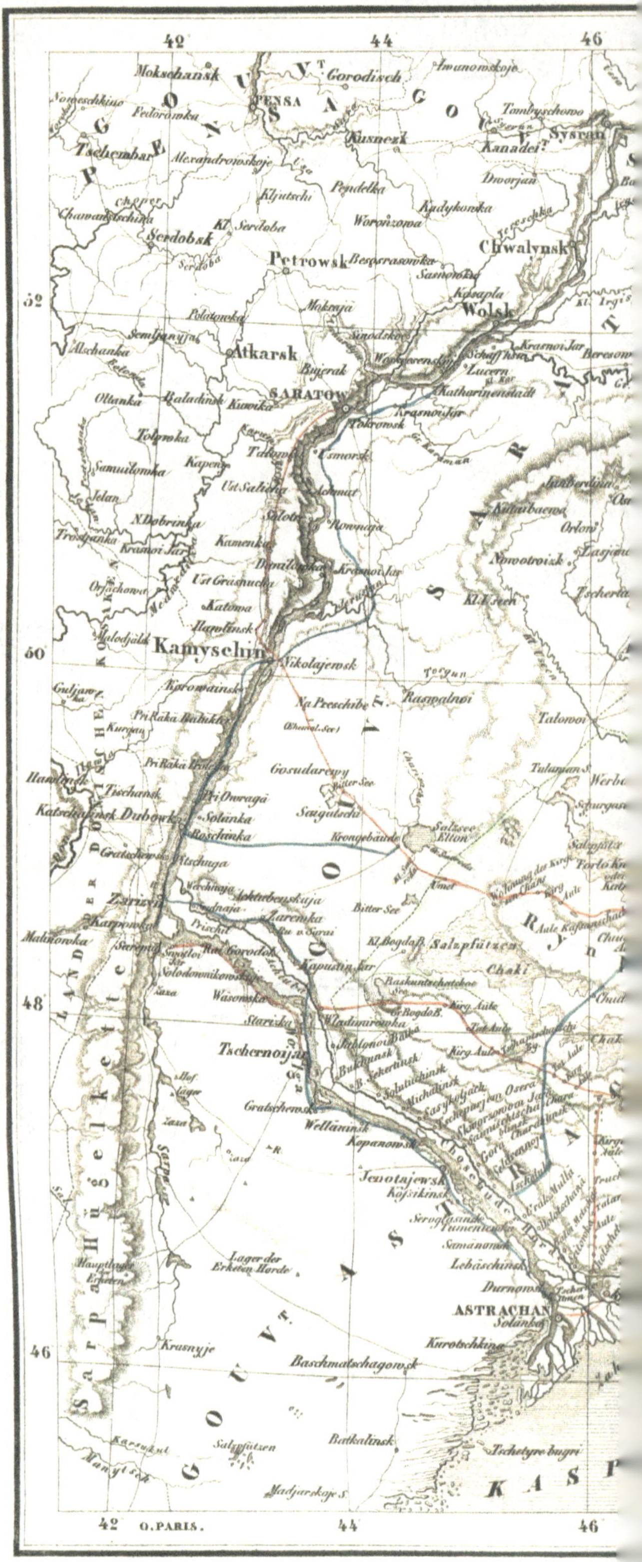

NTERN LAUFE DER

ES URAL.

Taf. IV.

Entw. gez. u. in Stein gest. v. H. Mahlmann. Berlin. 1841.

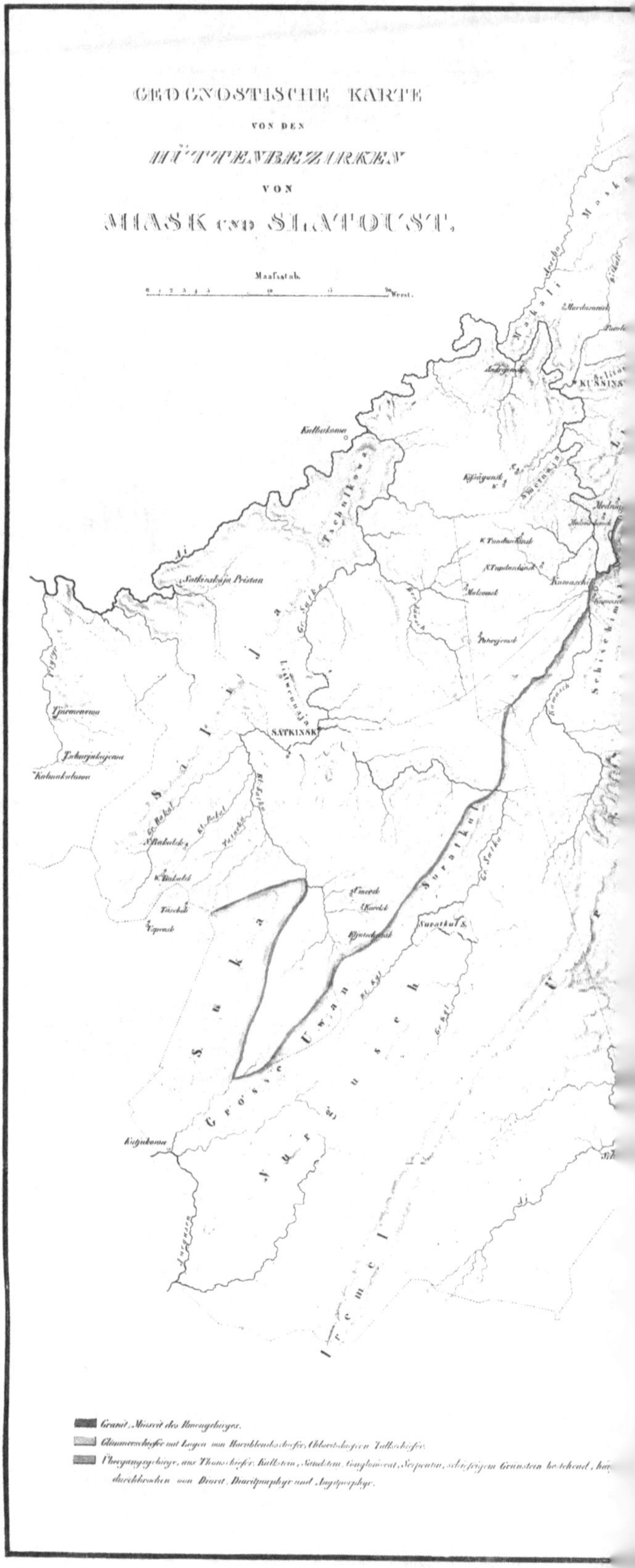
GEOGNOSTISCHE KARTE
VON DEN
HÜTTENBEZIRKEN
VON
MIASK UND SLATOUST.
Maafsstab.
0 1 2 3 4 5 10 15 20 Werst.
Satkinskaja Pristan
SATKINSK
Kulbakowa
Tjuremenewa
Kutjukowa
Suratkul S.
Grosse Uwan
Granit, Miascit des Ilmengebirges.
Glimmerschiefer mit Lagen von Hornblendeschiefer, Chloritschiefer, Talkschiefer.
Übergangsgebirge, aus Thonschiefer, Kalkstein, Sandstein, Conglomerat, Serpentin, schiefrigem Grünstein bestehend, hä
durchbrochen von Diorit, Dioritporphyr und Augitporphyr.

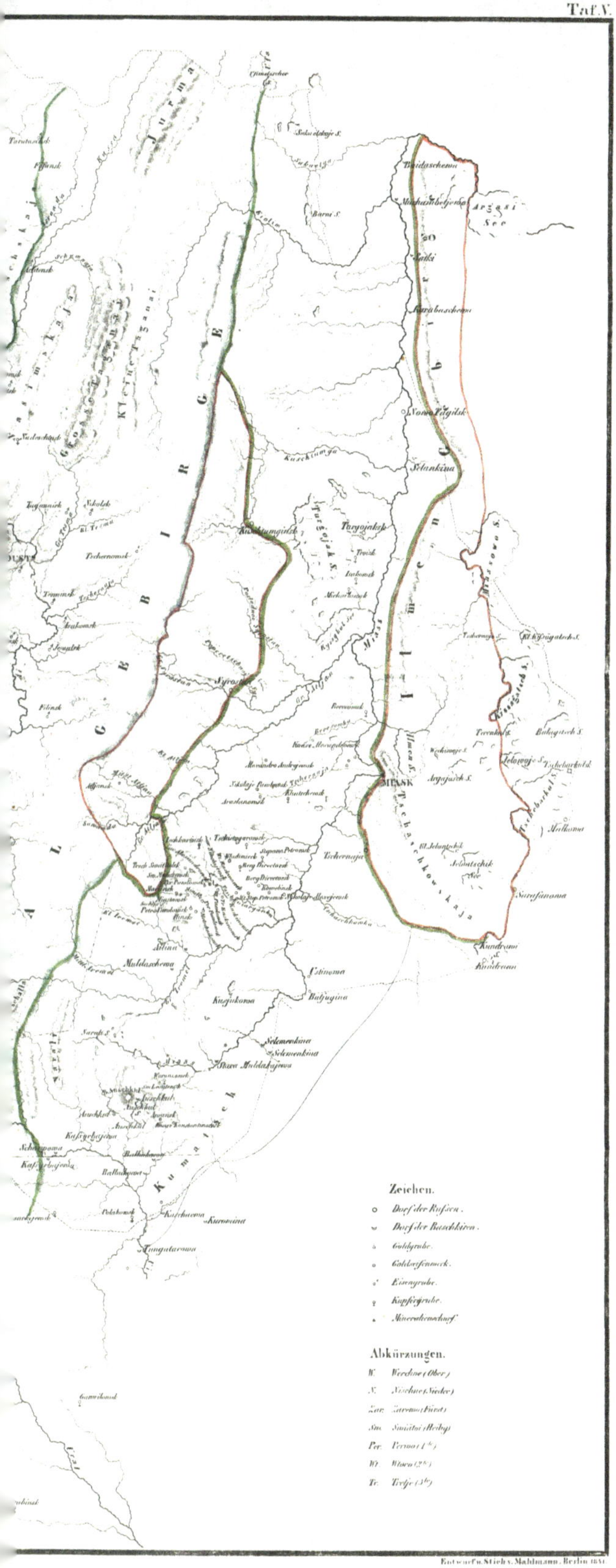
Jurma
Kleine Taganai
Grosse Taganai
Ural Gebirge
Ilmen Gebirge
Argasi See
Baidaschewa
Nowo Tagilsk
Selankina
Kuschtumginsk
Turgojaksk
Turgojak S.
Kossogatsch S.
Tscherbakul S.
Mijask
Miask
Ilmen S.
Tschaschkowskaja
Sarafanowa
Kundrawa
Kundrawi S.
Ustinowa
Kusjukowa
Selemenkina
Muldaschewa
Tungatarowa
Kurowina
Kumaisch
Zeichen.
Dorf der Rußen.
Dorf der Baschkiren.
Goldgrube.
Goldseifenwerk.
Eisengrube.
Kupfergrube.
Mineralienschurf.
Abkürzungen.
W. Werchne (Ober)
N. Nischne (Nieder)
Zar. Zarewo (Fürst)
Sw. Swiätoi (Heilig)
Per. Perwoi (1te)
Wt. Wtoroi (2te)
Tr. Tretje (3te)